PEA

Python 3
程序开发指南
（第 2 版 · 修订版）

Programming in
Python 3
Second Edition

[美] Mark Summerfield 著

王弘博 孙传庆 译

人民邮电出版社

北京

图书在版编目（CIP）数据

Python 3程序开发指南 ／（美）萨默菲尔德
(Summerfield,M.）著；王弘博，孙传庆译. -- 2版（修
订本）. -- 北京 ：人民邮电出版社，2015.2（2022.8重印）
ISBN 978-7-115-38338-9

Ⅰ. ①P… Ⅱ. ①萨… ②王… ③孙… Ⅲ. ①软件工
具—程序设计—指南 Ⅳ. ①TP311.56-62

中国版本图书馆CIP数据核字(2015)第007863号

版权声明

- ◆ 著　　　　[美] Mark Summerfield
- 　译　　　　王弘博　孙传庆
- 　责任编辑　傅道坤
- 　责任印制　张佳莹　焦志炜
- ◆ 人民邮电出版社出版发行　　北京市丰台区成寿寺路 11 号
- 　邮编　100164　电子邮件　315@ptpress.com.cn
- 　网址　https://www.ptpress.com.cn
- 　北京天宇星印刷厂印刷
- ◆ 开本：800×1000　1/16
- 　印张：33.25　　　　　　2015 年 2 月第 2 版
- 　字数：641 千字　　　　 2022 年 8 月北京第 15 次印刷
- 　　著作权合同登记号　图号：01-2010-4743 号

定价：99.90 元

读者服务热线：(010)81055410　印装质量热线：(010)81055316
反盗版热线：(010)81055315

内容提要

　　Python 是一种脚本语言，在各个领域得到了日益广泛的应用。本书全面深入地对 Python 语言进行了讲解。

　　本书首先讲述了构成 Python 语言的 8 个关键要素，之后分章节对其进行了详尽的阐述，包括数据类型、控制结构与函数、模块、文件处理、调试、进程与线程、网络、数据库、正则表达式、GUI 程序设计等各个方面，并介绍了其他一些相关主题。全书内容以实例讲解为主线，每章后面附有练习题，便于读者更好地理解和掌握所讲述的内容。

　　本书适合于作为 Python 语言教科书使用，对 Python 程序设计人员也有一定的参考价值。

前　言

在应用广泛的各种语言中，Python 或许是最容易学习和最好使用的。Python 代码很容易阅读和编写，并且非常清晰，而没有什么隐秘的。Python 是一种表达能力非常强的语言，这意味着，在设计同样的应用程序时，使用 Python 进行编码所需要的代码量要远少于使用其他语言（比如 C++或 Java）的代码量。

Python 是一种跨平台的语言：一般来说，同样的 Python 程序可以同时在 Windows 平台与 UNIX 类平台（比如 Linux、BSD 与 Mac OS X）上运行——只需要将构成 Python 程序的单个或多个文件复制到目标机器上，而不需要"构建"或编译（Python 是解释型语言）。当然，Python 程序使用特定平台功能也是可能的，但通常很少需要这样做，因为几乎所有 Python 标准库与大多数第三方库都是完全跨平台的，或至少对用户是透明的。

Python 的强大功能之一是带有一个非常完全的标准库，通过该标准库，我们可以方便地实现大量功能，比如，从 Internet 下载一个文件、对压缩的存档文件进行解压，或创建一个 Web 服务器，而这些貌似复杂的功能，只需要少数几行 Python 代码就可以实现。除标准库外，还有数以千计的第三方库，其中一些提供了比标准库更强大、更复杂的功能，比如，Twisted 网络库与 NumPy 数值型库。其他一些库提供了极专业化的功能，因而没有包含在标准库中，比如，SimPy 模拟包。大多数第三方库都可以通过 Python Package Index，网址为 http://pypi.python.org/pypi 进行访问。

虽然本质上是一种面向对象语言，但是实际上 Python 可以用于进行过程型程序设计、面向对象设计，以及某种程度上的函数型程序设计。本书主要展示如何使用 Python 进行过程型程序设计与面向对象程序设计，也介绍了 Python 的函数型程序设计功能。

本书的目标是展示如何使用良好的 Python 3 惯用风格编写 Python 程序，在阅读本书之后，你就可以发现，本书是一本非常有用的 Python 3 语言索引。虽然与 Python 2 相比，Python 3 所做的改进和改变是渐进的，而非革新，但是在 Python 3 中，Python 2 中的一些既有做法变得不再合适或不再必要，因此必须介绍和使用 Python 3 中的一些新做法，以便充分利用 Python 3 的功能。毋庸置疑，Python 3 优于 Python 2；它构建于 Python 2 多年的实践基础上，并添加了大量的新功能（还摒弃了 Python 2 的一些不良特性）。与 Python 2 相比，使用 Python 3 更富于乐趣，更便利、容易和具有一致性。

本书旨在讲解 Python 语言本身，虽然中间也涉及很多标准 Python 库，但是没有全部介绍。不过这不是问题，因为在阅读本书之后，将具备充分的 Python 知识，读者可以自如地使用任意的标准库或任意第三方库，并可以创建自己的库模块。

　　本书适用于多种不同类型的读者，包括自学者、程序设计爱好者、学生、科学家、工程师，以及工作中需要进行程序设计的人，当然，也包括计算专业工作者和计算机科学家。要面对这些不同类型的读者，既让已具备丰富知识的读者不厌烦，又让经验不足的读者可以理解，因此，本书假定读者至少具备一定的程序设计经验（任何程序语言）。特别是，本书需要读者了解数据类型（比如数与字符串）、集合数据类型（比如集合与列表）、控制结构（比如 if 与 while 语句）以及函数。此外，有些实例与练习需要读者具备 HTML markup 的相关知识，后面某些更专业化的章节需要读者具备一定领域的知识，比如，数据库那一章需要读者具备基本的 SQL 知识。

　　在结构上，本书尽可能让读者阅读时最富有效率。在第 1 章结束时，读者应该就可以编写短小但有用的 Python 程序。后续的每一章都分别讲述一个新主题，在内容上通常都会比前一章更广、更深。这意味着，如果顺序阅读本书各章，在每一章结束后，都可以停止阅读，并利用该章讲解的知识编写完整的 Python 程序，当然，你也可以继续阅读以便学习更高级、更复杂的技术。出于这一考虑，有些主题在某一章中介绍，在后续的一章或几章中又进行了深入讲解。

　　讲解一门新的程序设计语言时，有两个关键的问题。第一个问题是：有时候，需要讲解某个特定概念时，会发现该概念依赖于另外一个概念，而这个概念反过来又直接或间接地依赖于这个"特定概念"。第二个问题是：在最开始的时候，由于读者对该语言毫无所知，或者只具备极为有限的知识，因此要给出有趣的、有用的实例或练习非常困难。在本书中，我们力图解决这两个问题。对第一个问题，首先要求读者具备一定的程序设计经验，了解基本的概念；对第二个问题，我们在第 1 章中就讲解了 Python 的"beautiful heart"——Python 的 8 个关键要素，足以用于编写良好的程序。这种做法也有一个不足的地方：在前几章中，有些实例在风格上会有一点刻意为之的痕迹，这是因为这些实例中只是使用了到该章为止所讲解的知识，不过这种副作用越到后面的章节越弱，到第 7 章结束时，所有实例都使用完全自然的 Python 3 惯用风格编写。

　　本书所讲述的方法是完全实践型的，我们建议读者尝试书中讲述的每个实例，做好每一个练习，以便获取实际的动手经验。在可能的地方，本书都提供了虽然短小但是完整的程序，这些程序实例展现了真实的应用场景。本书所带实例、练习及其解决方案都可以在 www.qtrac.eu/py3book.html 处获取，并且都已经在 Windows、Linux、Mac OS X 等操作平台上的 Python 3 环境下进行了测试。

本书的组织结构

　　第 1 章，提出了 Python 的 8 个关键要素，这些要素足以用于编写完整的 Python

程序。本章描述了一些可用的 Python 程序设计环境，给出了两个小实例，这两个实例都是使用前面讲述的 8 个关键要素构建的。

　　第 2 章～第 5 章介绍了 Python 的过程型程序设计功能，包括基本数据类型与集合数据类型、很多有用的内置函数与控制结构，以及比较简单的文本文件处理功能。第 5 章展示了如何创建自定义模块与包，并提供了 Python 标准库概览，以便读者对 Python 提供的功能有充分的了解，避免重复工作。

　　第 6 章对使用 Python 进行面向对象程序设计进行了全面深入的讲解。由于面向对象程序设计是建立在过程型程序设计基础之上的，因此，此前几章讲述的过程型程序设计相关的知识仍然可以用于面向对象程序设计，比如，利用同样的数据类型、集合数据类型以及控制结构。

　　第 7 章主要讲述文件的读、写。对于二进制文件，包括压缩、随机存取；对于文本文件，包括人工分析以及正则表达式的使用。本章也包括了如何读、写 XML 文件，包括使用元素树、DOM（文档对象模型）以及 SAX（用于 XML 的简单 API）。

　　第 8 章回顾了前面一些章节中讲述的内容，探讨了数据类型、集合数据类型、控制结构、函数、面向对象程序设计等领域一些更高级的内容。本章还介绍了很多新功能、类以及高级技术，包括函数型程序设计——其中的内容有挑战性，但也很有用。

　　第 9 章与其他章节的不同之处在于，它不是介绍新的 Python 特性，而是讨论了用于调试、测试和 profiling 程序的技术和库。

　　余下的几章讲述了其他一些高级主题。第 10 章展示了如何将程序的工作负载分布在多个进程与线程上；第 11 章展示了如何使用 Python 的标准网络支持功能编写客户端/服务器应用程序；第 12 章讲解了数据库程序设计（包括键-值对 DBM 文件与 SQL 数据库）；第 13 章讲述了 Python 的正则表达式 mini-language，介绍了正则表达式模块；第 14 章讲解使用正则表达式，以及使用两种第三方模块（PyParsing 和 PLY）的解析技术；第 15 章介绍了 GUI（图形用户界面）程序设计。

　　本书的大部分章都较长，这样是为了将所有相关资料放在一起，以便于查询引用，不过，各章都进一步划分为节、小节，因此，本书仍然是可以按照适合自己的节奏阅读的，比如，每次阅读一节或一个小节。

获取并安装 Python 3

　　如果使用的是较新版本的 Mac 或 UNIX 类系统并及时更新，就应该已经安装了 Python 3。要检查是否已经安装，可以在控制台（在 Mac OS X 上是 Terminal.app）中输入命令 python V（注意是大写的 V），如果版本为 3.X，就说明系统中已经安装了 Python 3，而不需要自己再安装，如果不是，请继续阅读。

　　对 Windows 与 Mac OS X 系统，存在易于使用的图形界面安装包，只需要按照提示就可以一步一步地完成安装过程。安装工具包可以从 www.python.org/download 处获取，该网站为 Windows 系统提供了 3 个独立的安装程序，一般需要下载的是普通的"Windows ×86 MSI Installer"，除非确认自己的机器使用的是 AMD64 或 Itanium 处理器，这种情况需要下载处理器特定的安装程序。下载安装程序后，只需要运行并按提示进行操作，就可以安装好 Python 3。

　　对 Linux、BSD 以及其他 UNIX 类系统，安装 Python 的最简单方法是使用该操作系统的软件包管理系统。大多数情况下，Python 安装程序是以几个单独的软件包形式提供的。比如，在 Fedora 中，用于 Python 的安装包为 python，用于 IDLE（一个简单的开发环境）的安装包为 python-tools。需要注意的是，只有在 Fedora 为更新的版本时（版本 10 或后续版本），这些安装包才是基于 Python 3 的。同样，对基于 Debian 的系统，比如 Ubuntu，对应的安装包为 python3 与 idle3。

　　如果没有适合自己操作系统的安装包，就需要从 www.python.org/download 处下载源程序，并从头编译 Python。你可以下载 source tarballs 中的任意一个，并根据其文件格式选择不同的工具进行解压：如果下载的是 gzipped tarball，则需要使用 tar xvfz Python-3.0.tgz；如果下载的是 bzip2 tarball，则需要使用 tar xvfj Python-3.0.tar.bz2。配置与构建过程是标准的，首先切换到新创建的 Python-3.0 目录，运行 ./configure（如果需要本地安装，可以使用 --prefix 选项），之后运行 make。

　　安装 Python 3 时，可能出现的一种情况是，在安装结束时弹出提示消息，声称不是所有的模块都已经安装，这通常意味着机器上缺少某些必要的库或头文件。这种情况可以通过单独安装相应程序包处理，比如，如果 readline 模块无法构建，可以使用包管理系统安装相应的开发库，如在基于 Fedora 的系统上安装 readline-devel，在基于 Debian 的系统上安装 readline-dev（遗憾的是，相关包的名字并不总是那么显而易见的）。安装了缺少的包之后，再次运行 ./configure 与 make。

　　成功构建之后，可以运行 make test，以便确认是否一切正常——尽管这并非必需，并且可能需要花费一些时间。

　　如果使用了 --prefix 进行本地安装，那么只需要运行 make install。你可能需要为 python 可执行程序添加软链接（如果使用的是 --prefix=$HOME/local/python3，并且 PATH 中包含 $HOME/bin 目录，则需要 ln -s ~/local/python3/bin/python3.0 ~/bin/python3），为 IDLE 添加软链接也会带来不少方便（假定前提与上面的一样，则需要 ln -s ~/local/python3/bin/idle ~/bin/idle3）。

　　如果不使用 --prefix 并具备 root 权限，应该以 root 用户登录，并执行 make install。在基于 sudo 的系统（比如 Ubuntu）上，则执行 sudo make install。如果系统上已经存在 Python 2，/usr/bin/python 并不会改变，同时 Python 3 将以 python3 的形式存在，同样地，Python 3 的 IDLE 以 idle3 的形式存在。

致谢

　　首先感谢读者对本书第一版的反馈，他们在反馈中给出了修改意见和建议。

　　其次要感谢的是本书的技术评审 Jasmin Blanchette，他是一位计算机科学家、程序员，我们曾共同编写过两本 C++/Qt 书籍。Jasmin 对章节布局的规划、对所有实例的建议与批评以及对本书的详细审阅，这一切都极大地提高了本书的质量。

　　Georg Brandl 是一位一流的 Python 开发人员，也是一位负责创建 Python 的新文档工具链的文档编辑。Georg 挑出了很多微妙的错误，并非常耐心、非常坚持地对其进行解释，直至可以被准确理解和纠正。他还对很多实例进行了改进。

　　Phil Thompson 是一位 Python 专家，也是 PyQt（可能是可用的 Python GUI 库中最好的）的创建者。Phil 的敏锐洞察力，有时候甚至是带有挑战性的反馈，都促使我对本书的很多内容进行了澄清和纠正。

　　Trenton Schulz 是 Nokia 的 Qt Software（以前的 Trolltech）部门的一位高级软件工程师，也是我以前撰写的所有书籍的有见地的评审，在本书的评审编辑中又一次给予了我宝贵的帮助。Trenton 对本书的细致阅读与提出的大量宝贵建议，帮助我澄清了很多问题，在很大程度上提高了本书质量。

　　除上面提及的各位评审人员之外（他们都读完了整本书），David Boddie，Nokia 的 Qt Software 的一位高级技术作者，也是一位经验丰富的 Python 老手和开源软件开发者，阅读了本书的部分章节并给出了有价值的回馈。

　　同时也要感谢 Guido van Rossum，Python 的创建者，感谢大量的 Python 社区，是他们的努力，使得 Python（尤其是库文件）变得如此有用而好用。

　　还要感谢 Jeff Kingston，Lout typesetting 语言（我使用这种语言的时间超过 10 年）的创建者。

　　特别感谢本书的编辑 Debra Williams Cauley，感谢她给予的支持，并再一次使得本书的整个编辑、出版过程尽可能顺畅；感谢 Anna Popick，他将本书的生产过程管理得非常好；感谢校对人员 Audrey Doyle 再一次做了良好的工作。

　　最后也是最重要的是，感谢我的妻子 Andrea，感谢她对我在凌晨 4 点起床，记录下编写本书的灵感，以及对代码进行纠正和测试时，所表现出来的忍耐，以及她的爱、忠诚和一如既往的支持。

目　　录

第1章

过程型程序设计快速入门

本章提供了足以开始编写 Python 程序的信息。如果此时尚未安装 Python，强烈建议读者先行安装 Python，以便随时进行编程实践，获取实际经验，巩固所学的内容。

本章第 1 节展示了如何创建并执行 Python 程序。你可以使用自己最喜欢的普通文本编辑器来编写 Python 代码，但本节中讨论的 IDLE 程序设计环境提供的不仅是一个代码编辑器，还提供了很多附加的功能，包括一些有助于测试 Python 代码、调试 Python 程序的工具。

第 2 节介绍了 Python 的 8 个关键要素，通过这 8 个要素本身，就足以编写有用的程序。这 8 个要素在本书的后续章节中将全面涉及与讲解，随着本书内容的推进，这些要素将被 Python 的其他组成部分逐渐补充、完善。到本书结束时，读者将对 Python 语言有完整的了解，并充分利用该语言提供的所有功能编写自己的 Python 程序。

本章最后一节介绍了两个短小的程序，这两个小程序利用了第 2 节中介绍的 Python 特性的一部分，以便读者可以及时尝试 Python 程序设计。

1.1 创建并运行 Python 程序

要编写 Python 代码，可以使用任意能加载与保存文本（使用 ASCII 或 UTF-8 Unicode 字符编码）的普通文本编辑器。默认情况下，Python 文件使用 UTF-8 字符编码，UTF-8 是 ASCII 的超集，可以完全表达每种语言中的所有字符。通常，Python 文件的扩展名为.py，不过在一些 UNIX 类系统上（比如 Linux 与 Mac OS X），有些 Python 应用程序没有扩展名，Python GUI（图形用户界面）程序的扩展名则为.pyw（特别是在 Windows 与 Mac OS X 上）。在本书中，我们总是使用.py 作为 Python 控制台程序与 Python 模块的扩展名，使用.pyw 作为 GUI 程序的扩展名。本书中提供的所有实例可以不需修改地在安装 Python 3 的所有平台上运行。

为确认系统已经正确安装 Python，也为了展示经典的第 1 个程序，在普通文本编

辑器（Windows 记事本即可，后面我们会使用更好的编辑器）中创建一个名为 hello.py
的程序，其中包含如下一些内容：

```
#!/usr/bin/env python3
print("Hello", "World!")
```

第 1 行为注释。在 Python 中，注释以#开始，作用范围为该行（后面我们将解释
更隐秘的一些注释信息）第 2 行为空行，Python 会忽视空行，但空行通常有助于将大
块代码分割，以便于阅读。第 3 行为 Python 代码，其中调用了 print()函数，该函数带
2 个参数，每个参数的类型都是 str（字符串，即一个字符序列）。

.py 文件中的每个语句都是顺序执行的，从第 1 条语句开始，逐行执行。这与其他
一些语言是不同的，比如，C++与 Java 一般是从某个特定函数或方法（带有函数或方
法名）开始执行。当然，下一节讨论 Python 控制结构时我们将看到，Python 程序的控
制流也是可以改变的。

这里，我们假定 Windows 用户将其 Python 代码保存在 C:\py3eg 目录下，UNIX（包
括 UNIX、Linux 与 Mac OS X）用户将其 Python 代码保存在$HOME/py3eg 目录下。
输入上面的代码后，将其保存在 py3eg 目录，退出文本编辑器。

保存了程序之后，就可以运行该程序了。Python 程序是由 Python 解释器执行的，通
常在控制台窗口内进行。在 Windows 系统上，控制台窗口称为"控制台"、"DOS 提示符"
或"MS-DOS 提示符"，或其他类似的称谓，通常可以通过"开始"、"所有程序"、"附件"
这一顺序打开。在 Mac OS X 上，控制台是由 Terminal.app 程序（默认情况下在应用程序
/工具这一目录下）提供的，通过 Finder 可以进行访问。在其他 UNIX 系统上，可以使用
xterm 或窗口环境提供的控制台，比如 konsole 或 gnome- terminal。

启动一个控制台，在 Windows 系统上，输入如下命令（前提是假定 Python 安装
在默认位置）——控制台的输出以粗体展示，输入的命令以细体展示。

```
C:\>cd c:\py3eg
C:\py3eg\>C:\Python30\python.exe hello.py
```

由于 cd（切换目录）命令是采用绝对路径的，因此从哪个目录启动并不会影响程
序执行。

UNIX 用户需要输入如下命令（假定 Python 3 在 PATH 下）：[*]
```
$ cd $HOME/py3eg
$ python3 hello.py
```

上面两种情况下，输出应该是相同的：

Hello World!

需要注意的是，除非特别声明，Python 在 Mac OS X 上的行为与在其他 UNIX 系

---

[*] UNIX 提示符可能并不是$的形式，这并无影响。

统上是相同的。实际上，提及"UNIX"时，通常意味着 Linux、BSD、Mac OS X 以及大多数其他 UNIX 系统与 UNIX 类系统。

虽然上面的程序只有一行可执行语句，但是通过运行该程序，我们仍然可以推断出关于 print()函数的一些信息。首先，print()函数是 Python 语言内置的一部分——我们不需要从某个库文件中对其进行"import"或"include"，就可以直接引用该函数。此外，该函数使用一个空格分隔其打印项，在最后一个打印项打印完成后，打印一个新行。后面我们将看到，这些默认的行为是可以改变的。另一个值得注意的情况是，print()可以按我们的需要赋予其很多或很少的参数。

要输入这样复杂的命令行才能引用我们的 Python 程序，很快就会让人乏味，幸运的是，无论在 Windows 还是 UNIX 系统上，都有更便利的方法。假定我们在 py3eg 目录下，在 Windows 系统上，只需要输入：

```
C:\py3eg\>hello.py
```

在控制台中输入扩展名为.py 的文件名时，Windows 会使用其注册表中的文件关联自动调用 Python 解释器。

遗憾的是，并不是总可以使用这种便利，因为有些 Windows 版本存在 bug，有时会影响文件关联调用程序的执行。这并不是 Python 特有的问题，其他一些解释器，甚至.bat 文件也会受到这一 bug 的影响，如果出现这一问题，可直接调用 Python，而不是依赖于文件关联。

如果在 Windows 上的输出为：

```
('Hello', 'World!')
```

那么说明系统上存在 Python 2，并且调用的是 Python 2，而非 Python 3。对于这种情况，一种解决方法是将.py 文件的文件关联从 Python 2 改为 Python 3，另一种方法（不是很方便，但很安全）是将 Python 3 解释器设置在路径中（假定 Python 3 安装在默认位置），并且每次显式地执行：

```
C:\py3eg\>path=c:\python31;%path%
C:\py3eg\>python hello.py
```

或许更方便的方法是创建一个 py3.bat 文件，其中只包含一行代码：path=c:\python30;%path%，将该文件保存在 C:\Windows 目录下。之后，在需要启动控制台运行 Python 3 程序时，都先执行 py3.bat。或者也可以让 py3.bat 自动执行，为此，需要修改控制台属性（在"开始"菜单中找到控制台，之后鼠标右击，会弹出其属性对话框），在"快捷方式"选项卡中的"目标"处，附加文本"/u /k c:\windows\py3.bat"（注意"/u"、"/k"选项前、后以及之间的空格，并确认这些内容添加在"cmd.exe"之后）。

在 UNIX 上，必须首先给该程序赋予可执行权限，之后才能运行该程序：

```
$ chmod +x hello.py
$ ./hello.py
```

当然，只需要运行一次 chmod 命令，之后就可以简单地通过./hello.py 来运行该程序。

在 UNIX 上，当某程序在控制台中被引用时，该文件的头两个字节先被读入[*]。如果这两个字节是 ASCII 字符#!，shell 就会认为该文件将要由解释器执行，并且该文件的首行指定了要使用哪个解释器。该行称为 shebang（shell 执行）行，如果存在，就必须为可执行文件的首行。

shebang 行通常呈现为如下两种形式之一：

```
#!/usr/bin/python3
```

或

```
#!/usr/bin/env python3
```

如果是第一种形式，就会使用指定的解释器。这种形式对将由 Web 服务器运行的 Python 程序是必要的，尽管指定的路径可能与这里给出的不同。如果是第二种形式，就会使用在 shell 当前环境中发现的第一个 python3 解释器。第二种形式具有更强的适应性，因为这种情况考虑了 Python 3 解释器位于/usr/bin 之外（比如，安装在/usr/local/bin 或$HOME 目录之下）的可能性。在 Windows 系统中，shebang 行并非是必需的（但没有坏处）。在本书中，所有实例都带有第二种形式的 shebang 行，但是没有明确给出。

需要注意的是，对 UNIX 系统，我们假定在 PATH 路径下，Python 3 的可执行程序名（或到该名的软链接）是 python3。如果不是这种情况，就需要改变实例中的 shebang 行，以便使用正确的程序名（如果使用的是第一种形式，就需要正确的名称与路径），或在 PATH 环境变量中的适当位置创建从 Python 3 可执行程序到 python3 的软链接。

很多功能强大的普通文本编辑器（比如 Vim 或 Emacs）都带有对编辑 Python 程序的内置支持。典型情况下，这种支持包括彩色的语法高亮显示，以及对相关代码行的正确缩排与非缩排。另一种方法是使用 IDLE Python 程序设计环境。在 Windows 系统与 Mac OS X 系统上，IDLE 是默认安装的；在 UNIX 系统上，正如简介中所描述的，IDLE 是以一个单独的软件包形式提供的。

如图 1-1 中的快照所示，IDLE 有一个相当"复古"的外观，使我们回退到在 UNIX 与 Windows 95 上使用 Motif 的时代。这是因为 IDLE 使用了基于 Tk 的 Tkinter GUI 库（第 15 章对其进行介绍），而没有使用功能更强大的 GUI 库，比如 PyGtk、PyQt 或 wxPython。之所以使用 Tkinter，是历史原因、自由许可协议条件以及 Tkinter 比其他 GUI 库更小等多种因素共同造成的。另一方面，作为 Python 标准配置组成部分的 IDLE 非常简单，容易学习和使用。

IDLE 提供了 3 个关键功能：输入 Python 表达式与代码，并在 Python Shell 中直接查看结果；代码编辑器，提供了 Python 特定的彩色语法高亮显示功能与对代码缩排的支持；调试器，可用于单步跟进代码，识别并纠正其中存在的 bug。在对简单算法、

---

[*] 用户与控制台之间的交互是由"shell"程序处理的，控制台与 shell 之间的差别这里不作讨论，我们使用这两个概念时可以互换。

代码段以及正则表达式进行实验时，Python Shell 尤其有用，当然也可以用作功能非常强大、灵活的计算器。

图 1-1　IDLE 的 Python Shell

还有其他几种 Python 开发环境也可以使用，但我们建议使用 IDLE，或至少最初使用 IDLE。另一种方法是在普通的文本编辑器中创建程序，并调用 print()进行调试。

调用 Python 解释器而不指定 Python 程序也是可以的。如果这样做，就会以交互模式启动解释器，在这种模式下，也可以输入 Python 语句并查看结果，就像使用 IDLE 的 Python Shell 窗口一样，并且提示符也同样是>>>。但是，IDLE 更易于使用，因此，建议使用 IDLE 对代码段进行试验。书中所展示的那些简短的交互式实例都是假定读者在交互式 Python 解释器或 IDLE 的 Python Shell 中输入的。

现在，我们已经学习了如何创建并运行 Python 程序，但显然我们所知甚少，仅仅学习了只使用一个函数的程序。通过下一节的学习，我们将大幅增加 Python 知识，并有能力创建虽然短小但是很有用的 Python 程序（这是本章最后一节将要做的事情）。

1.2　Python 的关键要素

在本节中，我们将学习 Python 的 8 个关键要素，下一节中，我们将展示如何借助这些要素编写实际的小程序。关于本节中讲述的各关键要素，都有更多的内容需要阐述，因此，阅读本节的内容时，有时候你会觉得 Python 似乎遗失了一些内容，使得很多工作只能以一种冗繁的模式完成，如果使用前向索引或索引表格中的内容，那么你几乎总是可以发现 Python 具备你需要的特性，并且可以更紧凑的表达方式来完成当前展示的工作方式——还有很多其他内容。

1.2.1   要素#1: 数据类型

任何程序语言都必须能完成的基本任务是表示数据项。Python 提供了几种内置的数据类型，现在我们只关注其中的两种。Python 使用 int 类型表示整数（正整数或负整数），使用 str 类型表示字符串（Unicode 字符序列）。下面给出几个整数类型与字符串类型变量实例：

```
-973
2106245833371143733958360553673408646377901908010982225086219550 72
0
"Infinitely Demanding"
'Simon Critchley'
'positively α β γ €÷©'
''
```

顺便说一下，上面第二个整数代表的是 2^{217}。Python 所能表示的整数大小只受限于机器内存，而非固定数量的字节数。字符串可以使用双引号或单引号封装——只要字符串头尾使用的符号是对称的。由于 Python 使用的是 Unicode 编码，因此字符串中的符号不局限于 ASCII 字符，比如上面倒数第二个字符串。空字符串则只是使用引号，中间没有任何内容。

Python 使用方括号（[]）来存取字符串等序列中的某一项，比如，在 Python Shell 中（交互式的解释器，或 IDLE），有如下的输入和输出信息——Python Shell 的输出是以粗体展示的，输入则是以细体展示的：

```
>>> "Hard Times"[5]
'T'
>>> "giraffe"[0]
'g'
```

传统上，Python Shell 使用>>>作为其提示符，当然这并非一成不变。方括号存取这种语法适用于任意数据类型（只要构成一个序列）的数据项，比如字符串或列表。这种语法的一致性是 Python 之所以如此美丽的原因之一。需要注意的是，Python 语法中，索引位置是从 0 开始计数的。

在 Python 中，str 类型与基本的数值类型（比如 int）都是固定的——也就是说，一旦设定，其值就不能改变。乍一看，这似乎是一个相当奇怪的限制，但是 Python 语法的特点使这一限制在实践中并不会成为问题。之所以提及这一点，唯一的原因是想说明：虽然可以使用方括号取回字符串中某给定索引位置处的字符，但是不能将其设置为新字符（注意，在 Python 中，字符就是指长度为 1 的字符串）。

如果需要将一个数据项从某种类型转换为另一种类型,那么可以使用语法 datatype

(item)，例如：

```
>>> int("45")
45
>>> str(912)
'912'
```

　　int()转换可以允许头尾处带有空格，因此，int(" 45 ")也是正确的。str()转换几乎可以应用于所有数据项。在第 6 章中可以看到，我们可以轻易地使自定义的数据类型支持 str()转换，也可以支持 int()转换或其他转换——只要这种转换是有意义的。如果转换失败，就会给出异常信息——我们将在要素 5 中简要介绍异常处理，在第 4 章中对其进行全面介绍。

　　字符串与整数这两种数据类型和其他一些内置的数据类型与某些来自 Python 标准库的数据类型一起在第 2 章中进行全面的讲解。第 2 章中还介绍了可用于固定序列（比如字符串）的操作。

1.2.2　要素#2：对象引用

　　定义了数据类型之后，接下来要做的事情就是定义存储某种类型数据的变量，但 Python 没有这样的变量，而是使用"对象引用"。对固定对象（比如 intS 与 strS）而言，变量与对象引用之间没有可察觉的差别。对于可变对象，则存在差别，但是在实际工作中很少有影响。在后面的讲解中，我们将交替地使用术语"变量"与"对象引用"。

　　下面看几个 tiny 实例，并对其中的某些细节进行讨论。

```
x = "blue"
y = "green"
z = x
```

　　在上面的几条语句中，语法都是简单的 objectReference = value。这里不需要预先的声明语句，也没有必要指定值的类型。执行上面的第一条语句时，Python 会创建一个 str 对象，其文本内容为"blue"，同时还创建了一个名为 x 的对象引用，x 引用的就是这个 str 对象。出于实用性的目的，我们可以说"变量 x 已经被分配了'blue'这一字符串"；第二条语句是类似的；第三条语句创建了一个名为 z 的新对象引用，并将其设置为对象引用 x 所指向的相同对象（这里是包含文本"blue"的 str 对象）。

　　在其他一些语言中，操作符"="与变量分配操作符是不一致的。在 Python 中，"="的作用是将对象引用与内存中的某对象进行绑定。如果对象引用已经存在，就简单地进行重绑定，以便引用"="操作符右面的对象；如果对象引用尚未存在，就由"="操作符创建对象引用。

　　让我们继续对上面的 x、y、z 实例进行讲解，并进行一些重绑定操作——如前面所讲述的，以"#"引导的是注释语句，并作用到该行最后。

```
print(x, y, z) # prints: blue green blue
z = y
print(x, y, z) # prints: blue green green
x = z
print(x, y, z) # prints: green green green
```

在第 4 条语句（x=z）执行之后，所有 3 个对象引用实际上引用的都是同一个 str。由于不存在更多的对字符串 "blue" 的对象引用，因此 Python 可以对其进行垃圾收集处理。图 1-2 通过图形化方式展示了对象与对象引用之间的关系。

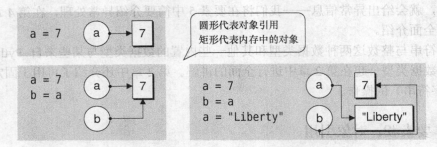

图 1-2   对象引用与对象

用于对象引用的名称（称为 "标识符"）有一些限制，尤其是不能与任何 Python 关键字相同，并且必须以字母或下划线引导，其后跟随 0 个或多个非空格字符、下划线或数字。标识符没有长度限制，字母与数字指的是 Unicode 编码中所定义的，也就是说，包含但不仅仅限于 ASCII 编码定义的字母与数字（"a"、"b"、……、"z"、"A"、"B"、……、"Z"、"0"、"1"、……、"9"）。此外，Python 标识符是大小写敏感的，因此，LIMIT、Limit 与 limit 是 3 个不同的标识符。第 2 章中会给出进一步的详细信息与一些稍微有些特别的实例。

Python 使用 "动态类型" 机制，也就是说，在任何时刻，只要需要，某个对象引用都可以重新引用一个不同的对象（可以是不同的数据类型）。使用强类型的语言（比如 C++、Java），只允许执行与某种特定数据类型绑定的操作，Python 也适用于这一约束，但在 Python 中，由于使用的是动态类型机制，因此有效的操作是可以改变的，比如某个对象引用可以重新绑定到不同数据类型的对象。例如：

```
route = 866
print(route, type(route)) # prints: 866 <class 'int'>
route = "North"
print(route, type(route)) # prints: North <class 'str'>
```

这里我们创建了一个称为 route 的对象引用，并将其设置为引用一个新的 int 型数值 866。对于 route，我们可以使用 "/"，因为除法对整数而言是一个有效的操作符。之后，我们重用 route 这一对象引用，并用其引用一个新的 str 变量，值为 "North"，int 对象将

进入垃圾收集流程，这是因为没有对象引用再对其进行引用。如果此时再使用"/"，就会
导致产生一个 TypeError，因为对字符串而言，"/"并不是一个有效的操作符。

type()函数会返回给定数据项的数据类型（也称为"类"）——在测试与调试时，
这一功能是非常有用的，但是在实际的应用代码中并不常见，因为存在一种更好的替
代方案，我们将会在第 6 章介绍。

如果在交互式解释器环境下（或者在类似于 IDLE 环境提供的 Python Shell 环境下）
执行 Python 代码，只需要简单地输入对象引用名，就足以打印出其值，例如：

```
>>> x = "blue"
>>> y = "green"
>>> z = x
>>> x
'blue'
>>> x, y, z
('blue', 'green', 'blue')
```

这种方式比调用 print()函数打印值信息要方便得多，但是只有在交互式地使用
Python 时才有效——我们所编写的任意程序与模块都必须使用 print()或类似函数才能
产生输出信息。在上面的最后一个实例中，输出信息包含在圆括号中，数据项之间以
逗号分隔，这意味着输出的是元组，也就是有序的固定对象序列。下一个要素将对元
组进行进一步讲述。

1.2.3 要素#3：组合数据类型

通常，将整个的数据项组合在一起会带来不少方便。Python 提供了几种组合数据
类型，包括关联数组与集合等类型，这里我们只讨论其中的两种：元组与列表。Python
元组与列表可用于存储任意数量、任意类型的数据项。元组是固定的，创建之后就不
能改变；列表是可变的，在需要的时候，可以插入或移除数据项。

元组使用逗号创建，例如：

```
>>> "Denmark","Finland", "Norway", "Sweden"
('Denmark', 'Finland',   'Norway', 'Sweden')
>>> "one",
('one',)
```

在输出元组时，Python 使用圆括号将其封装在一起。很多程序员模仿这种机制，
总是将自己定义的元组常值包括在圆括号中。如果某个元组只有一个数据项，又需要
使用圆括号，就仍然必须使用逗号，比如（1,）。空元组则使用空的（）创建。逗号还
可以用于在函数调用时分隔参数，因此，如果需要将元组常值作为参数传递，就必须
使用括号对其进行封装，以免混淆。

下面给出了一些元组实例：

```
[1, 4, 9, 16, 25, 36, 49]
['alpha', 'bravo', 'charlie', 'delta', 'echo']
['zebra', 49, -879, 'aardvark', 200]
[]
```

列表可以使用方括号（[]）创建，就像上面这些实例，第四个实例展示的是一个空列表。后面我们会看到，还有其他一些创建列表的方法。

实质上，列表与元组并不真正存储数据项，而是存放对象引用。创建列表与元组时（以及在列表中插入数据项时），实际上是使用其给定的对象引用的副本。在字面意义项（比如整数或字符串）的情况下，会在内存中创建适当数据类型的对象，而存放在列表或元组中的才是对象引用。

与 Python 中的其他内容一样，组合数据类型也是对象，因此，可以将某种组合数据类型嵌套在其他组合数据类型中，比如，创建一个列表，其中的每个元素也是列表，不拘形式。列表、元组以及大多数 Python 的其他组合数据类型存储的是对象引用，而非对象本身——有些情况下，这一事实会有一定的影响，第 3 章将会涉及这一问题。

在过程型程序设计中，我们经常需要调用函数，并将某些数据项作为参数传递。比如，前面我们已经看到的 print()函数。另一个常用的 Python 函数是 len()函数，该函数以某个单独的数据项作为参数，并返回该数据项的"长度"（int 类型）。下面有几个调用 len()函数的实例——考虑到读者应该可以区分哪些是自己的输入，哪些是解释器的输出，这里没有再使用粗体表示解释器的输出。

```
>>> len(("one",))
1
>>> len([3, 5, 1, 2, "pause", 5])
6
>>> len("automatically")
13
```

元组、列表以及字符串等数据类型是"有大小的"，也就是说，对这些数据类型而言，长度或大小等度量是有意义的，将这些数据类型的数据项作为参数传递给 len()函数是有意义的。（如果是那种不能用长度进行度量的数据项传递给 len()函数，则会导致异常）。

所有 Python 数据项都是某种特定数据类型（也称之为"类"）的"对象"（也称之为"实例"），我们将交替地使用术语"数据类型"与"类"。对象与有些其他语言（比如，C++或 Java 的内置数值类型）提供的数据项的关键区别在于，对象可以有"方法"。实质上，简单地说，方法就是某特定对象可以调用的函数。比如，数据类型 list 有一个 append()方法，借助于该方法，可以以如下方式添加对象：

```
>>> x = ["zebra", 49, -879, "aardvark", 200]
```

```
>>> x.append("more")
>>> x
['zebra', 49, -879, 'aardvark', 200, 'more']
```

对象 x 知道自身是一个 list（所有 Python 对象都知道自身的数据类型），因此，不需要明确地指定数据类型。在 append() 方法的实现中，第一个参数是 x 对象本身——这是由 Python 自动完成的（作为其对方法的句法支持的一部分）。

append() 方法会改变原始的列表。这是可以实现的，因为列表这种数据类型本身就是可变的。与创建新列表（使用原始的数据项以及额外要添加的数据项）、之后重新绑定对新列表的对象引用相比，append() 方法具有潜在的更高的效率，对于很长的列表尤其如此。

在过程型程序设计语言中，以如下的方式（完全有效的 Python 语法）使用列表的 append() 方法可以完成同样的功能：

```
>>> list.append(x, "extra")
>>> x
['zebra', 49, -879, 'aardvark', 200, 'more', 'extra']
```

这里，我们指定了数据类型以及该数据类型的方法，并将要调用该方法的数据项本身作为第一个参数，其后跟随其他一些参数。（在涉及到继承时，两种语法存在微妙的语义差别，第一种形式在实际中应用的更加广泛。第 6 章将会对继承进行讲解。）

如果你对面向对象程序设计并不熟悉，最初看到这些内容可能会有些奇怪。不过，你现在只需要知道，Python 有一种常规的函数调用方式 functionName(arguments)、方法调用方式 objectName.methodName(arguments)（第 6 章将会对面向对象程序设计进行讲解）。

点（"存取属性"）操作符用于存取对象的某个属性。虽然到目前为止，我们展示的只有方法属性，但是属性可以是任意类型的对象。由于属性可以是对象，该对象包含某些属性，这些属性又可以包含其他属性，依此类推，因此，可以根据需要使用多级嵌套的点操作符来存取特定的属性。

list 类型有很多其他方法，包括 insert() 方法，该方法用于在某给定的索引位置插入数据项；remove() 方法，该方法用于移除某给定索引位置上的数据项。如前面所说的，Python 索引总是以 0 开始。

前面曾经提及，我们可以使用方括号操作符从字符串中获得某个字符，并且该操作符可用于任意序列。列表本身也是一种序列，因此，可以对其进行如下一些操作：

```
>>> x
['zebra', 49, -879, 'aardvark', 200, 'more', 'extra']
>>> x[0]
'zebra'
```

```
>>> x[4]
200
```

元组也是一种序列，因此，如果 x 是一个元组，我们也可以以完全同样的方式使用方括号取回项目，就像对 x 列表一样。但是，由于列表是可变的（不像字符串与元组是固定的），因此我们也可以使用方括号操作符来设置列表元素，例如：

```
>>> x[1] = "forty nine"
>>> x
['zebra', 'forty nine', -879, 'aardvark', 200, 'more', 'extra']
```

如果我们给定了一个超出范围的索引位置，就会产生意外——我们将在要素 5 中简要介绍意外处理，并在第 4 章中对其进行全面讲解。

我们几次使用了"序列"这个术语，依赖于对其含义的非形式化的理解，目前也将继续这样处理。不过，Python 精确地定义了序列必须支持的特性，也定义了有大小的对象必须支持的特性，以及某种数据类型可能属于的其他不同类别，这些内容将在第 8 章讲述。

列表、元组以及 Python 其他内置的组合数据类型将在第 3 章中讲述。

1.2.4　元素#4：逻辑操作符

任何程序设计语言的一个基本功能都是其逻辑运算。Python 提供了 4 组逻辑运算，我们将在这里对其全部进行讲述。

1.2.4.1　身份操作符

由于所有的 Python 变量实际上都是对象引用，有时，询问两个或更多的对象引用是否都指向相同的对象是有意义的。is 操作符是一个二元操作符，如果其左端的对象引用与右端的对象引用指向的是同一个对象，则会返回 true。下面给出几个实例：

```
>>> a = ["Retention", 3, None]
>>> b = ["Retention", 3, None]
>>> a is b
False
>>> b = a
>>> a is b
True
```

需要注意的是，通常，对 intS、strS 以及很多其他数据类型进行比较是没有意义的，因为我们几乎总是想比较这些值。实际上，使用 is 对数据项进行比较可能会导致直觉外的结果。例如，在前面的实例中，虽然 a 与 b 在最初设置为同样的列表值，但是列表本身是以单独的 list 对象存储的，因此，在第一次使用时，is 操作符将返回 false。

　　身份比较的一个好处是速度非常快，这是因为，并不必须对进行比较的对象本身进行检查，is 操作符只需要对对象所在的内存地址进行比较——同样的地址存储的是同样的对象。

　　最常见的使用 is 的情况是将数据项与内置的空对象 None 进行比较，None 通常用作位置标记值，指示"未知"或"不存在"：

```
>>> a = "Something"
>>> b = None
>>> a is not None, b is None
(True, True)
```

　　上面使用 is not 是对身份测试的反向测试。

　　身份操作符的作用是查看两个对象引用是否指向相同的对象，或查看某个对象是否为 None。如果我们需要比较对象值，就应该使用比较操作符。

1.2.4.2　比较操作符

　　Python 提供了二进制比较操作符的标准集合，每个操作符带有期待中的语义：< 表示小于，<=表示小于或等于，==表示等于。!=表示不等于，>=表示大于或等于，> 表示大于。这些操作符对对象值进行比较，也就是对象引用在比较中指向的具体对象。下面是在 Python Shell 中输入的一些实例：

```
>>> a = 2
>>> b = 6
>>> a == b
False
>>> a < b
True
>>> a <= b, a != b, a >= b, a > b
(True, True, False, False)
```

　　对于整数，比较的结果与我们期待的结果是一样的。同样，对字符串进行比较操作，也可以获得正确的结果：

```
>>> a = "many paths"
>>> b = "many paths"
>>> a is b
False
>>> a == b
True
```

　　从上面的实例可以看出，虽然 a 与 b 是不同的对象（有不同的身份），但是具有相同的值，因此比较的结果是相等的。需要注意的是，因为 Python 使用 Unicode 编码表示字符串，与简单的 ASCII 字符串比较相比，对包含非 ASCII 字符的字符串进行比较可能更微妙、更复杂——我们将在第 2 章对这些问题进行全面讨论。

Python 比较操作符的一个特别好用的特性是可以进行结链比较，例如：

```
>>> a = 9
>>> 0 <= a <= 10
True
```

对给定数据项取值在某个范围内的情况，这种测试方式提供了很多便利，不再需要使用逻辑运算符 and 进行两次单独的比较操作（大多数其他语言都需要如此）。这种方式的另一个附加的好处是只需要对数据项进行一次评估（因为数据项在表达式中只出现一次），如果数据项值的计算需要耗费大量时间或存取数据项会带来一些副作用，这种优势就会更加明显。

归功于 Python 动态类型机制的"强大"，进行无意义的比较会导致异常，例如：

```
>>> "three" < 4
Traceback (most recent call last):
...
TypeError: unorderable types: str() < int()
```

出现异常而又未得到处理时，Python 会输出该异常错误消息的回溯与追踪信息。为使得输出更加清晰，我们忽略了输出信息中的回溯部分，而使用省略号替代*。如果我们输入的是"3" < 4，就会导致同样的异常，因为 Python 并不会猜测我们的意图——正确的方法或者是进行明确的转换，例如使用可比较的类型，也就是说，都是整数或都是字符串。

Python 中可以容易地创建自定义数据类型，并且与已有数据类型进行很好的整合，比如，我们可以创建自定义的数值类型，并将其与内置的 int 类型进行比较，也可以与其他内置的或自定义的数值类型进行比较，但不能与字符串或其他非数值类型进行比较。

1.2.4.3   成员操作符

对序列或集合这一类数据类型，比如字符串、列表或元组，我们可以使用操作符 in 来测试成员关系，用 not in 来测试非成员关系。例如：

```
>>> p = (4, "frog", 9, -33, 9, 2)
>>> 2 in p
True
>>> "dog" not in p
True
```

对列表与元组，in 操作符使用线性搜索，对非常大的组合类型（包含数万个或更

---

* 回溯（有时也称为函数调用栈）是一个调用列表，其中包含了从待处理异常出现点回溯到调用栈栈顶的所有调用。

多的数据项），速度可能会较慢；而对字典或集合，in 操作可以非常快。这些组合数据类型都将在第 3 章讲述，这里只展示如何使用 in 操作符对字符串进行相关操作：

```
>>>phrase = "Wild Swans by Jung Chang"
>>> "J" in phrase
True
>>> "han" in phrase
True
```

对字符串数据类型，使用成员运算符可以很方便地测试任意长度的子字符串。（前面已经讲过，字符只不过是长度为 1 的字符串。）

1.2.4.4 逻辑运算符

Python 提供了 3 个逻辑运算符：and、or 与 not。and 与 or 都使用 short-circuit 逻辑，并返回决定结果的操作数——而不是返回布尔值（除非实际上就是布尔操作数）。下面给出一些实际例子：

```
>>> five = 5
>>> two = 2
>>> zero = 0
>>> five and two
2
>>> two and five
5
>>> five and zero
0
```

如果逻辑表达式本身出现在布尔上下文中，那么结果也为布尔值，因此，前面的表达式结果将变为 True、True 与 False，比如，if 语句。

```
>>> nought = 0
>>> five or two
5
>>> two or five
2
>>> zero or five
5
>>> zero or nought
0
```

or 操作符是类似的，这里，在布尔上下文中，结果应该为 True、True、True 与 False。

not 单一操作符在布尔上下文中评估其参数，并总是返回布尔型结果，对前面的实例，not(zero or nought) 的结果为 True，not two 的结果为 False。

1.2.5 要素#5：控制流语句

前面我们曾提及，.py 文件中的每条语句都是顺序执行的，从第一条语句开始，逐行执行。实际上，函数、方法调用或控制结构都可以使控制流转向，比如条件分支或循环语句。有意外产生时，控制流也会被转向。

在这一小节中，我们将讲述 Python 的 if 语句、while 语句以及 loop 语句，函数将在要素#8 中讲解，方法将在第 6 章讲解。这里还会介绍基本的异常处理机制，并在第 4 章对其进行全面讲解，但这里首先澄清一些术语。

布尔表达式实际上就是对某对象进行布尔运算，并可以产生一个布尔值结果（True 或 False）。在 Python 中，预定义为常量 False 的布尔表达式、特殊对象 None、空序列或集合（比如，空字符串、列表或元组）、值为 0 的数值型数据项等的布尔结果为 False，其他的则为 True。创建自定义数据类型（比如在第 6 章中）时，我们可以自己决定这些自定义数据类型在布尔上下文中的返回值。

在 Python 中，一块代码，也就是说一条或多条语句组成的序列，称为 suite。由于 Python 中的某些语法要求存在一个 suite，Python 就提供了关键字 pass，pass 实际上是一条空语句，不进行任何操作，可以用在需要 suite（或者需要指明我们已经考虑了特殊情况）但又不需要进行处理的地方。

1.2.5.1 if 语句

Python 的常规 if 语句语法如下[*]：

if *boolean_expression1*:
    suite1
elif *boolean_expression2*:
    suite2
...
elif *boolean_expressionN*:
    suiteN
else:
    else_suite

与 if 语句对应的可以有 0 个或多个 elif 分支，最后的 else 分支是可选的。如果需要考虑某个特定的情况，但又不需要在这种情况发生时进行处理，那么可以使用 pass 作为该分支的 suite。

对习惯于 C++或 Java 语法的程序员而言，第一个突出的差别是这里没有圆括号与方括号，另一个需要注意到的情况是冒号的使用，冒号是上面语法中的一个组成部分，

---

[*] 本书中，省略号（...）用于代表没有展示的行。

但是最初使用时容易忘记。冒号与 else、elif 一起使用，实质上在后面要跟随 suite 的任意地方也需要使用。

与大多数其他程序设计语言不同的是，Python 使用缩排来标识其块结构。有些程序员不喜欢这一点，尤其是在使用这一功能之前，有些人对这一情况甚至极为讨厌。但习惯这一情况只需要几天时间，在几个星期或几个月之后，不带方括号的代码看起来比使用方括号的代码更优美、更不容易混乱。

由于 suite 是使用缩排指明的，因此很自然地带来的一个问题是：使用哪种缩排？Python 风格指南建议的是每层缩排 4 个空格，并且只有空格（没有制表符）。大多数现代的文本编辑器可设置为自动处理这一问题（IDLE 的编辑器当然也是如此，大多数其他可以感知 Python 代码的编辑器也是如此）。如果使用的缩排是一致的，那么对任意数量的空格或制表符，或二者的混合，Python 都可以正常处理。本书中，我们遵循官方的 Python 指南。

下面给出一个非常简单的 if 语句实例：

```
if x:
    print("x is nonzero")
```

对于上面的情况，如果条件 x 为真，那么 suite（print()函数调用）将得以执行。

```
if lines < 1000:
    print("small")
elif lines < 10000:
    print("medium")
else:
    print("large")
```

上面给出的是一条稍微复杂一些的 if 语句，该语句打印一个单词，这个单词用于描述 lines 变量的值。

1.2.5.2 while 语句

while 语句用于 0 次或多次执行某个 suite，循环执行的次数取决于 while 循环中布尔表达式的状态，下面给出其语法格式：

```
while boolean_expression:
    suite
```

实际上，while 循环的完整语法比上面的要复杂得多，这是因为在其中可以支持 break 与 continue，还包括可选的 else 分支，这些在第 4 章将进行讨论。break 语句的作用是将控制流导向到 break 所在的最内层循环——也就是说跳出循环；continue 语句的作用是将控制流导向到循环起始处。通常，break 语句与 continue 语句都用在 if 语句内部，以便条件性地改变某个循环的执行流程。

```
while True:
    item = get_next_item()
    if not item:
        break
    process_item(item)
```

while 循环具有非常典型的结构，只要还存在需要处理的数据项，就一直循环（get_next_item() 与 process_item() 都是在某处定义的自定义函数）。在上面的实例中，while 语句的 suite 中包含了一条 if 语句，该 if 语句本身又包含了自己的 suite，因此，在这一实例中必须包含一条 break 语句。

1.2.5.3   for…in 语句

Python 的 for 循环语句重用了关键字 in（在其他上下文中，in 是一个成员操作符），并使用如下的语法格式：

```
for variable in iterable:
    suite
```

与 while 循环类似，for 循环也支持 break 语句与 continue 语句，也包含可选的 else 分支。variable 将逐一引用 iterable 中的每个对象，iterable 是可以迭代的任意数据类型，包括字符串（此时的迭代是逐个字符进行）、列表、元组以及 Python 的其他组合数据类型。

```
for country in ["Denmark", "Finland", "Norway", "Sweden"]:
    print(country)
```

上面给出的是一个非常简化的方法，用于打印国家列表。在实际的代码中，更常见的做法是使用变量：

```
countries = ["Denmark", "Finland", "Norway", "Sweden"]
for country in countries:
    print(country)
```

实际上，完整的列表（或元组）可以使用 print() 函数直接打印，比如 print(countries)，但我们通常更愿意使用一个 for 循环（或 list comprehension，后面会讲述）来打印，以便对格式进行完全的控制。

```
for letter in "ABCDEFGHIJKLMNOPQRSTUVWXYZ":
    if letter in "AEIOU":
        print(letter, "is a vowel")
    else:
        print(letter, "is a consonant")
```

在这一代码段中，第一次使用关键字 in 是将其作为 for 循环的一部分，变量 letter 则取值从 "A"、"B" 一直到 "Z"，在循环的每次迭代中变化一次。在该代码段的第二行又一次使用了 in，但这次是将其作为成员关系测试操作符。还要注意的是，该实例展示了嵌套循环结构：for 循环的 suite 是 if...else 语句，同时 if 语句与 else 语句又都有自己的 suite。

1.2.5.4 基本的异常处理

Python 的很多函数与方法都会产生异常，并将其作为发生错误或重要事件的标志。与 Python 的其他对象一样，异常也是一个对象，转换为字符串时（比如，打印时），异常会产生一条消息文本。异常处理的简单语法格式如下：

```
try:
    try_suite
except exception1 as variable1:
    exception_suite1
...
except exceptionN as variableN:
    exception_suiteN
```

要注意的是，as *variable* 部分是可选的。我们可以只关心产生了某个特定的异常，而不关心其具体的消息文本。

完整的语法要更加复杂一些，比如，每个 except 分支都可以处理多个异常，还有可选的 else 分支，所有这些内容将在第 4 章中集中讲述。

异常处理以如下的逻辑工作：如果 try 块中的 suite 都正常执行，而没有产生异常，则 except 模块将被跳过；如果 try 块中产生了异常，则控制流会立即转向第一个与该异常匹配的 suite——这意味着，跟随在产生异常的语句后面的 suite 中的语句将不再执行；如果发生了异常，并且给定了 as variable 部分，则在异常处理 suite 内部，variable 引用的是异常对象。

如果异常发生在处理 except 块时，或者某个异常不能与任何一个 except 块匹配，Python 就会在下一个封闭范围内搜索一个匹配的 except 块。对合适的异常处理模块的搜索是向外扩展的，并可以延展到调用栈内，直到发现一个匹配的异常处理模块，或者找不到匹配的模块，这种情况下，程序将终止，并留下一个未处理的异常，此时，Python 会打印回溯信息以及异常的消息文本。

下面给出一个实例：

```
s = input("enter an integer: ")
try:
    i = int(s)
    print("valid integer entered:", i)
except ValueError as err:
    print(err)
```

如果用户输入的是 3.5，那么输出为：

```
invalid literal for int() with base 10: '3.5'
```

但是如果用户输入的是 13，那么输出为：

```
valid integer entered: 13
```

很多书籍都把异常处理作为一个高级专题，并尽可能将其安排在后面讲解。实际上，了解异常的产生与处理机制对理解 Python 的工作方式是基本的要求，因此，我们在一开始就讲述这方面的内容。我们会看到，通过将异常情况从我们真正关心的处理流程中剥离出来，异常处理机制可以使 Python 代码更具可读性。

1.2.6   要素#6：算术操作符

Python 提供了完整的算术运算符集，包括用于基本四则数学运算的操作符+、−、*、/。此外，很多 Python 数据类型可以使用一些增强的赋值操作符，比如+=与*=。在操作数都是整数时，+、−、*等操作符可以分别按正常的加法、减法、乘法进行运算：

```
>>> 5 + 6
11
>>> 3 - 7
-4
>>> 4 * 8
32
```

要注意的是，像大多数程序设计语言一样，在 Python 中，−号既可以作为单值操作符（否定），也可以作为二元操作符（减法），Python 与一般程序语言不同的地方在于对除法的处理：

```
>>> 12 / 3
4.0
>>> 3 / 2
1.5
```

除法操作符会产生一个浮点值，而不是一个整数值；很多其他程序设计语言都是产生一个整数值，并剥离掉小数部分。如果需要产生一个整数值结果，我们可以使用int()进行转换（或使用剥离操作符//，后面会进行讨论）。

```
>>> a = 5
>>> a
5
>>> a += 8
>>> a
13
```

乍一看，上面的语句没什么奇怪的地方，尤其是对熟悉类 C 语言的读者而言，在

这种语言中，增强的赋值操作符是一种速记法，用于对某操作生成的结果赋值。Python
例如，a += 8 实际上与 a = a + 8 是一样的。然而，这里有两个重要的地方，一
特定的，另一个是任何语言中处理增强的赋值操作符时都会用到的。

第一点需要记住的是，int 数据类型是固定的——也就是说，一旦赋值能改
变，因此，对固定的对象使用增强的赋值操作符时，实际上是创建一个对象储结
果，之后，目标对象引用重新绑定，以便引用上面创建的结果对象，而以前
的对象。根据这一原理，前面的例子中，在执行到 a += 8 语句时，Python8，
将所得结果存储到新的 int 对象，之后将 a 重新绑定为引用这个新的 int a
正在引用的原始对象没有其他的对象引用，就会进入垃圾收集流程）。图
了这一过程。

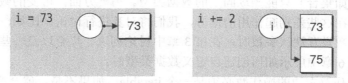

图 1-3　固定对象的增强的赋值操作符

第二个微妙之处在于，a operator= b 与 a = a operator b 并不完全一致
一次 a 的值，因而具有更快的可能性。此外，如果 a 是一个复杂的表达式
元素的索引位置计算，如 items[offset + index]），那么使用增强的赋值操作
出错。这是因为，如果计算过程需要改变，那么维护者只需要改变一次，

Python 重载（对不同的数据类型进行重用）了操作符+与+=，将其分别
列表，前者表示连接，后者表示追加字符串并扩展（追加另一个字符串）列

```
>>> name = "John"
>>> name + "Doe"
'JohnDoe'
>>> name += " Doe"
>>> name
'John Doe'
```

与整数类似，字符串也是固定的，因此，当使用+=时，会创建一个新字
且表达式左边的对象引用将重新绑定到新字符串，就像前面描述的 ints 一样。
持同样的语法，但隐含在后面的流程并不相同：

```
>>> seeds = ["sesame", "sunflower"]
>>> seeds += ["pumpkin"]
>>> seeds
['sesame', 'sunflower', 'pumpkin']
```

由于列表是可变的，使用+=后，原始的列表对象会被修改，因此，没有必要对 see

22

进行事{……}都定。图 1-4 示出了这一过程。

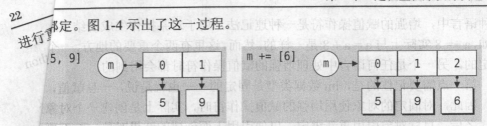

图 1-4　可变对象的增强的赋值操作符

然 Python 语法聪明地隐藏了可变的与固定的数据类型的区别，为什么还需要规{……}种数据类型？原因最可能还是在于性能。在实现上，固定的数据类型具有比可{……}据类型更加高效的潜力（因为这些固定的数据类型从不改变）。此外，有些组合{……}类型（比如集合）只能操纵固定的数据类型。另一方面，可变的数据类型使用起{……}加方便。在这些差别起作用的地方，我们将对其进行讨论，比如，在第 4 章中讨{……}自定义函数设置默认参数时，在第 3 章中讨论列表、集合以及一些其他数据类型{……}以及在第 6 章中展示如何创建自定义数据类型时。

列表+=操作符右边的操作数必须是一个 iterable，如果不是，就会产生意外：

```
>>> seeds += 5
Traceback (most recent call last):
…
TypeError: 'int' object is not iterable
```

对列表进行扩展的正确方法是使用 iterable 对象，例如：

```
>>> seeds += [5]
>>> seeds
['sesame', 'sunflower', 'pumpkin', 5]
```

当然，用于扩展列表的 iterable 对象本身就有多个数据项：

```
>>> seeds += [9, 1, 5, "poppy"]
>>> seeds
['sesame', 'sunflower', 'pumpkin', 5, 9, 1, 5, 'poppy']
```

添加一个普通的字符串——比如"durian—"而不是包含字符串的列表["durian"]，就会导致一个合乎逻辑但可能比较奇怪的结果。

```
>>> seeds = ["sesame", "sunflower", "pumpkin"]
>>> seeds += "durian"
>>> seeds
['sesame', 'sunflower', 'pumpkin', 'd', 'u', 'r', 'i', 'a', 'n']
```

列表的+=操作符会扩展列表，并将给定的 iterable 中的每一项追加到列表后。由于字符串是一个 iterable，这会导致字符串中的每个字符被单独添加。如果我们使用append()方法，那么该参数总是以单独的项目添加。

1.2.7 要素#7：输入/输出

如果要编写真正有用的程序，我们必须能够读取输入（比如，从控制台用户处，或者从文件中），还要产生输出，并写到控制台或文件。我们已经展示过如何使用 Python 的内置 print()函数，在第 4 章中我们将对其进一步展开。在这一小节中，我们将集中讲解控制台 I/O，并使用 shell 重定向读取或写入文件。

Python 提供了内置的 input()函数，用于接收来自用户的输入。这一函数需要一个可选的字符串参数（并将其在控制台上打印），之后等待用户输入响应信息或按 Enter 键（或 Return 键）来终止。如果用户不输入任何文本，而只是按 Enter 键，那么 input()函数会返回一个空字符串；否则，会返回一个包含了用户输入内容的字符串，而没有任何行终止符。

下面给出的是我们提供的第一个完整的"有用的"程序，这个程序吸取了前面很多有用的要素——唯一新的是 input()函数：

```
print("Type integers, each followed by Enter; or just Enter to finish")

total = 0
count = 0

while True:
    line = input("integer: ")
    if line:
        try:
            number = int(line)
        except ValueError as err:
            print(err)
            continue
        total += number
        count += 1
    else:
        break

if count:
    print("count =", count, "total =", total, "mean =", total / count)
```

上面的程序（在本书实例中的 sum1.py 文件中）只有 17 个可执行行，下面给出了该程序的典型运行情况：

```
Type integers, each followed by Enter; or just Enter to finish
number: 12
number: 7
```

```
number: 1x
invalid literal for int() with base 10: '1x'
number: 15
number: 5
number:
count = 4 total = 39 mean = 9.75
```

尽管这一程序很短，但是程序鲁棒性很好。如果用户输入的是无法转换为整数的字符串，那么这一问题会被异常处理流程捕捉，并打印一条相关信息，之后程序流程转向到循环的开始处（"继续循环"）。最后一个 if 语句的作用是：如果用户不输入任何数值，那么摘要不会输出，并且被 0 除也会避免。

第 7 章中将全面讲解文件处理，不过在这里我们也可以创建文件，这是通过将 print()函数的输出从控制台重定向到文件来实现的，例如：

```
C:\>test.py > results.txt
```

上面的语句使得 test.py 中的 print()函数调用产生的结果写入到文件 result.txt 中。上面的语法格式在 Windows 控制台与 UNIX 控制台中都可以正常工作。对于 Windows，如果 Python 2 是系统默认的 Python 版本，我们就必须写成 C:\Python30\python.exe test.py > results.txt，或者如果 Python 3 在 PATH 中占先（尽管我们不会再提及这个问题），就写成 python.exe test.py > results.txt；对于 UNIX，我们首先要把程序变为可执行的（chmod +x test.py），之后通过./test.py 调用该程序——除非程序所在目录恰好为 PATH。

通过将数据文件重定向为输入（与上面重定向输出的方式类似），可以实现数据的读取。然而，如果我们对 sum1.py 使用重定向，就会导致失败。这是因为，在收到 EOF（文件终止）字符时，input()函数会产生异常。下面给出了一个更具鲁棒性的程序版本（sum2.py），该程序可以接收来自用户键盘输入的输入信息，也可以接收来自文件重定向的输入信息：

```python
print("Type integers, each followed by Enter; or ^D or ^Z to finish")

total = 0
count = 0

while True:
    try:
        line = input()
        if line:
            number = int(line)
            total += number
            count += 1
    except ValueError as err:
        print(err)
```

```
            continue
        except EOFError:
            break
```

```
    if count:
        print("count =", count, "total =", total, "mean =", total / count)
```

在命令行中，输入 sum2.py< data\sum2.dat（这里，实例的 data 子目录中的文件 sum2.dat 包含了一列数据，每行一个），输出信息为：

```
Type integers, each followed by Enter; or ^D or ^Z to finish
count = 37 total = 1839 mean = 49.7027027027
```

为使程序更适合交互式使用并使用重定向技术，我们对该程序进行了几处修改。首先，我们将终止方式从空白行变为 EOF 字符（在 UNIX 上为 Ctrl+D，Windows 上为 Ctrl+Z 并按 Enter 键），这样，在处理包含空白行的输入文件时，程序更富于鲁棒性，不再为每个数值打印一个提示符（因为对重定向的输入而言这个没有意义）。此外，我们还使用了一个单独的 try 块，其中包含两个异常处理过程。

要注意的是，如果输入了无效的整数（来自键盘或重定向输入文件中的损坏行），那么 int()转换将产生一个 ValueError 异常，控制流也将立即转向相关的 except 模块。这意味着，输入无效数据时，total 或 count 都不会递增，而这正是我们所期望的。

我们也可以使用两个单独的异常处理 Try 语句块：

```
while True:
    try:
        line = input()
        if line:
            try:
                number = int(line)
            except ValueError as err:
                print(err)
                continue
            total += number
            count += 1
    except EOFError:
        break
```

但是我们更愿意将异常处理模块集中放在程序末尾，以保证主要流程尽可能清晰。

1.2.8　要素#8：函数的创建与调用

使用前面几个要素中讲解的数据类型与控制结构编写程序是完全可能的，然而，在实际中，非常常见的情况是重复进行同样的处理过程，只不过有细微的差别，比如不同的起点值。Python 提供了一种将多个 suites 封装为函数的途径，函数就可以参数化，并通过传递不同的参数来调用。下面给出的是用于创建函数的通常语法格式：

```
def functionName(arguments):
    suite
```

这里，*arguments* 是可选的；如果有多个参数，就必须使用逗号进行分隔。每个 Python 函数有一个返回值，默认情况下为 None，除非我们使用语法 return value 来从函数返回，此时 value 是实际的返回值。返回值可以是仅仅一个值，也可以是一组值。调用者可以忽略返回值，并简单地将其丢弃。

要注意的是，def 是一条与赋值操作符工作方式类似的语句。执行 def 时，会创建一个函数对象，同时创建一个带有指定名的对象引用（引用该函数对象）。由于函数也是对象，因此可以存储在组合数据类型中，并作为参数传递给其他函数，后续章节中将展示这一点。

在编写交互式的控制台应用程序时，一个频繁的需求是从用户处获取整数，下面给出了一个完成这一功能的函数：

```
def get_int(msg):
    while True:
        try:
            i = int(input(msg))
            return i
        except ValueError as err:
            print(err)
```

这个函数有一个参数 msg，在 while 循环内部，用户被要求输入一个整数，如果输入无效，则会产生一个 ValueError 异常，并打印错误消息，同时循环也将迭代进行。输入有效的整数后，会返回给调用者。下面展示了如何调用这个函数：

```
age = get_int("enter your age: ")
```

在这一实例中，强制使用单一的参数，这是因为我们没有提供默认值。实际上，对于支持默认参数值、位置参数与关键字参数的函数参数，Python 支持非常复杂与灵活的语法结构。第 4 章将集中讲述这些语法。

尽管创建自己的函数是一件很惬意的事情，但是很多时候并不需要这样做。这是因为，Python 有大量的内置函数，其标准库的大量模块中包含更多的函数，因此大多数我们所需要的函数都可以直接使用。

Python 模块实际上就是包含 Python 代码的.py 文件，比如自定义函数与类（自定义数据类型）的定义，有时候还包括变量等。要使用某个模块内的函数功能，必须先导入该模块，例如：

```
import sys
```

要导入一个模块，必须使用 inport 语句，其后跟随.py 文件名，但是不需要写出该扩展名*。导入一个模块后，就可以访问其内部包含的任意函数、类以及变量。例如：

```
print(sys.argv)
```

sys 模块提供了 argv 变量——该变量实际上是一个列表，其首项为该程序的名称，第二个参数及后续的参数为该程序的命令行参数。前面两行构成了完整的 echoargs.py 程序。如果在命令行中以 echoargs.py -v 命令调用该程序，就会在控制台上打印 ['echoargs.py', '-v']。（在 UNIX 上，第一个条目应该是/echoargs.py'）

通常，使用模块中函数的语法格式为 moduleName.functionName(arguments)。其中使用了我们在要素 3 中介绍的点（"存取属性"）操作符。标准库中包含大量的模块，随着本书的逐步展开，我们会逐渐介绍和使用其中的大量模块。标准模块的模块名都是小写字母，因此，一些程序员为自己编写的模块使用首字母大写的名（比如，My Module），以便区别于标准模块。

下面看一个实例，random 模块（在标准库的 random.py 文件中）提供了很多有用的函数：

```
import random
x = random.randint(1, 6)
y = random.choice(["apple", "banana", "cherry", "durian"])
```

在这些语句执行之后，x 将包含一个 1～6 之间（包含边界值）的一个整数，y 将包含传递给 random.choice()函数的列表之间的一个字符串。

常规的做法是将所有 import 语句放在.py 文件的起始处，在 shebang 行和模块的文档之后（第 5 章将对模块文档进行介绍）。我们建议程序员首先导入标准库模块，之后导入第三方库模块，最后才导入自己编写的模块。

1.3 实例

在前面的几节中，我们介绍了足以编写实际程序的 Python 知识与技术。在这一节中，我们将介绍两个完整的程序，这些程序只涉及前面已经讲过的知识。一方面是为了展示前面所学的知识可以完成什么任务，一方面也是为了巩固前面所学的知识。

在后面的章节中，我们会逐渐学习更多的 Python 知识与库模块，以便于编写出比这里展示的程序更精确与更强壮的程序——但是首先我们必须先掌握这些基础知识。

---

* sys 模块、一些其他的内置模块以及以 C 语言实现的模块并不一定必须有相应的.py 文件，但使用的方式是一样的。

1.3.1　bigdigits.py

　　这里给出的第一个程序非常短小,尽管该程序也有一些微妙之处,包括列表组成的列表等。这个程序的功能是:在命令行中提供一个数值,之后该程序会使用"大"数字向控制台输出该数值。

　　在大量用户共享高速行式打印机的站点上,使用这种技术是很常见的做法,即为每个用户的打印作业打印一个引导页,使其包含用户名与其他有助于区分不同用户的详细资料。

　　我们分 3 个部分查看该程序的代码:import 部分;创建列表(其中存放程序要使用的数据)部分;处理部分本身。不过,我们首先看一下运行的效果:

```
bigdigits.py 41072819
     *      ***     *** ***      ***        ****
    **   **  *    *   *    *    *   *      *    *
   *  *     *    *        *        *           *
   *  *     *    *        *        ***        ****
  ******    *    *        *        *   *          *
      *     *    *    *   *    *    *   *     *    *
      *    ***   ***   ***      ******  ***   ***
```

　　我们没有展示控制台提示符(或 UNIX 用户的./),而是将这些内容默认为已经存在的。
```
import sys
```

　　由于我们必须从命令行中读入一个参数(也就是要输出的数值),我们需要访问 sys.argv 列表,因此我们从导入 sys 模块开始。

　　我们以字符串列表的形式展示每个数值,比如,下面展示的是 zreo:

```
Zero = ["  ***  ",
        " *   * ",
        "*     *",
        "*     *",
        "*     *",
        " *   * ",
        "  ***  "]
```

　　这里需要注意的一个细节是,Zero 的字符串列表表示形式跨越了多个行。通常,Python 语句只占用一行,但是也可以跨越多行,比如使用圆括号包含的表达式、列表、集合、字典字面值、函数调用参数列表以及多行语句(除最后一行之外,每行的行终结符都使用反斜线进行引导并转义处理)。上面的这些 Python 语句可以跨越任意多的行,代码缩排也并不会影响第二行以及后续的行。

用于表示数值的每个列表包含 7 个字符串，在对同一个数值的表示中，这些字符串是等宽的，而表示不同数值的字符串宽度不同。表示其他数值的列表在形式上与上面给出的 Zero 类似。下面给出的几个表示主要是出于紧致性考虑，因而不那么形象和清晰：

```
One = [" * ","** "," * "," * "," * "," * ","***"]
Two = [" *** ","*    *","*    *","    *","   *  ","  *   ","*****"]
# ...
Nine = [" ****","*    *","*    *"," ****","    *","    *","    *"]
```

我们还需要的最后一个数据结构是所有数字列表组成的列表：

```
Digits = [Zero, One, Two, Three, Four, Five, Six, Seven, Eight, Nine]
```

我们也可以直接创建 Digits 列表，而不必创建额外的变量，例如：

```
Digits = [
    ["  ***  ","*     *","*     *","*     *","*     *",
     "*     *","  ***  "], # Zero
    [" * ","** "," * "," * "," * "," * ","***"], # One
    # ...
    [" ****","*    *","*    *"," ****","    *",
     "    *"] # Nine
]
```

我们更愿意使用单独的变量来分别表示每个数值，一方面是为了便于理解，另一方面是因为使用变量来表示看起来更整洁。

下面一起展示了余下的代码部分，以便你在阅读其后的解释之前自己可以设想其工作方式。

```
try:
    digits = sys.argv[1]
    row = 0
    while row < 7:
        line = ""
        column = 0
        while column < len(digits):
            number = int(digits[column])
            digit = Digits[number]
            line += digit[row] + " "
            column += 1
        print(line)
        row += 1
except IndexError:
    print("usage: bigdigits.py <number>")
```

```
except ValueError as err:
    print(err, "in", digits)
```

上面这段代码整体包含在一个异常处理模块中，并可以捕获两个异常。该段代码首先取回程序的命令行参数，与所有 Python 列表类似，sys.argv 列表的索引项是从 0 开始的，索引位置为 0 的数据项是调用的程序名，因此，在一个运行的程序中，该列表总是至少包含一项。如果没有给定参数，我们会在一个单数据项的列表中尝试访问第二个数据项，并导致产生一个 IndexError 异常。如果发生这种情况，控制流立即转向相应的异常处理块，这里只是简单地打印出程序的用法。在 Try 块结束后，程序继续执行，但是由于已经没有更多的代码，因此程序只是简单地退出。

如果没有发生 IndexError 异常，那么 digits 字符串会存放命令行参数，如果一切正常，就应该是一个数字字符序列。（记住，要素 2 中讲过，标识符对大小写敏感，因此，digits 与 Digits 是不同的。）每个大数都使用 7 个字符串表示，为正确地输出数值，我们必须首先输出每个数字的顶行，之后是下一行，依此类推，直至输出所有的 7 行。我们使用一个 while 循环，以便逐行迭代。我们也可以采用另一种方法：for row in (0, 1, 2, 3, 4, 5, 6):，后面我们还将看到一种更好的、使用内置的 range() 函数的方法。

我们使用 line 字符串来存放所有数字的行字符串，之后根据列进行循环，也就是说，根据命令行参数中每个相继的字符进行循环。我们使用 digits[column] 取回每个字符，并将数字转换为称为 number 的整数。如果转换失败，就会产生一个 ValueError 异常，控制流立即转向相应的异常处理模块。这种情况下，我们将打印出错误消息，并在 try 块之后恢复控制。与前面类似，由于没有其他代码等待执行，因此程序只是简单地退出。

如果转换成功，我们就使用 number 作为索引来存取 digits 列表，并从其中抽取字符串列表 digit，之后我们从这一列表中将相应的字符串添加到我们正在构建的行，并添加两个空格，以便在数字之间添加水平分隔。

内部的 while 循环每次结束时，我们会打印出刚构建好的行。理解这一程序的关键之处在于我们将每个数字的 row 字符串添加到当前 row 的行。读者可以尝试运行该程序，以便理解其运作方式。在章后练习中，我们将再次讲到该程序，以便对其输出进行稍许改变。

1.3.2　generate_grid.py

我们频繁面临的需求是测试数据的生成。由于不同场景下测试数据变化巨大，因此无法找到一个满足所有测试数据需求的通用程序。由于编写与修改 Python 程序都很容易， Python 经常被用于生成测试数据。在这一小节中，我们将创建一个生成随机整数组成的网格的程序，用户可以规定需要多少行、多少列，以及整数所在的区域。我们首先从一个运行实例开始：

generate_grid.py

```
rows: 4x
invalid literal for int() with base 10: '4x'
rows: 4
columns: 7
minimum (or Enter for 0): -100
maximum (or Enter for 1000):
```

554	720	550	217	810	649	912
-24	908	742	-65	-74	724	825
711	968	824	505	741	55	723
180	-60	794	173	487	4	-35

该程序以交互式的方式运行，最开始在输入行数时，由于输入的行数有误，导致程序打印一条错误消息，并要求用户重新输入行数。对于 maximum，我们只是简单地按 Enter 键，以便接受默认值。

我们将分别解读该程序的 4 个部分：import、函数 get_int() 的定义（此函数比要素 8 中展示的类似函数更复杂）、用户交互以便获取要使用的值、处理过程本身。

```
import random
```

我们需要 random 模块，以便访问其中的 random.randinit() 函数。

```
def get_int(msg, minimum, default):
    while True:
        try:
            line = input(msg)
            if not line and default is not None:
                return default
            i = int(line)
            if i < minimum:
                print("must be >=", minimum)
            else:
                return i
        except ValueError as err:
            print(err)
```

这一函数需要 3 个参数：一个消息字符串、一个最小值、一个默认值。如果用户只是简单地按 Enter 键，就有两种可能性。如果 default 为 None，也就是说没有给定默认值，那么控制流将转到 int() 行，在该处转换将失败（因为无法转换为整数），并产生一个 ValueError 异常；如果 default 非 None，就返回该值。否则，函数将尝试把用户输入的文本转换为整数，如果转换成功，接下来将检查该整数是否至少等于指定的 minimum。

因此，该函数的返回总是两种情况，或者是 default（用户只是按 Enter 键），或者是一个有效的整数（大于或等于指定的 minimum）。

```
rows = get_int("rows: ", 1, None)
columns = get_int("columns: ", 1, None)
minimum = get_int("minimum (or Enter for 0): ", -1000000, 0)


default = 1000
if default < minimum:
    default = 2 * minimum
maximum = get_int("maximum (or Enter for " + str(default) + "): ",
                  minimum, default)
```

通过我们的 get_int()函数，可以很容易地获取行数、列数以及用户需要的最小随机数值。对于给定默认值 None 的行数与列数，也就是没有指定默认值的情况，用户必须输入一个整数。对于 minimum，我们提供的默认值为 0；对于 maximum，我们提供的默认值为 1000 或 minimum 的 2 倍（如果 minimum 大于或等于 1000）。

与前面的例子类似，函数调用参数列表可以跨越任意数量的行数，并且缩排与第二行及后继行无关。

在确定用户需要的具体行数、列数以及随机数的最大值与最小值后，就可以进行具体的随机数生成过程：

```
row = 0
while row < rows:
    line = ""
    column = 0
    while column < columns:
        i = random.randint(minimum, maximum)
        s = str(i)
        while len(s) < 10:
            s = " " + s
        line += s
        column += 1
    print(line)
    row += 1
```

为生成随机数网格，我们使用 3 个 while 循环，外部循环以行数进行循环，中间循环以列数进行循环，内部循环则以字符进行循环。在中间循环中，我们获取指定范围内的随机数，并将其转换为字符串。内部 while 循环用于对字符串进行填充（填充数据为空格），以便每个数字都使用 10 个字符的字符串表示，对每一行，使用字符串 line 来累积数值，在每一列的数字添加完毕后，就打印出该行表示的数字，至此，第二个程序功能讲解完毕。

Python 提供了非常高级的格式化功能，以及对 for ... in 循环的良好支持能力，因此，bigdigits.py 与 generate_grid.py 这两个程序的更真实的版本会使用 for ... in 循环，

generate_grid.py 程序将使用 Python 的字符串格式化功能，而不是像这里这样不带修饰地使用空格进行填充。但是在本章中，我们将自己约束在使用本章介绍的 8 个关键要素进行程序设计，并且这 8 个要素对编写完整而有用的程序也已足够。在接下来的每一章中，我们都将学习 Python 的一些新特性，因此，随着本书内容的推进，所看到的程序将逐步复杂起来。

1.4 总结

在本章中，我们学习了如何编辑并运行 Python 程序，并讲解了几个虽然短小但完整的程序。本章的大部分在于讲解足以编写实际 Python 程序的 8 个要素——Python 的"关键要素"。

我们从 Python 最基本的两个数据类型 int 与 str 开始。整数的编写就像在大多数其他程序设计语言中一样，字符串的编写需要使用单引号或双引号——只要字符串两端是同样的引号类型即可。我们可以在字符串与整数之间进行转换，比如 int("250")与 str(125)。如果转换整数失败，就会产生 ValueError 参数，而几乎所有对象都可以转换为字符串。

字符串也是序列，因此，那些可用于序列的函数与操作也可以用于字符串。例如，我们可以使用数据项存取操作符（[]）存取某个特定的字符，使用符号+连接字符串，使用+=追加字符串——由于字符串是固定的，因此，这里的追加操作实际上创建了一个新字符串，该字符串实际上是将给定的字符串连接在一起，并将左边字符串的对象引用重绑定到新字符串。我们也可以使用 for…in 循环来对字符串进行逐个字符的迭代。我们可以使用内置的 len()函数统计一个字符串中包含多少个字符。

对于固定的对象，比如字符串、整数与元组，我们可以编写自己的代码，就像对象引用是一个变量一样，也就是说，就像对象引用是其引用的对象本身。我们也可以对可变的对象做类似的事情，尽管对可变的对象的任何改变都会影响到该对象的所有出现（对该对象的所有对象引用），我们将在第 3 章中进行讲解。

Python 提供了几种内置的组合数据类型，其标准库中还包含其他几种类型。我们学习了 list 与 tuple 这两种数据类型，尤其是学习了如何从字面上创建元组与列表，比如，even = [2, 4, 6, 8]。与 Python 中的其他对象一样，列表也是对象，因此我们可以在其上进行方法调用，比如，even.append(10)将向列表中添加一个额外的数据项。与字符串类似，列表与元组也是序列，因此，我们可以使用 for…in 循环在其上进行逐项迭代，也可以使用 len()函数计算其包含多少个数据项。使用数据项存取操作符（[]），我们可以取回列表或元素中的某个特定项；使用+，可以连接两个列表或元组；使用+=，可以把某个列表或元组附加到另一个上。如果我们需要将一个单独的数据项添加到列表，就必须使用 list.append()或+= 将该项添加到列表中，使其变为一个单项目列表，比如 even += [12]。由于列表是可变的，因此我们可以使用[]改变单个数据项，比如，even[1]=16。

is 与 is not 这两个身份操作符可以用于检测两个对象引用是否引用了相同的对象——在检测内置的 None 对象时，这两个操作符尤其有用。所有常见的比较操作符都可以使用（<, <=, ==, !=, >=, >），但是只能用于兼容的数据类型，并且要求数据类型支持该操作符。到目前为止我们看到的数据类型（包括 int、str、list 与 tuple）都支持比较操作符的全集。对不兼容的数据类型进行比较，比如，将 int 与 str 或 list 进行比较，将很直观地产生一个 TypeError 异常。

Python 支持标准的逻辑操作符 and、or 与 not。and 与 or 都是"短路"操作符，返回的是决定结果的操作数——这可能并非布尔类型值（尽管可以转换为布尔类型值），not 总是返回 true 或 false。

利用 in 与 not in 操作符，可以测试序列类型的成员关系，包括字符串、列表与元组等。进行成员关系测试时，对列表与元组使用的是较慢的线性搜索，对字符串使用的则是可能更快的混合搜索算法。不过，除非字符串、列表或元组非常长，一般情况下性能很少会成为问题。在第 3 章中，我们将学习 Python 的关联数组与集合等组合数据类型，这些数据类型都提供了非常快的成员关系测试功能。使用 type()函数，也可能判断对象变量的类型（也就是说，对象引用实际引用的对象的类型），但这一函数通常只用于调试与测试过程。

Python 提供了几种控制结构，包括条件分支（if...elif...else）、条件循环（while）、序列上的迭代（for...in）与异常处理（try...except 块）等。while 循环与 for...in 循环都可以使用 break 语句贸然地终止，也都可以使用 continue 语句将控制流转向循环的开始。

Python 支持常见的算术操作符，包括+、-、*、/等四则运算，不过 Python 的不同之处在于，/操作符总是产生一个浮点值结果（即便两个操作数都是整数）。（很多其他程序设计语言使用的截取除法在 Python 中也支持，不过其操作符是//。）Python 也提供了增强的赋值操作符，比如+=与*=，如果左边的操作数是固定的，这类操作符实际上就创建一个新对象，并进行重新绑定。此外，前面也已说明，str 与 list 数据类型对算术运算操作符进行了重用。

通过 input()函数与 print()函数，可以实现控制台 I/O。通过在控制台中使用文件重定向，可以使用同样的内置函数读、写文件。

Python 除了提供丰富的内置功能之外，还提供了广泛的标准库，在使用 import 语句进行导入操作后，就可以使用模块中的函数。sys 模块是一个很常见的需要导入的模块，其中存放了 sys.argv 列表（命令行参数）。如果 Python 不能提供我们需要的函数，可以使用 def 语句很容易地创建一个完成所需功能的函数。

利用本章中讲解的知识与技术，可以编写短小但有用的 Python 程序。在接下来的章节中，我们将学习关于 Python 数据类型的更多知识，对 intS 与 strS 进行更深入的讲解，并介绍一些全新的数据类型。之后，在第 4 章中，将详细讲解 Python 的控制结构，并介绍如何创建自己的函数，以便将相关功能进行包装，促进代码重用，防止重复工作。

1.5 练习

在本书的每一章最后，都有一节练习，设置练习的目的是鼓励读者对 Python 进行实践，获取实际经验，以助于吸收每章中所学的知识。本节包括的实例与练习既涉及数字处理，也涉及文本处理，以便尽可能满足更多读者的需求。此外，这些实例与练习都有非常小的代码规模，以便于读者将重点和注意力集中于学习与思考，而不是仅仅输入代码。本书的实例中，为每个练习都提供了一个解决方案。

1. bigdigits.py 程序的一个变形，不再打印*，而是打印具体的数字。例如：

```
bigdigits_ans.py 719428306
77777   1   9999     4    222   888   333      000     666
    7  11   9   9   44    2  2  8   8  3   3   0   0      6
    7   1   9   9  4  4   2    2  8   8      3      0   0      6
    7   1   9999  4  4     2      888     33   0      0   6666
    7   1      9 444444    2      8   8      3   0      0   6   6
    7   1      9     4    2      8   8  3   3   0   0  6   6
    7  111     9     4   22222   888   333      000     666
```

可以采取两种方法。最简单的方法只是简单地改变列表中的*，但这种方法太过死板，也不是你应该采取的方法。读者应该采取的方法是，改变处理代码，不再将每个数字的行字符串一次性地添加到行，而是逐个字符添加，遇到*时，就使用相关的数字替代。

为实现上述方法，可以复制本章中讲解的 bigdigits.py，并修改其中大概 5 行，这些工作并不难，但稍有些微妙之处。对于这一练习题，提供了解决方案 bigdigits_ans.py。

2. IDLE 可以用作一个功能非常强大而灵活的计算器，但有时候，针对特定任务的计算器也是有用的。创建一个程序，该程序提示用户在 while 循环中输入数值，并根据输入的数值逐步构建一个列表。用户结束输入（按 Enter 键）时，打印出输入的数值本身、输入数值个数、输入数值和、输入的最小值与最大值以及平均值（sum/count），下面给出一个运行实例：

```
average1_ans.py
enter a number or Enter to finish: 5
enter a number or Enter to finish: 4
enter a number or Enter to finish: 1
enter a number or Enter to finish: 8
enter a number or Enter to finish: 5
```

```
enter a number or Enter to finish: 2
enter a number or Enter to finish:
numbers: [5, 4, 1, 8, 5, 2]
count = 6 sum = 25 lowest = 1 highest = 8 mean = 4.16666666667
```

要完成这一程序，需要大约 4 行代码初始化必要的变量（空列表使用[]表示），少于 15 行代码实现 while 循环，包括基本的错误处理，最后打印相关结果也可以在几行代码中实现，因此，整个程序（包括为代码清晰添加的空白行）应该在 25 行左右。

3．有些情况下，我们需要生成测试文本——比如，在网站真实内容可用之前，生成一个 Web 站点的设计方案，或者在开发报告写入者之前提供测试内容。为这一目的，可以编写一个用于生成可怕的诗歌（那种让 Vogon 都自愧不如的诗歌）的程序。

创建一些词汇列表，比如，冠词（"the"、"a"等）、主题（"cat"、"dog"、"man"、"woman"）、动词（"sang"、"ran"、"jumped"）与状语（"loudly"、"quietly"、"well"、"badly"）等，之后循环 5 次，在每次迭代中，使用 random.choice()函数选取冠词、主题、动词、状语等内容。使用 random.randint()函数在两种语句结构之间进行选择：冠词、主题、动词、状语；只包括冠词、主题与动词，之后打印语句，下面给出了一个运行的实例：

```
awfulpoetry1_ans.py
another boy laughed badly
the woman jumped
a boy hoped
a horse jumped
another man laughed rudely
```

为实现上述功能，你需要导入 random 模块。列表部分大概需要 4～10 行代码完成，具体代码量依赖于在其中放置多少词汇；循环本身需要不到 10 行代码，加上一些必要的空白行，整个程序代码量大约在 20 行左右。对于这一练习题，提供了解决方案 awfulpoetry1_ans.py。

4．为了使得产生可怕诗歌的程序功能更丰富，可以向其中添加一些代码，以便于用户在命令行上输入一个数字（在 1 与 10 之间）时，程序将输出该数字代表的行数。如果没有给定命令行参数，默认就像以前一样打印 5 行。为了完成上述任务，需要改变主循环（比如，变为一个 while 循环）。要记住的是，Python 的比较操作符可以结链，因此，在检查某参数是否在范围内时，并不需要使用逻辑 and 操作符。添加这些额外的功能，大概需要 10 行代码。对于这一练习题，提供了解决方案 awfulpoetry2_ans.py.

5．对于练习 2，如果可以计算中间值以及平均值，那么应该是一个不错的功能。为了做到这一点，我们必须对列表进行排序。在 Python 中，列表可以很容易地使用 list.sort()方法排序，但是目前尚未讲解这方面的知识，因此这里不适用这种方法。使用一段对数列表排序的代码，扩展平均值计算程序——不需要太考虑性能问题，使用你能想到的最简单的方法即可。对列表排序后，如果列表有奇数个数据项，中间值就是中间那个数据项的值；如果列表有偶数个数据项，中间值就是两个中间项值的平均值。计算中间值，并将其与其他相关信息一起输出。

上面的要求还是相当棘手的，对不熟练的程序员更是如此。如果你已具备一些 Python 编程经验，可能仍然会感觉到有些棘手，尤其是要限定在使用本书到此为止讲解的相关知识。排序需要大约十几行代码，中间值计算（注意不能使用 modulus 操作符，因为本书尚未讲到）大约要 4 行代码。对于这一练习题，提供了解决方案 average2_ans.py。

第 2 章

数据类型

||||

在本章中，我们开始对 Python 语言进行更细致的解读。我们首先讨论了对象引用命名的一些规则，并提供了 Python 关键字列表。之后我们介绍了 Python 中最重要的一些数据类型——集合数据类型除外，将在第 3 章进行讲解。这里讲解的数据类型都是内置的，只有一种来自于标准库。内置数据类型与标准库数据类型唯一的区别在于，对于后者，我们必须首先导入相关的模块，并且必须使用模块名对数据类型名进行限定——第 5 章对导入进行深度介绍。

2.1 标识符与关键字

||||

创建一个数据项时，我们或者将其赋值给一个变量，或者将其插入到一个组合中（如前面章节中所讲述的，在 Python 中进行赋值操作时，实际上是使得某个对象引用对内存中存放数据的对象进行引用）。为对象引用赋予的名称称为标识符，或者仅仅是简单的名称。

有效的 Python 标识符是任意长度的非空字符序列，其中包括一个"引导字符"以及 0 个或多个"后续字符"。Python 标识符必须符合两条规则，并遵循某些约定。

第一条规则是关于引导字符与后续字符的。只要是 Unicode 编码的字母，都可以充当引导字符，包括 ASCII 字母（"a"、"b"、...、"z"，"A"、"B"、...、"Z"）、下划线（"_"）以及大多数非英文语言的字母。后续字符可以是任意引导字符，或任意非空格字符，包括 Unicode 编码中认为是数字的任意字符，比如（"0"、"1"、...、"9"），或者是加泰罗尼亚字符"·"。标识符是大小写敏感的，因此，TAXRATE、Taxrate、TaxRate、taxRate 与 taxrate 是 5 个不同的标识符。

允许充当引导字符与后续字符的精确字符集在文档（Python language reference,

Lexical analysis, Identifiers and keywords section）与 PEP3131[*]中进行了描述（支持非 ASCII 标识符）。

第二条规则是 Python 标识符不能与 Python 关键字同名，因此，不能使用表 2.1 中的这些关键字作为标识符的名称。

表 2-1   Python 的关键字

and	continue	except	global	lambda	pass	while
as	def	False	if	None	raise	with
assert	del	finally	import	nonlocal	return	yield
break	elif	for	in	not	True	
class	else	from	is	or	try	

在前面的章节中，我们已经涉及了大多数关键字，尽管其中的 11 个——assert、class、del、finally、from、global、lambda、nonlocal、raise、with、yield 尚未进行讨论。

第一条约定是：不要使用 Python 预定义的标识符名对自定义的标识符进行命名，因此，要避免使用 NotImplemented 与 Ellipsis，以及 Python 内置数据类型（比如 int、float、list、str 与 tuple）的名，也不要使用 Python 内置函数名与异常名作为标识符名。读者可能会困惑如何判断自己对标识符的命名是否在上面需要避免的范围之内，Python 有一个内置的名为 dir() 的函数，该函数可以返回对象属性列表。不带参数调用该函数时，将返回 Python 内置属性列表，例如：

```
>>> dir()# Python 3.1's list has an extra item, '__package__'
['__builtins__', '__doc__', '__name__']
```

__builtins__ 属性在效果上是一个存放所有 Python 内置属性的模块。我们可以将其作为 dir() 函数的参数：

```
>>> dir(__builtins__)
['ArithmeticError', 'AssertionError', 'AttributeError',
...
'sum', 'super', 'tuple', 'type', 'vars', 'zip']
```

上面输出的属性列表中大约包含 130 个名称，因此，使用省略号代替了其中大部分。以大写字母引导的名称是 Python 内置的异常名，其他的是函数名与数据类型名。

如果记住或查询这些应该避免使用的标识符名称过于乏味，另一种替代的方法是使用 Python 的代码检查工具，比如 PyLint（www.logilab.org/project/name/pylint），这

---

[*] "PEP"是 Python Enhancement Proposal 的缩写。如果有人想改变或扩展 Python，并且获得 Python 社区的足够支持，就可以提交一个 PEP，并附带其提案的详细资料，以便所提交的内容被正式评价，有些情况，比如 PEP 3131，就是这样被接受并实现的。所有的 PEP 都可以通过网址 www.python.org/dev/peps/进行访问。

一工具有助于识别 Python 程序中很多其他真正的或潜在的问题。

第二条约定是关于下划线（_）的使用，名的开头和结尾都使用下划线的情况（_）应该避免使用，这是因为 Python 定义了各种特殊方法与变量，使用的就是这样的名称（对于特殊方法，我们可以对其进行重新实现，也就是说给出我们自己的实现版本），但我们自己不应该再引入这种新的名称，第 6 章将进行相应讲解。在有些上下文中，以一个或两个下划线引导的名称（但是没有使用两个下划线结尾）应该特殊对待。在第 5 章中，我们将展示何时使用单个下划线引导的名称，在第 6 章中将介绍何时使用两个下划线引导的名称。

单一的下划线本身也可以当作一个标识符，在交互式解释器或 Python Shell 内部，下划线实际上存放了最后一个被评估的表达式的结果。在通常运行的程序中，没有下划线_，除非我们在代码中明确指定。在不关心迭代针对的具体数据项时，有些程序员喜欢在 for…in 循环中使用_，例如：

```
for _ in (0, 1, 2, 3, 4, 5):
    print("Hello")
```

然而，要注意的是，那些编写国际化程序的程序员一般会使用_作为其翻译函数的名称。这些程序员一般不使用 gettext("translate me")，而是使用_("translate me")。（为使得上面的代码正常工作，必须首先导入 gettext 模块，以便可以访问其中的 gettext() 函数。）

下面我们来看一段代码段中一些有效的标识符，这段代码是由讲西班牙语的程序员编写的。假设在这段代码之前已经执行了 import math 语句，并且变量 radio 与 vieja_area 已经创建：

```
π = math.pi
ε = 0.0000001
nueva_area = π * radio * radio
if abs(nueva_area - vieja_area) < ε:
    print("las areas han convergido")
```

上面的代码中，我们使用了 math 模块，将 epsilon（ε）设置为一个非常小的浮点值，并使用 abs()函数获得区域大小差的绝对值——本章后面将具体讲解这些问题。这里我们主要关注的是，我们可以使用带重音的字符与希腊字符对标识符进行命名。同样地，我们也可以很容易地使用阿拉伯语、中文、希伯来语、日语与俄语字符或 Unicode 字符集支持的任意其他语言中的字符进行命名。

判断是否是有效标识符的最简单方法是在交互式的 Python 解释器或 IDLE 的 Python Shell 中对其进行赋值操作，下面给出几个实例：

```
>>> stretch-factor = 1
SyntaxError: can't assign to operator (...)
>>> 2miles = 2
```

```
SyntaxError: invalid syntax (...)
>>> str = 3 # Legal but BAD
>>> l'impÔt31 = 4
SyntaxError: EOL while scanning single-quoted string (...)
>>> l_impÔt31 = 5
>>>
```

使用无效的标识符时，会产生一个 SyntaxError 异常。在不同的情况下，圆括号中的错误消息部分会有所变化，因此上面使用省略号对其进行替代。第一个赋值操作失败的原因在于，"-" 不是一个 Unicode 字母、数字或下划线。第二个赋值操作失败是因为引导字符不是 Unicode 字母或下划线，而数字只能充当后续字符。如果标识符是有效的，就不会有异常产生——即便标识符是内置的数据类型、异常或函数的名称，因此，第三个赋值操作可以工作，尽管并不建议这样做。第四个赋值操作失败是因为引号不是 Unicode 字母、数字或下划线。第五个则一切正常。

2.2 Integral 类型

Python 提供了两种内置的 Integral 类型，即 int 与 bool[*]。整数与布尔型值都是固定的，但由于 Python 提供了增强的赋值操作符，使得这一约束极少导致实际问题。在布尔表达式中，0 与 False 表示 False，其他任意整数与 true 都表示 true。在数字表达式中，True 表示 1，False 表示 0。这意味着，有些看起来很怪异的表达式也是有效的。例如，我们可以使用表达式 i += True 来对整型变量 i 进行递增操作，当然，最自然的方法还是 i+=1。

2.2.1 整数

整数的大小只受限于机器的内存大小，因此，包含几百个数字的整数可以很容易地创建与操纵——尽管在速度上会比处理那些可以由处理器自然表示的整数要慢。

默认情况下，整数 literals 采用的是十进制，但在方便的时候也可以使用其他进制：

```
>>> 14600926                          # decimal
14600926
>>> 0b110111110110010101011011110    # binary
14600926
>>> 0o67545336                        # octal
14600926
```

---

[*] 标准库还提供了类型 fractions.Fraction 类型（不受限制的精度），这种类型在某些专门的数学与科学领域是有用的。

```
>>> 0xDECADE                          # hexadecimal
14600926
```

二进制数以 0b 引导，八进制数以 0o 引导*，十六进制数则以 0x 引导，大写字母也可以使用。

所有常见的数学函数与操作符都可用于整数，如表 2-2 所示。有些功能由内置函数提供，比如 abs()函数，abs(i)可以返回整数 i 的绝对值；有些功能由 int 操作符提供，比如，i+j 返回整数 i 与整数 j 的和。

表 2-2   数值型操作符与函数

语法	描述
x + y	将数 x 与数 y 相加
x - y	从 x 减去 y
x * y	将 x 与 y 相乘
x / y	用 x 除以 y，总是产生一个浮点值（如果 x 或 y 是复数就产生一个复数）
x // y	用 x 除以 y，舍弃小数部分，使得结果总是整数，参见 round()函数
x % y	用 x 除以 y，取模（余数）
x ** y	计算 x 的 y 次幂，参见 pow()函数
-x	对 x 取负数，如果 x 非 0，就改变其符号；如果是 0，不做任何操作
+x	不做任何操作，有时候用于澄清代码
abs(x)	返回 x 的绝对值
divmod(x, y)	以二元组的形式返回 x 除以 y 所得的商和余数（两个整数）
pow(x, y)	计算 x 的 y 次幂，与操作符**等同
pow(x, y, z)	(x ** y) % z 的另一种写法
round(x, n)	返回浮点数 x 四舍五入后得到的相应整数（或者，如果给定 n，就将浮点数转换为小数点后有 n 位）

所有二元数学操作符（+、-、/、//、%与**）都有相应的增强版赋值操作符（+=、-=、/=、//=、%=与**=），这里，x op= y 在运算逻辑上与 x = x op y 是等价的（这里的等价是指通常的情况，即读取 x 的值没有副作用。）

对象的创建可以通过给变量赋字面意义上的值，比如 x=17，或者将相关的数据类型作为函数进行调用，比如 x=int(17)。有些对象（比如，类型为 decimal.Decimal）只能通过数据类型创建，这是因为这些对象不能用字面意义表示。使用数据类型创建对象时，有 3 种用例。

第一种情况是，不使用参数调用数据类型函数，这种情况下，对象会被赋值为一

---

* C 语言中，单独的一个 0 不足以指定八进制数；0o（0，字母 o）这种表示法只能用于 Python。

个默认值，比如，x=int()会创建一个值为 0 的整数。所有内置的数据类型都可以作为函数并不带任何参数进行调用。

第二种情况是，使用一个参数调用数据类型函数。如果给定的参数是同样的数据类型，就将创建一个新对象，新对象是原始对象的一个浅拷贝。（浅拷贝在第 3 章介绍。）如果给定的参数不是同样的数据类型，就会尝试进行转换。表 2-3 展示了 int 类型时的这种用法。如果给定参数支持到给定数据类型的转换，但是转换失败，就会产生一个 ValueError 异常，否则返回给定类型的对象。如果给定参数不知道到给定数据类型的转换，就会产生一个 TypeError 异常。内置的 float 与 str 类型都支持到整数的转换，第 6 章中我们将看到，将自定义类型转换为整数或其他类型也是可能的。

表 2-3   整数转换函数

语法	描述
bin(i)	返回整数 i 的二进制表示（字符串），比如 bin(1980) == '0b11110111100'
hex(i)	返回 i 的十六进制表示（字符串），比如 hex(1980) == '0x7bc'
int(x)	将对象 x 转换为整数，失败时会产生 ValueError 异常，如果 x 的数据类型不知道到整数的转换，就会产生 TypeError 异常；如果 x 是一个浮点数，就会截取其整数部分
int(s, base)	将字符串 s 转换为整数，失败时会产生 ValueError 异常。如果给定了可选的基参数，那么应该为 2 到 36 之间的整数
oct(i)	返回 i 的八进制表示（字符串），比如 oct(1980) == '0o3674'

第三种情况是，给定两个或多个参数——但不是所有数据类型都支持，而对支持这一情况的数据类型，参数类型以及内涵都是变化的。对于 int 类型，允许给定两个参数，其中第一个参数是一个表示整数的字符串，第二个参数则是字符串表示的 base。比如，int("A4", 16)会创建一个值为 164 的整数。表 2-3 中展示了这种用法。

表 2-4 中展示了位逻辑操作符，所有的二元位逻辑操作符（|、^、&、<<与>>）都有其对应的增强版赋值操作符（|=、^=、&=、<<=与>>=），这里，x op= y 在运算逻辑上与 x = x op y 是等价的（这里的等价是指通常的情况，即读取 x 的值没有副作用。）

表 2-4   整数位逻辑操作符

语法	描述
i | j	对整数 i 与 j 进行位逻辑 OR 运算，对负数则假定使用 2 的补
i ^ j	对整数 i 与 j 进行位逻辑 XOR 运算
i & j	对整数 i 与 j 进行位逻辑 AND 运算
i << j	将 i 左移 j 位，类似于 i * (2 ** j)，但不带溢出检查
i >> j	将 i 右移 j 位，类似于 i // (2 ** j)，但不带溢出检查
~i	反转 i 的每一位

如果需要存放多个 true/false 标记，就可以使用一个整数；如果需要测试单个位，就可以使用位逻辑操作符。使用布尔值也可以满足要求，虽然不那么紧凑，但是更方便。

2.2.2   布尔型

有两个内置的布尔型对象：True 与 False。与所有其他的 Python 数据类型（不管是内置的、标准库的还是自定义的）类似，布尔数据类型也可以当作函数进行调用——不指定参数时将返回 False，给定的是布尔型参数时，会返回该参数的一个拷贝，给定的是其他类型的参数时，则会尝试将其转换为布尔数据类型。所有内置的数据类型与标准库提供的数据类型都可以转换为一个布尔型值，为自定义数据类型提供布尔型转换也很容易。下面给出了两个布尔型赋值操作以及两个布尔表达式：

```
>>> t = True
>>> f = False
>>> t and f
False
>>> t and True
True
```

前面已经讲过，Python 提供了 3 个逻辑操作符：and、or 与 not。and 与 or 都使用"短路"逻辑，并返回决定其结果的操作数，not 则总是返回 True 或 False。

习惯于使用老版本 Python 的程序员有时会使用 1 与 0，而非 True 与 False，这种用法几乎总是可以正常工作的，但是建议在需要布尔型值的时候，新代码中还是使用内置的布尔型对象。

2.3   浮点类型

Python 提供了 3 种浮点值：内置的 float 与 complex 类型，以及来自标准库的 decimal.Decimal 类型，这 3 种数据类型都是固定的。float 类型存放双精度的浮点数，具体取值范围则依赖于构建 Python 的 C（或 C#或 Java）编译器，由于精度受限，对其进行相等性比较并不可靠。float 类型的数值要使用小数点或使用指数表示，比如，0.0、4.、5.7、-2.5、-2e9、8.9e-4 等。

计算机使用基数 2 表示浮点数——这意味着，有些十进制数可以准确表示（比如 0.5），有些只能大约表示（比如 0.1 与 0.2）。进一步地，在表示上使用了固定数量的比特位，因此，可以存放的数值大小是有限的。下面给出了一个在 IDLE 中输入的 salutary 实例：

```
>>> 0.0, 5.4, -2.5, 8.9e-4
```

(0.0, 5.4000000000000004, -2.5, 0.00088999999999999995)

表示上的不尽准确不是 Python 特有的问题——所有程序设计语言在表示浮点数时都存在这个问题。

Python 3.1 可以产生看上去更为合理的输出：

```
>>>0.0, 5.4, -2.5, 8, 9e-4
(0.0, 5.4, -2.5 ,0.00089)
```

当 Python 3.1 输出一个浮点数时，在大多数情况下将使用 David Gay 的算法。该输出具有尽可能少的位数，而且没有丢失精确性。尽管该输出相当不错，但它没有改变这样的事实，即计算机（无论使用哪种计算机语言）有效地将浮点数以近似值存储。

如果我们确实需要高精度，那么可以使用来自 decimal 模块的 decimal.Decimal 数。这种类型在计算时，可以达到我们指定的精度（默认情况下，到小数点后 28 位），并且可以准确地表示循环小数，比如 0.1，但在处理速度上比通常的 floatS 要慢很多。由于准确性的优势，decimal.Decimal 数适合于财政计算。

Python 支持混合模式的算术运算，比如使用 int 与 float 运算，生成 float 数；使用 float 与 complex 运算，生成 complex 结果。由于 decimal.Decimal 是混合精度的，只能用于其他 decimal.Decimal 数或 intS，在与 intS 混合运算时，会生成 decimal.Decimal 结果。如果使用不兼容的数据类型进行运算，会产生 TypeError 异常。

2.3.1 浮点数

表 2-2 中的所有数值型操作与函数都可以与 floatS 一起使用，包括增强版的赋值运算符。float 数据类型可以作为函数调用——不指定参数时返回 0.0，指定的是 float 型参数时返回该参数的一个拷贝，指定其他任意类型的参数时都尝试将其转换为 float。用于转换时，可以给定一个字符串参数，或者使用简单的十进制表示，或者使用指数表示。在进行涉及 floatS 的计算时，可能会生成 NaN（"不是一个数字"）或"无穷"——遗憾的是，这种行为并不是在所有实现中都一致，可能会由于系统底层数学库的不同而不同。

下面给出一个简单函数，该函数用于比较 floatS 是否相等（按机器所能提供的最大精度）：

```
def equal_float(a, b):
    return abs(a - b) <= sys.float_info.epsilon
```

为了实现上述函数，需要导入 sys 模块。sys.float_info 对象有很多属性，sys.float_info.epsilon 是机器可以区分出的两个浮点数的最小区别。在作者的某台 32 位系统的机器上，区别仅仅是 0.000 000 000 000 000 2（Epsilon 是这一数值的传统名称）。Python 的 floatS 通常会提供至多 17 个数字的精度。

如果在 IDLE 中输入 sys.float_info，就可以显示其所有属性，包括机器可以表示的浮点数的最小值与最大值，输入 help(sys.float_info)会显示关于 sys.float_info 对象的某些信息。

使用 int()函数，可以将浮点数转换为整数——返回其整数部分，舍弃其小数部分；或者使用 round()函数，该函数将对小数部分四舍五入；或者使用 math.floor()函数，或 math.ceil()函数——该函数可以将浮点数转换为最近邻的整数（或者向上转换，或者向下转换）。如果浮点数的小数部分为 0，float.is_integer()方法将返回 True，浮点数的小数表示可以使用 float.as_integer_ratio()方法获取，比如，给定浮点数 x = 2.75，则调用 x.as_integer_ratio()将返回(11, 4)。使用 float()函数，可以将整数转换为浮点数。

使用 float.hex()方法，可以将浮点数以十六进制形式表示为字符串，相反的转换可以使用 float.fromhex()实现[*]。比如：

```
s = 14.25.hex()              # str s == '0x1.c800000000000p+3'
f = float.fromhex(s)         # float f == 14.25
t = f.hex()                  # str t == '0x1.c800000000000p+3'
```

指数使用 p（"幂"）进行表示，而不是使用 e，因为 e 是一个有效的十六进制数字。

除内置的浮点功能之外，math 模块提供了更多的一些可用于 floatS 的函数，如表 2-5 与表 2-6 中所示，下面给出的一些代码段，展示了如何使用模块中的函数：

```
>>> import math
>>> math.pi * (5 ** 2) # Python 3.1 outputs: 78.53981633974483
78.539816339744831
>>> math.hypot(5, 12)
13.0
>>> math.modf(13.732) # Python 3.1 outputs: (0.7319999999999993, 13.0)
(0.73199999999999932, 13.0)
```

表 2-5   math 模块的函数与常量#1

语法	描述
math.acos(x)	返回弧度 x 的反余弦值
math.acosh(x)	返回弧度 x 的反正切值
math.asin(x)	返回弧度 x 的反正弦值
math.asinh(x)	返回弧度 x 的反双曲正弦
math.atan(x)	返回弧度 x 的反正切
math.atan2(y, x)	返回弧度 y / x 的反正切
math.atanh(x)	返回弧度 x 的反双曲正切
math.ceil(x)	返回大于或等于 x 的最小整数，比如，math.ceil(5.4) == 6
math.copysign(x,y)	将 x 的符号设置为 y 的符号

---

[*] 注意，对面向对象程序员而言，float.fromhex 是一个类方法。

续表

语法	描述
math.cos(x)	返回弧度 x 的余弦
math.cosh(x)	返回弧度 x 的余弦值（角度）
math.degrees(r)	将浮点数 r 从弧度转换为度数
math.e	常数 e，约等于 2.718 281 828 459 045 1
math.exp(x)	返回 e^x，即 math.e ** x
math.fabs(x)	返回|x|，即浮点数 x 的绝对值
math.factorial(x)	返回 x!
math.floor(x)	返回小于或等于 x 的最小整数，比如，math.floor(5.4) == 5
math.fmod(x, y)	生成 x 除以 y 后的模（余数），这会比用于浮点数的%产生更好的结果
math.frexp(x)	返回一个二元组，分别为 x 的指数部分（整数）与假数部分（浮点数）
math.fsum(i)	对 iterable i 中的值进行求和（浮点数）
math.hypot(x, y)	返回 $\sqrt{x^2 + y^2}$
math.isinf(x)	如果浮点数 x 是± inf(±∞)，就返回 True
math.isnan(x)	如果 x 是一个 nan（"不是一个数字"），就返回 True
math.ldexp(m, e)	返回 m × 2^e，有效地反转了 math.frexp()
math.log(x, b)	返回 $\log_b x$，b 是可选的，默认为 math.e
math.log10(x)	返回 $\log_{10} x$
math.log1p(x)	返回 $\log_e (1 + x)$，在 x 近似于 0 时更准确
math.modf(x)	以 floatS 的形式返回 x 的小数与整数部分

表 2-6   math 模块的函数与常量#2

语法	描述
math.pi	常量 π，其值大约为 3.1415926535897931
math.pow(x, y)	返回 x^y（浮点值）
math.radians(d)	将 d 从角度转换为弧度
math.sin(x)	返回弧度 x 的正弦
math.sinh(x)	返回弧度 x 的双曲正弦值
math.sqrt(x)	返回 x 的平方根
math.sum(i)	对 iterable i 中的值进行求和（浮点数）
math.tan(x)	返回弧度 x 的正切值
math.tanh(x)	返回弧度 x 的双曲正切值
math.trunc(x)	返回 x 的整数部分，与 int(x)等同

函数 math.hypot()用于计算从原点到点 point (x, y)的距离，与函数 math.sqrt((x ** 2) + (y ** 2))产生的结果相同。

math 模块非常依赖于编译 Python 时使用的底层数学模块，这意味着，一些错误条件与边界情况在不同的平台上会有不同的表现。

2.3.2 复数

复数这种数据类型是固定的，其中存放的是一对浮点数，一个表示实数部分，另一个表示虚数部分。Literal 复数在书写上使用+或-符号将实数部分与虚数部分（其后跟随一个字母 j[*]）连接在一起，共同构成复数。比如下面这些实例：3.5+2j、0.5j、4+0j、-1-3.7j 等。注意，如果实数部分为 0，就可以忽略。

复数的两个部分都以属性名的形式存在，分别为 real 与 imag，例如：

```
>>> z = -89.5+2.125j
>>> z.real, z.imag
(-89.5, 2.125)
```

除//、%、divmod()以及三个参数的 pow()之外，表 2-2 中所有数值型操作符与函数都可用于对复数进行操作，赋值操作符的增强版也可以。此外，复数类型有一个方法 conjugate()，该方法用于改变虚数部分的符号，例如：

```
>>> z.conjugate()
(-89.5-2.125j)
>>> 3-4j.conjugate()
(3+4j)
```

注意，这里我们在一个字面意义的复数上调用了方法。通常，Python 允许在任何字面意义值上调用方法或存取属性，只要该字面意义的数据类型提供了该方法或属性——然而，这一规律不适合于特殊的方法，因为总有相应的操作符应该使用（比如+），比如，4j.real 为 0.0，4j.imag 为 4.0，4j + 3+2j 为 3+6j。

复数数据类型可以作为函数进行调用——不给定参数进行调用将返回 0j，指定一个复数参数时，会返回该参数的拷贝，对其他任意参数，则尝试将其转换为一个复数。用于转换时，complex()接受的或者是一个字符串参数，或者 1 或 2 个浮点数，如果只给定一个浮点数，那么虚数部分被认为是 0。

math 模块中的函数不能处理复数，这是一个慎重的设计决策，可以确保在有些情况下，math 模块的用户得到的是异常，而不是得到一个复数。

要使用复数，可以先导入 cmath 模块，该模块提供了 math 模块中大多数三角函数与对数函数的复数版，也包括一些复数特定的函数，比如 cmath.phase()、cmath.polar()与 cmath.rect()，还包括 cmath.pi、cmath.e 等常量，这些常量与 math 模块中对应对象

---

[*] 数学家使用字母 i 代表 $\sqrt{-1}$，但 Python 遵循的是工程传统，使用字母 j。

包含同样的浮点值。

2.3.3 十进制数字

很多应用程序中，使用浮点数时导致的数值不精确性并没有很大的影响，在很多时候都被浮点计算的速度优势所掩盖，但有些情况下，我们更需要的是完全的准确性，即便要付出速度降低的代价。decimal 模块可以提供固定的十进制数，其精度可以由我们自己指定。涉及 Decimals 的计算要比浮点数的计算慢，但这是否需要关注要依赖于具体的应用程序。

要创建 Decimal，必须先导入 decimal 模块，例如：

```
>>> import decimal
>>> a = decimal.Decimal(9876)
>>> b = decimal.Decimal("54321.012345678987654321")
>>> a + b
Decimal('64197.012345678987654321')
```

十进制数是使用 decimal.Decimal()函数创建的，该函数可以接受一个整数或字符串作为参数——但不能以浮点数作为参数，因为浮点数不够精确，decimals 则很精确。如果使用字符串作为参数，就可以使用简单的十进制数表示或指数表示。除提供了准确性外，decimal.Decimals 的精确表述方式意味着可以可靠地进行相等性比较。

从 Python 3.1 开始，使用 decimal.Decimals from-float()函数将 floats 转换为十进制数成为可能，该函数以一个 float 型数作为参数，并返回与该 float 数值最为接近的 decimal.Decimal。

表 2-2 中列出的所有数值型操作符与函数，包括增强版的赋值操作符，都可以用于 decimal.Decimals，但有两个约束；如果操作符**左边的操作数为 decimal.Decimal，那么其右边的操作数必须为整数；同样地，如果 pow()函数的第一个参数为 decimal.Decimal，那么其第二个以及可选的第三个参数必须为整数。

math 模块与 cmath 模块不适于处理 decimal.Decimals，但是 math 模块提供的一些函数可以作为 decimal.Decimal 的方法使用，比如，要计算 e^x（x 是一个浮点数），可以使用 math.exp(x)，但如果 x 是一个 decimal.Decimal，就需要使用 x.exp()。从要素 3 的讨论可以看出，x.exp()在语法效果上与 decimal.Decimal.exp(x)类似。

decimal.Decimal 数据类型还提供了 ln()方法，用于计算自然对数（以 e 为基数），就像带一个参数的 math.log()、log10()与 sqrt()，以及很多特定于 decimal.Decimal 数据类型的方法。

数据类型为 decimal.Decimal 的数在某个上下文的作用范围内进行操作，这里，上下文是指影响 decimal.Decimal 行为的一组设置。上下文会指定需要使用的精度（默认情况下是 28 位）、截取技术以及其他一些详细信息。

有些情况下，浮点数与 decimal.Decimals 在精度上的差别会变得很明显：

```
>>> 23 / 1.05
21.904761904761905
>>> print(23 / 1.05)
21.9047619048
>>> print(decimal.Decimal(23) / decimal.Decimal("1.05"))
21.9047619047619047619047619190
>>> decimal.Decimal(23) / decimal.Decimal("1.05")
Decimal('21.9047619047619047619047619190')
```

尽管使用 decimal.Decimal 的除法操作要比使用浮点数的精确得多，这一场景（32 位机器上）下，区别只在 fifteenth decimal place 才表现出来。在很多情况下，这种差别并不是很大的问题——比如，本书中，所有需要浮点数的实例都使用 floatS。

另一个需要注意的是上面实例中最后两行，这里第一次展示了打印对象时的一些幕后格式化操作。在使用 decimal.Decimal(23) / decimal.Decimal("1.05") 的结果作为参数调用 print()函数时，打印的是 bare number——其输出为字符串形式。如果只是简单地输入该表达式，就会得到一个 decimal.Decimal 输出——此时的输出是表象形式。所有 Python 对象都有两种输出形式。字符串形式在设计目标上是为了更易于阅读，表象形式在设计目标上则是生成备用的输出信息，这种输出信息作为 Python 解释器的输入时（如果可能）会重新产生所代表的对象。下一节讨论字符串时，我们会再次讨论这一主题，在第 6 章中讨论为自定义数据类型提供字符串与表象形式时会再一次讨论。

库索引中的 decimal 模块文档提供了所有相关的详细资料，这些内容或者不够清晰，或者超出了本书的范围，此外，该文档还提供了更多的实例以及一个 FAQ 列表。

2.4　字符串

字符串是使用固定不变的 str 数据类型表示的，其中存放 Unicode 字符序列。str 数据类型可以作为函数进行调用，用于创建字符串对象——参数为空时返回一个空字符串，参数为非字符串类型时返回该参数的字符串形式，参数为字符串时返回该字符串的拷贝。str()函数也可以用作一个转换函数，此时要求第一个参数为字符串或可以转换为字符串的其他数据类型，其后跟随至多两个可选的字符串参数，其中一个用于指定要使用的编码格式，另一个用于指定如何处理编码错误。

前面我们注意到，字符串是使用引号创建的，可以使用单引号，也可以使用双引号，但是字符串两端必须相同。此外，我们还可以使用三引号包含的字符串——这是 Python 对起始端与终端都使用 3 个引号包含的字符串的叫法，例如：

```
text = """A triple quoted string like this can include 'quotes' and
"quotes" without formality. We can also escape newlines \
so this particular string is actually only two lines long."""
```

如果需要在通常的、引号包含的字符串中使用引号，在要使用的引号与包含字符串的引号不同时，可以直接使用该引号，而不需要进行格式化处理操作，但是如果相同，就必须对其进行转义：

```
a = "Single 'quotes' are fine; \"doubles\" must be escaped."
b = 'Single \'quotes\' must be escaped; "doubles" are fine.'
```

Python 使用换行作为其语句终结符，但是如果在圆括号内、方括号内、花括号内或三引号包含的字符串内则是例外。在三引号包含的字符串中，可以直接使用换行，而不需要进行格式化处理操作。通过使用\n 转义序列，也可以在任何字符串中包含换行。表 2-7 展示了所有的 Python 转义序列。有些情况下——比如，编写正则表达式时，需要创建带有大量字面意义反斜杠的字符串。（正则表达式将在第 12 章进行讲解。）由于每个反斜杠都必须进行转义处理，从而造成了不便：

```
import re
phone1 = re.compile("^((?:[(]\\d+[)])?)?\\s*\\d+(?:-\\d+)?)$")
```

表 2-7   Python 字符串转义

转义字符	含义
\newline	忽略换行
\\	反斜杠 (\)
\'	单引号 (')
\"	双引号 (")
\a	ASCII 蜂鸣（BEL）
\b	ASCII 退格（BS）
\f	ASCII 走纸（FF）
\n	ASCII 换行（LF）
\N{name}	给定名称的 Unicode 字符
\ooo	给定八进制值的字符
\r	ASCII 回车符（CR）
\t	ASCII 制表符（TAB）
\uhhhh	给定 16 位十六进制值的 Unicode 字符
\Uhhhhhhhh	给定 32 位十六进制值的 Unicode 字符
\v	ASCII 垂直指标（VT）
\xhh	给定 8 位十六进制值的 Unicode 字符

解决的方法是使用原始的字符串，这种引号包含的或三引号包含的字符串的第一个引号由字面意义的 r 引导。在这种字符串内部，所有字符都按其字面意义理解，因此不再需要进行转义。下面给出了使用原始字符串的 phone 正则表达式：

```
phone2 = re.compile(r"^((?:[()\d+[]])?)?\s*\d+(?:-\d+)?)$")
```

如果需要写一个长字符串，跨越了 2 行或更多行，但是不使用三引号包含的字符串，那么有两种解决方法：

```
t = "This is not the best way to join two long strings " + \
    "together since it relies on ugly newline escaping"

s = ("This is the nice way to join two long strings "
     "together; it relies on string literal concatenation.")
```

注意上面第二种情况，我们必须使用圆括号将其包含在一起，构成一个单独的表达式——如果不使用圆括号，就只有第一个字符串对 s 进行赋值，第二个字符串则会导致 IndentationError 异常。Python 的 "Idioms and Anti-Idioms" HOWTO 文档建议总是使用圆括号将跨越多行的任何语句进行封装，而不使用转义的换行符，我们努力遵照这一建议。

由于 .py 文件默认使用 UTF-8 Unicode 编码，因此我们可以在字符串字面值中写入任意 Unicode 字符，而不拘形式。我们也可以使用十六进制转义序列（或使用 Unicode 名）将任意 Unicode 字符放置在字符串内，例如：

```
>>> euros = "€ \N{euro sign} \u20AC \U000020AC"
>>> print(euros)
€ € € €
```

上面的情况不能使用十六进制转义序列，因为本身限定在两个 digits，无法超过 0xFF。要注意的是，Unicode 字符名非大小写敏感，其中的空格也是可选的。

如果需要知道字符串中某个特定字符的 Unicode 字元（赋予 Unicode 编码中某个字符的整数值），那么可以使用内置的 ord() 函数，例如：

```
>>> ord(euros[0])
8364
>>> hex(ord(euros[0]))
'0x20ac'
```

类似地，我们也可以将表示有效字元的任意整数转换为相应的 Unicode 字符，这需要使用内置的 chr() 函数：

```
>>> s = "anarchists are " + chr(8734) + chr(0x23B7)
>>> s
'anarchists are               '
>>> ascii(s)
```

"'anarchists are \u221e\u23b7'"

　　如果在 IDLE 中输入本身，就输出其字符串形式。对于字符串，这意味着字符是包含在引号中输出的。如果只需要 ASCII 字符，就可以使用内置的 ascii()函数，在可能的地方，该函数使用 7 比特表示形式返回其参数的对应 ASCII 表示，否则就使用最短的\xhh、\uhhhh 或\Uhhhhhhhh 进行转义。在本章后面，我们将了解如何实现对字符串输出的精确控制。

2.4.1　比较字符串

　　字符串支持通常的比较操作符<、<=、==、!=、>与>=，这些操作符在内存中逐个字节对字符串进行比较。遗憾的是，进行比较时（比如对字符串列表进行排序），存在两个问题，这两个问题都影响到每种使用 Unicode 字符串的程序设计语言，不是 Python 特有的问题。

　　第一个问题是，有些 Unicode 字符可以使用两种或更多种字节序列表示。例如，字符 Å（Unicode 字元 0x00C5）可以 3 种不同的方式使用 UTF-8 编码的字节表示：[0xE2, 0x84, 0xAB]、[0xC3, 0x85]与[0x41, 0xCC, 0x8A]。幸运的是，我们可以解决这一问题。如果我们导入了 unicodedata 模块，并以"NFKD"（这是使用的标准化方法，代表 Normalization Form Compatibility Decomposition"）为第一个参数来调用 unicodedata.normalize()，则对包含字符 Å（使用任意一种有效字符序列表示）的字符串，该函数返回以 UTF-8 编码字节表示的字符串总是字节序列[0x41, 0xCC, 0x8A]。

　　第二个问题是，有些字符的排序是特定于某种语言的。一个实例是在瑞典语中，ä 排序在 z 之后，而在德语中，ä 的排序与其被拼写为 ae 时一样。另一个实例是，在英语中，对 ø 排序时，与其为 o 一样，在丹麦语与挪威语中，则排序在 z 之后。这一类问题还有很多，由于同一个应用程序可能会由不同国家的人（因此所认为的排序顺序会不同）使用，使得这一问题变得更加复杂。此外，有时候字符串是不同语言混合组成的（比如，有些是西班牙语，有些是英语），而有些字符（比如箭头、dingbats 与数学符号）并不真正具备有意义的排序位置。

　　作为一种策略（以便防止出错），Python 并不进行推测。在字符串比较时，Python 使用的是字符串的内存字节表示，此时的排序是基于 Unicode 字元的，比如对英语就是按 ASCII 顺序。对要比较的字符串进行小写或大写，会产生更贴近自然英语的排序。标准化一般很少需要，除非字符串来自外部源（比如文件或网络 socket），但即便是这些情况，一般也不必进行标准化，除非确实需要。我们可以自定义 Python 的排序方法，第 3 章将进行讲述。关于 Unicode 排序的所有问题，在 Unicode 校勘算法文档（unicode.org/reports/tr10）中有详细的解释。

2.4.2 字符串分片与步距

从要素 3 的讲解中我们知道,序列中的单个数据项或者字符串中的单个字符,可以使用数据项存取操作符[]来提取。实际上,这一操作符功能很丰富,其用途不仅仅局限于提取一个数据项或字符,还可以提取项或字符的整个分片(子序列),在这种情况下该操作符被用作分片操作符。

我们首先从提取单个字符开始。字符串的索引位置从 0 开始,直至字符串长度值减去 1,但是使用负索引位置也是可能的——此时的计数方式是从最后一个字符到第一个字符。给定赋值操作 s = "Light ray",图 2-1 展示了字符串 s 中所有有效的索引位置。

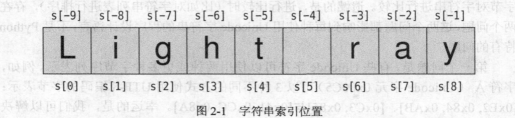

图 2-1　字符串索引位置

负索引值出人意料地有用,尤其是-1,这个值总是代表字符串的最后一个字符。存取超过范围的索引位置(或空字符串中的索引位置)会产生 IndexError 异常。

分片操作符有 3 种语法格式:

seq[start]

seq[start:end]

seq[start:end:step]

其中,seq 可以是任意序列,比如列表、字符串或元组。start、end 与 step 必须都是整数(或存放整数的变量)。我们使用了第一种语法格式:从序列中提取从 start 开始的数据项。第二种语法从 start 开始的数据项(包含)到 end 结束的数据项(不包含)提取一个分片。稍后我们将讨论第三种语法格式。

如果使用第二种语法格式(一个冒号),我们就可以忽略任意的整数索引值。如果忽略了所有起点索引值,就默认为 0;如果忽略了终点索引值,就默认为 len(seq),这意味着,如果忽略了两个索引值,比如,s[:],则与 s[0:len(s)]是等同的,其作用都是提取——也就是复制整个序列。

给定赋值操作 s = "The waxwork man",图 2-2 展示了字符串 s 的一些实例分片。

在字符串内插入子字符串的一种方法是混合使用带连接的分片,例如:

```
>>> s = s[:12] + "wo" + s[12:]
>>> s
'The waxwork woman'
```

图 2-2　序列分片

实际上，由于文本"wo"在原始字符串中，因此我们也可以写成 s[:12] + s[7:9] + s[12:] 达到同样的效果。

在涉及很多字符串时，使用+进行连接、使用+=进行追加等操作并不是特别高效，如果需要连接大量的字符串，通常最好使用 str.join()方法，下一小节将进行讲解。

第三种分片语法格式（两个冒号）与第二种类似，区别在于不是提取每一个字符，而是每隔 step 个字符进行提取。与第二种语法类似，也可以忽略两个索引整数。如果忽略了起点索引值，那么默认为 0——除非给定的是负的 step 值，此时起点索引值默认为-1；如果忽略终点索引值，那么默认为 len(seq)——除非给定的是负的 step 值，此时终点索引值默认为字符串起点前面。不过，不能忽略 step，并且 step 不能为 0。如果不需要 step，那么应该使用不包含 step 变量的第二种语法（一个冒号）。

给定赋值操作 s = "he ate camel food"，图 2-3 展示了字符串带步距的分片的两个实例。

s[::-2] == 'do ea t h'

s[::3] == 'ha m o'

图 2-3　序列步距

上面我们使用默认的起点索引值与终点索引值，因此，s[::-2]从该字符串的最后一个字符开始，向该字符串的起点方向，每隔 1 个字符提取一个字符。类似地，s[::3]从第一个字符开始，向该字符串的终点方向，每隔 2 个字符提取一个字符。

将分片与步距结合使用也是可能的，如图 2-4 所示。

s[-1:2:-2] == s[:2:-2] == 'do ea t'

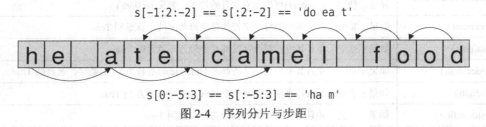

s[0:-5:3] == s[:-5:3] == 'ha m'

图 2-4　序列分片与步距

更常见的情况下，步距是与字符串之外的序列类型一起使用的，但是也存在用于字符串的情况：

```
>>> s, s[::-1]
('The waxwork woman', 'namow krowxaw ehT')
```

step 为-1 意味着，每个字符都将被提取，方向为从终点到起点——因此会产生反转的字符串。

2.4.3   字符串操作符与方法

由于字符串是固定序列，所有可用于固定序列的功能都可用于字符串，包括使用 in 进行成员关系测试，使用+=进行追加操作，使用*进行复制，使用*=进行增强的赋值复制等。在这一小节中，我们将在字符串的上下文中讨论所有这些操作，此外还讨论了很多字符串方法。表 2-8、表 2-9、表 2-10 总结了所有的字符串方法，除了两个特别专业的方法（str.maketrans()与 str.translate()），这两个方法将在以后简要讨论。

表 2-8   字符串方法#1

语法	描述
s.capitalize()	返回字符串 s 的副本，并将首字符变为大写，参见 str.title()方法
s.center(width, char)	返回 s 中间部分的一个子字符串，长度为 width，并使用空格或可选的 char（长度为 1 的字符串）进行填充。参考 str.ljust()、str.rjust()与 str.format()
s.count(t, start, end)	返回字符串 s 中（或在 s 的 start:end 分片中）子字符串 t 出现的次数
s.encode(encoding, err)	返回一个 bytes 对象，该对象使用默认的编码格式或指定的编码格式来表示该字符串，并根据可选的 err 参数处理错误
s.endswith(x, start, end)	如果 s（或在 s 的 start:end 分片）以字符串 x（或元组 x 中的任意字符串）结尾，就返回 true，否则返回 False，参考 str.startswith()
s.expandtabs(size)	返回 s 的一个副本，其中的制表符使用 8 个或指定数量的空格替换
s.find(t, start, end)	返回 t 在 s 中（或在 s 的 start:end 分片中）的最左位置，如果没有找到，就返回-1；使用 str.rfind()则可以发现相应的最右边位置；参考 str.index()
s.format(...)	返回按给定参数进行格式化后的字符串副本，这一方法及其参数将在下一小节进行讲解
s.index(t, start, end)	返回 t 在 s 中的最左边位置（或在 s 的 start:end 分片中），如果没有找到，就产生 ValueError 异常。使用 str.rindex()可以从右边开始搜索。参见 str.find()
s.isalnum()	如果 s 非空，并且其中的每个字符都是字母数字的，就返回 True
s.isalpha()	如果 s 非空，并且其中的每个字符都是字母的，就返回 True
s.isdecimal()	如果 s 非空，并且其中的每个字符都是 Unicode 的基数为 10 的数字，就返回 True
s.isdigit()	如果 s 非空，并且每个字符都是一个 ASCII 数字，就返回 True
s.isidentifier()	如果 s 非空，并且是一个有效的标识符，就返回 True
s.islower()	如果 s 至少有一个可小写的字符，并且其所有可小写的字符都是小写的，就返回 True，参见 str.isupper()

表 2-9　　　　　　　　　　　　字符串方法#2

语法	描述
s.isnumeric()	如果 s 非空，并且其中的每个字符都是数值型的 Unicode 字符，比如数字或小数，就返回 True
s.isprintable()	如果 s 非空，并且其中的每个字符被认为是可打印的，包括空格，但不包括换行，就返回 TRue
s.isspace()	如果 s 非空，并且其中的每个字符都是空白字符，就返回 True
s.istitle()	如果 s 是一个非空的首字母大写的字符串，就返回 True，参见 str.title()
s.isupper()	如果 s 至少有一个可大写的字符，并且所有可大写的字符都是大写，就返回 True，参见 str.islower()
s.join(seq)	返回序列 seq 中每个项连接起来后的结果，并以 s（可以为空）在每两项之间分隔
s.ljust(width, char)	返回长度为 width 的字符串（使用空格或可选的 char（长度为 1 的字符串）进行填充）中左对齐的字符串 s 的一个副本，使用 str.rjust()可以右对齐，str.center()可以中间对齐，参考 str.format()
s.lower()	将 s 中的字符变为小写，参见 str.upper()
s.maketrans()	与 str.translate()类似，参见正文了解详细资料
s.partition(t)	返回包含 3 个字符串的元组——字符串 s 在 t 的最左边之前的部分、t、字符串 s 在 t 之后的部分。如果 t 不在 s 内，则返回 s 与两个空字符串。使用 str.rpartition()可以在 t 最右边部分进行分区
s.replace(t,u, n)	返回 s 的一个副本，其中每个（或最多 n 个，如果给定）字符串 t 使用 u 替换
s.split(t, n)	返回一个字符串列表，要求在字符串 t 处至多分割 n 次，如果没有给定 n，就分割尽可能多次，如果 t 没有给定，就在空白处分割。使用 str.rsplit()可以从右边进行分割——只有在给定 n 并且 n 小于可能分割的最大次数时才起作用
s.splitlines(f)	返回在行终结符处进行分割产生的行列表，并剥离行终结符（除非 f 为 True）
s.startswith(x, start, end)	如果 s（或 s 的 start:end 分片）以字符串 x 开始（或以元组 x 中的任意字符串开始），就返回 True，否则返回 False，参考 str.endswith()

表 2-10　　　　　　　　　　　　字符串方法#3

语法	描述
s.strip(chars)	返回 s 的一个副本，并将开始处与结尾处的空白字符（或字符串 chars 中的字符）移除，str.lstrip() 仅剥离起始处的相应字符，str.rstrip()只剥离结尾处的相应字符
s.swapcase()	返回 s 的副本，并将其中大写字符变为小写，小写字符变为大写，参考 str.lower()与 str.upper()
s.title()	返回 s 的副本，并将每个单词的首字母变为大写，其他字母都变为小写，参考 str.istitle()
s.translate()	与 str.maketrans()类似，参考正文了解详细资料
s.upper()	返回 s 的大写化版本，参考 str.lower()
s.zfill(w)	返回 s 的副本，如果比 w 短，就在开始处添加 0，使其长度为 w

由于字符串是序列，因此也是有大小的对象，我们可以以字符串为参数来使用 len() 函数，返回值是字符串中的字符数（如果字符串为空，就返回 0）。

我们已经知道，在字符串的操作中，+操作符被重载用于实现字符串连接。如果需要连接大量的字符串，使用 str.join()方法是一种更好的方案。该方法以一个序列作为参数（比如，字符串列表或字符串元组），并将其连接在一起存放在一个单独的字符串中，并将调用该方法的字符串作为分隔物添加在每两项之间，例如：

```
>>> treatises = ["Arithmetica", "Conics", "Elements"]
>>> " ".join(treatises)
'Arithmetica Conics Elements'
>>> "-<>-".join(treatises)
'Arithmetica-<>-Conics-<>-Elements'
>>> "".join(treatises)
'ArithmeticaConicsElements'
```

第一个实例或许是最常见的，连接一个单独的字符，这里是空格。第三个实例纯粹是连接，使用空字符串意味着字符串序列在连接时中间不使用任何填充。

str.join()方法也可以与内置的 reversed()函数一起使用，以实现对字符串的反转，比如，"".join(reversed(s))。当然，通过步距也可以更精确地获取同样的结果，比如，s[::-1]。

*操作符提供了字符串复制功能：

```
>>> s = "=" * 5
>>> print(s)
=====
>>> s *= 10
>>> print(s)
==================================================
```

如上面实例所展示的，我们也可以使用复制操作符*的增强版进行赋值[*]。

在用于字符串时，如果成员关系操作符 in 左边的字符串参数是右边字符串参数的一部分，或者相等，就返回 True。

如果我们需要在某个字符串中找到另一个字符串所在的位置，有两种方法，一种是使用 str.index()方法，该方法返回子字符串的索引位置，或者在失败时产生一个 VaueError 异常。另一种是使用 str.find()方法，该方法返回子字符串的索引位置，或者在失败时返回-1。这两种方法都把要寻找的字符串作为第一个参数，还可以有两个可选的参数，其中第二个参数是待搜索字符串的起始位置，第三个则是其终点位置。

使用哪种搜索方法纯粹是个人爱好与具体场景，尽管如果搜索多个索引位置，使

---

[*] 字符串也支持%操作符，用于格式化操作。提供该操作符只是为了便于从 Python 2 到 Python 3 的转换，本书的任何实例中都没有使用这个操作符。

用 str.index()方法通常会生成更干净的代码，如下面两个等价的函数所展示的：

```
def extract_from_tag(tag, line):               def extract_from_tag(tag, line):
    opener = "<" + tag + ">"                        opener = "<" + tag + ">"
    closer = "</" + tag + ">"                        closer = "</" + tag + ">"
    try:                                            i = line.find(opener)
        i = line.index(opener)                      if i != -1:
        start = i + len(opener)                         start = i + len(opener)
        j = line.index(closer, start)                   j = line.find(closer, start)
        return line[start:j]                            if j != -1:
    except ValueError:                                      return line[start:j]
        return None                              return None
```

两个版本的 extract_from_tag()函数的作用是完全一致的。比如，extract_from_tag("red", "what a <red>rose</red> this is")返回字符串"rose"。左面这一版本的异常处理部分更清晰地布局在其他代码之外，明确地表示了如何处理错误；右边版本的错误返回值则将分散了错误处理的不同情况。

方法 str.count()、str.endswith()、str.find()、str.rfind()、str.index()、str.rindex()与 str.startswith()都接受至多两个可选的参数：起点位置与终点位置。这里给出两个等价的语句，并假定 s 是一个字符串：

```
s.count("m", 6) == s[6:].count("m")
s.count("m", 5, -3) == s[5:-3].count("m")
```

可以看出，接受起点与终点索引位置作为参数的方法可以运作在由这些索引值指定的字符串分片上。

下面看另一对等价的代码，主要是为了明确 str.partition()的作用：

```
                                        i = s.rfind("/")
                                        if i == -1:
                                            result = "", "",s
                                        else:
result = s.rpartition("/")              result = s[:i], s[i], s[i + 1:]
```

左面的代码段与右面的代码段并不完全等价，因为右面还创建了一个新变量 i。注意我们可以直接分配元组，而不拘于形式。两边的代码都是搜索/的最右边出现，如果字符串 s 为"/usr/local/bin/firefox"，那么两个代码段都会产生同样的结果：('/usr/local/bin', '/', 'firefox')。

我们可以以一个单独的字符串为参数来调用 str.endswith()（以及 str.startswith()），比如，s.startswith("From:")，或者使用字符串元组作为参数。下面的语句同时使用 str.endswith()与 str.lower()来打印文件名——如果该文件是一个 JPEG 文件：

```
if filename.lower().endswith((".jpg", ".jpeg")):
    print(filename, "is a JPEG image")
```

如果作为参数的字符串至少有一个字符，并且字符串中的每个字符都符合标准，那么 is*()方法（比如 isalpha()与 isspace()）就返回 True，例如：

```
>>> "917.5".isdigit(), "".isdigit(), "-2".isdigit(), "203".isdigit()
(False, False, False, True)
```

is*()方法工作的基础是 Unicode 字符分类，比如，以字符串"\N{circled digit two}03"与"203"为参数调用 str.isdigit()都会返回 True。出于这一原因，我们不能因为 isdigit()函数返回 True 就判断某个字符串可以转换为整数。

从外部源（其他程序、文件、网络连接尤其是交互式用户）接受字符串时，字符串可能包含不需要的开始空白字符与结尾空白字符。我们可以使用 str.lstrip()来剥离左边的空白字符，也可以使用 str.rstrip()来剥离右边的空白字符，或者使用 str.strip()同时剥离两边的空白字符。我们也可以使用一个字符串作为参数来调用剥离方法，这种情况下，每个字符的每个出现都将被从合适的位置剥离，例如：

```
>>> s = "\t no parking "
>>> s.lstrip(), s.rstrip(), s.strip()
('no parking ', '\t no parking', 'no parking')
>>> "<[unbracketed]>".strip("[](){}<>")
'unbracketed'
```

我们可以使用 str.replace()方法来在字符串内进行替换。这一方法以两个字符串作为参数，并返回该字符串的副本（其中第一个字符串的所有出现都被第二个字符串所替代）。如果第二个字符串为空，那么这一函数的实际效果是删除第一个字符串的所有出现。在 csv2html.py 程序中，我们将看到 str.replace()方法以及其他一些字符串方法的应用实例，该程序在本章后面的实例一节中介绍。

一个频繁遇到的需求是将字符串分割为一系列子字符串。比如，我们有一个文本文件，需要将其中的数据进行处理，要求每行一个记录，每个记录的字段使用星号进行分隔。为此，可以使用 str.split()方法，并以待分割的字符串作为第一个参数，以要分割的最大子数据段数为可选的第二个参数。如果再不指定第二个参数，该方法就会进行尽可能多的分割。下面给出一个实例：

```
>>> record = "Leo Tolstoy*1828-8-28*1910-11-20"
>>> fields = record.split("*")
>>> fields
['Leo Tolstoy', '1828-8-28', '1910-11-20']
```

以上面的结果为基础，可以使用 str.split()方法对出生日期与死亡日期进行进一步的分割，以便计算其寿命（给定或接受一个年份值）：

```
>>> born = fields[1].split("-")
```

```
>>> born
['1828', '8', '28']
>>> died = fields[2].split("-")
>>> print("lived about", int(died[0]) - int(born[0]), "years")
lived about 82 years
```

上面的代码中，我们必须使用 int()方法将年份从字符串转换为整数，除此之外，该代码段是很直接的。我们也可以从 fields 列表中获取年份，比如，year_born = int(fields[1].split("-")[0])。

表 2-8、表 2-9、表 2-10 中没有包含两个方法，即 str.maketrans()与 str.translate()。str.maketrans()方法用于创建字符间映射的转换表，该方法可以接受一个、两个或三个参数，但是我们这里只展示最简单的（两个参数）调用方式，其中，第一个参数是一个字符串，该字符串中的字符需要进行转换，第二个参数也是一个字符串，其中包含的字符是转换的目标，这两个字符串必须具有相同的长度。str.translate()方法以转换表作为一个参数，并返回某个字符串根据该转换表进行转换后的副本。下面展示了如何将可能包含孟加拉数字的字符串转换为英文数字：

```
table = "".maketrans("\N{bengali digit zero}"
    "\N{bengali digit one}\N{bengali digit two}"
    "\N{bengali digit three}\N{bengali digit four}"
    "\N{bengali digit five}\N{bengali digit six}"
    "\N{bengali digit seven}\N{bengali digit eight}"
    "\N{bengali digit nine}", "0123456789")
print("20749".translate(table))                    # prints: 20749
print("\N{bengali digit two}07\N{bengali digit four}"
    "\N{bengali digit nine}".translate(table))      # prints: 20749
```

从上面可以看出，在 str.maketrans()调用内部以及第二个 print()调用内部，我们利用了 Python 的字符串字面值连接，使得字符串跨越了多行，而不需要对换行进行转义或使用显示的连接。

我们对空字符串调用了 str.maketrans()方法，因为该方法不关心其针对的具体字符串，而只是对其参数进行处理，并返回一个转换表*。str.maketrans()方法与 str.translate()方法也可以用于删除字符，方法是将包含待删除字符的字符串作为第三个参数传递给 str.maketrans()。如果需要更复杂的字符转换，我们可以创建一个自定义的 codec——要了解关于这一主题的更多信息，可以参阅 codecs 模块文档。

Python 还有一些其他的库模块提供字符串相关的功能。我们已经简要提及了 unicodedata 模块，下一小节将展示该模块的应用。其他值得关注的模块还有 difflib 模块，用于展示文件或字符串之间的差别；io 模块的 io.StringIO 类，用于读、写字符串，

---

* 注意，对面向对象程序设计而言，str.maketrans()是一个静态方法。

就像对文件的读写操作一样；textwrap 模块，该模块提供了用于包裹与填充字符串的
函数与方法。此外，还有一个 string 模块，其中定义了一些有用的常量，比如 ascii_letters
与 ascii_lowercase。在第 5 章中，我们将看到这些模块的一些应用实例。此外，Python
的 re 模块提供了对正则表达式的充分支持——第 13 章将专注于讲述这一主题。

2.4.4　使用 str.format()方法进行字符串格式化

str.format()方法提供了非常灵活而强大的创建字符串的途径。对于简单的情况，使
用 str.format()方法是容易的，但是如果需要进行复杂的格式化操作，就要学习该方法
需要的格式化语法。

str.format()方法会返回一个新字符串，在新字符串中，原字符串的替换字段被适当
格式化后的参数所替代，例如：

```
>>> "The novel '{0}' was published in {1}".format("Hard Times", 1854)
"The novel 'Hard Times' was published in 1854"
```

每个替换字段都是由包含在花括号中的字段名标识的。如果字段名是简单的整数，
就将被作为传递给 str.format()方法的一个参数的索引位置。因此，在这种情况下，名
为 0 的字段被第一个参数所替代，名为 1 的字段则被第二个参数所替代。

如果需要在格式化字符串中包含花括号，就需要将其复写，下面给出一个实例：

```
>>> "{{{0}}} {1} ;-}}".format("I'm in braces", "I'm not")
"{I'm in braces} I'm not ;-}"
```

如果我们试图连接字符串与数字，那么 Python 将产生 TypeError 异常，但是使用
str.format()方法可以很容易地做到这一点：

```
>>> "{0}{1}".format("The amount due is $", 200)
'The amount due is $200'
```

我们也可以使用 str.format()方法连接字符串（尽管 str.join()方法最适合用于这一
目的）：

```
>>> x = "three"
>>> s ="{0} {1} {2}"
>>> s = s.format("The", x, "tops")
>>> s
'The three tops'
```

在上面的实例中，我们使用了一对字符串变量，不过在本小节的大部分，我们在
str.format()方法的应用实例中都使用字符串字面值，这就是为了方便——实际上，任何
使用字符串字面值的实例中都可以使用字符串变量，方法是完全一样的。

替换字段可以使用下面的任意一种语法格式：

```
{field_name}
{field_name!conversion}
{field_name:format_specification}
{field_name!conversion:format_specification}
```

另外需要注意的一点是，替换字段本身也可以包含替换字段，嵌套的替换字段不能有任何格式，其用途主要是格式化规约的计算。在对格式化规约进行更细致的解读时，我们将展示一个实例。现在我们将逐一研究替换字段的每一个组成部分，首先从字段名开始。

2.4.4.1 字段名

字段名或者是一个与某个 str.format() 方法参数对应的整数，或者是方法的某个关键字参数的名称。我们将在第 4 章中讨论关键字参数，但实际上用起来并不难，因此，这里我们给出两个实例，以保证本节讲述内容的完整性：

```
>>> "{who} turned {age} this year".format(who="She", age=88)
'She turned 88 this year'
>>> "The {who} was {0} last week".format(12, who="boy")
'The boy was 12 last week'
```

上面的第一个实例使用了两个关键字参数，分别是 who 与 age，第二个实例使用了一个位置参数（到这里为止只在这里使用过）与一个关键字参数。要注意的是，在参数列表中，关键字参数总是在位置参数之后，当然，我们可以在格式化字符串内部以任何顺序使用任何参数。

字段名可以引用集合数据类型——比如，列表。在这样的情况下，我们可以包含一个索引（不是一个分片）来标识特定的数据项：

```
>>> stock = ["paper", "envelopes", "notepads", "pens", "paper clips"]
>>> "We have {0[1]} and {0[2]} in stock".format(stock)
'We have envelopes and notepads in stock'
```

0 引用的是位置参数，因此，{0[1]} 是列表 stock 参数的第二个数据项，{0[2]} 是列表 stock 参数的第三个数据项。

后面我们将学习 Python 字典，字典中存储的是 key–value 项，字典对象也可以用于 str.format() 方法，我们这里展示一个应用实例，如果不能很好地理解，也不必担心，第 3 章将再次讲述这一主题。

```
>>> d = dict(animal="elephant", weight=12000)
>>> "The {0[animal]} weighs {0[weight]}kg".format(d)
'The elephant weighs 12000kg'
```

就像可以使用整数位置索引来存取列表与元组项一样，我们可以使用键值来存取字典项。

我们也可以存取命名的属性。假定已经导入 math 模块与 sys 模块，则可以进行如下一些操作：

```
>>> "math.pi=={0.pi} sys.maxunicode=={1.maxunicode}".format(math, sys)
'math.pi==3.14159265359 sys.maxunicode==65535'
```

总而言之，通过字段名语法，可以引用传递给 str.format()方法的位置参数与关键字参数。如果参数是集合数据类型，比如列表或字典，或参数还包含一些属性，那么可以使用[]或.表示法存取所需的部分，图 2-5 中勾勒了这一点。

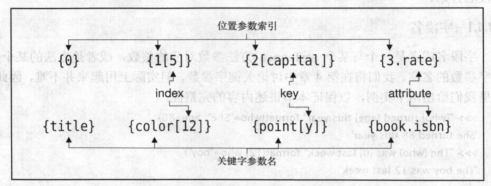

图 2-5 带注释的格式化指定符字段名实例

从 Python 3.1 开始，忽略字段名成为可能，这种情况下，Python 会自动进行处理（使用从 0 开始的数值），比如：

```
>>> "{} {} {}".format("Python", "can", "count")
'Python can count'
```

如果我们使用 Python 3.0，那么这里使用的格式字符串就必须是"{0} {1} {2}"。在格式化 1、2 个项目时，使用这种技术是便利的，但对于多个项目的情况，接下来我们看到的技术更便利，并且在 Python 3.0 环境下可以使用。

在结束对字符串格式字段名的讨论之前，提及另一种为格式化字符串赋值的相当不同的途径是有价值的，这涉及一种高级技术，但尽快学会是有用的，因为这种技术非常便利。

当前还在作用范围内的局部变量可以通过内置的 locals()函数访问，该函数会返回一个字典，字典的键是局部变量名，字典的值则是对变量值的引用。现在，我们可以使用映射拆分将该字典提供给 str.format()方法，映射拆分操作符为**，可应用于映射（比如字典）来产生一个适合于传递给函数的键-值列表，比如：

```
>>> element = "Silver"
>>> number = 47
>>> "Element {number} is {element}".format(**locals())
'Element 47 is Silver'
```

这种语法可能非常怪异——Perl 程序员倒是会感觉很亲切,不过不用担心,第 4 章会进行解释。现在我们需要知道的就是我们可以在格式化字符串中使用变量名,Python 会通过拆分字典(locals()返回的字典,或其他字典)来将变量值填充到 str.format() 方法。比如,我们可以重写早前看到的"elephant"实例,以便其具备更好的格式(带有更简单的字段名)。

```
>>> "The {animal} weighs {weight}kg".format(**d)
'The elephant weighs 12000kg'
```

将字典拆分并提供给 str.format()方法时,允许使用字典的键作为字段名。这使得字符串格式更易于理解,也易于维护,因为不需要依赖于参数的顺序。然而,要注意的是,如果需要将不止一个参数传递给 str.format(),那么只有最后一个参数才可以使用映射拆分。

2.4.4.2 转换

在讨论 decimal.Decimal 数字时,我们注意到,这些数可以以两种方式输出,例如:

```
>>> decimal.Decimal("3.4084")
Decimal('3.4084')
>>> print(decimal.Decimal("3.4084"))
3.4084
```

decimal.Decimal 的第一种展示方式是其表象形式,这种形式的用途是提供一个字符串——该字符串被 Python 解释时将重建其表示的对象。Python 程序可以评价 Python 代码段或整个程序,因此,这种表象形式有时候是有用的。不是所有对象都可以提供这种便于重建的表象形式,如果提供,其形式为包含在尖括号中的字符串,比如,sys 模块的表象形式为字符串"<module 'sys' (built-in)>"。

第二种是以字符串形式对 decimal.Decimal 进行展示的,这种形式的目标是便于阅读,因此其着眼点是展示一些读者感兴趣的东西。如果某种数据类型没有字符串表示形式,但又需要使用字符串进行表示,那么 Python 将使用表象形式。

Python 内置的数据类型都知道 str.format()方法,在作为参数传递给这一方法时,将返回一个适当的字符串来展示自己。第 6 章我们将看到,为自定义数据类型添加对 str.format()方法的支持是很直接的。此外,重写数据类型的通常行为并强制其提供字符串形式或表象形式也是可能的,这是通过向字段中添加 conversion 指定符实现的。目前,有 3 个这样的指定符:s,用于强制使用字符串形式;r,用于强制使用表象形式;a,用于强制使用表象形式,但仅限于 ASCII 字符。下面给出一个实例:

```
>>> "{0} {0!s} {0!r} {0!a}".format(decimal.Decimal("93.4"))
"93.4 93.4 Decimal('93.4') Decimal('93.4')"
```

在上面的实例中,decimal.Decimal 的字符串形式产生的字符串与提供给 str.format()

（通常情况）的字符串是相同的。同时，在这个比较特定的实例中，由于都只使用 ASCII 字符，因此，表象形式与 ASCII 表象形式之间没有区别。

下面给出另一个实例，这次使用的字符串中包含了电影名*************，存放在变量 movie 中。如果使用"{0}".format(movie)打印该字符串，那么该字符串将原样输出，但是如果需要阻止非 ASCII 字符的输出，就可以使用 ascii(movie)或"{0!a}".format (movie)，这两种方法都将生成字符串'\u7ffb\u8a33\u3067\u5931\u308f\u308c\u308b'。

到这里，我们讲述了如何将变量值放置在格式化字符串中，以及如何强制使用字符串形式或表象形式。现在，我们开始考虑值本身的格式问题。

2.4.4.3　格式规约

整数、浮点数以及字符串的默认格式通常都足以满足要求，但是如果需要实施更精确的控制，我们就可以通过格式规约很容易地实现。为了更易于掌握相关的详细信息，我们分别讲述格式化字符串、整数与浮点数，不过图 2-6 先给出了包括所有这些对象的通常语法格式。

:	*fill*	*align*	*sign*	#	0	*width*	,	. *precision*	*type*
	Any character except }	< left > right ^ center = pad between sign and digits for numbers	+ force sign; − sign if needed; " " space or − as appropriate	prefix ints with 0b, 0o, or 0x	0-pad numbers	Minimum field width	use commas for grouping*	Maximum field width for strings; number of decimal places for floating-point numbers	ints b, c, d, n, o, x, X; floats e, E, f, g, G, n, %

图 2-6　格式化规约的通常形式

对于字符串而言，我们可以控制的包括填充字符、字段内对齐方式以及字段宽度的最小值与最大值。

字符串格式规约是使用冒号（:）引入的，其后跟随可选的字符对——一个填充字符（可以不是））与一个对齐字符（<用于左对齐，^用于中间对齐，>用于右对齐），之后跟随的是可选的最小宽度（整数），如果需要指定最大宽度，就在其后使用句点，句点后跟随一个整数值。

要注意的是，如果我们指定了一个填充字符，就必须同时指定对齐字符。我们忽略了格式规约的符号与类型部分，因为对字符串没有实际影响。只使用一个冒号而没有任何其他可选的元素是无害的，但也是无用的。

下面看一些实例：

```
>>> s = "The sword of truth"
```

```
>>> "{0}".format(s)          # default formatting
'The sword of truth'
>>> "{0:25}".format(s)       # minimum width 25
'The sword of truth       '
>>> "{0:>25}".format(s)   # right align, minimum width 25
'       The sword of truth'
>>> "{0:^25}".format(s)   # center align, minimum width 25
'   The sword of truth    '
>>> "{0:-^25}".format(s) # - fill, center align, minimum width 25
'---The sword of truth----'
>>> "{0:.<25}".format(s) # . fill, left align, minimum width 25
'The sword of truth.......'
>>> "{0:.10}".format(s)   # maximum width 10
'The sword '
```

在倒数第二个实例中,我们必须指定左对齐(即便这是默认的)。如果漏掉了<,就将得到:.25,这只是意味着最大字段宽度为 25 个字符。

前面我们已经注意到,在格式化规约内部包括替换字段是有可能的,从而有可计算的格式也是可能的。比如,这里给出了使用 maxwidth 变量设置字符串最大宽度的两种方式:

```
>>> maxwidth = 12
>>> "{0}".format(s[:maxwidth])
'The sword of'
>>> "{0:.{1}}".format(s, maxwidth)
'The sword of'
```

第一种方法使用标准的字符串分片,第二种方法使用内部替换字段。

对于整数,通过格式规约,可以控制填充字符、字段内对齐、符号、最小字段宽度、基数等。

整数格式规约以冒号开始,其后可以跟随一个可选的字符对——一个填充字符(可以不是))与一个对齐字符(<用于左对齐,^用于中间对齐,>用于右对齐,=用于在符号与数字之间进行填充),之后跟随的是可选的符号字符:+表示必须输出符号,-表示只输出负数符号,空格表示为正数输出空格;为负数输出符号-。再之后跟随的是可选的最小宽度整数值——其前可以使用字符#引导,以便获取某种基数进制为前缀的输出(对二进制、八进制、十六进制数值),也可以以 0 引导,以便在对齐时使用 0 进行填充。如果希望输出其他进制数据,而非十进制数,就必须添加一个类型字符——b 用于表示二进制,o 用于表示八进制,x 用于表示小写十六进制,X 用于表示大写十六进制,为了完整性,也可以使用 d 表示十进制整数。此外,还有两个其他类型字符:c,表示输出整数对应的 Unicode 字符;n,表示以场所敏感的方式输出数字。

我们可以以两种不同的方式用 0 进行填充:

```
>>> "{0:0=12}".format(8749203)   # 0 fill, minimum width 12
'000008749203'
>>> "{0:0=12}".format(-8749203)  # 0 fill, minimum width 12
'-00008749203'
>>> "{0:012}".format(8749203)    # 0-pad and minimum width 12
'000008749203'
>>> "{0:012}".format(-8749203)   # 0-pad and minimum width 12
'-00008749203'
```

前两个实例使用的填充字符为 0，填充位置在符号与数字本身之间（=）；后两个实例要求最小宽度为 12，并使用 0 进行填充。

下面给出了一些对齐实例：

```
>>> "{0:*<15}".format(18340427)   # * fill, left align, min width 15
'18340427*******'
>>> "{0:*>15}".format(18340427)   # * fill, right align, min width 15
'*******18340427'
>>> "{0:*^15}".format(18340427)   # * fill, center align, min width 15
'***18340427****'
>>> "{0:*^15}".format(-18340427)  # * fill, center align, min width 15
'***-18340427***'
```

下面给出一些展示符号字符作用的实例：

```
>>> "[{0: }] [{1: }]".format(539802, -539802) # space or - sign
'[ 539802] [-539802]'
>>> "[{0:+}] [{1:+}]".format(539802, -539802) # force sign
'[+539802] [-539802]'
>>> "[{0:-}] [{1:-}]".format(539802, -539802) # - sign if needed
'[539802] [-539802]'
```

下面是两个使用某些类型字符的实例：

```
>>> "{0:b}  {0:o}  {0:x}  {0:X}".format(14613198)
'110111101111101011001110  67575316  deface  DEFACE'
>>> "{0:#b}  {0:#o}  {0:#x}  {0:#X}".format(14613198)
'0b110111101111101011001110  0o67575316  0xdeface  0XDEFACE'
```

为整数指定最大字段宽度是不可能的，这是因为，这样做要求数字是可裁剪的，并可能会使整数没有意义。

如果我们使用 Python 3.1，并在格式规范中使用一个逗号，则整数将使用逗号进行分组。例如：

```
>>> "{0:,} {0:*>13,}".format(int(2.39432185e6))
'2,394,321 ****2,394,321'
```

最后一个可用于整数（也可用于浮点数）的格式化字符是 n。在给定的字符是整数时，其作用与 d 相同；在给定的字符是浮点数时，其作用与 g 相同。n 的特殊之处在于，充分考虑了当前的场所，并在其产生的输出信息中使用场所特定的十进制字符与分组字符。默认的场所称为 C 场所，对这种 C 场所，十进制字符是一个句点，分组字符是一个空字符串。在程序的起始处添加下面两行，并将其作为最先执行的语句，通过这种方式，可以充分考虑不同用户的场所：[*]

```
import locale
locale.setlocale(locale.LC_ALL, "")
```

如果将空字符串作为场所传递，那么 Python 会尝试自动确定用户的场所（比如，通过检查 LANG 环境变量），并以 C 场所为默认场所。下面给出一些实例，展示了对整数与浮点数使用不同场所的影响：

```
x, y = (1234567890,  1234.56)
locale.setlocale(locale.LC_ALL, "C")
c = "{0:n}  {1:n}".format(x, y)        # c == "1234567890  1234.56"
locale.setlocale(locale.LC_ALL, "en_US.UTF-8")
en = "{0:n}  {1:n}".format(x, y)       # en == "1,234,567,890  1,234.56"
locale.setlocale(locale.LC_ALL, "de_DE.UTF-8")
de = "{0:n}  {1:n}".format(x, y)       # de == "1.234.567.890  1.234,56"
```

虽然 n 对于整数非常有用，但是对于浮点数的用途有限，因为随着浮点数的增大，就会使用指数形式对其进行输出。

对于浮点数，通过格式规约，可以控制填充字符、字段对齐、符号、最小字段宽度、十进制小数点后的数字个数，以及是以标准形式、指数形式还是以百分数的形式输出数字。

用于浮点数的格式规约与用于整数的格式规约是一样的，只是在结尾处有两个差别。在可选的最小宽度后面，通过写一个句点并在其后跟随一个整数，我们可以指定在小数点后跟随的数字个数。我们也可以在结尾处添加一个类型字符：e 表示使用小写字母 e 的指数形式，E 表示使用大写字母 E 的指数形式，f 表示标准的浮点形式，g 表示"通常"格式——这与 f 的作用是相同的，除非数字特别大（在这种情况下与 e 的作用相同——以及几乎与 g 等同的 G，但总是使用 f 或 E）。另一个可以使用的是 %——这会导致数字扩大 100 倍，产生的数字结果使用 f 并附加一个%字符的格式输出。

下面给出几个实例，展示了指数形式与标准形式：

```
>>> amount = (10 ** 3) * math.pi
>>> "[{0:12.2e}] [{0:12.2f}]".format(amount)
'[     3.14e+03] [     3141.59]'
>>> "[{0:*>12.2e}] [{0:*>12.2f}]".format(amount)
```

```
'[****3.14e+03] [*****3141.59]'
>>> "[{0:*>+12.2e}] [{0:*>+12.2f}]".format(amount)
'[***+3.14e+03] [****+3141.59]'
```

第一个实例中最小宽度为 12 个字符，在十进制小数点之后有 2 个数字。第二个实例构建在第一个实例之上，添加了一个填充字符*，由于使用了填充字符就必须同时也使用对齐字符，因此指定了右对齐方式（虽然对数字而言这是默认的）。第三个实例构建在前两个实例之上，添加了符号操作符+，以便在输出中使用符号。

在 Python 3.0 中，decimal.Decimal 数值被 str.format()当做字符串，而不是数值。这需要一定的技巧来格式化其输出，从 Python 3.1 开始，decimal.Decimal 数值能够被格式化为 floats，也能对逗号（,）提供支持，以获得用逗号进行隔离的组。在下面这个例子中，由于在 Python 3.1 中不再需要字段名，所以这里将其删除。

```
>>> "{:,.6f}".format(decimal.Decimal("1234567890.1234567890"))
'1,234,567,890.123457'
```

如果我们省略格式字符 f（或使用格式字符 g），则数值将被格式化为'123457E+9'。

Python 3.0 并不直接支持复数的格式化，从 Python 3.1 开始，才对其提供支持。不过，我们可以很容易地解决这一问题，这是通过将复数的实数部分与虚数部分分别作为单独的浮点数进行格式化来实现的，比如：

```
>>> "{0.real:.3f}{0.imag:+.3f}j".format(4.75917+1.2042j)
'4.759+1.204j'
>>> "{0.real:.3f}{0.imag:+.3f}j".format(4.75917-1.2042j)
'4.759-1.204j'
```

在上面的实例中，我们分别存取复数每一部分的属性，并都将其格式化为浮点数，在小数点后面带有 3 个数字。我们还强制对虚数部分输出符号，并添加字母 j。

Python 3.1 用来格式化复数的语法与用于 floats 的语法相同：

```
>>> "{:,.4f}".format(3.59284e6-8.984327843e6j)
'3,592,840.0000-8,984,327.8430j'
```

该方法有一个轻微的缺点，即复数的实部和虚部使用的格式化方法完全相同。但是，如果我们想分别格式化复数的实部和虚部时，则总是可以使用 Python 3.0 技术来分别访问复数的属性。

2.4.4.4   实例：print_unicode.py

在前面的小节中，我们详细地研究了 str.format()方法的格式规约，并给出了很多展示特别之处的代码 snippets。在这里，我们给出一个虽然小但很有用的实例，该实例使用了str.format()方法，因此我们可以在真实的上下文中查看相关的格式规约。该实例还使用了我们在前面几节中讲述的其他字符串方法，并引入了一个来自 unicod- edata 模块的函数[*]。

---

[*] 这一程序假定控制台使用的是 Unicode UTF-8 编码。遗憾的是，Windows 控制台只提供了很弱的

该程序只包含 25 行可执行代码，导入了两个模块（sys 与 unicodedata），并定义了一个自定义函数 print_unicode_table()。我们首先看一个运行实例，以便了解该程序的行为，之后我们将查看程序末尾处实际的处理代码，最后将查看自定义函数。

```
print_unicode.py spoked
decimal   hex    chr   name
─────────────────────────────────────────────────────────────
  10018   2722    ✢    Four Teardrop-Spoked Asterisk
  10019   2723    ✣    Four Balloon-Spoked Asterisk
  10020   2724    ✤    Heavy Four Balloon-Spoked Asterisk
  10021   2725    ✥    Four Club-Spoked Asterisk
  10035   2733    ✳    Eight Spoked Asterisk
  10043   273B    ✻    Teardrop-Spoked Asterisk
  10044   273C    ✼    Open Centre Teardrop-Spoked Asterisk
  10045   273D    ✽    Heavy Teardrop-Spoked Asterisk
  10051   2743    ❃    Heavy Teardrop-Spoked Pinwheel Asterisk
  10057   2749    ❉    Balloon-Spoked Asterisk
  10058   274A    ❊    Eight Teardrop-Spoked Propeller Asterisk
  10059   274B    ❋    Heavy Eight Teardrop-Spoked Propeller Asterisk
```

如果不带参数运行，那么该程序会生成一个表格，其中包含每个 Unicode 字符，从空格字符开始，直到带有最高可用字元的字符。如果给定了一个参数，比如实例中所展示的，那么只打印表格中那些小写的 Unicode 字符名包含该参数的列。

```
word = None
if len(sys.argv) > 1:
    if sys.argv[1] in ("-h", "--help"):
        print("usage: {0} [string]".format(sys.argv[0]))
        word = 0
    else:
        word = sys.argv[1].lower()
if word != 0:
    print_unicode_table(word)
```

在完成导入与 print_unicode_table()函数的创建后，程序执行到了上面所展示的代码。这里假定用户尚未在命令行中给定一个用于匹配的字。如果给定了一个命令行参数，并且是-h 或--help，就打印出该程序的使用帮助信息，并将 word 设置为 0，以作为程序结束的指示标记；否则，将 word 设置为用户输入的参数的小写版。如果 word 不为 0，就打印表格。

在打印使用帮助信息时，我们使用的格式规约只包括格式名——这里是参数的位置编号。我们也可以写成如下的形式：

```
print("usage: {0[0]} [string]".format(sys.argv))
```

UTF-8 支持，默认情况下，Mac OS X 控制台则使用 Apple Roman 编码。该实例包括 print_unicode_uni.py，这是另一个程序版本，将输出信息写入到一个文件中，该文件可以使用 UTF-8-savvy 编辑器打开，比如 IDLE。

使用上面的方法时，第一个 0 代表我们要使用的参数的索引位置，[0]代表该参数内的索引位置——这种写法是有效的，因为 sys.argv 是一个列表。

```
def print_unicode_table(word):
    print("decimal    hex    chr {0:^40}".format("name"))
    print("-------    ----- ---  {0:-<40}".format(""))

    code = ord(" ")
    end = sys.maxunicode

    while code < end:
        c = chr(code)
        name = unicodedata.name(c, "*** unknown ***")
        if word is None or word in name.lower():
            print("{0:7}   {0:5X}   {0:^3c}  {1}".format(
                    code, name.title()))
        code += 1
```

为了保证代码的清晰，我们使用了两个空行。该函数的 suite 的头两行用于打印标题行。第一个 str.format()用于在 40 个字符宽的字段中间位置打印“name”，第二个用于在 40 个字符宽的字段中间位置打印空白字符串，使用的填充字符为-，对齐方式为左对齐。（注意，如果指定了填充字符，就必须也指定对齐方式。）对于第二行，实际上也可以使用如下的替代方法完成：

```
print("-------    ----- --- {0}".format("-" * 40))
```

这里使用了字符串赋值操作符*来创建合适的字符串，并简单地将其插入到格式化字符串中。第三种替代方法则只是简单地输入 40 个字符“-”，并使用字符串字面值。

我们在 code 变量中保持对 Unicode 字元的追踪，最初将其初始化为用于空格（0x20）的字元，并将变量 end 设置为最高的可用 Unicode 字元——这里的设置是可以变化的，依赖于 Python 是否使用 UCS-2 或 UCS-4 字符编码。

在 while 循环内部，我们使用 chr()函数获取与字元对应的 Unicode 字符。unicodedata.name()函数用于返回给定的 Unicode 字符的名称，如果没有定义字符名，那么该函数的第二个参数（可选的）是要使用的名称。

如果用户没有指定一个字（word 为 None），或指定了并且是 Unicode 字符名的小写版，就打印对应的列。

虽然只将 code 变量传递给 str.format()方法一次，但是在格式化字符串中，该变量实际上使用了三次，第一次是将 code 作为一个整数在 7 字符宽的字段内打印（填充字符默认为空格，因此不需要明确指定），第二次是将 code 作为大写的十六进制数在 5 字符宽的字段内打印，第三次是打印与 code 对应的 Unicode 字符——使用 c 格式指定符，并在宽度最小值为 3 个字符的字段中间。注意，在第一种格式规约中，并不是必须要指定类型 d，这是因为对整数参数这是默认的。第二个参数是字符的 Unicode 字符名，使用首字母大写的方式打印，也就是说，每个字的首字母大写，所有其他字符都小写。

我们熟悉了功能非常丰富的 str.format() 方法，在本书中，我们将对其进行充分的介绍和使用。

2.4.5 字符编码

本质上说，计算机只能存储字节，即 8 比特的值，如果是无符号数，那么取值范围从 0x00 到 0xFF，每个字符必须都以某种形式的字节表示。在计算机技术的早期，研究者们设计的编码机制是使用一个特定字节表示某个特定的字符。例如，使用 ASCII 编码，就用 0x41 表示 A，用 0x42 表示 B，依此类推。在西欧，通常使用的是 Latin-1 编码，其前 127 个字符与 7 比特 ASCII 相同，其余部分则用于重音字符与欧洲人需要的其他符号。在计算机科学的发展中，研究者还设计了很多种其他编码方式，其中的大部分仍然在使用中。

遗憾的是，存在太多的编码方式会带来很多不便，在编写国际化软件时更是如此。一个几乎被最广泛采纳的标准是 Unicode 编码，在这种编码中，Unicode 为每个字符分配一个整数，即字元，就像早期的编码方式一样，但是 Unicode 不局限于使用一个字节表示每个字符，因而有能力使用这种编码方式表示每种语言中的每个字符。并且，作为对其表示能力的一种增强，其中的前 127 个 Unicode 字符与 7 比特 ASCII 表示的前 127 个字符是相同的。

Unicode 是如何存储的？当前，定义了超过 100 万个 Unicode 字符，因此，即便使用有符号数字，一个 32 位整数也足以存放任何 Unicode 字元，因此，最简单的用于存储 Unicode 字符的方式是使用 32 位整数序列，每个整数代表一个字符。在内存中，这是非常便利的，因为我们可以设计一个 32 位整数数组，数组中的每个元素与某个字符有一对一的对应关系。但对文件或通过网络连接发送的文本而言，尤其是在文本几乎都是 7 比特 ASCII 时，每个整数的 4 个字节中最多有 3 个字节会是 0x00。为避免这样的浪费，Unicode 自身有几种表示方式。

在内存中，Unicode 通常以 UCS-2 格式（实质上是 16 比特的无符号整数）表示前 65535 个字元，或者以 USC-4 格式（32 位整数）表示所有的字元——本书写作时，共有 1114111 个。在 Python 编译时，会设置为使用某一种格式（如果 sys.maxunicode 为 65535，Python 编译时就使用 UCS-2）。

对存放在文件中或通过网络连接传送的数据，情况会更加复杂。如果使用了 Unicode，那么字元可以使用 UTF-8 进行编码——这种编码中，对前 127 个字元，每个字符使用一个字节表示；对其他字元，则使用两个或更多的字节数来表示每个字符。对英文文本而言，UTF-8 是非常紧凑的，如果只使用了 7 比特字符，则 UTF-8 文件与 ASCII 文件实质上是一样的。另一种常见的编码方式是 UTF-16 编码，这种编码方式中，对大多数字符使用两个字节表示，对其他的一些字符则使用 4 个字节表示。对某些亚洲语言，这种编码方式比

UTF-8 更紧凑，但与 UTF-8 不同的是，UTF-16 文本应该以一个字节顺序标记开始，以便用于读取该文本的代码可以判定字节对是 big-endian 还是 little-endian。此外，所有旧的编码格式，比如 GB2312、ISO-8859-5、Latin-1 等，实际上都在常规的使用中。

　　str.encode()方法可以返回一个字节序列——实际上是一个 bytes 对象，在第 7 章中将进行讲述——编码时根据我们提供的编码参数进行编码。使用这一方法，可以更好地理解不同编码格式之间的差别，以及为什么进行错误的编码假设或导致错误。

```
>>> artist = "Tage Åsén"
>>> artist.encode("Latin1")
b'Tage \xc5s\xe9n'
>>> artist.encode("CP850")
b'Tage \x8fs\x82n'
>>> artist.encode("utf8")
b'Tage \xc3\x85s\xc3\xa9n'
>>> artist.encode("utf16")
b'\xff\xfeT\x00a\x00g\x00e\x00 \x00\xc5\x00s\x00\xe9\x00n\x00'
```

在引号之前使用一个字母 b，表示使用的是字节字面值，而非字符串字面值。作为一种便利，在创建字节字面值时，我们可以混合使用可打印的 ASCII 字符与十六进制转义字符。

　　我们不能使用 ASCII 编码方式对 Tage Åsén 的名称进行编码，因为这种编码不包括 Å 字符或任意重音字符，因此，这样做会导致产生一个 UnicodeEncodeError 异常。Latin-1 编码（即 ISO-8859-1）是一种 8 比特的编码格式，其中包含了这一名称所需要的所有字符。另一方面，Ern Bʹnk 这一 artist 不够幸运，因为字符不是一个 Latin-1 字符，不能成功进行编码。当然，这两个名称都可以使用 Unicode 编码格式进行编码。要注意的是，对 UTF-16 而言，头两个字节表示的字节顺序标记——解码函数会根据这一标记确定数据是 big-endian 还是 little-endian，以便分别进行相应的处理。

　　对 str.encode()方法，还有两点值得注意。第一个参数（编码名称）是大小写不敏感的，连字符与下划线在其中是等同对待的，因此，"us-ascii" 与 "US_ASCII" 被认为是相同的。还有很多别名，比如，"latin"、"latin1"、"latin_1"、"ISO-8859-1"、"CP819"，其他一些都是"Latin-1"。该方法也可以接受可选的第二个参数，其作用是指定错误处理方式。例如，如果第二个参数为"ignore"或"replace"，那么可以将任何字符串编码为 ASCII 格式——当然，这会导致数据丢失——也可以无丢失的情况，如果我们使用"backslashreplace"，就会使用\x、\u 与\U 等转义字符替换非 ASCII 字符。例如，artist.encode("ascii", "ignore")会产生 b'Tage sn'，artist.encode("ascii", "replace")会产生 b'Tage ?s?n'，而 artist.encode("ascii", "backslashreplace")会产生 b'Tage \xc5s\xe9n'。（我们也可以使用"{0!a}".format(artist)得到一个 ASCII 字符串'Tage \xc5s\xe9n'。）

　　str.encode()方法的 complement 是 bytes.decode()（以及 bytearray.decode()），该方法将返回一个字符串，其中使用给定的编码格式对字节进行解码，例如：

```
>>> print(b"Tage \xc3\x85s\xc3\xa9n".decode("utf8"))
Tage Åsén
>>> print(b"Tage \xc5s\xe9n".decode("latin1"))
Tage Åsén
```

8 比特 Latin-1、CP850（一种 IBM PC 编码格式）以及 UTF-8 编码之间的细弱差别使得猜测编码格式不太可行，幸运的是，UTF-8 正在成为明文文本文件编码格式的事实标准，因此，后人只需要熟悉这一格式，甚至不需要知道曾经存在过其他编码格式。

Python 的.py 文件使用 UTF-8 编码，因此，Python 总是知道字符串字面值要使用的编码格式。这意味着，我们可以在字符串中输入任意的 Unicode 字符——只要使用的编辑器支持[*]。

在从外部源（比如 socket）读取数据时，Python 无法知道其使用的编码格式，因此会返回字节序列，并由程序员对其进行相应的解码。对文本文件，Python 采用一种更软化的方法，即使用本地编码——除非明确指定编码格式。

幸运的是，有些文件格式会指定其编码格式。比如，我们可以假定 XML 文件使用的是 UTF-8 编码，除非<?xml?>指令明确地指定了不同的编码格式。因此，阅读 XML 时，我们可以提取比如前 1000 个字节，寻找其中的编码规约，如果找到，就使用指定的编码格式对文件进行解码，否则使用默认的 UTF-8 编码。对使用 Python 所支持的单字节编码的任意 XML 文件或明文文本文件，除基于 EBCDIC 的编码（CP424、CP500）与一些其他编码（CP037、CP864、CP865、CP1026、CP1140、HZ、SHIFT-JIS-2004、SHIFT-JISX0213）之外，这一方法应该都可以正常工作。遗憾的是，对多字节编码（比如 UTF-16 与 UTF-32），这一方法不能有效工作。在 Python Package Index，pypi.python.org/pypi 中，至少有两个 Python 包可用于检测文件的编码格式。

2.5 实例

在这一节中，我们将根据本章以及前面一章中所学的知识，提供两个虽小但完整的程序，以助于巩固到此为止所学的 Python 知识。第一个程序有点偏数学化，但是非常小，大约 35 行代码。第二个程序是关于文本处理的，并且更具体，其中包含 7 个函数，大约 80 行代码。

2.5.1 quadratic.py

二次方程是指形如 $ax^2 + bx + c = 0$ 的方程，其中，a 不为 0 描述的是抛物线。这

---

[*] 使用其他编码格式也是可能的，参见 Python 导引的"Source Code Encoding"主题。

一方程的根可以由公式 $x = \dfrac{-b \pm \sqrt{b^2 - 4ac}}{2a}$ 得出，其中，公式的 $b^2 - 4ac$ 部分称为判别式——如果为正值，那么该方程有两个实根；如果为 0，那么该方程有一个实根；如果为负值，就有两个复数根。我们将编写一个程序，该程序接受用户输入的 a、b、c 值（b 与 c 均可为 0），之后计算并输出方程的根[*]。

首先我们看一个运行的实例，之后将讲解其代码。

```
quadratic.py
ax² + bx + c = 0
enter a: 2.5
enter b: 0
enter c: -7.25
2.5x² + 0.0x + -7.25 = 0  →  x = 1.70293863659 or x = -1.70293863659
```

对于系数 1.5、−3、6，其输出（有些数字经过处理）为：

```
1.5x² + -3.0x + 6.0 = 0  →  x = (1+1.7320508j)或x = (1-1.7320508j)
```

上面的输出并不能满足我们的要求——比如，我们不希望使用+ -3.0x，而更希望直接使用- 3.0x，对于系数为 0 的情况，则不希望方程中还显示其对应的项。在练习中，你将有机会完善本程序中存在的这些不足。

现在我们开始阅读和讲解程序代码，代码是从 3 个导入语句开始的：

```
import cmath
import math
import sys
```

由于用于实数与复数的平方根函数是不同的，因此，浮点数学库与复数数学库都需要导入。由于需要使用 sys.float_info.epsilon 将浮点数与 0 进行比较，因此我们还要导入 sys 库。

我们还需要一个从用户处获取浮点数的函数：

```
def get_float(msg, allow_zero):
    x = None
    while x is None:
        try:
            x = float(input(msg))
            if not allow_zero and abs(x) < sys.float_info.epsilon:
                print("zero is not allowed")
                x = None
```

---

[*] 由于 Windows 控制台对 UTF-8 的支持较弱，而 Mac OS X 控制台默认使用的是 Apple Roman 编码，因此，quadratic.py 中使用的两个字符(² 与→)在使用时会存在一定的问题。我们提供了 quadratic_uni.py，用于在 Linux 和 Mac OS X 控制台上显示正确的符号，在 Windows 控制台则可以使用替代的符号(^2 与→)。

```
        except ValueError as err:
            print(err)
    return x
```

这一函数将进行循环，直至用户输入一个有效的浮点数（比如 0.5、-9、21、4.92 等）。如果 allow_zero 为 True，那么也可以接受 0。

定义了 get_float()函数后，代码的其余部分将得以执行，我们将分 3 个部分讲解这部分代码，从用户交互部分开始。

```
print("ax\N{SUPERSCRIPT TWO} + bx + c = 0")
a = get_float("enter a: ", False)
b = get_float("enter b: ", True)
c = get_float("enter c: ", True)
```

由于定义了 get_float()函数，使得获取方程系数 a、b、c 变得很简单。布尔型的第 2 个参数用于确定是否可以接受 0。

```
x1 = None
x2 = None
discriminant = (b ** 2) - (4 * a * c)
if discriminant == 0:
    x1 = -(b / (2 * a))
else:
    if discriminant > 0:
        root = math.sqrt(discriminant)
    else: # discriminant < 0
        root = cmath.sqrt(discriminant)
    x1 = (-b + root) / (2 * a)
    x2 = (-b - root) / (2 * a)
```

上面的代码看起来与公式似乎有所不同，这是因为我们首先从计算判别式开始。如果判别式为 0，就会知道该方程只有一个实数解，因此可以直接计算；否则，我们可以先计算判别式的实数平方根或复数平方根，并进而计算出方程的根。

```
equation = ("{0}x\N{SUPERSCRIPT TWO} + {1}x + {2} = 0"
            " \N{RIGHTWARDS ARROW} x = {3}").format(a, b, c, x1)
if x2 is not None:
    equation += " or x = {0}".format(x2)
print(equation)
```

由于对这一实例而言，Python 对浮点数的默认支持已足够，因此我们没有进行任何其他格式化，但是对两个特殊的字符，我们使用了 Unicode 字符名。

使用位置参数（用其索引位置作为字段名）的更健壮的替代方式是使用 locals() 返回的字典，这也是本章前面看到过的一种技术。

```
equation = ("{a}x\N{SUPERSCRIPT TWO} + {b}x + {c} = 0"
            " \N{RIGHTWARDS ARROW} x = {x1}").format(**locals())
```

并且，如果使用的是 Python 3.1，我们可以忽略字段名，而由 Python 使用传递给
str.format()的位置参数生成字段。

```
equation = ("{}x\N{SUPERSCRIPT TWO} + {}x + {} = 0"
            " \N{RIGHTWARDS ARROW} x = {}").format(a, b, c, x1)
```

这是便利的，但并不像使用命名参数那样健壮，在需要使用格式规约时也没那么
丰富多变。尽管如此，对很多简单的情况，这种语法既是容易的，也是有用的。

2.5.2　csv2html.py

一个常见的需求是：获取一个数据集，并将其使用 HTML 呈现。在这一小节中，
我们将开发一个程序，该程序读入一个文件，该文件使用的是简单的 CSV（逗号分隔
值）格式，输出时则使用 HTML 表格，其中包含该文件的数据。Python 本身带有一个
功能强大而复杂的 csv 模块，可用于处理 CSV 格式与类似的数据格式——但这里我们
将自己编写所有代码。

CSV 格式每行一个记录，每个记录使用逗号分隔为多个字段。每个字段可以是字
符串，也可以是数字。字符串必须使用单引号或双引号包含起来，数字不应该使用引
号包含，除非其中包含逗号。在字符串内部使用逗号是允许的，但不能充当字段分隔
符。我们假定第一条记录包含字段 labels。我们将要产生的输出是 HTML 表格，其中
的文本采用左对齐方式（在 HTML 中是默认的），数字则采用右对齐方式，每个记录
一列，每个字段一个单元。

该程序必须可以输出 HTML 表格的开标签，之后读取每行数据，对每行数据，输
出其对应的 HTML 列，并在末尾输出 HTML 表格的闭标签。对背景色，要求第一列
（该列用于显示字段标号）为浅绿，数据列的背景色则在白色与浅黄色之间变换。要注
意的是，我们必须确保特殊的 HTML 字符（"&"、"<" 与 ">"）必须经过正确的转义
处理，并希望字符串经过适当处理。

下面给出的是一段样本数据：

```
"COUNTRY","2000","2001",2002,2003,2004
"ANTIGUA AND BARBUDA",0,0,0,0,0
"ARGENTINA",37,35,33,36,39
"BAHAMAS, THE",1,1,1,1,1
"BAHRAIN",5,6,6,6,6
```

假定样本数据存放在文件 data/co2-sample.csv 中，并使用命令 csv2html.py < data/
co2-sample.csv > co2-sample.html，则文件 co2-sample.html 包含的内容类似于如下格式：

```
<table border='1'><tr bgcolor='lightgreen'>
<td>Country</td><td align='right'>2000</td><td align='right'>2001</td>
```

```
<td align='right'>2002</td><td align='right'>2003</td>
<td align='right'>2004</td></tr>
...
<tr bgcolor='lightyellow'><td>Argentina</td>
<td align='right'>37</td><td align='right'>35</td>
<td align='right'>33</td><td align='right'>36</td>
<td align='right'>39</td></tr>
...
</table>
```

我们对输出进行了稍许处理，并忽略
了某些行（使用省略号表示）。我们使用
了一种非常简单的 HTML 到 HTML 4 之
间的过渡格式，并且没有使用类型表，图
2-7 展示了在 Web 浏览器中输出的情况。

Country	2000	2001	2002	2003	2004
Antigua and Barbuda	0	0	0	0	0
Argentina	37	35	33	36	39
Bahamas, The	1	1	1	1	1
Bahrain	5	6	6	6	6

在了解了程序如何使用以及其功能
之后，我们开始查阅程序的实现代码。该

图 2-7 Web 浏览器中的 csv2html.py 表格

程序从导入 sys 模块开始，我们没有展示该行代码，也没有展示其他导入语句，除非
是不同寻常的或授权的讨论。程序的最后一个语句是一个函数调用：

main()

虽然 Python 不像其他语言那样需要入口点，但是在 Python 程序中，创建一个称为
main()的函数，并通过对该函数的调用来开始程序的实际处理流程也是非常常见的。由
于没有哪一个函数可以在创建之前就被调用，因此我们必须确保在其依赖的函数创建之
后再调用 main()。函数在文件中出现的顺序（即函数的创建顺序）则无关紧要。

在 csv2html.py 程序中，我们调用的第一个函数是 main()，其中依次调用了
print_start()与 print_line()，print_line()则调用了 extract_ fields()与 escape_html()，图 2-8
中展示了使用的程序结构。

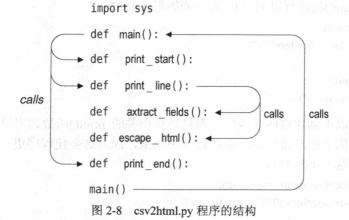

图 2-8 csv2html.py 程序的结构

　　Python 读入文件时，从顶部开始执行，这一实例也是如此，首先执行的是导入语句，之后创建了 main()函数，再之后创建了其他函数，其顺序与文件中出现的顺序一致。在文件尾部调用 main()函数时，main()函数要调用的所有函数（以及这些函数要调用的函数）都已经存在。执行过程与我们通常认为的一样，从对 main()的调用开始。

　　我们将依次查看每个函数，从 main()开始：

```python
def main():
    maxwidth = 100
    print_start()
    count = 0
    while True:
        try:
            line = input()
            if count == 0:
                color = "lightgreen"
            elif count % 2:
                color = "white"
            else:
                color = "lightyellow"
            print_line(line, color, maxwidth)
            count += 1
        except EOFError:
            break
    print_end()
```

　　maxwidth 变量用于限制每个 cell 中的字符数——如果某个字段大于这个值，我们将对其削减，并通过添加省略号来表明这一点。我们下面就开始查看 print_start()、print_line()以及 print_end()等函数，while 循环对每行输入进行迭代处理——输入可以来自用户的键盘输入，但是我们更希望来自重定向文件。我们设置了想要使用的颜色，并调用 print_line()将该行以 HTML 表格列的形式输出。

```python
def print_start():
    print("<table border='1'>")


def print_end():
    print("</table>")
```

　　我们也可以不创建这两个函数，而只是将相关的 print()函数调用放置在 main()函数中。但是我们更愿意将这些功能逻辑分离出来，因为这会使程序更加灵活（即便在较小的程序中这并不重要）。

```python
def print_line(line, color, maxwidth):
    print("<tr bgcolor='{0}'>".format(color))
```

```
        fields = extract_fields(line)
        for field in fields:
            if not field:
                print("<td></td>")
            else:
                number = field.replace(",", "")
                try:
                    x = float(number)
                    print("<td align='right'>{0:d}</td>".format(round(x)))
                except ValueError:
                    field = field.title()
                    field = field.replace(" And ", " and ")
                    if len(field) <= maxwidth:
                        field = escape_html(field)
                    else:
                        field = "{0} ...".format(
                                escape_html(field[:maxwidth]))
                    print("<td>{0}</td>".format(field))
        print("</tr>")
```

要注意的是，我们不能使用 str.split(",")将每行分隔成不同的字段，因为在引号包含的字符串内也可能包含逗号。因此，我们将这一功能实现在 extract_fields()函数中。对字段列表（作为字符串，但没有包围的引号），我们在其上进行迭代，并为每个字段创建一个表格单元。

如果某字段为空，就输出一个空 cell。如果某个字段使用引号进行包含，那么可能是一个字符串，也可能是一个数字，使用引号包含数字的目的是允许数字内部使用逗号，比如，"1 566"。为此，我们生成字段的一个副本将其内部的逗号移除，并尝试将其转换为一个浮点数。如果转换成功，就输出一个右对齐的单元，其中的字段四舍五入为最近的一个整数，并以整数的形式输出；如果转换失败，就以字符串形式输出该字段。这里，我们使用 str.title()来整理字母的大小写，并使用 and 替换 And，以便纠正 str.title()对其进行的不必要的更改。我们之后对任意特殊的 HTML 字符进行转义，或者打印其完整的字段，或者打印其 maxwidth 个字符，并加上省略号。一种更简单的使用内部替换字段的替代方案是使用字符串分片。这种方法的另一个优势是需要较少的输入操作。

```
def extract_fields(line):
    fields = []
    field = ""
    quote = None
    for c in line:
        if c in "\"'":
```

```
                    if quote is None: # start of quoted string
                        quote = c
                    elif quote == c: # end of quoted string
                        quote = None
                    else:
                        field += c # other quote inside quoted string
                    continue
                if quote is None and c == ",": # end of a field
                    fields.append(field)
                    field = ""
                else:
                    field += c                      # accumulating a field
            if field:
                fields.append(field)   # adding the last field
            return fields
```

　　该函数逐个字符读入给定的行，累积成一个字段列表——每个字段都是一个不带引号包含的字符串。该函数可以处理不带引号的字段，也可以处理使用单引号或双引号的字段，并正确处理逗号与引号（双引号字符串中的单引号，单引号字符串中的双引号）。

```
        def escape_html(text):
            text = text.replace("&", "&amp;")
            text = text.replace("<", "&lt;")
            text = text.replace(">", "&gt;")
            return text
```

　　这一函数直截了当地使用适当的 HTML 实体替换每个特殊的 HTML 字符。我们当然必须首先替换&符号（尽管对尖括号而言，顺序并不重要）。Python 的标准库包含此函数的一个稍复杂的版本——在下一个练习中，你将有机会使用这一函数，并在第 7 章中再一次了解这一函数。

2.6　总结

　　本章首先展示了 Python 的关键字列表，并描述了 Python 标识符的命名原则。由于 Python 对 Unicode 的支持，因此 Python 标识符不局限于来自小字符集（比如 ASCII 或 Latin-1）的子集。

　　我们也描述了 Python 的 int 数据类型，该类型与大多数其他语言中的类似类型有所差别，因为其没有内在的大小限制。Python 整数的大小取决于内存可以允许的最大数字，操纵由数百个数字组成的数字也是完全可行的。Python 大多数基本类型都是固定的，但是实际上很少会有真正的影响，因为借助于增强的赋值操作符（+=、*=、-=、/=以及其他），我们可以使用非常自然的语法，而在幕后，Python 会创建结果对象并将变量重新绑定到其上。整数字面值通常写为十进制数，但也可以使用 0b 为前缀写为二进制字面值、使用 0o 为前缀写为八进制字面值、使用 0x 为前缀写为十六进制字面值。

在使用/对两个整数进行除法操作时，所得结果总是一个浮点数，这与很多广泛使用的其他语言是不同的，但有助于避免在除法操作进行削减时某些微妙的 bug。（如果需要整数除法，可以使用//操作符。）

Python 有一种 bool 数据类型，其中可以存放 True 或 False。Python 提供了 3 个逻辑操作符：and、or、not。其中，两个二元操作符（and 与 or）使用的是 short-circuit 逻辑。

Python 中有 3 种可用的浮点数：float、complex 与 decimal.Decimal。最常用的是 float，这是一个双精度的浮点数，其准确的数值型特征依赖于 Python 构建是使用的底层 C、C#或 Java 库。复数使用两个浮点数表示，一个存放的是实数部分，另一个存放的是虚数部分。decimal.Decimal 类型是由 decimal 模块提供的，这种数字默认小数点后有 28 位的精度，但可以根据需要增加或减少。

所有三种浮点类型都可用于适当的内置的数学操作符与函数。此外，math 模块提供了各种三角函数、双曲线函数与对数函数，可用于处理浮点数；cmath 模块提供了类似的函数集，可用于处理复数。

本章大部分内容都针对的是字符串。Python 的字符串字面值可以使用单引号或双引号创建，或使用三引号包含的字符串（如果需要在其中包含换行与引号，不拘形式）。各种转义序列可用于插入特殊字符，比如制表符（\t）与换行（\n），也可以插入 Unicode 字符（使用十六进制转义与 Unicode 字符名）。虽然字符串也支持其他 Python 类型的相同的比较操作符，但是我们也注意到，包含非英语字符的字符串排序时容易出现问题。

由于字符串是序列，因此，通过简单但强大的语法，分片操作符（[]）也可以用于字符串分片与步距。字符串也可以使用+操作符连接，使用*操作符复制，我们也可以使用这两个操作符的增强赋值版本（+=与*=）（尽管 str.join()方法更常用于连接）。字符串有很多方法，包括有些用于测试字符串属性的（比如 str.isspace()与 str.isalpha()），有些用于改变字母大小写的（比如 str.lower()与 str.title()），有些用于搜索的（比如 str.find()与 str.index()），还有很多其他方法。

Python 对字符串的支持是非常优秀的，使得我们可以方便地搜索、提取、比较整个字符串或部分字符串，替换字符或字符串，或者将字符串分割为子字符串列表，或者将字符串列表连接为一个单一的字符串。

或许功能最丰富的字符串方法是 str.format()，该方法用于使用替换字段与变量来创建字符串，并使用格式化规约来精确地定义每个字段（将被某个值替代）的特性。替换字段名称语法允许我们使用位置参数或名称（用于关键字参数）来存取方法的参数，也可以使用索引、键或属性名来存取参数项或属性。格式化规约允许我们制定填充字符、对齐方式以及最小字段宽度。而且，对于数字，我们可以控制其符号的输出

方式；对于浮点数，我们可以指定小数点后的数字个数，以及使用标准表示还是指数
表示。

我们也讨论了字符编码的复杂问题。默认情况下，Python 的.py 文件使用 Unicode
UTF-8 编码，因此可以包含注释、标识符以及数字（可以以任何人类语言写入）。使用
str.encode()方法，可以将字符串转换为使用特定编码表示的字节序列。当前使用的字
符编码的广泛性有时会带来不便，但是 UTF-8 正在迅速成为普通文本文件的事实上的
标准（也已成为 XML 文件的默认编码），因此，这种不便在将来会逐渐消减。

除了本章讲述的数据类型之外，Python 还提供了两种内置的数据类型，即 bytes 与
bytearray，两者都将在第 7 章讲述。Python 还提供了几种组合数据类型，有些是内置的，
有些是来自标准库的。在下一章中，我们将了解 Python 最重要的几种组合数据类型。

2.7   练习

1. 修改程序 print_unicode.py，以便用户可以在命令行上输入几个单独的单词，
并且只有在 Unicode 字符名包含用户指定的所有单词时才打印相应列。这意味着，我
们可以输入类似于如下的命令：

```
print_unicode_ans.py greek symbol
```

实现上述要求的一种方法是使用 words 列表替换 word 变量（其中存放 0、None
或字符串）。改变代码后，要记得更新使用帮助信息。这一改变需要添加不到 10 行代
码，另外需要对不到 10 行的代码进行适当修改。文件 print_unicode_ans.py 中提供了
对这一练习的解决方案（Windows 以及跨平台用户应该修改 print_unicode_uni.py，
print_unicode_uni_ans.py 中提供了相应的解决方案）。

2. 修改 quadratic.py，使得系数 0.0 对应的方程项不再输出，负数系数的输出形式
为- n，而不是+ -n。为达到这些要求，需要把最后的 5 行代码替换为大概 15 行代码。
quadratic_ans.py 中提供了对应的解决方案（Windows 以及跨平台用户应该修改
quadratic_uni.py，quadratic_uni_ans.py 提供了相应的解决方案）。

3. 从 csv2html.py 程序中删除 escape_html()函数，使用 xml.sax.saxutils 模块中的
xml.sax.saxutils.escape()函数替代地完成相关功能。达到这些要求很简单，需要添加一
行新代码(导入语句)，删除 5 行代码(不再需要的函数)，修改一行代码(xml.sax.saxutils.
escape()而非 escape_html())。csv2html1_ans.py 程序提供了相应的解决方案。

4. 再次对 csv2html.py 程序进行修改，这次要求添加一个名为 process_options()
的新函数。这一函数应该从 main()中进行调用，并返回一个两元组：maxwidth（int 型）
与 format（str 型）。调用 process_options()时，应该会将 maxwidth 设置为默认的 100，
format 设置为默认的 ".0f"——输出数字时，这将用作格式指定符。

　　如果用户在命令行中输入"-h"或"—help"，就会输出使用帮助信息并返回（None, None）。（这种情况下，main()不做任何处理。）否则，这一函数将读入给定的命令行参数，并对其进行适当的赋值操作，比如，如果给定的是"maxwidth=n"，就对 maxwidth 进行设置，类似地，如果给定的是"format:s"，就对 format 进行设置。下面给出的是运行时输出使用帮助信息的情况：

```
csv2html2_ans.py -h
usage:
csv2html.py [maxwidth=int] [format=str] < infile.csv > outfile.html

maxwidth is an optional integer; if specified, it sets the maximum
number of characters that can be output for string fields,
otherwise a default of 100 characters is used.

format is the format to use for numbers; if not specified it
defaults to ".0f".
```

下面给出的是两个选项都进行设置的命令行实例：

```
csv2html2_ans.py maxwidth=20 format=0.2f < mydata.csv > mydata.html
```

　　不要忘记修改 print_line()函数，以便使用 format 输出数字——你需要传递一个额外的参数，添加一行代码，并修改另一行代码，这些修改也将会影响到 main()。process_options()函数应该在 25 行代码左右（包括大概 9 行使用帮助信息）。这一练习对不是很熟悉 Python 的程序员而言有一定难度。

　　提供了两个测试数据文件：data/co2-sample.csv 与 data/co2-from-fossilfuels.csv。csv2html2_ans.py 程序提供了一个解决方案。在第 5 章中，我们将了解如何使用 Python 的 optparse 模块，以便简化命令行处理的工作量。

第 3 章
组合数据类型

在前面一章中，我们学习了 Python 最基本的一些数据类型。本章中，我们将学习如何使用 Python 的组合数据类型将数据项集中在一起，以便在程序设计时有更多的选项。我们将介绍已知的元组与列表，也将介绍一些新的组合数据类型，包括集合与字典，所有这些都将进行深入讲解[*]。

除组合之外，我们也将介绍如何创建由其他数据项聚集生成的数据项（类似于 C 或 C++中的结构或 Pascal 的记录）——方便的时候，这类聚集生成的数据项可以看做单独的单元，而同时其中包含的项本身仍然可以单独地存取。自然地，我们也可以将聚集的项放置在组合数据类型中，就像其他项一样。

将多个项存放在组合数据类型中使得实施必须应用于所有项的操作变得更容易，也使得处理从文件读入的组合数据类型项变得更加容易。本章中，在需要的地方，我们会介绍文本文件处理非常基础的一些内容，大多数详细信息（包括错误处理）则将在第 7 章讲述。

在分别介绍了各种组合数据类型之后，我们将了解如何在组合数据类型上进行迭代，因为相同的语法可以用于所有的组合数据类型，所以我们也将探讨组合类型复制相关的一些问题与技术。

3.1　序列类型

序列类型支持成员关系操作符（in）、大小计算函数（len()）、分片（[]），并且是可以迭代的。Python 提供了 5 种内置的序列类型：bytearray、bytes、list、str 与 tuple，前两种将在第 7 章中单独介绍。Python 标准库中还提供了其他一些序列类型，最值得

---

[*] 本章中对序列类型、集合类型以及映射类型的定义是实用的，但也是非正式的。更形式化的定义将在第 8 章给出。

注意的是 collections.namedtuple。进行迭代时，这些序列都将依序提供其中包含的项。

前面一章已经介绍了字符串，在本章中，我们将介绍元组、命名的元组与列表。

3.1.1 元组

元组是个有序的序列，其中包含 0 个或多个对象引用。元组支持与字符串一样的分片与步距的语法，这使得从元组中提取数据项比较容易。与字符串类似，元组也是固定的，因此，不能替换或删除其中包含的任意数据项。如果需要修改有序序列，我们应该使用列表而非元组。如果我们有一个元组，但又需要对齐进行修改，那么可以使用 list() 转换函数将其转换为列表，之后在产生的列表之上进行适当修改。

tuple 数据类型可以作为一个函数进行调用，tuple()——不指定参数时将返回一个空元组，使用 tuple 作为参数时将返回该参数的浅拷贝，对其他任意参数，将尝试把给定的对象转换为 tuple 类型。该函数最多只能接受一个参数。元组也可以使用 tuple() 函数创建，空元组是使用空圆括号()创建的，包含一个或多个项的元组则可以使用逗号分隔进行创建。有时，元组必须包含在圆括号中，以避免语义的二义性。例如，如果需要将元组 1, 2, 3 传递给一个函数，就应该写成 function((1, 2, 3)) 的形式。

图 3-1 展示了元组 t = "venus", -28, "green", "21", 19.74，以及元组内各项的索引位置。字符串可以同样的方式进行索引，不过字符串每个索引位置上的项为字符，元组的每个位置则为对象引用。

t[-5]	t[-4]	t[-3]	t[-2]	t[-1]
'venus'	-28	'green'	'21'	19.74
t[0]	t[1]	t[2]	t[3]	t[4]

图 3-1 元组索引位置

元组只提供了两种方法：t.count(x)，返回对象 x 在元组中出现的次数；t.index(x)，返回对象在元组 t 中出现的最左边位置——在元组中不包含 x 时，则产生 ValueError 异常。（这些方法对列表也是可用的。）

此外，元组可以使用操作符+（连接）、*（赋值）与[]（分片），也可以使用 in 与 not in 来测试成员关系。并且，虽然元组是固定对象，但+= 与*=这两个增强的赋值运算符也可以使用——实际上是 Python 创建了新元组，用于存放结果，并将左边的对象引用设置为指向新元组。这些操作符应用于字符串时，采用的技术是相同的。元组可以使用标准的比较操作符（<、<=、==、!=、>=、>）进行比较，这种比较实际是逐项进行的（对嵌套项，比如元组内的元组，递归进行处理）。

下面给出几个分片实例，最初是提取一个项，之后提取项分片：

```
>>> hair = "black", "brown", "blonde", "red"
>>> hair[2]
'blonde'
>>> hair[-3:]   # same as: hair[1:]
('brown', 'blonde', 'red')
```

上面这些处理过程对字符串、列表以及任意其他序列类型都是一样的：

```
>>> hair[:2], "gray", hair[2:]
(('black', 'brown'), 'gray', ('blonde', 'red'))
```

这里我们本来是想创建一个新的 5 元组，但结果是一个三元组，其中包含两个二元组，之所以会这样，是因为我们在 3 个项（一个元组，一个字符串，一个元组）之间使用了逗号操作符。要得到一个单独的元组，并包含所需项，我们必须对其进行连接：

```
>>> hair[:2] + ("gray",) + hair[2:]
('black', 'brown', 'gray', 'blonde', 'red')
```

要构成一个一元组，逗号是必需的，但在这一情况下，如果我们仅仅是将逗号放置在其中，就会产生一个 TypeError（因为 Python 会认为我们试图将字符串与元组进行连接），因此，这里我们必须同时使用逗号与圆括号。

本书中（从此处开始），在写元组时，我们将使用一种特定的编码风格。当元组出现在二进制操作符的左边时，或出现在 unary 语句的右边时，我们不需要使用圆括号，对其他所有情况，则需要使用圆括号。下面给出了几个实例：

```
a, b = (1, 2)                        # left of binary operator

del a, b                             # right of unary statement

def f(x):
    return x, x ** 2                 # right of unary statement

for x, y in ((1, 1), (2, 4), (3, 9)):   # left of binary operator
    print(x, y)
```

当然，没有要求必须遵循这种编码风格。有些程序员更愿意始终使用圆括号——这与元组的表象形式也是一致的，而其他程序员只有在确实需要的时候才使用圆括号。

```
>>> eyes = ("brown", "hazel", "amber", "green", "blue", "gray")
>>> colors = (hair, eyes)
>>> colors[1][3:-1]
('green', 'blue')
```

上面的实例中，在一个元组内有两个嵌套的元组。任何嵌套层次的组合类型都可以类似于上面的方式进行创建，而不需要格式化处理。分片操作符[]可以应用于一个分片，必要的时候可以使用多个，比如：

```
>>> things = (1, -7.5, ("pea", (5, "Xyz"), "queue"))
>>> things[2][1][1][2]
'z'
```

我们逐步来查看上面的代码，开始处的 things[2]表示的是元组的第三项（因为第一项索引值为 0），该项本身是一个元组，即（"pea", (5, "Xyz"), "queue"）。表达式 things [2][1]表示 things[2]元组的第二项，该项也是一个元组，即(5, "Xyz")；表达式 things[2][1] [1]表示 things[2][1]的第二项，即"Xyz"；最后，表达式 things[2][1][1][2]表示的是字符串中的第三项（字符），即"z"。

元组可以存放任意数据类型的任意项，包括组合类型，比如元组与列表，实际上存放的是对象引用。但是使用这样复杂的嵌套数据结构很容易造成混淆，一个解决的办法是为特定的索引位置指定名字，例如：

```
>>> MANUFACTURER, MODEL, SEATING = (0, 1, 2)
>>> MINIMUM, MAXIMUM = (0, 1)
>>> aircraft = ("Airbus", "A320-200", (100, 220))
>>> aircraft[SEATING][MAXIMUM]
220
```

显然，这种写法比直接写 aircraft[2][1]更容易理解，但是需要创建大量的变量，形式上也相当难看。下一小节中我们将讲述一种替代的解决方法。

在"aircraft"代码段的头两行，两条语句都赋值给元组。在赋值操作（这里是赋值给元组）的右边是序列、左边是元组的情况下，我们称右边被拆分。序列拆分可用于交换值，例如：

```
a, b = (b, a)
```

严格地说，右边的圆括号并不是必需的，但正如前面所说的，本书中使用的编码风格是忽略二进制操作符左边操作数的圆括号以及单值语句右边操作数的圆括号，对其他所有情况都是用圆括号。

在 for...in 循环的上下文中，我们已经看到过序列拆分的实例，这里是一个提醒：

```
for x, y in ((-3, 4), (5, 12), (28, -45)):
    print(math.hypot(x, y))
```

上面的代码中，我们在一个元素本身也是二元组的元组上进行迭代，将其中的每个二元组拆分为变量 x 与 y。

3.1.2 命名的元组

命名的元组与普通元组一样，有相同的表现特征，其添加的功能就是可以根据名称引用元组中的项，就像根据索引位置一样，这一功能使我们可以创建数据项的聚集。

collections 模块提供了 namedtuple()函数，该函数用于创建自定义的元组数据类型，例如：

```
Sale = collections.namedtuple("Sale",
        "productid customerid date quantity price")
```

collections.namedtuple() 的第一个参数是想要创建的自定义元组数据类型的名称，第二个参数是一个字符串，其中包含使用空格分隔的名称，每个名称代表该元组数据类型的一项。第一个参数以及第二个参数中空格分隔开的名称必须都是有效的 Python 字符串。该函数返回一个自定义的类（数据类型），可用于创建命名的元组。因此，这一情况下，我们将 Sale 与任何其他 Python 类（比如元组）一样看待，并创建类型为 Sale 的对象*，例如：

```
sales = []
sales.append(Sale(432, 921, "2008-09-14", 3, 7.99))
sales.append(Sale(419, 874, "2008-09-15", 1, 18.49))
```

这里，我们创建了包含两个 Sale 项的列表，也就是包含两个自定义元组。我们可以使用索引位置来引用元组中的项——比如，第一个销售项的价格为 sales[0][-1]（也就是 7.99）——但我们也可以使用名称进行引用，并且这样会更加清晰：

```
total = 0
for sale in sales:
        total += sale.quantity * sale.price
print("Total ${0:.2f}".format(total))   # prints: Total $42.46
```

命名的元组提供的清晰与便利通常都是有用的，比如，下面给出的是 3.1.1 小节中 "aircraft" 实例的一种更好的实现方式：

```
>>> Aircraft = collections.namedtuple("Aircraft",
...                                            "manufacturer model seating")
>>> Seating = collections.namedtuple("Seating", "minimum maximum")
>>> aircraft = Aircraft("Airbus", "A320-200", Seating(100, 220))
>>> aircraft.seating.maximum
220
```

在涉及提取命名的元组项以便用于字符串时，可以采用三种方法。

```
>>> print("{0} {1}".format(aircraft.manufacturer, aircraft.model))
Airbus A320-200
```

这里，我们通过命名的元组属性访问来访问元组中我们感兴趣的每个项。这使我们获得了最短的、最简单的格式化字符串。（在 Python 3.1 中，可以将这种格式化字符串削减到只有 " {} {} "）但是，这种方法意味着我们必须观察传递给 str.format() 的参数，以便确定替代文本是什么，这看起来不如在格式化字符串中使用命名字段那么清晰。

```
"{0.manufacturer} {0.model}".format(aircraft)
```

这里，我们使用一个单独的位置参数，并在格式化字符串中使用命名的元组属性

---

* 注意，面向对象程序设计中，通过这种方式创建的每个类都是 tuple 的子类。

名作为字段名。与只是使用位置参数相比，这种做法要更清晰，但遗憾的是，我们必须指定位置值（即便使用的是 Python 3.1）。幸运的是，还有更好的方式。

命名的元组有几个私有方法——也就是那些名称以下划线开始的方法。其中有一个 namedtuple._asdict()方法非常有用，我们稍后将展示该方法的应用[*]。

"{manufacturer} {model}".format(**aircraft._asdict())

私有方法 namedtuple._asdict()返回的是键-值对的映射，其中每个键都是元组元素的名称，值则是对应的值。我们使用映射拆分将映射转换为 str.format()方法的键-值参数。

虽然命名的元组非常方便，不过在第 6 章介绍面向对象程序设计时，会讲述比简单的命名元组更复杂的知识，并学习如何创建自定义数据类型——这些自定义数据类型可以存放数据，也可以有自定义方法。

3.1.3 列表

列表是包含 0 个或多个对象引用的有序序列，支持与字符串以及元组一样的分片与步距语法，这使得从列表中提取数据项很容易实现。与字符串以及元组不同的是，列表是可变的，因此，我们可以对列表中的项进行删除或替换，插入、替换或删除列表中的分片也是可能的。

list 数据类型可以作为函数进行调用，list()——不带参数进行调用时将返回一个空列表；带一个 list 参数时，返回该参数的浅拷贝；对任意其他参数，则尝试将给定的对象转换为列表。该函数只接受一个参数的情况。列表也可以不使用 list()函数创建，空列表可以使用空的方括号来创建，包含一个或多个项的列表则可以使用逗号分隔的数据项（包含在[]中）序列来创建。另一种创建列表的方法是使用列表内涵——在后面的相应小节中将讲述这一主题。

由于列表中所有数据项实际上都是对象引用，因此，与元组一样，列表也可以存放任意数据类型的数据项，包括组合数据类型，比如列表与元组。列表可以使用标准的比较操作符（<、<=、==、!=、>=、>）进行比较，这种比较实际是逐项进行的（对嵌套项，比如列表内的元组或列表，递归进行处理）。

给定赋值操作 L = [-17.5, "kilo", 49, "V", ["ram", 5, "echo"], 7]，我们可以获得的列表如图 3-2 所示。

L[-6]	L[-5]	L[-4]	L[-3]	L[-2]	L[-1]
-17.5	'kilo'	49	'V'	['ram', 5, 'echo']	7
L[0]	L[1]	L[2]	L[3]	L[4]	L[5]

图 3-2 列表索引位置

---

[*] namedtuple._asdict()等私有方法并不能保证在所有 Python 3.x 版本中都是可用的，不过 namedtuple._asdict() 方法在 Python 3.0 和 3.1 下都是可用的。

对列表 L，我们可以使用分片操作符（如果必要，可以重复使用）来存取列表中的数据项，如下面所示：

```
L[0] == L[-6] == -17.5
L[1] == L[-5] == 'kilo'
L[1][0] == L[-5][0] == 'k'
L[4][2] == L[4][-1] == L[-2][2] == L[-2][-1] == 'echo'
L[4][2][1] == L[4][2][-3] == L[-2][-1][1] == L[-2][-1][-3] == 'c'
```

和元组类似，列表也支持嵌套、迭代、分片等操作。实际上，在前面小节中的所有元组操作实例中，如果将其中的元组替换为列表，那么都可以完全相同的方式进行处理。列表支持使用 in 与 not in 进行成员关系测试，使用+进行连接，使用+=进行扩展（即将右边操作数代表的所有项附加到列表中），使用*与*=进行复制等操作。列表也可以用于内置的 len()函数以及 del 语句，del 语句在"使用 del 语句删除项"工具条中进行描述。此外，列表还提供了表 3-1 中展示的一些方法。

表 3-1   列表方法

语法	描述
L.append(x)	将数据项 x 追加到列表 L 的尾部
L.count(x)	返回数据项 x 在列表 L 中出现的次数
L.extend(m) L += m	将 iterable m 的项追加到 L 的结尾处，操作符+=完成同样的功能
L.index(x, start, end)	返回数据项 x 在列表 L 中（或 L 的 start:end 分片中）最左边出现的索引位置，否则会产生一个 ValueError 异常
L.insert(i, x)	在索引位置 int i 处将数据项 x 插入列表 L
L.pop()	返回并移除 list L 最右边的数据项
L.pop(i)	返回并移除 L 中索引位置 int i 处的数据项
L.remove(x)	从 list L 中移除最左边出现的数据项 x，如果找不到 x 就产生 ValueError 异常
L.reverse()	对列表 L 进行反转
L.sort(...)	对列表 L 进行排序，与内置的 sorted()函数一样，这一方法可以接受可选的 key 与 reverse 参数

尽管可以使用分片操作符存取列表中的数据项，但在有些情况下，我们需要一次提取两个或更多数据项，可以使用序列拆分实现。任意可迭代的（列表、元组等）数据类型都可以使用序列拆分操作符进行拆分，即*。用于赋值操作符左边的两个或多个变量时，其中的一个使用*进行引导，数据项将赋值给该变量，而所有剩下的数据项将赋值给带星号的变量，下面给出一些实例：

```
>>> first, *rest = [9, 2, -4, 8, 7]
>>> first, rest
```

```
(9, [2, -4, 8, 7])
>>> first, *mid, last = "Charles Philip Arthur George Windsor".split()
>>> first, mid, last
('Charles', ['Philip', 'Arthur', 'George'], 'Windsor')
>>> *directories, executable = "/usr/local/bin/gvim".split("/")
>>> directories, executable
(['', 'usr', 'local', 'bin'], 'gvim')
```

以这种方式使用序列拆分操作符时,表达式*rest 以及类似的表达式称为带星号的表达式。

Python 还有一个相关的概念:带星号的参数。例如,有下面这样一个需要 3 个参数的函数:

```
def product(a, b, c):
    return a * b * c   # here, * is the multiplication operator
```

我们可以使用 3 个参数来调用该函数,也可以使用带星号的参数:

```
>>> product(2, 3, 5)
30
>>> L = [2, 3, 5]
>>> product(*L)
30
>>> product(2, *L[1:])
30
```

在第一个调用中,我们提供了通常的 3 个参数。在第二个调用中,我们使用了一个带星号的参数——这里,列表的 3 个数据项被*拆分,因此,调用函数时,函数将获得这 3 个参数,使用三元组也可以完成同样的任务。在第三个调用中,第一个参数采用常规的方式进行传递,另外两个参数则是通过对列表 L 中一个包含两个数据项的数据分片拆分而来。第 4 章将对函数与参数传递进行全面的讲解。

使用 del 语句删除项

虽然从名称上看,del 语句代表的是删除,但是实际上 del 语句的作用并不一定是删除数据。应用于某些对象引用(引用的是非组合类型的数据项)时,del 语句的作用是取消该对象引用到数据项的绑定,并删除对象引用,例如:

```
>>> x = 8143 # object ref. 'x' created; int of value 8143 created
>>> x
8143
>>> del x # object ref. 'x' deleted; int ready for garbage collection
>>> x
Traceback (most recent call last):
...
NameError: name 'x' is not defined
```

对象引用被删除后，如果该对象引用所引用的数据项没有被其他对象引用进行引用，那么该数据项将进入垃圾收集流程。在垃圾收集是否自动进行不能确定时（依赖于 Python 的实现），如果需要进行清理，就必须自己手动进行处理。对垃圾收集的不确定性，Python 提供了两种方案，一种是使用 try ... finally 语句块，确保垃圾收集得以进行；另一种是使用 with 语句，第 8 章将进行讲述。

用于组合数据类型（比如元组或列表）时，del 语句删除的只是对组合类型的对象引用。如果该对象引用所引用的组合类型数据没有被其他对象引用进行引用，那么该组合类型数据及其项（对于本身也是组合类型的项进行递归处理）将进入垃圾收集流程。

对可变的组合数据类型，比如列表，del 可应用于单个数据项或其中的数据片——两种情况都需要使用分片操作符[]。如果引用的单个或多个数据项从组合类型数据中移除，并且没有其他对象引用对其进行引用，就进入垃圾收集流程。

操作符*是用作多复制操作符还是序列拆分操作符并不会产生语义上的二义性。当*出现在赋值操作的左边时，用作拆分操作符，出现在其他位置（比如在函数调用内）时，若用作单值操作符，则代表拆分操作符；若用作二进制操作符，则代表多复制操作符。

我们已经知道，对列表中的数据项，可以在其上进行迭代处理，使用的语法格式是 for item in L:。如果需要该列表中的数据项，那么使用的惯用方法如下：

```
for i in range(len(L)):
    L[i] = process(L[i])
```

内置的 range()函数返回一个迭代子，其中存放一个整数。给定一个整数参数 n，则迭代子 range()会生成并返回 0, 1, ..., n - 1。

我们可以使用这一技术对一列整数中的每一个进行递增操作，例如：

```
for i in range(len(numbers)):
    numbers[i] += 1
```

由于列表支持分片，因此在几种情况下，使用分片或某种列表方法可以完成同样的功能。比如，给定列表 woods = ["Cedar", "Yew", "Fir"]，我们可以以如下的两种方式扩展列表：

```
woods += ["Kauri", "Larch"]          woods.extend(["Kauri", "Larch"])
```

对上面两种方法，所得结果都是列表['Cedar', 'Yew', 'Fir', 'Kauri', 'Larch']。

使用 list.append()方法，可以将单个数据项添加到列表尾部。使用 list.insert()方法（或者赋值给一个长度为 0 的分片），可以将数据项插入到列表内的任何索引位置。比如，给定列表 woods = ["Cedar", "Yew", "Fir", "Spruce"]，我们可以在索引位置 2 处插入一个新的数据项（也就是作为该列表的第三项），下面两种方法均可以实现：

```
woods[2:2] = ["Pine"]                woods.insert(2, "Pine")
```

上面两种方法所得的结果都是列表 ['Cedar', 'Yew', 'Pine', 'Fir', 'Spruce']。

通过对特定索引位置处的对象进行赋值，可以对列表中的单个数据项进行替换，比如，woods[2] = "Redwood"。通过将 iterable 赋值给分片，可以替换整个分片，比如，woods[1:3] = ["Spruce", "Sugi", "Rimu"]，并且分片与 iterable 并不必须是等长的。在所有这些情况下，都会删除分片的数据项，并插入 iterable 的数据项。如果 iterable 包含的项数比要替代的分片包含的项数少，那么这一操作会使列表变短；反之，则使得列表变长。

为了更清晰地理解将 iterable 赋值给分片时所进行的处理，这里给出一个更深入的实例。假定有一个列表 L = ["A", "B", "C", "D", "E", "F"]，现在将一个 iterable（这里是一个列表）赋值给 L 的一个分片，使用的代码是 L[2:5] = ["X", "Y"]。首先，该分片将被移除，因此，列表实际上变为['A', 'B', 'F']，之后，该 iterable 的所有项都将插入到该分片的起始位置，因此，最终列表变为['A', 'B', 'X', 'Y', 'F']。

还有很多种方法也可以移除列表中的数据项，我们可以不带参数使用 list.pop()，作用是移除列表中最右边的数据项并返回该数据项。类似地，我们可以带一个整数型的索引位置参数来调用 list.pop()，其作用是移除（并返回）特定索引位置处的数据项。另一种方法是以待移除项作为参数调用 list.remove()方法。del 语句也可用于移除单个的数据项（比如，del woods[4]）或移除多个数据项构成的数据片。通过将分片赋值为空列表，可以移除分片，下面的两个代码段是等价的：

```
woods[2:4] = []                              del woods[2:4]
```

在左边的代码段中，我们将数据片赋值为一个 iterable（一个空列表），因此，在处理时，首先移除该数据片，因为要插入的 iterable 为空，所以并不进行实际的插入操作。

首次接触分片与步距时是在字符串的上下文中，在其中，步距并不是很吸引人。不过，在列表的上下文中，通过步距，可以每隔 n 个数据项进行存取，这通常是有用的。比如，假定有列表 x = [1, 2, 3, 4, 5, 6, 7, 8, 9, 10]，需要将每个奇数索引项（即 x[1]、x[3]等）设置为 0。通过步距，可以每隔两个数据项进行存取，比如 x[::2]，但这样得到的数据项的索引位置实际上是 0、2、4 等。通过指定一个起始的索引位置，可以解决这一问题，比如 x[1::2]，会返回包含我们所需要的数据项的数据片。如果需要将这些数据项都设置为 0，我们需要一列 0，并且其中 0 的个数与该数据片中包含的数据项个数要严格相等。

这里给出对上面问题的完整的解决方案：x[1::2] = [0] * len(x[1::2])。执行后，原列表将变为[1, 0, 3, 0, 5, 0, 7, 0, 9, 0]。我们使用了复制操作符*，以便生成一个包含一系列 0 的列表，其中 0 的个数与数据片长度（即数据项的个数）相等。有趣的一面是将列表[0, 0, 0, 0, 0]赋值给带步距的数据片时，Python 会正确地使用第一个 0 替换 x[1]的值，使用第二个 0 替换 x[3]的值，依此类推。

与任何其他 iterable 一样，列表可以使用内置的 reversed()函数与 sorted()函数进行反转与排序，这两个函数将在"迭代子、迭代操作与函数"这一小节中讲述。列表包含等价的方法，list.reverse()与 list.sort()，二者都可以正常工作（因此不返回任何对象），后者可以接受与 sorted()函数一样的可选参数。一个常见的惯用法是对一列字符串进行大小写不敏感的排序，比如，我们可以使用 woods.sort(key=str.lower)对列表 woods 进行排序，参数 key 用于指定一个函数，该函数用于每个数据项，其返回值用于在排序时进行比较。前面一章中关于字符串比较一节中我们注意到，对英语之外的语言，以一种对阅读者有意义的方式对字符串进行排序是相当困难的。

对插入数据项而言，当添加或移除的数据项位于列表的尾部时，是最容易进行的（list.append(), list.pop()），当需要在列表中对数据项进行搜索时则是性能最差的，比如，使用 list.remove()或 list.index()，或者使用 in 测试成员关系。如果需要快速进行搜索或成员关系测试，那么使用 set 或 dict（两者都将在本章进行介绍）这两种组合数据类型可能是更合适的选择。如果列表在存放数据项时是通过排序后顺序存放的，也可以提供快速的搜索功能——对部分排序的列表，Python 的排序算法是特别优化的——使用二叉搜索（由 bisect 模块提供）来寻找相应项。（在第 6 章中，我们将创建一个本原上排序的自定义列表类。）

3.1.4　列表内涵

小列表通常可以使用列表字面值直接创建，但长一些的列表，通常则需要使用程序进行创建。对一系列整数，我们可以使用 list(range(n))创建，或者如果只需要一个整数迭代子，使用 range()就足以完成任务，但对更复杂一些的列表，使用 for…in 循环创建是一种更常见的做法。比如，假定需要生成给定时间范围内的闰年列表，可以使用如下的语句：

```
leaps = []
for year in range(1900, 1940):
    if (year % 4 == 0 and year % 100 != 0) or (year % 400 == 0):
        leaps.append(year)
```

在为内置的 range()函数指定两个整数参数 n 与 m 时，该函数返回的迭代子 iterator 将生成整数 n, n + 1, …, m - 1.

当然，如果我们预先知道准确的范围，则可以使用列表字面值进行创建，比如，leaps = [1904, 1908, 1912, 1916, 1920, 1924, 1928, 1932, 1936]。

列表内涵是一个表达式，也是一个循环，该循环有一个可选的、包含在方括号中的条件，作用是为列表生成数据项，并且可以使用条件过滤掉不需要的数据项。列表内涵最简单的形式如下：

```
[item for item in iterable]
```

上面的语句将返回一个列表，其中包含 iterable 中的每个数据项，在语义上与 list(iterable)是一致的。有两个特点使得列表内涵具有更强大的功能，也更能引起使用者的兴趣，一个是可以使用表达式，另一个是可以附加条件——由此带来如下两种实现列表内涵的常见语法格式：

[*expression* for *item* in *iterable*]
[*expression* for *item* in *iterable* if *condition*]

第二种语法格式实际上等价于：

```
temp = []
for item in iterable:
    if condition:
        temp.append(expression)
```

通常，上面的语法中，*expression* 或者是数据项本身，或者与数据项相关。当然，列表内涵不需要 for…in 循环中使用的 temp 变量。

现在，我们可以使用列表内涵编写代码，以便生成列表 leaps。我们分三个阶段开发这段代码，首先，生成一个列表，其中包含给定时间范围内的所有年份：

```
leaps = [y for y in range(1900, 1940)]
```

上面的任务也可以使用 leaps = list(range(1900, 1940))语句完成。接下来，为该语句添加一个简单的条件，以便每隔 4 年获取一次：

```
leaps = [y for y in range(1900, 1940) if y % 4 == 0]
```

最后，给出完整的代码：

```
leaps = [y for y in range(1900, 1940)
            if (y % 4 == 0 and y % 100 != 0) or (y % 400 == 0)]
```

通过使用列表内涵，将代码量从 4 行减少到 2 行——这里看不明显，但对大型项目会有相当大的影响。

由于列表内涵会生成列表，也就是 iterable，同时用于列表内涵的语法需要使用 iterable，因此，对列表内涵进行嵌套是可能的。这与嵌套的 for…in 循环是等价的。比如，对给定的性别、尺寸、颜色集，需要生成所有可能的服装标号，但排除肥胖女士的标号，因为时装工业会忽视这一类女性。使用嵌套的 for…in 循环可以完成这一任务：

```
codes = []
for sex in "MF":                # Male, Female
    for size in "SMLX":          # Small, Medium, Large, eXtra large
        if sex == "F" and size == "X":
            continue
        for color in "BGW":      # Black, Gray, White
            codes.append(sex + size + color)
```

上面的循环会生成包含 21 个数据项的列表，即['MSB', 'MSG', ..., 'FLW']。使用列表内涵，只需要两行代码就可以实现相同的功能：

```
codes = [s + z + c for s in "MF" for z in "SMLX" for c in "BGW"
             if not (s == "F" and z == "X")]
```

这里，列表中的每个数据项都是使用表达式 s + z + c 生成的。并且，跳过无效的 sex/size 组合是在最内部的循环中实现的，而嵌套的 for...in 循环版本中，跳过无效的组合是在中间循环中实现的。任何列表内涵都可以使用一个或多个 for...in 循环重写。

如果生成的列表非常大，那么根据需要生成每个数据项会比一次生成整个列表更高效。这可以通过使用生成器实现，而不使用列表内涵，第 8 章将进行讲述。

3.2 集合类型

set 也是一种组合数据类型，支持成员关系操作符（in）、对象大小计算操作符（len()），并且也是 iterable。此外，集合数据类型至少提供一个 set.isdisjoint()方法，支持比较，也支持位逻辑操作符（在集合用于联合、交叉等上下文中使用）。Python 提供了两种内置的集合类型：可变的 set 类型，固定的 frozenset 类型。进行迭代时，集合类型以任意顺序提供其数据项。

只有可哈希运算的对象可以添加到集合中，可哈希运算的对象包含一个 __hash__() 特殊方法，其返回值在某个对象的整个生命周期内都是相同的，并可以使用 __eq__() 特殊方法进行相等性比较（特殊方法——方法名的起始与结尾都使用两个下划线，第 6 章将进行讲解）。

所有内置的固定数据类型（比如 float、frozenset、int、str、tuple）都是可哈希运算的，都可以添加到集合中。内置的可变数据类型（比如 dict、list、set）都不是可哈希运算的，因为其哈希值会随着包含项数的变化而变化，因此，这些数据类型不能添加到集合中。

集合类型可以使用标准的比较操作符（<、<=、==、!=、>=、>）进行比较，要注意的是，操作符==与!=都使用的是其通常的含义，其比较的方式是逐项比较（对嵌套项，比如集合内的元组或固定集合，则递归比较），其他比较操作符则进行子集比较或超集比较，稍后将进行讲述。

3.2.1 集合

集合是 0 个或多个对象引用的无序组合，这些对象引用所引用的对象都是可哈希运算的。集合是可变的，因此可以很容易地添加或移除数据项，但由于其中的项是无序的，因此，没有索引位置的概念，也不能分片或按步距分片。图 3-3 给出了由如下的代码 snippet 创建的集合：

S = {7, "veil", 0, -29, ("x", 11), "sun", frozenset({8, 4, 7}), 913}

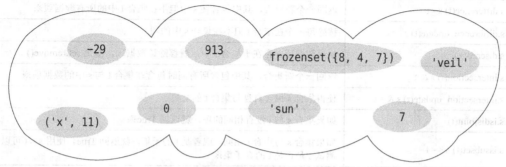

图 3-3 集合是排他性项的无序组合

set 数据类型可以作为函数进行调用，set()——不带参数进行调用时将返回一个空集合；带一个 set 参数时返回该参数的浅拷贝；对任意其他参数，则尝试将给定的对象转换为集合。该函数只接受一个参数的情况。非空集合也可以不使用 set() 函数创建，空集合必须使用 set() 创建，而不能使用空的圆括号来创建*。包含一个或多个项的集合可以使用逗号分隔的数据项（包含在圆括号中）序列来创建，另一种创建集合的方法是使用集合内涵——在后面的相应章节中将讲述这一主题。

集合中包含的每个数据项都是独一无二的——添加重复的数据项固然不会引发问题，但是也毫无意义。比如，下面产生的三个集合都是一样的：set("apple")、set("aple")、{'e', 'p', 'a', 'l'}。鉴于此，集合常用于删除重复的数据项。比如，x 是一个字符串列表，在执行 x = list(set(x)) 之后，x 中的每个字符串都将是独一无二的——其存放顺序也是任意的。

集合支持内置的 len() 函数，也支持使用 in 与 not in 进行的快速成员关系测试。此外，集合还提供了通常的集合操作符，如图 3-4 所示。表 3-2 给出了集合方法与操作符的完整列表。所有 "update" 方法（set.update()、set.intersection_update() 等）都可以接受任意的 iterable 作为参数——但等价的操作符版本（|=、&= 等）则要求两边的操作数都已设置。

表 3-2　　　　　　　　　　集合方法与操作符

语法	描述
s.add(x)	将数据项 x 添加到集合 s 中——如果 s 中尚未包含 x
s.clear()	移除集合 s 中的所有数据项
s.copy()	返回集合 s 的浅拷贝※

---

* 空圆括号，{}，用于创建空 dict，下一节将介绍。

续表

语法	描述
s.difference(t) s - t	返回一个新集合,其中包含在 s 中但不在集合 t 中的所有数据项※
s.difference_update(t) s -= t	移除每一个在集合 t 但不在集合 s 中的项
s.discard(x)	如果数据项 x 存在于集合 s 中,就移除该数据项,参见 set.remove()
s.intersection(t) s & t	返回一个新集合,其中包含所有同时包含在集合 t 与 s 中的数据项※
s.intersection_update(t) s &= t	使得集合 s 包含自身与集合 t 的交集
s.isdisjoint(t)	如果集合 s 与 t 没有相同的项,就返回 True※
s.issubset(t) s <= t	如果集合 s 与集合 t 相同,或者是 t 的子集,就返回 True。使用 s < t 可以测试 s 是否是 t 的真子集※
s.issuperset(t) s >= t	如果集合 s 与集合 t 相同,或者是 t 的超集,就返回 True。使用 s > t 可以测试 t 是否是 s 的真子集※
s.pop()	返回并移除集合 s 中一个随机项,如果 s 为空集,就产生 KeyError 异常
s.remove(x)	从集合 s 中移除数据项 x,如果 s 中不包含 x,就产生 KeyError 异常,参见 set.discard()
s.symmetric_difference(t) s ^ t	返回一个新集合,其中包含 s 与 t 中的每个数据项,但不包含同时在这两个集合中的数据项※
s.symmetric_difference_update(t) s ^= t	使得集合 s 只包含其自身与集合 t 的对称差
s.union(t) s	t	返回一个新集合,其中包含集合 s 中的所有数据项以及在 t 中而不在 s 中的数据项※
s.update(t) s |= t	将集合 t 中每个 s 中不包含的数据项添加到集合 s 中

※这一方法及其操作符(如果有)也可用于 frozensets。

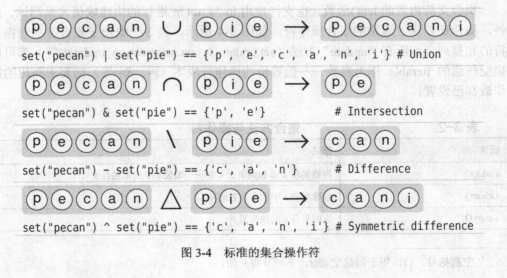

图 3-4   标准的集合操作符

集合数据类型的一个常用场景是进行快速的成员关系测试。比如，如果用户没有输入任何命令行参数，或输入的参数是"-h"或--help"，就返回给用户一条使用帮助消息：

```
if len(sys.argv) == 1 or sys.argv[1] in {"-h", "--help"}:
```

另一个常用的场景是确保没有处理重复的数据。比如，假定有一个 iterable（比如一个列表），其中包含的是来自 Web 服务器日志文件的 IP 地址，我们需要对其进行适当处理，每次针对一个 IP 地址。假定 IP 地址是可哈希运算的，存放在 iterable ips 中，我们需要为每个 IP 地址调用的函数称为 process_ip()，并且已进行定义。下面的代码段将完成我们的任务，尽管会有细微的不同：

```
seen = set()
for ip in ips:
    if ip not in seen:                          for ip in set(ips):
        seen.add(ip)                                process_ip(ip)
        process_ip(ip)
```

在左边的代码段中，如果以前尚未处理某个 IP 地址，就将其添加到集合 seen 中，并对其进行处理，否则忽略该 IP 地址。在右边的代码段中，则首先获取每个唯一的地址进行处理。两边代码段的差别在于：第一，左边的代码段创建了一个集合 seen，而右边的代码段不需要创建；第二，左边的代码段处理 IP 地址的顺序是按照该 IP 地址在 ips 这一 iterable 中的出现顺序，而右边代码段处理 IP 地址的顺序是随机的。

右边的方法更易于编写代码，但是如果 ips iterable 中的 IP 地址顺序很重要，就必须使用左边的方法，或者将右边代码段的第一行代码修改为类似于 for ip in sorted(set(ips))的形式——如果这一形式足以获取需要的顺序。理论上，如果 ips 中的 IP 地址项数非常大，那么右边的方法会比较慢，因为该方法一次性创建集合，而不是递增地创建。

集合也可用于删除不需要的数据项，比如，有一个文件名列表，但是不希望其中包含任何 makefiles（或许因为其是生成的，而非自己编写的），则可以使用如下代码：

```
filenames = set(filenames)
for makefile in {"MAKEFILE", "Makefile", "makefile"}:
    filenames.discard(makefile)
```

上面的代码将移除列表中的任何 makefile（使用任何标准的大写化形式），如果 filenames 列表中不包含 makefile，则不进行任何实际处理。通过集合差别操作符（-），可以在一行代码中实现同样的功能：

```
filenames = set(filenames) - {"MAKEFILE", "Makefile", "makefile"}
```

我们也可以使用 set.remove()方法移除数据项，如果要移除的数据项并不在集合中，这一方法会产生 KeyError 异常。

3.2.2   集合内涵

除调用 set()创建集合，或使用集合字面值创建集合外，我们可以使用集合内涵来创建集合。集合内涵是一个表达式，也是一个带有可选条件（包含在花括号中）的循环，与列表内涵类似，也支持两种语法格式：

{*expression* for *item* in *iterable*}

{*expression* for *item* in *iterable* if *condition*}

我们可以使用上面的语法进行过滤（假定顺序不重要），下面给出一个实例：

html = {x for x in files if x.lower().endswith((".htm", ".html"))}

给定 files 中的一个文件名列表，上面这一集合内涵使得集合 html 只存放那些以.htm 或.html 结尾的文件名，这里不区分大小写。

就像列表内涵一样，集合内涵中使用的 iterable 本身也可以是一个集合内涵（或任何其他类型的内涵），因此，可以创建相当复杂的集合内涵。

3.2.3   固定集合

固定集合是指那种一旦创建后就不能改变的集合，当然，我们可以将绑定到固定集合的对象引用重新引用其他对象。固定集合只能使用 frozenset 数据类型函数（作为函数进行调用）进行创建，不带参数调用时，frozenset()将返回一个空的固定集合，带一个 frozenset 参数时，将返回该参数的浅拷贝，对任何其他类型的参数，都尝试将给定的对象转换为一个 frozenset。该函数只能接受一个参数。

由于固定集合是固定不变的，因此其支持的方法与操作符所产生的结果不能影响固定集合本身。表 3-2 列出了集合支持的所有方法——固定集合支持 frozenset. copy()、frozenset.difference()(-)、frozenset.intersection()(&)、frozenset.isdisjoint()、frozenset.issubset() (<=，<则用于真子集)、frozenset.issuperset() (>=，>则用于真子集)、frozenset.union()(|)以及 frozenset.symmetric_difference() (^)，所有这些方法在该表中都以图标※指明。

如果将二元运算符应用于集合与固定集合，那么产生结果的数据类型与左边操作数的数据类型一致。因此，如果 f 是一个固定集合，s 是一个集合，那么 f & s 将产生一个固定集合，s & f 则产生一个集合。在使用==与!= 等操作符时，操作数的顺序则无关紧要，如果两个集合包含相同的项，那么 f == s 结果为 True。

由于固定集合的固定不变性，使得其满足集合项的可哈希运算的标准，因此，集合与固定集合都可以包含固定集合。

下一节中，以及本章的练习部分，我们将看到更多的集合应用实例。

3.3 映射类型

映射类型是一种支持成员关系操作符（in）与尺寸函数（len()）的数据类型，并且也是可以迭代的。映射是键-值数据项的组合，并提供了存取数据项及其键、值的方法。进行迭代时，映射类型以任意顺序提供其数据项。Python 3.0 支持两种无序的映射类型——内置的 dict 类型与以及标准库中的 collections.defaultdict 类型。Python 3.1 中引入了一种新的、有序的映射类型 collections.OrderedDict，该类型是一个字典，与内置的 dict 具有相同的方法和属性（也即相同的 API），但在存储数据项时以插入顺序进行*。在差别无关紧要时，我们将使用术语 dictionary 来引用其中的任一种类型。

只有可哈希运算的对象可用作字典的键，因此，固定的数据类型（比如 float、frozenset、int、str 以及 tuple）都可以用作字典的键，可变的数据类型（比如 dict、list 与 set）则不能。另一方面，每个键相关联的值实际上是对象引用，可以引用任意类型的对象，包括数字、字符串、列表、集合、字典、函数等。

字典类型可以使用标准的比较操作符（<、<=、==、!=、>=、>）进行比较，这种比较实际是逐项进行的（对嵌套项，比如字典内的元组或字典，递归进行处理）。可以认为，对字典而言，唯一有意义的比较操作符是==与!=。

3.3.1 字典

dict 是一种无序的组合数据类型，其中包含 0 个或多个键-值对。其中，键是指向可哈希运算的对象的对象引用，值是可以指向任意类型对象的对象引用。字典是可变的，因此我们可以很容易地对其进行数据项的添加或移除操作。由于字典是无序的，因此，索引位置对其而言是无意义的，从而也不能进行分片或按步距分片。

dict 数据类型可以作为函数调用：dict()。不带参数调用该函数时，将返回一个空字典；带一个映射类型参数时，将返回以该参数为基础的字典。比如，该参数本身为字典，则返回该参数的浅拷贝。使用序列型参数也是可能的，前提是序列中的每个数据项本身是一个包含两个对象的序列，其中第一个用作键，第二个用作值。还有一种可替代的方案是，对键为有效的 Python 标识符的字典（(key,value) 项的无序组合），可以使用关键字参数，其中键作为关键字，值作为键的值。字典也可以使用花括号创建——空的花括号 {} 会创建空字典，非空的花括号必须包含一个或多个逗号分隔的项，其中每一项都包含一个键、一个字面意义的冒号以及一个值。另一种创建字典的方式是使用字典内涵——本小节稍后将讲解的一个主题。

---

*API 代表的是应用程序设计接口，这是一个通常的术语，用来指代类提供的公开方法、属性以及函数与方法的参数和返回值等。比如，Python 文档就记录了 Python 所提供的 API。

下面给出一些实例，展示了各种语法——这些语句产生的是同样的字典：

```
d1 = dict({"id": 1948, "name": "Washer", "size": 3})
d2 = dict(id=1948, name="Washer", size=3)
d3 = dict([("id", 1948), ("name", "Washer"), ("size", 3)])
d4 = dict(zip(("id", "name", "size"), (1948, "Washer", 3)))
d5 = {"id": 1948, "name": "Washer", "size": 3}
```

字典 d1 是使用字典字面值创建的，字典 d2 是使用关键字参数创建的，字典 d3 与 d4 是从序列中创建的，字典 d5 是从字典字面值创建的。用于创建字典 d4 的内置 zip()函数返回一个元组列表，其中第一个元组包含的是 zip()函数的 iterable 参数的每一项，第二个元组包含的是每一项的具体值，依此类推。如果键是有效的标识符，那么关键字参数语法（用于创建字典 d2）通常是最紧凑与最方便的。

图 3-5 给出了使用如下代码段创建的字典：

```
d = {"root": 18, "blue": [75, "R", 2], 21: "venus", -14: None,
    "mars": "rover", (4, 11): 18, 0: 45}
```

字典的键是独一无二的，因此，如果向字典中添加一个键-值项，并且该键与字典中现存的某个键相同，那么实际的效果是使用新值替换该键的现值。方括号用于存取单独的值——比如，按照图 3-5 中展示的字典，d["root"]返回 18，d[21]返回字符串 "venus"，而 d[91]会导致 KeyError 异常。

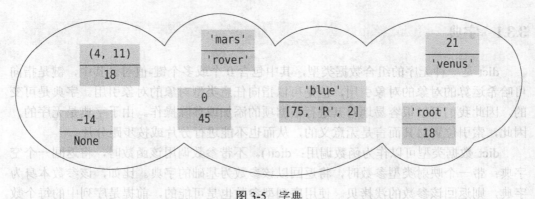

图 3-5   字典

方括号也可以用于添加或删除字典项，要添加一个项，可以使用操作符=，比如，d["X"] = 59；要删除一个项，可以使用 del 语句——比如，del d["mars"]将从字典中删除键为"mars"的项，或者产生一个 KeyError 异常（如果没有哪个项的键为该数据）。使用 dict.pop()方法，也可以从字典中移除（并返回）数据项。

字典支持内置的 len()函数，也可以使用 in 与 not in 对其键进行快速的成员关系测试。表 3-3 中列出了字典支持的所有方法。

表 3-3 字典方法

语法	描述
d.clear()	从 dict d 中移除所有项
d.copy()	返回 dict d 的浅拷贝
d.fromkeys(s, v)	返回一个 dict，该字典的键为序列 s 中的项，值为 None 或 v（如果给定了参数 v）
d.get(k)	返回键 k 相关联的值，如果 k 不在 dict d 中就返回 None
d.get(k, v)	返回键 k 相关联的值，如果 k 不在 dict d 中就返回 v
d.items()	返回 dict d 中所有（key, value）对的视图 [*]
d.keys()	返回 dict d 中所有键的视图 [*]
d.pop(k)	返回键 k 相关联的值，并移除键为 k 的项，如果 k 不包含在 d 中就产生 KeyError 异常
d.pop(k, v)	返回键 k 相关联的值，并移除键为 k 的项，如果 k 不包含在 d 中就返回 v
d.popitem()	返回并移除 dict d 中一个任意的（key, value）对，如果 d 为空就产生 KeyError 异常
d.setdefault(k, v)	与 dict.get() 方法一样，不同之处在于，如果 k 没有包含在 dict d 中就插入一个键为 k 的新项，其值为 None 或 v（如果给定了参数 v）
d.update(a)	将 a 中每个尚未包含在 dict d 中的(key, value)对添加到 d，对同时包含在 d 与 a 中的每个键，使用 a 中对应的值替换 d 中对应的值——a 可以是字典，也可以是(key, value)对的一个 iterable，或关键字参数
d.values()	返回 dict d 中所有值的视图 [*]

由于字典既包含键，又包含值，因此我们可以根据（key, value）项、根据键或根据值对其进行迭代。比如，这里给出两个根据（key, value）对进行迭代的等价方法：

```
for item in d.items():                    for key, value in d.items():
    print(item[0], item[1])                   print(key, value)
```

根据字典的值进行迭代在形式上非常相似：

```
for value in d.values():
    print(value)
```

要根据字典的值进行迭代，我们可以使用 dict.keys()，或简单地将字典看做一个在其值上进行迭代的 iterable，如下面两个等价代码段所展示的：

```
for key in d:                             for key in d.keys():
    print(key)                               print(key)
```

如果我们需要改变字典中的值，惯用的做法是在键上进行迭代，并使用方括号操作符来引用并改变其对应的值。比如，下面的代码展示了如何对字典 d 中每个值进行递增操作，这里假定所有的值都是数字：

```
for key in d:
```

---

[*] 字典视图可以看做并用作 iterables，将在文本中进行讨论。

```
        d[key] += 1
```

dict.items()、dict.keys()以及 dict.values()等方法都会返回字典视图。在实际作用上，字典视图是一个只读的 iterable 对象，看起来存放了字典的项、键或值，具体依赖于我们的实际需求。

通常，我们可以简单地将视图看做 iterables。不过，视图与通常的 iterables 有两个不同点：第一，如果该视图引用的字典发生变化，那么视图将反映该变化；第二，键视图与项视图支持一些类似于集合的操作。给定字典视图 v 与 set（或字典视图）x，支持的操作包括：

```
v & x    # Intersection
v | x    # Union
v - x    # Difference
v ^ x    # Symmetric difference
```

我们可以使用成员关系操作符 in 来查看某个特定的键是否存在于字典中，比如，x in d。我们也可以使用联合操作符来查看来自给定集合的哪些键存在于字典中，比如：

```
d = {}.fromkeys("ABCD", 3)        # d == {'A': 3, 'B': 3, 'C': 3, 'D': 3}
s = set("ACX")                     # s == {'A', 'C', 'X'}
matches = d.keys() & s             # matches == {'A', 'C'}
```

注意，代码段的注释信息中使用了字母序——这仅仅是为了便于阅读，实际上字典与集合都是无序的。

字典常用于存放排他性项的个数。下面给出一个实例的完整程序（uniquewords .py）用于计算文件中每个字出现的不同的次数。对命令行中给定的所有文件，该程序以字母顺序列出每个字以及该字出现的次数：

```
import string
import sys

words = {}
strip = string.whitespace + string.punctuation + string.digits + "\"'"
for filename in sys.argv[1:]:
    for line in open(filename):
        for word in line.lower().split():
            word = word.strip(strip)
            if len(word) > 2:
                words[word] = words.get(word, 0) + 1
for word in sorted(words):
    print("'{0}' occurs {1} times".format(word, words[word]))
```

我们从创建一个名为 words 的空字典开始，之后创建了一个字符串用于存放那些我们需要忽略的字符，这是通过连接一些有用的字符串实现的（由 string 模块提供）。

我们对命令行中给定的每个文件名进行迭代，并对每个文件的每一行进行迭代处理。参阅"文本文件的读、写"工具条中对 open()函数的解释。我们没有指定编码方式（因为我们不知道每个文件采用的具体编码方式），因此，我们让 Python 使用默认的本地编码格式打开每个文件。我们将每个小写的行拆分为单词，之后从每个单词的首尾两端剥离掉我们不需要的字符。如果生成的单词至少有 3 个字符长，那么我们需要更新字典。

文件的读与写

文件使用内置的 open()函数打开，该函数返回一个"文件对象"（如果是文本文件，则类型为 io.TextIOWrapper）。open()函数有一个必需的参数（文件名，可以包含路径信息）以及至多 6 个可选的参数，这里简要介绍其中的两个。第二个参数是模式——这一参数用于指定文件是作为文本文件处理还是作为二进制文件处理，打开该文件是用于读、写、追加还是这些操作的混合。

对文本文件，Python 使用的编码格式是平台无关的，在可能的地方，最好是使用 open()函数的编码参数指定编码格式，因此，用于打开文件的通常语法格式如下：

```
fin  = open(filename, encoding="utf8")        # for reading text
fout = open(filename, "w", encoding="utf8")   # for writing text
```

由于 open()的默认模式为"文本读"，通过为 encoding 参数使用关键字参数而非位置参数，以读方式打开文件时，我们可以忽略其他可选的位置参数。类似地，在以写方式打开文件时，我们实际上也只需要给出需要使用的参数。（第 4 章将讲述参数传递的相关问题。）

以文本模式打开文件用于读操作时，我们可以使用文件对象的 read()方法将整个文件读入一个单独的字符串中，或使用文件对象的 readlines()方法将整个文件读入字符串列表中。一个非常常见的惯用方法是将文件对象作为一个迭代子，并逐行读入该文件的内容：

```
for line in open(filename, encoding="utf8"):
    process(line)
```

由于对文件对象可以进行迭代操作（就像对序列一样），因此，上面的代码可以正常工作，并把文件的每一行作为相继的迭代项。这里，我们读入的文件行包括行终结字符\n。

如果将模式指定为"w"，那么文件将以"文本写"模式打开。我们可以使用文件对象的 write()方法对文件进行写入操作，该方法以单独的字符串作为其参数，并且写入的每行应该以\n 作为终结符。在进行读写操作时，Python 会自动地在\n 与底层平台的行终结字符间进行转换。

使用完毕文件对象后，我们可以调用其 close()方法——这将清空外部的写数据。在较小的 Python 程序中，更常见的做法是并不需要显式地调用该方法，因为 Python

> 会自动地完成这一任务（在判断文件对象已超出作用范围的时候），如果发生问题，就可以由其导致的异常标识出来。

我们不使用 words[word] += 1 这种语法，因为在第一次遇到某个新单词时，这会产生一个KeyError异常——毕竟我们不能对字典中尚未存在的数据项的值进行递增操作。因此，我们使用一种更微妙的方法。我们调用 dict.get()方法，并将默认值设置为0。如果该单词已包含在字典中，那么 dict.get()方法会返回相关联的数字，将该值加 1，并将其作为该项的新值。如果该单词尚未包含在字典中，那么 dict.get()方法会返回提供的默认值 0，并将该值加 1（即变为 1）后设置为新项的值（其键则为 word 存放的字符串）的值。为了更清晰地理解这一处理过程，下面给出两个实现同样功能的代码段——尽管使用 dict.get()方法的代码段更加高效。

```
words[word] = words.get(word, 0) + 1
```
```
if word not in words:
    words[word] = 0
words[word] += 1
```

在下一小节讲述默认字典时，我们将看到一个替代的解决方案。

对字典中的单词进行累计后，我们可以按序对其键（单词）进行迭代，并打印每个单词及其出现的次数。

通过 dict.get()方法，可以很容易地更新字典值——假定字典的值是单独的，比如数字或字符串。但是如果每个值本身也是一个组合类型会怎样？为展示如何处理这种情况，我们来查看一个程序，该程序读入命令行中给定的 HTML 文件，并打印文件中每个独一无二的 Web 站点，每个站点名下面都有一个缩排的站点列表，通过该列表可以对站点进行引用。从结构上看，程序（external_sites.py）与我们刚才讲述的单词统计程序很相似，下面给出该程序代码的主要部分：

```
sites = {}
for filename in sys.argv[1:]:
    for line in open(filename):
        i = 0
        while True:
            site = None
            i = line.find("http://", i)
            if i > -1:
                i += len("http://")
                for j in range(i, len(line)):
                    if not (line[j].isalnum() or line[j] in ".-"):
                        site = line[i:j].lower()
                        break
                if site and "." in site:
                    sites.setdefault(site, set()).add(filename)
```

```
                                 i = j
                   else:
                       break
```

我们从创建一个空字典开始，之后对命令行中给出的每个文件中的每一行进行迭代。我们必须考虑到每一行都可能涉及任意数量的 Web 站点，这也是为什么我们会一直调用 str.find() 直至失败，如果我们发现了字符串 http://，就对 i（起始索引位置）进行递增（递增的长度为 http://），之后我们查看每一个相继的字符，直至到达不再是有效 Web 站点名的字符为止。此外，在发现了一个站点之后（作为一种简单的 sainty 检测，只是判断其中是否包含句点），我们将其加入到字典中。

我们不能使用语法 sites[site].add(filename) 来完成这一任务，因为在某个新站点第一次出现时，这会产生 KeyError 异常——毕竟，我们不能将字典中尚未存在的项的值加入到集合中。因此，我们必须使用一种不同的方法。dict.setdefault() 方法可以返回对字典中项的对象引用，该项包含给定的键（也即该方法的第一个参数）。如果没有这样的项，该方法就使用该键创建一个新项，并将其值设置为 None，或给定的默认值（第二个参数）。在这一情况下，我们传递的是 set() 的默认值，也即一个空集。因此，对 dict.setdefault() 的调用总是返回对某个值的对象引用，或者是现有的，或者是新的。（当然，如果给定的键不是可哈希运算的，就会产生一个 TypeError 异常。）

在这一实例中，返回的对象引用所引用的总是一个集合（在初次遇到任意特定的键，也即站点时，是一个空集合），之后，我们将指代该站点的文件名加入到站点的文件名集合。通过使用集合，我们可以保证，即便某个文件反复指代某个站点，我们实际上也只记录该文件名一次（对于该站点而言）。

为使得 dict.setdefault() 方法的功能更清晰，这里给出两个等价的代码段：

```
sites.setdefault(site, set()).add(fname)        if site not in sites:
                                                    sites[site] = set()
                                                sites[site].add(fname)
```

出于完整性的考虑，下面给出了该程序的其余部分：

```
for site in sorted(sites):
    print("{0} is referred to in:".format(site))
    for filename in sorted(sites[site], key=str.lower):
        print("    {0}".format(filename))
```

每个 Web 站点在打印时都会打印出那些引用该站点的文件（缩排形式），外部循环中的 sorted() 调用对字典的所有键进行排序——字典用于需要一个 iterable 的上下文中时，使用的排序依据就是字典中的键。如果希望 iterable 为（key, value）项，或者是值，我们可以使用 dict.items() 方法或 dict.values()。内部的 for ... in 循环则对当前站点的文件名集合中存储的已排序文件名进行迭代。

尽管 Web 站点字典可能包含大量项目，但很多其他字典都只包含几个项目。对小的字典而言，可以用其键作为字段名来打印其内容，并使用映射拆分将字典的键-值对转换为 str.format()方法的键-值参数。

```
>>> greens = dict(green="#0080000", olive="#808000", lime="#00FF00")
>>> print("{green} {olive} {lime}".format(**greens))
#0080000 #808000 #00FF00
```

这里，使用映射拆分（**）与.format(green=greens.green, olive=greens.olive, lime=greens.lime)的效果是完全一致的，但更容易写出来，并且毋庸置疑更清晰一些。注意的是，如果字典的键数量超过我们的需要并没有关系，因为只有那些名称在格式化字符串中出现的键才会被使用。

3.3.2   字典内涵

字典内涵是一个表达式，同时也是一个循环，该循环带有一个可选的条件（包含在方括号中），与集合内涵非常类似。与列表内涵和集合内涵一样，也支持两种语法格式：

{*keyexpression*: *valueexpression* for *key*, *value* in *iterable*}

{*keyexpression*: *valueexpression* for *key*, *value* in *iterable* if *condition*}

下面的实例展示了如何使用字典内涵创建字典，其中，每个键是当前目录中文件的文件名。值则为以字节计数的文件大小。

```
file_sizes = {name: os.path.getsize(name) for name in os.listdir(".")}
```

os（操作系统）模块的 os.listdir()函数返回的是传递给函数的路径中包含的文件与目录列表，但列表中绝不会包含"."或".."。os.path.getsize()函数返回的是给定文件的大小（以字节计数）。通过使用相应条件，可以避免返回目录以及其他非文件的条目：

```
file_sizes = {name: os.path.getsize(name) for name in os.listdir(".")
                    if os.path.isfile(name)}
```

如果传递给 os.path 模块中 os.path.isfile()函数的是文件路径,那么该函数返回True；对于其他情况（路径中包含的是目录、链接等），则返回 False。

字典内涵也可用于创建反转的目录，比如，给定字典 d，我们可以生成一个新字典，新字典的键是 d 的值，值则是 d 的键：

```
inverted_d = {v: k for k, v in d.items()}
```

如果原字典中的所有值都是独一无二的，那么上面生成的新字典又可以发转回原字典——但是如果有任何值不是可哈希运算的，那么这种反转会失败，并产生 TypeError 异常。

与列表内涵和集合内涵一样，字典内涵中的 *iterable* 也可以是一个内涵，因此，所有各种嵌套的内涵都是可能的。

3.3.3 默认字典

默认字典也是一种字典——这种字典包含字典所能提供的所有操作符与方法[*]。与普通字典相比，默认字典的不同之处在于可以对遗失的键进行处理，而在所有其他方面，与普通字典都是一样的（在面向对象的术语中，defaultdicts 是 dict 的子类）。

在存取一个字典时，如果我们使用一个不存在（遗失的）的键，就会产生一个 KeyError 异常。由于我们经常需要知道某个键是否存在于字典中，因此这种处理方式是有用的。但在某些情况下，我们希望使用的每个键都在位，即便这意味着某些项的键在存取时才插入到字典中。

比如，如果有某个字典 d，其中不包含键为 m 的项，那么代码 x=d[m]会产生 KeyError 异常。但如果 d 创建为一个默认字典，键为 m 的项在默认字典中，就将返回相应的值，就像在字典中一样——如果 m 不是默认字典中的键，就会创建一个新项（键为 m，值为默认值），并返回新创建项的值。

早前，我们编写了一个小程序，该程序用于对文件中独一无二出现的单词进行计数，该文件则在命令行中给出，其中，用于存储单词的字典是以如下方式创建的：

```
words = {}
```

字典 words 中的每个键都是一个单词，每个值则是一个整数，整数值代表的是某个单词在读入的所有文件中出现的次数。下面给出的是遇到某个适当单词时如何进行递增操作：

```
words[word] = words.get(word, 0) + 1
```

这里使用 dict.get()，以便处理某个单词初次遇到（此时需要创建一个新项，其计数值为 1），也处理该单词后续遇到的情况（此时需对其计数值加 1）。

创建默认字典时，我们可以传入一个工厂函数。工厂函数是函数的一种，调用时，将返回某种特定类型的对象。Python 所有内置的数据类型都可以用作工厂函数，比如，数据类型 str 可以作为函数 str()进行调用——不带任何参数时，将返回一个空字符串对象。对默认字典调用工厂函数时，将为遗失的键创建默认值。

注意，函数名实际上是对该函数的对象引用——因此，在需要将函数作为参数进行传递时，我们只传递名。在同时使用圆括号时，则 Python 会据此判断应该调用该函数。

程序 uniquewords2.py 比原始的 uniquewords1.py 程序多一行代码（import collections），并且用于创建和更新字典的那行代码也是不同的，下面给出的是其中如何创建默认字典：

```
words = collections.defaultdict(int)
```

默认字典 words 永远不会产生KeyError异常。如果我们使用语句 x = words ["xyz"]，但实际上不存在键为"xyz"的项,进行这样的存取操作时,由于没有找到该键,因此默认字典会立即创建一个新项,其键为"xyz",其值为 0(通过调用 int()),该值将赋值给 x。

```
words[word] += 1
```

现在我们不需要使用 dict.get(),而是简单地对数据项的值进行递增。在初次遇见某个单词时,会创建一个新项(其值为 0,并立即进行加 1 操作),而随后对其进行的相继访问中,每次遇到时都对当前值加 1。

到此为止,我们完全介绍了 Python 的内置组合数据类型,以及标准库中的两种组合数据类型。在下一节中,我们将讲解对所用组合数据类型都常见的问题。

有序字典

有序字典 collections.OrderedDict 是在 Python 3.1 中引入的,是履行 PEP 372 的需要。有序字典可用作对无序字典 dict 的下降替代,因为二者提供了同样的 API,其间的差别是,有序字典以数据项插入的顺序进行存储——这也是一种非常方便的特征。

要注意的是,有序字典在创建时如果接收了无序的 dict 或关键字参数,则数据项顺序将是任意的,这是因为,在底层,Python 会使用无序的 dict 传递关键字参数。使用 update()方法时也有类似的效果。由于这些原因,最好避免在创建有序字典时传递关键字参数或无序的 dict,也最好不要使用 update()方法。然而,如果在创建有序字典时传递键-值二元组构成的元组列表时,则顺序会得以保留(因为这是作为一个单独项目——元组列表——进行传递的)。

下面给出的是如何使用二元组列表创建有序字典:

```
d = collections.OrderedDict([('z', -4), ('e', 19), ('k', 7)])
```

由于我们使用单独的列表作为参数,因此键顺序得以保留。以如下方式递增式地创建有序字典可能更常见:

```
tasks = collections.OrderedDict()
tasks[8031] = "Backup"
tasks[4027] = "Scan Email"
tasks[5733] = "Build System"
```

如果我们以同样的方式创建了无序的 dicts,则返回键的顺序将是任意的。但对有序字典,我们可以依赖于键以被插入的顺序返回。因此,对这些实例,如果我们使用语句 list(d.keys()),则可以确保获得列表['z', 'e', 'k'];如果使用语句 list(tasks.keys()),则可以确保获得列表[8031, 4027, 5733]。

有序字典另一个很好的特性是,如果我们改变某个数据项的值——也就是说,我们插入一个新的数据项,该项的键与已有键相同——则顺序不会改变。因此,如果我们赋值 tasks[8031] = "Daily backup",之后查询键列表,则会获得与之前完全相同顺序的列表。

      如果我们想要将某个数据项移到尾部，就必须删除该数据项，之后再重新插入。在有序字典中，我们也可以调用 popitem()来删除并返回最后一个键-值项，或者调用 popitem(last=False)，此时将删除并返回第一个数据项。

      有序字典另一种稍专业一些的用途是生成排序字典。给定一个字典 d，可以按如下方式转换为排序字典：d = collections.OrderedDict(sorted(d.items()))。要注意的是，如果我们要插入任意额外的键，这些键将被插入在尾部，因此，在进行插入操作之后，为保持排序的顺序，我们就必须重新创建该字典（重新执行前面创建该字典的代码）。插入与重新创建并不会像听起来那样低效，因为 Python 的排序算法是高度优化的，尤其对部分排序数据而言，当然这仍然会带来潜在的处理开销。

      通常，只有在期望对字典进行多次迭代、并且一旦创建后不需要（或极少）进行任何插入操作时，生成有序字典才是有意义的。（第 6 章提供了一个真实的排序字典的实现，该字典可以按排序顺序自动维护其键）

3.4 组合数据类型的迭代与复制

      对组合数据类型中的所有数据项进行迭代是很自然的想法，也是常见的需求。在 3.4.1 小节中，我们将介绍 Python 的一些迭代子、运算符以及涉及迭代子的一些函数。

      另一种常见的需求是对组合数据类型进行复制。由于 Python 中使用了对象引用，因此这种复制操作有一些微妙的地方，3.4.2 小节中，我们将了解如何根据需求对组合数据类型进行复制。

3.4.1 迭代子、迭代操作与函数

      iterable 数据类型每次返回其中的一个数据项。任意包含__iter__()方法的对象或任意序列（也即包含__getitem__()方法的对象，该方法接受从 0 开始的整数参数）都是一个 iterable，并可以提供一个迭代子。迭代子是一个对象，该对象可以提供__next__()方法，该方法依次返回每个相继的数据项，并在没有数据项时产生 StopIteration 异常。表 3-4 中列出了可用于 iterables 的操作符与函数。

表 3-4   常见的迭代操作符与函数

语法	描述
s + t	返回一个序列，该序列是序列 s 与序列 t 的连接
s * n	返回一个序列，该序列是序列 s 的 n 个副本的连接
x in i	如果项 x 出现在 iterable i 中，就返回 True，not in 进行的测试则相反
all(i)	如果 iterable i 中的每一项都评估为 True，就返回 True

续表

语法	描述
any(i)	如果 iterable i 中的任意项都评估为 True，就返回 True
enumerate(i, start)	通常用于 for ... in 循环中，提供一个(index, item)元组序列，其中索引起始值为 0 或 start，参见正文
len(x)	返回 x 的"长度"，如果 x 是组合数据类型，那么返回的是其中包含的数据项数；如果 x 是一个字符串，那么返回的是其中包含的字符数
max(i, key)	返回 iterable i 中的最大的项，如果给定的是 key 函数，就返回 key（item）值最大的项
min(i, key)	返回 iterable i 中的最小的项，如果给定的是 key 函数，就返回 key（item）值最小的项
range(start, stop, step)	返回一个整数迭代子。使用一个参数（stop）时，迭代子的取值范围从 0 到 stop-1；使用两个参数（start 与 stop）时，迭代子取值范围从 start 到 stop-1；3 个参数全部使用时，迭代子取值范围从 start 到 stop-1，但每两个值之间间隔 step
reversed(i)	返回一个迭代子，该迭代子以反序从迭代子 i 中返回项
sorted(i, key, reverse)	以排序后顺序从迭代子 i 返回项，key 用于提供 DSU（修饰、排序、反修饰）排序，如果 reverse 为 True，则排序以反序进行
sum(i, start)	返回 iterable i 中项的和，加上 start（默认为 0），i 可以包含字符串
zip(i1, ..., iN)	返回元组的迭代子，使用迭代子 i1 到 iN，参见正文

　　数据项返回的顺序依赖于底层的 **iterable**。对列表与元组等情况，数据项的返回通常从第一个数据项（索引位置 0）开始依序返回，但是有些迭代子也可能以任意顺序返回数据项——比如，用于字典与集合的迭代子。

　　内置的 iter()函数有两种很不同的行为。给定一个组合数据类型或序列时，该函数将返回一个用于传递给函数的对象的迭代子——如果该对象无法进行迭代，就产生一个 TypeError 异常。在创建自定义组合数据类型时，会有这种用法，但在其他上下文中极少使用。第二种不同的 iter()行为是在为该函数传入一个可调用的（函数或方法）参数与一个哨点值。在这种情况下，传入的函数在每次迭代时都会进行调用，并每次返回该函数的返回值，如果返回值等于哨点值，就产生 StopIteration 异常。

　　使用 for item in iterable 循环时，Python 在效果上是调用 iter(iterable)来获取一个迭代子。之后在每次循环迭代时，将调用该迭代子的__next__()方法以获取下一个数据项，在产生 StopIteration 异常时，将捕获这一异常，循环终止。获取迭代子的下一项的方法是调用内置的 next()函数。下面给出两个等价的代码段（对列表中的值进行连乘），一种是使用 for ... in 循环，另一种使用显式的迭代子：

```
product = 1
for i in [1, 2, 4, 8]:
    product *= i
print(product)  # prints: 64
```

```
product = 1
i = iter([1, 2, 4, 8])
while True:
    try:
        product *= next(i)
```

```
                                          except StopIteration:
                                              break
                                    print(product) # prints: 64
```

通过调用 tuple(i)，任意（有穷的）iterable，i，都可以转换为一个元组，或通过调用 list(i)转换为一个列表。

all()函数与 any()函数可用于迭代子，通常用于函数型程序设计中，下面给出两个展示 all()、any()、len()、min()、max()与 sum()等函数用法的两个实例：

```
>>> x = [-2, 9, 7, -4, 3]
>>> all(x), any(x), len(x), min(x), max(x), sum(x)
(True, True, 5, -4, 9, 13)
>>> x.append(0)
>>> all(x), any(x), len(x), min(x), max(x), sum(x)
(False, True, 6, -4, 9, 13)
```

在这些小函数中，len()可能是使用最频繁的一个。

enumerate()函数以迭代子为参数，并返回一个枚举对象，该对象可以看做迭代子，每次迭代时，将返回一个二元组，该二元组的第一项为迭代次数（默认从 0 开始），第二项是来自 enumerate()调用时的迭代子的下一项。我们会在一个虽然小但是完整的程序中来看一下 enumerate()的使用。

grepword.py 程序以一个单词以及命令行中给定的一个或多个文件名为参数，在发现某行包含给定的单词时，则输出文件名、行号与该行[*]。下面给出一个样例输出：

```
grepword.py Dom data/forenames.txt
data/forenames.txt:615:Dominykas
data/forenames.txt:1435:Dominik
data/forenames.txt:1611:Domhnall
data/forenames.txt:3314:Dominic
```

数据文件 data/forenames.txt 与 data/surnames.txt 中包含了未经排序的名称列表，每个占一行。

除导入 sys 的语句之外，该程序只包含 10 行代码：

```
if len(sys.argv) < 3:
    print("usage: grepword.py word infile1 [infile2 [... infileN]]")
    sys.exit()

word = sys.argv[1]
for filename in sys.argv[2:]:
    for lino, line in enumerate(open(filename), start=1):
```

---

[*] 第 10 章将展示这一程序的另两种实现方案，即 grepword-p.py 与 grepword-t.py，这两个程序将这一任务分布在多个进程与线程上。

```
        if word in line:
            print("{0}:{1}:{2:.40}".format(filename, lino,
                                            line.rstrip()))
```

　　我们从检测是否存在至少两个命令行参数开始，如果不是这种情况，就打印出使用帮助信息并终止该程序。sys.exit()函数可以实现立即的、干净的终止操作，关闭任何打开的文件。该函数接受一个可选的 int 参数，并将该参数传递给调用的 shell。

　　我们假定第一个参数是要寻找的单词，其他参数则是要搜索的、可能包含该词汇的文件的名称。我们谨慎地调用了 open()函数，没有指定使用的编码格式——用户可以使用通配符指定任意数量的文件，每一文件都可能使用不同的编码格式，因此，这里，我们让 Python 自己选择使用依赖于具体平台的编码格式。

　　open()函数以文本模式打开时返回的文件对象可用作迭代子，每次迭代时返回该文件的一行。通过将迭代子传递给 enumerate()，可以获取一个枚举迭代子，该迭代子在每次迭代时，将返回迭代次数（存放于变量 lino，"行号"中）以及该文件的一行，如果要搜索的词汇包含在该行中，就打印文件名、行号以及该行的头 40 个字符（剥离结尾的空白字符，比如\n）。enumerate()函数接受一个可选的关键字参数，start，默认为 0，我们使用时这一参数设置为 1，因为按照常规，文本文件行号是从 1 开始计数的。

　　更常见的情况下，我们不需要枚举，而是一个返回相继整数的迭代子，这也恰好是 range()函数所提供的。如果我们需要整数列表或元组，我们可以使用适当的转换函数将 range()返回的迭代子进行转换，下面给出几个实例：

```
>>> list(range(5)), list(range(9, 14)), tuple(range(10, -11, -5))
([0, 1, 2, 3, 4], [9, 10, 11, 12, 13], (10, 5, 0, -5, -10))
```

　　range()函数最常用于两个目的：创建整数列表或元组，提供 for…in 循环中的循环计数。比如，下面给出的两个等价的实例，可以保证列表 x 的所有项都是正数：

```
                                        i = 0
                                        while i < len(x):
                                            x[i] = abs(x[i])
for i in range(len(x)):                     i += 1
    x[i] = abs(x[i])
```

　　两种情况下，如果列表 x 原为[11, -3, -12, 8, -1]，则经过上面的处理后将转换为[11, 3, 12, 8, 1]。

　　由于可以使用*操作符对 iterable 进行拆分，那么我们也可以对 range()函数返回的迭代子进行拆分。比如，有一个名为 calculate()的函数，该函数接受 4 个参数，下面给出了几种使用参数 1、2、3、4 对其进行调用的实例：

```
calculate(1, 2, 3, 4)
t = (1, 2, 3, 4)
calculate(*t)
calculate(*range(1, 5))
```

在所有 3 个调用中，都传递了 4 个参数。第二个调用对一个 4 元组进行拆分，第三个调用则对 range()函数返回的迭代子进行拆分。

下面我们来查看一个虽然小但是很完整的程序，以便巩固到这里为止所学的知识，并第一次展示对文件进行显式的写入操作。generate_test_names1.py 程序读入一个 forename 文件与一个 surname 文件，创建两个列表，之后创建文件 test-names1.txt 并向其中写入 100 个随机的名称。

我们将使用 random.choice()函数，该函数从序列中提取一个随机项，因此可能会发生名称重复出现的情况。首先，我们查看返回名称列表的函数，之后查看该程序的其余部分：

```
def get_forenames_and_surnames():
    forenames = []
    surnames = []
    for names, filename in ((forenames, "data/forenames.txt"),
                            (surnames, "data/surnames.txt")):
        for name in open(filename, encoding="utf8"):
            names.append(name.rstrip())
    return forenames, surnames
```

在外部的 for…in 循环中，我们对两个二元组进行迭代，将每个二元组拆分为两个变量。即便这两个列表可能会非常大，但是从函数返回列表仍然是高效的，因为 Python 使用的是对象引用，因此，实际上返回的是两个对象引用构成的元组。

在 Python 程序内部，总是使用 UNIX 风格的路径会带来很多便利，这是因为，使用这种风格的路径表示方式不需要进行转义，并可以在所有平台上正常工作（包括 Windows）。假定有某个需要呈现给用户的路径，比如变量 path，我们总是可以导入 os 模块，并调用 path.replace("/", os.sep)来将正斜杠替换为平台特定的目录分隔符。

```
forenames, surnames = get_forenames_and_surnames()
fh = open("test-names1.txt", "w", encoding="utf8")
for i in range(100):
    line = "{0} {1}\n".format(random.choice(forenames),
                              random.choice(surnames))
    fh.write(line)
```

取回两个列表后，我们打开输出文件以便于输出，并将文件对象保存在变量 fh（"文件句柄"）中后，我们进行 100 次循环，每次迭代中，创建待写入文件的一行，要记住在每行的末尾包含一个换行。我们没有使用循环变量 i，使用该变量纯粹是为了满足 for…in 循环的语法格式。前面的代码段、get_forenames_and_surnames()函数，再加上一个导入语句，共同构成了一个完整的程序。

在 generate_test_names1.py 程序中，我们将来自两个单独列表的数据项对一起放置在字符串中。另一种将来自两个或多个列表（或其他 iterable）中数据项进行组合的方式是使用 zip()函数，zip()函数以一个或多个 iterables 为参数，并返回一个迭代子，该迭代子将返回元组，第一个元组中存放的是来自每个 iterable 的第一个数据项，第二个元组中存放的是来自每个 iterable 的第二个数据项，依此类推，只要有某个 iterable 中的元素用完，就终止这一过程。下面给出了一个实例：

```
>>> for t in zip(range(4), range(0, 10, 2), range(1, 10, 2)):
...         print(t)
(0, 0, 1)
(1, 2, 3)
(2, 4, 5)
(3, 6, 7)
```

　　尽管第二个、第三个 range()调用返回的迭代子都可以生成 5 个数据项，但是第一个调用只能生成 4 个数据项，因此，将 zip()函数可以返回的数据项数限制为 4 个元组。

　　下面给出的是该程序（用于生成测试名）的修改版，其中每个名称占据 25 个字符，其后跟随一个随机的年份。该程序名为 generate_test_names2.py，输出文件为 test-names2.txt。我们没有展示 get_forenames_and_surnames()函数或 open()调用，因为除输出文件名之外，与前面都是一样的。

```
limit = 100
years = list(range(1970, 2013)) * 3
for year, forename, surname in zip(
            random.sample(years, limit),
            random.sample(forenames, limit),
            random.sample(surnames, limit)):
    name = "{0} {1}".format(forename, surname)
fh.write("{0:.<25}.{1}\n".format(name, year))
```

　　我们从对需要生成的名称个数设置上限开始，之后创建了一个年份列表，其中包含从 1970 到 2013 这些年份值，并对这一列表进行 3 次复制，以便最终列表中每个年份有 3 次出现，这样做是必要的，因为我们使用的 random.sample()函数（而非 random.choice()）同时需要一个 iterable 及其要生成的项数作为参数——而要生成的项数不能小于该 iterable 可以返回的项数。random.sample()函数将返回一个迭代子，该迭代子将（从其给定的 iterable）生成至多指定数量的项数——并且没有重复，因此，这一版本的程序生成的总是排他性的项。

　　在 for ... in 循环中，我们对 zip()函数返回的每一元组进行拆分。我们希望将每个名称的长度限制在 25 个字符之内，为此，我们必须首先创建一个包含完整名称的字符串，之后在第二次调用 str.format()时为该字符串设置最大宽度。对每个名称，我们采用的是左对齐，对小于 25 个字符的名称，我们使用句点对其进行填充，额外的句点可以保证占据整个字段宽度的名称仍然可以通过据点与年份区分开来。

　　下面讲述两个其他的 iterable 相关的函数（作为对这一部分的总结），分别是 sorted()

与 reversed()。sorted()函数返回一个列表，列表中的数据项都进行了排序，reversed()
函数简单地返回一个迭代子，该迭代子在进行迭代时采用的顺序与作为参数赋予该迭
代子的值的顺序系相反，下面给出 reversed()的一个实例：

```
>>> list(range(6))
[0, 1, 2, 3, 4, 5]
>>> list(reversed(range(6)))
[5, 4, 3, 2, 1, 0]
```

sorted()函数更加复杂一些，如下面 3 个实例所展示的：

```
>>> x = []
>>> for t in zip(range(-10, 0, 1), range(0, 10, 2), range(1, 10, 2)):
...       x += t
>>> x
[-10, 0, 1, -9, 2, 3, -8, 4, 5, -7, 6, 7, -6, 8, 9]
>>> sorted(x)
[-10, -9, -8, -7, -6, 0, 1, 2, 3, 4, 5, 6, 7, 8, 9]
>>> sorted(x, reverse=True)
[9, 8, 7, 6, 5, 4, 3, 2, 1, 0, -6, -7, -8, -9, -10]
>>> sorted(x, key=abs)
[0, 1, 2, 3, 4, 5, 6, -6, -7, 7, -8, 8, -9, 9, -10]
```

前面的代码段中，zip()函数将返回三元组(-10, 0, 1)、(-9, 2, 3)等。+=操作符可以对
列表进行扩展，也就是说，将序列中的每一项添加到列表中。

对 sorted()的第一个调用将以常规的排序返回列表的一个副本，第二个调用以与常
规排序相反的顺序返回列表，最后一个调用指定了一个"key"函数，我们将很快对其
进行讲解。

需要注意的是，与任何其他对象一样，Python 函数本身也是对象，也可以作为参
数传递给其他函数，也可以在组合类型中进行存放，而不需要进行格式化。函数名只
是对该函数的一个对象引用，只有在函数名后跟随圆括号时，Python 才会将其视为对
函数进行调用。

在传递一个 key 函数（上面的例子中是 abs()函数）时，对列表中的每一项（项将
作为函数的唯一参数），将调用一次该函数，并创建"修饰后"的列表，之后对修饰后
列表排序，并将排序后的列表（不带修饰）作为结果返回。我们可以自由地使用自定
义函数作为 key 函数，稍后将会看到。

比如，通过将 str.lower()方法作为一个 key 进行传递，我们可以对字符串列表进
行大小写不敏感的排序。假定列表 x 为["Sloop", "Yawl", "Cutter", "schooner", "ketch"]，
通过传递一个 key 函数，我们可以在一行代码内使用 DSU（修饰、排序、反修饰）
对其进行大小写不敏感的排序，也可以显式地进行 DSU，下面给出了两个等价的代
码段：

```
x = sorted(x, key=str.lower)
```

```
temp = []
for item in x:
    temp.append((item.lower(), item))
x = []
for key, value in sorted(temp):
    x.append(value)
```

两个代码段都将生成一个新列表：["Cutter", "ketch", "schooner", "Sloop", "Yawl"]，不过执行的计算过程是不相同的，因为右边的代码段创建了一个列表变量 temp。

Python 的排序算法是一种自适应的稳定混合排序算法，既快速，又有一定智能性，对部分排序的列表——非常常见的一种情况[*]，尤其有效。"自适应"的含义是，排序算法可以根据不同的环境进行调整——比如，利用已进行部分排序的数据；"稳定"的含义是，排序中相等的数据项不进行移动（毕竟没有必要）；"混合排序"则是使用的排序算法的常用名称。在对整数、字符串或其他简单数据类型的组合进行排序时，使用的是其"小于"操作符（<）。Python 可以对包含组合类型的组合类型进行排序，可以进行任意深度的递归，比如：

```
>>> x = list(zip((1, 3, 1, 3), ("pram", "dorie", "kayak", "canoe")))
>>> x
[(1, 'pram'), (3, 'dorie'), (1, 'kayak'), (3, 'canoe')]
>>> sorted(x)
[(1, 'kayak'), (1, 'pram'), (3, 'canoe'), (3, 'dorie')]
```

Python 通过对每个元组的第一项进行比较，来对元组列表中的每个元组进行排序，如果第一项相同，则对第二项进行比较。这种方式的排序顺序是整数，并使用字符串作为最终决定因素。通过定义一个简单的 key 函数，我们也可以使得排序根据字符串进行，而使用整数作为最终决定因素：

```
def swap(t):
    return t[1], t[0]
```

swap()函数以一个二元组作为参数，并返回一个新的二元组，新二元组对参数进行了交换。假定已经在 IDLE 中输入了 swap()函数，现在可以进行如下操作：

```
>>> sorted(x, key=swap)
[(3, 'canoe'), (3, 'dorie'), (1, 'kayak'), (1, 'pram')]
```

列表也可以使用 list.sort()方法进行排序，该方法与 sorted()接受相同的可选参数。需要注意的是，排序只适用于那些所有数据项可以进行互相比较的组合类型：

```
sorted([3, 8, -7.5, 0, 1.3])          # returns: [-7.5, 0, 1.3, 3, 8]
sorted([3, "spanner", -7.5, 0, 1.3])  # raises a TypeError
```

---

[*] 该算法由 Tim Peters 创建，在与 Python 源代码一起的 Listsort.txt 文件中对该算法进行了有趣的解释和讨论。

尽管第一个列表中包含了不同类型的数值（int 与 float），但是这些类型之间可以进行比较，因此对这样一个列表进行排序可以正常进行。第二个列表中包含了字符串，字符串不能与数字进行有意义的比较，因此会产生 TypeError 异常。如果需要对包含整数、浮点数、字符串（包含数字）等混合类型的列表进行排序，可以将 float()函数作为 key 函数：

```
sorted(["1.3", -7.5, "5", 4, "-2.4", 1], key=float)
```

上面的语句将返回列表 [-7.3, '-2.4', 1, '1.3', 4, '5']。需要注意的是，列表的值并没有发生变化，字符串仍然是字符串。如果有任何字符串不能转换为数字（比如"spanner"），就会产生 TypeError 异常。

3.4.2 组合类型的复制

由于 Python 使用了对象引用，因此在使用赋值操作符（=）时，并没有进行复制操作。如果右边的操作数是字面值，比如字符串或数字，那么左边的操作数被设置为一个对象引用，该对象引用将指向存放字面值的内存对象。如果右边的操作数是一个对象引用，那么左边的操作数将设置为一个对象引用，并与右边的操作数指向相同的对象。这种机制的好处之一是可以非常高效地进行赋值操作。

在对很大的组合类型变量进行赋值时，比如长列表，这种机制带来的高效是非常明显的，下面给出了一个实例：

```
>>> songs = ["Because", "Boys", "Carol"]
>>> beatles = songs
>>> beatles, songs
(['Because', 'Boys', 'Carol'], ['Because', 'Boys', 'Carol'])
```

这里，创建了一个新的对象引用 beatles，两个对象引用指向的是同一个列表——没有进行列表数据本身的复制。

由于列表是可变的，因此我们可以对其进行改变，比如：

```
>>> beatles[2] = "Cayenne"
>>> beatles, songs
(['Because', 'Boys', 'Cayenne'], ['Because', 'Boys', 'Cayenne'])
```

我们使用变量 beatles 进行了改变——但 beatles 是一个对象引用，并与 songs 指向同一个列表。因此，通过哪一个对象引用进行的改变对另一个对象引用都是可见的，这也是我们最需要的行为，因为对很大的组合对象进行复制可能会消耗很多时间和空间资源。这种机制意味着，我们可以将列表或其他可变的组合数据类型作为参数传递给函数，并在函数中对该组合类型数据进行修改，在函数调用完成后，可以对修改后的组合类型数据进行存取。

　　然而，在有些情况下，我们又确实需要组合类型数据（或其他可变对象）的一个单独的副本。对序列，在提取数据片时——比如 songs[:2]，数据片总是取自某个数据项的一个单独的副本，因此，如果需要整个序列的副本，而不仅仅是一个对象引用，则可以通过下面的方式实现：

```
>>> songs = ["Because", "Boys", "Carol"]
>>> beatles = songs[:]
>>> beatles[2] = "Cayenne"
>>> beatles, songs
(['Because', 'Boys', 'Cayenne'], ['Because', 'Boys', 'Carol'])
```

　　对字典与集合而言，这种复制操作可以使用 dict.copy() 与 set.copy() 来实现。此外，copy 模块提供了 copy.copy() 函数，该函数返回给定对象的一个副本。对内置组合数据类型进行复制的另一种方法是使用类型名作为函数，将待复制的组合类型数据作为参数，下面给出一些实例：

```
copy_of_dict_d = dict(d)
copy_of_list_L = list(L)
copy_of_set_s = set(s)
```

　　需要注意的是，这些复制技术都是浅拷贝——也就是说，复制的只是对象引用，而非对象本身。对固定数据类型，比如数字与字符串，这与复制的效果是相同的（尽管复制更加高效），但是对于可变的数据类型，比如嵌套的组合类型，这意味着相关对象同时被原来的组合与复制得来的组合引用。下面的代码段展示了这一特点：

```
>>> x = [53, 68, ["A", "B", "C"]]
>>> y = x[:]   # shallow copy
>>> x, y
([53, 68, ['A', 'B', 'C']], [53, 68, ['A', 'B', 'C']])
>>> y[1] = 40
>>> x[2][0] = 'Q'
>>> x, y
([53, 68, ['Q', 'B', 'C']], [53, 40, ['Q', 'B', 'C']])
```

　　在对列表进行浅拷贝时，对嵌套列表["A", "B", "C"]的引用将被复制。这意味着，x 与 y 都将其第三项作为指向这一列表的对象引用，因此，对嵌套列表的任何改变，对 x 与 y 都是可见的。如果我们确实需要一个独立的副本或任意的嵌套组合，可以进行深拷贝：

```
>>> import copy
>>> x = [53, 68, ["A", "B", "C"]]
>>> y = copy.deepcopy(x)
>>> y[1] = 40
>>> x[2][0] = 'Q'
```

```
>>> x, y
([53, 68, ['Q', 'B', 'C']], [53, 40, ['A', 'B', 'C']])
```

这里，列表 x 与 y，及其所包含的列表项，都是完全独立的。

注意，从现在起，我们将互换地使用术语拷贝与浅拷贝——如果我们的本意是深拷贝，就会显式地说明。

3.5 实例

我们已经讲解了 Python 内置的组合数据类型，以及标准库中的两种组合类型（collections.namedtuple 与 collections.defaultdict）。Python 还提供了 collections.deque 类型，一个两端作用相同的队列。此外，还有很多来自第三方库以及 Python Package Index，pypi.python.org/pypi 中的其他组合数据类型。这里暂不进行过多介绍，而是介绍两段有点长的代码实例，其中使用了本章以及前面章节中讲述的很多知识。

第一个程序大概 70 行代码，涉及到文本处理等。第二个程序大概 90 行代码，主要涉及到一些数学处理。程序使用了字典、列表、命名的元组以及集合等数据类型，并且都使用了前一章中介绍的 str.format()方法。

3.5.1 generate_usernames.py

假定我们正在部署一个新的计算机系统,并需要为组织内的每个员工生成用户名。我们有一个文本数据文件（UTF-8 编码），其中每一行都代表一个记录，记录的字段使用冒号进行分隔。每个记录涉及到一位员工，字段则包括独一无二的员工 ID、forename、middle name（可以是一个空字段）、surname 以及部门名称。下面是从数据文件 data/users.txt data 中提取出来的一些行：

```
1601:Albert:Lukas:Montgomery:Legal
3702:Albert:Lukas:Montgomery:Sales
4730:Nadelle::Landale:Warehousing
```

该程序必须读入命令行中给定的所有数据文件，对每一行（记录）必须提取出字段信息并以合适的用户名返回数据。每个用户名必须是独一无二的，并以员工姓名为基础。输出必须作为文本发送到控制台，并且根据 surname 与 forename 按字母序进行排序，比如：

```
Name                              ID      Username
-------------------------------   ------  --------
Landale, Nadelle................. (4730) nlandale
Montgomery, Albert L............. (1601) almontgo
```

Montgomery, Albert L............ (3702) almontgo1

每个记录恰包含 5 个字段，尽管可以通过数字对其进行引用，我们更愿意使用名称，以便使得代码保持清晰：

```
ID, FORENAME, MIDDLENAME, SURNAME, DEPARTMENT = range(5)
```

将使用全大写字母表示的标识符看做常量是 Python 的一个约定。

我们还需要创建一个命名的元组类型，用于存放每个用户的数据：

```
User = collections.namedtuple("User",
        "username forename middlename surname id")
```

查看余下的代码时，我们将展示如何使用这些常量以及命名的元组 User。
main()函数中展示了该程序的整体逻辑：

```
def main():
    if len(sys.argv) == 1 or sys.argv[1] in {"-h", "--help"}:
        print("usage: {0} file1 [file2 [... fileN]]".format(
                sys.argv[0]))
        sys.exit()

    usernames = set()
    users = {}
    for filename in sys.argv[1:]:
        for line in open(filename, encoding="utf8"):
            line = line.rstrip()
            if line:
                user = process_line(line, usernames)
                users[(user.surname.lower(), user.forename.lower(),
                    user.id)] = user
    print_users(users)
```

如果用户不在命令行中提供任何文件名，或输入的是“-h”或“–help”，那么此时程序只是简单地打印使用帮助信息并终止。

对读入的每一行，我们剥离掉任意的结尾字符（比如\n），并只对非空行进行处理，这意味着，如果数据文件包含空行，就将被安全地忽略。

我们在集合 usernames 中对所有已分配的用户名进行追踪，确保不会创建重复的用户名。数据本身存放在 users 字典中，每个用户（某一个员工）作为一个单独的字典项存储，其键为该用户的 surname、forename 以及 ID 构成的元组，其值为 User 类型的命名元组。使用用户的 surname、forename 以及 ID 构成的元组作为字典的键意味着，如果对字典调用 sorted()函数，那么返回的 iterable 可以我们需要的顺序返回（也就是说，surnameforenameID），而不需要提供一个 key 函数。

```
def process_line(line, usernames):
```

```
        fields = line.split(":")
        username = generate_username(fields, usernames)
        user = User(username, fields[FORENAME], fields[MIDDLENAME],
                    fields[SURNAME], fields[ID])
        return user
```

由于每个记录的数据格式非常简单，并且我们已经对每行剥离了任意的结尾字符（比如\n），因此，我们可以简单地根据冒号进行分割，并提取相应字段。我们将字段以及集合 usernames 传递给 generate_username()函数，之后创建命名的元组类型 User 的一个实例（将返回给调用者 main()），这将使得用户被插入到 users 字典中，以备打印。

如果我们没有创建适当的常量来存放索引位置，我们就只能使用数字索引，比如：

```
user = User(username, fields[1], fields[2], fields[3], fields[0])
```

尽管这种实现方式更能缩小代码量，但是在实际使用时是不合适的。首先，对将来的程序维护者而言，每个字段代表的含义不够清晰；其次，这种实现方式不能适应数据文件格式的变化——如果记录中字段顺序或编号发生变化，这种代码实现在进行字段分割时就会带来混乱。如果使用的是命名的常量，在记录结构发生变化时，那么我们需要改变的只是常量的值，而使用常量的所有代码都可以继续正常工作。

```
def generate_username(fields, usernames):
    username = ((fields[FORENAME][0] + fields[MIDDLENAME][:1] +
                fields[SURNAME]).replace("-", "").replace("'", ""))
    username = original_name = username[:8].lower()
    count = 1
    while username in usernames:
        username = "{0}{1}".format(original_name, count)
        count += 1
    usernames.add(username)
    return username
```

创建用户名时，我们首先尝试连接 forename 的首字母、中间名的首字母以及整个surname，并删除结果字符串中任意的连线符或单引号。用于获取中间名的首字母的代码是比较微妙的，如果使用的是 fields[MIDDLENAME][0]，那么在中间名为空时将产生 IndexError 异常。通过使用分片，我们将在其不为空时获取其首字母，其他情况下则获取一个空字符串。

接下来，我们将用户名的所有字母变为小写，并使其不超过 8 个字符长。如果用户名已使用（也就是存在于集合 usernames 中），就尝试在该用户名后附加一个 1；如果仍然被使用，就尝试附加 2，直至找到尚未使用的情况。之后，我们将用户名添加到集合 usernames 中，并将用户名返回给调用者。

```
def print_users(users):
```

```
namewidth = 32
usernamewidth = 9

print("{0:<{nw}} {1:^6} {2:{uw}}".format(
    "Name", "ID", "Username", nw=namewidth, uw=usernamewidth))
print("{0:-<{nw}} {0:-<6} {0:-<{uw}}".format(
    "", nw=namewidth, uw=usernamewidth))

for key in sorted(users):
    user = users[key]
    initial = ""
    if user.middlename:
        initial = " " + user.middlename[0]
    name = "{0.surname}, {0.forename}{1}".format(user, initial)
    print("{0:.<{nw}} ({1.id:4}) {1.username:{uw}}".format(
        name, user, nw=namewidth, uw=usernamewidth))
```

所有记录处理完毕后，将调用 print_users()函数，并将 users 字典作为其参数。

第一条 print()语句打印出列标题，第二条 print()语句打印出每个标题下的连线符。第二条语句的 str. format()调用稍有些微妙，我们提交的待打印的字符串为""，也就是说空字符串——我们通过打印空字符串（使用连线符填充到指定宽度）来获取连线符。

接下来，程序使用 for…in 循环来打印出每个用户的详细资料，以排序后的顺序提取每个用户对应字典项的键。为方便起见，我们创建了 user 变量，从而不需要在该函数的其余部分代码中一直写成 users[key]。该循环第一次调用 str.format()时，我们将变量 name 设置为用户名（以 surname、forename（以及可选的初始名）的形式）。我们根据名称存取命名元组 user 中的项。在具备了以单独字符串形式存在的用户名之后，我们将打印该用户的详细资料，并将每列（name、ID、username）限制在所需要的宽度范围内。

完整的程序（与上面讲述的不同之处仅在于有一些初始的注释行以及一些导入语句）在 generate_usernames.py 中，该程序的结构——读入数据文件、处理每条记录、写入到输出——是使用非常频繁的常见结构，下一个实例也采用了这种程序结构。

3.5.2　statistics.py

假定有一系列数据文件，其中包含与我们已进行处理相关的一些数字，我们需要根据这些数字生成一些基本的统计信息，以便对数据有个整体认识。每个文件使用普通文本格式（ASCII 编码），每行中一个或多个数字（空格分隔）

下面给出的是我们需要的一种输出信息：

```
count    =    183
```

```
mean     =     130.56
median   =      43.00
mode     = [5.00, 7.00, 50.00]
std. dev. =    235.01
```

这里，我们读入了 183 个数字，其中 5、7、50 的出现频率最高，样本标准偏差为 235.01。

统计信息本身存放在一个称为 Statistics 的命名元组中：

```
Statistics = collections.namedtuple("Statistics",
                                    "mean mode median std_dev")
```

下面给出其 main() 函数，该函数整体勾勒了程序结构：

```
def main():
    if len(sys.argv) == 1 or sys.argv[1] in {"-h", "--help"}:
        print("usage: {0} file1 [file2 [... fileN]]".format(
                sys.argv[0]))
        sys.exit()

    numbers = []
    frequencies = collections.defaultdict(int)
    for filename in sys.argv[1:]:
        read_data(filename, numbers, frequencies)
    if numbers:
        statistics = calculate_statistics(numbers, frequencies)
        print_results(len(numbers), statistics)
    else:
        print("no numbers found")
```

我们将来自所有文件的所有数字保存在列表 numbers 中，为计算 mode（"最频繁出现"）数，我们需要知道每个数字的出现次数，因此我们使用 int() 工厂函数创建了一个默认字典，以明了数字出现次数。

我们对每一个文件名进行迭代，并读入其数据，我们还将列表与默认字典作为附加的参数，以便 read_data() 函数可以对其进行更新。在读取了所有数据后，假定一些数字被成功读取，我们调用 calculate_statistics() 函数，该函数将返回一个命名的元组，元组类型为 Statistics，之后将用于打印统计结果。

```
def read_data(filename, numbers, frequencies):
    for lino, line in enumerate(open(filename, encoding="ascii"),
                                start=1):
        for x in line.split():
            try:
                number = float(x)
```

```
            numbers.append(number)
            frequencies[number] += 1
        except ValueError as err:
            print("{filename}:{lino}: skipping {x}: {err}".format(
                **locals()))
```

我们根据空格对每一行进行分割，对所得的每一个数据项，尝试将其转换为 float。如果转换成功——比如对整数与浮点数，无论是十进制还是指数表示法——就将该数字添加到列表 numbers 中，并对默认字典 frequencies 进行更新（如果使用的是普通 dict，那么更新代码应该是 frequencies[number] = frequencies.get(number, 0) + 1）。如果转换失败，就输出其所在行号（对文本文件，行号一般从 1 开始）、试图转换的文本以及 ValueError 异常的错误消息文本。

```
    def calculate_statistics(numbers, frequencies):
        mean = sum(numbers) / len(numbers)
        mode = calculate_mode(frequencies, 3)
        median = calculate_median(numbers)
        std_dev = calculate_std_dev(numbers, mean)
        return Statistics(mean, mode, median, std_dev)
```

这一函数用于将所有统计信息收集在一起。由于均值（"平均数"）的计算非常容易，因此这里对其进行直接计算。对其他统计信息，则调用专用函数进行计算，在函数尾部，返回命名元组对象 Statistics，其中包含我们计算出来的 4 种统计信息。

```
    def calculate_mode(frequencies, maximum_modes):
        highest_frequency = max(frequencies.values())
        mode = [number for number, frequency in frequencies.items()
                if frequency == highest_frequency]
        if not (1 <= len(mode) <= maximum_modes):
            mode = None
        else:
            mode.sort()
        return mode
```

由于出现频率最高的数可能不止一个，因此，除字典 frequencies 之外，这一函数还要求调用者指定可以接受的 mode 的最多个数（这里，calculate_statistics()函数是本函数的调用者，其中指定最多的 mode 数为 3 个）。

max()函数用于寻找字典 frequencies 中的最大值，之后，我们使用 a 列表内涵来创建一个列表，其中包含那些出现频率等于最大值的 mode。由于数字可以是浮点数，我们将其绝对值与机器可以表示的最小数字进行比较（使用 using math.fabs()是因为这一函数可以产生比 abs()更合理的结果）。

如果 mode 的个数为 0 或大于可接受的最大值，就返回 None，否则会返回排序后的 mode 列表。

```python
def calculate_median(numbers):
    numbers = sorted(numbers)
    middle = len(numbers) // 2
    median = numbers[middle]
    if len(numbers) % 2 == 0:
        median = (median + numbers[middle - 1]) / 2
    return median
```

median（"中间值"）是指在数字按序排序时落在中间位置的数组——数字个数为偶数时除外，此时，中间值落在两个数字之间，在数值上为两个中间值的平均数。

我们首先采用升序对数字进行排序，之后使用截取（整数）除寻找中间数的索引位置，并将其提取、存储为中间值。如果数字个数为偶数，就将两个中间数的平均数作为中间值。

```python
def calculate_std_dev(numbers, mean):
    total = 0
    for number in numbers:
        total += ((number - mean) ** 2)
    variance = total / (len(numbers) - 1)
    return math.sqrt(variance)
```

样本均差是对数据分散程度的一种度量，也就是说，数字对均值的偏离程度。这

一函数使用公式 $s = \sqrt{\dfrac{\sum(x - \bar{x})^2}{n-1}}$ 计算样本均差，其中，x 代表每个数字，$\bar{x}$ 代表均值，

n 代表数字个数。

```python
def print_results(count, statistics):
    real = "9.2f"

    if statistics.mode is None:
        modeline = ""
    elif len(statistics.mode) == 1:
        modeline = "mode        = {0:{fmt}}\n".format(
                    statistics.mode[0], fmt=real)
    else:
        modeline = ("mode        = [" +
                    ", ".join(["{0:.2f}".format(m)
                    for m in statistics.mode]) + "]\n")

    print("""\
count       = {0:6}
mean        = {mean:{fmt}}
```

```
median     = {median:{fmt}}
{1}\
std. dev. = {std_dev:{fmt}}""".format(
    count, modeline, fmt=real, **statistics._asdict()))
```

这一函数的大部分工作是将 mode 列表格式化为 modeline 字符串。如果没有 mode，就不打印 mode 行。如果有一个 mode，那么 mode 列表只包含一项（mode[0]），并按照其用于其他统计信息时一样的格式进行打印。如果有几个 mode 值，就将其作为一个列表进行打印，每个值进行适当的格式化，这是通过使用列表内涵生成 mode 字符串列表实现的，之后将列表中的所有字符串使用 "," 连接在一起。由于使用了命名的元组，使得打印变得容易。通过命名的元组，我们可以使用名称而非数字索引值来存取 statistics 对象中包含的统计信息。借助于 Python 的三引号包含的字符串，我们可以以可理解的方式展示文本。

这里还有一点需要注意，mode 是以 item{2} 的格式被打印的，其后跟随一个反斜杠。反斜杠会对换行进行转义，因此，如果 mode 是一个空字符串，则不会打印空白行。也是因为我们对换行进行了转义，所以我们必须将\n 放置在字符串 modeline 的结尾处（如果其不为空。）

3.6 总结

本章讲述了 Python 所有内置的组合数据类型，以及标准库中的两种组合数据类型。我们讲解了组合序列类型：tuple、collections.namedtuple 以及 list，这些类型支持与字符串一样的分片与步距语法。序列拆分操作符*的使用也在本章进行了介绍，对函数调用中带星号的参数的使用也简要提及。我们还讲解了集合类型 set 与 frozenset，映射类型 dict 与 collections.defaultdict。

我们了解了如何使用 Python 标准库提供的命名元组来创建简单的自定义元组数据类型，其数据项可根据索引位置存取，或更方便地根据名称存取。我们也讲述了如何使用名称中所有字母都是大写的变量来创建 "常量"。

在对列表的讲述中我们看到，对元组可以施加的一切操作都可用于列表。并且，由于列表是可变的，因此提供了比元组更多的功能，包括用于修改列表的方法（比如 list.pop()），以及将分片布置在赋值操作符的左边。此外，列表还提供了插入、替换、数据片删除等功能。在存放数据项序列时，列表是理想的数据类型，在需要根据索引位置进行快速访问时更是如此。

在讨论 set 与 frozenset 数据类型时，我们注意到，集合类型只能包含可哈希运算的数据项。集合提供了快速的成员关系测试功能，在用于过滤重复的数据时是有用的。

字典在有些方面与集合类似——比如，字典的键必须是可哈希运算的，并且像集合中的项一样是独一无二的。但是字典中存放的是键-值对，值可以是任意的数据类型。关于字典，我们讲解了 dict.get()方法与 dict.setdefault()方法，在讲解默认字典时展示了使用这些方法的替代方案。与集合类似，字典提供了快速的成员关系测试与存取功能（根据键进行）。

列表、集合与字典都提供了紧凑的内涵语法，可用于以 iterables（本身也可以是内涵）为基础创建这些类型的组合数据，并在必要的时候使用条件。在创建组合类型数据时，在 for…in 循环中与内涵中，都需要频繁使用 range()函数与 zip()函数。

通过相关的方法，可以从可变的组合类型数据中删除相应的数据项，比如 list.pop()与 set.discard()，或使用 del 语句，比如，del d[k]的作用是从字典 d 中删除键为 k 的项。

Python 使用的是对象引用，这使得赋值操作非常高效，但也意味着在使用赋值操作符=时，并没有对对象进行实际的复制操作。我们了解了浅拷贝与深拷贝的差别，介绍了如何使用整个列表分片 L[:]进行浅拷贝，如何使用 dict.copy()方法对字典进行浅拷贝。任何可复制的对象都可以使用 copy 模块中的函数进行复制，copy.copy()函数进行的是浅拷贝，copy.deepcopy()函数进行的则是深拷贝。

我们介绍了 Python 的高度优化的 sorted()函数，该函数在 Python 程序设计中广泛使用，由于 Python 不提供任何本原上进行了排序的组合数据类型，因此，在需要对组合类型数据以排序后的顺序进行迭代时，就需要先使用 sorted()进行排序。

Python 内置的组合数据类型——元组、列表、集合、固定集合以及字典——这些数据类型本身足以用于任何目的。尽管如此，在标准库中仍然提供了一些附加的组合数据类型，第三方库中则提供了更多的组合数据类型。

我们经常需要从文件中读入组合数据，或将组合数据写入到文件中。在本章中，我们以很有限的文本文件处理知识为基础，只是简单地讲解了对文本文件中以行为基础的读写操作。第 7 章将全面介绍文件处理的相关知识与方法，顺带提及了提供数据持久性的途径（第 12 章将进行全面讲解）。

下一章中，我们将更进一步地了解 Python 的控制结构，并介绍一种新的控制结构。也将更深入地介绍异常处理以及一些附加的语句，比如到现在为止尚未涉及的assert。此外，还将介绍自定义函数的创建，特别要介绍 Python 非常丰富的参数处理机制与功能。

3.7 练习

1．修改 external_sites.py 程序，使用一个默认字典。这一改变比较简单，需要使用一个额外的导入语句，并只对原程序中的两行进行修改。external_sites_ans.py 程序提供了对于本练习的解决方案。

2．修改 uniquewords2.py 程序，以便在输出词汇时以出现的频率为顺序，而不是以字母序为顺序。你需要以字典的项进行迭代，并创建一个两行代码的小函数来提取每个项的值，并将该函数作为 sort()函数的 key 函数。此外，对 print()的调用也应该进行适当修改。这一练习并不难，但有些地方比较微妙。unique-words_ans.py 程序提供了本练习的解决方案。

3．修改 generate_usernames.py 程序，以便该程序每行打印两个用户的详细资料，将名称限制在 17 个字符内，每隔 64 行输出一个走纸字符，列标题打印在每页的起始处，下面给出的是要求的输出格式样例：

```
Name                     ID   Username   Name                     ID   Username
------------------------  ----- --------   ------------------------  ----- --------
Aitkin, Shatha... (2370) saitkin    Alderson, Nicole. (8429) nalderso
Allison, Karma... (8621) kallison   Alwood, Kole E... (2095) kealwood
Annie, Neervana.. (2633) nannie     Apperson, Lucyann (7282) leappers
```

本练习的要求具有一定难度。你需要将列标题保存在变量中，以便在需要的时候对其进行打印，你可能需要对格式规约进行适当调整，以便能适应较窄的名称。一种实现分页的方法是将所有输出项写入到列表中，之后使用步距对列表进行迭代，以便获取左边与右边的项，并使用 zip()对其进行结对。generate_usernames_ans.py 提供了一个解决方案，更长的样例文件在 data/users2.txt 中提供。

第 **4** 章

控制结构与函数 ‖‖

本章的前 2 节讲述了 Python 的控制结构，其中第 1 节讲述分支与循环，第 2 节讲述异常处理。有关控制结构与基本的异常处理的大部分知识在第 1 章中都已进行了介绍，但本章对其进行了更全面的介绍，包括附加的一些控制结构语法、如何产生异常以及如何创建自定义的异常。

第 3 节（也是最长的一节）讲解了如何创建自定义函数，详尽地讲解了 Python 非常丰富的参数处理功能。借助于自定义函数，可以对相关的处理功能进行打包与参数化——由于这种做法可以防止代码重复、促进代码重用，因此可以降低代码规模。（下一章会讲解如何创建自定义模块，以便在多个程序中使用我们的自定义函数。）

4.1　控制结构 ‖‖

Python 通过 if 语句实现了条件分支，通过 while 语句与 for...in 语句实现了循环。Python 中还有一种条件表达式——这是一种 if 语句，也是 Python 对 C 风格语言中使用的三元算子（?:）相对应的内容。

4.1.1　条件分支 ‖

在第 1 章中我们看到，下面给出的是 Python 条件分支语句的最通常的语法：

```
if boolean_expression1:
    suite1
elif boolean_expression2:
    suite2
...
elif boolean_expressionN:
    suiteN
```

```
else:
    else_suite
```

可以有 0 个或多个 elif 语句，最后一个 elif 语句是可选的。如果我们需要考虑某个特定情况，但在该情况出现时又不需要做什么，那么可以使用 pass（充当"什么也不做"占位符）作为该分支的 suite。

有些情况下，可以将一条 if...else 语句缩减为单一的条件表达式，条件表达式的语法是：

expression1 if *boolean_expression* else *expression2*

如果 *boolean_expression* 为 True，条件表达式的结果为 expression1，否则为 expression2。

通常的程序设计模式是将某变量设置为默认值，在必要的时候再改变该值，比如，由于用户的请求进行改变，或者针对程序当前运行平台进行改变。下面给出的是使用 if 语句的常规模式：

```
offset = 20
if not sys.platform.startswith("win"):
    offset = 10
```

sys.platform 变量存放的是当前平台的名称，比如，"win32" 或 "linux2"。使用条件表达式，可以通过一行代码完成上面的功能：

```
offset = 20 if sys.platform.startswith("win") else 10
```

这里并不需要使用圆括号，但是使用圆括号可以避免微妙的陷阱，比如，假定我们想将 width 变量设置为 100，并在 margin 为 True 时额外加 10，我们可能会使用如下的代码：

```
width = 100 + 10 if margin else 0 # WRONG!
```

特别讨厌的地方在于，如果 margin 为 True，上面的代码可以正确工作，并将 width 设置为 110；如果 margin 为 False，就会错误地将 width 设置为 0，而非 100，这是因为，Python 将 100 + 10 看做条件表达式的 expression1 部分，解决这一问题的方法是使用圆括号：

```
width = 100 + (10 if margin else 0)
```

圆括号还可以使得代码更清晰，更适合阅读。

条件分支可用于提高为用户打印的消息，比如，在报告处理的文件数量时，不再打印 "0 file(s)"、"1 file(s)"，而是使用一对条件表达式：

```
print("{0} file{1}".format((count if count != 0 else "no"),
                           ("s" if count != 1 else "")))
```

上面的语句将打印 "no files"、"1 file"、"2 files"，并且同时会留下一个更专业的印象。

4.1.2 循环

Python 提供了 while 循环与 for ... in 循环，这两种循环方式实际上都具有比第 1 章中所展示的基本语法更复杂的语法格式。

4.1.2.1 while 循环

下面给出的是 while 循环完整的、通常的语法格式：

```
while boolean_expression:
    while_suite
else:
    else_suite
```

else 分支是可选的。只要 boolean_expression 为 True，while 块的 suite 就会执行。如果 boolean_expression 为 False 或变为 False，循环就会终止，此时，如果存在可选的 else 分支，就会执行其 suite。在 while 块的 suite 内部，如果执行了 continue 语句，就会跳转到循环起始处，并对 boolean_expression 的取值进行重新评估。如果循环不能正常终止，就会跳过所有可选的 else 分支。

可选的 else 分支这种叫法很容易让人困惑，因为只要循环是正常终止的，else 分支的 suite 就总会执行。如果由于 break 语句、或由于返回语句（如果循环在函数或方法内）、或由于发生异常导致跳出循环，else 分支的 suite 就不会执行。（发生异常时，Python 会跳过 else 分支并寻找适当的异常处理部分——下一节将具体讲解。）另一方面，else 分支的这些特点对 while 循环、for ... in 循环以及 try ... except 块都是一样的。

让我们看一下 else 分支的实际使用。str.index()与 list.index()方法可以返回给定字符串或数据项的索引位置，并在找不到时产生 ValueError 异常。str.find()方法完成同样的功能，但在找不到时不会产生异常，而是返回索引值−1，对于列表，没有等价的方法，但如果需要一个完成这一功能的函数，可以使用 while 循环创建：

```
def list_find(lst, target):
    index = 0
    while index < len(lst):
        if lst[index] == target:
            break
        index += 1
    else:
        index = -1
    return index
```

这一函数在给定的列表中搜索目标。如果找到了目标，就使用 break 语句终止循环，并返回适当的索引位置。如果找不到目标，就会循环完毕并正常终止，之后执行

else 的 suite：将索引位置设置为–1，并返回该值。

4.1.2.2　for 循环

与 while 循环类似，for ... in 循环的完整语法也包括 else 分支：

```
for expression in iterable:
    for_suite
else:
    else_suite
```

通常，expression 或者是一个单独的变量，或者是一个变量序列，一般是以元组形式给出的。如果将元组或列表用于 expression，则其中的每一数据项都会拆分到表达式的项。

如果在 for ... in 循环 suite 中执行了 continue 语句，那么控制流立即跳转到循环起始处，并开始下一次迭代。如果循环正常执行完毕，就会终止循环，之后执行 else suite。如果循环被跳出（由于执行了 break 语句或 return 语句），控制流会立即跳转到循环后的语句——所有可选的 else suite 将被跳过。同样地，如果发生异常，Python 会跳过 else 分支并寻找适当的异常处理程序（下一节具体讲解）。

下面给出了 list_find()的 for ... in 循环实现版本，与 while 循环实现的版本类似，这一版本也展示了 else 分支的实际应用：

```
def list_find(lst, target):
    for index, x in enumerate(lst):
        if x == target:
            break
    else:
        index = -1
    return index
```

如上面代码段所示，在 for ... in 循环的表达式中创建的变量在循环终止后仍然存在。与所有局部变量类似，他们也将在其闭合范围结尾处终止存在。

4.2　异常处理

Python 通过产生异常来指明发生错误或异常条件——尽管有些第三方 Python 库使用更过时的技术，比如 "error" 返回值。

4.2.1　捕获与产生异常

异常的捕获是使用 try ... except 块实现的，其通常语法格式如下：

```
try:
    try_suite
except exception_group1 as variable1:
    except_suite1
...
except exception_groupN as variableN:
    except_suiteN
else:
    else_suite
finally:
    finally_suite
```

其中至少要包含一个 except 块，但 else 与 finally 块都是可选的。在 try 块的 suite 正常执行完毕时，会执行 else 块的 suite——如果发生异常，就不会执行。如果存在一个 finally 块，则最后总会执行。

每个 except 分支的异常组可以是一个单独的异常，也可以是包含在括号中的异常元组。对每个异常组，as variable 部分是可选的。如果使用，该变量就会包含发生的异常，并可以在异常块的 suite 中进行存取。

如果某个异常发生在 try 块的 suite 中，那么每个 except 分支会顺序尝试执行。如果该异常与某个异常组匹配，则相应的 suite 得以执行。要与异常组进行匹配，异常必须与组中列出的异常类型（或其中的某一个）一致，或者与组中列出的异常类型（或其中的某一个）的子类一致[*]。

比如，如果在字典查询中产生 KeyError 异常，那么包含 Exception 类的第一个 except 分支将匹配这一异常，因为 KeyError 是 Exception 的（非直接的）子类。如果没有哪个组列出了 Exception（通常是这种情况），但是存在一个 LookupError，那么 KeyError 异常也可以匹配，因为 KeyError 是 LookupError 的子类。如果没有哪个组列出了 Exception 或 LookupError，但是某个组列出了 KeyError，就将匹配该组。图 4-1 展示了从异常体系中抽取的部分关系图。

下面给出的是不正确使用的一个实例：

```
try:
    x = d[5]
except LookupError:      # WRONG ORDER
    print("Lookup error occurred")
except KeyError:
    print("Invalid key used")
```

---

[*] 在第 6 章中我们将看到，面向对象程序设计通常使用类体系，也就是说，某个类（数据类型）继承自另外的类或数据类型。在 Python 中，这一类体系的起点是 object 类，每个其他类都从这个类（或继承这个类的其他类）继承而来。子类是一个继承其他类的类，因而，所有的 Python 类（object 本身除外）都是子类，因为这些类继承自 object 类。

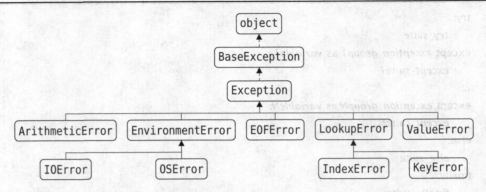

图 4-1 Python 异常体系部分截图

如果字典 d 不包含 key 为 5 的数据项，那么我们希望产生最具针对性的异常 KeyError，而不是最通常的异常 LookupError，但是这里，KeyError except 块代码总是无法执行到。如果产生 KeyError 异常，就会与 LookupError except 块匹配，因为 LookupError 是 KeyError 的一个基类，也就是说，在异常体系中，LookupError 要高于 KeyError，因此，在使用多个 except 块时，我们必须坚持对其排序，从最具针对性的（在异常体系中最底层）异常到最通常（异常体系中最顶层）的异常。

```
try:
    x = d[k / n]
except Exception:        # BAD PRACTICE
    print("Something happened")
```

要注意的是，上面这种使用 except Exception 的方法通常并不是一种好做法，因为这种做法将捕捉所有异常，从而很容易掩盖代码中的逻辑错误。在上面的实例中，程序的本意是捕捉 KeyErrors，但是如果 n 为 0，就会无意间——并且寂静地——捕获一个 ZeroDivisionError 异常。

直接写成 except:也是可能的，也就是说，不设置异常组。写成这种风格的异常块将捕获任意异常，包括那些继承自 BaseException 而非 Exception 的异常（图 4.1 未表示），这种做法会导致与使用 except Exception 同样的问题，甚至更严重，通常情况下应该总是避免这种做法。

如果没有哪个 except 块匹配该异常，Python 会沿着调用栈回溯，并寻找适当的异常处理程序。如果找不到合适的异常处理程序，程序将终止，并在控制台上打印该异常以及回溯信息。

如果没有异常产生，那么任意可选的 else 块都将执行。在所有情况下——也就是说，如果没有发生异常，或发生异常并被处理，或发生异常并回溯到调用栈——任意 finally 块的 suite 总是会得以执行。如果没有异常产生，或产生的异常被某个 except 块处理，那么 finally 块的 suite 将在最后执行；如果异常产生，但是没有匹配的 except

块，就首先执行 finally 块的 suite，之后将该异常在调用栈中回溯。在需要确保资源被正确释放时，这种执行机制是很有用的。图 4-2 勾勒了通常的 try ... except ... finally 语句块控制流。

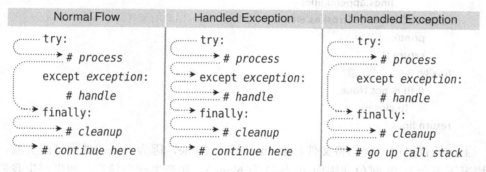

图 4-2　Try ... except ... finally 控制流

下面给出 list_find() 函数的最终版本，使用了异常处理：

```
def list_find(lst, target):
    try:
        index = lst.index(target)
    except ValueError:
        index = -1
    return index
```

上面的代码中，有效地使用了 try ... except 块，将异常转换为错误值。也可以使用同样的方法捕捉某种异常并产生另一种异常——稍后将讨论这一技术。

Python 还提供了更简单的 try ... finally 块，有时也是有用的：

```
try:
    try_suite
finally:
    finally_suite
```

不管 try 块的 suite 中发生什么（当然，计算机或程序崩溃除外），finally 块的 suite 都将得以执行。将 with 语句与上下文管理器一起使用（两者都将在第 8 章讲述），也可以达到 try ... finally 块的效果。

try ... except ... finally 块的一种常见应用是处理文件错误。比如，noblanks.py 程序从命令行读取一个文件名列表，对其中每个文件，生成一个同名文件，但是后缀名改为.nb，内容上则去除原有文件中的空白行。下面给出的是该程序的 read_data() 函数：

```
def read_data(filename):
    lines = []
    fh = None
    try:
```

```
            fh = open(filename, encoding="utf8")
            for line in fh:
                if line.strip():
                    lines.append(line)
        except (IOError, OSError) as err:
            print(err)
            return []
        finally:
            if fh is not None:
                fh.close()
    return lines
```

上面的代码中，我们将文件对象 fh 设置为 None，因为 open()调用可能失败，这种情况下不会为 fh 赋值（因而 fh 保持为 None），并产生一个异常。如果产生我们指定的某个异常（IOError 或 OSError），在打印错误消息后，就会返回一个空列表。需要注意的是，在返回之前，finally 块的 suite 将得以执行，因此文件将安全地关闭——如果此前该文件被成功打开。

还要注意的是，如果发生编码错误，即便我们并不捕捉相关的异常（ValueError），文件仍然会安全地关闭。这种情况下，finally 块的 suite 将得以执行，之后异常被向上传递到调用栈——此时没有返回值，因为函数是由于未处理的异常导致结束的。此外，由于没有适当的 except 块捕捉编码错误异常，因此程序将终止并打印回溯信息。

我们可以将 except 分支写的稍详细一些：

```
        except EnvironmentError as err:
            print(err)
            return []
```

上面的代码可以正常工作，因为 EnvironmentError 是 IOError 与 OSError 的基类。

在第 8 章，我们将展示一个稍紧凑一些的惯用法，以确保文件被安全关闭，而不需要 finally 块。

产生异常

异常提供了一种改变控制流的有用方法。我们可以使用内置的异常，或创建自己的异常，以便产生我们所需要的异常并对其进行处理。有两种可以产生异常的语法：

```
raise exception(args)
raise exception(args) from original_exception
raise
```

使用第一种语法时，指定的异常应该或者是内置的异常，或者继承自 Exception 的自定义异常。如果给定一些文本作为该异常的参数，那么在捕捉到该异常并打印时，这些文本应该为输出信息。使用第二种语法，也就是没有指定异常时，raise 将重新产生当前活跃的异常——如果当前没有，就会产生一个 TypeError。

4.2.2　自定义异常

自定义异常是自定义的数据类型（类）。创建类是在第 6 章中讲述的，不过创建简单的自定义异常类型比较简单，这里我们展示其基本的语法：

```
class exceptionName(baseException): pass
```

基类应该为 Exception 类或继承自 Exception 的类。

自定义异常的一个用途是跳出深层嵌套的循环，比如，如果某个表格对象存放记录（行），每个记录有很多字段（列），每个字段有很多值（项），我们可以使用类似于下面的代码搜索某个特定的值：

```
found = False
for row, record in enumerate(table):
    for column, field in enumerate(record):
        for index, item in enumerate(field):
            if item == target:
                found = True
                break
        if found:
            break
    if found:
        break
if found:
    print("found at ({0}, {1}, {2})".format(row, column, index))
else:
    print("not found")
```

上面这 15 行代码是复杂的，因为我们必须分别跳出每个循环。一种替代的解决方法是使用自定义异常：

```
class FoundException(Exception): pass

try:
    for row, record in enumerate(table):
        for column, field in enumerate(record):
            for index, item in enumerate(field):
                if item == target:
                    raise FoundException()
except FoundException:
    print("found at ({0}, {1}, {2})".format(row, column, index))
```

```
else:
    print("not found")
```

这种方法可以将代码削减到 10 行，或者 11 行（包含异常定义本身），并且更易于理解。如果发现了要寻找的数据项，就产生自定义的异常，并执行 except 块的 suite，else 块则被跳过。如果没有找到相应的数据项，就不会产生异常，并在最后执行 else suite。

下面给出另一个实例，以便于了解实现异常处理的不同途径。所有的代码段取自 checktags.py 程序，该程序读取在命令行中给定的所有 HTML 文件，并进行一些简单的测试，以便验证标签是以 "<" 起始、以 ">" 结束，并且实体也是正确的格式。该程序定义了 4 种自定义异常：

```
class InvalidEntityError(Exception): pass
class InvalidNumericEntityError(InvalidEntityError): pass
class InvalidAlphaEntityError(InvalidEntityError): pass
class InvalidTagContentError(Exception): pass
```

第 2 个、第 3 个异常都继承自第 1 个异常。在讨论使用异常的代码时，我们会理解为什么这种做法是有用的。使用异常的 parse()函数有 70 多行代码，所以我们这里只展示与异常处理相关的部分：

```
fh = None
try:
    fh = open(filename, encoding="utf8")
    errors = False
    for lino, line in enumerate(fh, start=1):
        for column, c in enumerate(line, start=1):
            try:
```

代码的开始部分采用了很常规的做法，将文件对象设置为 None，并将所有文件处理部分放在一个 try 块中。程序逐行读入文件，逐个字符读入每一行。

需要注意的是，我们有两个 try 块：外部的用于处理文件对象异常，内部的用于处理分析时的异常。

```
                ...
                elif state == PARSING_ENTITY:
                    if c == ";":
                        if entity.startswith("#"):
                            if frozenset(entity[1:]) - HEXDIGITS:
                                raise InvalidNumericEntityError()
                        elif not entity.isalpha():
                            raise InvalidAlphaEntityError()
                ...
```

　　该函数有几个不同的状态，比如，读取了与符号（&）以后，会进入 PARSING_ENTITY 状态，并存储实体字符串中在&（但不包括）与冒号之间的字符。

　　上面展示的代码用于处理的情况是：读取 entity 字符串时遇到了冒号。如果该实体为数值型（其形式为，以"&#"开始，其后跟随十六进制数字，之后是分号，比如，"&#20AC;"），我们就将其数值型部分转换为一个集合，并从中取走所有十六进制数字，如果剩下的至少有一个无效字符，我们就产生一个自定义异常；如果实体为按字母顺序的（其形式为，以"&"开始，其后跟随字母，之后是分号，比如，"©"），那么在其中任意字母不是按字母顺序时，就产生一个自定义异常。

```
        ...
        except (InvalidEntityError,
                InvalidTagContentError) as err:
            if isinstance(err, InvalidNumericEntityError):
                error = "invalid numeric entity"
            elif isinstance(err, InvalidAlphaEntityError):
                error = "invalid alphabetic entity"



            elif isinstance(err, InvalidTagContentError):
                error = "invalid tag"
            print("ERROR {0} in {1} on line {2} column {3}"
                    .format(error, filename, lino, column))
            if skip_on_first_error:
                raise
        ...
```

　　如果分析时产生异常，我们就在这个 except 块中捕捉该异常。通过使用基类 InvalidEntityError，我们可以捕捉 InvalidNumericEntityError 异常与 InvalidAlphaEntity Error 异常，之后使用 isinstance()函数检测发生的具体是哪种异常，并设置相对应的错误消息。如果其第一个参数的类型与第二个参数的类型（或其基类型）一致，那么内置的 isinstance()函数将返回 True。

　　对每个自定义的分析时异常，我们可以为每个设置一个单独的 except 块，但是在这里，将其放在一起可以防止在每个异常中重复最后 4 行代码（从 print()调用到 raise）。

　　程序有两种使用模式。如果 skip_on_first_error 为 False，那么程序在分析时错误发生后继续检查文件，这可能会导致对每一个文件输出多条错误消息；如果 skip_on_first_error 为 True，一旦发生分析时错误，在打印错误消息（一条，也是唯一的一条）后，程序将调用 raise 以便重新产生分析异常，并使用外部的（每个文件）try 块对其进行捕获。

```
    ...
    elif state == PARSING_ENTITY:
```

```
        raise EOFError("missing ';' at end of " + filename)
    ...
```

在分析文件结束时，我们需要检查是否处于某个实体的中间，如果是，就产生
EOFError，一个内置的文件终止异常，但为其赋予我们自己的消息文本。我们也可以
很容易地只是产生自定义异常。

```
except (InvalidEntityError, InvalidTagContentError):
    pass # Already handled
except EOFError as err:
    print("ERROR unexpected EOF:", err)
except EnvironmentError as err:
    print(err)
finally:
    if fh is not None:
        fh.close()
```

对外部的 try 块，我们使用了单独的 except 块，因为我们需要的程序行为有所变
化。如果产生分析时异常，我们知道会有一条错误消息作为输出信息，目的也是简单
地跳过该文件并读取下一个文件，因此不需要在异常处理程序中做其他操作。如果发
生 EOFError 异常，可能是由于真正的文件提前结束，也可能是我们自己产生的异常。
无论哪种情况，我们都会打印错误消息以及异常本身文本。如果产生 EnvironmentError
异常（也就是 IOError 或 OSError 异常），我们只是简单地打印其消息。最后，不管怎
样，我们都要关闭已经打开的文件。

4.3　自定义函数

函数可用于将相关功能打包并参数化。在 Python 中，可以创建 4 种函数：全局函
数、局部函数、lambda 函数、方法。

迄今为止，本书中我们所创建的函数都是全局函数。全局对象（包括函数）可以
由创建该对象的同一个模块（同一个.py 文件）中的任意代码存取，下一章中我们会看
到，其他模块实际上也可以存取全局对象。

局部函数（也称为嵌套函数）定义在其他函数之内，本地函数只对对其进行定义
的函数是可见的。对于创建不在其他地方使用的小 helper 函数，本地函数尤其有用，
我们将在第 7 章首次展示。

Lambda 函数是表达式，因此可以在需要使用的地方创建，不过，这类函数要比通
常的函数受更多的限制。

方法是与特定数据类型关联的函数，并且只能与数据类型关联在一起使用——在
第 6 章讲述面向对象程序设计时会进行讲解。

Python 提供了很多内置函数，其标准库与第三方库又增加了数百个函数（如果对所有方法进行计数，就有数千个），因此，很多时候，我们所需要的函数实际上已经写好了。由于这一原因，检测 Python 的在线文档（以便了解有哪些可用的函数或方法总是值得的。参考"在线文档"工具条。

在线文档

尽管本书在内容上包含了 Python 3 语言、内置函数以及标准库中大多数经常使用的模块，但是 Python 在线文档提供的数量可观的索引文档仍具有很大的参考价值，这些索引文档既包括关于语言本身的，更有关于 Python 的广泛的标准库的。这些文档可以在 docs.python.org 处存取，Python 本身也提供了这些文档。

在 Windows 上，文档是以 Windows 帮助文件形式提供的。依次单击开始、所有程序、Python 3.x、Python 手册，可以启动该帮助文件。该工具包含了 Index 与 Search 功能，使得寻找适当的文档比较容易。在 UNIX 系统上，文档是以 HTML 文件格式存在的。除超链接外，还有很多索引页，在每个 HTML 页的左部，还提供了方便的快速搜索功能。

对新用户而言，最频繁使用的在线文档是 Library Reference，对经验丰富的用户而言则是 Global Module Index，二者都包含到很多页面的链接，内容涵盖了 Python 整个标准库——Library Reference 到不同页面的链接也涵盖了 Python 内置的功能。

快速浏览一下文档是值得的，尤其是 Library Reference 与 Global Module Index，有助于了解 Python 的标准库都提供了什么。在需要的时候，还可以单击链接跳转到自己关心的主题进一步了解。通过这种方式，可以建立一个初始的印象，知道都提供什么，并知道在哪里找到自己感兴趣的主题（第 5 章对 Python 标准库进行了简要的总结）。

解释器本身也提供了一些有用的帮助信息。不带参数调用 help()函数，就会进入在线帮助系统——之后简单地遵循指令，就可以获取关心的信息，使用完毕后，输入"q"或"quit"就会返回到解释器。如果知道自己需要获取哪个模块或数据类型的帮助信息，就可以将模块名或数据类型作为参数调用 help()函数。比如，help(str)提供了关于 str 数据类型的信息，包括其所有方法；help(dict.update)提供了 dict 这一组合数据类型的 update()方法的信息，help(os)显示 os 模块的信息（假定该模块已导入）。

熟悉 Python 后，通常只需要关注某数据类型提供了哪些属性（比如方法）就已足够，这一信息可以使用 dir()函数获取——比如，dir(str)可以列出所有字符串方法，dir(os)列出 os 模块的所有常量与函数（假定该模块已导入）。

创建一个全局函数或局部函数的通用语法格式如下：

```
def functionName(parameters):
    suite
```

　　其中，parameters 是可选的，如果有多于一个参数，就可以写成逗号分隔的标识符序列，或 *identifier=value* 对序列（稍后进行讨论）。比如，下面是一个使用 heron 公式计算三角形面积的实例：

```
def heron(a, b, c):
    s = (a + b + c) / 2
    return math.sqrt(s * (s - a) * (s - b) * (s - c))
```

　　在该函数内部，每个参数 a、b 与 c 都会使用传递的相应参数值进行初始化。调用该函数时，必须提供全部的参数值，比如，heron(3, 4, 5)。如果提供的参数值不足或过多，就会产生一个 TypeError 异常。以这种方式调用函数时，实际上是使用位置参数，因为每个传递来的参数都设置了一个与相应位置参数对应的值，因此，在上面的调用中，a 设置为 3，b 设置为 4，c 设置为 5。

　　Python 中的每个函数都有一个返回值，尽管忽略返回值是完全可以的（也是通常的做法）。返回值可以是单独的一个值，也可以是一组值，还可以是组合类型的值，因此对于返回值的类型实际上没有限制。我们可以在函数任意位置使用 return 语句返回，如果 return 不带参数，或者根本就没有使用 return 语句，那么函数将返回 None。（在第 6 章中，我们将讲解 yield 语句，在某些类型的函数中，该语句可以替代 return 语句。）

　　有些函数的参数具有明显的默认值，比如，下面给出的函数用于计算字符串中的字母数，明显地默认为 ASCII 字母：

```
def letter_count(text, letters=string.ascii_letters):
    letters = frozenset(letters)
    count = 0
    for char in text:
        if char in letters:
            count += 1
    return count
```

　　使用 parameter=default 语法，我们指定了参数 letters 的默认值，这使得我们可以只使用一个参数来调用 letter_count()，比如，letter_count("Maggie and Hopey")。这里，在函数内部，letters 将被赋值为以默认值形式给定的字符串。但是，我们也可以改变这种默认值，比如，使用一个额外的位置参数，letter_count("Maggie and Hopey", "aeiouAEIOU")，或使用一个关键字参数（接下来会讲述），比如，letter_count("Maggie and Hopey", letters="aeiouAEIOU")。

　　需要注意的是，参数语法不允许在没有默认值的参数后面跟随默认值，因此，def bad(a, b=1, c):不能生效。另一方面，在传递参数时，并不是必须严格按照函数定义时的参数顺序——我们也可以使用关键字参数，以 name=value 的形式进行参数传递。

　　下面给出一个小函数，该函数的作用是返回给定的字符串，如果超过了指定的长度，就返回缩减版并附加一个 indicator：

```
def shorten(text, length=25, indicator="..."):
    if len(text) > length:
        text = text[:length - len(indicator)] + indicator
    return text
```

下面是使用不同字符串调用该函数的一些实例：

```
shorten("The Road")                            # returns: 'The Road'
shorten(length=7, text="The Road")             # returns: 'The ...'
shorten("The Road", indicator="&", length=7)   # returns: 'The Ro&'
shorten("The Road", 7, "&")                    # returns: 'The Ro&'
```

由于 length 与 indicator 都有默认值，因此都可以完全忽略，这时使用的就是在函数定义中的默认值——比如在上面的第一个函数调用中。在第二个函数调用中，为两个指定的参数都使用了关键字参数，因此可以根据需要对其指定。第三个函数调用混合使用了位置参数与关键字参数，首先指定的是第一个位置参数（位置参数必须总是在关键字参数之前），之后是两个关键字参数。第四个调用则简单地使用了关键字参数。

必备参数与可选参数的区别在于，带默认值的参数是可选的（因为 Python 可以使用默认值），没有默认值的参数是必备的（因为 Python 不能猜测）。巧妙地使用默认值可以简化代码，并使得函数调用更清晰。回想一下内置的 open()函数，该函数有一个必备的参数（filename）与 6 个可选的参数。通过混合使用位置参数与关键字参数，我们可以指定那些我们关心的参数，而忽略其他参数。比如，我们可以使用类似于 open(filename, encoding="utf8")的函数调用，而不必一定提供每个参数，比如 open (filename, "r", None, "utf8", None, None, True)。使用关键字参数的另一个好处是可以使得函数调用更易读，尤其对布尔型参数。

给定默认值时，实际上是在执行 def 语句的时候创建的（也就是说，在创建该函数的时候），而不是在调用该函数的时候创建的。对固定变量，比如数字与字符串，这没有什么区别，但对于可变的参数，就存在一个微妙的陷阱。

```
def append_if_even(x, lst=[]): # WRONG!
    if x % 2 == 0:
        lst.append(x)
    return lst
```

在创建上面的函数时，lst 参数被设置为引用一个新的列表，之后，在仅使用第一个参数调用该函数时，默认的列表都将是函数本身创建时指定的那个列表——因此将不会再有新的列表得以创建。通常，这并不是我们所期待的程序行为——我们所期待的是，在每次仅使用第一个参数调用该函数时，都会创建一个新的空列表。下面给出该函数的一个新版本，其中使用了针对默认的可变参数的惯用法：

```
def append_if_even(x, lst=None):
    if lst is None:
```

```
        lst = []
    if x % 2 == 0:
        lst.append(x)
    return lst
```

在每次仅使用第一个参数调用这一函数时，将创建一个新的列表，而如果给定了
lst 参数，则使用该参数指定的列表，就像前面的函数一样。这种惯用法（有一个默认
的 None，并创建一个新对象）应该用于需要使用默认参数的字典、列表、集合以及任
何其他可变的数据类型，下面这个函数版本稍短一些，其行为与上面完全一样：

```
def append_if_even(x, lst=None):
    lst = [] if lst is None else lst
    if x % 2 == 0:
        lst.append(x)
    return lst
```

使用条件表达式，可以减少一行用于每个参数（拥有可变的默认参数值）的代码。

4.3.1　名称与 Docstrings

对函数及其参数进行合理的命名可以使得其他程序员更容易理解函数的用途和用
法——对我们自己而言也是如此，尤其在函数创建了一段时间之后。下面给出了一些
值得考虑的经验。

■　使用命名框架，并保持一致性。本书中，我们对常量使用 UPPERCASE，对
　　类（包括异常）使用 TitleCase，对 GUI（图形用户界面）函数与方法（第 15
　　章将进行讲述）使用 camel-Case，对其他对象则使用 lowercase 或 lowercase_
　　with_underscores。

■　对所有名称，要避免使用缩略，除非是标准化并广泛使用的。

■　合理地使用变量与参数名：x 非常适合用作 x 坐标参数，i 适合于用作循环计
　　数器等。通常情况下，名称应该足够长以具备很好的描述性，名称应该描述
　　数据的含义，而不是其类型（比如，amount_due，而非 money）——除非某
　　种使用对特定类型是通用的，比如，shorten()实例的 text 参数。

■　函数名与方法名应该可以表明其行为或返回值（依赖于其关心的重点），但绝
　　不应该是为了表示如何实现的——因为实现方法因人而异。

下面给出一些命名实例：

```
def find(l, s, i=0):                             # BAD
def linear_search(l, s, i=0):                    # BAD
def first_index_of(sorted_name_list, name, start=0):  # GOOD
```

这 3 个函数的功能都是返回名称列表中出现的第一个名称的索引位置，从给定的

起点位置开始查找，并假定列表是经过排序的。

第一个函数不好的地方在于，名称没有给出要寻找的对象的相关线索，参数（大概）也只是给出了需要的类型（列表、字符串、整数）而没有给出其内涵。第二个函数不好的地方在于，函数名描述了使用的原始算法——但这是可能改变的，对函数的使用者来说这或许没有很大影响，但如果函数名代表的是线性搜索，而实际上的算法已经变更为二叉搜索，那么对维护者而言会带来困惑。第三个函数是理想的，因为函数名表明了应该返回什么信息，参数名则明确地指出了需要的是什么。

上面的 3 个函数都没有指出如果没有找到搜索的名称应该怎么处理——是返回比如-1，还是产生异常？这样的信息需要形成文档，并供函数的使用者使用。

通过使用 docstring，我们可以为任何函数添加文档信息，docstring 可以是简单地添加在 def 行之后、函数代码开始之前的字符串。比如，下面给出的是前面展示过的shorten()函数，但这里给出的是完整版：

```
def shorten(text, length=25, indicator="..."):
    """Returns text or a truncated copy with the indicator added

    text is any string; length is the maximum length of the returned
    string (including any indicator); indicator is the string added at
    the end to indicate that the text has been shortened

    >>> shorten("The Road")
    'The Road'
    >>> shorten("No Country for Old Men", 20)
    'No Country for Ol...'
    >>> shorten("Cities of the Plain", 15, "*")
    'Cities of the *'
    """
    if len(text) > length:
        text = text[:length - len(indicator)] + indicator
    return text
```

对函数文档而言，如果比函数本身还长，也并非不同寻常。常规的做法是，docstring的第一行只是一个简短的描述，之后是一个空白行，再之后跟随的就是完整的描述信息，如果是交互式输入再执行的程序，还会给出一些实例。在第 5 章和第 9 章，我们将看到函数文档中的实例怎样用于单元测试。

4.3.2 参数与参数拆分

前面章节中讲过，我们可以使用序列拆分操作符（*）来提供位置参数。比如，如果需要计算某个三角形的面积，并且各个边的长度存放在一个列表中，就可以进行类似于如下的调用：heron(sides[0], sides[1], sides[2])，或简单地对列表进行拆分，并使用更简单的调用方式 heron(*sides)。如果列表（或其他序列）包含比函数参数更多的项数，就可以使用分片提取出合适的参数。

我们也可以在函数参数列表中使用序列拆分操作符，在创建使用可变数量的位置参数的函数时，这种方法是有用的。下面给出了一个 product()函数，用于计算给定参数的积：

```
def product(*args):
    result = 1
    for arg in args:
        result *= arg
    return result
```

这一函数有一个名为 args 的参数，在 args 前面有一个*，这意味着，在函数内部，参数 args 可以是一个元组，其项数随着给定的位置参数个数的变化而变化，下面给出了几个该函数的调用实例：

```
product(1, 2, 3, 4)        # args == (1, 2, 3, 4); returns: 24
product(5, 3, 8)           # args == (5, 3, 8); returns: 120
product(11)                # args == (11,); returns: 11
```

我们可以将关键字参数跟随在位置参数后面，如下面这个用于计算参数和的函数，其中每个参数被按给定的幂进行运算，例如：

```
def sum_of_powers(*args, power=1):
    result = 0
    for arg in args:
        result += arg ** power
    return result
```

这一函数可以只使用位置参数进行调用，比如 sum_of_powers(1, 3, 5)，也可以同时使用位置参数与关键字参数，比如 sum_of_powers(1, 3, 5, power=2)。

将*本身作为参数也是可能的，用于表明在*后不应该再出现位置参数，但关键字参数是允许的。下面给出的是 heron()函数的修改版，其中，该函数接收恰好 3 个位置参数，还有一个可选的关键字参数。

```
def heron2(a, b, c, *, units="meters"):
    s = (a + b + c) / 2
    area = math.sqrt(s * (s - a) * (s - b) * (s - c))
    return "{0} {1}".format(area, units)
```

下面给出几个调用实例：

```
heron2(25, 24, 7)                # returns: '84.0 meters'
heron2(41, 9, 40, units="inches") # returns: '180.0 inches'
```

```
heron2(25, 24, 7, "inches")              # WRONG! raises TypeError
```

在上面第三个调用中，我们尝试传递第四个位置参数，但*不允许这样做，并因此产生 TypeError 异常。

如果将*作为第一个参数，那么不允许使用任何位置参数，并强制调用该函数时使用关键字参数，下面给出一个（构想的）这样的函数：

```
def print_setup(*, paper="Letter", copies=1, color=False):
```

我们可以不使用任何参数调用 print_setup()，并接受默认值。或者我们可以改变某些或全部默认值，比如 print_setup(paper="A4", color=True)，但如果我们试图使用位置参数，比如 print_setup("A4")，就会产生 TypeError 异常。

就像我们可以对序列进行拆分来产生函数的位置参数一样，我们也可以使用映射拆分操作符（**）来对映射进行拆分[*]。我们可以使用**将字典传递给 print_setup()函数，比如：

```
options = dict(paper="A4", color=True)
print_setup(**options)
```

这里，options 字典的键-值对在拆分时，每个键的值被赋予适当的参数，参数的名称与键相同。如果该字典包含没有对应参数的键，就会产生 TypeError 异常。任何参数，如果字典没有相应的项，则将其设置为默认值——如果没有默认值，就产生 TypeError 异常。

我们也可以在参数中使用映射拆分操作符，通过这种方式创建的函数可以接受给定的任意数量的关键字参数。下面给出了一个 add_person_details()函数，该函数接受社会安全号参数 ssn 和位置参数 surname，以及任意数量的关键字参数：

```
def add_person_details(ssn, surname, **kwargs):
    print("SSN =", ssn)
    print("     surname =", surname)
    for key in sorted(kwargs):
        print("    {0} = {1}".format(key, kwargs[key]))
```

这个函数可以仅使用两个位置参数进行调用，也可以附带额外的信息，比如，add_person_details(83272171, "Luther", forename="Lexis", age=47)。这种方式带来了很大的灵活性，比如，我们可以接受可变数量的位置参数与关键字参数：

```
def print_args(*args, **kwargs):
    for i, arg in enumerate(args):
        print("positional argument {0} = {1}".format(i, arg))
    for key in kwargs:
        print("keyword argument {0} = {1}".format(key, kwargs[key]))
```

---

[*] 如第 2 章中所示，在用作二进制操作符时，** 代表的是 pow()操作符。

上面的函数只是打印出给定的参数，该函数可以不带参数调用，也可以是有任意数量的位置参数与关键字参数。

4.3.3   存取全局范围的变量

有时候，设置一些可以由程序中不同参数存取的全局变量会带来很多便利。对于"常量"，这不会有什么问题，但对于变量，这不是一个好做法——尽管对短小的仅供自己使用的程序而言，这种做法并非完全不合理。

digit_names.py 程序接受命令行中输入的可选的语言（"en"或"fr"）和一个数字作为参数，并输出给定的每个数字对应的名称。因此，如果在命令行中给定"123"作为参数，那么该程序将输出"one two three"。该程序有 3 个全局变量：

```
Language = "en"
ENGLISH = {0: "zero", 1: "one", 2: "two", 3: "three", 4: "four",
           5: "five", 6: "six", 7: "seven", 8: "eight", 9: "nine"}
FRENCH = {0: "zéro", 1: "un", 2: "deux", 3: "trois", 4: "quatre",
          5: "cinq", 6: "six", 7: "sept", 8: "huit", 9: "neuf"}
```

在上面的定义中，我们遵循了命名约定：全部大写的变量名代表常量。此外，将默认语言设置为英语（Python 不提供创建变量的直接方式，而是依赖于程序员对命名约定的遵从）。程序的其他位置，我们访问 Language 变量，并用其选择要使用的适当的字典。

```
def print_digits(digits):
    dictionary = ENGLISH if Language == "en" else FRENCH
    for digit in digits:
        print(dictionary[int(digit)], end=" ")
    print()
```

Python 处理到本函数中的 Language 变量时，会在局部（function）范围内进行查找，由于没有找到，因此又继续在全局（.py 文件）内进行查找，并找到其定义位置。第一个 print() 调用中使用的关键字参数 end 在下面的"print()函数"工具条中进行了解释。

---

print()函数

print() 函数可以接受任意数量的位置参数，还有 3 个关键字参数，即 sep、end 与 file。所有关键字参数都有默认值，sep 参数的默认值为空格。如果给定了两个或更多的位置参数，那么在打印这些参数时，参数之间以空格分隔。如果只有一个位置参数，那么 sep 参数不起实际作用。end 参数的默认值为\n，这也是为什么在调用 print() 的末尾会打印一个换行。file 参数的默认值为 sys.stdout，标准输出流，通常为控制台。

对任意的关键字参数，都可以为其指定需要的值，而不使用默认值。比如，file 可以设置为一个打开并进行写入与追加操作的文件对象，sep 与 end 都可以设置为其

他字符串，包括空字符串。

如果需要在同一行打印几个项，一种通常的做法是调用 print()打印项时将 end 设置为适当的分隔符，之后在最后不带参数调用 print()，因为这只是打印一个换行。要查看实例，参阅 print_digits()函数。

下面是程序的 main()函数的代码，可以在必要的时候改变 Language 变量的值，并调用 print_digits()生成输出信息。

```python
def main():
    if len(sys.argv) == 1 or sys.argv[1] in {"-h", "--help"}:
        print("usage: {0} [en|fr] number".format(sys.argv[0]))
        sys.exit()

    args = sys.argv[1:]
    if args[0] in {"en", "fr"}:
        global Language
        Language = args.pop(0)
    print_digits(args.pop(0))
```

这里需要注意的是 global 语句的使用，该语句的作用是告知 Python，某个变量的作用范围是全局（文件）范围，对变量的赋值应该应用于全局变量，而不是创建一个同名的本地变量。

如果不使用 global 语句，程序也可以运行，但 Python 在 if 语句中遇到变量 Language 时，将在局部（函数）范围内查找，由于找不到就创建一个新的名为 Language 的局部变量，而不改变全局的 Language 变量。只有在程序以参数 "fr" 运行时，这一微妙的 bug 才会表现为一个错误，因为局部的 Language 变量将被创建并设置为 "fr"，而 print_digits()函数中使用的全局 Language 变量仍保持为 "en"。

对 nontrivial 程序，除常量外，最好不使用全局变量，此时则不需要使用 global 语句。

4.3.4 Lambda 函数

Lambda 函数是使用如下语法格式创建的：

```python
lambda parameters: expression
```

parameters 是可选的，如果提供，通常是逗号分隔的变量名形式，也就是位置参数，当然，def 语句支持的完整参数语法格式也可以使用。expression 不能包含分支或循环（但允许使用条件表达式），也不能包含 return（或 yield）语句，lambda 表达式的结果是一个匿名函数。调用 lambda 函数时，返回的结果是对表达式计算产生的结果。如果 expression 是一个元组，就应该使用圆括号将其包含起来。

下面给出一个简单的 lambda 函数，其作用是根据参数是否为 1 决定是否添加 s：

```
s = lambda x: "" if x == 1 else "s"
```

lambda 表达式会返回一个匿名函数，我们将该函数赋值给变量 s。任何（可调用的）变量都可以使用圆括号进行调用，因此，给定某一操作处理的文件数，我们可以使用函数 s()输出一条消息，类似于如下的方式：

```
print("{0} file{1} processed".format(count, s(count)).
```

对内置的 sorted()函数与 list.sort()方法，Lambda 函数通常用作键值函数。假定有一个元素列表，其中每个元素都是三元组（group, number, name），我们想以不同的方式对这一列表进行排序。下面是这种列表的一个实例：

```
elements = [(2, 12, "Mg"), (1, 11, "Na"), (1, 3, "Li"), (2, 4, "Be")]
```

对列表进行排序，可以得到如下的结果：

```
[(1, 3, 'Li'), (1, 11, 'Na'), (2, 4, 'Be'), (2, 12, 'Mg')]
```

前面讲述 sorted()函数时我们知道，我们可以提供键值函数来更改排序顺序。比如，根据 number 与 name 对列表进行排序，而不是根据 group、number 与 name 的自然序。我们可以写一个小函数："def ignore0(e): return e[1], e[2]"，该函数可用作键值函数，但创建大量这样的小函数会带来很多不便，因此，经常使用的替代方法是 lambda 函数：

```
elements.sort(key=lambda e: (e[1], e[2]))
```

这里，键值函数为 lambda e: (e[1], e[2])，其中，e 为列表中每个三元组元素。在表达式是元组并且 lambda 函数创建为一个函数的参数时，lambda 表达式的圆括号是必需的。我们也可以使用 slicing 达到同样的效果：

```
elements.sort(key=lambda e: e[1:3])
```

下面给出一个更精巧的版本，其中根据大小写不敏感的名称与编号顺序进行排序：

```
elements.sort(key=lambda e: (e[2].lower(), e[1]))
```

下面给出两种等价的方法，其目标都是创建一个函数，用于使用常规的计算公式来计算三角形的面积：

```
area = lambda b, h: 0.5 * b * h
  def area(b, h):
      return 0.5 * b * h
```

我们可以调用 area(6, 5)，而不管函数是使用 lambda 表达式创建还是使用 def 语句创建，所得结果都是一样的。

另一种适宜使用 lambda 函数的场合是在需要创建默认字典时，回想上一章，如果需要使用不存在的键存取一个默认字典，就会创建一个适当的项（使用给定的键与默认值）。下面给出几个实例：

```
minus_one_dict = collections.defaultdict(lambda: -1)
point_zero_dict = collections.defaultdict(lambda: (0, 0))
message_dict = collections.defaultdict(lambda: "No message available")
```

如果我们使用一个不存在的键存取 minus_one_dict 字典，就会创建一个新项，其键就是这个不存在的键，值则为−1。类似地，对 point_zero_dict 字典，默认值则为元组(0, 0)；对 message_dict 字典，默认值为字符串"No message available"。

4.3.5 断言

函数如果接受了带无效数据的参数会发生什么？在算法实现时出现错误或进行不正确计算会导致怎样的结果？或许，最坏的结果就是程序继续执行，而没有任何（明显的）问题，没有谁能够察觉。一种有助于避免这种暗中为害问题的途径是编写测试——第 5 章会进行介绍，另一种方式是声明前提与后果，并在任何一方无法满足时提示错误信息。理想情况下，我们应该使用测试，同时也声明前提与后果。

前提与后果可以使用 assert 语句指定，其语法格式如下：

```
assert boolean_expression, optional_expression
```

如果 boolean_expression 评价为 False，就产生一个 AssertionError 异常。如果给定了可选的 optional_expression，就将其用作 AssertionError 异常的参数——对提供错误消息而言，这种做法是有用的。要注意的是，断言是为开发者设计的，而不是面向终端用户的。通常程序使用中发生的问题（如丢失文件或无效的命令行参数）应该采用其他途径处理，比如提供错误或日志消息。

下面给出 product()函数的两个新版本。两个版本是等价的，都要求所有参数为非 0 值，并将使用参数 0 进行的调用视为编码错误。

```
def product(*args): # pessimistic
    assert all(args), "0 argument"
    result = 1
    for arg in args:
        result *= arg
    return result
```

```
def product(*args): # optimistic
    result = 1
    for arg in args:
        result *= arg
    assert result, "0 argument"
    return result
```

左边的"pessimistic"版本对每个调用检查所有参数（或至多头 0 个参数）；右边的"optimistic"版本只对结果进行检查，毕竟，如果有任意参数为 0，那么结果必然为 0。

如果某个 product()函数使用参数 0 进行调用，就会产生一个 AssertionError 异常，并向错误流（sys.stderr，通常为控制台）写入类似于如下的输出：

```
Traceback (most recent call last):
  File "program.py", line 456, in <module>
    x = product(1, 2, 0, 4, 8)
```

```
File "program.py", line 452, in product
    assert result, "0 argument"
AssertionError: 0 argument
```

Python 自动地提供了回溯信息，其中给出了文件名、函数与行号，以及我们指定的错误消息。

在程序就绪并可以公开发布之后（当然，应该已经通过了所有测试，并且不违背任何断言），应该怎样处理 assert 语句？我们可以通告 Python 不执行 assert 语句——在效果上，就是在运行时摒弃这些语句。这可以通过在运行程序时在命令行中指定-O 选项来实现，比如，python -O program.py。另一种方法是将环境变量 PYTHONOPTIMIZE 设置为 O。如果 docstrings 对用户没用（通常没用），就可以使用-OO 选项，其效果是摒弃 assert 语句与 docstrings：注意没有哪个环境变量用于设置这一选项。有些开发者采用一种简单的方法：产生程序的一个副本，其中所有 assert 语句被注释掉，如果可以通过测试，就发布这个注释了 assert 语句的版本。

4.4   实例：make_html_skeleton.py

这一节中，我们将综合利用本章中讲解的一些技术，并将其在一个完整的程序中展示。

很小的 Web 站点通常都是手动创建和维护的，要想更方便地完成这一工作，可以使用程序生成站点的框架 HTML 文件，之后根据需要使用合适的内容对其进行完善。这里给出的 make_html_skeleton.py 是一个交互式程序，用户可以按照该程序的提示信息，提供各种详细资料，并创建一个框架 HTML 文件。该程序的 main()函数包含一个循环，因而用户可以逐一创建框架文件，该程序还可以保持通用数据（比如版权信息），因而用户不必重复输入相同信息。下面给出的是典型交互情况下的抄本：

make_html_skeleton.py

Make HTML Skeleton

Enter your name (for copyright): Harold Pinter
Enter copyright year [2008]: 2009
Enter filename: career-synopsis
Enter title: Career Synopsis
Enter description (optional): synopsis of the career of Harold Pinter
Enter a keyword (optional): playwright
Enter a keyword (optional): actor
Enter a keyword (optional): activist

```
Enter a keyword (optional):
Enter the stylesheet filename (optional): style
Saved skeleton career-synopsis.html

Create another (y/n)? [y]:

Make HTML Skeleton

Enter your name (for copyright) [Harold Pinter]:
Enter copyright year [2009]:
Enter filename:
Cancelled

Create another (y/n)? [y]: n
```

可以看到，创建第二个框架文件时，name 与 year 都使用上次输入的值作为默认值，因而不需要重复输入，但 filename 没有提供默认值，因而，如果不给定该值，就会取消该框架的创建。

了解了该程序的用途之后，我们可以开始研究其代码了。该程序从两个导入语句开始：

```
import datetime
import xml.sax.saxutils
```

datetime 模块提供了一些简单的函数，用于创建 date-time.date 对象与 datetime.time 对象。xml.sax.saxutils 模块包含一个有用的 xml.sax.saxutils.escape() 函数，该函数接受一个字符串，并返回一个带有特殊 HTML 字符的字符串（"&"、"<" 与 ">"，分别以其转义字符 "&"、"<"、">" 的形式出现）。

下面定义 3 个全局字符串，用作模板：

```
COPYRIGHT_TEMPLATE = "Copyright (c) {0} {1}. All rights reserved."

STYLESHEET_TEMPLATE = ('<link rel="stylesheet" type="text/css" '
                       'media="all" href="{0}" />\n')

HTML_TEMPLATE = """<?xml version="1.0"?>
<!DOCTYPE html PUBLIC "-//W3C//DTD XHTML 1.0 Strict//EN" \
"http://www.w3.org/TR/xhtml1/DTD/xhtml1-strict.dtd">
<html xmlns="http://www.w3.org/1999/xhtml" lang="en" xml:lang="en">
<head>
<title>{title}</title>
<!-- {copyright} -->
<meta name="Description" content="{description}" />
```

```
<meta name="Keywords" content="{keywords}" />
<meta equiv="content-type" content="text/html; charset=utf-8" />
{stylesheet}\
</head>
<body>

</body>
</html>
"""
```

这些字符串将与 str.format()一起使用，并用作模板。如果使用的是 HTML_ TEMPLATE，那么我们使用的是名称而非索引位置作为字段名，比如，{title}。稍后我们将看到，我们必须使用关键字参数为其提供值。

```
class CancelledError(Exception): pass
```

上面定义了一个自定义异常，在查看该程序的两个函数时，我们会看到该异常的应用。

程序的 main()函数用于设置一些初始信息，并构造一个循环。在每次循环迭代中，用户都有机会为 HTML 页面输入一些期望生成的信息，每次完成输入后，都有终止的机会。

```
def main():
    information = dict(name=None, year=datetime.date.today().year,
                       filename=None, title=None, description=None,
                       keywords=None, stylesheet=None)
    while True:
        try:
            print("\nMake HTML Skeleton\n")
            populate_information(information)
            make_html_skeleton(**information)
        except CancelledError:
            print("Cancelled")
        if (get_string("\nCreate another (y/n)?", default="y").lower()
            not in {"y", "yes"}):
            break
```

datetime.date.today()函数将返回一个 datetime.date 对象，其中存放今天的日期，我们需要的只是年属性，所有其他信息设置为 None，因为没有有意义的默认值可以设置。

在 while 循环内部，该程序打印一个标题，之后以 information 字典为参数调用 populate_information()函数，该字典是在 populate_information()函数内进行更新的。接下来，make_html_skeleton()函数被调用——这一函数使用很多参数。我们只是简单地拆分 information 字典，而不是为每个参数赋予一个明确的值。

如果用户取消操作，比如，不提供强制的信息，那么该程序会打印出"Cancelled"。在每次迭代的结尾（不管是否取消），程序会询问用户是否需要创建另一个框架——如果不需要，那么跳出循环，程序终止。

```
def populate_information(information):
    name = get_string("Enter your name (for copyright)", "name",
                      information["name"])
    if not name:
        raise CancelledError()
    year = get_integer("Enter copyright year", "year",
                       information["year"], 2000,
                       datetime.date.today().year + 1, True)
    if year == 0:
        raise CancelledError()
    filename = get_string("Enter filename", "filename")
    if not filename:
        raise CancelledError()
    if not filename.endswith((".htm", ".html")):
        filename += ".html"
    ...
    information.update(name=name, year=year, filename=filename,
                       title=title, description=description,
                       keywords=keywords, stylesheet=stylesheet)
```

我们忽略了获取标题与描述文本、HTML 关键字以及类型表文件的代码。所有这些内容都是使用 get_string()函数获取的，我们稍后将介绍这一函数。我们只需要注意到该函数接受一个消息提示符、相关变量的"名称"（用于错误消息中）以及可选的默认值等信息就已足够。类似地，get_integer()函数也接受一个消息提示符、变量名、默认值、最小值与最大值，以及是否允许使用 0。

在结尾，我们使用新值更新 information 字典（通过关键字参数）。对每个 key=value 对，key 是字典中一个关键字的名字，其值将被给定的 value 替代——这种情况下，每个 value 是一个变量，其名称与字典中相应关键字相同。

该函数没有明确的返回值（因此返回 None）。如果产生 CancelledError 异常，该函数也可以被终止，这种情况下，异常会沿着调用栈回溯到 main()并由其进行处理。

接下来我们将分两部分来查阅 make_html_skeleton()函数。

```
def make_html_skeleton(year, name, title, description, keywords,
                       stylesheet, filename):
    copyright = COPYRIGHT_TEMPLATE.format(year,
```

```
                                    xml.sax.saxutils.escape(name))
        title = xml.sax.saxutils.escape(title)
        description = xml.sax.saxutils.escape(description)
        keywords = ",".join([xml.sax.saxutils.escape(k)
                            for k in keywords]) if keywords else ""
        stylesheet = (STYLESHEET_TEMPLATE.format(stylesheet)
                        if stylesheet else "")
        html = HTML_TEMPLATE.format(**loats())
```

为获取版权信息文本，我们对 COPYRIGHT_TEMPLATE 调用了 str.format()函数，并以 year 与 name（经过适当的 HTML 转义处理）作为位置参数来替代{0}与{1}，对标题及相关描述信息，我们生成其文本的 HTML 转义处理后的副本。

对 HTML 关键字，有两种情况需要处理，因此使用了条件表达式。如果没有输入关键字，就将关键字字符串设置为空字符串。否则，使用列表内涵在所有关键字上进行迭代，以便生成一个新的字符串列表，其中每一个都已进行了 HTML 转义处理，之后使用 str.join()方法将每个数据项添加到一个单独的字符串。（各数据项之间使用逗号分隔。）

stylesheet 文本的创建方式与版权文本类似，但是在一个条件表达式的上下文中创建，以便在没有指定类型表时将该文本设置为空字符串。

html 文本是从 HTML_TEMPLATE 创建的，并使用关键字参数为替代字段提供数据，而不是使用位置参数用于其他模板字符串。

```
        fh = None
        try:
            fh = open(filename, "w", encoding="utf8")
            fh.write(html)
        except EnvironmentError as err:
            print("ERROR", err)
        else:
            print("Saved skeleton", filename)
        finally:
            if fh is not None:
                fh.close()
```

准备好 HTML 之后，我们将其写入指定文件名的文件，并通知用户框架已经保存——如果中间有错误发生，就通知错误消息。与通常的做法一样，我们使用 finally 分支确保打开的文件得以关闭。

```
def get_string(message, name="string", default=None,
                minimum_length=0, maximum_length=80):
    message += ": " if default is None else " [{0}]: ".format(default)
    while True:
```

```
            try:
                line = input(message)
                if not line:
                    if default is not None:
                        return default
                    if minimum_length == 0:
                        return ""
                    else:
                        raise ValueError("{0} may not be empty".format(
                                    name))
                if not (minimum_length <= len(line) <= maximum_length):
                    raise ValueError("{name} must have at least "
                            "{minimum_length} and at most "
                            "{maximum_length} characters".format(
                            **locals()))
                return line
            except ValueError as err:
                print("ERROR", err)
```

这一函数有一个必需的参数 message，还有 4 个可选的参数。如果给定了默认值，那么我们可以将其包含在 message 字符串中，以便用户可以看到这个默认值（如果用户只是按 Enter 键，而没有输入任何文本）。函数的其他部分包含在一个无限循环中，用户输入一个有效的字符串可以跳出该循环——或者用户只是按 Enter 键接受默认值（如果给定）。

通过按 Ctrl+C 组合键，用户可以跳出该循环，甚至跳出整个程序——这会产生一个 KeyboardInterrupt 异常，并且由于该异常无法被程序的任何异常处理部分处理，从而导致程序终止并打印回溯信息。我们应该留下这样一个漏洞么？如果不想，并且程序中存在这一 bug，我们就需要使得用户只可以通过杀掉进程的方式来终止无限循环。除非有足够强的理由防止利用 Ctrl+C 组合键来终止一个程序，否则任何异常处理程序都不应该捕获和拦截这一操作。

需要说明的是，这一函数并不是特定于 make_html_skeleton.py 程序的，而是在很多这一类型的交互式应用程序中都可以重用。复制并粘贴上面的实现代码可以实现对这一函数的重用，但会给维护带来一些麻烦——下一章中，我们将学习如何创建自定义模块，其中包含的功能可以由任意多的程序共享。

```
    def get_integer(message, name="integer", default=None, minimum=0,
            maximum=100, allow_zero=True):
        ...
```

这一函数与 get_string()函数非常类似，不需要再进行更多的解读。（当然，该函数的实现代码包含在本书附带的源代码中。）参数 allow_zero 的用途在于，假定 0 不是一个有效值，但是我们需要使用一个无效值来表明用户已经取消操作，此时就可以使用

allow_zero。另一种方法是传递一个无效的默认值，如果返回，就说明用户取消了操作。

　　程序中的最后一个语句是对 main() 的调用。总体来讲，整个程序代码略多于 150 行，体现了本章以及前面章节中讲述的一些 Python 功能。

4.5　总结

　　本章讲述了所有 Python 控制结构的完整语法，展示了如何产生与捕获异常，以及如何创建自定义异常。

　　本章大部分内容是关于如何创建自定义函数的。我们学习了如何创建函数，并给出了一些函数及其参数的命名规则，我们还学习了如何为函数提供文档信息。本章对 Python 丰富的参数语法与参数传递过程进行了细致讲解，包括固定数量与可变数量的位置参数与关键字参数、固定数据类型与可变数据类型的参数默认值。我们还简要介绍了使用 * 进行序列拆分的要点，并展示了如何使用 ** 进行映射拆分。

　　如果需要在函数内部为全局变量赋值，就需要声明该变量是全局的，以防止 Python 创建一个局部变量并将值赋予该变量。当然，通常最好只对常量使用全局变量表示。

　　Lambda 函数通常用作 key 函数，或者用于函数必须作为参数传递的其他上下文中。本章展示了如何创建 Lambda 函数，既可以作为匿名函数，也可以作为创建小的、命名的单行函数（通过将其赋值给变量）的一种途径。

　　本章也讲述了 assert 语句的使用，在对函数使用时我们期望为真的前提与后果进行规定时，这一语句是非常有用的，同时，该语句对设计强壮的程序与 bug 发掘也能起到实际的促进作用。

　　这一章中，我们讲述了创建函数的所有基础知识与技术，但实际上也涉及到了很多其他的技术，包括创建动态函数（创建运行时函数，其实现可能依赖于具体环境而有所差别），第 5 章将进一步讲解；局部（嵌套）函数，将在第 7 章讲解；递归函数、生成器函数等，将在第 8 章讲解。

　　尽管 Python 有数量可观的内置函数，还有一个非常广泛的标准库，但有时我们仍然需要编写一些函数，以便用于我们自己开发的程序中。复制与粘贴这些函数会带来维护的巨大困难，好在 Python 提供了一种方便清晰的解决方案：自定义模块。下一章中，我们将学习如何创建自定义模块，并将自己的函数包含在模块中。我们也将学习如何从标准库以及自定义模块中导入函数，并对标准库已提供的功能进行简要介绍，以避免重复工作。

4.6　练习

　　编写一个交互式程序，用于对文件中的字符串列表进行维护。

　　程序运行时，应该以当前目录中扩展名为.lst 的文件为基础创建一个文件列表。使用 os.listdir(".")获取所有文件，并过滤掉那些扩展名不是.lst 的文件。如果没有匹配的文件，程序就会弹出提示符，要求用户输入文件名——如果用户没有输入扩展名，那么程序会自动为其添加.lst 扩展名。如果存在一个或多个.lst 文件，就应该以编号的列表形式进行打印，并从编号 1 开始。程序应该请求用户输入需要加载的文件数量，或者 0——这种情况下，程序应该要求用户为新文件指定一个文件名。

　　如果指定了一个现存的文件，就应该读取其中的数据项。如果该文件为空，或指定了新文件，程序就应该展示一条信息 "no items are in the list"。

　　如果没有数据项，程序应该展示两个选项："Add" 与 "Quit"。如果有一个或更多个数据项，那么程序应该展示 "Add"、"Delete"、"Save"（除非已经保存完毕）与 "Quit" 等 4 个选项。如果用户选择 "Quit"，但还有些修改未作保存，则程序应该为用户提供保存所作修改的机会。下面给出的是与该程序交互会话的一个抄本（大多数空白行已删除，也不包括每次展示在列表之上的 "List Keeper"）：

```
Choose filename: movies

-- no items are in the list --
[A]dd [Q]uit [a]: a
Add item: Love Actually

1: Love Actually
[A]dd [D]elete [S]ave   [Q]uit [a]: a
Add item: About a Boy

1: About a Boy
2: Love Actually
[A]dd [D]elete [S]ave [Q]uit [a]:
Add item: Alien

1: About a Boy
2: Alien
3: Love Actually
[A]dd [D]elete [S]ave   [Q]uit [a]: k
ERROR: invalid choice--enter one of 'AaDdSsQq'
Press Enter to continue...
[A]dd [D]elete [S]ave [Q]uit [a]: d
Delete item number (or 0 to cancel): 2

1: About a Boy
2: Love Actually
```

```
[A]dd [D]elete [S]ave [Q]uit [a]: s
Saved 2 items to movies.lst
Press Enter to continue...

1: About a Boy
2: Love Actually
[A]dd [D]elete [Q]uit [a]:
Add item: Four Weddings and a Funeral

1: About a Boy
2: Four Weddings and a Funeral
3: Love Actually
[A]dd [D]elete [S]ave [Q]uit [a]: q
Save unsaved changes (y/n) [y]:
Saved 3 items to movies.lst
```

要保持程序的 main()函数相当小（少于 30 行代码），并用其实现程序的主循环功能。编写一个函数，获取新的或现存文件的文件名（如果是已有文件，就加载其中的数据项）。还需要一个函数，用于向用户呈现一些选项，并根据用户的选项做相应处理。此外，还需要一个函数用于添加、删除数据项、打印列表（数据项列表或文件名列表）、加载列表、保存列表。相关函数可以复制 make_html_skeleton.py 程序中的 get_string() 函数与 get_integer()函数，或者自己编写。

打印列表或文件名时，如果数据项总数少于 10，就使用宽度为 1 的字段打印数据项编号；如果数据项总数少于 100，就使用宽度为 2 的字段打印数据项编号；其他情况下使用宽度为 3 的字段打印。

数据项应保持大小写不敏感的字母序，程序还应该对列表状态是否为"dirty"（也即还有未作保存的修改）进行追踪，只有在列表是"dirty"的情况下，才提供"Save"选项，只有在列表是"dirty"、用户又选择了退出时，才询问用户是否对未保存的修改进行保存。添加或删除数据项都将使得列表的状态变为"dirty"，对列表进行保存后，其状态则由"dirty"变为干净。

程序 listkeeper.py 中提供了一个示范的解决方案，该程序代码少于 200 行。

第 **5** 章

模块 ▐▐▐▐

    虽然通过函数可以将多块代码包装在一起，以便其在一个程序中重用，但是通过模块，可以将多个函数（下一章将看到，还包括自定义数据类型）收集在一起，以便其被任意数量的程序使用。Python 还提供了创建包的工具——包实际上是多个模块聚集在一起形成的，之所以要聚集在一起，通常是因为这些模块提供了相关联的功能，或者彼此存在一定的依存关系。

    本章第 1 节描述了从模块与包中导入相关功能的语法格式——而不管是从标准库中导入，还是从自定义模块与包中导入，之后展示了如何创建自定义包与自定义模块，并给出了两个自定义模块实例，第一个是介绍性的，第二个则具体描述了如何处理创建过程中的很多实际问题，比如平台无关性与测试等。

    第 2 节提供了 Python 标准库的简要概览。了解库必须提供什么是重要的，因为使用预定义的功能会比从头开始实现程序的一切功能更快捷，并且，很多标准库的模块应用广泛、经过严格测试，并具有很强的鲁棒性。除概览之外，还提供了一些小程序来勾勒出通常的使用场景。其他章节中使用的模块的交叉索引也在本章给出。

5.1 模块与包 ▐▐▐

    Python 模块，简单说就是一个.py 文件，其中可以包含我们需要的任意 Python 代码。迄今为止，我们所编写的所有程序都包含在单独的.py 文件中，因此，它们既是程序，同时也是模块。关键的区别在于，程序的设计目标是运行，而模块的设计目标是由其他程序导入并使用。

    不是所有程序都有相关联的.py 文件——比如说，sys 模块就内置于 Python 中，还有些模块是使用其他语言（最常见的是 C 语言）实现的。不过，Python 的大多数库文件都是使用 Python 实现的，因此，比如说，我们使用了语句 import collections，之后就可以通过调用 collections.namedtuple()创建命名的元组，而我们存取的功能则实现于

collections.py 模块文件中。对程序而言，模块使用哪种语言实现并不重要，因为所有模块导入与使用的方式都是相同的。

在进行导入时，有几种语法格式可以使用，比如：

```
import importable
import importable1, importable2, ..., importableN
import importable as preferred_name
```

这里，importable 通常是一个模块，比如 collections，但也可以是一个包或包中的模块，如果是这种情况，就将每一部分使用句点 (.) 进行分隔，比如 os.path。前两种语法格式是本书中我们始终使用的，这两种语法最简单，也最安全，因为语法中避免了名称冲突——总是强制我们使用完全限定的名称。

第三种语法格式允许我们对导入的包或模块赋予一个名称——理论上说，这可能会导致名称冲突，但实践中，as 语法可以避免这种冲突。在实验同一模块的不同实现时，重命名尤其有用。比如，如果我们有两个模块 MyModuleA 与 MyModuleB，两个模块拥有同样的 API（应用程序接口），我们就可以在程序中使用语句 import MyModuleA as MyModule，后面又可以没有任何问题地使用语句 import MyModuleB as MyModule，而不会有冲突。

应该将 import 语句放置在程序的什么位置？通常的做法是将所有 import 语句部署在.py 文件的起始处，并放置在 shebang 行以及模块文档之后。回想我们在第 1 章中就已经讲过的，我们建议首先导入标准库模块，之后是第三方库模块，最后才是我们的自定义模块。

下面给出了一些其他的导入语法格式：

```
from importable import object as preferred_name
from importable import object1, object2, ..., objectN
from importable import (object1, object2, object3, object4, object5,
      object6, ..., objectN)
from importable import *
```

上面这些语法格式有可能导致名称冲突，因为这些语法格式使得导入的对象（变量、函数、数据类型或模块）是直接可存取的。如果我们需要使用 from ... import 语法格式来导入大量的对象，那么可以使用多行完成，这或者是通过对每个新行进行转义处理（最后一个除外），或者将多个对象名包含在圆括号中，就像上面第三种语法格式所展示的。

在上面最后一种语法格式中，*意味着"导入非私有的一切对象"，在实践中，这意味着导入模块中的每个对象（除了那些名称以下划线引导的对象），或者，如果模块有一个全局的 __all__ 变量，其中存放一个名称列表，就导入名称包含在 __all__ 变量中的所有对象。

下面给出一些 import 语句实例：

```
import os
print(os.path.basename(filename))        # 安全的完全限定名称存取

import os.path as path
print(path.basename(filename))           # 存在与 path 名称冲突的风险

from os import path
print(path.basename(filename))           #存在与 path 名称冲突的风险

from os.path import basename
print(basename(filename))                #存在与 basename 名称冲突的风险

from os.path import *
print(basename(filename))                #存在大量名称冲突的风险
```

from importable import *这种语法格式将从模块中导入所有对象（或从包中导入所有模块）——这可能包含数百个名称。比如，语句 from os.path import *将导入大约 40 个名称，包括 dirname、exists 以及 split 等名称，而这些名称都很可能是我们在自定义变量或函数中使用的名称。

比如，如果我们使用了语句 from os.path import dirname，就可以便利地调用 dirname()，而不需要指定其限定路径，但是如果将来在自己的代码中使用了语句 dirname = "."，那么对象引用现在被绑定到字符串 "." 而不再绑定到 dirname()函数，因此，如果我们尝试调用 dirname()，就会产生 TypeError 异常，因为 dirname 现在指向的是字符串，而字符串不是可调用的。

鉴于 import * 这种语法格式潜在的导致名称冲突的可能性，有些程序设计团体在其指南中规定只能使用 import importable 这种语法格式。然而，某些大型的包文件，特别是 GUI（图形用户界面）库，通常还是会以这种语法格式导入，因为其中包含大量的函数与类（自定义数据类型），手动逐一输入是非常繁琐的。

一个自然产生的问题是：Python 如何知道去哪里寻找要导入的模块与包？内置的 sys 模块中包含一个名为 sys.path 的列表，其中存放了构成 Python 路径的目录列表，其中第一个目录就是程序所在目录，即便程序可能是从其他目录中调用的。如果设置了环境变量 PYTHONPATH，那么其中指定的路径就是 sys.path 列表中的下一个路径，最后的那些路径是访问 Python 标准库时所需要的——安装 Python 时会进行设置。

初次导入一个模块时，如果该模块不是内置模块，那么 Python 会依次在 sys.path 列出的每个路径中搜索该模块。这种做法产生的一个后果是，如果我们创建的程序或模块与 Python 的某个库模块具有相同的名称，就会先找到我们自定义的程序或模块，从而不可避免地会导致问题。为避免这种情况，就要求我们在创建函数或模块时，其名称绝不要与某个 Python 库中顶级目录或模块的名称相同——除非你正在为模块提供自己的实现方案，并故意地对其重写。（顶级模块的.py 文件存在于 Python 路径下的某个目录中，而不是这些目录的子目录中。）比如，在 Windows 平台中，Python 路径通常包含一个名为 C:\Python30\Lib 的目录，因此，在 Windows 平台下，我们不应该创建名为 Lib.py 的模块，也不应该创建与 C:\Python30\Lib 目录中任意模块名称相同的模块。

一种快速检测某个模块名是否在使用中的方法是尝试导入该模块，为此，可以在控制台中带命令行选项-c（"执行代码"）调用解释器，其后跟随一个导入语句。比如，如果我们需要查看名为 Music.py 的模块是否存在（或 Python 路径的顶级目录中是否存在 Music），就可以在控制台中输入如下命令：

```
python -c "import Music"
```

如果这一命令产生异常，就说明尚无模块或顶级目录使用该名称，任何其他输出（或无输出）则意味着该名称已经被使用。遗憾的是，这种做法并不能总是保证该名称是合适的，因为后面我们还可能安装第三方 Python 包或模块，其中也可能会包含导致冲突的名称——尽管在实践中极少会发生。

比如，如果我们创建名为 os.py 的模块文件，就会与库的 os 模块冲突，但如果创建一个名为 path.py 的库文件，就不会有问题，因为该文件将被作为 path 模块导入，而库模块将被作为 os.path 导入。在本书中，对自定义模块的文件名，我们将其第一个字母用大写字母表示，这有助于避免名称冲突（至少在 UNIX 上），因为标准库文件名是小写的。

程序可以导入一些模块，这些模块又可以依次导入自己的模块，包括一些已经导入的模块。这并不会导致任何问题，在导入某个模块时，Python 首先检查该模块是否已经导入，如果尚未导入，Python 就会执行该模块的字节码编译的代码，从而创建该模块提供的变量、函数以及其他对象，并在内部记录该模块已经被导入。

在后续的每次对该模块的导入时，Python 将检测出该模块已被导入，因而不进行任何操作。

在 Python 需要某个模块的字节码编译的代码时，就会对其进行自动生成——这不同于某些语言，比如 Java，其中编译为字节码必须显式地实现。Python 首先查找与模块的.py 文件同名，但以扩展名.pyo 结尾的文件——这是该模块最优化的字节码编译版本。如果没有这样的.pyo 文件（或者比.py 文件陈旧，也就是说，如果已经过期），Python 或查找扩展名为.pyc 的同名文件——这是该模块的非最优化字节码编译版本。如果 Python 找到了该模块最新的字节码编译版本，就对其进行加载；否则，Python 就会加载.py 文件，并将其编译成字节码编译的版本。无论哪种方式，Python 都会以字节码编译的形式将相应模块加载到内存中。

如果 Python 不得不对.py 文件进行字节码编译，就会保存一个.pyc 版本（或者 pyo——如果在 Python 命令行中指定了-O 选项，或者在环境变量 PYTHONOPTIMIZE 中设置了该选项）——假定目录是可写的。通过使用-B 命令行选项，或对环境变量

PYTHONDONTWRITEBYTECODE 进行设置，可以避免保存字节码。

使用字节码编译的文件具有更快的启动速度，因为解释器只需要加载并运行代码，而不需要加载、编译、（如果可能有必要，先进行保存）、运行代码。当然，运行时不会受到影响。安装 Python 时，标准库通常是作为安装进程的一部分进行了字节码编译的。

5.1.1 包

简单地说，包就是一个目录，其中包含一组模块和一个 __init__.py 文件。比如说，假定我们有假想的一组模块文件，用于读写不同类型的图形文件格式，比如 Bmp.py、Jpeg.py、Png.py、Tiff.py 与 Xpm.py，所有这些文件都提供了 load()、save()等函数。[*] 我们可以将模块保存在程序所在目录，但对于使用大量自定义模块的大型程序，图形程序模块将被分散。通过将其放置在自己的子目录，比如 Graphics，就可以将这些模块保存在一起，如果同时向 Graphics 目录中添加一个空的__init__.py 文件，该目录就变为一个包：

```
Graphics/
    __init__.py
    Bmp.py
    Jpeg.py
    Png.py
    Tiff.py
    Xpm.py
```

只要 Graphics 目录是我们程序目录的子目录（或存在于 Python 路径中），我们就可以导入这些模块中的任意模块并使用之。我们必须确保顶级模块名（Graphics）不与标准库中的任何顶级名相同，以避免名称冲突。（在 UNIX 上，这可以通过将模块名的首字母大写很容易地实现，因为所有标准库中的模块名称都是小写字母表示的。）下面展示了如何导入并使用自己的模块：

```
import Graphics.Bmp
image = Graphics.Bmp.load("bashful.bmp")
```

对小程序，有些程序员愿意使用更短的名称，Python 使用了两种略有不同的方法来满足这一需求。

```
import Graphics.Jpeg as Jpeg
image = Jpeg.load("doc.jpeg")
```

上面的代码中，我们从 Graphics 包中导入了 Jpeg 模块，并使得 Python 获知，我们只用 Jpeg 来对其进行引用，而不使用其完全限定名称 Graphics.Jpeg。

---

[*] 大量的第三方模块提供了对处理图形文件的广泛支持，其中最有名的是 Python Imaging Library（www.pythonware.com/products/pil）。

```
from Graphics import Png
image = Png.load("dopey.png")
```

这一代码段直接从 Graphics 包中导入 Png 模块，这种语法格式（from ... import）使得 Png 模块是直接可访问的。

我们并不是必须在代码中使用原始的包名称，比如：

```
from Graphics import Tiff as picture
image = picture.load("grumpy.tiff")
```

这里我们使用了 Tiff 模块，但实际上在我们的程序中已经将其重命名为 picture 模块。

有些情况下，使用单独的一条语句导入某个包的所有模块会带来很多方便，为此，我们必须编辑该包的 __init__.py 文件，使其包含一条语句，并使用该语句指定要加载哪些模块，为此，这一语句必须将模块名列表赋值给特殊变量 __all__。比如，下面给出的就是 Graphics/__init__.py 文件中添加的必要的语句：

```
__all__ = ["Bmp", "Jpeg", "Png", "Tiff", "Xpm"]
```

这就是为完成上述要求所必须添加的唯一一条语句，尽管我们也可以在 __init__.py 文件中添加任何代码。完成这一工作后，我们就可以使用一种不同的导入语句了，如下所示：

```
from Graphics import *
image = Xpm.load("sleepy.xpm")
```

from package import * syntax 这一语法格式直接导入了在 __all__ 列表中指定的所有模块，因此，在这一导入操作之后，不仅 Xpm 模块可以直接访问，其中指定的所有其他模块都可以直接进行访问。

如前面所展示的，这一语法格式也可以应用于模块，也就是说，from module import *，在这种情况下，模块中定义的所有函数、变量以及其他一些对象（那些名称以下划线引导的对象除外）都将被导入。如果我们需要精确地控制使用 from module import * 这一语法时导入的对象，就可以在模块本身中定义一个 __all__ 列表，在这种情况下，from module import * 将只导入在 __all__ 列表中指定的对象。

到这里为止，我们只展示了一层嵌套，但 Python 允许我们对包进行任意层次的嵌套，因此，我们可以在 Graphics 目录中设置一个子目录，比如 Vector，并在其中放置相关文件，比如 Eps.py 与 Svg.py:

```
Graphics/
    __init__.py
    Bmp.py
    Jpeg.py
    Png.py
    Tiff.py
    Vector/
```

```
            __init__.py
         Eps.py
         Svg.py
      Xpm.py
```

要使得 Vector 目录也是一个包，就必须在其中放置一个__init__.py 文件，如前面所述，该文件可以为空，也可以包含一个__all__列表，以便为那些需要使用 from Graphics.Vector import *这一语法格式进行导入操作的程序员提供便利。

要访问一个嵌套的包，只需要在前面已经使用的语法格式上进行增强：

```
import Graphics.Vector.Eps
image = Graphics.Vector.Eps.load("sneezy.eps")
```

完全限定的名称是相当长的，因此，有些程序员会将其模块体系设置的较浅，以避免输入的麻烦。

```
import Graphics.Vector.Svg as Svg
image = Svg.load("snow.svg")
```

我们总是可以使用我们自己较短的名称来指代某个模块，就像上面代码所展示的，尽管这种做法会增大名称冲突的风险。

迄今为止（本书余下部分也将如此），我们所进行的所有导入操作都是绝对导入——这意味着我们导入的每个模块都是 sys.path 众多目录（或子目录——如果导入名称中包含充当有效路径分隔符的一个或多个句点）中的一个。在创建大型的、多模块、多目录的包时，导入同属于相同包的其他模块通常是有用的。比如，在 Eps.py 或 Svg.py 中，我们可以使用常规的导入实现对 Png 模块的存取，也可以使用相对导入：

```
import Graphics.Png as Png      |        from ..Graphics import Png
```

这两个代码段是等价的，效果上都使得 Png 模块在其应用的模块内直接可用。但要注意的是，相对导入（也就是使用 from module import 这种语法，并在模块名之前有引导句点——每个句点表示跨越一层目录）只能用于包内部的模块。相对导入使得顶层包的重命名更容易，并可以防止无意间导入标准模块，而不是我们自己包内的模块。

5.1.2 自定义模块

由于模块实质上就是.py 文件，因此，创建模块时并不需要形式化。在本小节中，我们给出两个自定义模块。第一个是 TextUtil 模块（在 TextUtil.py 文件中），其中只包含了 3 个函数：is_balanced()，如果传递给该函数的字符串中包含对称的各种圆括号，那么该函数将返回 True；shorten()函数；implify()函数，该函数可以从字符串中剥离假造的空白与其他字符。在讲解这一模块时，我们也将了解如何在 docstrings 中以单元测试的方式执行代码。

　　第二个是 CharGrid 模块（在 CharGrid.py 文件中），其中将字符存放在一个网格中，并允许在网格中"画出"行、矩形以及文本，并将其呈现在控制台中。这一模块展示了一些此前我们尚未讲过的技术，也是一个较典型的更大、更复杂的模块。

5.1.2.1　TextUtil 模块

　　该模块（以及大多数其他模块）在结构上与普通程序稍有差别，第一行是 shebang 行，之后是一些注释（典型情况下是版权与许可信息），接下来通常是三引号包含的字符串，其中提供了模块内容的概览，通常也包括一些使用实例——这也是该模块的 docstring。下面给出的是 TextUtil.py 文件的起始处（但忽略了许可信息等注释行）：

```
#!/usr/bin/env python3
# Copyright (c) 2008 Qtrac Ltd. All rights reserved.
"""
This module provides a few string manipulation functions.

>>> is_balanced("(Python (is (not (lisp))))")
True
>>> shorten("The Crossing", 10)
'The Cro...'
>>> simplify(" some    text    with spurious whitespace ")
'some text with spurious whitespace'
"""

import string
```

　　对那些将本模块导入为 TextUtil.__doc__的程序（或其他模块）而言，本模块的 docstring 是可用的，docstring 之后是相应的导入语句，这里只有一个，再之后是模块的其余部分。

　　前面我们已经看到了完整的 shorten()函数，因此这里不再重复。由于我们关注的重点是模块而非函数，因此，我们展示了完整的 simplify()函数，包括其 docstring，但只展示 is_balanced()函数的代码。

　　下面分两个部分给出 simplify()函数：

```
def simplify(text, whitespace=string.whitespace, delete=""):
    r"""Returns the text with multiple spaces reduced to single spaces

    The whitespace parameter is a string of characters, each of which
    is considered to be a space.
    If delete is not empty it should be a string, in which case any
    characters in the delete string are excluded from the resultant
```

```
string.

>>> simplify(" this      and\n that\t too")
'this and that too'
>>> simplify("  Washington   D.C.\n")
'Washington D.C.'
>>> simplify("  Washington      D.C.\n",  delete=", ;:.")
'Washington DC'
>>> simplify(" disemvoweled ",  delete="aeiou")
'dsmvwld'
"""
```

Def 行之后跟随的是该函数的 docstring，其常规形式为单独一行的概括描述信息、一个空白行、进一步的描述信息，之后是一些实例，这些实例在形式上就像在交互式环境中输入一样。需要注意的是，由于引号包含的字符串出现在 docstring 内部，因此，我们或者对其内部的反斜杠进行转义处理，或者就像我们这里所做的那样使用一个原始的三引号包含的字符串。

```
result = []
word = ""
for char in text:
    if char in delete:
        continue
    elif char in whitespace:
        if word:
            result.append(word)
            word = ""
    else:
        word += char
if word:
    result.append(word)
return " ".join(result)
```

result 列表用于存放"单词"——实际上就是不包含空格或已删除字符的字符串。对给定的文本，迭代是逐个字符进行的，并跳过已删除字符，如果迭代中遇到空格，并且某个单词正在构造中，就将该单词添加到 result 列表，并将其设置为空字符串；否则就跳过空格。其他任意字符都将添加到当前正在构造的单词中。最后，该函数将返回一个字符串，其中包含 result 列表中的所有单词，并将其连接在一起（每两个之间使用空格分隔）。

is_balanced()函数遵循同样的模式，也包含一个 def 行，之后是 docstring，其中也包含一个单行的描述信息、一个空白行、进一步的描述信息、一些实例，以及函数代码本身。下面给出的是该函数代码，不包括 docstring：

```
def is_balanced(text,  brackets="()[]{}<>"):
    counts = {}
    left_for_right = {}
    for left,  right in zip(brackets[::2],  brackets[1::2]):
        assert left != right,  "the bracket characters must differ"
        counts[left] = 0
        left_for_right[right] = left
    for c in text:
        if c in counts:
            counts[c] += 1
        elif c in left_for_right:
            left = left_for_right[c]
            if counts[left] == 0:
                return False
            counts[left] -= 1
    return not any(counts.values())
```

该函数构造两个字典，counts 字典的键是开字符（"（"、"["、"{" 与 "<"），值则为整数，left_for_right 字典的键是闭字符（")"、"]"、"）" 与 ">"），其值则为对应的开字符。字典构造完毕后，该函数就针对文本逐个字符进行迭代。遇到开字符时，其对应的计数值将递增。类似地，遇到闭字符时，该函数将判断其对应的是哪个开字符，如果该字符的计数值为 0，就意味着过多地读取了该闭字符，因此应该立即返回 False，否则就将该开字符对应的计数值递减。最后，如果每个开/闭字符是匹配的，那么计数值应该为 0。因此，如果任何计数值不为 0，函数就返回 False，否则返回 True。

到此为止，TextUtil.py 中的每个要素都与任何其他.py 文件非常类似。如果 TextUtil.py 是一个程序，则其中应该包含更多的一些函数，并在最后有一个到某个函数的调用来启动处理过程。但是，由于这里将其设计为一个由其他对象导入的模块，因此定义了函数已经足够。现在，任何程序与模块都可以导入 TextUtil，并使用之：

```
import TextUtil
```

```
text = " a    puzzling conundrum "
text = TextUtil.simplify(text) # text == 'a puzzling conundrum'
```

如果我们希望 TextUtil 模块对某个特定程序是可用的，那么只需要将该模块放置在该程序所在目录中。如果希望 TextUtil.py 对所有程序都是可用的，就有几种方法可以采用。第一种方法是将该模块放置在 Python 分发的 site-packages 子目录中——在 Windows 系统中，通常是 C:\Python30\Lib\site-packages，但在 Mac OS X 与其他 UNIX 系统中可能会有所不同。这一目录存在于 Python 路径中，因此，其中任何模块都可以被发现。第二种方法是为该模块（也即我们希望对所有程序可用的自定义模块）创建一个专用目录，并将环境变量 PYTHONPATH 设置为包含此目录。第三种方法是将此模块放置在本地的 site-packages 子目录——在 Windows 中，是%APPDATA%/Python/ Python30/site-packages，在 UNIX（包括 Mac OS X）中是~/.local/lib/python3.0/site-packages，该子目录也存在于 Python 路径中。第二种、第三种方法的优势是可以将我们的代码独立于正式的安装之外。

完成了 TextUtil 模块的设计已经不错，但是如果能给出一些程序对该模块的使用实例，就更容易对其宣称的功能具有信心。一个可用于此目的的简单方法是执行 docstrings 中的实例，并确信其可以产生期待的结果，通过向该模块的.py 文件末尾追加仅三行代码，就可以实现这一目的：

```
if __name__ == "__main__":
    import doctest
    doctest.testmod()
```

任何模块被导入后，Python 都将为该模块创建一个名为__name__的变量，并将该模块的名称存储于此变量中。模块的名称与其对应.py 文件的名称相同，但不包含扩展名，因此，在这一实例中，模块导入后，__name__的值为"TextUtil"，并且 if 条件也不能满足，因此，添加的这最后三行并不会执行，这意味着在导入模块时，这 3 行代码没有实际的价值。

.py 文件运行时，Python 会为该程序创建一个名为__name__的变量，并将其设置为字符串"__main__"，因此，如果我们要像运行程序一样运行 TextUtil.py，Python 将把变量__name__设置为"__main__"，此时 if 条件得以满足，最后两行代码也得以执行。

doctest.testmod()函数使用 Python 的内省功能来发现模块及其 docstrings 中的所有函数，并尝试执行其发现的所有 docstring 代码段。以这种方式运行模块时，只有发生错误的情况下，才会产生输出信息。初看之下，这似乎令人不安，因为这与其他情况都不相同，但是如果我们为其传递一个命令行标记-v，就可以获取类似于如下的输出信息：

```
Trying:
    is_balanced("(Python (is (not (lisp))))")
Expecting:
    True
ok
...
Trying:
    simplify(" disemvoweled ",  delete="aeiou")
Expecting:
    'dsmvwld'
ok
4 items passed all tests:
    3 tests in __main__
    5 tests in __main__.is_balanced
    3 tests in __main__.shorten
```

```
4 tests in __main__.simplify
15 tests in 4 items.
15 passed and 0 failed.
Test passed.
```

我们使用省略号表示被忽略的很多行代码。如果存在一些不包含测试用例的函数（或类、方法），就将在指定了-v 选项时列出。要注意的是，doctest 模块不仅可以发现模块的 docstring 中的测试用例，还可以发现函数 docstrings 中的测试用例。

Docstrings 中可以以测试用例执行的实例称为 doctests。在编写 doctests 时，我们可以调用 simplify()以及其他不指定路径的函数（因为 doctests 发生在模块本身内部）。在模块外部，假定我们已经执行了 import TextUtil，要访问其中的函数，必须使用限定名，比如 TextUtil.is_balanced()。

在后续内容中，我们将了解如何进行更彻底的测试——特别是那些希望看到失败信息的测试用例，比如，数据无效所导致的异常。我们也将解决创建模块时的其他一些问题，包括模块初始化，对平台差别的衡量，并确保如果使用的是 from module import * 这一语法格式，就只有那些我们希望公开的对象才实际导入到相应模块或程序中。

5.1.1.2　CharGrid 模块

CharGrid 模块在内存中存放了一些字符，该模块提供了一些函数，用于在网格中"画出"行、矩形以及文本，并将其呈现在控制台中。下面给出的是该模块 docstring 中的 doctests：

```
>>> resize(14, 50)
>>> add_rectangle(0, 0, *get_size())
>>> add_vertical_line(5, 10, 13)
>>> add_vertical_line(2, 9, 12, "!")
>>> add_horizontal_line(3, 10, 20, "+")
>>> add_rectangle(0, 0, 5, 5, "%")
>>> add_rectangle(5, 7, 12, 40, "#", True)
>>> add_rectangle(7, 9, 10, 38, " ")
>>> add_text(8, 10, "This is the CharGrid module")
>>> add_text(1, 32, "Pleasantville", "@")
>>> add_rectangle(6, 42, 11, 46, fill=True)
>>> render(False)
```

CharGrid.add_rectangle()函数至少需要 4 个参数，最左上角的行数、列数以及右下角的行数、列数。用于画出轮廓的字符可以作为第 5 个参数给出，用于指明矩形是否应该使用轮廓所用字符进行填充的布尔型变量则可以作为第 6 个参数。初次调用该函数时，我们通过拆分 CharGrid.get_size()函数返回的二元组（width，height）来作为其第 3 个、第 4 个参数。

默认情况下，CharGrid.render()函数在打印网格之前会清空屏幕，但通过向其传递 False，也可以防止这样做，就像我们这里所做的一样。下面给出是前面 doctests 执行结果产生的网格：

```
%%%%%**************************************************
%   %                          @@@@@@@@@@@@@@@@          *
%   %                          @Pleasantville@          *
%   %    ++++++++++            @@@@@@@@@@@@@@@@          *
%%%%%                                                   *
*      ##############################                   *
*      ##############################           ****    *
*      ##                          ##           ****    *
*      ## This is the CharGrid module          ****    *
* !    ##                          ##           ****    *
* !    |##############################    ****          *
* !    |##############################                  *
*      |                                                *
*      **************************************************
```

该模块的开始处与 TextUtil 模块采用的是同样的方式，包括一个 shebang 行、版权与许可注释、模块 docstring（用于描述模块，其中还包含前面引用的 doctests）。代码部分从两个导入语句开始，一个是导入 sys 模块，另一个是导入 subprocess 模块，第 10 章中对 subprocess 模块进行了更全面的讲述。

该模块有两种错误处理策略。模块中有几个函数都有一个 char 参数，其对应的实参必须是仅包含一个字符的字符串。如果违背了这一要求，就会被认为是一个严重的编码错误，因此，使用了 assert 语句来对长度进行验证。传递一个超出范围的行号或列号虽然会被认为出错，但也被认为是正常的，因此，发生这种情况时要产生一个自定义异常。

接下来我们查看该模块实现代码中一些例证性的部分和关键部分，首先从 3 个自定义异常开始：

```
class RangeError(Exception): pass
class RowRangeError(RangeError): pass
class ColumnRangeError(RangeError): pass
```

模块中，没有哪个产生异常的函数会产生 RangeError 异常，函数通常依赖于是否给定了超出范围的行号或列号来产生特定的异常。通过使用异常体系，模块的使用者可以选择捕获特定的异常，或通过捕获 RangeError 基类来捕获任意特定的异常。还需要注意的是，在 doctests 内部，异常的名称与这里给出的是一致的，但如果该模块是使用 import CharGrid 语句导入的，异常名称就自然变更为 CharGrid.RangeError、CharGrid.RowRangeError 与 CharGrid.ColumnRangeError。

```
_CHAR_ASSERT_TEMPLATE = ("char must be a single character: '{0}' "
                         "is too long")
_max_rows = 25
_max_columns = 80
_grid = []
_background_char = " "
```

上面定义了一些模块内部使用的私有数据。对这些私有变量，我们使用下划线引导其名称，因此，如果使用 from CharGrid import *语句导入该模块，那么这些私有变量都不会被实际导入。（另一种替代方案是设置一个 __all__ list 变量。）_CHAR_ASSERT_TEMPLATE 是一个字符串，与 str.format()函数一起使用，我们将看到该变量用于 assert 语句中来给出一条错误消息。对其他变量，我们将在涉及到该变量时再对其进行讲述。

```
if sys.platform.startswith("win"):
    def clear_screen():
        subprocess.call(["cmd.exe"，"/C"，"cls"])
else:
    def clear_screen():
        subprocess.call(["clear"])
clear_screen.__doc__ = """Clears the screen using the underlying \
window system's clear screen command"""
```

清空控制台屏幕的方法是平台相关的，在 Windows 上，必须执行 cmd.exe 程序，并为其指定适当的参数，对大多数 UNIX 系统，则需要执行 clear 程序。subprocess 模块的 subprocess.call()函数允许我们运行外部程序，因此，我们可以用其清空屏幕（以特定于平台的适当方式）。sys.platform 字符串用于存放程序当前所在操作系统的名称，比如，"win32" 或 "linux2"，因此，使用如下的 clear_screen()函数可以有效处理操作平台间的差别：

```
def clear_screen():
    command = (["clear"] if not sys.platform.startswith("win") else
               ["cmd.exe"，"/C"，"cls"])
    subprocess.call(command)
```

这种方式的不足在于，即便我们知道程序运行中不能改变操作平台，但是每次调用该函数时仍然要进行检查。

为避免每次调用 clear_screen()函数时都要检测程序运行在何种平台，导入该模块后，我们创建一个平台特定的 clear_screen()函数，之后就一直使用该函数。这种做法是可以的，因为 def 语句也是一条 Python 语句，就像任何其他语句一样，在解释器执行到 if 语句后，接下来或者执行第一条 def 语句，或者执行第二条，并动态创建某个或另一个 clear_screen()函数。由于该函数没有定义在其他函数内部（或某个类内部，下一章将看到），因此仍然是一个全局函数，可以像模块中任意其他函数一样进行存取。

创建函数后，我们显式地设置其 docstring，这种方式可以避免在两个位置写下同样的 docstring，同时也说明 docstring 实际上就是函数的一个属性，其他属性包括函数的模块及其名称。

```
def resize(max_rows,  max_columns,  char=None):
    """Changes the size of the grid,  wiping out the contents and
    changing the background if the background char is not None
    """
    assert max_rows > 0 and max_columns > 0,  "too small"
    global _grid,  _max_rows,  _max_columns,  _background_char
    if char is not None:
        assert len(char) == 1,  _CHAR_ASSERT_TEMPLATE.format(char)
        _background_char = char
    _max_rows = max_rows
    _max_columns = max_columns
    _grid = [[_background_char for column in range(_max_columns)]
                for row in range(_max_rows)]
```

这一函数使用 assert 语句来指定一种策略，也即将网格大小重定义为小于 1×1 应该被视为一种编码错误。如果指定了背景色，就使用 assert 语句保证其恰为一个字符的字符串；如果不是，则断言错误消息为_CHAR_ASSERT_TEMPLATE 的文本，并使用{0}替换 char 字符串。

遗憾的是，我们必须使用 global 语句，因为我们需要在函数内部对大量全局变量进行更新。通过使用面向对象方法，可以避免这种做法，第 6 章将进行讲解。

_grid 是通过在列表内涵内部使用列表内涵创建的。使用列表复制，比如[[char] * columns] * rows，并不能正确工作，因为内部列表将被共享（浅拷贝）。我们可以使用嵌套的 for ... in 循环：

```
_grid = []
for row in range(_max_rows):
    _grid.append([])
    for column in range(_max_columns):
        _grid[-1].append(_background_char)
```

这段代码比列表内涵更难理解，代码量也更大。

我们将只是查看其中的一个绘图函数，以便了解绘图是如何进行的，因为我们关注的主要是模块的实现。可以分两个部分来查看该函数：

```
def add_horizontal_line(row,  column0,  column1,  char="-"):
    """Adds a horizontal line to the grid using the given char

    >>> add_horizontal_line(8,  20,  25,  "=")
```

```
>>> char_at(8， 20) == char_at(8， 24) == "="
True
>>> add_horizontal_line(31， 11， 12)
Traceback (most recent call last):
...
RowRangeError
"""
```

Docstring 包含两个测试用例，一个可以正常工作，另一个则产生异常。在 doctests 中处理异常时，采用的模式是指定"Traceback"行，因为这总是相同的，并告知 doctest 模块此处期待看到异常，之后使用省略号表示中间的一些代码行（可以变化的），最后以我们期待捕获的异常行结束。char_at()函数是该模块提供的另一个函数，该函数返回网格中指定行列处的字符。

```
assert len(char) == 1， _CHAR_ASSERT_TEMPLATE.format(char)
try:
    for column in range(column0， column1):
        _grid[row][column] = char
except IndexError:
    if not 0 <= row <= _max_rows:
        raise RowRangeError()
    raise ColumnRangeError()
```

函数代码同样从字符长度检测开始，就像 resize()函数中所做的那样，但是这里没有显式地对行数与列数参数进行检查，而是假定行数与列数都是有效的，如果由于访问不存在的行或列导致 IndexError 异常，就捕获该异常，并产生适当的模块特定的异常。这种程序设计风格，用白话说就是"请求谅解比请求允许要容易"，并且，与"慎思而后行"相比（其中预先进行检查），通常被认为更 Python 化（好的 Python 程序设计风格）。在异常极少发生时，与预先进行检测相比，依赖于产生的异常来进行相应处理更加高效。（断言不算作"慎思而后行"，因为其应该永不发生——并且在实际配置的代码中通常被注释。）

几乎在模块的最后，在所有函数都已经定义之后，有一个对 resize()的调用：

```
resize(_max_rows， _max_columns)
```

这一调用将网格初始化为默认的大小（25×80），并确保导入该模块的代码可以安全地立即使用网格。如果没有这一调用，那么每次导入该模块时，进行导入操作的程序或模块都不得不调用 resize()来初始化网格——程序员不得不记住这一情况，并且总是导致多重初始化。

```
if __name__ == "__main__":
    import doctest
    doctest.testmod()
```

模块的最后 3 行是标准的形式，对那些使用 doctest 模块检查其 doctests 的模块都是如此。

　　CharGrid 模块存在一个重大不足：仅支持单字符网格。为克服这一不足，一种解决方案是在模块中存放一组网格，如果这样，模块的使用者就在每次调用函数时提供键或索引，以便标识要引用的是哪个网格。对需要某个对象的多个实例的情况，一种更好的解决方案是创建一个模块，并在其中定义类（自定义数据类型），因为我们可以根据需要创建所需要数量的类实例（也即某数据类型的对象）。这种做法的一个附加的好处是应该可以避免使用 global 语句，这是通过存储类（静态）数据实现的。下一章我们将了解如何创建类。

5.2　Python 标准库概览

　　Python 标准库通常被描述为"自带的电池"，自然地提供了广泛的功能，涵盖了大概 200 个左右的包与模块。

　　事实上，近年来，大量可用于 Python 的高质量模块被开发出来，如果将所有这些模块都包含在标准库中可能会使得 Python 发布包大小提高至少一个数量级。因此，标准库中的那些模块在更多的意义上是对 Python 历史及其核心开发人员兴趣的一种折射，而并不是表示要系统化地去创建一个"均衡的"标准库。并且，有些模块已经被证实放置在标准库中极难维护——最著名的就是 Berkeley DB 模块——因此被清理出标准库，并进行单独维护。这意味着，Python 有很多可用的、优秀的第三方模块——尽管这些模块有很高的质量，并且很有用——但仍不在标准库中。（后面我们将会看到两个这样的模块：第 14 章中用于创建分析器的 PyParsing 模块与 PLY 模块）

　　在本节中，我们对其所提供的功能进行了宽广的概览，采用的是主题化的方法，但没有讲述那些特别专业化的模块以及那些特定于某种平台的模块。在很多情况下，提供了小实例，以便对包与模块有直观的了解。此外，对那些在书中其他位置处展示的包与模块，给出了其交叉索引。

5.2.1　字符串处理

　　String 模块提供了一些有用的常量，比如 string.ascii_letters 与 string.hexdigits。该模块还提供了 string.Formatter 类，我们可以实现该类的子类，以便提供自定义的字符串格式化器。*textwrap 模块可用于捕获指定宽度的文本行，并最小化缩排的需求。

　　Struct 模块提供了一些函数，可用于将数字、布尔型变量以及字符串打包为字节对象（以其二进制表示形式），或从字节对象中拆分为适当的类型。在需要对数据进行处理，使其发送到以 C 语言编写的底层库（或从其中接收数据）时，这是有用的。第

------

* 术语子类化（或专业化）用于以某个类为基础创建自定义数据类型（类），第 6 章对这一主题进行了全面讲解。

7 章中的 convert-incidents.py 程序使用了 struct 模块与 textwrap 模块。

difflib 模块提供了用于对序列（比如字符串）进行比较的类与方法，并可以产生以标准的 "diff" 格式与 HTML 格式表示的输出信息。

Python 中功能最强大的字符串处理模块是 re（正则表达式）模块，将在第 13 章进行全面讲解。

io.StringIO 类可以提供类似于字符串的对象，其行为与内存中的文本文件相似。如果我们需要使用与写入文件一样的代码来写字符串，那么使用该类会提供很多便利。

5.2.2 io.StringIO 类

Python 提供了两种将文本写入到文件的不同方法，一种是使用文件对象的 write()方法，另一种是使用 print()函数，并将其关键字参数 file 设置为打开并等待写入的文件对象，比如：

```
print("An error message",  file=sys.stdout)
sys.stdout.write("Another error message\n")
```

上面两行文本都将被打印到 sys.stdout，这是一个文件对象，表示"标准输出流"——这通常是控制台，不同于 sys.stderr（"错误输出流"），区别仅在于后者是非缓冲的。（在程序启动时，Python 自动创建并打开 sys.stdin、sys.stdout 与 sys.stderr。）默认情况下，print()函数会添加一个新行，我们可以通过将关键字参数 end 设置为空字符串来阻止这一点。

有些情况下，将本来要写入到文件中去的输出信息捕获到字符串中是有用的，这可以使用 io.StringIO 类实现，该类提供的对象可以像文件对象一样使用，但其中以字符串来存放写入其中的任何数据。如果对 io.StringIO 对象赋予一个初始字符串，就可以像对文件一样进行读取。

如果已执行 import io，就可以存取 io.StringIO，并用其捕获本来要输入到文件对象（比如 sys.stdout）中的输出信息：

```
sys.stdout = io.StringIO()
```

如果将上面一行代码放置在程序的起始处，那么在导入之后与使用 sys.stdout 之前，发送给 sys.stdout 的任意文本实际上都将发送给 io.StringIO，这是该行代码创建的一个类似于文件的对象，并且该对象替换了标准的 sys.stdout 文件对象。现在，当前面展示的 print()与 sys.stdout.write()执行后，其输出将输出到 io.StringIO 对象，而非控制台（任意时刻，我们都可以使用语句 sys.stdout = sys.__stdout__ 来恢复原始的 sys.stdout）。

通过调用 io.StringIO.getvalue()函数，我们可以获取所有写入到 io.StringIO 对象的字符串，这里具体调用的是 sys.stdout.getvalue()——其返回值是一个字符串，其中包含已经写入的所有行。该字符串可以打印出来，或者保存到日志中，或通过网络连接发送——就像任何其他字符串一样。我们将在后文看到另一个 io.StringIO 实例，其中对该类的使用更充分一些。

5.2.3 命令行程序设计

如果我们需要处理那些在控制台中被重定向的文本，或那些包含在命令行中列出的文件中的文本，那么可以使用 fileinput 模块的 fileinput.input() 函数，该函数会对控制台中重定向的所有行（如果存在）进行迭代，或对命令行中列出的文件中的所有行进行迭代，就像对一个连续的行序列一样。通过使用 fileinput.filename() 与 fileinput.lineno()，该模块可以在任意时刻报告当前文件名与行号。

有两个单独的模块可以处理命令行选项，分别是 optparse 与 getopt，其中，getopt 模块比较流行，因为该模块易于使用，并已在标准库中实现了较长时间，optparse 模块更新一些，功能也更加强大。

实例：optparse 模块

回到第 2 章中描述的 csv2html.py 程序，在该章的练习中，我们要求对该程序进行扩展，使其可以接受命令行参数："maxwidth"，表示一个整数；"format"，表示一个字符串，在提供的解决方案 csv2html2_ans.py 中，实现了一个 26 行的函数，用于处理命令行参数。这里给出的是 csv2html2_opt.py 程序的 main() 函数，此版本的程序中使用 optparse 模块来处理命令行参数，而不再使用自定义函数：

```
def main():
    parser = optparse.OptionParser()
    parser.add_option("-w", "--maxwidth", dest="maxwidth", type="int",
            help=("the maximum number of characters that can be "
                "output to string fields [default: %default]"))
    parser.add_option("-f", "--format", dest="format",
            help=("the format used for outputting numbers "
                "[default: %default]"))
    parser.set_defaults(maxwidth=100, format=".0f")
    opts, args = parser.parse_args()
```

包括 import optparse 语句，该函数只需要使用 9 行代码。而且，我们不需要显式地提供-h 与--help 选项，这些是由 optparse 模块处理的，该模块使用来自关键字参数 help 中的文本，并生成适当的使用帮助信息，并用默认值替换"%default"文本。

还要注意的是，选项现在使用的是常规的 UNIX 风格，同时包含长选项名与短选项名，选项名以连线符引导。在控制台上交互式使用时，短选项名是方便的；在 shell 脚本中使用时，使用长选项名则更易于理解。比如，为将最大宽度设置为 80，可以使用-w80、-w 80、--width=80 或--width 80 中的任何一种语法指定。对命令行进行分析后，这些选项名可以通过 dest 名称进行访问，比如 opts.maxwidth 与 opts.format，而任何尚未处理的命令行参数（通常是文件名）则存在于 args 列表中。

如果分析命令行时出错，那么 optparse 分析器将调用 sys.exit(2)，这会使得该程序干净地终止，并将 2 作为程序的结果值返回给操作系统。常规上，返回值为 2 表示使用错误，1 表示任意其他类型的错误，0 则代表成功。不带参数调用 sys.exit()时，将向操作系统返回 0。

5.2.4　数学与数字

除内置的 int、float 与 complex 之外，标准库还提供了 decimal.Decimal 与 fractions.Fraction 这两种数据类型。有 3 个可用的数值型标准库：math，用于标准的数学函数；cmath，用于复数数学函数；random，提供了很多用于随机数生成的函数。这些模块在第 2 章中进行了介绍。

Python 的数值型抽象基类（指那些可以被继承，但不能直接使用的类）是在 numbers 模块中定义的，该基类在检测某个对象的具体类型时是有用的，比如，对象 x，isinstance(x，numbers.Number)可以检测 x 是否是任何一种类型的数字，isinstance(x，numbers.Rational) 与 isinstance(x，numbers.Integral)则可以检测 x 是否是某种特定类型的数据。

如果需要进行科学与工程计算，那么第三方包 NumPy 是有用的。该模块提供了非常高效的 n 维数组，基本的线性代数函数与傅里叶变换函数，以及用于整合 C、C++ 与 Fortran 代码的工具。SciPy 包整合了 NumPy，并对其进行了扩展，使其包含用于统计学计算、信号与图像处理、遗传算法以及很多其他运算的模块。两个包都可以在 www.scipy.org 处免费获取。

5.2.5　时间与日期

calendar 模块与 datetime 模块提供了用于处理日期与时间的函数。然而，这两个模块都是基于理想化的罗马日历，因此不适合处理罗马日历之前的日期。日期与时间处理是一个非常复杂的主题——不同地点与不同时间使用的日历都是可变的，一天并不是精确的 24 小时，一年也不是精确的 365 天，夏令时与时区也都是可变的。datetime.datetime 类（不是 datetime.date 类）提供了一些处理时区的相关规定，但并不是直接可以这样用，好在第三方模块可以弥补这一不足，比如 www.labix.org/ python-dateutil 提供的 dateutil，以及 www.egenix.com/products/python/mxBase/mxDate Time 提供的 mxDateTime。

time 模块可以处理时间戳，时间戳实际上是数字，其中存放的是自初始时间（在 UNIX 上为 1970-01-01T00:00:00）至今经过的秒数。该模块可用于获取以 UTC（协调世界时）格式表示的机器当前时间，或夏令时形式的本地时间，也可以创建日期、时间以及多种格式的日期/时间字符串，也可以用于分析包含日期与时间的字符串。

5.2.6 实例：calendar、datetime 与 time 模块

datetime.datetime 类型的对象通常是由程序创建的，存放 UTC 日期/时间的对象则通常是从外部接收的，比如文件的时间戳，下面给出一些实例：

```
import calendar, datetime, time
moon_datetime_a = datetime.datetime(1969, 7, 20, 20, 17, 40)
moon_time = calendar.timegm(moon_datetime_a.utctimetuple())
moon_datetime_b = datetime.datetime.utcfromtimestamp(moon_time)
moon_datetime_a.isoformat()        # returns: '1969-07-20T20:17:40'
moon_datetime_b.isoformat()        # returns: '1969-07-20T20:17:40'
time.strftime("%Y-%m-%dT%H:%M:%S", time.gmtime(moon_time))
```

moon_datetime_a 变量为 datetime.datetime 类型，其中存放的是 Apollo 11 的登月时间。moon_time 是 int 变量，其中存放的是登月时间至今经过的秒数——该数值是由 calendar.timegm()函数提供的，该函数接受由 datetime.datetime.utctimetuple()函数返回的 time_struct 对象作为参数，并返回 time_struct 表示的秒数。（由于登月时间早于 UNIX 初始时间，因此该数值是一个负数。）moon_datetime_b 变量类型为 datetime.datetime，是根据 moon_time 整数创建的，以便展示从秒数（自初始时间至今）到 datetime.datetime 对象的转换*最后三行代码返回的是等价的但以 ISO 8601 格式表示的日期/时间字符串。

当前的 UTC 日期/时间可以作为一个 datetime.datetime 对象，并通过调用 datetime.datetime.utcnow()函数获取，也可以作为自初始时间至今的秒数，通过调用 time.time()获取。对本地的日期/时间，则可以调用 datetime.datetime.now()或 time.mktime (time.localtime())。

5.2.7 算法与组合数据类型

bisect 模块提供的函数可用于搜索有序序列，比如有序列表，也可以用于向其中插入项，同时又保证序列的有序性。heapq 模块提供的函数可以将序列（比如列表）转换为堆——一种组合数据类型，其中第一项（索引位置为 0）总是最小的，也可以用于向其中插入或移除项，同时又保证序列仍然是一个堆。

collections 包提供了字典 collections.defaultdict 与组合数据类型 collections.named- tuple，前面已经有所讨论。此外，该包还提供了 collections.UserList 与 collections. UserDict 等数

---

* 遗憾的是，对于 Windows 用户，datetime.datetime.utcfromtimestamp()函数不能处理负数的时间戳，也就是那些在 1970 年 1 月 1 日之前的时间戳。

据类型，尽管对内置的 list 与 dict 类型进行子类化可能比使用这两种类型更常见。另一种类型是 collections.deque，该类型与 list 类似，差别在于，在列表的结尾处添加或移除项有很快的速度，collections.deque 则在开始处与结尾处添加或移除项都有很快的速度。

Python 3.1 引入了 collections.OrderedDict 和 collections.Counter 类。OrderedDict 具有有正常 dicts 相同的 API，尽管在对字典项目进行迭代式，这些项目总是以插入顺序返回（例如，从第一个到最后一个插入），而且 popitem()方法总是返回最近被添加的项目（比如 last）。Counter 类是 dict 的一个子类，它提供了一种保持各种计数的便捷而且快速的方法。例如，假定现在有一个 iterable 或映射（例如一个字典），Counter 实例可以以（元素，个数）二元组的形式返回唯一元素或最常见元素的列表。

Python 的非数值型抽象基类（指那些可以被继承，但不能直接使用的类）也在 collections 包中提供，第 8 章将对其进行讨论。

array 模块提供了序列类型 array.array，可以以非常节省空间的方式存储数单词或字符。该类型与列表的行为类似，区别在于其中可存放的对象类型是固定的（创建时），因此，这种类型不能像列表那样存放不同类型的对象。前面提及的第三方包 NumPy 也可以提供高效的数组。

weakref 模块提供了创建弱引用的功能——与通常的引用类似，区别在于，如果对某个对象仅有的引用是弱引用，那么该对象仍然可以被调度进入垃圾收集，这可以防止某些对象仅仅因为存在对其的引用而保存在内存中。我们可以检测对某个对象的弱引用是否存在，如果存在，就可以访问该对象。

实例：heapq 模块

heapq 模块提供了将列表转换为堆的功能，也可以用于对堆中添加或删除项，同时又保证堆特性。堆实际上是一个二元树，并遵守堆特性——也即第一项（索引位置 0）总是最小项。*堆的每个子树也是一个堆，因此也遵守堆特性。下面展示了如何从头开始创建一个堆：

```
import heapq
heap = []
heapq.heappush(heap, (5, "rest"))
heapq.heappush(heap, (2, "work"))
heapq.heappush(heap, (4, "study"))
```

如果已有某个列表，就可以使用 heapq.heapify(alist)将其转换为堆，该函数可以自动完成必要的重新排序。使用 heapq.heappop(heap)可以从堆中移除最小项。

```
for x in heapq.merge([1, 3, 5, 8], [2, 4, 7], [0, 1, 6, 8, 9]):
    print(x, end=" ") # prints: 0 1 1 2 3 4 5 6 7 8 8 9
```

---

* 严格地说，heapq 模块提供的是最小堆，那些第一项为最大值的堆则为最大堆。

heapq.merge()函数以任意数量的排序后 iterables 作为参数，并返回一个迭代子，该迭代子对 iterables 依序指定的所有项进行迭代。

5.2.8　文件格式、编码与数据持久性

标准库提供了对大量标准文件格式与编码的广泛支持。base64 模块提供的函数可以读写 RFC 3548[*]中指定的 Base16、Base32 与 Base64 等编码格式。quopri 模块提供的函数可以读写"quoted-printable"格式，该格式在 RFC 1521 中定义，并用于 MIME（多用途 Internet 邮件扩展）数据。uu 模块提供的函数可以读写 uuencoded 数据。RFC 1832 定义了外部数据表示标准，xdrlib 模块提供的函数可以读写这种格式。

还有些模块提供了对采用最流行的格式的存档文件的读写功能。bz2 模块可以处理.bz2 文件，gzip 模块可以处理.gz 文件，tarfile 模块可以处理.tar、.tar.gz（也即.tgz）与.tar.bz2 文件，zipfile 模块可以处理.zip 文件。我们将在这一小节中查看一个使用 tarfile 模块的实例，后面提供了一个使用 gzip 模块的小实例，在第 7 章中，我们还将看到一个使用 gzip 模块的实例。

对某些音频格式数据的处理功能也在某些模块中实现，比如，aifc 模块可以处理 AIFF（音频交换文件格式），wave 模块可以处理（未压缩的）.wav 文件。有些音频数据格式可由 audioop 模块进行操纵，sndhdr 模块提供了两个函数，可用于确定文件中存放的是哪种类型的音频数据以及某些特性，比如采样率。

RFC 822 中定义了一种配置文件（类似于老格式的 Windows .ini 文件）格式，configparser 模块提供了用于读写这种文件格式的函数。

很多应用程序（比如 Excel）可以读写 CSV（逗号分隔值）数据，或某些变种格式，比如制表符分隔的数据。csv 模块可以读写这些格式，并可以防止 CSV 文件被直接处理。

除了对多种文件格式的支持外，标准库中还有一些包与模块提供了对数据持久性的支持。pickle 模块用于向磁盘中存储或从磁盘中取回任意的 Python 对象（包括整个组合），该模块将在第 7 章中讲解。标准库也支持各种类型的 DBM 文件——类似于字典，差别在于其项存储在磁盘中，而非内存中，并且其健与值都必须是 bytes 对象或字符串。第 12 章将讲述的 shelve 模块可以提供 DBM 文件，其健为字符串，值为任意的 Python 对象——该模块在幕后无缝实现了 Python 对象与 bytes 对象之间的转换。DBM 模块、Python 的数据库 API 以及内置的 SQLite 数据库的使用等内容都将在第 12 章讲解。

---

[*] RFC（请求注释）文档用于规定多种 Internet 技术，每个 RFC 都有一个唯一的标识号，很多都已成为正式标准。

实例：ase64 模块

在对以 ASCII 文本嵌入在电子邮件中的二进制数据进行处理时，base64 模块的使用最为广泛。该模块也可以用于将二进制数据存储到.py 文件中。第一步是将二进制数据转换为 Base64 格式，这里假定已导入 base64 模块，并且.png 文件的路径与文件名存放在变量 left_align_png 中：

```
binary = open(left_align_png,    "rb").read()
ascii_text = ""
for i,   c in enumerate(base64.b64encode(binary)):
    if i and i % 68 == 0:
        ascii_text += "\\\n"
    ascii_text += chr(c)
```

left_align.png

这一代码段以二进制模式读入文件，并将其转换为一个由 ASCII 字符组成的 Base64 编码字符串。每隔 68 个字符添加一个反斜线与换行符，将每行的 ASCII 字符宽度限制为 68，但要保证在读回数据时忽略换行符（因为反斜线将对其进行转义）。以这种方式获取的 ASCII 文本可以在.py 文件中存储为字面意义的 bytes，比如：

```
LEFT_ALIGN_PNG = b"""\
iVBORw0KGgoAAAANSUhEUgAAACAAAAAgCAYAAABzenr0AAAABGdBTUEAALGPC/xhBQAA\
...
bmquu8PAmVT2+CwVV6rCyA9UfFMCkI+bN6p18tCWqcUzrDOwBh2zVCR+JZVeAAAAAElF\
TkSuQmCC"""
```

我们忽略了大多行，并使用省略号表示。
使用下面的语句，可以将数据转换为原始的二进制格式。

```
binary = base64.b64decode(LEFT_ALIGN_PNG)
```

二进制数据可以使用 open(filename，"wb").write(binary)写入到文件中。在 py 文件中，以二进制格式保存要比以原始格式保存更加紧凑。需要提供一个程序，该程序需要使用保存在单独的.py 文件中的二进制数据时，使用二进制格式是有用的。

实例：tarfile 模块

大多数 Windows 不支持.tar 格式，这种格式在 UNIX 系统中广泛使用。为克服这种不便，可以使用 Python 的 tarfile 模块，该模块可用于创建并拆分.tar 与.tar.gz 存档文件（也即 tarballs），安装了适当的库后，还包括.tar.bz2 存档文件。untar.py 程序可以使用 tarfile 模块来对 tarballs 进行拆分，这里，我们只是展示了某些关键部分，从第一个导入语句开始：

```
BZ2_AVAILABLE = True
try:
```

```
        importbz2
exceptImportError:
        BZ2_AVAILABLE = False
```

bz2 模块用于处理 bzip2 压缩格式。如果 Python 在构建时没有提供对 bzip2 库的存取，VFTC 导入语句将失效。（Windows 下的 Python 总是将 bzip2 压缩作为内置的一部分，只有在某些 UNIX 上构建时，才可能没有这个库。）我们使用 try ... except 语句块来处理该模块不存在的可能性，并保存一个后面可以引用的布尔型变量（尽管我们没有给出使用该变量的代码）。

```
UNTRUSTED_PREFIXES = tuple(["/",    "\\"]+
        [c + ":" for c in string.ascii_letters])
```

这一语句创建了元组（'/'，'\'，'A:'，'B:'，…，'Z:'，'a:'，'b:'，…，'z:'）。正在解压的 tarball 中的任意文件名如果以上面元组中的某个字符开始，则是可疑的——tarballs 不应该使用绝对路径，因为这可能存在导致重写系统文件的风险，因此，作为一种预警，对任何以这些字符为前缀的文件名，我们将不对其进行解压。

```
def untar(archive):
        tar = None
        try:
                tar = tarfile.open(archive)
                for member in tar.getmembers():
                        if member.name.startswith(UNTRUSTED_PREFIXES):
                                print("untrusted prefix，ignoring"，member.name)
                        elif ".." in member.name:
                                print("suspect path，ignoring"，member.name)
                        else:
                                tar.extract(member)
                                print("unpacked"，member.name)
        except (tarfile.TarError，EnvironmentError) as err:
                error(err)
        finally:
                if tar is not None:
                        tar.close()
```

tarball 中的每个文件称为一个成员，tarfile.getmembers() 函数可以返回一个tarfile.TarInfo 对象列表，其中的每个代表一个成员。成员的函数名（包括其路径）存储在 tarfile.TarInfo.name 属性中。如果名称以某个不可信的前缀开始，或其路径中包含..，就输出一条错误消息；否则，调用 tarfile.extract() 函数将成员保存到磁盘。Tarfile 模块有其自己的自定义异常集，但我们这里采用了简化的方法，如果发生任何异常，就输出错误消息并终止。

```
def error(message,   exit_status=1):
    print(message)
    sys.exit(exit_status)
```

这里引用 error()函数主要是为了完整性。如果给定了-h 或--help，那么 main()函数（未引用的）将打印一条使用帮助信息；否则，在使用 tarball 的文件名调用 untar()之前，会进行一些基本的检测。

5.2.9 文件、目录与进程处理

Shutil 模块提供了用于文件与目录处理的高层函数，包括用于复制文件与整个目录的 shutil.copy()函数与 shutil.copytree()函数，用于移动目录树的 shutil.move()函数，以及用于移动整个目录树（包括非空的）的 shutil.rmtree()函数。

临时文件与目录应该使用 tempfile 模块创建，该模块提供了必要的函数，比如 tempfile.mkstemp()，并以尽可能安全的方式创建临时对象。

filecmp 模块可用于对文件进行比较（使用 filecmp.cmp()函数），也可以用于对整个目录进行比较（使用 filecmp.cmpfiles()函数）。

Python 程序一种非常强大而有效的用法是调度其他程序的运行，这可以使用 subprocess 模块完成，该模块可以调度其他进程，使用管道在其间进行通信，并取回其结果。该模块在第 10 章进行讲解。一种更有效的替代方案是使用 multiprocessing 模块，该模块提供了广泛的工具，可用于将工作载荷分布到多个进程，并可以累积结果，通常可用于替代多线程。

os 模块提供了对操作系统功能的访问接口，并且是平台无关的。os.environ 变量存放的是映射对象，其项为环境变量名及其值。程序的工作目录可由 os.getcwd()提供，并可以使用 os.chdir()修改。该模块还提供了一些函数，可用于实现底层基于文件描述符的文件处理。os.access()函数可用于确定某个文件是否存在，或者文件是否可读/可写；os.listdir()函数可以返回给定目录中的条目列表（比如，文件与目录，但排除.条目与..条目）；os.stat()函数返回关于文件与目录的各种信息项，比如模式、访问时间与大小等。

目录可以使用 os.mkdir()创建，或者，如果需要创建中间目录就使用 os.make- dirs()。空目录可以使用 os.rmdir()移除，只包含空目录的目录树可以使用 os.removedirs()移除。文件与目录都可以使用 os.remove()移除，也可以使用 os.rename()重命名。

os.walk()函数可以在整个目录树上进行迭代，依次取回每个文件与目录的名称。

os 模块也提供了很多底层的平台特定的函数，比如，操纵文件描述符的函数，以及 fork（仅适用于 UNIX 系统）、spawn 与 exec 等。

os 模块提供的函数主要是与操作系统进行交互，尤其对文件系统，os.path 模块则提供了字符串（路径）操纵函数与便于操纵文件系统的函数的混合。os.path.abspath()

函数可以返回其参数的绝对路径，并移除冗余的路径分隔符与..元素；os.path.split()函数返回一个二元组，其中第一项包含路径，第二项则是文件名（如果某个路径中没有文件名，此项就为空），这两项也可以直接使用 os.path.basename()与 os.path.dirname()获取。文件名也可以分为两个部分，即名称与扩展名，这是使用 os.path.splitext()实现的。os.path.join()函数可以接受任意数量的路径字符串，并使用平台特定的分隔符返回单一的路径。

如果需要获取某个文件或目录的多项信息，就可以使用 os.stat()，但是如果只需要某种单一的信息，就可以使用相关的 os.path 函数，比如，os.path.exists()、os.path.getsize()、os.path.isfile()或 os.path.isdir()。

mimetypes 模块包含 mimetypes.guess_type()函数，可用于猜测给定文件的 MIME类型。

实例：os 模块与 os.path 模块

下面展示了如何使用 os 模块与 os.path 模块来创建字典，其中每个键是一个文件名（包括其路径），每个值则为文件最后依次修改时的时间戳（自初始时间至今的秒数），这些文件都在给定的 path 中：

```
date_from_name = {}
for name in os.listdir(path):
    fullname = os.path.join(path, name)
    if os.path.isfile(fullname):
        date_from_name[fullname] = os.path.getmtime(fullname)
```

这段代码是非常直接的，但是只能用于单一目录中的文件。如果需要在整个目录树中进行操作，那么可以使用 os.walk()函数。

下面给出从 finddup.py 程序中[*]提取的代码段，这段代码创建了一个字典，每个键都是一个二元组（文件大小，文件名），其中文件名不包含路径，每个值则是一个列表，其中包含了与键的文件名匹配并具有同样文件大小的所有文件名。

```
data = collections.defaultdict(list)

for root, dirs, files in os.walk(path):
    for filename in files:
        fullname = os.path.join(root, filename)
        key = (os.path.getsize(fullname), filename)
        data[key].append(fullname)
```

对每个目录，os.walk()返回 root 与两个列表，一个是目录中的所有子目录，另一

---

[*] 一个更复杂的用于发现副本的程序 findduplicates-t.py，将在第 10 章讲述，该程序使用了多线程与 MD5 校验和。

个是目录中的文件。为获取某个文件名的完整路径，我们只需要结合 root 与文件名。需要注意的是，我们不需要自己递归到子目录中——os.walk()会做到这一点。在数据收集完毕后，我们就对其进行迭代，并生成一个关于可能的重复文件的报告：

```
for size, filename in sorted(data):
    names = data[(size, filename)]
    if len(names) > 1:
        print("{filename} ({size} bytes) may be duplicated "
            "({0} files):".format(len(names), **locals()))
        for name in names:
            print("\t{0}".format(name))
```

由于字典的键是元组（文件大小，文件名），因此我们不必使用 key 函数来获取以大小排序的数据。如果任意的（文件大小，文件名）元组在其列表中包含多于一个文件名，就可能存在重复。

```
...
shell32.dll (8460288 bytes) may be duplicated (2 files):
        \windows\system32\shell32.dll
        \windows\system32\dllcache\shell32.dll
```

上面给出的是在 Windows XP 系统上运行 finddup.py \windows 后，从其 3 282 输出信息中提取的最户一项。

5.2.10 网络与 Internet 程序设计

用于网络与 Internet 程序设计的包与模块是 Python 标准库的主要组成部分。在最底层，socket 模块提供了大多数基本的网络功能，包括用于创建 socket 的函数、用于进行 DNS（域名系统）查询的函数以及处理 IP（Internet 协议）地址的函数等。加密与认证的 socket 则可以使用 ssl 模块建立。socketserver 模块提供了 TCP（传输控制协议）服务器与 UDP（用户数据报协议）服务器，这些服务器可以直接处理请求，也可以创建单独的进程（通过 forking）或单独的线程来分别处理每个请求。异步的客户端与服务器 socket 处理可以使用 asyncore 模块以及构建在其上的更高层的 asynchat 模块来实现。

Python 定义了 WSGI（Web 服务器网关接口），旨在为 Web 服务器以及 Python 编写的应用程序之间提供一个标准接口。在对标准的支持方面，wsgiref 包提供了 WSGI 的参考实现，包括提供 WSGI 兼容的 HTTP 服务器的模块，以及用于处理响应头与 CGI（通用网关接口）脚本的模块。此外，http.server 模块提供了一个 HTTP 服务器，可以对其赋予一个请求处理者（提供了一个标准的），以便运行 CGI 脚本。

http.cookies 模块与 http.cookiejar 模块提供了用于管理 cookies 的函数，CGI 脚本支持则是由 cgi 模块与 cgitb 模块提供的。

客户端的 HTTP 请求是由 http.client 模块提供的，尽管更高层的 urllib 包中的模块 urllib.parse、urllib.request、urllib.response、urllib.error 以及 urllib.robotparser 等提供了更简单也更方便的对 URL 的访问。从 Internet 中抓取一个文件是很简单的，如下所示：

```
fh = urllib.request.urlopen("http://www.python.org/index.html")
html = fh.read().decode("utf8")
```

urllib.request.urlopen()函数返回一个对象，该对象在行为上类似于一个以二进制读模式打开的文件对象。这里，我们取回的是 Python Web 站点的 index.html 文件（作为一个 bytes 对象），并将其作为字符串存储在 html 变量中。使用 urllib.request.urlretrieve() 函数抓取文件并将其保存在本地文件中也是可能的。

HTML 与 XHTML 文档可以使用 html.parser 模块进行分析，URL 可以使用 urllib.parse 模块创建与分析，robots.txt 文件可以使用 urllib.robotparser 模块进行分析，使用 JSON（JavaScript 对象表示法）表示的数据可以使用 json 模块进行读写。

除对 HTTP 服务器与客户端的支持外，标准库还提供了对 XML-RPC（远程过程调用）的支持，这是使用 xmlrpc.client 模块与 xmlrpc.server 模块实现的。此外，还有一些附加的客户端功能，比如，由 ftplib 模块提供的 FTP（文件传输协议）功能，由 nntplib 模块提供的 NNTP（网络新闻传输协议）功能，以及由 telnetlib 模块提供的 TELNET 功能。

smtpd 模块提供了一个 SMTP（简单邮件传输协议）服务器，在 email 客户端模块中，smtplib 用于 SMTP，imaplib 用于 IMAP4（Internet 消息访问协议），poplib 用于 POP3（邮局协议）。各种格式的 Mailboxes 可以使用 mailbox 模块进行访问。单独的消息（包括多个部分组成的消息）可以使用 email 模块创建并操纵。

如果感觉标准库的包与模块尚不足以提供足够的网络功能，那么可以参考 Twisted（www.twistedmatrix.com）提供的全面的第三方网络库。还有很多可用的 Web 程序库，包括用于创建 Web 应用程序的 Django（www.djangoproject.com）与 Turbogears（www.turbogears.org），Plone（www.plone.org）与 Zope（www.zope.org）则提供了完全的 Web 框架与内容管理系统。所有这些库都是使用 Python 实现的。

5.2.11 XML

在分析 XML 文档时，有两种广泛采用的方法。一种是 DOM（文档对象模型），另一种是 SAX（用于 XML 的简单 API）。标准库提供了两个 DOM 分析器，一个是由 xml.dom 模块提供的，另一个是由 xml.dom.minidom 模块提供的。SAX 分析器则只有 xml.sax 模块提供的一个。我们已经使用了 xml.sax.saxutils 模块中的 xml.sax.saxutils.

escape()函数（用于对"&"、"<"与">"等字符进行 XML 转义），还有一个 xml.sax.saxutils.quoteattr()函数可以实现类似的功能，并且附加地对引号进行转义（使得文本适合某个标签的属性），xml.sax.saxutils.unescape()函数则进行相反的转换。

还有一些其他可用的分析器。xml.parsers.expat 模块可用于分析带 expat 的 XML 文档，前提是 expat 库是可用的；xml.etree.ElementTree 可用于分析使用某种字典/列表接口的 XML 文档。（默认情况下，DOM 与元素树本身在底层使用 expat 分析器。）

手动写 XML、使用 DOM 与元素树写 XML，以及使用 DOM、SAX 与元素树分析器分析 XML，这些内容在第 7 章中讲述。

也存在一个第三方库 1xml（www.codespeak.net/1xml），该库声称是"在 Python 语言中，用于处理 XML 和 HTML 的功能最丰富，而且最容易使用的库"。该库提供了一个接口，以及很多附加的功能（比如对 Xpath、XSLT 和许多其他 XML 技术的支持），其中该库提供的这个接口实际上是元素树模块提供的接口的超级。

实例：xml.etree.ElementTree 模块

Python 的 DOM 与 SAX 分析器提供了一些 API，熟练的 XML 程序员应该经常使用，xml.etree.ElementTree 模块提供了一种更 Python 化的方法来对 XML 进行分析与写入。元素树模块添加到标准库是最近的事情*，因此有些读者可能还不熟悉。鉴于此，我们将在这里给出一个非常短小的实例以便对其有一个初步的了解——第 7 章将提供更 substantial 实例，并对使用 DOM 与 SAX 的实现代码进行比较。

美国政府的 NOAA（国家海洋与大气管理）的 Web 站点提供了涵盖范围很广的数据，包括一个 XML 文件，其中列出了 U.S.的气象站，该文件超过 20 000 行，包含了近 2000 个气象站的详细信息，下面是其中一个典型的条目：

```
<station>
    <station_id>KBOS</station_id>
    <state>MA</state>
    <station_name>Boston, Logan International Airport</station_name>
    ...
    <xml_url>http://weather.gov/data/current_obs/KBOS.xml</xml_url>
</station>
```

我们已经剪切了一些行，并降低了文件中的大量缩排。该文件大概 840KB，因此我们使用 gzip 将其压缩到易于管理的 72KB。遗憾的是，元素树分析器或者需要一个文件名，或者需要一个文件对象，才可以进行读取，但我们不能将压缩后的文件提交给分析器处理，因为压缩后文件看起来就是一些随机的二进制数据。为此，我们使用两个初始的步骤来解决这一问题：

```
binary = gzip.open(filename).read()
```

---

* xml.etree.ElementTree 模块首先是在 Python 2.5 中引入的。

```
fh = io.StringIO(binary.decode("utf8"))
```

gzip 模块的 gzip.open()函数类似于内置的 open()函数，区别在于可以读取 gzip 压缩的文件（以扩展名.gz 结尾的文件），将其作为原始的二进制数据。我们需要该数据以一个文件的形式提供，以便元素树分析器可以对其进行操纵，因此使用 bytes.decode()方法将二进制数据转换为使用 UTF-8 编码的字符串（这也是 XML 文件所使用的），我们创建了一个类似于文件的 io.StringIO 对象，并将包含整个 XML 文件的字符串作为其数据。

```
tree = xml.etree.ElementTree.ElementTree()
root = tree.parse(fh)
stations = []
for element in tree.getiterator("station_name"):
    stations.append(element.text)
```

这里，我们创建一个新的 xml.etree.ElementTree.ElementTree 对象，并赋予一个文件对象，文件对象提供了我们需要分析的 XML。在使用元素树分析器时，已经有一个以读模式打开的文件传递给分析器，尽管实际上分析器要读取的是 io.StringIO 对象中的字符串。我们需要提取出所有气象站的名称，这可以使用 xml.etree.ElementTree.ElementTree.getiterator()方法实现，该方法返回一个迭代子，该迭代子可以返回具有给定标签名的所有 xml.etree.ElementTree.Element 对象。我们只需要使用元素的 text 属性来取回文本。像 os.walk()一样，我们不需要自己进行任何递归操作，迭代子方法将自动做到。我们也不需要指定标签——迭代子将返回整个 XML 文档中的每个元素。

5.2.12 其他模块

我们没有足够的空间来展示标准库中提供的近 200 个包与模块。尽管如此，上面给出的常用模块概览也足以让读者领略标准库的强大功能，以及某些关键包的应用领域。在本节的最后一个小节中，我们只是讨论其他一些读者可能感兴趣的模块。

在前一节中，我们看到了使用 doctest 模块，可以非常容易地在 docstrings 中创建 tests 并运行之。标准库还提供了一个单元测试框架，由 unittest 模块实现——这实际上是 Java JUnit 测试框架的 Python 版。doctest 模块还提供了一些与 unittest 模块的基本整合。此外，还有一些第三方测试框架，比如，codespeak.net/py/dist/处的 py.test 以及 www.somethingaboutorange.com/mrl/projects/nose/处的 nose。

非交互式的应用程序，比如服务器，通常会通过写入日志文件来报告问题。logging 模块提供了一个用于日志相关操作的统一接口，除了可以写入日志文件外，该模块还可以通过 HTTP GET 或 POST 请求写入日志，或使用 email、sockets。

标准库提供了很多模块，用于内省与代码操纵，尽管大部分超出本书的范围，但有一个 pprint 值得关注，其中提供了一些函数，用于"优美打印"Python 对象，包括组合数据类型，这些功能有些时候对调试是有用的，在第 8 章中，我们将看到一个使用 inspect 模块对使用中对象进行内省的实例。

　　threading 模块提供了对创建线程化应用程序的支持，queue 模块提供了三种不同类型的 thread-safe 队列，第 10 章将对线程相关问题进行讲解。

　　Python 没有提供对 GUI 程序设计的本原支持，但有几个 GUI 库可供 Python 程序使用，比如使用 tkinter 模块的 Tk 库，通常是作为标准进行安装的。GUI 程序设计将在第 13 章进行讲述。

　　abc（抽象基类）模块提供了用于创建抽象基类的必要函数，该模块将在第 8 章讲解。

　　copy 模块提供了 copy.copy()函数与 copy.deepcopy()函数，第 3 章对其进行了讨论。

　　对外部函数的访问，也就是说，对共享库（Windows 中的.dll 文件，Mac OS X 中的.dylib 文件，Linux 中的.so 文件）中函数的访问，可以使用 ctypes 模块实现。Python 还提供了一个 C API，因此，使用 C 语言创建自定义数据类型与函数，并使其为 Python 所用是可能的。ctypes 模块与 Python 的 C API 都超出了本书的范围。

　　如果这里提及的包与模块都不能提供所需要的功能，在从头开始编写程序之前，对 Python 文档的 Global Module Index 进行检查是有价值的，可以了解是否有适当的可用模块，因为这里我们不可能面面俱到。如果找不到，还可以尝试 Python Package Index （pypi.python.org/pypi），其中也包含几千个 Python 附件，从较小的单文件实现所有功能的模块，到很大的库与框架包（包含源代码与数百个模块），都在其中展示。

5.3　总结

　　本章从介绍可用于导入包、模块以及模块中对象的各种语法格式开始。我们注意到，很多程序员只使用 import importable 这种语法格式，以避免发生名冲突。此外，我们必须注意不能给程序与模块赋予与顶级 Python 模块或目录相同的名称。

　　本章还对包进行了讨论，简单地说，包实际上就是一个目录，其中包含一个 __init__.py 文件与一个或多个模块。__init__.py 文件可以为空，但要支持 from importable import *这种语法格式，我们可以在 __init__.py 文件中创建一个 __all__ 特殊变量，并将其设置为一个模块名列表。我们也可以在 __init__.py 文件中放置任何通常的初始化代码。此外，包还可以进行嵌套，其方式只是简单地创建子目录，每个子目录中都包含自己的 __init__.py 文件。

　　本章还描述了两个自定义模块。第一个只提供几个函数，其 doctests 也非常简单。第二个更加高级，带有自己的自定义异常，使用动态函数创建来实现平台特定的不同函数版本，使用了私有的全局数据，调用了初始化函数，并具有更高级的 doctests。

　　本章有大概一半的篇幅用于对 Python 标准库进行较高层面的概览。提及了几个字符串处理模块，给出了两个 io.StringIO 实例，一个实例展示了如何将文本写入到文件

（使用内置的 print()函数，或者文件对象的 write()方法），以及如何使用 io.StringIO 对象处理真实文件。在前面章节中，我们通过自己读取 sys.argv 来处理命令行选项，标准库中的 optparse 模块提供了对命令行程序设计的支持，并极大简化了命令行参数处理——从现在开始，我们将广泛地使用该模块。

　　　本章还提及 Python 对数值的良好支持，包括标准库的数值类型及其 3 个数学函数模块，以及 SciPy 工程对科学与工程运算的支持。标准库与第三方日期/时间处理类在本章进行了简要描述，并给出了如何获取当前日期/时间的实例，以及如何在 datetime.datetime 与初始时间至今所经过秒数之间进行转换的实例。此外，也讨论了用于操纵标准库所提供的有序序列的附加的组合数据类型与算法，以及使用 heapq 模块中某些函数的实例。

　　　支持各种文件编码（字符编码除外）的模块也在本章进行了讨论，还包括那些用于对最流行的存档文件格式进行打包与拆分的模块，以及那些用于对音频数据进行处理的模块。本章给出了一个使用 Base64 编码将二进制数据存储到.py 文件的实例，还给出了一个用于打包 tarballs 的程序。标准库对目录与文件处理提供了大量的支持——所有这些都抽象为平台无关的函数。本章展示了一个相关实例，其中创建了字典（文件名作为键，最后修改的时间戳作为值），并对目录进行递归搜索，以便识别可能的重复文件（根据名称与文件大小）。

　　　标准库的一大部分是关于网络与 Internet 程序设计的，我们非常简单地查看了有哪些可用的模块，从原始的 socket（包括加密的 socket）到 TCP、UDP 服务器，到 HTTP 服务器以及对 WSGI 的支持等。还提及了用于处理 cookies、CGI 脚本与 HTTP 数据的模块，以及用于对 HTML、XHTML 以及 URL 进行分析的模块。其他被提及的模块还包括，用于处理 XML-RPC 的模块，用于处理高层协议（比如 FTP 与 NNTP）的模块，以及使用 SMTP 对电子邮件客户端与服务器的支持、对 IMAP4 与 POP3 的客户端支持等。

　　　标准库对 XML 写入与分析的全面支持在本章也进行了讲述，包括 DOM、SAX、元素树分析器以及 expat 模块，并给出了一个使用元素树模块的实例。对标准库提供的很多其他包与模块，在本章也有所涉及。

　　　Python 的标准库提供了非常有用的资源，可以节省大量的时间与精力，在很多情况下，借助于标准库中提供的功能，可以编写规模更小的程序。此外，数千个第三方包中提供了很多标准库中不具备的功能。所有这些预定义的功能都有助于我们将注意力集中于程序的功能设计，而具体实现细节则由这些库模块进行处理。

　　　到本章为止，关于过程型程序设计的基础知识全部讲完，后面的章节中，尤其是第 8 章，我们将看到更高级、更专业化的过程型程序设计技术。下一章将介绍面向对象程序设计。将 Python 作为一个纯粹的过程型程序语言是可能的，也是可行的——尤其对小程序——但对中型或大型程序，对自定义包与模块，以及出于长期维护的需要，面向对象方法更具优势。幸运的是，迄今为止，我们所讲述的，对面向对象而言，都是有用的和相关的，因此，在接下来的章节中，我们将以前面的知识为基础，进一步深化我们的 Python 知识与技能。

5.4 练习

编写一个程序，用来展示目录列表，与 Windows 中的 dir 命令以及 UNIX 中的 ls 命令非常类似。创建自己的列表程序的好处是，我们可以实现一些默认行为，并可以在所有平台上使用同一个程序，而不需要在 dir 与 ls 之间进行区分。该程序应该支持如下的接口：

Usage: ls.py [options] [path1 [path2 [... pathN]]]

The paths are optional; if not given . is used.

Options:

```
-h, --help        show this help message and exit
-H, --hidden      show hidden files [default: off]
-m, --modified    show last modified date/time [default: off]
-o ORDER, --order=ORDER
                  order by ('name', 'n', 'modified', 'm', 'size', 's')
                  [default: name]
-r, --recursive recurse into subdirectories [default: off]
-s, --sizes       show sizes [default: off]
```

（输出进行了适当调整，使其适合本书的页宽）

下面给出一个实例输出，使用命令 ls.py -ms -os misc/对一个小目录进行操作：

```
2008-02-11 14:17:03         12，184 misc/abstract.pdf
2008-02-05 14:22:38        109，788 misc/klmqtintro.lyx
2007-12-13 12:01:14      1，359，950 misc/tracking.pdf
                                   misc/phonelog/

7 files，1 directory
```

我们在命令行中使用了选项组合（optparse 模块自动进行这种处理），但同样的目标，也可以使用单独的选项实现，比如 ls.py -m -s -os misc/，或者进行更多的组合，比如 ls.py -msos misc/，也可以使用长选项，比如 ls.py --modified --sizes --order=size misc/，也可以是上述的任意组合。需要注意的是，我们将名称以句点（.）引导的文件或目录定义为"隐藏"。

本练习具有相当的难度。你需要阅读 optparse 文档，以便了解如何提供设置 True 值的选项，以及如何提供固定的选择列表。如果用户设置了递归选项，就需要使用 os.walk()对文件（而非目录）进行处理，否则，就不得不使用 os.listdir()，并自己对文件与目录进行处理。

一个相当棘手的问题是在递归时避免隐藏的目录。这些目录可以从 os.walk() 的 dirs 列表中剪切掉——因此就会被 os.walk() 跳过——这是通过修改该列表实现的。但是，要注意的是，不能对 dirs 变量本身赋值，因为这并不会改变该变量引用的列表，而只是简单地（也是无用地）对其进行替换。解决方案中给出的方法是，对整个列表中的某个分片进行赋值，也即 dirs[:] = [dir for dir in dirs if not dir.startswith(".")]。

在文件大小中获取组合字符的最好方法是导入 locale 模块，调用 locale.setlocale() 可以获取用户的默认现场，并使用格式化字符 n。总而言之，ls.py 程序大概有 130 行，分为 4 个函数。

第 **6** 章

面向对象程序设计

在前面所有章节中，我们广泛地使用了对象这一概念，但实际上采用的程序设计风格是过程型程序设计。Python 是一种多范型语言——这种语言没有强制程序员使用某种特定的程序设计风格，而是允许程序员采用过程型、函数型或面向对象的程序设计风格，也可以是这些编程风格的有效组合。

采用过程型程序设计风格编写任何程序都是完全可能的，对代码规模非常小的程序（比如，最多 500 行），也很少会造成什么问题。但是，对大多数程序而言，尤其对中等规模或大规模的程序，采用面向对象的程序设计风格提供了很多优势。

本章包含了采用 Python 语言进行面向对象程序设计所涉及的所有基本概念与技术。第 1 节特别适合于编程经验不足的读者以及那些具有过程型程序设计背景（比如 C 或 Fortran）的程序员，该节首先分析了过程型程序设计可能会遇到的一些问题，讲解了面向对象程序设计如何解决这些问题，之后简要描述了使用 Python 进行面向对象程序设计的方法，并解释了相关术语。以第 1 节中的介绍为基础，之后的两节是本章的主要内容。

第 2 节主要讲解了自定义数据类型的创建，自定义数据类型用于存放单独的项目（尽管项目本身可以包含很多属性）；第 3 节讲解了自定义组合数据类型的创建，自定义组合数据类型可以存放任意类型的、任意数量的对象。这两节包含了使用 Python 进行面向对象程序设计的大部分要素，有一些更高级的内容则在第 8 章中进行讲解。

6.1　面向对象方法

本节将基于使用程序对圆（也可能是对大量的圆）进行描述这一问题，揭示纯过程型程序设计方法存在的问题。用于描述一个圆所需的最少数据包括圆心坐标（x，y）以及圆的半径，简单的方法是使用一个三元组对圆进行描述，比如：

```
circle = (11, 60, 8)
```

这种描述方法存在的一个不足在于：三元组中的每个元素代表的含义不够明显，可以理解为（x, y, radius），但也可以理解为（radius, x, y），从而带来二义性；另一个不足在于，只能通过元素的索引位置对其进行存取。如果有两个函数 distance_from_origin(x, y)与 edge_distance_from_origin(x, y, radius)，那么在使用元组 circle 作为参数调用时，就需要进行元组拆分：

```
distance = distance_from_origin(*circle[:2])
distance = edge_distance_from_origin(*circle)
```

上面的两个语句都假定三元组 circle 的表示形式为（x, y, radius）。通过使用指定的元组，可以解决获知元素顺序的问题以及使用元组拆分的问题：

```
import collections
Circle = collections.namedtuple("Circle", "x y radius")
circle = Circle(13, 84, 9)
distance = distance_from_origin(circle.x, circle.y)
```

通过这种方法，可以创建三元组 Circle，其中包含指定的属性，使得函数调用更容易理解，这是因为只能通过属性名来对这些元素（属性）进行存取。遗憾的是，问题仍然存在。比如，这种方法无法阻止创建一个无效的圆：

```
circle = Circle(33, 56, -5)
```

圆半径为负值没有任何意义，但上面的语句却创建了这样一个圆，并且没有任何异常提示，就好像圆半径本来就可以为负值一样。只有在调用 edge_distance_from_origin(x, y, radius)函数——并且该函数对圆半径为负值进行实际检查时，这种程序设计错误才会暴露出来。创建对象时无法对其进行有效性验证，这或许是纯过程型程序设计方法最大的弊端所在。

如果希望创建的圆是可变的，以便对其进行移动（通过改变其圆心坐标）或改变其大小（通过改变圆半径），那么可以通过 collections.namedtuple._replace 方法实现这一目的：

```
circle = circle._replace(radius=12)
```

就像我们创建 Circle 一样，这里也没有什么机制阻止（或警告）我们设置无效数据。

如果圆需要大量的改变，为方便起见，我们可能更愿意使用可变的数据类型，比如列表：

```
circle = [36, 77, 8]
```

这种方式仍然没有提供任何阻止使用无效数据的机制，我们所能提供的根据名称对元素进行存取的方法就是创建一些常量，并使用类似于 circle[RADIUS] = 5 的语句。但使用列表会带来一些附加的问题——比如，我们可以合法地调用 circle.sort()！使用字典也是一种替代方法，比如，circle = dict(x=36, y=77, radius=8)，但仍然无法防止使用无效的半径值，也无法防止调用不适当的方法。

面向对象的概念与术语

对上面的实例，我们需要做的是将表示圆必需的数据进行打包，并对可应用于该数据的方法进行限制，以便只能进行有效的操作。这两个要求都可以通过创建一个自定义的 Circle 数据类型实现。本节的后面部分，我们将了解如何创建自定义的 Circle 数据类型，这里我们首先介绍一些基础知识，并对一些术语进行解释。如果一开始对这些术语感到陌生，不必担心，在讲述具体实例时会更加清晰。

我们可替换地使用术语类、类型与数据类型。在 Python 中，我们可以创建完全整合到语言中的自定义类，并可以像使用内置数据类型一样使用。我们已经讲过很多类，比如 dict、int 与 str。我们使用术语对象，偶尔也使用术语实例，来指代特定类的一个实例。比如，5 是一个 int 对象，"oblong" 是一个 str 对象。

大多数类都封装了数据以及可用于该数据的方法。比如，str 类存放的数据是 Unicode 字符构成的字符串，并支持 str.upper() 等方法。很多类支持一些附加的功能，比如，我们可以使用操作符+对两个字符串（或两个任意序列）进行连接操作，也可以使用内置的 len() 函数计算序列的长度。这些功能是由特殊方法实现的——这些方法与通常的方法类似，不同之处在于函数名的起始处与结尾处总是使用两个下划线，并且是预定义的。比如，需要创建一个类，该类支持使用操作符+进行连接操作，支持 len() 函数，我们可以通过在类中实现__add__() 与__len__()这两个特殊方法达到这一目标。相反地，我们绝不应该在定义任何方法时使用起始处与结尾处都是两个下划线的方法名，除非该方法是我们预定义的特殊方法，并适用于我们的类。这种约束可以确保不会和 Python 的后续版本冲突，即便引入了新的预定义特殊方法。

对象通常包含属性——方法是可调用的属性，其他属性则是数据。比如，complex 对象包含 imag 属性与 real 属性以及大量的方法，包括__add__()与__sub__（支持二元+、－操作符），以及 conjugate() 等常见方法。数据属性（通常也简单地引用为"属性"）通常简单地实现为*实例变量*，也就是说，对某个特定对象而言独一无二的变量。我们将了解这方面的例子，以及如何将数据属性提供为特性，特性是对象数据的一个项，可以像实例变量一样进行存取，但此时的存取是由方法进行处理的。我们还将看到，使用特性使数据验证变得更加容易。

在方法（方法其实也是一个函数，其第一个参数是调用该方法的实例本身）内部，有几种变量可以进行存取。对象的实例变量可以通过指定其名称以及实例自身来进行存取，局部变量可以在方法内部创建，存取时不需要限定。类变量（有时也称为静态变量）可以通过指定其名称与类名进行存取，全局变量（也即模块变量）可以不需要限定进行存取。

有些 Python 文献使用名空间这一概念，名空间实质上是名到对象的映射。模块是名空间——比如，在语句 import math 之后，通过对对象名与名空间名进行指定，我们可以存取 math 模块中的对象（比如，math.pi and math.sin()）。类似地，类与对象也是名空间，比如，如果 z = complex(1, 2)，那么对象 z 有两个属性可以进行存取（z.real 与 z.imag）。

面向对象的优势之一是如果我们有一个类，就可以对其进行专用化，这意味着创建一个新类，新类继承原始类的所有属性（数据与方法），通常可以添加或替换原始类中的某些方法，或添加更多的实例变量。我们可以对任何 Python 类进行子类化（另一个用于对类进行专用化的术语），而不管这个 Python 类是内置的、来自标准库的，或者是我们自己的自定义类[*]。进行子类化的能力是面向对象程序设计提供的巨大优势之一，因为通过这种方法，可以直接使用现有类（其中包含经过测试的大量功能）作为新类的基础，并根据需要对原始类进行扩充，以非常干净而直接的方式添加新的数据属性与功能，并且可以将新类的对象传递给为原始类而写的函数与方法，并能正确工作。

我们使用术语基类来指定那些被继承的类，基类可以是直接的父类，也可以位于继承树中向上回溯较多的位置。另一个用于基类的术语是超级类。我们使用术语子类、衍生类、衍生来描述某个类是从其他类继承（也即专用化）的情况。在 Python 中，每个内置的类、库类以及我们创建的每个类都直接或间接地从最顶层的基类——object 衍生而来。图 6-1 勾勒了继承树体系以及一些相关术语。

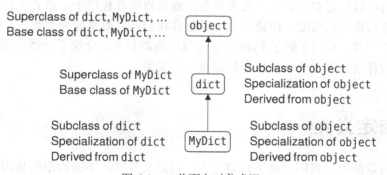

图 6-1 一些面向对象术语

在子类中，任何方法都可能被重写，也就是说重新实现，这一点与 Java（除了其"final"方法之外）是相同的[*]。如果有一个 MyDict（继承自 dict 的类）类的对象，并调用同时由 dict 与 MyDict 定义的方法，Python 将正确地调用 MyDict 版本的方法——这也就是所谓的动态方法绑定，也称为多态性。如果我们在重新实现后的方法内部调用该方法的基类版本，就可以使用内置的 super() 函数实现。

Python 还支持 duck typing——"如果走起来像只鸭子，叫起来也像只鸭子，那它就是一只鸭子"。换句话说，如果我们在某个对象上调用某种方法，就不必管该对象属

---

[*] 有些使用 C 语言实现的库类不能被子类化，这样的类会在其文档中声明这一点。
[*] 在 C++术语中，所有的 Python 方法都是虚方法。

于哪一个类，只要其上存在我们需要调用的方法即可。在前一章中，我们看到，在需要一个文件对象时，我们可以通过调用内置的 open()函数来提供一个文件对象——或创建并提供一个 io.StringIO 对象，因为 io.StringIO 对象有相同的 API（应用程序编程接口），也就是说，包含与 open()函数（以文本模式）返回的文件对象一样的方法。

继承用于模型化 is-a 关系，也就是说，某个类的对象本质上与其他类的对象是相同的，但有一些变化，比如额外的数据属性或额外的方法。另一种方法是使用聚集（也称为合成）——系指某个类中包含来自其他类的一个或多个实例变量。聚集用于模型化 has-a 关系。在 Python 中，每个类都使用了继承——因为所有自定义类都将 object 作为其最终基类，大多数类还使用了聚集，因为大多数类都包含了不同类型的实例变量。

有些面向对象语言提供了 Python 没有提供的两个功能。第一个是重载，也就是说，在同一个类内，使得方法有同样的名称，但有不同的参数列表。由于 Python 具有非常丰富的参数处理功能，因此，这并不会成为限制因素。第二个是访问控制——实际上并不存在强制数据隐私的"防弹"机制，不过，如果我们创建属性（实例变量或方法）时在属性名前以两个下划线引导，Python 就会阻止无心的访问，因此也可以认为是私有的。（这是通过名称操纵实现的，第 8 章中我们将看到一个实例。）

就像我们可以使用大写字母作为自定义模块的首字母一样，对自定义类也可以这样做。我们可以根据实际需要定义多个类，或者直接在程序中，或者在模块中——类名并不必须与模块名匹配，模块中也可以包含我们需要数量的类个数。

通过这一节，我们了解了 Python 类可以完成的任务，介绍了一些必要的术语，并讲解了一些背景知识，下一节将开始创建自定义类。

6.2　自定义类

前面的章节中，我们创建了自定义类：自定义异常。下面给出的是用于创建自定义类的两种新语法：

```
class className:
    suite
class className(base_classes):
    suite
```

由于我们创建的异常子类没有添加任何新属性（没有实例数据或方法），我们使用 pass（也即不做操作）作为其 suite，由于该 suite 仅一行语句，我们将其与 class 语句本身放置在同一行。注意的是，与 def 语句类似，class 也是一条语句，因此，我们可以根据需要动态地创建类。类的方法是使用 def 语句在类的 suite 中创建的，类实例则是使用必要的参数对类进行调用来创建的，比如，x = complex(4, 8)会创建一个复数，并将 x 设置为对该复数的对象引用。

6.2.1 属性与方法

我们首先从一个非常简单的类 Point 开始，该类存放坐标（x, y），定义于文件 Shape.py 中，其完整实现（docstrings 除外）如下：

```
class Point:
def __init__(self, x=0, y=0):
    self.x = x
    self.y = y

def distance_from_origin(self):
    return math.hypot(self.x, self.y)

def __eq__(self, other):
    return self.x == other.x and self.y == other.y

def __repr__(self):
    return "Point({0.x!r}, {0.y!r})".format(self)

def __str__(self):
    return "({0.x!r}, {0.y!r})".format(self)
```

由于没有指定基类，因此 Point 是 object 的直接子类，就像我们写成 Point(object) 一样。在对每个方法进行讨论之前，我们先看几个使用实例：

```
import Shape
a = Shape.Point()
repr(a)                      # returns: 'Point(0, 0)'
b = Shape.Point(3, 4)
str(b)                       # returns: '(3, 4)'
b.distance_from_origin()     # returns: 5.0
b.x = -19
str(b)                       # returns: '(-19, 4)'
a == b, a != b               # returns: (False, True)
```

Point 类有两个数据属性，self.x 与 self.y，还包含 5 个方法（这里不包括继承来的方法），其中 4 个属于特殊方法，这些方法都在下面的图 6-2 中展示。导入 Shape 模块后，Point 类就可以像其他类一样进行使用，其数据属性可以直接存取（比如 y = a.y），Point 类与 Python 所有其他类进行了完美的整合，这是通过支持等号操作符（==）以及以表象形式或字符串形式生成字符串来实现的。Python 也完全可以根据等号操作符来提供不等于操作符（!=）（如果我们需要施加完全的控制，比如操作符彼此不是这种恰好相反的含义，那么单独指定每个操作符也是可以的）。

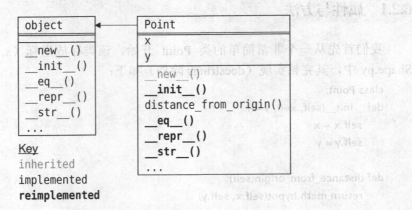

图 6-2　Point 类的继承体系

在对方法进行调用时，Python 会自动提供第一个参数——这个参数是对对象自身的对象引用（在 C++ 与 Java 中称为 this）。我们必须在参数列表中包含这一参数，根据约定，这一参数称为 self。所有的对象属性（数据以及方法属性）都必须由 self 进行限定。与其他语言相比，Python 的这一要求需要多一些键盘输入，但其优势在于提供了绝对的清晰：如果我们使用 self 进行了限定，我们就总是知道存取的是对象属性。

要创建一个对象，需要两个必需的步骤。首先要创建一个原始的或未初始化的对象，之后必须对该对象进行初始化，以备使用。有些面向对象语言（比如 C++ 或 Java）将这两个步骤结合在一起，Python 则将其作为两个单独的步骤。在创建对象时（比如 p = Shape.Point()），首先调用特殊方法__new__()来创建该对象，之后调用特殊方法__init__()对其进行初始化。

在实际的编程中，我们创建的几乎所有 Python 类都只需要重新实现__init__()方法，因为如果我们不提供自己的__new__()方法，Python 就会自动调用 object.__new__()方法，并且这一方法也已足够。（本章后面部分我们将展示一个不常见的实例，其中我们确实需要重新实现__new__()方法。）不是必须要在子类中对方法进行重新实现，这是面向对象程序设计的另一个好处——如果基类方法已足够，那么我们可以不在子类中对其进行重新实现。这种方式之所以有效，是因为如果我们对某对象调用了一个方法，而该对象所在类没有实现该方法，Python 就会自动地在类树中进行回溯，直到找到该方法——如果一直无法找到该方法，就会产生一个 AttributeError 异常。

比如，如果执行语句 p = Shape.Point()，那么 Python 会从查找 Point.__new__()方法开始。由于我们没有重新实现这一方法，因此 Python 会在 Point 的基类中搜索这一方法。这种情况下，只有一个基类 object，并且包含该方法，因此，Python 将调用 object.__new__()并创建一个原始的、未初始化的对象。之后，Python 继续搜索初始化程序__init__()，由于我们对其进行了重新实现，因此 Python 不再需要向上回溯，并直接调用 Point.__init__()。最后，Python 将 p 设置为到新近创建并已初始化的对象类型 Point
的对象引用。

这些方法所需代码都很少，并且使用和定义之间有一定距离，为方便起见，我们
在具体讨论某个方法之前都给出了其具体实现：

```
def __init__(self, x=0, y=0):
    self.x = x
    self.y = y
```

两个实例变量（self.x 与 self.y）都是在初始化程序中创建的，并为其赋值为参数
x 与 y。在创建新 Point 对象时，Python 可以找到这一初始化程序，因此不再调用 object.__
init__()方法。这是因为，在找到要调用的方法后，Python 就不再继续向上回溯。

面向对象的信徒可能会从对基类__init__()方法的调用开始（调用 super().__
init__()），以这种方式调用 super()函数的效果是调用基类的__init__()方法。对直接继
承自 object 的类，没有必要这样处理，本书中，我们只有在必需的时候才调用基类的
方法——比如，在创建那些设计为子类化的类时，或创建那些不是直接继承自 object
的类。在某种程度上，也可以将其理解为一种编码风格——在自定义类的__init__()方
法的起始处，总是调用 super().__init__()是一种合理的做法。

```
def distance_from_origin(self):
    return math.hypot(self.x, self.y)
```

这是一个常规的方法，该方法基于对象的实例变量进行计算。方法相当短并仅
以调用其对象作为参数是很常见的，因为通常方法需要的所有数据在对象内部都是
可用的。

```
def __eq__(self, other):
    return self.x == other.x and self.y == other.y
```

方法名的起始和结尾不应该使用两个下划线——除非是预定义的特殊方法。对所
有比较操作符，Python 都提供了特殊方法，如表 6-1 所示。

表 6-1   比较的特殊方法

特殊方法	使用	描述
__lt__(self, other)	x < y	如果 x 比 y 小，则返回 true
__le__(self, other)	x <= y	如果 x 小于或等于 y，则返回 true
__eq__(self, other)	x == y	如果 x 与 y 相等，则返回 TRue
__ne__(self, other)	x != y	如果 x 与 y 不相等，则返回 TRue
__ge__(self, other)	x >= y	如果 x 大于或等于 y，则返回 true
__gt__(self, other)	x > y	如果 x 大于 y，则返回 true

　　默认情况下，自定义类的所有实例都支持==，这种比较总是返回 False——通过对特殊方法__eq__()进行重新实现，可以改变这一行为。如果我们实现了__eq__()但没有实现__ne__()，Python 会自动提供__ne__()（不等于）以及不等于操作符（!=）。

　　默认情况下，自定义类的所有实例都是可哈希运算的，因此，可对其调用 hash()，也可以将其作为字典的键，或存储在集合中。但是如果我们重新实现了__eq__()，实例就不再是可哈希运算的，后面讨论 FuzzyBool 类时，我们将了解如何解决这一问题。

　　通过实现这一特殊方法，我们可以对 Point 对象进行比较，但是如果我们试图将 Point 对象与其他类型对象进行比较，比如 int，就会产生 AttributeError 异常（因为 intS 不包括 x 属性）。另一方面，我们又可以将 Point 对象与那些恰好也包含 x 属性的对象进行比较（这归功于 Python 的 duck typing），但可能会产生奇怪的结果。

　　如果我们希望避免不适当的比较，有几种方法可以采用。第一种是使用断言，比如，assert isinstance(other, Point)。第二种方法是产生 TypeError 异常，声明不支持这两个对象的比较操作，比如，if not isinstance(other, Point): raise TypeError()。第三种方法（这种方法也可能是最 Python 化的）如下：if not isinstance(other, Point): return NotImplem-ented。对第三种情况，如果返回了 NotImplemented，Python 就会尝试调用 other.__eq__(self)来查看 other 类型是否支持与 Point 类型的比较，如果也没有类似的方法，或也返回 NotImplemented，Python 将放弃搜索，并产生 TypeError 异常。（注意，只有对表 6-1 中列出的比较特殊方法进行了重新实现，才可能返回 NotImplemented。）

　　内置的 isinstance()函数以一个对象与一个类（或类构成的元组）为参数，如果该对象属于给定的类（或类元组中的某个类），或属于给定的类（或类元组中的某个类）的基类，就返回 True。

```
def __repr__(self):
    return "Point({0.x!r}, {0.y!r})".format(self)
```

　　内置的 repr()函数会对给定的对象调用__repr__()特殊方法，并返回相应结果。结果字符串有两种类型，一种可以使用内置的 eval()函数进行评估，并生成一个与 repr()调用对象等价的对象，如果不能这样做就返回另一种字符串，后面部分我们会看到一个实例。下面给出的实例展示了如何在 Point 对象与字符串之间进行变换：

```
p = Shape.Point(3, 9)
repr(p)                                   # returns: 'Point(3, 9)'
q = eval(p.__module__ + "." + repr(p))
repr(q)                                   # returns: 'Point(3, 9)'
```

　　如果使用 import Shape，那么在使用 eval()进行评估时，我们必须给出模块名。（如果使用其他的导入语句，比如 from Shape import Point，就不需要这样做。）Python 为每个对象提供了一些私有属性，__module__就是其中的一个，__module__是用于存放对象的模块名（这里是"Shape"）的一个字符串。

　　在上面的代码段结束时，我们有两个 Point 对象，即 p 与 q，二者包含相同的属性值，因此对其进行比较时是相等的。eval()函数会返回对给定字符串的执行结果——该字符串中必须包含有效的 Python 语句。

```
def __str__(self):
    return "({0.x!r}, {0.y!r})".format(self)
```

内置的 str()函数与 repr()函数的工作机制类似，不同之处在于其调用的是对象的 __str__()特殊方法，产生的结果也主要是为了便于理解，而不是为了传递给 eval()函数。继续前面的实例，str(p)或 str(q)将返回字符串 '(3, 9)'。

上面我们介绍了一个简单的 Point 类——也介绍了 Python 的一些后台处理细节，这些细节对我们理解面向对象程序设计是重要的。Point 类存放的是坐标(x, y)——用于表示圆的基础部分，在本章开始已经进行过一些讨论。在下一小节中，我们将学习如何创建自定义的 Circle 类，该类继承自 Point，因此，我们不需要对 x 属性、y 属性或 distance_from_origin()方法的代码进行重复编写。

6.2.2 继承与多态

Circle 类继承自 Point 类，添加了一个额外的数据属性（radius），以及 3 个新方法，此外，还重新实现了 Point 类的几个方法。下面给出的是完整的类定义：

```
class Circle(Point):

    def __init__(self, radius, x=0, y=0):
        super().__init__(x, y)
        self.radius = radius

    def edge_distance_from_origin(self):
        return abs(self.distance_from_origin() - self.radius)
    def area(self):
        return math.pi * (self.radius ** 2)

    def circumference(self):
        return 2 * math.pi * self.radius

    def __eq__(self, other):
        return self.radius == other.radius and super().__eq__(other)

    def __repr__(self):
        return "Circle({0.radius!r}, {0.x!r}, {0.y!r})".format(self)

    def __str__(self):
        return repr(self)
```

　　继承是通过在 class 行列出我们需要继承的类（或多个类）实现的。*这里，我们
继承了 Point 类——图 6-3 展示了 Circle 类的继承体系。

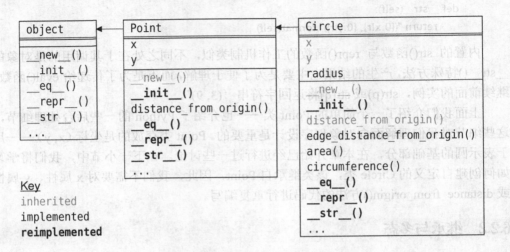

图 6-3　Circle 类的继承体系

　　在 __init__()方法内部，我们使用 super()来调用基类的 __init__()方法——从而创建
并初始化 self.x 属性与 self.y 属性。但是，使用这个类时，可以提供无效的 radius 值，
比如-2。在下一小节中，我们将学习如何防止这一类问题，这是通过使用特性来使得
属性更加强健实现的。

　　area()方法与 circumference()方法的计算过程都是直接的，edge_distance_from_
origin()方法调用了 distance_from_origin()方法，将其作为计算过程的一部分。由于 Circle
类没有提供 distance_from_origin()方法的实现，因此将使用基类 Point 实现的方法。将
这一方法与 __eq__()方法的重新实现相比较。这一方法将圆半径与其他圆半径进行比
较，如果相等，就使用 super()显式地调用基类的 __eq__()方法。如果不使用 super()方
法，就可能进入无穷递归，因为 Circle.__eq__()会对自身进行调用。此外，在 super()
调用中不需要传递 self 参数，因为 Python 会自动地传递这一参数。

　　下面给出两个使用实例：

```
p = Shape.Point(28, 45)
c = Shape.Circle(5, 28, 45)
p.distance_from_origin()        # returns: 53.0
c.distance_from_origin()        # returns: 53.0
```

　　我们可以对 Point 或 Circle 调用 distance_from_origin()方法，因为 Circles 可以代表
Points。

---

* 多继承、抽象数据类型以及其他一些高级的面向对象技术将在第 8 章进行讨论。

多态意味着,给定类的任意对象在使用时都可以看作该类的任意某个基类的对象,这也是为什么在创建子类时只需要实现我们需要的附加方法,必须重新实现的也只是那些需要替代的方法。在对方法重新实现时,如果有必要可以使用基类的方法版本,这是通过在实现中调用 super()来做到的。

对 Circle 这个类,我们实现了几个附加的方法,比如 area()与 circumference(),并重新实现了几个需要修改的方法。对__repr__()与__str__()方法进行重新实现是必要的,因为如果不这样做,就会调用基类的相应方法,而这些方法返回的字符串代表的是 PointS 而非 CircleS。对__init__()方法与__eq__()方法重新实现也是必要的,因为我们必须考虑到 Circles 还有一个附加的属性,对这两种情况,我们都尽可能多地利用了基类中的相应实现,降低所需要的工作量。

通过上面的设计,Point 类与 Circle 类都完全按照我们的需要进行了实现。但我们也可以提供一些额外的方法,比如,如果我们希望可以对 PointS 或 CircleS 进行排序,就可以提供一些其他的用于比较的特殊方法。我们可能还需要做的是提供用于对 Point 或 Circle 进行复制的方法,大多数 Python 类没有提供 copy()方法(dict.copy()与 set.copy()是例外情况)。如果我们需要对 Point 或 Circle 进行复制,那么我们可以导入 copy 模块,并使用其中的 copy.copy()函数。(对 Point 与 Circle 对象,没必要使用 copy.deepcopy(),因为这两个对象只包含固定的实例变量。)

6.2.3 使用特性进行属性存取控制

在前面的小节中,Point 类包含了一个 distance_from_origin()方法,Circle 类包含 area()、circumference()与 edge_distance_from_origin()等方法。所有这些方法返回的都是一个单独的 float 值,因此,从用户的角度看,这些类可以当作数据属性来使用,当然,是只读的。在 ShapeAlt.py 文件中,提供了 Point 类与 Circle 类的替代实现方案——这里提及的所有方法都是作为特性提供的,这使得我们可以编写类似于如下的代码:

```
circle = Shape.Circle(5, 28, 45)          # assumes: import ShapeAlt as Shape
circle.radius                             # returns: 5
circle.edge_distance_from_origin          # returns: 48.0
```

下面给出的是用于 ShapeAlt.Circle 类的 area 与 edge_distance_from_origin 这两个特性的获取者方法的实现:

```
@property
def area(self):
    return math.pi * (self.radius ** 2)


@property
def edge_distance_from_origin(self):
    return abs(self.distance_from_origin - self.radius)
```

如果我们只是像上面所做的提供获取者方法，那么特性是只读的。用于 area 特性的代码与前面的 area()方法是相同的，edge_distance_from_origin 的代码则与以前的实现略有些不同，因为现在存取的是基类的 distance_from_origin 特性，而不是调用 distance_from_origin()方法。两者最显著的差别是特性修饰器。修饰器是一个函数，该函数以一个函数或方法为参数，并返回参数的"修饰后"版本，也就是对该函数或方法进行修改后的版本。decorator 是通过在名字前使用@符号引导来进行标记的，这里，我们暂且将其看做一种语法格式——第 8 章中，我们将了解如何创建自定义修饰器。

property()修饰器函数是一个内置函数，至多可以接受 4 个参数：一个获取者函数，一个设置者函数，一个删除者函数以及一个 docstring。使用@property 的效果与仅使用一个参数（获取者函数）调用 property()的效果是相同的，我们可以类似于如下的方式创建 area 特性：

```
def area(self):
    return math.pi * (self.radius ** 2)
area = property(area)
```

我们很少使用这种语法，因为使用修饰器所需要的代码更短，也更加清晰。

在上一小节中，我们注意到，对 Circle 的 radius 属性没有进行验证，但通过将 radius 转换为特性，就可以对其进行验证。这并不需要对 Circle.__init__()方法进行任何改变，存取 Circle.radius 属性的任何代码仍然可以正常工作而不需要改变——只不过现在 radius 在设置时就会进行验证。

Python 程序员通常使用特性，而非在其他面向对象程序设计语言中通常使用的显式的获取者函数与设置者函数（比如 getRadius()与 setRadius()函数），这是因为将数据属性转变为特性非常容易，而又不影响该类的有效使用。

为将属性转换为可读/可写的特性，我们必须创建一个私有的属性，其中实际上存放了数据，并提供获取者方法与设置者方法。下面给出的是属性 radius 的获取者、设置者以及 docstring 的完整版。

```
@property
def radius(self):
    """The circle's radius

    >>> circle = Circle(-2)
    Traceback (most recent call last):
    ...
    AssertionError: radius must be nonzero and non-negative
    >>> circle = Circle(4)
    >>> circle.radius = -1
    Traceback (most recent call last):
```

```
                ...
                AssertionError: radius must be nonzero and non-negative
                >>> circle.radius = 6
                """
                return self.__radius

        @radius.setter
        def radius(self, radius):
            assert radius > 0, "radius must be nonzero and non-negative"
            self.__radius = radius
```

　　我们使用 assert 语句来确保 radius 的取值为非 0 以及非负值，并将该值存储于私有属性 self.__radius 中。需要注意的是，获取者与设置者（如果需要，还有一个删除者）有同样的名称——用于对其进行区分的是修饰器，修饰器会适当地对其进行重命名，从而避免发生名冲突。

　　用于设置者的修饰器最初看起来有些奇怪。每个创建的特性都包含 getter、setter、deleter 等属性，因此，在使用@property 创建了 radius 特性之后，radius.getter、radius.setter 以及 radius.deleter 等属性就都是可用的。radius.getter 被设置为@property 修饰器的获取者方法，其他两个属性由 Python 设置，以便其不进行任何操作（因此这两个属性不能写或删除），除非用作修饰器，这种情况下，他们实际上使用自己用于修饰的方法来替代了自身。

　　Circle 的初始化程序（Circle.__init__()）包括 self.radius = radius 语句，将调用 radius 特性的设置者方法，因此，如果创建 Circle 时给定了无效的 radius 值，就会产生一个 AssertionError 异常。类似地，如果试图将现有 Circle 设置为无效值，仍然会调用设置者方法并产生异常。docstring 中包含了 doctests，以便测试在这些情况下是否正确地产生了异常。

　　Point 与 Circle 类型都是自定义数据类型，包含足够的有用的功能。我们创建的大多数数据类型都类似于此，但偶尔也需要创建完整的自定义数据类型，下一小节中将看到实例。

6.2.4　创建完全整合的数据类型

　　创建一个完整的数据类型时，有两种可能的方法。一种是从头开始创建，虽然该数据类型必然要继承自 object（就像所有 Python 类一样），但是该数据类型所需要的每个数据属性以及方法（除__new()__之外）都必须提供。另一种方法是继承自现有的数据类型，这种数据类型与我们需要创建的数据类型相似，对这种情况，所需要的工作是重新实现那些需要不同行为的方法，其他方法则直接继承。

　　在下面介绍的内容中，我们将从头实现一个 FuzzyBool 数据类型，再之后我们将实现同样的数据类型，但使用了继承机制，以降低工作量。内置的 bool 类型是二值型的（True 或 False），但在 AI（人工智能）的某些领域使用的是模糊型布尔值，这种类型值包括"true"与"false"，但还包括一些介于二者之间的值。在我们的实现中，我们使用浮点值 0.0 表示 False，1.0 表示 True，0.5 表示 50%的 True，0.25 表示 25%的 True，依此类推。下面给出了一些使用实例（两种实现的工作方式一样）：

```
a = FuzzyBool.FuzzyBool(.875)
b = FuzzyBool.FuzzyBool(.25)
a >= b                              # returns: True
bool(a), bool(b)                    # returns: (True, False)
~a                                  # returns: FuzzyBool(0.125)
a & b                               # returns: FuzzyBool(0.25)
b |= FuzzyBool.FuzzyBool(.5)        # bis now: FuzzyBool(0.5)
"a={0:.1%} b={1:.0%}".format(a, b)  # returns: 'a=87.5% b=50%'
```

我们希望 FuzzBool 类型支持比较操作符（<、<=、==、!=、>=、>）的全集，也支持 3 种基本的逻辑操作符，即 not (~)、and (&)以及 or (|)。除逻辑操作符外，我们还希望提供两个其他的逻辑方法，conjunction()方法与 disjunction()方法，这两个方法可以接受我们所需要数量的 FuzzyBools，在处理后返回作为结果的 FuzzyBool 值。为使得该数据类型完整，需要提供到 bool、int、float 以及 str 等数据类型的转换功能，还需要一个可使用 eval()评估的表象形式，最后的一个需求是 FuzzyBool 要提供对 str.format()格式规约的支持，FuzzyBoolS 可用作字典的键或集合的成员，FuzzyBoolS 是固定的——但由于可以使用增强的赋值操作符（&=与|=），使得这种数据类型的使用也很便利。

表 6-1 列出了用于比较的特殊方法，表 6-2 列出了基本的特殊方法，表 6-3 列出了数值型特殊方法——其中包括位逻辑操作符（~、&、|），FuzzyBoolS 将这些操作符用作逻辑操作符，也包括一些算数运算符，比如+、-，FuzzyBoolS 没有将其实现为特殊方法，因为这些运算在 FuzzyBool 数据类型中是不恰当的。

表 6-2　　　　　　　　　　　基本的特殊方法

特殊方法	使用	描述
__bool__(self)	bool(x)	如果提供，就返回 x 的真值，对 if x: ...是有用的
__format__(self, format_spec)	"{0}".format(x)	为自定义类提供 str.format()支持
__hash__(self)	hash(x)	如果提供，那么 x 可用作字典的键或存放在集合中
__init__(self, args)	x = X(args)	对象初始化时调用
__new__(cls, args)	x = X(args)	创建对象时调用
__repr__(self)	repr(x)	返回 x 的字符串表示，在可能的地方 eval(repr(x)) == x
__repr__(self)	ascii(x)	仅使用 ASCII 字符返回 x 的字符串表示
__str__(self)	str(x)	返回 x 适合阅读的字符串表示形式

表 6-3   **数值型与位逻辑运算的特殊方法**

特殊方法	使用	特殊方法	使用
__abs__(self)	abs(x)	__complex__(self)	complex(x)
__float__(self)	float(x)	__int__(self)	int(x)
__index__(self)	bin(x) oct(x) hex(x)	__round__(self, *digits*)	round(x, *digits*)
__pos__(self)	+x	__neg__(self)	-x
__add__(self, other)	x + y	__sub__(self, other)	x - y
__iadd__(self, other)	x += y	__isub__(self, other)	x -= y
__radd__(self, other)	y + x	__rsub__(self, other)	y - x
__mul__(self, other)	x * y	__mod__(self, other)	x % y
__imul__(self, other)	x *= y	__imod__(self, other)	x %= y
__rmul__(self, other)	y * x	__rmod__(self, other)	y % x
__floordiv__(self, other)	x // y	__truediv__(self, other)	x / y
__ifloordiv__(self, other)	x //= y	__itruediv__(self, other)	x /= y
__rfloordiv__(self, other)	y // x	__rtruediv__(self, other)	y / x
__divmod__(self, other)	divmod(x, y)	__rdivmod__(self, other)	divmod(y, x)
__pow__(self, other)	x ** y	__and__(self, other)	x & y
__ipow__(self, other)	x **= y	__iand__(self, other)	x &= y
__rpow__(self, other)	y ** x	__rand__(self, other)	y & x
__xor__(self, other)	x ^ y	__or__(self, other)	x | y
__ixor__(self, other)	x ^= y	__ior__(self, other)	x |= y
__rxor__(self, other)	y ^ x	__ror__(self, other)	y | x
__lshift__(self, other)	x << y	__rshift__(self, other)	x >> y
__ilshift__(self, other)	x <<= y	__irshift__(self, other)	x >>= y
__rlshift__(self, other)	y << x	__rrshift__(self, other)	y >> x
		__invert__(self)	~x

6.2.4.1 从头开始创建数据类型

从头开始创建 FuzzyBool 意味着，我们必须提供一个属性来存放 FuzzyBool 的值，并提供该数据类型所需要的所有方法。下面给出的是取自 FuzzyBool.py 程序的 class 行：

```
class FuzzyBool:
```

```
def __init__(self, value=0.0):
    self.__value = value if 0.0 <= value <= 1.0 else 0.0
```

在设计这一数据类型时，我们将值属性设置为私有的，因为我们需要 FuzzyBool 是一种固定的数据类型，因此，如果允许对该值进行存取就会导致错误。另外，如果给定了一个取值范围之外的值，我们就强制其取值为一个 fail-safe 值，0.0（false）。在前面介绍的 ShapeAlt.Circle 类中，我们使用了更严格的策略，在创建新 Circle 对象时，如果给定的是无效的 radius 值，就会产生一个异常。图 6-4 展示了 FuzzyBool 数据类型的继承树。

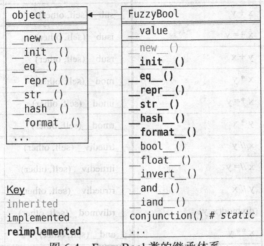

图 6-4　FuzzyBool 类的继承体系

最简单的逻辑操作符是逻辑非，即 NOT，为此，我们使用了位逻辑倒置操作符(~)：

```
def __invert__(self):
    return FuzzyBool(1.0 - self.__value)
```

__del__()特殊方法

在销毁对象时，会调用特殊方法__del__(self)——至少在理论上如此。在实践中，也可能从不调用__del__(self)，即便在程序终止时也是如此。进一步地说，如果我们使用语句 del x，实际上发生的处理是对象引用 x 被删除，并且 x 所指向的对象的对象引用计数减去 1。只有在引用计数变为 0 时，才可能调用__del__()方法，但 Python 并不保证一定调用该方法。鉴于此，实际编程时极少对__del__()方法进行重新实现——本书中没有哪一个实例对其进行了重新实现——该方法也不应该用于释放资源，因此，该方法不适合用于关闭文件、断开网络连接，或断开数据库连接。

Python 提供了两种用于确保资源被正确释放的机制。一种方法是使用 try … finally 语句块，我们在前面已经有所了解，第 7 章还会展示其使用。另一种方法是将上下文对象与 with 语句一起使用——第 8 章将对其进行讲解。

位逻辑 AND 操作符（&）是由特殊方法__and__()提供的，增强版（&=）则是由特殊方法__iand__()提供的：

```
def __and__(self, other):
    return FuzzyBool(min(self.__value, other.__value))
def __iand__(self, other):
    self.__value = min(self.__value, other.__value)
    return self
```

位操作符 AND 以两个 FuzzyBool 值为基础，运算后返回一个新 FuzzyBool 值，其增强的赋值操作版则对私有值进行更新。严格地讲，这并不是一种固定数据类型的行为，但与其他一些 Python 固定数据类型也是匹配的，比如 int，int 类型在进行操作时，比如使用+=操作符，看起来是改变了操作符左边的操作数，实际上进行了重新绑定，使其指向存放加运算结果的新 int 对象。对上面给出的实例，则不需要进行重新绑定，因为我们确实改变了 FuzzyBool 变量本身。返回 self 的目的是为了支持下一步的其他操作。

我们也可以实现__rand__()方法，在 self 与 other 代表的是不同的数据类型，并且没有为这两种数据类型实现__and__()方法时，就会调用__rand__()方法。对 FuzzyBool 类而言，这是不需要的。大多数用于二元操作符的特殊方法都同时具备"i"(in-place)与"r"（反射，即互换操作数）这两个版本。

我们没有展示用于位操作符|的__or__()方法，也没有展示用于 in-place |= operator 的__ior__()方法，因为这两个方法与 AND 对应的方法是类似的，不同之处就在于这里取值时取的是 self 与 other 的最大值，而非最小值。

```
def __repr__(self):
    return ("{0}({1})".format(self.__class__.__name__,
                              self.__value))
```

我们创建了一种可进行 eval()的表象形式，比如，给定 f= FuzzyBool.FuzzyBool(.75)，则 repr(f)将产生字符串 'FuzzyBool(0.75)'。

所有对象都具备 Python 自动提供的某些特殊方法，其中的一种方法称为__class__，实际上是对对象类的一个对象引用。所有类都有一个私有的__name__属性，也是由 Python 自动提供的。我们使用这些属性来提供类名（用于其表象形式）。这意味着，如果 FuzzyBool 类被继承时只是添加了一些额外的方法，那么继承而来的__repr__()方法可以正确工作，而不需要对其进行重新实现，因为其可以获得子类的类名。

```
def __str__(self):
    return str(self.__value)
```

对字符串形式，我们只是简单地返回已格式化为字符串表示的浮点值。我们并不是必须要使用 super()以防止无限递归，因为我们是对 self.__value 属性调用 str()，而不是对实例本身。

```
def __bool__(self):
    return self.__value > 0.5

def __int__(self):
    return round(self.__value)

def __float__(self):
    return self.__value
```

特殊方法__bool__()将实例转换为 Boolean，因此必须总是返回 True 或 False；特殊方法__int__()则提供了到整型的转换功能。我们使用的是内置的 round()函数，因为 int()只是简单地进行截取（因此对 1.0 以外的任意 FuzzyBool 值都将返回 0）。浮点类型的转换是容易的，因为值本身就是一个浮点数。

```
def __lt__(self, other):
    return self.__value < other.__value

def __eq__(self, other):
    return self.__value == other.__value
```

为提供完整的比较操作符集（<、<=、==、!=、>=、>），有必要实现其中至少 3 种，即<、<=与==，因为 Python 可以从<推导出>，从==推导出!=，从<=推导出>=。这里我们只展示了其中的两种，因为所有这些操作符的实现都是非常类似的。[*]

```
def __hash__(self):
    return hash(id(self))
```

默认情况下，自定义类的实例支持操作符==（总是返回 False），并且是可哈希运算的（因此可用作字典的键，也可以添加到集合中），但是如果我们重新实现了特殊方法__eq__()以便提供正确的相等性测试功能，实例就不再是可哈希运算的，不过这可以通过提供一个__hash__()特殊方法来弥补，如上面的代码所示。

Python 提供了用于字符串、数字、固定集合以及其他类的哈希函数，这里我们只是简单地使用内置的 hash()函数（该函数可用于任何具备__hash__()特殊方法的数据类型），并根据对象独一无二的 ID 计算哈希值。（注意，不能使用私有的 self.__value，因为该值可能作为增强赋值操作的结果并发生变化，而对象的哈希值必须保持不变。）

内置的 id()函数会对作为参数的对象返回一个独一无二的整数，这一整数通常是该对象在内存中的地址，但是我们能做的只是假定没有哪两个对象会有相同的 ID。实际上，is 操作符使用 id()函数来确定两个对象引用是否指向相同的对象。

```
def __format__(self, format_spec):
```

---

[*] 实际上，我们只是实现了__lt__()方法与__eq__()方法——其他比较方法可以由 Python 自动生成，第 8 章将进行展示。

```
        return format(self.__value, format_spec)
```

只有在进行类定义时，才真正需要内置的 format()函数，该函数以一个单独的对象以及一个可选的格式规约为参数，并返回该对象经过格式处理后生成的字符串。

在某对象用在格式化字符串中时，该对象的__format__()方法将被调用，并以对象以及格式规约为参数，该方法将返回进行了适当格式化处理的实例，就像前面我们看到的一样。

所有内置的类都包含适当的__format__()方法。这里，我们使用的是 float.__format__()方法，为其传递的参数是给定的浮点值以及相应的格式化字符串。使用类似于如下的形式，也可以达到同样的效果：

```
def __format__(self, format_spec):
    return self.__value.__format__(format_spec)
```

使用 format()函数需要略少一些的键盘输入，并且更易于阅读。没有任何因素要求我们必须使用 format()函数，因此，我们可以实现自己的格式规约语言，并在__format__()方法内部对其进行解释——只要我们返回一个字符串即可：

```
@staticmethod
def conjunction(*fuzzies):
    return FuzzyBool(min([float(x) for x in fuzzies]))
```

内置的 staticmethod()函数的设计目标是用作修饰器，就像我们这里所做的一样。简单地看，静态方法也是方法，并且不获取和使用 self 或 Python 专门传递的任何其他第一个参数。

操作符&可以进行结链处理，因此，给定 FuzzyBool 型变量 f、g 与 h，我们可以通过 f & g & h 将其连接在一起。对数量较少的变量，这种方式可以正常工作，如果变量个数较多，比如十几个或更多，这种方法的效率就会很低，因为每个符号&都代表一个函数调用。实际上，我们可以使用一个单独的函数调用 FuzzyBool.FuzzyBool.conjunction(f, g, h)来达到同样的目的。使用 FuzzyBool 实例，可以将这种调用表述得更加清晰，但由于静态方法不能获取 self，因此，如果我们使用实例调用这个函数，该实例本身也需要在函数中进行处理，就必须将该实例自身也作为参数传递给该函数，比如 f.conjunction(f, g, h)。

我们没有展示相应的 disjunction()方法，因为除了名字不同外，唯一的区别就是这个函数使用的是 max()而非 min()。

有些程序员认为使用静态方法不够 Python 化，只有在将代码从其他语言（比如 C++或 Java）进行转换，或有某个方法不适用 self 的情况下，才使用静态方法。在 Python 中，一般来说，较好的做法是创建一个模块函数，而不是使用静态方法（在第 6.4.2 节中将展示这一点），或使用一个类方法，第 6.3 节将进行展示。

类似地，如果我们创建一个变量，该变量在某个类定义内部，但在任何方法之外，该变量就是一个静态（类）变量。对常量而言，一般使用私有的模块全局变量更加方便，但对在某个类的所有实例之间进行数据共享而言，类变量通常是有用的。

至此，我们完全实现了"从头"开始实现 FuzzyBool 类。我们必须重新实现 15 个方法（如果我们实现所有 4 个比较操作符，就需要 17 个方法），还需要实现两个静态方法。在接下来的内容中，我们将展示一种替代的实现方案，该方案以对 float 的继承为基础，其中只需要重新实现 8 个方法和 2 个模块函数——并取消其中的 32 个方法。

在大多数面向对象语言中，继承机制用于创建新类，新类继承了父类的所有方法与属性，还包含一些我们希望新类具备的额外的方法与属性。Python 完全支持这一点，允许我们实现新方法，或对继承而来的方法进行重新实现，以便对类行为进行修改。除此之外，Python 还允许我们有效地取消某些方法，也就是说，新类可以摒弃某些继承而来但不需要的方法。这种做法并不会吸引面向对象的忠实信徒，因为这样做会打破多态性，但对 Python 而言，至少在偶尔有些情况下，这是一种有用的技术。

6.2.4.2　从其他数据类型创建数据类型

这里给出的 FuzzyBool 实现在文件 FuzzyBoolAlt.py 中，与前面给出的实现相比，一个明显的差别就是这里不再提供静态方法 conjunction() 与 disjunction()，而是以模块函数的形式进行提供的，比如：

```
def conjunction(*fuzzies):
    return FuzzyBool(min(fuzzies))
```

这里的代码比前面的实现方案要简单得多，因为 FuzzyBoolAlt.FuzzyBool 对象是 float 的子类，因此可以直接用于 float 相关的操作，而不需要进行任何转换操作。（继承树在图 6-5 中展示。）对这一函数的访问也比前面要更加清晰，这里不再需要同时指定模块与类（或使用实例），只需要先执行 import FuzzyBoolAlt，就可以使用语句 FuzzyBoolAlt.conjunction() 进行相关调用。

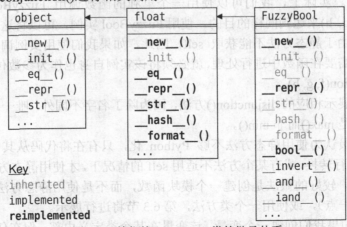

图 6-5　替代的 FuzzyBool 类的继承体系

下面给出的是 FuzzyBool 的类定义行及其__new__()方法：

```
class FuzzyBool(float):
    def __new__(cls, value=0.0):
        return super().__new__(cls,
                value if 0.0 <= value <= 1.0 else 0.0)
```

创建一个新类时，通常是可变的，并依赖于 object.__new__()来创建原始的、尚未初始化的对象。但对于固定类，我们需要在一个步骤中同时完成创建与初始化，因为对固定对象而言，一旦创建，就不能更改。

在任意对象创建之前，会调用__new__()方法（因为对象的创建就是__new__()所要做的事情），因此，该方法不能接受 self 对象作为参数，因为尚未存在。实际上，__new__()是一个类方法——这些方法与通常的方法类似，区别在于，类方法是对类本身进行调用的，而非实例，并且 Python 将调用的类作为这些方法的第一个参数。将变量名 cls 用于类仅仅是一个常规的做法，就像 self 作为对象本身的名称一样。

因此，当我们使用语句 f=FuzzyBool(0.7)时，实际上，Python 会调用 FuzzyBool.__new__(FuzzyBool, 0.7)来创建一个新对象——也就是 fuzzy——之后调用 fuzzy.__init__()进行更进一步的初始化操作，最后返回一个到 fuzzy 对象的对象引用——f 所指向的也就是这一对象引用。__new__()的大部分工作都是传递给基类实现的，即 object.__new__()，我们所做的就是确保值在有效的取值范围内。

类方法是使用内置的 classmethod()函数（用作修饰器）建立的。为了方便，我们不需要在 def __new__()前面写上@classmethod，因为 Python 已然知道这一方法总是一个类方法。当然，如果需要创建其他类方法，我们确实需要使用该修饰器，第 6.3 节将进行相关讲解。

既然我们已经展示了类方法，现在就可以明确一下不同方法间的差别。类方法的第一个参数是由 Python 指定的，也就是方法所属的类；通常方法的第一个参数也是由 Python 指定的，是调用该方法的实例；静态方法则没有 Python 指定的第一个参数。所有这些类型的方法都接受我们传递给其的任意参数（如果是类方法或通常方法，会将我们传递的参数依次作为其第二个参数、第三个参数……如果是静态方法就将我们传递的参数依次作为其第一个参数、第二个参数……）。

```
    def __invert__(self):
        return FuzzyBool(1.0 - float(self))
```

与前面类似，这一方法用于提供对位操作符 NOT (~)的支持。需要注意的是，这里没用存取私有属性（存放 FuzzyBool 的值），而是直接使用 self。这是因为，FuzzyBool 是从 float 继承而来的。这意味着，在可以使用 float 的任何地方，都可以使用 FuzzyBool——当然，这些地方不能使用 FuzzyBool 已取消的方法。

```
    def __and__(self, other):
        return FuzzyBool(min(self, other))
```

```
def __iand__(self, other):
    return FuzzyBool(min(self, other))
```

上面定义的逻辑与前面也是类似的（尽管代码有一些差别），就像 __invert__()方法一样，我们可以直接使用 self 与 other，尽管是 floatS 类型。我们忽略了 OR 对应的方法，因为与上面的定义相比，不同之处仅在于名称（__or__()与__ior__()），另外就是使用了 max()而非 min()。

```
def __repr__(self):
    return ("{0}({1})".format(self.__class__.__name__,
                              super().__repr__()))
```

我们必须重新实现 __repr__()方法，因为该方法的基类版本只是以字符串形式返回数字，而我们需要类名。为使得表示是可进行 eval()处理的，对 str.format()的第二个参数，我们不能只是传递 self，因为那将会导致对这个 __repr__()方法的无限递归调用，因此，我们调用的是基类的实现版本。

我们并不是必须要重新实现 __str__()方法，因为该方法的基类版本已经足够，可以用在 FuzzyBool.__str__()的重新实现中。

```
def __bool__(self):
    return self > 0.5

def __int__(self):
    return round(self)
```

在 Boolean 上下文中使用浮点数时，如果浮点数的值是 0.0，就代表 False，其他情况则代表 True。对 FuzzyBoolS 而言，这种方式是不合适的，因此我们必须重新实现这一方法。类似地，int(self)的作用也只是简单的剪切，将除 1.0 之外的任意值转换为 0，因此，这里使用 round()函数，该函数的作用是四舍五入，对 0 到 0.5 之间的值产生 0，对 0.5 到 1（包括边界值）之间的值则产生 1.0。

我们没有重新实现 __hash__()方法、__format__()方法，以及用于提供比较操作符的任何其他方法，因为 float 基类提供的所有这些方法对 FuzzyBoolS 都可以正确工作。

我们重新实现的方法提供了对 FuzzyBool 类的完整实现——与前面从头实现的方案相比，所需要的代码大为减少。然而，这一新的 FuzzyBool 类也继承了 30 多个对 FuzzyBoolS 而言没有意义的多余的方法，比如，基本的数值型操作符与移位操作符（+、-、*、/、<<、>>等），应用于 FuzzyBoolS 都是没有意义的。下面展示了怎样取消加法：

```
def __add__(self, other):
    raise NotImplementedError()
```

我们还必须为 __iadd__()以及 __radd__()等方法编写类似的代码，以便完全防止加法的使用。(注意，NotImplementedError 是一个标准的异常，与内置的 NotImplemented 对象是不同的。)另外一种替代的方法是产生 NotImplementedError 异常，特别是如果需要更紧密地模拟 Python 内置类的行为时，可以产生一个 TypeError 异常。下面展示了如何使得 FuzzyBool.__add__()的行为就像内置的类遇到了无效操作符：

```
def __add__(self, other):
    raise TypeError("unsupported operand type(s) for +: "
                    "'{0}' and '{1}'".format(
                    self.__class__.__name__, other.__class__.__name__))
```

对单值操作，我们希望以模拟内置类型的方式取消其方法实现，代码也稍简单一些：

```
def __neg__(self):
    raise TypeError("bad operand type for unary -: '{0}'".format(
                    self.__class__.__name__))
```

对比较操作符，有一种更简单的惯用做法，比如，如果需要取消实现操作符==，可以使用如下语句：

```
def __eq__(self, other):
    return NotImplemented
```

如果实现了某个比较操作符（<、<=、==、!=、>=、>）的方法返回一个内置的 NotImplemented 对象，并且存在使用该方法的尝试，那么 Python 首先通过交换操作数（这种情况下，other 对象有一个适当的比较方法，因为 self 对象没有）来反转这种比较，如果这种做法不能正确工作，Python 就产生一个 TypeError 异常，并给出异常消息解释说给定类型的操作数不支持这一操作。对于我们不需要的所有不能比较的方法，我们必须或者产生 NotImplementedError 异常，或者产生 TypeError 异常，就像前面对 __add__()与 __neg__()方法所做的那样。

像上面这样取消实现每个不需要的方法是很乏味的，尽管这种做法确实有效并且易于理解。这里我们将展示一种可用于取消实现方法的高级技术——该技术在 FuzzyBoolAlt 模块中使用——只要有实际的需求，就可以跳转到下一节学习这一技术，之后返回到此处。

下面给出用于取消实现两个我们不需要的单值操作的代码：

```
for name, operator in (("__neg__", "-"),
                       ("__index__", "index()")):
    message = ("bad operand type for unary {0}: '{{self}}'"
               .format(operator))
    exec("def {0}(self): raise TypeError(\"{1}\".format("
         "self=self.__class__.__name__))".format(name, message))
```

内置的 exec()函数动态地执行从给定对象传递来的代码。这里给定的是一个字符串对象，但也可以传递其他类型的对象。默认情况下，代码是在某个封闭范围内的上下文中执行的，这里是在 FuzzyBool 类的定义范围之内，因此，执行的 def 语句会创建我们所需要的 FuzzyBool 方法。在 FuzzyBoolAlt 模块被导入时，代码只执行一次。下面给出的是为第一个元组（"__neg__", "-"）生成的代码：

```
def __neg__(self):
    raise TypeError("bad operand type for unary -: '{self}'"
                    .format(self=self.__class__.__name__))
```

我们已经使得异常、错误消息与 Python 为自己的类型使用的消息匹配，用于处理二元方法以及 n 元函数（比如 pow()）的代码遵循类似的模式，但使用的是不同的错误信息。为保持完整性，下面给出使用的代码：

```
for name, operator in (("__xor__", "^"), ("__ixor__", "^="),
                       ("__add__", "+"), ("__iadd__", "+="), ("__radd__", "+"),
                       ("__sub__", "-"), ("__isub__", "-="), ("__rsub__", "-"),
                       ("__mul__", "*"), ("__imul__", "*="), ("__rmul__", "*"),
                       ("__pow__", "**"), ("__ipow__", "**="),
                       ("__rpow__", "**"), ("__floordiv__", "//"),
                       ("__ifloordiv__", "//="), ("__rfloordiv__", "//"),
                       ("__truediv__", "/"), ("__itruediv__", "/="),
                       ("__rtruediv__", "/"), ("__divmod__", "divmod()"),
                       ("__rdivmod__", "divmod()"), ("__mod__", "%"),
                       ("__imod__", "%="), ("__rmod__", "%"),
                       ("__lshift__", "<<"), ("__ilshift__", "<<="),
                       ("__rlshift__", "<<"), ("__rshift__", ">>"),
                       ("__irshift__", ">>="), ("__rrshift__", ">>")):
    message = ("unsupported operand type(s) for {0}: "
               "'{{self}}'{{join}} {{args}}".format(operator))
    exec("def {0}(self, *args):\n"
         "    types = [\"'\" + arg.__class__.__name__ + \"'\" "
         "for arg in args]\n"
         "    raise TypeError(\"{1}\".format("
         "self=self.__class__.__name__, "
         "join=(\" and\" if len(args) == 1 else \",\"),"
         "args=\", \".join(types)))".format(name, message))
```

上面的代码比前面要稍复杂一些，因为对于二元操作符，输出的消息中必须将两种类型分列为 type1 与 type2，对于 3 个或更多的类型，则必须列为 type1、type2、type3 来模拟内置的行为，下面给出为第一个元组（"__xor__", "^"）生成的代码：

```
def __xor__(self, *args):
    types = ["'" + arg.__class__.__name__ + "'" for arg in args]
    raise TypeError("unsupported operand type(s) for ^: "
                    "'{self}'{join} {args}".format(
```

```
                        self=self.__class__.__name__,
                        join=(" and" if len(args) == 1 else ","),
                        args=", ".join(types)))
```

这里使用的两个 for ... in 循环语句块可以简单地剪切与粘贴，我们可以从第一个循环中移除或向其中添加单值操作符与方法，也可以从第二个循环中移除或向其中添加二元或 n 元操作符与方法，以便取消实现任何我们不需要的方法。

根据上面的代码，如果有两个 FuzzyBools，f 与 g，并尝试使用 f+g 将其进行相加，就会产生 TypeError 异常，并给出错误消息"unsupported operand type(s) for +: 'Fuzzy Bool' and 'FuzzyBool'"，这些都是我们所期望的行为。

总而言之，以第一种方案创建 FuzzyBool 类的做法更常见，并可以用于几乎所有目的。然而，如果我们需要创建一个固定类，可以使用的方法是重新实现 object.__ new__()（该方法继承自 Python 的某种固定类型，比如 float、int、str 或 tuple），之后实现我们需要的所有其他方法。这种方法的不足是需要取消实现一些方法——这种做法会破坏多态性，因此，在大多数情况下，使用聚集（就像在第一种 FuzzyBool 实现中）是一种更好的方法。

6.3 自定义组合类

在本节中，我们将展示几种自定义类，用于存放大量数据。第一个自定义类是 Image，用于存放图像数据，Image 是一个典型的数据存放自定义类，之所以这样说，是因为该类不仅提供了对数据的内存中存取的方法，还提供了很多用于将数据从磁盘中导入或存储到磁盘中的方法。本节要讲述的第二个类 SortedList 与第三个类 SortedDict 则用于填补 Python 标准库中令人差异的空白——对排序的组合数据类型的支持。

6.3.1 创建聚集组合数据的类

用于表示 2D 颜色图像的一个简单方法是使用一个 2 维数组，每个数组元素代表一种颜色。因此，如果需要表示一个 100×100 的图像，我们就必须存储 10000 个颜色。对 Image 类（在文件 Image.py 中），我们将采取一种具有更加高效的潜力的做法。Image 存储一种单一的背景色，图像中各个点的颜色则不同于背景色。这是通过将字典用作稀疏数组实现的，字典中的每个键是一个(x, y)坐标，对应的值则为该点的颜色。如果我们有一个 100×100 的图像，并且其中半数的点都与背景色相同，那么只需要存储 5 000 + 1 种颜色，从而大幅节省内存资源。

Image.py 模块采用了我们现在应该已经熟悉的模式：模块从一个 shebang 行开始，

之后是注释中的版权信息。再之后是模块的 docstring 以及一些 doctests，接下来是导入语句，本模块中需要导入 os 模块与 pickle 模块。在讲解图像的加载与保存时，我们将简要讲述 Pickle 模块的使用。在导入相应模块之后，我们创建一些自定义异常类：

```
class ImageError(Exception): pass
class CoordinateError(ImageError): pass
```

我们只是展示了头两个异常类，其他异常类（LoadError、SaveError、ExportError 与 NoFilenameError）的创建方式是相同的，并且也都继承自 ImageError。Image 类的使用者可以对任一种特定的异常进行测试，也可以只对基类的 ImageError 异常进行测试。

该模块的余下部分包括 Image 类的主体，最后则是用于运行模块的 doctests 的标准的三行代码。在具体讲解该类及其方法之前，我们先看一下该类如何使用：

```
border_color = "#FF0000"      # red
square_color = "#0000FF"      # blue
width, height = 240, 60
midx, midy = width // 2, height // 2
image = Image.Image(width, height, "square_eye.img")
for x in range(width):
    for y in range(height):
        if x < 5 or x >= width - 5 or y < 5 or y >= height - 5:
            image[x, y] = border_color
        elif midx - 20 < x < midx + 20 and midy - 20 < y < midy + 20:
            image[x, y] = square_color
image.save()
image.export("square_eye.xpm")
```

注意，我们可以使用项存取操作符（[]）来设置图像中的颜色。方括号也可以用于对特定(x, y)坐标的颜色进行获取或删除，也可以有效地将其颜色设置为背景色。坐标是以单独的元组对象的形式进行传递的（借助于其中的逗号操作符），就像我们使用 image[(x, y)]这种表达方式一样。在 Python 中，实现这种无缝的语法整合是容易的——我们只需要实现适当的特殊方法，比如，对项存取操作符，对应的特殊方法包括 __getitem__()、__setitem__()与__delitem__()。

Image 类使用 HTML 风格的十六进制字符串表示颜色。在创建图像时就必须设置背景色，否则就默认为白色。在存储与加载图像时，Image 类使用其自定义格式，但也可以使用.xpm 格式导出，该格式很多图像处理应用程序都可以理解。图 6-6 展示了上面的代码段生成的.xpm 图像。

图 6-6　square_eye.xpm 图像

现在我们来查看 Image 类的方法，从 class 行与初始化程序开始：

```
class Image:
```

```
def __init__(self, width, height, filename="",
            background="#FFFFFF"):
    self.filename = filename
    self.__background = background
    self.__data = {}
    self.__width = width
    self.__height = height
    self.__colors = {self.__background}
```

创建 Image 时，使用者（该类的使用者）必须指定宽度与高度，但文件名与背景色则是可选的，因为有默认值。字典 self.__data 的键是（x, y）坐标，值为颜色字符串。集合 self.__colors 使用背景色进行初始化，并用于追踪图像中使用的各种排他性的颜色。

除文件名外，所有数据属性都是私有属性，因此，必须提供一种途径，以便使用者可以对这些属性进行存取。通过使用特性，可以容易地做到这一点*。

```
@property
def background(self):
    return self.__background


@property
def width(self):
    return self.__width


@property
def height(self):
    return self.__height


@property
def colors(self):
    return set(self.__colors)
```

在返回对象的某个数据属性时，我们需要知道该属性是属于可变类型还是固定类型，返回固定类型总是安全的，因为这种类型的数据属性不能改变，但对于可变类型的数据属性，我们必须考虑某种折衷。返回对可变属性的引用是非常快速高效的，因为并没有实际的复制操作发生——但这也意味着调用者可以对对象的内部状态进行存取，并可能在对其改变时导致对象无效。一种解决方案是总是返回可变数据属性的副本，除非有证据表明这种做法会对性能产生很大的负面影响。（这种情况下，保证颜色

---

* 在第 8 章中，我们将看到一种用于存取属性的完全不同的方法，也即使用特殊方法，比如 __getattr__()
与 __setattr__()，在有些情况下，这样做是有用的。

集合有效的一种替代方法是在需要颜色集合时，总是返回 set(self.__data.values()) |
{self.__background}。）

```
def __getitem__(self, coordinate):
    assert len(coordinate) == 2, "coordinate should be a 2-tuple"
    if (not (0 <= coordinate[0] < self.width) or
        not (0 <= coordinate[1] < self.height)):
        raise CoordinateError(str(coordinate))
    return self.__data.get(tuple(coordinate), self.__background)
```

这一方法将返回给定坐标的颜色（使用项存取操作符[]）。表 6-4 列出了用于项存
取操作符的特殊方法以及其他一些组合类型相关的特殊方法。

表 6-4   组合类型的特殊方法

特殊方法	使用	描述
__contains__(self, x)	x in y	如果 x 在序列 y 中或 x 是映射 y 中的键，就返回 True
__delitem__(self, k)	del y[k]	删除序列 y 中的第 k 项或映射 y 中键为 k 的项
__getitem__(self, k)	y[k]	返回序列 y 中的第 k 项或映射 y 中键为 k 的项的值
__iter__(self)	for x in y: pass	返回序列 y 中的项或映射 y 中键的迭代子
__len__(self)	len(y)	返回 y 中项的个数
__reversed__(self)	reversed(y)	返回序列 y 中的项或映射 y 中键的反向迭代子
__setitem__(self, k, v)	y[k] = v	将序列 y 中的第 k 项（或映射 y 中键为 k 的项）设置为 v

我们对项存取采用了两种策略。第一种策略的使用前提是，传递给项存取方法的
坐标是长度为 2 的序列（通常是二元组），并使用断言来确保满足这一约束。第二种策
略是接受任意的坐标值，如果超过取值范围，就产生自定义异常。

我们使用 dict.get()方法来取回给定坐标的颜色（默认值为背景色），通过这一方法，
如果该坐标处的颜色尚未设置，就正确地返回背景色，而不是产生 KeyError 异常。

```
def __setitem__(self, coordinate, color):
    assert len(coordinate) == 2, "coordinate should be a 2-tuple"
    if (not (0 <= coordinate[0] < self.width) or
        not (0 <= coordinate[1] < self.height)):
        raise CoordinateError(str(coordinate))
    if color == self.__background:
        self.__data.pop(tuple(coordinate), None)
    else:
        self.__data[tuple(coordinate)] = color
        self.__colors.add(color)
```

如果使用者将某坐标值设置为背景色，我们可以简单地将相应的字典项删除，因

为字典中没有包含的坐标都假定使用背景色。为此，我们必须使用 dict.pop()并给定另一个哑元参数，而不是使用 del 语句，因为这样可以保证在键（坐标）不存在于字典中的情况下，也可以避免产生 KeyError 异常。

如果颜色不同于背景色，我们就将给定的坐标指定为该颜色，并将该颜色添加到图像使用的颜色集中。

```python
def __delitem__(self, coordinate):
    assert len(coordinate) == 2, "coordinate should be a 2-tuple"
    if (not (0 <= coordinate[0] < self.width) or
            not (0 <= coordinate[1] < self.height)):
        raise CoordinateError(str(coordinate))
    self.__data.pop(tuple(coordinate), None)
```

如果某坐标的颜色被删除，那么该坐标的颜色被设置为背景色。这里仍然需要使用 dict.pop() 来移除相应项，因为不管给定的坐标项是否存在于字典中，这一方法总是可以正确工作，而不会产生异常。

我们没有提供__len__()的实现，因为对二维对象而言，这一函数没有实际意义。另外，我们也没有提供表象形式，因为 Image 不能仅通过调用 Image()就完全实现，因此，我们也没有提供__repr__()（或__str__()）的实现。如果用户对 Image 对象调用 repr()或 str()，那么 object.__repr__()这一基类实现将返回适当的字符串，比如 '<Image.Image object at 0x9c794ac>'。这是用于无法使用 eval()评估的对象的标准格式，十六进制数字是对象 ID——这是独一无二的（通常是对象在内存中所在地址），但是短暂的。

我们希望 Image 类的使用者可以保存与加载其图像数据，因此，我们提供了两个方法来完成这两个任务，分别为 save()与 load()。

为保存数据，我们采用的做法是对其进行 pickling，在 Python 中，pickling 是将 Python 对象进行序列化（转换为字节序列，或转换为字符串）的一种方法。pickling 之所以强大，是因为进行 pickling 处理的对象可以是组合数据类型，比如列表或字典，并且，即便要进行 pickling 处理的对象内部包含其他对象（包含其他组合类型，其中又可以嵌套地包含其他组合类型），仍然可以统一进行 pickling 处理——并且不会使得对象重复出现。

pickle 可以直接地读入到 Python 变量中——我们并不需要进行任何分析或解释处理，因此，使用 pickle 是存取与加载数据的特别集合时的一种理想选择，尤其对小程序以及个人使用的程序。然而，pickle 没有安全机制（没有加密，也没有数字签名），因此，加载来自不可信源的 pickle 可能是危险的。鉴于此，对那些不纯粹用于个人目的的程序，最好是创建一种专用于该程序的自定义文件格式。在第 7 章中，我们展示了如何对自定义的二进制、文本、XML 等文件格式进行读、写操作。

```python
def save(self, filename=None):
    if filename is not None:
```

```
                    self.filename = filename
                if not self.filename:
                    raise NoFilenameError()

                fh = None
                try:
                    data = [self.width, self.height, self.__background,
                            self.__data]
                    fh = open(self.filename, "wb")
                    pickle.dump(data, fh, pickle.HIGHEST_PROTOCOL)
                except (EnvironmentError, pickle.PicklingError) as err:
                    raise SaveError(str(err))
                finally:
                    if fh is not None:
                        fh.close()
```

该函数的第一部分纯粹用于处理文件名。如果创建 Image 对象时没有指定文件名
或没有设置文件名，就必须对 save()方法给定显式的文件名（对这种情况，可以采用
"另存为"的方式，并设置内部使用的文件名）。如果没有指定文件名，就使用当前的
文件名；如果没有当前使用的文件名，也没有指定文件名，就会产生异常。

我们创建一个列表（data）用于存放待存储的对象，包括 self.__data 字典（其中存
放坐标-颜色项），但不包含颜色集，因为该数据集可能被重构。之后，我们以二进制
写模式打开文件，并调用 pickle.dump()函数将数据对象写入到文件中。这一部分功能
实现完毕！

pickle 模块可以使用多种格式（在文档中称为 protocols）对数据进行序列化，不
同格式由 pickle.dump()的第三个参数指定。Protocol 0 表示的是 ASCII，在调试时是有
用的。我们使用了 protocol 3（pickle.HIGHEST_PROTOCOL），一种紧凑的二进制格
式，这也是为什么要以二进制格式打开文件。读取 pickle 时，没有指定 protocol——
pickle.load()函数完全可以推断出用于自己的 protocol。

```
            def load(self, filename=None):
                if filename is not None:
                    self.filename = filename
                if not self.filename:
                    raise NoFilenameError()

                fh = None
                try:
                    fh = open(self.filename, "rb")
                    data = pickle.load(fh)
                    (self.__width, self.__height, self.__background,
```

```
            self.__data) = data
            self.__colors = (set(self.__data.values()) |
                              {self.__background})
        except (EnvironmentError, pickle.UnpicklingError) as err:
            raise LoadError(str(err))
        finally:
            if fh is not None:
                fh.close()
```

这一函数开始时与 save()函数类似，获取待加载文件的文件名。文件必须以二进制读模式打开，并使用语句 data = pickle.load(fh)读入数据。data 对象是对保存的数据的精确重建，因此，这里实际上是一个列表，包括宽度与长度整数值、背景色字符串以及包含坐标-颜色项的字典。我们使用元组拆分来将 data 列表的项赋值到适当的变量中，因此，此前存放的图像数据将丢失（可接受的）。

颜色集合的重建是通过提取字典（包含坐标-颜色项）中的所有颜色，之后添加背景色实现的。

```
def export(self, filename):
    if filename.lower().endswith(".xpm"):
        self.__export_xpm(filename)
    else:
        raise ExportError("unsupported export format: " +
                          os.path.splitext(filename)[1])
```

我们提供了一个通用的导出方法，该方法使用文件扩展名确定调用哪一个私有方法——对无法导出的文件格式，则产生异常。这里，我们仅支持保存到.xpm 文件（仅对包含少于 8930 种颜色的图像）。我们没有给出__export_xpm()方法，因为该方法并不与本章的主题真正相关，但本书源代码中仍然包含了该方法。

到此为止，我们完全实现了自定义的 Image 类。该类是典型的用于存放程序特定数据的类，提供了对其中包含数据项的存取功能、从磁盘加载类数据、将类数据保存到磁盘等功能，以及需要提供的必要方法。接下来的两个小节中，我们将了解如何创建两个通用的自定义组合类型，并提供了完整的 API。

6.3.2 使用聚集创建组合类

在这一小节中，我们将实现一个完整的自定义组合数据类型 SortedList，该类型用于存放排序后的项列表，其中的项是使用操作符<进行排序的，由特殊方法__lt__()提供，或通过使用 key 函数（如果给定）实现。该类尝试匹配内置的 list 类的 API，以便尽可能易于学习和使用，但有些方法无法通过这种方式提供——比如，使用连接操作符（+）会导致项乱序，因此我们没有对其进行实现。

　　创建自定义类时，我们总是或者可以从某个类似的类进行集成，或从头开始创建，并在其中聚集任意其他类的实例。对 SortedList，我们使用的是数据的聚集；对下一小节中的 SortedDict，则同时使用聚集与继承。

　　在第 8 章中，我们将看到，类可以许诺提供哪些 API，比如，list 提供了 Mutable-Sequence API，这意味着支持 in 操作符、iter() 与 len() 等内置函数，以及项存取操作符（[]），以便获取、设置或删除相应项，还提供了一个 insert() 方法。这里实现的 SortedList 类不支持项设置，也没有包含 insert() 方法，因此也没有提供 MutableSequence API。如果 SortedList 的创建是继承自 list，那么生成的类是一个可变序列，但不支持完整的 API。鉴于此，SortedList 没有从 list 继承而来，因此也没有提供关于 API 的许诺。另一方面，下一小节中将要实现的 SortedDict 类则支持 dict 类提供的完整的 MutableMapping API，因此可以将其作为 dict 的子类实现。

　　下面给出几个基本的 SortedList 使用实例：

```
letters = SortedList.SortedList(("H", "c", "B", "G", "e"), str.lower)
# str(letters) == "['B', 'c', 'e', 'G', 'H']"
letters.add("G")
letters.add("f")
letters.add("A")
# str(letters) == "['A', 'B', 'c', 'e', 'f', 'G', 'G', 'H']"
letters[2] # returns: 'c'
```

　　SortedList 对象聚集（也即由其组成）了两个私有属性、一个 self.__key() 函数（以对象引用 self.__key 的形式存放）以及一个 self.__list 列表。

　　key 函数是作为第二个参数传递的（或者，如果没有给定初始的参数序列，则使用关键字参数 key 指定）。如果没有指定 key 函数，则使用下面的私有模块函数：

```
_identity = lambda x: x
```

　　这是 identity 函数，只是简单地返回未做改变的参数，因此，如果将这一函数用作 SortedList 的 key 函数，就意味着列表中每一对象的排序键就是对象本身。

　　SortedList 类型不允许项存取操作符（[]）改变某个项（因此没有实现特殊方法 __setitem__()），也没有提供 append() 方法与 extend() 方法，因为这两个方法可能导致列表中的排序失效。添加项的唯一方法是在创建 SortedList 时传递一个序列，或在以后使用 SortedList.add() 方法。另一方面，我们可以安全地使用项存取操作符来对给定索引位置处的项进行获取或删除，因为这两种操作都不会影响原有的排序，因此对特殊方法 __getitem__() 与 __delitem__() 都进行了实现。

　　现在我们将逐一查看这些类方法，与通常一样，这里仍然是从 class 行与初始化程序开始：

```
class SortedList:
```

```
        def __init__(self, sequence=None, key=None):
            self.__key = key or _identity
            assert hasattr(self.__key, "__call__")
            if sequence is None:
                self.__list = []
            elif (isinstance(sequence, SortedList) and
                    sequence.key == self.__key):
                self.__list = sequence.__list[:]
            else:
                self.__list = sorted(list(sequence), key=self.__key)
```

由于函数名实际上是对该函数的对象引用，因此我们可以将函数名存放在变量中，就像任何其他对象引用一样。这里，私有变量 self.__key 存放的就是对传递过来的 key 函数的对象引用，或者是对 identity 函数的对象引用。该方法的第一个语句所依据的原则是，操作符 or 将返回其第一个操作数（如果该操作数在 Boolean 上下文中为 True，比如一个非 None 的 key 函数就是这样），否则返回其第二个操作数。如果不容易理解，也可以使用一个稍长一些但含义更明显的语句 self.__key = key if key is not None else _identity。

具备 key 函数后，可以使用断言确保其是可调用的。内置的 hasattr()函数将返回 True，如果作为第一个参数传递的对象包含一个属性，那么此属性的属性名恰好作为该函数的第二个参数。相应的还有 setattr()函数与 delattr()函数——这些函数将在第 8 章中讲述。所有可调用的对象（比如函数与方法）都包含一个__call__属性。

为使得 SortedLists 的创建尽可能类似于 lists 的创建，我们有一个可选的 sequence 参数，对应于 list()接受的单独的可选参数。SortedList 类的私有变量 self.__list 中聚集了一个 list 组合，并使用给定的 key 函数对保存在聚集列表中的项进行排序存储。

elif 语句使用类型测试来判断给定的序列是否是 SortedList，如果是，那么是否具备与该排序列表一样的 key 函数，如果这些条件都满足，就简单地对该序列的列表进行浅拷贝，而不需要对其进行排序。如果大多数 key 函数都是使用 lambdaIf 创建的，即便有两个有相同的代码，但对其比较也不会有相等的结果，因此，所获得的效率提升在实践中可能并不会真正实现。

```
        @property
        def key(self):
            return self.__key
```

排序的列表创建后，其 key 函数就是固定的，因此我们将其作为一个私有变量进行保存，以免用户对其进行改变。但有些用户需要获取对 key 函数的对象引用（下一小节中将看到这一需求），因此，通过提供只读的 key 特性，可以存取该私有变量。

```
        def add(self, value):
            index = self.__bisect_left(value)
```

```
        if index == len(self.__list):
            self.__list.append(value)
        else:
            self.__list.insert(index, value)
```

调用这一方法时，必须保证给定的值插入到私有变量 self.__list 的正确位置，以保证列表的有序。私有方法 SortedList.__bisect_left()的作用是返回所需要的索引位置，稍后就将看到其功能。如果要插入的新值比列表中现有的任何值都大，那么必须防止列表的末尾处，此时索引位置将等于列表的长度（列表的索引位置从 0 到 len(L) − 1）——如果是这样的情况，就将新值追加到列表。否则，就将给定的值插入到适当的索引位置——如果待插入的值小于列表中的任何值，那么此时合适的索引位置将为 0。

```
        def __bisect_left(self, value):
            key = self.__key(value)
            left, right = 0, len(self.__list)
            while left < right:
                middle = (left + right) // 2
                if self.__key(self.__list[middle]) < key:
                    left = middle + 1
                else:
                    right = middle
            return left
```

这一私有方法用于计算给定值在列表中所处的索引位置。该方法使用排序列表的 key 函数计算给定值的比较键，并用其对该方法要检查的项的比较键进行比较。使用的算法为二叉搜索（也称为二叉剪枝），即便对非常大的列表，该算法也具备很好的性能——比如，对包含 1 000 000 项的列表，为确定某个值的索引位置，至多需要 21 次比较[*]。与这一算法相比，如果使用线性查找算法，要在包含 1 000 000 项的列表中确定某个值的索引位置，则平均需要进行 500 000 次比较操作，最坏的情况下甚至需要进行 1 000 000 次比较操作。。

```
        def remove(self, value):
            index = self.__bisect_left(value)
            if index < len(self.__list) and self.__list[index] == value:
                del self.__list[index]
            else:
                raise ValueError("{0}.remove(x): x not in list".format(
                        self.__class__.__name__))
```

这一方法用于移除给定值的首次出现。该方法使用 SortedList.__bisect_left()方法寻找该值所处的索引位置，并测试该位置是否处于列表范围之内，以及该位置的项与给

---

[*] Python 的 bisect 模块提供了 bisect.bisect_left()函数以及其他一些函数，但在本书写作时，该模块中的函数都不能用于 key 函数。

定值是否相等。如果这些条件满足，就移除该项，否则产生一个 ValueError 异常（这也是 list.remove()对同一情况所做的事情）。

```
def remove_every(self, value):
    count = 0
    index = self.__bisect_left(value)
    while (index < len(self.__list) and
            self.__list[index] == value):
        del self.__list[index]
        count += 1
    return count
```

这一方法与 SortedList.remove()方法类似，是对列表 API 的扩展。该方法首先从寻找给定值在列表中首次出现的位置开始，只要索引位置处于列表范围之内，并且索引位置处的项与给定值相同，就进行循环。这段代码稍有些微妙，因为每次迭代时，匹配项都会被删除，从而在每次删除后，给定索引位置处的项变为原来跟随在其后的项。

```
def count(self, value):
    count = 0
    index = self.__bisect_left(value)
    while (index < len(self.__list) and
            self.__list[index] == value):
        index += 1
        count += 1
    return count
```

这一方法将返回给定值在列表中出现的次数（可以是 0）。其中使用的算法与 SortedList.remove_every()很类似，只不过这里每次迭代时必须递增索引位置。

```
def index(self, value):
    index = self.__bisect_left(value)
    if index < len(self.__list) and self.__list[index] == value:
        return index
    raise ValueError("{0}.index(x): x not in list".format(
                        self.__class__.__name__))
```

由于 SortedList 是有序的，因此我们可以使用快速的二叉查找以便发现（或报告找不到）列表中的给定值。

```
def __delitem__(self, index):
    del self.__list[index]
```

特殊方法__delitem__()提供了对语法格式 del L[n]的支持，其中，L 是一个排序后的列表，n 是代表索引位置的整数值。我们没有对索引位置是否处在列表范围内进行测试，因为如果对列表范围之外的索引位置调用 self.__list[index]，就会产生 IndexError

异常，而这是我们所需要的程序行为。

```
def __getitem__(self, index):
    return self.__list[index]
```

这一方法提供了对语法格式 x = L[n] 的支持，其中 L 是一个排序后的列表，n 是代表索引位置的整数值。

```
def __setitem__(self, index, value):
    raise TypeError("use add() to insert a value and rely on "
                    "the list to put it in the right place")
```

我们不希望用户对给定索引位置处的项进行改变（因此 L[n] = x 是不允许的），因为这种改变可能会使得列表的有序性被破坏。TypeError 异常用于表明某操作不被某个特定数据类型所支持。

```
def __iter__(self):
    return iter(self.__list)
```

这一方法易于实现，因为我们可以使用内置的 iter() 函数返回私有列表的迭代子。这一方法提供了对语法格式 for value in iterable 的支持。

注意，使用这一方法时，需要提供一个序列。因此，如果需要将 SortedList（比如 L）转换为一个普通列表，我们可以调用 list(L)，此时 Python 将调用 SortedList.__iter__(L) 来提供 list() 函数所需要的序列。

```
def __reversed__(self):
    return reversed(self.__list)
```

这一方法提供对内置的 reversed() 函数的支持，借助于这种支持，我们才可以使用语法格式 for value in reversed(iterable)。

```
def __contains__(self, value):
    index = self.__bisect_left(value)
    return (index < len(self.__list) and
            self.__list[index] == value)
```

__contains__() 方法提供了对操作符 in 的支持，在该方法中，我们再一次使用了快速的二叉查找，而没有使用普通 list 使用的很慢的线性搜索。

```
def clear(self):
    self.__list = []

def pop(self, index=-1):
    return self.__list.pop(index)

def __len__(self):
    return len(self.__list)
```

```
def __str__(self):
    return str(self.__list)
```

SortedList.clear()方法将清空给定列表，并返回一个新的空列表。SortedList.pop()方法移除并返回给定索引位置处的项，如果给定索引位置超出列表范围，就产生IndexError 异常。对 pop()、__len__()以及__str__()等方法，我们简单地将工作传递给聚集的 self.__list 对象。

我们没有重新实现特殊方法__repr__()，因此，在执行语句 repr(L)时（L 是 SortedList），基类的 object.__repr__()方法将被调用，并生成一个类似于 '<SortedList.SortedList object at 0x97e7cec>' 的字符串，当然，十六进制的 ID 值是变化的。我们没有提供一个可感知的__repr__()实现，因为我们需要给定 key 函数，并且我们不能将函数对象引用表示为可以使用 eval()评估的字符串。

我们没有实现 insert()、reverse()、sort()等方法，因为对我们要实现的类而言，这些方法是没有意义的，如果调用这些方法，就会产生 AttributeError 异常。

如果我们使用 L[:]这一惯用法来对排序后的列表进行复制，就会得到一个普通的 list 对象，而不是一个 SortedList。要获取 SortedList 的副本，最简单的方法是导入 copy 模块，之后使用 copy.copy()函数——该函数足以赋值排序后的列表（以及大多数其他自定义类的实例），而不需要其他操作。不过，我们还是提供了一个显式的 copy()方法：

```
def copy(self):
    return SortedList(self, self.__key)
```

通过将 self 作为第一个参数，我们可以确保 self.__list 被简单地浅拷贝，而不是在被拷贝时进行重新排序。（这主要借助于__init__()方法中用于类型测试的 elif 语句。）以这种方式进行复制的理论上的性能优势对 copy.copy()函数是不可用的，但通过如下一行代码，可以很容易地做到这一点。

```
__copy__ = copy
```

copy.copy()被调用时，将首先尝试使用对象的特殊方法__copy__()，如果对象没有提供该方法就再返回执行自己的代码。对排序后列表，copy.copy()将使用 SortedList.copy()方法。（提供特殊方法__deepcopy__()也是可能的，但这一方法的实现涉及的因素较多——copy 模块的在线文档包含相关的详细信息。）

到此为止，我们完全实现了 SortedList 类。在下一小节中，我们将使用 SortedList 为 SortedDict 类提供排序后的键列表。

6.3.3 使用继承创建组合类

本小节中展示的 SortedDict 类将尽可能地模拟 dict。主要的差别在于，SortedDict

的键总是基于指定的 key 函数或 identity 函数进行排序。SortedDict 提供了与 dict 相同的 API（除了有一个不能使用 eval()评估的 repr()之外），并添加了两个额外的方法，仅对有序的组合有效*。

下面给出几个实例，有助于理解 SortedDict 的工作方式：

```
d = SortedDict.SortedDict(dict(s=1, A=2, y=6), str.lower)
d["z"] = 4
d["T"] = 5
del d["y"]
d["n"] = 3
d["A"] = 17
str(d) # returns: "{'A': 17, 'n': 3, 's': 1, 'T': 5, 'z': 4}"
```

SortedDict 的实现同时使用了聚集与继承。排序后的键列表聚集为一个实例变量，而 SortedDict 类本身则继承自 dict 类。我们从 class 行与初始化程序开始查看代码，之后依次讲解所有其他方法。

```
class SortedDict(dict):

    def __init__(self, dictionary=None, key=None, **kwargs):
        dictionary = dictionary or {}
        super().__init__(dictionary)
        if kwargs:
            super().update(kwargs)
        self.__keys = SortedList.SortedList(super().keys(), key)
```

基类 dict 是在 class 行指定的。初始化程序尝试模拟 dict()函数，但添加了另一个用于 key 函数的参数。super().__init__()调用用于使用基类的 dict.__init__()方法来初始化 SortedDict。类似地，如果使用了关键字参数，我们就使用基类的 dict.update()方法将其添加到字典中。（注意，任何关键字参数都只接受其出现一次，因此，关键字参数 kwargs 中的每个键都不能是"dictionary"或"key"。）

我们将字典所有键的副本保存在一个有序的列表中，存放在变量 self.__keys 中。我们需要传递字典的键，以便对该排序列表进行初始化（使用基类的 dict.keys()方法）——我们不能使用 SortedDict.keys()，因为该方法依赖于 self.__keys 变量，而这一变量只有在创建了键的 SortedList 后才是可用的。

```
    def update(self, dictionary=None, **kwargs):
        if dictionary is None:
            pass
        elif isinstance(dictionary, dict):
```

---

* 这里给出的 SortedDict 类不同于本书作者在另一本书《Rapid GUI Programming with Python and Qt》（ISBN 0132354187）中给出的类，也不同于 Python Package Index 中给出的类。

```
                        super().update(dictionary)
                else:
                    for key, value in dictionary.items():
                            super().__setitem__(key, value)
            if kwargs:
                super().update(kwargs)
            self.__keys = SortedList.SortedList(super().keys(),
                                                    self.__keys.key)
```

这一方法用于更新某个字典项，这种更新或者使用另一个字典项，或者使用关键字参数，或者两者同时使用。用于更新的字典项只能存在于其他字典中，对于键同时存在于两个字典中的项，则使用其他字典中该键对应的值替代本字典中该键对应的值。我们需要对这一行为稍进行一些扩展，因为我们需要存放原始字典的 key 函数，即便另一个字典可能是 SortedDict。

更新过程分为两个阶段。首先，我们更新字典的项。如果给定的字典是一个 dict 子类（当然，这也包括 SortedDict），我们使用基类的 dict.update()方法来进行更新——使用基类的方法可以有效避免递归调用 SortedDict.update()并进入无限循环。如果给定的字典不是一个 dict，我们就对字典项进行迭代，并单独设置每个键-值对。（如果字典对象不是一个 dict，也没有提供 items()方法，就会产生 AttributeError 异常。）如果关键字参数已使用，我们就再一次调用基类的 update()方法。

更新导致的一个后果是 self.__keys 列表已经不是最新版本，因此，我们对其进行替代，这是使用字典键的新 SortedList（再次从基类获取，因为 SortedDict.keys()方法依赖于 self.__keys 列表，而该列表处于更新过程中）、原始有序列表的 key 函数实现的。

```
@classmethod
def fromkeys(cls, iterable, value=None, key=None):
    return cls({k: value for k in iterable}, key)
```

dict API 包括 dict.fromkeys()类方法，这一方法用于创建新的字典（基于一个 iterable）。iterable 中的每个元素都成为一个键，每个键对应的值或者是 None，或者是指定值。

由于这是一个类方法，因此第一个参数是由 Python 提供的，也即该类本身。对 dict 而言，该类就是 dict；对 SortedDict 而言，该类就是 SortedDict。返回值则是给定类的一个字典，比如：

```
class MyDict(SortedDict.SortedDict): pass
d = MyDict.fromkeys("VEINS", 3)
str(d)          # returns: "{'E': 3, 'I': 3, 'N': 3, 'S': 3, 'V': 3}"
d.__class__.__name__        # returns: 'MyDict'
```

因此，当继承的类方法被调用时，其 cls 变量被设置为正确的类，就像调用通常的方法时将其 self 变量设置为当前对象一样。这种做法不同于并优于静态方法，因为静态方法是与特定类绑定的，并且无法获知是在原始类还是某个子类的上下文中执行。

```
def __setitem__(self, key, value):
    if key not in self:
        self.__keys.add(key)
    return super().__setitem__(key, value)
```

这一方法提供了对语法格式 d[key] = value 的支持，如果 key 不存在于字典中，就将其添加到键列表中，并依赖于 SortedList 将其放置到合适的位置。之后调用基类方法，并将其结果返回给调用者以支持结链操作，比如 x = d[key] = value。

注意，在 if 语句中，我们使用 not in self 来检查某个键是否已经存在于 SortedDict 中。由于 SortedDict 继承自 dict，因此在需要 dict 的地方都可以使用 SortedDict，这里，self 是一个 SortedDict。在 SortedDict 中重新实现 dict 方法时，如果需要调用基类的该方法以便其为我们做一些工作，就必须注意使用 super() 调用该方法，就像上面的最后一条语句那样，这样做可以防止该方法在实现时调用自身并进入无限递归。

生成器函数

生成器函数或生成器方法中包含了一个 yield 表达式。调用生成器函数时，会返回一个迭代子，值从迭代子中每次提取一个（通过调用其 __next__() 方法）。每次调用 __next__() 时，生成器函数的 yield 表达式的值（如果未指定就是 None）都会返回。如果生成器函数结束或执行一个 return，就产生 StopIteration 异常。

在实际编程时，我们极少调用 __next__() 或捕获 StopIteration 异常，我们只是像任何其他迭代子一样使用生成器。下面给出两个几乎等价的函数，左边的返回一个列表，右边的则返回一个生成器。

```
# Build and return a list            # Return each value on demand
def letter_range(a, z):              def letter_range(a, z):
    result = []                          while ord(a) < ord(z):
    while ord(a) < ord(z):                   yield a
        result.append(a)                     a = chr(ord(a) + 1)
        a = chr(ord(a) + 1)
    return result
```

我们可以使用 for 循环对上面任意一个函数产生的结果进行迭代，比如 for letter in letter_range("m", "v"):。但如果需要一个上面结果中字符的列表，对左边的函数调用 letter_range("m", "v") 已足够，但对右边的生成器函数，我们必须使用 list(letter_range("m", "v"))。

第 8 章将对生成器函数与方法（以及生成器表达式）进行更深入、全面的讲解。

我们没有重新实现 __getitem__() 方法，因为基类的该方法可以正确工作，并且不会对键的顺序产生影响。

```
def __delitem__(self, key):
```

```
        try:
            self.__keys.remove(key)
        except ValueError:
            raise KeyError(key)
        return super().__delitem__(key)
```

这一方法提供了对语法格式 del d[key]的支持，如果该键不存在，那么 Sort-edList.remove()调用会产生 ValueError 异常。发生这种情况，我们会捕获该异常，并产生 KeyError 异常，以便与 dict 类的 API 匹配。否则，就返回调用基类方法的结果，并从字典本身删除给定键对应的项。

```
    def setdefault(self, key, value=None):
        if key not in self:
            self.__keys.add(key)
        return super().setdefault(key, value)
```

如果键存在于字典中，这一方法返回其对应值，否则使用给定的键与值创建一个新项，并返回值。对 SortedDict，我们必须确保该键被添加到键列表（如果该键尚未存在于字典中）。

```
    def pop(self, key, *args):
        if key not in self:
            if len(args) == 0:
                raise KeyError(key)
            return args[0]
        self.__keys.remove(key)
        return super().pop(key, args)
```

如果给定的键存在于字典中，这一方法会返回对应的值，并从字典中移除该键-值对，另外要注意该键也必须从键列表中移除。

这一方法的实现是很微妙的，因为 pop()方法必须支持两种不同的行为以便与 dict.pop()匹配。第一种是 d.pop(k)，这里将返回键 k 对应的值，如果没有键 k 存在，就产生 KeyError 异常。第二种是 d.pop(k, value)，这里将返回 k 对应的值，如果没有键 k 存在，就返回值（可以是 None）。对所有这些情况，如果键 k 存在，那么相应的项将被移除。

```
    def popitem(self):
        item = super().popitem()
        self.__keys.remove(item[0])
        return item
```

dict.popitem()方法移除并返回字典中一个随机的键-值对。我们必须首先调用该方法的基类版，因为我们不能预先知道哪个项将被移除。该方法从键列表中移除相应项的键，之后返回该项。

```
def clear(self):
    super().clear()
    self.__keys.clear()
```

上面的方法用于清除字典的所有项，以及键列表中的所有项。

```
def values(self):
    for key in self.__keys:
        yield self[key]
def items(self):
    for key in self.__keys:
        yield (key, self[key])


def __iter__(self):
    return iter(self.__keys)


keys = __iter__
```

字典有 4 个返回迭代子的方法：dict.values()返回字典的值；dict.items()返回字典的键-值对；dict.keys()返回字典的键；特殊方法__iter__()则提供对语法格式 iter(d)的支持，并对键进行操作。（实际上，这些方法的基类版本会返回字典视图，但对于大多数用途，这里实现的迭代子的行为是相同的。）

由于__iter__()方法与 keys()方法有相同的行为，因此，我们没有实现 keys()，而只是简单地创建了称为 keys 的对象引用，并将其设置为指向__iter__()方法。在此条件下，SortedDict 的使用者可以调用 d.keys()或 iter(d)，以便获取一个对字典键进行迭代的迭代子，就像调用 d.values()来获取对字典值进行迭代的迭代子一样。

values()方法与 items()方法都是生成器方法——参见"生成器函数"，可以看到一个对生成器方法的简要解释。两种情况都是对排序的键列表进行迭代，因此总是返回以键顺序（键顺序依赖于赋予初始化程序的 key 函数）进行迭代的迭代子。对 items()方法与 values()方法，值是使用语法格式 d[k]进行查询的（在内部是使用 dict.__getitem__()方法），因为我们可以将 self 看做一个 dict。

```
def __repr__(self):
    return object.__repr__(self)


def __str__(self):
    return ("{" + ", ".join(["{0!r}: {1!r}".format(k, v)
                             for k, v in self.items()]) + "}")
```

我们不能提供 SortedDict 的可使用 eval()评估的表示形式，因为我们不能产生 key 函数的可使用 eval()评估的表示形式。因此，对于__repr__()的重新实现，我们绕过了 dict.__repr__()，并调用终极的基类版本 object.__repr__()，这将产生一个不可使用 eval()

评估的表示形式的字符串，比如 '<Sorted-Dict.SortedDict object at 0xb71fff5c>'。

我们自己实现了 SortedDict.__str__()方法，因为我们希望输出信息按照排序后的键顺序展示项。这一方法可以写成如下形式：

```
items = []
for key, value in self.items():
    items.append("{0!r}: {1!r}".format(key, value))
return "{" + ", ".join(items) + "}"
```

使用列表表示形式更加简短，并且不需要使用临时变量 items。

基类方法 dict.get()、dict.__getitem__()（支持语法格式 v = d[k] syntax）、dict.__len__()（支持语法格式 len(d)）以及 dict.__contains__()（支持语法格式 x in d）都可以正确工作，并且不影响键顺序，因此不需要对其进行重新实现。

我们必须实现的最后一个 dict 方法是 copy()。

```
def copy(self):
    d = SortedDict()
    super(SortedDict, d).update(self)
    d.__keys = self.__keys.copy()
    return d
```

最简单的重新实现方式是 def copy(self): return SortedDict(self)。我们选择使用了稍复杂的一种解决方案，以便防止对已排序的键进行重新排序。我们创建了一个空的排序字典，之后使用原始排序字典中的项对其进行更新，更新时使用基类的 dict.update()方法，从而不需要重新实现 SortedDict.update()，此外，还使用原始的浅拷贝替换字典的 self.__keys SortedList。

不带参数调用 super()时，该方法将针对基类与 self 对象进行工作。但我们也可以显式地传递类与对象，以便该方法可用于任何类与任何参数。使用这种语法，super()调用可以对给定类的直接基类进行操作，因此，这种情况下，代码与 dict.update(d, self)的效果相同（也可以写成这种形式）。

鉴于 Python 提供的排序算法非常快，尤其是对部分排序列表具有更优化的结果，因此，除了特别大的字典，本方法所能获取的效率提升可能很小，甚至没有，然而，实践表明，至少在理论上，自定义的 copy()方法可以比 copy_of_x = ClassOfX(x)（这是 Python 内置的类型支持）高效得多。就像我们对 SortedList 所做的一样，我们设置了__copy__ = copy 这样一条语句，以便 opy.copy()函数使用我们自定义的复制方法而不是使用其自己的代码。

```
def value_at(self, index):
    return self[self.__keys[index]]

def set_value_at(self, index, value):
    self[self.__keys[index]] = value
```

这两种方法代表了对 dict API 的扩展。与普通 dict 不同，SortedDict 是有序的，因此，键索引位置是可以使用的。比如，字典中的第一项所在索引位置为 0，最后一项所在索引位置为 len(d) – 1。这些方法都可以工作于那些键存在于排序后键列表中的字典项。借助于继承，我们可以将项存取操作符[]直接用于 self，以便对 SortedDict 的值进行查询（因为 self 是一个 dict）。如果给定的索引位置超出了列表范围，那么方法将产生 IndexError 异常。

到此为止，我们完全实现了 SortedDict 类。以这种方式创建完全的通用组合类并不常见，但这样做时，Python 的特殊方法使得我们可以完全整合所创建的类，因此用户可以将其当作内置类或标准库中的类一样对待。

6.4 总结

本章介绍了 Python 对面向对象程序设计所提供的支持的所有基础知识。我们从展示纯过程型程序设计的一些不足、如何使用面向对象来克服这些不足开始，之后描述了面向对象程序设计中一些最常见的术语，包括很多"重复的"术语，比如基类与超级类。

我们了解了如何使用数据属性与自定义方法来创建简单类，也学习了如何继承类并为其添加额外的数据属性与方法，以及如何对某些不需要的方法进行"取消实现"——在继承了某个类但又需要子类可以提供的方法进行一些约束时，取消实现是必要的，但使用时需要慎重，因为这会打破使用者对子类的期望——也即可以使用父类的地方应该都可以使用子类，因而，取消实现破坏了多态性。

自定义类可以完全无缝地进行集成，以便其支持与 Python 内置类以及库类一样的语法格式。这是通过特殊方法实现的。我们学习了如何实现特殊方法以便支持比较操作，如何提供表象形式与字符串形式，以及如何提供到其他类型比如 int 与 float 的转换功能（前提是这种转换有意义）。我们也学习了如何实现__hash__()方法，以便使得自定义类的实例可以用作字典的键或作为集合的成员。

数据属性本身并没有提供一种机制来保证其被设置为有效值。我们了解了使用特性来替换数据属性是多么简单——而这使得我们可以创建只读的特性，对可写的特性，也可以很容易地进行验证。

我们所创建的大多数类都是"不完全的"，因为在创建自定义类时，我们实际上只需要提供那些确实需要的方法。这对 Python 而言是可以正确工作的，但创建完整的自定义类并使其提供每个相关的方法也是可能的。我们了解了如何为单值型类实现这一点，这是通过同时使用聚集与继承（使其更紧凑）实现的。我们也学习了如何为多值型类（组合型）实现这一点。自定义组合类可以提供与内置组合类一样的功能，包括对操作符 in、函数 len()、iter()、reversed()以及项存取操作符[]的支持功能。

我们知道了对象的创建与初始化是两个单独的过程，Python 允许我们对其进行分别控制，尽管在几乎所有情况下，我们只需要对初始化过程进行自定义实现。我们也了解到，虽然返回对象的固定数据属性总是安全的，但是对可变数据属性，我们通常应该只是返回其副本，以避免对象的内部状态泄漏并被无意修改。

Python 提供了通常方法、静态方法、类方法以及模块函数。我们知道，大多数方法都是通常方法，类方法偶尔也是很有用的。静态方法很少使用，因为类方法或模块函数几乎总是更好的选择。

内置的 repr()方法会调用对象的特殊方法__repr__()。在可能的地方，eval(repr(x)) == x，并且学习了如何支持这一表达式。在无法产生可使用 eval()评价的表示字符串时，我们使用基类的 object.__repr__()方法来产生以标准格式表示的、不使用 eval()评价的表示。

使用内置的 isinstance()函数进行类型测试会带来一些效率上的好处，尽管面向对象程序设计中几乎总是避免这一函数的使用。对基类方法的存取是通过调用内置的 super() 函数实现的，当需要在子类内部对方法进行重新实现时，调用这一函数可以有效地避免无限递归。

生成器函数与方法进行懒惰计算（Lary evaluntion），在每次收到请求时返回（通过 yield 表达式）每个值，并在值超出了范围时产生一个 StopIteration。生成器可用在需要迭代子的任意时刻，对有限生成器，其所有的值都可以被提取到一个元组或列表中，这是通过将生成器返回的迭代子传递给 tuple()或 list()实现的。

与纯过程型程序设计方法相比，面向对象方法几乎总是可以简化实现代码。通过自定义类，我们可以保证只提供有效的操作（因为我们只实现适当的方法），并且没有哪个操作会将对象置于无效的状态（比如，使用特性来进行验证）。通过面向对象方法，我们的程序风格就可能会从使用全局数据结构与全局函数，转变到创建自定义类并实现那些可用于自定义类的方法。通过面向对象方法，使得将数据以及对数据有意义的方法进行打包成为可能，这种打包有助于避免将所有数据与函数混合在一起，有助于产生可维护性强的程序，因为相关的功能都被集中到单个的类中。

6.5 练习

前两个练习涉及到对类进行修改，本章讲解了这方面的知识，后两个练习则主要是从头开始创建新类。

1. 修改 Point 类（Shape.py 中或 ShapeAlt.py 中），使其支持如下的操作，其中，p、q 与 r 都是 PointS，n 是一个数字：

```
p = q + r        # Point.__add__()
p += q           # Point.__iadd__()
```

```
p = q - r        # Point.__sub__()
p -= q           # Point.__isub__()
p = q * n        # Point.__mul__()
p *= n           # Point.__imul__()
p = q / n        # Point.__truediv__()
p /= n           # Point.__itruediv__()
p = q // n       # Point.__floordiv__()
p //= n          # Point.__ifloordiv__()
```

该方法总计只有 4 行代码（包括 def 行），其他方法每个只有两行（包括 def 行），当然，这些方法都是非常类似也非常简单的，为每个方法添加最简单的描述与 doctest，需要大概 130 行。对这一练习，Shape_ans.py 提供了一个解决方案，同样的代码在 ShapeAlt_ans.py 中也有实现。

2. 修改 Image.py 类，使其提供方法 resize(width, height)。如果新的宽度值与高度值小于当前值，那么新边界之外的任意颜色都必须删除。如果 width 与 height 中的某个为 None，就使用当前值。最后，要确保重新生成了 self.__colors 集。返回一个 Boolean，以指明是否进行了改变。该方法可以少于 20 行代码实现（包括 docstring 与简单的 doctest 后要少于 35 行）。Image_ans.py 中提供了对本练习的解决方案。

3. 实现一个 Transaction 类，该类接受 amount、date、currency（默认为 "USD" ——U.S. dollars）、USD 转换汇率（默认为 1）、description（默认为 None）等属性信息。所有数据属性都必须是私有属性。该类提供如下一些只读特性：amount、date、currency、usd_conversion_rate、description、usd（由 amount * usd_conversion_rate 计算得到）。该类可以由大概 60 行代码实现，包括一些简单的 doctests。文件 Account.py 提供了用于这一练习（以及下一练习）的解决方案。

4. 实现一个 Account 类，其中存放账号编号、账号名以及一个 Transactions 列表。账号编号应该是只读特性，账号名应该是可读写的特性，并使用断言来保证账号名至少有 4 个字符长。该类应该支持内置的 len()函数（返回交易列表的长度），并提供两个可计算的只读特性：balance，返回账号的 balance（以 USD 为单位）；all_usd，如果所有交易以 USD 为单位，就返回 True，否则返回 False。此外还应该提供 3 个其他方法：apply()，用于 apply（add）一个交易；以及 save()与 load()。save()与 load()方法应该使用二进制 pickle，文件名则是账号编号带扩展名.acc，这两个方法用于实现账号编号、账号名以及所有交易的存储与加载功能。该类的实现大概需要 90 行代码，并带一些简单的 doctests，包括用于存储与加载的相关代码，比如 name = os.path.join(tempfile.gettem- pdir(), account_name)用于提供适当的临时文件名，并确保在测试完毕后删除临时文件。Account.py 文件提供了针对本练习的解决方案。

第 **7** 章

文件处理

　　大多数程序都需要向文件中存储或从文件中加载信息，比如数据或状态信息。Python 提供了多种实现方式，在第 3 章中，我们简要地介绍了如何处理文本文件，在上一章中介绍了 pickles。在本章中，我们将更深入全面地介绍文件处理的相关知识与方法。

　　本章展示的所有技术都是平台无关的，这意味着，在某种操作系统/处理器体系结构组合平台上使用某实例程序保存的文件，也可以在另一种不同的操作系统/处理器体系结构组合平台上使用同样的程序加载。如果你在自己的程序中使用本章实例程序中使用的相关技术，就可以做到这一点。

　　本章的前 3 节展示了从磁盘中加载整个数据集（或将整个数据集保存到磁盘中）的一些常见情况。第 1 节展示了如何使用二进制文件格式做到这一点，其中一小节中使用了（可选地压缩）pickles，另一小节中则手动完成。第 2 节展示了如何处理文本文件，写文本文件是容易实现的，将其读回则有些棘手（如果我们需要处理非文本数据，比如数字与日期）。我们展示了两种分析文本文件的方法，一种是人工完成，另一种是借助于正则表达式来完成。第 3 节展示了如何读、写 XML 文件，包括使用元素树写入与分析文件、使用 DOM（文档对象模型）写入与分析文件，以及使用 SAX（用于 XML 的简单 API）手动地写入与分析文件等内容。

　　第 4 节展示了如何处理随机存取二进制文件，在每个数据项同样大小以及数据项数量超过内存中所能承载（或适合承载）的情况下，随机存取是有用的。

　　哪种文件格式最适合用于存储整个数据集——二进制、文本还是 XML？这些问题都严重地依赖于具体的上下文，也无法给出一个权威的答案，特别地，每种文件格式以及每种文件处理方式都有各自的优缺点。我们展示了所有这些内容，以便有助于读者以每种情况为基础做出合理的选择。

　　二进制格式的存储与加载通常都是非常快的，并且也是非常紧凑的。二进制数据不需要分析，因为每种数据类型都是使用其自然表示形式存储的，但二进制数据不是那种适合阅读或可编辑的数据格式，如果不具备该格式的详细信息，那么创建工具来操纵二进制数据是不太可能的。

文本格式适合阅读，并且是可编辑的，这使得使用单独的工具对文本文件处理变得容易，也可以很容易地使用文本编辑器对其内容进行修改。文本格式的分析可能并不那么简单，如果文本文件格式被破坏（比如不小心地进行编辑），那么给出错误消息有时并不容易。

XML 格式适合阅读，并且是可编辑的，尽管这种格式非常详细，并可能创建很大的文件。XML 格式可以使用单独的工具进行处理。XML 文件格式的分析是直接的（如果我们使用 XML 分析器而非手动进行），有些分析器还具备很好的错误报告功能。XML 分析器速度可能会较慢，因此，读入很大的 XML 文件时，会比读入同样大小的二进制文件或文本文件耗费更多的时间资源。XML 包括元数据，比如字符编码（隐式的或显式的），这在文本文件中不常提供，但这使得 XML 比文本文件具有更强的便携性。

文本格式通常对终端用户而言是最便利的，但有时受限于性能因素，使得二进制格式成为最合理的选择。然而，为 XML 提供导入/导出功能总是有用的，因为这使得使用第三方工具处理文件成为可能，而同时又不会阻止程序在对文件进行通常处理时使用最适宜的文本格式或二进制格式。

本章的前 3 节使用了同样的数据集：一组航空器事故记录。图 7-1 展示了记录中的名称、数据类型以及验证约束等信息。我们正在处理的是什么数据并不重要，重要的是我们要学会处理基本的数据类型，包括字符串、整数、浮点数、布尔型数值、日期等。如果我们学会了处理这些，就可以处理任何其他类型的数据。

Name	Data Type	Notes
report_id	str	Minimum length 8 and no whitespace
date	datetime.date	
airport	str	Nonempty and no newlines
aircraft_id	str	Nonempty and no newlines
aircraft_type	str	Nonempty and no newlines
pilot_percent_hours_on_type	float	Range 0.0 to 100.0
pilot_total_hours	int	Positive and nonzero
midair	bool	
narrative	str	Multiline

图 7-1　航空器事故记录

通过将同样的航空器事故数据集用于二进制、文本格式与 XML 等格式，可以比较不同数据格式的处理过程以及处理这些数据所需的代码。图 7-2 展示了用于读、写每种代码格式所需的代码行数以及总数。

文件大小基于 596 个航空器事故记录中的一个特定样本，是个近似值[*]。同样的数

---

[*] 我们使用的数据是基于真实的航空器事故数据，从 FAA（美国联邦航空管理局，www.faa.gov）可以获取。

据使用不同文件名并以压缩的二进制格式保存时，大小会有一些字节的差异，因为文件名也包含在压缩后的数据中，而文件名的长度是不同的。类似地，XML 文件的大小也会有变化，因为有些 XML 写入器为文本数据内的引号使用实体（"用于表示"，'用于表示'），而有些并不这样做。

Format	Reader/Writer	Reader + Writer Lines of Code		Total Lines of Code	Output File Size (~KB)
Binary	Pickle (gzip compressed)	20 + 16	=	36	160
Binary	Pickle	20 + 16	=	36	416
Binary	Manual (gzip compressed)	60 + 34	=	94	132
Binary	Manual	60 + 34	=	94	356
Plain text	Regex reader/manual writer	39 + 28	=	67	436
Plain text	Manual	53 + 28	=	81	436
XML	Element tree	37 + 27	=	64	460
XML	DOM	44 + 36	=	80	460
XML	SAX reader/manual writer	55 + 37	=	92	464

图 7-2　航空器事故文件格式读入者/写入者比较

前 3 节中的代码均取自同一个程序 convert-incidents.py。该程序用于以某种格式读取航空器事故数据，之后以另一种格式写入。下面给出的是该程序的控制台帮助文本。（为与本书页面宽度相适应，对其进行了适当调整。）

```
Usage: convert-incidents.py [options] infile outfile
Reads aircraft incident data from infile and writes the data to
outfile. The data formats used depend on the file extensions:
.aix is XML, .ait is text (UTF-8 encoding), .aib is binary,
.aip is pickle, and .html is HTML (only allowed for the outfile).
All formats are platform-independent.

Options:
  -h, --help          show this help message and exit
  -f, --force         write the outfile even if it exists [default: off]
  -v, --verbose       report results [default: off]
  -r READER, --reader=READER
                      reader (XML): 'dom', 'd', 'etree', 'e', 'sax', 's'
                      reader (text): 'manual', 'm', 'regex', 'r'
                      [default: etree for XML, manual for text]
  -w WRITER, --writer=WRITER
                      writer (XML): 'dom', 'd', 'etree', 'e',
                      'manual', 'm' [default: manual]
```

```
-z, --compress    compress .aib/.aip outfile [default: off]
-t, --test        execute doctests and exit (use with -v for verbose)
```

程序给出的选项要比通常情况下的需求复杂得多，因为终端用户一般并不会关心对哪种特定格式使用的是什么读取器或写入器。在一个更贴近实际的程序版本中，读取器或写入器选项将不会存在，并且我们对每种数据格式只会实现唯一的一种读取器或写入器。类似地，测试选项在这里的作用是为了便于对程序进行测试，而在实际的程序中将不复存在。

该程序定义了一个自定义异常：

```python
class IncidentError(Exception): pass
```

航空器事故存放在 Incident 对象中，下面给出的是其 class 行以及初始化程序：

```python
class Incident:
    def __init__(self, report_id, date, airport, aircraft_id,
                 aircraft_type, pilot_percent_hours_on_type,
                 pilot_total_hours, midair, narrative=""):
        assert len(report_id) >= 8 and len(report_id.split()) == 1, \
               "invalid report ID"
        self.__report_id = report_id
        self.date = date
        self.airport = airport
        self.aircraft_id = aircraft_id
        self.aircraft_type = aircraft_type
        self.pilot_percent_hours_on_type = pilot_percent_hours_on_type
        self.pilot_total_hours = pilot_total_hours
        self.midair = midair
        self.narrative = narrative
```

报告 ID 是在创建 Incident 类时进行验证的，并且作为只读的 report_id 特性形式存在。所有其他的数据属性都是读/写属性。比如，下面给出的是 data 这一特性的代码：

```python
@property
def date(self):
    return self.__date

@date.setter
def date(self, date):
    assert isinstance(date, datetime.date), "invalid date"
    self.__date = date
```

所有其他特性遵循相同的模式，不同之处仅在于使用不同的断言，因此我们在这里不一一赘述。由于我们使用了断言，因此，如果尝试使用无效数据创建 Incident，或者试图将现存的某个事故记录的读/写特性设置为无效值，那么程序就会失败。我们选择使用这种强硬的方法，是因为我们需要确保保存或加载的数据总是有效的，如果无效，我们希望程序终止并给出相关信息，而不是带着错误继续运行。

事故集存放在 IncidentCollection 中，该类是 dict 的一个子类，因此，借助于继承机制，我们可以获取大量的功能，比如对项存取操作符[]的支持，并使用该操作符获取、设置或删除其中的某个事故记录。下面给出的是该类的 class 行以及其中的一些方法。

```
class IncidentCollection(dict):

    def values(self):
        for report_id in self.keys():
            yield self[report_id]

    def items(self):
        for report_id in self.keys():
            yield (report_id, self[report_id])

    def __iter__(self):
        for report_id in sorted(super().keys()):
            yield report_id

    keys = __iter__
```

我们不需要重新实现初始化程序，因为 dict.__init__()已足够。字典键为报告的 ID，字典值则为 Incidents。我们重新实现了 values()、items()与 keys()等方法，以便其迭代子以报告 ID 的顺序进行处理，之所以有这种效果，是因为 values()方法与 items()方法以 IncidentCollection.keys()返回的键进行迭代——这一方法（实际上就是 IncidentCollection.__iter__()的另外一个名称）本身则以基类的 dict.keys()方法返回的有序键进行迭代。

此外，IncidentCollection 类还包含 export()方法与 import_()方法。（我们在方法名的结尾使用下划线，以便与内置的 import 语句区分开。）export()方法可以接受的参数包括一个文件名，以及可选的写入器与压缩标志，该方法以文件名与写入器为基础，并将所需要的文件处理工作传递给更专业化的方法，比如 export_xml_dom()或 export_xml_etree()。import_()方法可以接受的参数包括文件名以及一个可选的读取器，其工作方式与 export()方法类似。读取二进制格式数据的导入方法并不会被告知文件是否进行了压缩——而是需要自行判断并根据不同情况进行正确处理。

7.1 二进制数据的读写

即便在没有进行压缩处理的情况下，二进制格式通常也是占据磁盘空间最小、保

存与加载速度最快的数据格式。最简单的方法是使用 pickles，尽管对二进制数据进行
手动处理应该会生成最小的文件。

7.1.1   带可选压缩的 Pickle

Pickle 提供了从 Python 程序中保存数据（或向 Python 程序加载数据）的最简
单方法，但在上一章中曾经讲过，pickle 没有安全机制（没有加密，也没有数字签
名），因此，加载来自不可信源的 pickle 可能是危险的。之所以会产生安全问题，
是因为 pickle 可以导入任意模块并调用任意函数，因此，来自不可信源的 pickle 中
的数据可能会被恶意操纵，比如，在加载 pickle 时使得解释器执行一些有害的行为。
尽管如此，pickle 通常仍然是处理 ad hoc 数据的理想选择，针对个人用途的程序更
是如此。

在创建文件格式时，将保存代码写在加载代码之前通常更容易，因此，我们首先
看如何将事故数据保存到 pickle 中。

```
def export_pickle(self, filename, compress=False):
    fh = None
    try:
        if compress:
            fh = gzip.open(filename, "wb")
        else:
            fh = open(filename, "wb")
        pickle.dump(self, fh, pickle.HIGHEST_PROTOCOL)
        return True
    except (EnvironmentError, pickle.PicklingError) as err:
        print("{0}: export error: {1}".format(
            os.path.basename(sys.argv[0]), err))
        return False
    finally:
        if fh is not None:
            fh.close()
```

如果要求进行压缩，我们可以使用 gzip 模块的 gzip.open()函数来打开文件，否则
就使用内置的 open()函数。在以二进制模式 pickling 数据时，我们必须使用"二进制
写"模式（"wb"）。（在 Python 3.0 中，pickle.HIGHEST_PROTOCOL 表示 protocol 3，
一种紧凑的二进制 pickle 格式[*]。）

对于错误处理，我们选择的方式是只要发生错误就立即向用户报告，并向调用者
返回一个布尔型值，以表明是成功还是失败。我们还使用了 finally 语句块，以确保文

---

[*] protocol 3 是 Python 3 特有的。如果希望 pickles 可同时由 Python 2 与 Python 3 读写，就必须使用 protocol 2。

件被关闭，而不管是否有错误发生。在第 8 章，我们将使用一种更紧凑的惯用法来确保文件被关闭，而不需要使用 finally 语句块。

　　这段代码与前一章中看到的代码非常类似，但还是有比较微妙的一点需要注意。pickle 数据是 self，一个 dict，但字典的值是 Incident 对象，也就是说，属于自定义类的一个对象。pickle 模块具有足够的自适应能力保存大多数自定义类的对象，而不需要人工干预。

　　通常，布尔型、数值型以及字符串都可以 pickled，类（包括自定义类）的实例也可以 pickled，前提是其私有的__dict__是 picklable。此外，还有任意内置的组合类型（元组、列表、递归结构等）。并且，对自定义类中通常不能被 pickled 的其他类型的对象或实例（比如，因为其包含一个 nonpicklable 属性）进行 pickle 也是可能的，这或者通过给 pickle 模块一些帮助，或者通过实现自定义的 pickle 与 unpickle 函数来完成。所有相关的详细资料在 pickle 模块的在线文档中都有提供。

　　要读回 pickled 数据，我们需要区分开压缩的与未压缩的 pickle。使用 gzip 压缩的任意文件都以一个特定的魔数引导，魔数是一个或多个字节组成的序列，位于文件的起始处，用于指明文件的类型。对 gzip 文件，其魔数为两个字节的 0x1F 0x8B，并存放在一个 bytes 变量中：

```
GZIP_MAGIC = b"\x1F\x8B"
```

　　要了解更多关于数据类型 bytes 的信息，参见"Bytes 与 Bytearray 数据类型"工具条以及表 7-1、表 7-2、表 7-3，其中列出了数据类型 bytes 的相关方法。

表 7-1　　　　　　　　　　　　bytes 与 bytearray 方法#1

语法	描述
ba.append(i)	将整数 i（取值范围 0 到 255）附加到 bytearray ba 中
b.capitalize()	返回 bytes/bytearray b 的副本，并且第一个字符变为大写（如果是一个 ASCII 字符）
b.center(width, *byte*)	返回 b 的副本，b 在长度为 width 的区域中间，并使用空格或给定的 byte（可选的）进行填充
b.count(x, *start, end*)	返回 bytes/bytearray x 在 bytes/bytearray b 中（或 b 的 start:end 分片中）出现的次数
b.decode(*encoding, error*)	返回一个 str 对象，代表使用 UTF-8 编码表示的（或使用指定的 encoding 表示并根据可选的 error 参数进行错误处理）字节
b.endswith(x, *start, end*)	如果 b（或 b 的 start:end 分片）以 bytes/bytearray x 或使用元组 x 中的任意 bytes/bytearrays 结尾，就返回 True，否则返回 False
b.expandtabs(*size*)	返回 bytes/bytearray b 的副本，并且其中的制表符使用空格（个数为 8 的倍数，或指定的 size）替代
ba.extend(seq)	使用序列 seq 中的所有 ints 对 bytearray ba 进行扩展，所有 ints 必须在 0 到 255 之间
b.find(x, *start, end*)	返回 bytes/bytearray x 在 b（或 b 的 start:end 分片）中最左边的位置，如果没有找到，就返回-1。使用 rfind()方法可以找到最右边的位置

语法	描述
b.fromhex(h)	返回一个 bytes 对象，其字节对应的是 str h 中的十六进制整数
b.index(x, *start, end*)	返回 x 在 b（或 b 的 start:end 分片）中最左边的位置，如果没找到，就产生 ValueError 异常。使用 rindex()方法可以找到最右边的位置
ba.insert(p, i)	将整数 i（取值范围 0 到 255）插入到 ba 中的位置 p 处
b.isalnum()	如果 bytes/bytearray b 非空，并且 b 中的每个字符都是 ASCII 字母数字字符，就返回 True
b.isalpha()	如果 bytes/bytearray b 非空，并且 b 中的每个字符都是 ASCII 字母字符，就返回 True
b.isdigit()	如果 bytes/bytearray b 非空，并且 b 中的每个字符都是 ASCII 数字，就返回 True
b.islower()	如果 bytes/bytearray b 包含至少一个可小写的 ASCII 字符，并且其所有可小写的字符都是小写的，就返回 True
b.isspace()	如果 bytes/bytearray b 非空，并且 b 中的每个字符都是 ASCII 空格字符，就返回 True

表 7-2	bytes 与 bytearray 方法#2
语法	**描述**
b.istitle()	如果 b 是非空并且首字母大写的，就返回 True
b.isupper()	如果 bytes/bytearray b 包含至少一个可大写的 ASCII 字符，并且其所有可大写的字符都是小写的，就返回 True
b.join(seq)	返回序列 seq 中每个 bytes/bytearray 进行连接后所得的结果，并在每两个之间添加一个 b（可以为空）
b.ljust(width, *byte*)	返回 bytes/bytearray b 的副本，并且要求左对齐，长度为 width，使用空格或给定的 byte（可选的）进行填充。使用 rjust()方法可以右对齐
b.lower()	返回 bytes/bytearray b 的副本，其中的 ASCII 字符都为小写
b.partition(sep)	返回一个元组，其中包含 3 个 bytes 对象——包括 b 的最左边 bytes/bytearray sep 之前的那部分、sep 本身以及 b 中 sep 之后的那部分；如果 b 中不包含 sep，就返回 b 以及两个为空的 bytes 对象。使用 rpartition()方法可以在 sep 的最右边出现处进行分割
ba.pop(p)	移除并返回 ba 中索引位置 p 处的整数
ba.remove(i)	从 bytearray ba 中移除整数 i 的首次出现
b.replace(x, y, *n*)	返回 b 的一个副本，其中 bytes/bytearray x 的每个（或最多 n 个，如果给定）出现都用 y 进行替代
ba.reverse()	反转 bytearray ba 的字节
b.split(x, *n*)	返回一个字节列表，在 x 处进行分割（至多 n 次），如果没有给定 n，就在可能的地方都进行分割；如果没有给定 x，就在空白字符处进行分割。使用 rsplit()可以从右边开始进行分割
b.splitlines(*f*)	返回对 b 进行分割（在行终结符处）后产生的行列表，如果 f 不为 True，就剥离掉行终结符
b.startswith(x, *start, end*)	如果 bytes/bytearray b（或 b 的 start:end 分片）以 bytes/bytearray x（或元组 x 中的任意 bytes/bytearrays）引导，就返回 True，否则返回 False

续表

语法	描述
b.strip(x)	返回 b 的副本,并剥离掉开始与结尾处的空白字符(或 bytes/bytearray x 中的字节),lstrip()只剥离起始处的,rstrip()只剥离结尾处的
b.swapcase()	返回 b 的副本,并使其中的大写字符变为小写,小写字符变为大写
b.title()	返回 b 的副本,其中每个字的第一个 ASCII 字符都是大写的,其他所有 ASCII 字符则都是小写的
b.translate(bt, d)	返回 b 的一个副本,其中不包括来自 d 的字节,并且每个字节都被 bytes bt 的相应字节替换

表 7-3　　　　　　　　　　　　　bytes 与 bytearray 方法#3

语法	描述
b.upper()	返回 bytes/bytearray b 的副本,其中 ASCII 字符都变为大写
b.zfill(w)	返回 b 的副本,如果长度小于 w,就使用引导字符(0x30)进行填充,使其长度为 w

下面给出的是用于读入事故 pickles 文件的代码:

```python
def import_pickle(self, filename):
    fh = None
    try:
        fh = open(filename, "rb")
        magic = fh.read(len(GZIP_MAGIC))
        if magic == GZIP_MAGIC:
            fh.close()
            fh = gzip.open(filename, "rb")
        else:
            fh.seek(0)
        self.clear()
        self.update(pickle.load(fh))
        return True
    except (EnvironmentError, pickle.UnpicklingError) as err:
        print("{0}: import error: {1}".format(
            os.path.basename(sys.argv[0]), err))
        return False
    finally:
        if fh is not None:
            fh.close()
```

我们并不知道给定的文件是否进行了压缩,但无论压缩与否,都以"二进制读"的模式打开文件。之后读入其头两个字节,如果这两个字节与 gzip 魔数相同,就关闭该文件,并使用 gzip.open()函数重新创建一个文件对象。如果该文件没有进行压缩,就使用 open()返回的文件对象，并调用其 seek()方法将文件指针重置到文件起始处，以便下一步对文件数据的读取操作（在 pickle.load()函数内部进行）可以从文件起始处开始。

我们不能对 self 赋值，因为这会擦除使用中的 IncidentCollection 对象，因此，我们的方法是清除所有事故，使得字典变空，之后借助 dict.update()方法，并使用从 pickle 加载的 IncidentCollection 字典中的所有事故来生成字典。

要注意的是，处理器类型是 big-endian 还是 little-endian 没有实际影响，因为对魔数，我们读入的只是单独的字节，而对数据，pickle 模块会自动处理字节序。

7.1.2 带可选压缩的原始二进制数据

如果编写自己的代码来处理原始二进制数据，就可以对文件格式施加完全的控制，这应该比使用 pickle 更具安全性，因为恶意的无效数据将由我们自己的代码控制，而不是由解释器执行。

创建自定义的二进制文件时，创建一个用于标识文件类型的魔数以及用于标识文件格式版本的版本号是有意义的，下面给出的是 convert-incidents.py 程序中使用的定义：

```
MAGIC = b"AIB\x00"
FORMAT_VERSION = b"\x00\x01"
```

我们使用 4 个字节表示魔数，使用两个字节表示版本号。字节序不是问题，因为数据是以单独的字节形式写入的，而不是以整数的字节表示形式写入的，因此，在任何处理器体系结构上都是一致的。

要读写原始二进制数据，我们必须有一些方法，以便实现 Python 对象与适当的二进制表示形式之间的转换。我们所需的大部分功能都是由 struct 模块以及 bytes 与 bytearray 这两种数据类型提供的，struct 模块在"struct 模块"工具条中进行了简要描述，bytes 与 bytearray 这两种数据类型则在"bytes 与 bytearray 数据类型"工具条中进行简要描述。

遗憾的是，struct 模块只能处理指定长度的字符串，而我们需要可变长度的字符串，以便表示报告与航空器 ID，以及机场、航空器类型、描述性的文本信息等对象。为满足这些需求，我们创建了一个名为 pack_string()的函数，该函数以一个字符串为参数，并返回一个 bytes 对象，其中包含两个部分：第 1 部分是一个整数型的长度计数，第 2 部分则是长度计数 UTF-8 编码字节（表示字符串的文本）序列。

由于只有在 export_binary()函数内部才需要使用 pack_string()函数，我们将 pack_string()函数定义在 export_binary()函数之内，这意味着，在 export_binary()函数之外，pack_string()函数是不可见的，也即该函数仅仅是一个本地的帮助者函数。下面给出的是 export_binary()函数的起点，以及完全嵌套在其中的 pack_string()函数：

```
def export_binary(self, filename, compress=False):

    def pack_string(string):
        data = string.encode("utf8")
        format = "<H{0}s".format(len(data))
        return struct.pack(format, len(data), data)
```

bytes 与 bytearray 数据类型

Python 提供了两种数据类型用于处理原始字节: 固定的数据类型 bytes, 可变的数据类型 bytearray。这两种数据类型都用于存放 0 个或多个 8 位的无符号整数 (字节), 每个字节所代表的值范围在 0 到 255 之间。

这两种数据类型与字符串都非常类似, 并提供了很多同样的方法, 包括对数据分片的支持等。此外, bytearrays 还提供了一些变异的、类似于列表的方法。所有这些方法都已在表 7-1 与表 7-2 中给出。

尽管 bytes 或 bytearray 数据类型的分片返回的是同样类型的对象, 但使用项存取操作符[]存取单独的字节时返回的却是整数——指定的字节所代表的值。比如:

```
word = b"Animal"
x = b"A"
word[0] == x       # returns: False    # word[0] == 65;     x == b"A"
word[:1] == x      # returns: True     # word[:1] == b"A";   x == b"A"
word[0] == x[0]    # returns: True     # word[0] == 65;      x[0] == 65
```

下面给出其他一些 bytes 与 bytearray 数据类型的实例:

```
data = b"5 Hills \x35\x20\x48\x69\x6C\x6C\x73"
data.upper()                     # returns: b'5 HILLS 5 HILLS'
data.replace(b"ill", b"at")      # returns: b'5 Hats 5 Hats'
bytes.fromhex("35 20 48 69 6C 6C 73")    # returns: b'5 Hills'
bytes.fromhex("352048696C6C73")          # returns: b'5 Hills'
data = bytearray(data)           # data is now a bytearray
data.pop(10)                     # returns: 72 (ord("H"))
data.insert(10, ord("B"))        # data == b'5 Hills 5 Bills'
```

只对字符串有意义的方法, 比如 bytes.upper(), 假定字节是使用 ASCII 进行编码的。bytes.fromhex()类方法忽略空格, 并将每一个包含两个数字的子字符串解释为十六进制数, 因此, "35" 被认为是一个字节, 其值为 0x35, 其他实例依此类推。

str.encode()方法返回一个 bytes 对象, 并根据制定的编码格式对字符串进行编码。UTF-8 是一种非常便利的编码格式, 因为这种编码可以表示任意的 Unicode 字符, 并且在表示 ASCII 字符时尤其紧凑 (每个字节表示一个)。变量 format 被设置为存放一个 struct 格式 (基于字符串的长度), 比如, 给定字符串 "en.wikipedia.org", 则格式应该为"<H16s" (little-endian 字节顺序, 2 字节的无符号整数, 16 字节的 byte 字符串),

返回的 bytes 对象则应该为 b'\x10\x00en.wikipedia.org'。便利的是，Python 会尽可能地以紧凑格式来表示 bytes 对象，主要是使用可打印的 ASCII 字符，否则就使用十六进制转义字符（以及一些特殊的转义字符，比如\t 与\n）。

---

struct 模块

struct 模块提供了 struct.pack()、struct.unpack()以及其他一些函数，还提供了struct.Struct()类。struct.pack()函数以一个 struct 格式化字符串以及一个或多个值为参数，并返回一个 bytes 对象，其中存放的是按照该格式规范表示的所有这些参数值。struct.unpack()函数以一个格式规范以及一个 bytes 或 bytearray 对象为参数，并返回一个元组，其中的值原本使用该格式规范进行了打包，比如：

```
data = struct.pack("<2h", 11, -9)      # data == b'\x0b\x00\xf7\xff'
items = struct.unpack("<2h", data)    # items == (11, -9)
```

格式化字符串包含一个或多个字符，大多数字符都表示某种特定类型的值。如果对某种类型需要不止一个值，我们或者将该字符多写几次（次数与需要该类型值的位置数相同），比如"hh"，或者使用一个计数值来引导该字符，比如我们这里所做的（"2h"）。

很多格式化字符都在 struct 模块的在线文档中进行了描述，包括"b"（8 位的有符号整数）、"B"（8 位的无符号整数）、"h"（16 位的有符号整数——这里的实例中使用了这一格式化字符）、"H"（16 位的无符号整数）、"i"（32 位的有符号整数）、"I"（32 位的无符号整数）、"q"（64 位的有符号整数）、"Q"（64 位的无符号整数）、"f"（32 位浮点数）、"d"（64 位浮点数，等价于 Python 的 float 类型）、"?"（布尔型）、"s"（bytes 或 bytearray 对象——字节字符串），还有很多其他的格式化字符。

对有些数据类型，比如多字节整数，处理器的字节序会影响字节顺序，我们可以强制使用某种特定的字节顺序，而不管处理器本身的体系结构，这是通过使用endianness 字符引导格式化字符串来实现的。在本书中，我们总是使用 "<"，表示的是 little-endian 字节顺序，这也是广泛使用的 Intel、AMD 等处理器采用的本原字节序。big-endian（也称为网络字节顺序）则使用 ">"（或 "!"）进行标识。如果没有显式地指定字节序，就使用该机器本身的字节序。我们建议总是使用字节序，即便与机器本身的字节序相同，因为这样做可以保证数据是可移植的。

struct.calcsize()函数以一个格式规范为参数，并返回使用该格式规范的 struct 所占据的字节数。格式规范也可以通过创建一个 struct.Struct()对象存储（将该格式规范作为其参数），而 struct.Struct()对象的大小则由其 size 属性指定。比如：

```
TWO_SHORTS = struct.Struct("<2h")
data = TWO_SHORTS.pack(11, -9)          # data == b'\x0b\x00\xf7\xff'
items = TWO_SHORTS.unpack(data)         # items == (11, -9)
```

在两个实例中，11 都是 0x000b，但被转换为字节 0x0b 0x00，因为我们使用的是 little-endian 字节顺序。

　　pack_string()函数可以处理至多包含 65 535 个 UTF-8 字符的字符串。我们可以很容易地使用不同类型的整数来表示字节计数，比如，4 字节的有符号整数（格式为"i"），表示字符串至多可以包含 $2^{31}-1$（多于 20 亿）个字符。

　　struct 模块提供了一种类似的内置格式，即"p"，该格式将单个字节作为字符存放，其后跟随至多 255 个字符。出于打包的需要，使用格式"p"的代码会比完全手动完成要简单一些，但"p"同时也有一个至多使用 255 个 UTF-8 字符的限制，并且在拆分时几乎没有提供任何优势。（出于比较的需要，使用"p"的 pack_string()函数与 unpack_string()函数在 convert-incidents.py 源文件中提供。）

　　现在，我们将注意力转移到 export_binary()方法的余下代码：

```
fh = None
try:
    if compress:
        fh = gzip.open(filename, "wb")
    else:
        fh = open(filename, "wb")
    fh.write(MAGIC)
    fh.write(FORMAT_VERSION)
    for incident in self.values():
        data = bytearray()
        data.extend(pack_string(incident.report_id))
        data.extend(pack_string(incident.airport))
        data.extend(pack_string(incident.aircraft_id))
        data.extend(pack_string(incident.aircraft_type))
        data.extend(pack_string(incident.narrative.strip()))
        data.extend(NumbersStruct.pack(
                        incident.date.toordinal(),
                        incident.pilot_percent_hours_on_type,
                        incident.pilot_total_hours,
                        incident.midair))
        fh.write(data)
return True
```

　　我们没有给出 except 代码块与 finally 代码块，因为使用的代码与上一小节中给出的基本上是相同的，不同之处就是 except 代码块捕获的特定异常有所差别。

　　我们从以"二进制写"模式打开文件开始，文件或者是通常的文件，或者是 gzip 压缩后的文件，依赖于 compress 标记。之后写入 4 字节的魔数（期望该数值对本程序是独一无二的）与 2 字节的版本号[*]。使用版本号的好处是将来改变格式时更加容易——读入版本号时，我们使用该值确定使用哪些代码来进行读取操作。

---

[*] 与域名不同的是，并没有一个用于魔数的中心数据库，因此我们不能保证魔数的唯一性。

接下来，我们在所有事故记录上进行迭代，对每一条事故记录，我们都创建一个bytearray。我们将数据的每一项都添加到字节数组，从可变长度的字符串开始。date.toordinal()方法会返回一个单一的整数，表示的是存储的日期，通过将这一整数传递给 datetime.date.fromordinal()方法，可以恢复日期数据。NumbersStruct 则是在程序前面使用如下语句定义的：

```
NumbersStruct = struct.Struct("<Idi?")
```

这一格式指定了 little-endian 字节顺序、一个无符号 32 位整数（用于表示日期序数）、一个 64 位 float（用于表示该类型飞行时间所占百分比）、一个 32 位整数（用于表示总飞行时间）以及一个布尔型值（用于表示该事故是否是空中发生）。图 7-3 中展示了整个航空器事故记录的结构。

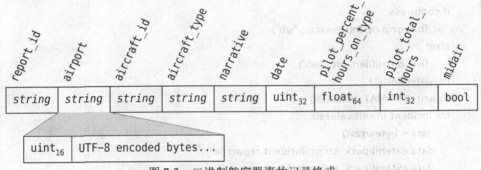

图 7-3　二进制航空器事故记录格式

bytearray 包含了某条事故记录的所有数据后，我们将其写入到磁盘中，所有事故都写入到磁盘后，返回 True（假定没有错误发生）。finally 语句块可以确保文件恰好在返回之前关闭。

数据的读回不像写入那么直接——首先，我们需要更多的错误检查操作。并且，读回可变长度的字符串也是棘手的。下面给出的是 import_binary()方法的起点，以及完整的 unpack_string()函数，该函数用于读回可变长度的字符串：

```
def import_binary(self, filename):

    def unpack_string(fh, eof_is_error=True):
        uint16 = struct.Struct("<H")
        length_data = fh.read(uint16.size)
        if not length_data:
            if eof_is_error:
                raise ValueError("missing or corrupt string size")
            return None
        length = uint16.unpack(length_data)[0]
```

```
        if length == 0:
            return ""
        data = fh.read(length)
        if not data or len(data) != length:
            raise ValueError("missing or corrupt string")
        format = "<{0}s".format(length)
        return struct.unpack(format, data)[0].decode("utf8")
```

　　每条事故记录都以报告 ID 这一字符串开始，尝试读取该字符串并成功读取时，文件指针将处在新记录的起始处，读取失败，文件指针则在文件末尾处，并可以结束。在尝试读取报告 ID 时，我们将 eof_is_error 标记设置为 False，因为如果没有多余的数据，那么这种设置仅仅意味着工作已经完成。对所有其他字符串，其默认值则为 True，因为如果任意其他字符串不再包含数据，就说明是一个错误。（即便一个空字符串也是由一个 16 位的无符号整数长度引导的。）

　　我们从尝试读取字符串的长度开始，如果失败，就返回 None，以便表示已经到了文件末尾（如果我们读取的是一条新事故记录），或者产生 ValueError 异常，以便表示数据损坏或丢失。struct.unpack()函数与 struct.Struct.unpack()方法总是返回一个元组，即便其中只包含一个单一的值。我们拆分出长度数据，并将其代表的数字存放在变量 length 中。现在，我们已经知道，需要读取多少个字节才可以完整地读回该字符串。如果长度为 0，就只是简单地返回一个空字符串。如果长度不为 0，就尝试读取指定数量的字节数。如果没有获取任何数据，或数据长度不是我们所期望的长度值（也就是说太少），就产生 ValueError 异常。

　　如果读取了正确数量的字节，就为 struct.unpack()函数创建一个适当的格式化字符串，并返回一个字符串——此字符串从拆分数据并将字节解码为 UTF-8 得来。（理论上，对上面给出的代码，我们可以使用语句 return data.decode("utf8")来替代其最后两行，但我们更愿意经历拆分过程，因为"s"格式对我们的数据（在读回时必须反转）执行一些转换是可能的——尽管不太可能。）

　　现在我们来查看 import_binary()方法的其余部分，为便于说明，将其分为两部分讲解。

```
fh = None
try:
    fh = open(filename, "rb")
    magic = fh.read(len(GZIP_MAGIC))
    if magic == GZIP_MAGIC:
        fh.close()
        fh = gzip.open(filename, "rb")
    else:
        fh.seek(0)
```

```
magic = fh.read(len(MAGIC))
if magic != MAGIC:
    raise ValueError("invalid .aib file format")
version = fh.read(len(FORMAT_VERSION))
if version > FORMAT_VERSION:
    raise ValueError("unrecognized .aib file version")
self.clear()
```

文件可以是压缩的，也可以是未压缩的，因此，我们使用了与读取 pickle 时同样的技术，也即使用 gzip.open()函数或内置的 open()函数来打开文件。

打开文件并且文件指针位于文件起始处时，我们首先读入头 4 个字节（len(MAGIC)）。如果与我们的魔数值不匹配，就可以判断不是一个二进制航空器事故数据文件，并产生一个 ValueError 异常。接下来要读入的是 2 字节的版本号，并根据不同的版本号使用不同的读入代码，不过这里只是检查版本号是不是本程序不能读取的后续版本。

如果魔数是对的，版本号也是我们可以进行处理的，就可以开始读入数据，因此，我们从清除所有现存事故记录开始，以便将字典清空。

```
while True:
    report_id = unpack_string(fh, False)
    if report_id is None:
        break
    data = {}
    data["report_id"] = report_id
    for name in ("airport", "aircraft_id",
                 "aircraft_type", "narrative"):
        data[name] = unpack_string(fh)
    other_data = fh.read(NumbersStruct.size)
    numbers = NumbersStruct.unpack(other_data)
    data["date"] = datetime.date.fromordinal(numbers[0])
    data["pilot_percent_hours_on_type"] = numbers[1]
    data["pilot_total_hours"] = numbers[2]
    data["midair"] = numbers[3]
    incident = Incident(**data)
    self[incident.report_id] = incident
return True
```

while 语句块一直运行，直至已超出数据范围。我们从尝试获取报告 ID 开始，如果返回的是 None，就说明已经到达文件末尾，此时可以跳出循环。如果尚未到达文件末尾，就创建一个名为 data 的字典来存放某个事故记录的数据，并尝试获取该事故记录的其余数据。对字符串，我们使用 unpack_string()方法，对其他数据，则使用 NumbersStruct 结构一次读入。由于我们将日期存储为顺序的，因此，如果要读回日期数据,就必须对其进行反向转换。但对于其他数据项,我们可以只是使用拆分后的数据——而不需要进行验证或转换,因为首先我们存储时就使用正确的数据类型,在读回同样的数据时也只需要使用 NumbersStruct 结构中存放的格式。

如果有任何错误发生,比如没有成功地拆分所有数字,就产生异常,并由 except 语句块进行处理。(我们没有展示 except 语句块与 finally 语句块,因为这两个语句块在结构上与上一小节中 import_pickle()方法的相应语句块是相同的。)

最后,我们使用方便的映射拆分语法来创建一个 Incident 对象,之后将其存放在 incidents 字典中。

除了对可变长度字符串的处理功能外,struct 模块也为以二进制格式保存与加载数据提供了很多便利。对可变长度字符串,这里展示的pack_string()方法与unpack_string()方法可以满足大多数需求。

7.2 文本文件的写入与分析

写入文本是容易的,读回时则可能存在不少问题,因此,我们需要认真选择合适的结构,以便对其进行分析不至于太难。图 7-4 以我们将要使用的文本格式展示了一个航空器事故实例。将航空器事故记录写入文件时,我们将在每个记录后附加一个空白行,但对文件进行分析时,我们可以接受在事故记录之间存在 0 个或多个空白行。

```
[20070927022009C]
date=2007-09-27
aircraft_id=1675B
aircraft_type=DHC-2-MK1
airport=MERLE K (MUDHOLE) SMITH
pilot_percent_hours_on_type=46.1538461538
pilot_total_hours=13000
midair=0
.NARRATIVE_START.
    ACCORDING TO THE PILOT, THE DRAG LINK FAILED DUE TO AN OVERSIZED
    TAIL WHEEL TIRE LANDING ON HARD SURFACE.
.NARRATIVE_END.
```

图 7-4 航空器事故记录的实例文本格式

7.2.1 写入文本

每条事故记录都以包含在方括号中的报告 ID 开始,其后跟随的是所有占据一行

的数据项，其格式为 key=value，对占据多行的叙述性文本，在文本前以开始标记
（NARRATIVE_START）引导，在文本末尾则以结束标记（NARRATIVE_END）结尾，
我们对两个标记之间的所有文本进行了缩排，以防止文本行与开始或结束标记混淆。

　　下面给出的是 export_text()函数的代码，但没有给出 except 语句块与 finally 语句
块，因为这两个语句块与前面相应实例中是相同的，不同之处仅在于待处理的异常：

```python
def export_text(self, filename):
    wrapper = textwrap.TextWrapper(initial_indent="    ",
                                   subsequent_indent="    ")

    fh = None
    try:
        fh = open(filename, "w", encoding="utf8")
        for incident in self.values():
            narrative = "\n".join(wrapper.wrap(
                        incident.narrative.strip()))
            fh.write("[{0.report_id}]\n"
                     "date={0.date!s}\n"
                     "aircraft_id={0.aircraft_id}\n"
                     "aircraft_type={0.aircraft_type}\n"
                     "airport={airport}\n"
                     "pilot_percent_hours_on_type="
                     "{0.pilot_percent_hours_on_type}\n"
                     "pilot_total_hours={0.pilot_total_hours}\n"
                     "midair={0.midair:d}\n"
                     ".NARRATIVE_START.\n{narrative}\n"
                     ".NARRATIVE_END.\n\n".format(incident,
                     airport=incident.airport.strip(),
                     narrative=narrative))
    return True
```

　　叙述性文本中存在断行并不会有很大影响，因此我们可以按我们的需求对文本进
行包裹。通常，我们可以使用 textwrap 模块的 textwrap.wrap()函数，但这里我们同时
需要缩排与包裹，因此我们首先创建了一个 textwrap.TextWrap 对象，并用我们将要使
用的缩排（第一行与后续行都是 4 个空格）进行初始化。默认情况下，该对象可以包
裹宽度为 70 个字符的行，当然，通过使用关键字参数，也可以对其进行改变。

　　我们可以使用三引号包含的字符串，但我们更愿意手动加入换行。textwrap.TextWrap
对象提供了一个 wrap()方法，该方法以一个字符串作为输入，在这里就是叙述性的文本，
并返回一个字符串列表，带有适当的缩排，并且其中每个字符串的长度不超过 wrap 宽度。
之后，我们将这些行添加到一个单独的字符串中，并使用换行作为分隔符。事故日期以
datetime.date 对象的形式存放，在写入日期数据时，我们强制 str.format()使用字符串表示

形式——这样可以很便利地产生符合 ISO 8601 的日期数据格式，也即 YYYY-MM-DD 格式。此外，我们告知 str.format()将布尔型变量 midair 写为整数——如果为 True，就变为 1，如果为 false，就变为 0。通常，str.format()可以使写入文本变得很容易，因为该方法可以自动处理所有 Python 数据类型。（也包括自定义数据类型，如果实现了__str__()或__format__()特殊方法。）

7.2.2　分析文本

与进行文本写入的方法相比，用于读取与分析文本格式航空器事故记录的方法要更长一些，也更棘手。读取文件时，我们可能会处于几种状态之间的一种：读取叙述性文本行的过程中；读取 key=value 行的过程中；读取报告 ID 行的过程中（在新事故记录的起始处）。我们将分 5 个部分来查看 import_text_manual()方法。

```
def import_text_manual(self, filename):
    fh = None
    try:
        fh = open(filename, encoding="utf8")
        self.clear()
        data = {}
        narrative = None
```

该方法首先以“文本读”模式打开文件，之后清空事故字典，创建 data 字典，以便存放单个事故记录的数据（与二进制读事故记录时的做法相同）。narrative 变量用于两个目的：作为一个状态指示器；存储当前事故记录的叙述性文本。如果 narrative 为 None，就意味着我们当前读取的不是叙述性文本；如果是一个字符串（即便是空字符串），也意味着我们正在读取叙述性文本行。

```
for lino, line in enumerate(fh, start=1):
    line = line.rstrip()
    if not line and narrative is None:
        continue
    if narrative is not None:
        if line == ".NARRATIVE_END.":
            data["narrative"] = textwrap.dedent(
                                    narrative).strip()
            if len(data) != 9:
                raise IncidentError("missing data on "
                                "line {0}".format(lino))
            incident = Incident(**data)
            self[incident.report_id] = incident
            data = {}
```

```
                    narrative = None
                else:
                    narrative += line + "\n"
```

在采用文本读模式时，数据的读入是逐行进行的，因此我们可以保持对当前行号的追踪，并提供包含信息更多的错误消息（与读取二进制文件相比）。我们首先剥离每行的结尾处的空白字符，如果处理之后剩下的是空行（假定没有处在读取叙述性文本的过程中），就简单地跳到下一行。这意味着，事故记录中的空白行并不会有什么影响，我们保留叙述性文本中任意的空白行。

如果 narrative 不为 None，就说明我们处于读取叙述性文本的过程中。如果当前行表示的是叙述性文本的结尾标记，就说明我们不仅完成了叙述性文本的读取，也完成了整个事故记录的读取。在这种情况下，我们将叙述性文本存放到 data 字典（之前使用 textwrap.dedent()函数移除缩排），假定我们获取了事故记录的 9 个要素，则创建一个新事故，并将其存放在字典中。之后，清空 data 字典，并重置 narrative 变量，以备读取下一条记录。另一方面，如果当前行不包含叙述性文本标记，我们就将其附加到 narrative 中——并剥离开始处的换行。

```
            elif (not data and line[0] == "["
                    and line[-1] == "]"):
                data["report_id"] = line[1:-1]
```

narrative 为 None，说明我们或者在读取新报告 ID，或者在读取其他数据。只有在 data 字典为空（因为该字典最初为空，并且在读取每个事故记录结束后也将其清空）并且该行以[开始并以]结束时，才可以判断当前在读取新报告 ID。如果是这种情况，就将报告 ID 放置到 data 字典中。这也意味着，直至 data 字典下一次被清空，elif 条件才会变为 True。

```
            elif "=" in line:
                key, value = line.split("=", 1)
                if key == "date":
                    data[key] = datetime.datetime.strptime(value,
                                            "%Y-%m-%d").date()
                elif key == "pilot_percent_hours_on_type":
                    data[key] = float(value)
                elif key == "pilot_total_hours":
                    data[key] = int(value)
                elif key == "midair":
                    data[key] = bool(int(value))
                else:
                    data[key] = value
            elif line == ".NARRATIVE_START.":
                narrative = ""
```

```
    else:
        raise KeyError("parsing error on line {0}".format(
                lino))
```

如果当前没有处于读取叙述性文本的状态或读取新报告 ID 的状态，就只有 3 种可能：当前正在读取 key=value 行；当前正在读取叙述性文本开始标记；出错。

如果当前正在读取 key=value 行，就可以使用第一个=字符分割该行，并指定一次分割的最大值——这意味着 value 中可以安全地包含字符=。读入的所有数据都以 Unicode 字符串形式存在，因此，对于日期、数值型、布尔型等数据类型，我们必须相应地对值字符串进行转换。

对日期数据，我们使用 datetime.datetime.strptime()函数（"字符串分析时间"），该函数以一个格式化字符串为参数，并返回一个 datetime.datetime 对象。我们使用了匹配 ISO 8601 日期格式的格式化字符串，并使用 datetime.datetime.date()从产生的 datetime.datetime 对象中取回一个 datetime.date 对象，因为我们需要的只是日期，而不是日期/时间。对数值型值的转换，我们依赖于 Python 内置的类型函数 float()与 int()。尽管如此，要注意的是，int("4.0") 这种语句会产生 ValueError 异常，如果接受整数时希望更具字面上的意义，可以使用 int(float("4.0"))；如果需要四舍五入，而不是截取，则可以使用 round(float("4.0"))。获取 bool 更加微妙——比如，bool("0")返回 True（非空字符串都为 True），因此，我们必须首先将字符串转换为 int。

无效的、丢失的、超出范围的值总是会产生异常。任意其他转换操作失败，都将产生 ValueError 异常。在数据用于创建相应的 Incident 对象时，任何值超出了范围，都会产生 IncidentError 异常。

某行不包含字符=，我们可以检查是否已经读取了叙述性文本开始标记，如果已经读取，就将 narrative 变量设置为空字符串，这意味着对后继行而言，第一个 if 条件为 True——直至读取到描述性文本结束标记。

if 条件或 elif 条件都不为 True，说明有错误产生，因此，在最后的 else 语句中，产生一个 KeyError 异常来表示这一情况。

```
        return True
    except (EnvironmentError, ValueError, KeyError,
            IncidentError) as err:
        print("{0}: import error: {1}".format(
                os.path.basename(sys.argv[0]), err))
        return False
    finally:
        if fh is not None:
            fh.close()
```

读取所有行后，为调用者返回 True——除非发生异常，在这种情况下，except 语句块将捕获该异常，为用户打印出错误消息，并返回 False。最后，不论哪种情况，打开的文件都要关闭。

7.2.3　使用正则表达式分析文本

对不熟悉正则表达式（"regexes"）的读者，建议在阅读本小节之前先阅读第 13 章——或先跳到下一节，并在需要的时候再回到本小节。

与手动完成一切分析工作（如前面小节中所做的）相比，使用正则表达式分析文本文件通常需要更少的代码量，但这种方式下产生较好的错误报告会更加困难。我们将分两个部分来查看 import_text_regex()方法，首先查看正则表达式，之后查看其分析过程——但忽略了 except 语句块与 finally 语句块，因为没有什么新东西可以学习。

```
def import_text_regex(self, filename):
    incident_re = re.compile(
        r"\[(?P<id>[^\]]+)\](?P<keyvalues>.+?)"
        r"^\.NARRATIVE_START\.$(?P<narrative>.*?)"
        r"^\.NARRATIVE_END\.$",
        re.DOTALL|re.MULTILINE)
    key_value_re = re.compile(r"^\s*(?P<key>[^=]+)\s*=\s*"
        r"(?P<value>.+)\s*$", re.MULTILINE)
```

正则表达式写成原始字符串的形式，这使得我们不再需要双写每个反斜杠（将每个\写成\\）——比如，没有合适的原始字符串，则第二个正则表达式必须写为"^\\s*(?P<key>[^=]+)\\s*=\\s*(?P<value>.+)\\s*$"。本书中，对于正则表达式，我们总是使用原始字符串形式表示。

第一个正则表达式 incident_re 用于匹配完整的事故记录，该表达式的一个效果是事故记录之间任何伪造的文本将不会被注意。该表达式实际上包含两个组成部分，第一部分是\[(?P<id>[^\]]+)\](?P<keyvalues>.+?)，用于匹配[,之后寻找尽可能多的非]字符，并将其与 id 匹配组匹配,再之后匹配字符](上面操作的整体效果是匹配一个报告 ID)，之后再寻找尽可能少（但至少一个）的任意字符（包括换行，因为 re.DOTALL 标记的存在），并将其与 keyvalues 匹配组进行匹配。与 keyvalues 匹配组进行匹配的字符只要求是能过渡到正则表达式第二部分的必要的最小值。

第一个正则表达式的第二部分是^\.NARRATIVE_START\.$(?P<narrative>.*?)^\.NARRATIVE_END\.$,用于与文本 NARRATIVE_START 进行匹配，之后将尽可能少的字符与 narrative 匹配组进行匹配，再之后就是文本 NARRATIVE_END，实际上也就到了每条记录的结尾。re.MULTILINE 标记意味着，在这一正则表达式中，^匹配每一行的起始处（而不仅仅是在字符串的起始处），$匹配每一行的结尾处（而不仅仅是在字符串的结尾处），因此，叙述性文本的开始标记与结束标记只在行起始处进行匹配。

第二个正则表达式 key_value_re 用于捕获 key=value 行，该表达式在给定文本的每一行的起始处进行匹配，匹配行以任意数量（也可以没有）的空白字符开始，其后跟随非-=字符（被捕获到 key 匹配组），再其后跟随一个=字符，最后是该行所有余下的字符（不包括开始的与结尾的空白字符），并将这些内容捕获到 value 匹配组。

使用正则表达式对文件进行分析的基本逻辑与前面讲述的人工分析的逻辑是相同的，区别只在于这里是使用正则表达式来提取事故记录以及记录内的数据，而不再逐行读取。

```
fh = None
try:
    fh = open(filename, encoding="utf8")
    self.clear()
    for incident_match in incident_re.finditer(fh.read()):
        data = {}
        data["report_id"] = incident_match.group("id")
        data["narrative"] = textwrap.dedent(
                    incident_match.group("narrative")).strip()
        keyvalues = incident_match.group("keyvalues")
        for match in key_value_re.finditer(keyvalues):
            data[match.group("key")] = match.group("value")
        data["date"] = datetime.datetime.strptime(
                        data["date"], "%Y-%m-%d").date()
        data["pilot_percent_hours_on_type"] = (
                float(data["pilot_percent_hours_on_type"]))
        data["pilot_total_hours"] = int(
                data["pilot_total_hours"])
        data["midair"] = bool(int(data["midair"]))
        if len(data) != 9:
            raise IncidentError("missing data")
        incident = Incident(**data)
        self[incident.report_id] = incident
    return True
```

re.finditer()方法返回一个迭代子，该迭代子依次产生每个非交叠的匹配。与前面所做的一样，我们创建一个 data 字典来存放每个事故的数据，但这一次，我们是从正则表达式 incident_re 的每个匹配中获取报告 ID 与叙述性文本，之后使用 keyvalues 匹配组一次提取所有 key=value 字符串，并使用正则表达式 key_value_re 的 re.finditer()方法对每个单独的 key=value 行进行迭代。对发现的每个(key, value)对，我们将其放置在 data 字典中——因此所有的值都以字符串的形式存在。之后，对那些应该不是字符串的值，我们使用适当类型的值对其进行替代（并像我们在手动分析文本时一样对其进行字符串转换）。

我们添加了相应的检测机制，以确保 data 字典包含 9 个项，因为如果某个事故记

录损坏，迭代子 key_value.finditer() 就可能匹配过多或过少的 key=value 行。结尾部分
与前面一样——我们创建一个新的 Incident 对象，并将其放置在事故字典中，之后返
回 True。如果有任何一处出错，那么 except suite 将产生一个适当的错误消息，并返回
False，并且由 finally suite 关闭文件。

　　我们看到，无论是手动进行的文本分析器，还是使用正则表达式进行的文本分析
器都很短小，之所以会这样，原因之一就是 Python 的异常处理机制。文本分析器不需
要检测字符串到日期、数字或布尔型的任何转换，也不需要进行区间检测（Incident
类做这一工作），如果这些转换或区间失败，就会产生一个异常，而所有这些异常都将
在结尾处统一处理。使用异常处理机制而不使用显式检测的另一个好处是，代码具有
良好的可扩展性——即便记录格式发生变化、包含更多的数据项，异常处理代码也不
需要进行改变。

7.3　写入与分析 XML 文件

　　有些程序将其处理的所有数据都使用 XML 文件格式，还有些其他程序将 XML 用
作一种便利的导入/导出格式。即便程序的主要格式是文本格式或二进制格式，导入与
导出 XML 的能力也是有用的，并且始终是值得考虑的一项功能。

　　Python 提供了 3 种写入 XML 文件的方法：手动写入 XML；创建元素树并使用其
write() 方法；创建 DOM 并使用其 write() 方法。XML 文件的读入与分析则有 4 种方法：
人工读入并分析 XML（不建议采用这种方法，这里也没有进行讲述——正确处理某些
更晦涩和更高级的可能是非常困难的）；使用元素树；DOM（文档对象模型）；SAX
（Simple API for XML，用于 XML 的简单 API）分析器。

　　图 7-5 给出了航空器事故记录的 XML 格式。在本节中，我们就来展示如何手动
写入 XML 格式与如何使用元素树、DOM 写入，以及如何使用元素树、DOM、SAX
分析器读入并分析 XML 文件。如果你并不关心采用哪种方法读、写 XML 文件，就可
以在阅读完"元素树"小节，直接跳到本章的 7.4 节（随机存取二进制文件）。

7.3.1　元素树

　　使用元素树写入 XML 数据分为两个阶段：首先，要创建用于表示 XML 数据的元
素树；之后，将元素树写入到文件中。有些程序可能使用元素树作为其数据结构，这
种情况下，第一阶段可以省略，只需要直接写入数据。我们分两个部分来查看
export_xml_etree() 方法：

```
def export_xml_etree(self, filename):
    root = xml.etree.ElementTree.Element("incidents")
```

```
for incident in self.values():
    element = xml.etree.ElementTree.Element("incident",
                report_id=incident.report_id,
                date=incident.date.isoformat(),
                aircraft_id=incident.aircraft_id,
                aircraft_type=incident.aircraft_type,
                pilot_percent_hours_on_type=str(
                        incident.pilot_percent_hours_on_type),
                pilot_total_hours=str(incident.pilot_total_hours),
            midair=str(int(incident.midair)))
    airport = xml.etree.ElementTree.SubElement(element,
                                        "airport")
    airport.text = incident.airport.strip()
    narrative = xml.etree.ElementTree.SubElement(element,
                                        "narrative")
    narrative.text = incident.narrative.strip()
    root.append(element)
tree = xml.etree.ElementTree.ElementTree(root)
```

```
<?xml version="1.0" encoding="UTF-8"?>
<incidents>
<incident report_id="20070222008099G" date="2007-02-22"
    aircraft_id="80342" aircraft_type="CE-172-M"
    pilot_percent_hours_on_type="9.09090909091"
    pilot_total_hours="440" midair="0">
<airport>BOWERMAN</airport>
<narrative>
ON A GO-AROUND FROM A NIGHT CROSSWIND LANDING ATTEMPT THE AIRCRAFT HIT
A RUNWAY EDGE LIGHT DAMAGING ONE PROPELLER.
</narrative>
</incident>
<incident>
    ...
</incident>
    :
</incidents>
```

图 7-5　XML 格式航空器事故记录实例

　　我们从创建根元素（<incidents>）开始，之后对所有事故记录进行迭代。对每条事故记录，我们创建一个元素（<incident>）来存放该事故记录的数据，并使用关键字参数来提供属性。所有属性必须都是文本，因此，我们需要对日期、数值型数据、布尔型数据项进行相应转换。我们不必担心对"&"、"<"、">"（或属性值中的引号）的转义处理，因为元素树模块（以及 SOM、SAX 模块）会对相关的详细资料进行自动处理。

　　每个<incident>包含两个子元素，一个用于存放机场名，另一个用于存放叙述性文本。创建子元素时，必须为其提供父元素与标签名。元素的读/写 text 属性则用于存放其文本。

　　<incident>及其所有属性、子元素<airport>与<narrative>创建之后，我们将其添加到树体系的根（<incidents>）元素，反复进行这一过程，最终的元素体系中就包含了所有事故记录数据，这些数据可以转换为元素树。

```
try:
    tree.write(filename, "UTF-8")
except EnvironmentError as err:
    print("{0}: import error: {1}".format(
            os.path.basename(sys.argv[0]), err))
    return False
return True
```

　　写入 XML 数据来表示一个完整的元素树，实际上只是使用给定的编码格式将元素树本身写入到文件中。

　　到现在为止，在指定编码格式时，我们几乎总是使用字符串"utf8"，这对 Python 内置的 open()函数而言是可以正常工作的，该函数可以接受很多种编码方式以及这些编码方式名称的变种，比如 "UTF-8"、"UTF8"、"utf-8" 以及 "utf8"。但对 XML 文件而言，编码方式名称只能是正式名称，因此，"utf8" 是不能接受的，这也是为什么我们严格地使用 "UTF-8"。[*]

　　使用元素树读取 XML 文件并不比写入难多少，也分为两个阶段：首先读入并分析 XML 文件，之后对生成的元素树进行遍历，以便读取数据来生成 incidents 字典。同样地，如果元素树本身已经是内存中存储的数据结构，第二阶段就不是必要的。下面分两部分给出 import_xml_etree()方法。

```
def import_xml_etree(self, filename):
    try:
        tree = xml.etree.ElementTree.parse(filename)
    except (EnvironmentError,
            xml.parsers.expat.ExpatError) as err:
        print("{0}: import error: {1}".format(
                os.path.basename(sys.argv[0]), err))
        return False
```

　　默认情况下，元素树分析器使用 expat XML 分析器，这也是为什么我们必须做好捕获 expat 异常的准备。

---

[*] 要了解关于 XML 编码的信息，可以参考 www.w3.org/TR/2006/REC-xml11-20060816/#NT-Encoding Decl 与 www.iana.org/assignments/character-sets。

```
            self.clear()
            for element in tree.findall("incident"):
                try:
                    data = {}
                    for attribute in ("report_id", "date", "aircraft_id",
                            "aircraft_type",
                            "pilot_percent_hours_on_type",
                            "pilot_total_hours", "midair"):
                        data[attribute] = element.get(attribute)
                    data["date"] = datetime.datetime.strptime(
                            data["date"], "%Y-%m-%d").date()
                    data["pilot_percent_hours_on_type"] = (
                            float(data["pilot_percent_hours_on_type"]))
                    data["pilot_total_hours"] = int(
                            data["pilot_total_hours"])
                    data["midair"] = bool(int(data["midair"]))
                    data["airport"] = element.find("airport").text.strip()
                    narrative = element.find("narrative").text
                    data["narrative"] = (narrative.strip()
                            if narrative is not None else "")
                    incident = Incident(**data)
                    self[incident.report_id] = incident
                except (ValueError, LookupError, IncidentError) as err:
                    print("{0}: import error: {1}".format(
                        os.path.basename(sys.argv[0]), err))
                    return False
        return True
```

准备好元素树之后，就可以使用 xml.etree.ElementTree.findall() 方法对每个
<incident> 进行迭代处理了。每个事故都是以一个 xml.etree.Element 对象的形式返回的。
在处理元素属性时，我们使用的是与前面 import_text_regex() 方法中同样的技术——我
们首先将所有值存储到 data 字典中，之后将日期、数字、布尔型值转换到正确的类型。
对机场属性与叙述性文本元素，我们使用 xml.etree.Element.find() 方法寻找这些值，并
读取其 text 属性。如果某个文本元素不包含文本，那么其 text 属性将为 None，因此，
在读取叙述性文本元素时，我们必须考虑这一点，因为该元素可以为空。在所有情况
下，返回给我们的属性值与文本都不包含 XML 转义，因为其是自动非转义的。

与用于处理航空器事故数据的所有 XML 分析器类似，如果航空器或叙述性文本
元素丢失，或某个属性丢失，或某个转换过程失败，或任意的数值型数据超出了取值
范围，都会产生异常——这将确保无效数据被终止分析并输出错误消息。用于创建并
存储事故记录以及处理异常的代码与前面看到的相同。

7.3.2   DOM

DOM 是一种用于表示与操纵内存中 XML 文档的标准 API。用于创建 DOM 并将其写入到文件的代码，以及使用 DOM 对 XML 文件进行分析的代码，在结构上与元素树代码非常相似，只是稍长一些。

我们首先分两个部分查看 export_xml_dom()方法。这一方法分为两个阶段：首先创建一个 DOM 来表示事故记录数据，之后将该 DOM 写入到文件。就像使用元素树写入时一样，有些程序可能使用 DOM 作为其数据结构，在这种情况下可以省略第一步，直接写入数据。

```
def export_xml_dom(self, filename):
    dom = xml.dom.minidom.getDOMImplementation()
    tree = dom.createDocument(None, "incidents", None)
    root = tree.documentElement
    for incident in self.values():
        element = tree.createElement("incident")
        for attribute, value in (
                ("report_id", incident.report_id),
                ("date", incident.date.isoformat()),
                ("aircraft_id", incident.aircraft_id),
                ("aircraft_type", incident.aircraft_type),
                ("pilot_percent_hours_on_type",
                  str(incident.pilot_percent_hours_on_type)),
                ("pilot_total_hours",
                  str(incident.pilot_total_hours)),
                ("midair", str(int(incident.midair)))):
            element.setAttribute(attribute, value)
        for name, text in (("airport", incident.airport),
                        ("narrative", incident.narrative)):
            text_element = tree.createTextNode(text)
            name_element = tree.createElement(name)
            name_element.appendChild(text_element)
            element.appendChild(name_element)
        root.appendChild(element)
```

该方法从获取一个 DOM 实现开始，默认情况下，DOM 实现是由 expat XML 分析器提供的，xml.dom.minidom 模块提供了一个比 xml.dom 模块所提供的更简单、更短小的 DOM 实现，尽管该模块使用的对象来自于 xml.dom 模块。获取了 DOM 实现后，我们可以创建一个文档。xml.dom.DOMImplementation.createDocument()的第一个参数是名称空间 URI——我们并不需要，因此将其赋值为 None；第二个参数是一个限定名（根元素的标签名）；第三个参数是文档类型，同样，也将其赋值为 None，因为我们没有文档类型。在获取了表示文档的树之后，我们取回根元素，之后对所有事故记录进行迭代。

对每个事故记录，我们创建一个<incident>元素，对事故的每个属性，我们使用该属性名与值调用 setAttribute()。就像元素树中一样，我们也不需要担心"&"、"<"与">"（或属性值中的引号）的转义问题。对机场与叙述性文本元素，我们必须创建一个文本元素来存放文本，并以一个通常的元素（带有适当的标签名）作为文本元素的父亲——之后，我们将该通常元素（及其包含的文本元素）添加到当前的事故元素中。事故元素完整后，就将其添加到根。

```
fh = None
try:
    fh = open(filename, "w", encoding="utf8")
    tree.writexml(fh, encoding="UTF-8")
    return True
```

我们没有给出 except 语句块以及 finally 语句块，因为这与我们前面已经看到的都是相同的。从上面的代码中可以清晰看到的是，内置的 open()函数使用的编码字符串与用于 XML 文件的编码字符串之间的差别，这一点在前面也已讨论。

将 XML 文档导入到 DOM 中与导入到元素树中是类似的，但与从元素树中导出类似，导入到 DOM 也需要更多的代码。我们将分 3 个部分来查看 import_xml_dom() 函数，下面先给出其 def 行以及嵌套的 get_text()函数。

```
def import_xml_dom(self, filename):
    def get_text(node_list):
        text = []
        for node in node_list:
            if node.nodeType == node.TEXT_NODE:
                text.append(node.data)
        return "".join(text).strip()
```

get_text()函数在一个节点列表（比如某节点的子节点）上进行迭代，对每个文本节点，提取该节点的文本并将其附加到文本列表中。最后，该函数返回已收集到一个单独的字符串中的所有文本，并且剥离掉两端的空白字符。

```
try:
    dom = xml.dom.minidom.parse(filename)
except (EnvironmentError,
        xml.parsers.expat.ExpatError) as err:
    print("{0}: import error: {1}".format(
        os.path.basename(sys.argv[0]), err))
    return False
```

　　使用 DOM 分析 XML 文件是容易的，因为模块为我们完成了所有困难的工作，但是我们必须做好处理 expat 错误的准备，因为就像元素树一样，expat XML 分析器也是 DOM 类使用的默认分析器。

```
    self.clear()
    for element in dom.getElementsByTagName("incident"):
        try:
            data = {}
            for attribute in ("report_id", "date", "aircraft_id",
                    "aircraft_type",
                    "pilot_percent_hours_on_type",
                    "pilot_total_hours", "midair"):
                data[attribute] = element.getAttribute(attribute)
            data["date"] = datetime.datetime.strptime(
                            data["date"], "%Y-%m-%d").date()
            data["pilot_percent_hours_on_type"] = (
                    float(data["pilot_percent_hours_on_type"]))
            data["pilot_total_hours"] = int(
                    data["pilot_total_hours"])
            data["midair"] = bool(int(data["midair"]))
            airport = element.getElementsByTagName("airport")[0]
            data["airport"] = get_text(airport.childNodes)
            narrative = element.getElementsByTagName(
                                            "narrative")[0]
            data["narrative"] = get_text(narrative.childNodes)
            incident = Incident(**data)
            self[incident.report_id] = incident
        except (ValueError, LookupError, IncidentError) as err:
            print("{0}: import error: {1}".format(
                os.path.basename(sys.argv[0]), err))
            return False
    return True
```

　　DOM 存在后，我们清空当前的事故记录数据，并对所有事故标签进行迭代。每次迭代时，我们都提取其属性，对日期、数值型以及布尔型等数据，我们都将其转换为适当的类型，就像使用元素树时所做的一样。使用 DOM 与使用元素树之间真正较大的区别是对文本节点的处理过程，我们使用 xml.dom.Element.getElementsByTagName()方法获取给定标签名的子元素——对<airport>与<narrative>，我们知道总是会有其中的一个，因此我们取每个类型的第一个(唯一的一个)，之后使用嵌套的 get_text()函数对这些标签的子节点进行迭代，以便提取其文本。

　　与通常一样，如果有任何错误产生，我们就将捕获相关的异常，为用户打印错误消息，并返回 False。

DOM 与元素树方法之间的差别并不大，由于两者都使用同样的 expat 分析器，因此两者都非常快。

7.3.3 手动写入 XML

将预存的元素树或 DOM 写成 XML 文档可以使用单独的方法调用完成。如果数据本身不是以这两种形式存在，我们就必须先创建元素树或 DOM，之后直接写出数据会更加方便。

写 XML 文件时，我们必须确保正确地对文本与属性值进行了转义处理，并且写的是格式正确的 XML 文档。下面给出 export_xml_manual()方法，该方法用于以 XML 格式写出事故数据。

```
def export_xml_manual(self, filename):
    fh = None
    try:
        fh = open(filename, "w", encoding="utf8")
        fh.write('<?xml version="1.0" encoding="UTF-8"?>\n')
        fh.write("<incidents>\n")
        for incident in self.values():
            fh.write('<incident report_id={report_id} '
                    'date="{0.date!s}" '
                    'aircraft_id={aircraft_id} '
                    'aircraft_type={aircraft_type} '
                    'pilot_percent_hours_on_type='
                    '"{0.pilot_percent_hours_on_type}" '
                    'pilot_total_hours="{0.pilot_total_hours}" '
                    'midair="{0.midair:d}">\n'
                    '<airport>{airport}</airport>\n'
                    '<narrative>\n{narrative}\n</narrative>\n'
                    '</incident>\n'.format(incident,
                report_id=xml.sax.saxutils.quoteattr(
                            incident.report_id),
                aircraft_id=xml.sax.saxutils.quoteattr(
                            incident.aircraft_id),
                aircraft_type=xml.sax.saxutils.quoteattr(
                            incident.aircraft_type),
                airport=xml.sax.saxutils.escape(incident.airport),
                narrative="\n".join(textwrap.wrap(
                        xml.sax.saxutils.escape(
```

```
                        incident.narrative.strip()), 70))))
    fh.write("</incidents>\n")
    return True
```

正如本章中我们通常所做的一样，我们也忽略了 except 语句块与 finally 语句块。

我们使用 UTF-8 编码写文件，并且必须为内置的 open()函数指定该编码方式。严格地说，我们并不需要在<?xml?> 声明中指定该编码，因为 UTF-8 是默认的编码格式，但我们更愿意清晰地指定。我们选择使用双引号（"）来封装所有属性值，并且，为方便起见，我们使用单引号来封装事故数据中的字符串，以避免对引号进行转义处理的需要。

sax.saxutils.quoteattr()函数与 sax.saxutils.escape()函数（我们使用这一函数处理 XML 文本，因为该函数可以正确地对"&"、"<"、">"等字符进行转义处理）类似，此外，该函数还可以对引号进行转义（如果需要），并返回已经使用引号包含了的字符串，这也是为什么我们不需要对报告 ID 以及其他字符串属性值加引号的原因所在。

叙述性文本中插入的换行与文本包裹纯粹是为了装饰用的，其目的是为了使其更便于人的阅读和编辑，但也可以忽略。

以 HTML 格式写数据与以 XML 格式并没有太大的差别。convert-incidents.py 程序包含的 export_html()函数是一个简单的实例，这里没有给出该函数，因为其中没有什么新东西。

7.3.4   使用 SAX 分析 XML

与元素树和 DOM 在内存中表示整个 XML 文档不同的是，SAX 分析器是逐步读入并处理的，从而可能更快，对内存的需求也不那么明显。然而，性能上的优势不能仅靠假设，尤其是元素树与 DOM 都使用了快速的 expat 分析器。

在遇到开始标签、结束标签以及其他 XML 元素时，SAX 分析器宣称"分析事件"并进行工作。为处理那些我们感兴趣的事件，我们必须创建一个适当的处理者类，并提供某些预定义的方法，在匹配分析事件发生时，就会调用这些方法。最常实现的处理者是内容处理者，当然，如果我们需要更好的控制，提供错误处理者以及其他处理者也是可能的。

下面给出的是完整的 import_xml_sax()方法，由于大部分工作都已经由自定义的 IncidentSaxHandler 类实现，因此，这一方法的实现代码很短。

```
def import_xml_sax(self, filename):
    fh = None
    try:
        handler = IncidentSaxHandler(self)
        parser = xml.sax.make_parser()
        parser.setContentHandler(handler)
```

```
        parser.parse(filename)
        return True
    except (EnvironmentError, ValueError, IncidentError,
            xml.sax.SAXParseException) as err:
        print("{0}: import error: {1}".format(
                os.path.basename(sys.argv[0]), err))
        return False
```

我们首先创建了要使用的处理者，之后创建一个 SAX 分析器，并将其内容处理者设置为我们刚创建的那个。之后，我们将文件名赋予分析器的 parse() 方法，如果没有分析错误产生，就返回 True。

我们将 self（也就是说，这个 IncidentCollection dict 子类）传递给自定义的 Incident SaxHandler 类的初始化程序。处理者清空旧的事故记录，之后随着对文件分析的进程建立起一个事故字典。分析完成后，该字典将包含读入的所有事故。

```
class IncidentSaxHandler(xml.sax.handler.ContentHandler):

    def __init__(self, incidents):
        super().__init__()
        self.__data = {}
        self.__text = ""
        self.__incidents = incidents
        self.__incidents.clear()
```

自定义的 SAX 处理者类必须继承自适当的基类,这将确保对于任何我们没有重新实现的方法（因为我们不关心这些方法处理的分析事件），都会调用该方法的基类版本,并且实际上不做任何处理。

我们首先调用基类的初始化程序。对所有子类而言，这通常是一种好的做法，尽管对直接的 object 子类而言这样做没有必要（但也没有坏处）。字典 self.__data 用于保存某个事故的数据, self.__text 字符串用于存放机场名的文本信息或叙述性文本的文本信息,这依赖于我们当前正在读入的具体内容, self.__incidents 字典是到 IncidentCollection 字典（对这一字典，处理者直接对其进行更新操作）的对象引用。（一种替代的设计方案是将一个独立的字典放置在处理者内部，并在最后使用 dict.clear() 将其复制到 IncidentCollection，之后调用 dict.update()。）

```
    def startElement(self, name, attributes):
        if name == "incident":
            self.__data = {}
            for key, value in attributes.items():
                if key == "date":
                    self.__data[key] = datetime.datetime.strptime(
                            value, "%Y-%m-%d").date()
```

```
            elif key == "pilot_percent_hours_on_type":
                self.__data[key] = float(value)
            elif key == "pilot_total_hours":
                self.__data[key] = int(value)
            elif key == "midair":
                self.__data[key] = bool(int(value))
            else:
                self.__data[key] = value
        self.__text = ""
```

在读取到开始标签及其属性的任何时候，都会以标签名以及标签属性作为参数来调用 xml.sax.handler.Content-Handler.startElement()方法。对航空器事故 XML 文件，开始标签是\<incidents\>，我们将忽略该标签；\<incident\>标签，我们使用其属性来生成 self.__data 字典的一部分；\<airport\>标签与\<narrative\>标签，两者我们都忽略。在读取到开始标签时，我们总是清空 self.__text 字符串，因为在航空器事故 XML 文件格式中，没有嵌套的文本标签。

在 IncidentSaxHandler 类中，我们没有进行任何异常处理。如果产生异常，就将传递给调用者，这里也就是 import_xml_sax()方法，调用者将捕获异常，并输出适当的错误消息。

```
    def endElement(self, name):
        if name == "incident":
            if len(self.__data) != 9:
                raise IncidentError("missing data")
            incident = Incident(**self.__data)
            self.__incidents[incident.report_id] = incident
        elif name in frozenset({"airport", "narrative"}):
            self.__data[name] = self.__text.strip()
        self.__text = ""
```

读取到结束标签时，将调用 xml.sax.handler.ContentHandler.endElement()方法。如果已经到达某条事故记录的结尾，此时应该已具备所有必要的数据，因此，此时创建一个新的 Incident 对象，并将其添加到事故字典。如果已到达文本元素的结尾，就像 self.__data 字典中添加一个项（其中包含迄今为止累积的文本）。最后，我们清空 self.__text 字符串，以备后面使用。（严格地说，我们也没必要对其进行清空，因为在获取开始标签时也可以清空该字符串，但对有些 XML 格式，清空该字符串会有一定的作用，比如对标签可以嵌套的情况。）

```
    def characters(self, text):
        self.__text += text
```

读取到文本时，SAX 分析器将调用 xml.sax.handler.ContentHandler.characters()方

法，但并不能保证对所有文本只调用一次该方法，因为文本可能以分块的形式出现，这也是为什么我们只是简单地使用该方法来累积文本，而只有在读取到相关的结束标签后才真正将文本放置到字典中。（一种更高效的实现方案是将 self.__text 作为一个列表，这一方法的主体部分则使用 self.__text.append(text)，其他方法也相应调整。）

　　与使用元素树或 DOM 相比，使用 SAX API 是非常不同的，但确实也是很有效的。我们可以提供其他处理者，并在内容处理者中重新实现额外的方法，以便按我们的需要施加更多的控制。SAX 分析器本身并不保存 XML 文档的任意表示形式——这使得SAX 适合于将 XML 读入到我们的自定义数据组合中，也意味着没有 SAX"文档"以XML 格式写出，因此，对写 XML 而言，我们必须使用本章前面描述的某种方法。

7.4　随机存取二进制文件

　　前面几节中，工作的基础是程序的所有数据都是作为一个整体读入内存、进行适当处理，最后再作为整体写出。现代计算机具有很大的 RAM 容量，使得这种方法可以有效运作，即便对很大的数据集也是如此。然而，有些情况下，将数据存放在磁盘上，并只读入需要的部分，处理之后再将变化的部分写回磁盘，这是一种更好的解决方案。基于磁盘的随机存取方法最易于使用键-值数据库（"DBM"）或完整的 SQL 数据库来实现——两者都将在第 12 章进行介绍——但在这一节中，我们将展示如何手动处理随机存取文件。

　　我们首先给出的是 BinaryRecordFile.BinaryRecordFile 类，该类的实例用于表示通用的可读/可写二进制文件，在结构上则是固定长度的记录组成的序列。之后给出的是BikeStock.BikeStock 类，该类用于存放一组 BikeStock.Bike 对象（以记录的形式存放在 BinaryRecordFile.BinaryRecordFile 中），通过该类可以了解二进制随机存取文件的使用。

7.4.1　通用的 BinaryRecordFile 类

　　BinaryRecordFile.BinaryRecordFile 类的 API 类似于列表，因为我们可以获取/设置/删除给定的索引位置处的记录。记录被删除后，只是简单地标记为"已删除"，这使得我们不必移动该记录后面的所有记录来保证连续性，也意味着删除操作之后，所有原始的索引位置仍然是有效的。另一个好处是只要取消"已删除"标记，就可以反删除一条记录。当然，这种方法即便删除了记录，也仍然不能节省任何磁盘空间。为解决这一问题，我们将提供适当的方法来"压缩"文件，移除已删除的记录（并使得该索引位置无效）。

　　在讲述其具体实现之前，我们先看一些基本的使用方法。

```
Contact = struct.Struct("<15si")
contacts = BinaryRecordFile.BinaryRecordFile(filename, Contact.size)
```

这里，我们创建了一个结构（little-endian 字节顺序，一个 15 字节的字节字符串，一个 4 字节的有符号整数），用于表示每条记录。之后创建了一个 BinaryRecordFile. BinaryRecordFile 实例，并使用一个文件名和一个记录大小做参数，以便匹配当前正在使用的结构。如果该文件存在，就将打开该文件（并保证其内容不被改变），否则创建一个文件——无论哪种情况，都将以二进制读/写模式打开文件。

```
contacts[4] = Contact.pack("Abe Baker".encode("utf8"), 762)
contacts[5] = Contact.pack("Cindy Dove".encode("utf8"), 987)
```

我们可以将文件当作一个列表，并使用项存取操作符[]对其进行操作，这里，我们对该文件的两个索引位置处进行了赋值操作，赋值为字节字符串（bytes 对象，每个包含一个编码的字符串与一个整数），这两个赋值操作将重写任何现存的内容，如果文件尚未包含 6 条记录，那么前面索引位置处的记录将被创建，并且其中每个字节设置为 0x00。

```
contact_data = Contact.unpack(contacts[5])
contact_data[0].decode("utf8").rstrip(chr(0)) # returns: 'Cindy Dove'
```

由于字符串“Cindy Dove”在长度上小于结构中 15 个 UTF-8 字符的约束，因此，在对其打包时，会在后面填充一些 0x00 字节。因此，取回该记录时，contact_data 中存放的是一个二元组（b'Cindy Dove\x00\x00\x00\x00\x00', 987）。为获取名称，我们必须对 UTF-8 字符进行解码，以便产生一个 Unicode 字符串，并剥离其中的填充字节 0x00。

在大概了解了该类的一些使用之后，现在来查看该类的实现代码。BinaryRecord File.BinaryRecordFile 类实现于文件 BinaryRecordFile.py 中，在通常的一些预备内容之后，该文件从一对私有字节值的定义开始：

```
_DELETED = b"\x01"
_OKAY = b"\x02"
```

每条记录都以一个“state”字节引导，该字节或者是_DELETED，或者是_OKAY（如果是空记录，就是 b"\x00"）。

下面给出其 class 行及初始化程序：

```
class BinaryRecordFile:
    def __init__(self, filename, record_size, auto_flush=True):
        self.__record_size = record_size + 1
        mode = "w+b" if not os.path.exists(filename) else "r+b"
        self.__fh = open(filename, mode)
        self.auto_flush = auto_flush
```

有两个不同的记录大小，BinaryRecordFile.record_size 是由用户设定的，是从用户角度看到的记录大小；私有的 BinaryRecordFile.__record_size 是内部实际的记录大小，包含状态字节。

打开文件时，要注意不要截取该文件。因此，如果文件已存在，就应该使用"r+b"模式；如果文件不存在，就应该使用"w+b"模式创建——这里，模式字符串的"+"部分表示的是读与写。如果布尔型值 BinaryRecordFile.auto_flush 为 True，就在每次读之前与写之后都将其清空。

```
@property
def record_size(self):
    return self.__record_size - 1

@property
def name(self):
    return self.__fh.name

def flush(self):
    self.__fh.flush()

def close(self):
    self.__fh.close()
```

我们将记录大小与文件名设置为只读的特性。我们向用户报告的记录大小是用户请求的，并可以与其记录匹配。flush 方法与 close 方法则是简单地对文件对象进行相应处理。

```
def __setitem__(self, index, record):
    assert isinstance(record, (bytes, bytearray)), \
            "binary data required"
    assert len(record) == self.record_size, (
        "record must be exactly {0} bytes".format(
        self.record_size))
    self.__fh.seek(index * self.__record_size)
    self.__fh.write(_OKAY)
    self.__fh.write(record)
    if self.auto_flush:
        self.__fh.flush()
```

这一方法支持语法格式 brf[i] = data，其中，brf 是一个二进制记录文件，i 是一个记录索引位置，data 是一个字节字符串。注意，记录必须与创建二进制记录文件时指定的大小相同。如果参数正确，就将文件指针移动到记录的第一个字节处——这里使用的是实际记录大小，也就是包含了状态字节。默认情况下，seek()方法可以将文件指针移动到字节的绝对位置，也可以给定另一个参数，使得文件指针移动到相对于当前位置或结果位置有多远的索引位置处（文件对象提供的属性与方法在表 7-4 与表 7-5

中列出。)

表 7-4 文件对象属性与方法#1

语法	描述
f.close()	关闭文件对象 f，并将属性 f.closed 设置为 True
f.closed	文件已关闭，则返回 True
f.encoding	bytes 与 str 之间进行转换时使用的编码
f.fileno()	返回底层文件的文件描述符（只对那些有文件描述符的文件对象是可用的）
f.flush()	清空文件对象 f
f.isatty()	如果文件对象与控制台关联，就返回 True（只有在文件对象应用了真正的文件时才是可用的）
f.mode	文件对象打开时使用的模式
f.name	文件对象 f 的文件名（如果有）
f.newlines	文本文件 f 中的换行字符串的类型
f.__next__()	返回文件对象 f 的下一行，大多数情况下，这种方法是隐式地使用的，比如对 f 中的行
f.peek(n)	返回 n 个字节，而不移动文件指针的位置
f.read(count)	从文件对象 f 中读取至多 count 个字节，如果没有指定 count，就读取从当前文件指针直至最后的每个字节。以二进制模式读时，返回 bytes 对象；以文本模式读时，返回 str 对象。如果没有要读的内容（已到文件结尾），就返回一个空的 bytes 或 str 对象
f.readable()	如果 f 已经打开等待读取，就返回 True
f.readinto(ba)	将至多 len(ba) 个字节读入到 bytearray ba 中，并返回读入的字节数——如果在文件结尾，就为 0（只有在二进制模式时才是可用的）
f.readline(count)	读取下一行（如果指定 count，并且在\n 字符之前满足这一数值，那么至多读入 count 个字节），包括\n
f.readlines(sizehint)	读入到文件结尾之前的所有行，并以列表形式返回。如果给定 sizehint，那么读入大概至多 sizehint 个字节（如果底层文件对象支持）
f.seek(offset,whence)	如果没有给定 whence，或其为 os.SEEK_SET，就按给定的 offset 移动文件指针（并作为下一次读、写的起点）；如果 whence 为 os.SEEK_CUR，就相对于当前文件指针位置将其移动 offset（可以为负值）个位置（whence 为 os.SEEK_END，则是相对文件结尾）。在追加 "a" 模式下，写入总是在结尾处进行的，而不管文件指针在何处。在文本模式下，只应该使用 tell()方法的返回值作为 offset

表 7-5 文件对象属性与方法#2

语法	描述
f.seekable()	如果 f 支持随机存取，就返回 True
f.tell()	返回当前指针位置（相对于文件起始处）
f.truncate(size)	截取文件到当前文件指针所在位置，如果给定 size，就到 size 大小处

续表

语法	描述
f.writable()	如果 f 是为写操作而打开的，就返回 True
f.write(s)	将 bytes/bytearray 对象 s 写入到文件（该文件以二进制模式打开），或者将 str 对象 s 写入到文件（该文件以文本模式打开）
f.writelines(seq)	将对象序列（对文本文件而言是字符串，对二进制文件而言是字节字符串）写入到文件

　　由于项正在被设置，显然没有被删除，因此，我们写入状态字节_OKAY，之后写入用户的二进制记录数据，二进制记录文件不知道也不关心正在使用的记录结构，而只要求记录大小是正确的。

　　我们没有检测索引值是否在有效取值范围之内。如果索引值超出了文件末尾，那么记录将被写入到正确的索引位置，并且在文件末尾与新记录之间的每个字节被设置为b"\x00"，这样的空白记录既不是_OKAY，也不是_DELETED，因此，在需要的时候可以区分出来。

```
def __getitem__(self, index):
    self.__seek_to_index(index)
    state = self.__fh.read(1)
    if state != _OKAY:
        return None
    return self.__fh.read(self.record_size)
```

　　取回记录时，需要考虑 4 种情况：记录不存在，也就是说，给定的索引位置超出了范围；记录是空的；记录已删除；记录状态为 okay。记录不存在，私有的__seek_to_index()方法将产生 IndexError 异常，否则，该方法将寻找该记录的引导字节，之后我们读入状态字节。如果状态不是_OKAY，那么记录必须为空或已删除，这两种情况将返回 None；否则，我们将读入并返回该记录。（另一种策略是，对空记录或已删除记录，产生自定义异常，比如 BlankRecordError 或 DeletedRecordError，而不是返回 None。）

```
def __seek_to_index(self, index):
    if self.auto_flush:
        self.__fh.flush()
    self.__fh.seek(0, os.SEEK_END)
    end = self.__fh.tell()
    offset = index * self.__record_size
    if offset >= end:
        raise IndexError("no record at index position {0}".format(
                index))
    self.__fh.seek(offset)
```

　　这是一个私有的支持方法，其他一些方法会使用本方法将文件位置指针移动到记录的首字节（从给定的索引位置）。我们从检测给定的索引位置是否在取值范围之内开始，为此，我们定位到文件结尾处（到文件结尾的字节偏移量为 0），并使用 tell()方法取回我们已定位到的字节位置。如果记录的偏移量在结尾处或超过结尾处，就说明索引位置已超出范围，此时应该产生适当的异常。否则，我们就定位到索引偏移位置，并做好下一次读写的准备。

```python
def __delitem__(self, index):
    self.__seek_to_index(index)
    state = self.__fh.read(1)
    if state != _OKAY:
        return
    self.__fh.seek(index * self.__record_size)
    self.__fh.write(_DELETED)
    if self.auto_flush:
        self.__fh.flush()
```

首先，我们将文件位置指针移动到合适的位置，如果索引位置在取值范围之内（也就是说，没有产生 IndexError 异常），并且假定记录不是空白的或已删除的，我们就删除该记录，这是通过将其状态重写为_DELETED 来实现的。

```python
def undelete(self, index):
    self.__seek_to_index(index)
    state = self.__fh.read(1)
    if state == _DELETED:
        self.__fh.seek(index * self.__record_size)
        self.__fh.write(_OKAY)
        if self.auto_flush:
            self.__fh.flush()
        return True
    return False
```

该方法首先找到记录并读取其状态字节，如果记录已删除，就使用_OKAY 重写其状态字节，并向调用者返回 True，以表明操作成功，否则（对空白记录或未删除的记录），返回 False。

```python
def __len__(self):
    if self.auto_flush:
        self.__fh.flush()
    self.__fh.seek(0, os.SEEK_END)
    end = self.__fh.tell()
    return end // self.__record_size
```

这一方法将报告二进制记录文件中包含了多少条记录，这是通过用结尾字节位置（也即文件中包含多少个字节）与记录大小相除得到的。

至此，我们讲述了 BinaryRecordFile.BinaryRecordFile 类提供的所有基本功能，但还有一个需要考虑的功能：压缩文件，以便删除其中空白记录与已删除记录。为此，有两种方法。一种方法是使用索引位置更大的记录重写空白记录或已删除记录，以便

记录之间没有缝隙，并对文件进行截取（如果结尾处有任意的空白行或删除的记录），
inplace_compact()方法用于完成这一功能。另一种方法是将非空白且未删除的记录复制
到一个临时文件中，之后将临时文件重命名为原始的文件名。如果正好需要进行备份，
那么使用临时文件是一种非常便利的方法，compact()方法用于实现这一功能。

我们分两个部分来查看 inplace_compact()方法：

```python
def inplace_compact(self):
    index = 0
    length = len(self)
    while index < length:
        self.__seek_to_index(index)
        state = self.__fh.read(1)
        if state != _OKAY:
            for next in range(index + 1, length):
                self.__seek_to_index(next)
                state = self.__fh.read(1)
                if state == _OKAY:
                    self[index] = self[next]
                    del self[next]
                    break
            else:
                break
        index += 1
```

我们对每条记录进行迭代，依次读入每条记录的状态。如果发现了空白记录或已删除
记录，则继续寻找文件中下一条非空白且未删除的记录，找到后，就使用该条非空白且未
删除的记录替换空白记录或已删除记录，并删除原始的非空白且未删除的记录；如果一直
未找到，就跳出整个 while 循环，因为我们已经处理完了非空白且未删除的记录。

```python
self.__seek_to_index(0)
state = self.__fh.read(1)
if state != _OKAY:
    self.__fh.truncate(0)
else:
    limit = None
    for index in range(len(self) - 1, 0, -1):
        self.__seek_to_index(index)
        state = self.__fh.read(1)
        if state != _OKAY:
            limit = index
        else:
            break
```

```
        if limit is not None:
            self.__fh.truncate(limit * self.__record_size)
    self.__fh.flush()
```

　　如果第一条记录就是空白记录或已删除记录，那么所有记录必然都是空白记录或已删除记录，因为前面的代码已经将所有非空白且未删除的记录移动到文件起始处，并将空白记录或已删除记录移动到文件末尾处。对这种情况，我们可以简单地将文件截取为 0 字节。

　　如果至少有一条非空白且未删除的记录，那么我们就沿着从最后一条记录到第一条记录的方向进行迭代，因为我们知道，空白记录或已删除记录已经被移动到文件结尾处。变量 limit 被设置为最靠前的空白记录或已删除记录（如果没有这样的记录，就将其设置为 None），并对文件进行相应的截取。

　　另一种实现压缩的替代方案是将其复制到另外的文件中——如果我们正好需要进行备份，那么这种方法是有用的，接下来我们要查看的 compact() 方法展示了这种做法。

```
    def compact(self, keep_backup=False):
        compactfile = self.__fh.name + ".$$$"
        backupfile = self.__fh.name + ".bak"
        self.__fh.flush()
        self.__fh.seek(0)
        fh = open(compactfile, "wb")
        while True:
            data = self.__fh.read(self.__record_size)
            if not data:
                break
            if data[:1] == _OKAY:
                fh.write(data)
        fh.close()
        self.__fh.close()

        os.rename(self.__fh.name, backupfile)
        os.rename(compactfile, self.__fh.name)
    if not keep_backup:
        os.remove(backupfile)
    self.__fh = open(self.__fh.name, "r+b")
```

　　这一方法创建两个文件，一个压缩后文件，一个原始文件的备份文件。压缩后文件与原始文件名称相同，但名称最后附加了.$$$，类似地，备份文件与原始文件名称相同，但名称最后附加了.bak。我们逐个记录读入现有的文件，对那些非空白且未删除的记录，就将其写入到压缩后文件中。（注意，我们写入的是真实的记录，也即每次都写入状态字节与用户记录。）

　　if data[:1] == _OKAY:这行代码是相当微妙的。Data 对象与_OKAY 对象都是 bytes 类型，该行代码中，我们需要将 data 对象的首字节与（1 字节的）_OKAY 对象进行比较，如果我们提取 bytes 对象的分片，就获取了一个 bytes 对象；如果我们提取一个单独的字节，比如 data[0]，获取的则是一个整数——字节的值。

因此，这里我们将 data 的一个字节的分片（其首字节，也即状态字节）与一个字节的对象 _OKAY 进行比较。（另一种实现方式是使用代码 if data[0] == _OKAY[0]，该代码将对两个 int 值进行比较。）

最后，我们将原始文件重命名为备份文件，将压缩后文件重命名为原始文件。之后，如果 keep_backup 为 False（默认情况），就移除备份文件。最后，我们打开压缩后文件（现在该文件与原始文件名称一致），以备进一步的读写。

BinaryRecordFile.BinaryRecordFile 类是底层的，但可以作为高层类的基础，这些高层类需要对由固定大小记录组成的文件进行随机存取，下一小节将对其进行展示。

7.4.2 实例：BikeStock 模块的类

BikeStock 模块使用 BinaryRecordFile.BinaryRecordFile 来提供一个简单的仓库控制类，仓库项为自行车，每个由一个 BikeStock.Bike 实例表示，整个仓库的自行车则存放在一个 BikeStock.BikeStock 实例中。BikeStock.BikeStock 类将字典（其键为自行车 ID，值为记录索引位置）整合到 BinaryRecordFile.BinaryRecordFile 中，下面给出一个简短的实例，有助于了解这些类的工作方式：

```
bicycles = BikeStock.BikeStock(bike_file)
value = 0.0
for bike in bicycles:
    value += bike.value
bicycles.increase_stock("GEKKO", 2)
for bike in bicycles:
    if bike.identity.startswith("B4U"):
        if not bicycles.increase_stock(bike.identity, 1):
            print("stock movement failed for", bike.identity)
```

上面的代码段打开一个自行车仓库文件，并对其中所有自行车记录进行迭代，以便计算其中存放的自行车的总体价值（价格乘以数量）。之后递增仓库中 "GEKKO" 自行车的数量（以 2 为递增值）与存放所有自行车 ID 以 "B4U" 开始的自行车的仓库（以 1 为递增值）。所有这些操作都在磁盘上进行，因此，读取字形成仓库文件的任意其他进程总是可以获取最新数据。

BinaryRecordFile.BinaryRecordFile 根据索引进行工作，BikeStock.BikeStock 类根据自行车 ID 进行工作，这是由 BikeStock.BikeStock 实例（其中存放一个字典，该字典将自行车 ID 与索引进行关联）进行管理的。

我们首先查看 BikeStock.Bike 类的 class 行与初始化程序，之后查看其中选定的几个 BikeStock.BikeStock 方法，最后将查看用于在 BikeStock.Bike 对象与二进制记录（用于在 BinaryRecordFile.BinaryRecordFile 中对其进行表示）提供桥梁的代码。（所有代码都在 BikeStock.py 文件中。）

```python
class Bike:

    def __init__(self, identity, name, quantity, price):
        assert len(identity) > 3, ("invalid bike identity '{0}'"
                                    .format(identity))
        self.__identity = identity
        self.name = name
        self.quantity = quantity
        self.price = price
```

自行车的所有属性都是以特性形式存在的——自行车 ID（self.__identity）是一个只读的 Bike.identity 特性，其他属性则是读/写特性，并使用断言进行有效性验证。此外，只读特性 Bike.value 返回的是数量与价格的乘积。（我们没有展示该特性的实现，因为前面看到过类似的代码。）

BikeStock.BikeStock 类提供了自己的用于操纵自行车对象的方法，并依次使用可写的自行车特性。

```python
class BikeStock:

    def __init__(self, filename):
        self.__file = BinaryRecordFile.BinaryRecordFile(filename,
                                        _BIKE_STRUCT.size)
        self.__index_from_identity = {}
        for index in range(len(self.__file)):
            record = self.__file[index]
            if record is not None:
                bike = _bike_from_record(record)
                self.__index_from_identity[bike.identity] = index
```

BikeStock.BikeStock 类是一个自定义组合类，其中聚集了一个二进制记录文件（elf.__file）与一个字典（self.__index_from_identity），该字典的键是自行车 ID，值为记录索引位置。

文件打开（如果不存在就创建）后，我们对其内容（如果存在）进行迭代。每个自行车都被取回，并使用私有的 _bike_from_record() 函数将其从 bytes 对象转换为BikeStock.Bike，自行车的 identity 与索引位置则添加到 self.__index_from_identity 字典中。

```python
    def append(self, bike):
        index = len(self.__file)
        self.__file[index] = _record_from_bike(bike)
        self.__index_from_identity[bike.identity] = index
```

如果需要向其中添加一台自行车，实际上所做的工作就是找到适当的索引位置，

并将该索引位置处的记录设置为自行车的二进制表象形式。此外，我们还需要更新
self.__index_from_identity 字典。

```
def __delitem__(self, identity):
    del self.__file[self.__index_from_identity[identity]]
```

删除一条自行车记录是容易的，我们只需要找到该记录的索引位置，并删除该索
引位置处的记录。在 Bike-Stock.BikeStock 类中，我们没有使用 BinaryRecordFile.Binary-
RecordFile 的反删除功能。

```
def __getitem__(self, identity):
    record = self.__file[self.__index_from_identity[identity]]
    return None if record is None else _bike_from_record(record)
```

自行车记录可以通过自行车 ID 取回，如果没有要寻找的 ID，那么在 self.__index_
from_identity 字典中的搜索将产生 KeyError 异常。如果记录为空白记录或已删除记录，
那么 BinaryRecordFile.BinaryRecordFile 将返回 None；如果可以成功取回记录，就将其
返回为一个 BikeStock.Bike 对象。

```
def __change_stock(self, identity, amount):
    index = self.__index_from_identity[identity]
    record = self.__file[index]
    if record is None:
        return False
    bike = _bike_from_record(record)
    bike.quantity += amount
    self.__file[index] = _record_from_bike(bike)
    return True

increase_stock = (lambda self, identity, amount:
                            self.__change_stock(identity, amount))
decrease_stock = (lambda self, identity, amount:
                            self.__change_stock(identity, -amount))
```

私有方法__change_stock()提供了 increase_stock()方法与 decrease_stock() 方法的实现。
首先找到自行车的索引位置，并取回该记录，之后将数据转换为一个 BikeStock.Bike 对象。
相应的变化作用于自行车，之后，使用更新后自行车对象的二进制表示形式重写文件中的
原记录（还有一个__change_bike()方法，提供了对 change_name()方法与 change_price()方法
的实现，但这里没有展示，因为与我们这里展示的非常类似）。

```
def __iter__(self):
    for index in range(len(self.__file)):
        record = self.__file[index]
        if record is not None:
            yield _bike_from_record(record)
```

这一方法确保可以对 BikeStock.BikeStock 对象进行迭代,就像对列表一样,每次迭代返回一个 BikeStock.Bike 对象,并跳过空白记录与已删除记录。

私有函数_bike_from_record()与 record_from_bike()将 BikeStock.Bike 类的二进制表示从 BikeStock.BikeStock 类(存放一组自行车)中隔离出来。图 7-6 展示了自行车记录文件的逻辑结构,物理结构稍有差别,因为每条记录都是由一个状态字节引导的。

```
_BIKE_STRUCT = struct.Struct("<8s30sid")


def _bike_from_record(record):
    ID, NAME, QUANTITY, PRICE = range(4)
    parts = list(_BIKE_STRUCT.unpack(record))
    parts[ID] = parts[ID].decode("utf8").rstrip("\x00")
    parts[NAME] = parts[NAME].decode("utf8").rstrip("\x00")
    return Bike(*parts)


def _record_from_bike(bike):
    return _BIKE_STRUCT.pack(bike.identity.encode("utf8"),
                             bike.name.encode("utf8"),
                             bike.quantity, bike.price)
```

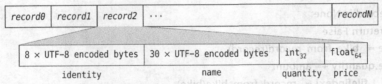

图 7-6 自行车记录文件的逻辑结构

在将二进制记录转换为 BikeStock.Bike 时,我们首先将 unpack()返回的元组转换为列表。这允许我们对元素进行修改,这里是将 UTF-8 编码的字节转换为字符串,并剥离其中的填充字节 0x00。之后,我们使用序列拆分操作符(*)将相应部分提供给 BikeStock.Bike 初始化程序。打包数据更简单,我们只是必须确保将字符串编码为 UTF-8 字节。

对现代的桌面系统而言,随着 RAM 大小与磁盘速度的增长,应用程序对随机存取二进制数据的需求降低了。需要这样的功能时,通常最简单的方法是使用 DBM 文件或 SQL 数据库。尽管如此,这里展示的技术对有些系统仍然是有用的,比如,嵌入式系统或其他资源受限型的系统。

7.5 总结

本章展示了用于从文件中加载组合型数据(或将组合型数据保存到文件中)的使用最广泛的技术。我们了解了 pickles 的易用性,以及如何在预先并不知道是否已进行压缩的前提下来处理压缩文件与未压缩文件。

我们了解了在读、写二进制数据时应该注意哪些事项，也知道如果需要处理可变长度的字符串，代码就会很长。同时我们也获知，使用二进制文件通常会产生最小的文件大小，所需要的读、写时间也最少。我们还学习了使用魔数来标识文件类型、使用版本号使程序可以适应后面格式变化的重要性。

本章中，我们知道，对用户而言，普通文本是用户可以读取的最简单的格式，并且，如果数据有良好的结构化特点，那么创建可以操纵该数据的额外工具是直截了当的。然而，分析文本文件可以是棘手的。本章中，我们同时学习了手动方式与使用正则表达式来读取文本数据的技术。

XML 是一个非常流行的数据交换格式，通常，即便格式是二进制格式或文本格式，具备至少可以导入、导出 XML 格式的能力也是很有用的。我们学习了如何手动写 XML——包括如何对属性值与文本数据进行正确的转义处理——以及如何使用元素树与 DOM 写 XML。我们也学习了如何使用元素树、DOM 以及 SAX 分析器（由 Python 库提供）对 XML 进行分析。

在 7.4 节中，我们学习了如何创建一个通用类来处理随机存取二进制文件，如何存放固定大小的记录，以及如何在特定的上下文中使用通用类。

本章是讲述 Python 程序设计基础知识的最后一章，停止阅读，并借助到此为止所讲述的知识来编写非常好的 Python 程序是可能的。但是如果现在就停止阅读将是一个遗憾——Python 所能提供的如此之多，从可以缩小与简化代码的灵巧技术，到一些高级工具，即便不总是需要使用，但知道也是有好处的。下一章中，我们将更深入地讲解关于过程型程序设计与面向对象程序设计的相关知识，也涉及函数型程序设计的相关内容。之后，在后面的几章中，我们将集中讲述一些更广的程序设计技术，包括线程、网络、数据库程序设计、正则表达式以及 GUI（图形用户界面）程序设计。

7.6 练习

第一个练习是创建一个比本章展示的更简单的二进制记录文件模块——其记录大小与用户指定的恰好一样。第二个练习是使用新的二进制记录文件模块对 BikeStock 模块进行修改。第三个练习要求从头开始创建一个程序——其中的文件处理部分是非常直截了当的，但某些输出格式有一定难度。

1．创建一个新的、更简单的 BinaryRecordFile 模块版本——其中不使用状态字节。对这一版本而言，用户指定的记录大小就是记录的实际大小。如果要添加新记录，就必须使用一个新的 append()方法，该方法只是简单地将文件指针移动到文件末尾，并写入待添加的记录。__setitem__()方法应该只允许替换现存的记录，为此，一种简单的方法是使用__seek_to_index()方法。由于不再使用状态字节，因此__getitem__()消减到只有 3 行代码。__delitem__()方法需要完全重写，因为该方法必须移动所有相关的记录，以便消除文件中存在的差距，这仅需要大概 6 行代码即可完成，但确实也需要一些设计与衡量。undelete()方法必须移除，因为新实现的模块不支持这种操作，compact()方法与 inplace_compact()方法也必须被移除，同样是因为不再需要。

总体而言，与原始版本相比，新版本需要添加或修改不到 20 行代码，并删除至少 60 行代码（doctests 除外）。BinaryRecordFile_ans.py 提供了针对该练习的解决方案。

2．在确定更简单的 BinaryRecordFile 类可以正常工作后，复制 BikeStock.py 文件并对其进行修改，使其可以与 BinaryRecordFile 类共同工作。这只需要修改少数几行代码，BikeStock_ans.py 文件提供了相应的解决方案。

3．对二进制格式进行调试可能是比较困难的，但使用工具对二进制文件内容进行转储将有助于分析。创建一个程序，使其有如下的控制台帮助文本：

```
Usage: xdump.py [options] file1 [file2 [... fileN]]

Options:
    -h, --help                  show this help message and exit
    -b BLOCKSIZE, --blocksize=BLOCKSIZE
                                block size (8..80) [default: 16]
    -d, --decimal               decimal block numbers [default: hexadecimal]
    -e ENCODING, --encoding=ENCODING
                                encoding (ASCII..UTF-32) [default: UTF-8]
```

如果有一个 BinaryRecordFile，其中存储记录的格式为 "<i10s"（little-endian，4 字节有符号整数，10 字节字符串），使用这一程序，通过将块大小设置为与记录大小匹配（15 字节，包括状态字节），可以获取文件中内容的清晰影像，比如：

```
xdump.py -b15 test.dat
Block          Bytes                                          UTF-8 characters
--------------  ----------------------------------------------  ----------------
00000000       02000000 00416C70 68610000 000000              .....Alpha.....
00000001       01140000 00427261 766F0000 000000              .....Bravo.....
00000002       02280000 00436861 726C6965 000000              .(...Charlie...
00000003       023C0000 0044656C 74610000 000000              .<...Delta.....
```

每个字节都使用一个两个数字表示的十六进制数，其中每组 4 字节之间（或每组 8 个十六进制数字之间）的空格的作用只是为了提高可读性。这里，我们可以看到，第二条记录（"Bravo"）已经被删除，因为其状态字节为 0x01，而不是用于指示非空白其未删除记录的 0x02。

使用 optparse 模块来处理命令行选项（通过指定某选项的类型，可以使 optparse 处理字符串到整数的转换）。要使标题对准任意给定的块大小并正确对准最后一块的字符，可能是非常棘手的，因此，要确保对不同块大小进行了测试（比如 8、9、10…40）。并且，不要忘记对不同长度的文件，最后一块可能是很短的。如实例中所展示的，可以使用句点来表示不可打印的字符。

该程序可以使用不到 70 行代码完成，包括两个函数，xdump.py 提供了相应的解决方案。

第 **8** 章

高级程序设计技术 ||||

在本章中，我们将学习多种不同的程序设计技术，并介绍很多附加的、通常也是更高级的 Python 语法。本章中有些内容具有相当的难度，但要知道的是，最高级的技术通常必须使用的机会也最少，你总是可以先粗略了解这些技术的用途，并在确实需要的时候再仔细阅读相应内容。

本章的第 1 节更深入地讲解了 Python 的过程型程序设计功能。首先展示了如何以一种新的方式使用前面已讲过的内容，之后回到第 6 章只是略有提及的生成器主题。该节之后介绍了动态程序设计——根据运行时名称加载模块，并在运行时执行任意代码。之后回到关于本地（嵌套的）函数的主题，但添加了关键字 nonlocal 与递归函数的使用。早前，我们学习了如何使用 Python 的预定义修饰器——这一节中，我们将学习如何创建自己的修饰器。最后，该节以讲述函数注释来结束。

第 2 节讲述的都是与面向对象程序设计相关的新内容。该节从介绍__slots__开始，这是一种可以将每个对象使用内存最小化的机制，之后展示了如何在不使用特性的情况下对属性进行存取。该节还介绍了函子（可以像函数一样调用的对象）以及上下文管理器——这些是与 with 关键字一起使用的，很多情况下（比如，文件处理）可用于将 try ... Except ... Finally 这种语句结构替换为更简单的 try ... except 语句结构。该节还展示了如何创建自定义的上下文管理器，并介绍了一些附加的高级面向对象程序设计功能，包括类修饰器、抽象基类、多继承以及元类等内容。

第 3 节介绍了函数型程序设计的一些基本概念，并介绍了 functools、itertools 与 operator 等模块中一些有用的函数，此外，该节还展示了如何使用偏序函数应用程序来简化代码。

前面所有章节内容一起构成了"标准 Python 工具箱"，本章将吸取前面讲述的所有相关内容，并将其转换为"豪华版 Python 工具箱"，包括所有原始的工具（技术与语法），以及很多可以使得我们的程序更简洁、更短小、更有效的新内容。有些工具可以交替使用，比如，有些任务可以使用类修饰器完成，也可以使用元类完成，其他一些技术，比如描述符，可以以多种方式使用来达到不同的效果。这里展示的有些工具，比如上下文管理器，我们将一直使用，其他一些工具则作为备用，在那些使用其更合适的特定场合才实际使用。

8.1   过程型程序设计进阶

本节大部分篇幅用于介绍与过程型程序设计与函数相关的一些附加工具，但第一小节不同，因为其中将给出一种有用的程序设计技术，这种技术是以我们讲过的内容为基础的，没有使用任何新语法。

8.1.1   使用字典进行分支

前面已经说过，与 Python 中任何其他对象一样，函数本身也是对象，函数名就是对函数的对象引用。如果我们写下一个函数名，其后没有使用圆括号，Python 就知道我们是将其当作对象引用，我们可以将这样的对象引用进行传递，就像任何其他对象引用一样。根据这一事实，我们可以使用单一的函数调用来对包含大量 elif 分支的 if 语句进行替换。

在第 12 章中，将展示一个名为 dvds-dbm.py 的交互式控制台程序，该程序有如下一些菜单：

(A)dd   (E)dit   (L)ist   (R)emove   (I)mport   e(X)port   (Q)uit

该程序有一个获取用户选择的函数，该函数将只返回一个有效的选择，这里是"a"、"e"、"1"、"r"、"i"、"x" 与 "q" 中的一个。下面给出的是基于用户的选择来调用相关函数的两个等价的代码段：

```
if action == "a":
    add_dvd(db)
elif action == "e":
    edit_dvd(db)
elif action == "l":
    list_dvds(db)
elif action == "r":
    remove_dvd(db)
elif action == "i":
    import_(db)
elif action == "x":
    export(db)
elif action == "q":
    quit(db)
```

```
functions = dict(a=add_dvd, e=edit_dvd,
                 l=list_dvds, r=remove_dvd,
                 i=import_, x=export, q=quit)
functions[action](db)
```

用户所做的选择被当作一个单字符的字符串存放在变量 action 中，要使用的数据库则存放在变量 db 中，import_()的函数名以下划线结尾，以便区别于内置的 import 语句。

右面的代码段中，我们创建了一个字典，其键为有效的菜单选项，其值则为函数引用。第 2 条语句中，我们取回与给定操作对应的函数引用，并使用调用操作符()调用被引用的函数，并且传递参数 db。与左边的代码相比，右边的代码不但更短，而且可以在扩展（有更多的字典项）的同时不影响其性能，左边代码的速度则依赖于必须执行多少条 elif 分支语句（以便发现合适的函数进行调用）。

前一章的 convert-incidents.py 程序在其 import_()方法中使用了这种技术，下面是从其中提取的部分代码：

```
call = {(".aix", "dom"): self.import_xml_dom,
        (".aix", "etree"): self.import_xml_etree,
        (".aix", "sax"): self.import_xml_sax,
        (".ait", "manual"): self.import_text_manual,
        (".ait", "regex"): self.import_text_regex,
        (".aib", None): self.import_binary,
        (".aip", None): self.import_pickle}
result = call[extension, reader](filename)
```

该方法完整的实现代码有 13 行，参数 extension 是在该方法内计算得到的，参数 reader 则是传入的。字典键为二元组，值为方法。如果使用了 if 语句，那么代码长度将为 22 行，并且不具有很好的扩展性。

8.1.2 生成器表达式与函数

在第 6 章中，我们介绍了生成器函数与方法。创建生成器表达式也是可能的。在语法上，这与列表内涵几乎是等同的，区别在于，语句包含在圆括号中，而不是方括号中，下面给出其语法格式：

(*expression* for *item* in *iterable*)
(*expression* for *item* in *iterable* if *condition*)

前面的章节中，我们使用 yield 表达式创建了一些迭代子方法。下面给出两个等价的代码段，展示如何将一个包含 yield 表达式的 for ... in 循环编码为一个生成器：

```
def items_in_key_order(d):              def items_in_key_order(d):
    for key in sorted(d):                   return ((key, d[key])
        yield key, d[key]                       for key in sorted(d))
```

两个函数都返回一个生成器，用于为给定的字典生成一个键-值项列表。如果我们需要一次性提供这些项，就可以将函数返回的生成器作为参数传递给 list()或 tuple()，否则，可以对生成器进行迭代，以便在需要的时候再取回相应项。

生成器提供了一种执行"惰性"评估的方法，这意味着只有在实际需要的时候才计算值，这比一次性计算一个很大的列表要更加高效。有效的生成器可以生成我们所需要数量的值——而没有上限，比如：

```
def quarters(next_quarter=0.0):
    while True:
        yield next_quarter
        next_quarter += 0.25
```

这一函数将返回 0.0、0.25、0.5…，依此类推，下面的语句则展示了如何使用该生成器：

```
result = []
for x in quarters():
    result.append(x)
    if x >= 1.0:
        break
```

break 语句是必要的——没有该语句，for ... in 循环将一直不会结束。最后，result 列表为[0.0, 0.25, 0.5, 0.75, 1.0]。

每次调用 quarters()时，都可以取回一个生成器，该生成器从 0.0 开始，并以 0.25 进行递增。如果需要重置生成器当前值应该怎么做？可能的方法是将一个值传递给生成器，如下面新版本的生成器函数所示：

```
def quarters(next_quarter=0.0):
    while True:
        received = (yield next_quarter)
        if received is None:
            next_quarter += 0.25
        else:
            next_quarter = received
```

yield 表达式依次向调用者返回每个值，此外，如果调用者调用了生成器的 send()方法，那么发送的值由生成器函数作为 yield 表达式的结果进行接收。下面展示如何使用新的生成器函数：

```
result = []
generator = quarters()
while len(result) < 5:
    x = next(generator)
    if abs(x - 0.5) < sys.float_info.epsilon:
        x = generator.send(1.0)
    result.append(x)
```

我们创建一个变量来引用生成器，并调用内置的 next()函数，该函数从给定的生成器中取回下一项。（调用生成器的特殊方法__next__()也可以达到同样的效果，这里也就是 x = generator.__next__()。）如果值为 0.5，我们就将值 1.0 发送给生成器（生成器将立即回传这一数值）。这一次，result 列表为[0.0, 0.25, 1.0, 1.25, 1.5]。

下一小节中，我们将查看 magic-numbers.py 程序，该程序对命令行中给定的文件进行处理。遗憾的是，Windows shell 程序（cmd.exe）没有提供通配符扩展（也称之为 file globbing），因此，如果某程序在 Windows 下使用参数*.*运行，那么 sys.argv 列表中收到的是字面意义的 "*.*"，而非当前目录下的所有文件。我们通过创建两个不同的 get_files()函数来解决这一问题，一个用于 Windows，另一个用于 UNIX，两者都使用了生成器。下面给出其代码：

```
if sys.platform.startswith("win"):
    def get_files(names):
        for name in names:
            if os.path.isfile(name):
                yield name
            else:
                for file in glob.iglob(name):
                    if not os.path.isfile(file):
                        continue
                    yield file
else:
    def get_files(names):
        return (file for file in names if os.path.isfile(file))
```

两种情况中，对函数的调用都应该使用文件名列表，比如，以 sys.argv[1:]作为函数的参数。

在 Windows 下，该函数对所有列出的名称进行迭代，对每个文件名，该函数提供名称，但对于非文件（通常是目录），则使用 glob 模块的 glob.iglob()函数返回一个迭代子，其迭代的文件名为通配符扩展后的文件名部分。对普通名，比如 autoexec.bat，返回一个生成一项（该名称）的迭代子；对使用通配符的名称，比如*.txt，则返回一个产生所有匹配文件（这里也就是那些带扩展名.txt 的文件）的迭代子。（还有一个 glob.glob()函数，该函数返回的是一个列表，而非一个迭代子。）

在 UNIX 上，shell 会自动进行通配符扩展，因此我们只需要为给定文件名的所有文件返回一个迭代子[*]。

如果对生成器函数的结构进行正确设计，则生成器也可用作协程。协程是可以在执行中（在 yield 表达式处）挂起的函数，并等待 yield 提供一个结果，收到结果后继续运行。在本章后面的协程一节中，我们可以看到，协程可用于分发工作并创建处理流水线。

---

[*] glob.glob()函数并没有 UNIX bash shell 那样强大的功能，因为虽然该函数支持*、?与[]等语法，但是不支持{}语法。

8.1.3 动态代码执行与动态导入

有一些场合中，编写一段代码，并用其生成我们所需要的代码，会比直接编写所需要的代码更简单。有些情况下，让用户自己输入代码（比如，电子表格中的函数）并让 Python 执行输入的代码（而不是写一个分析器自己处理）是有用的——尽管以这种方式执行任意代码必然会存在潜在的安全风险。另一种需要动态代码执行的应用场景是提供插件以便扩展程序的功能。使用插件存在的不足是，不是所有必要的功能都内置在程序中（这使得程序的部署更加困难，并且插件也可能会丢失或失效）；优势在于插件可以单独更新，也可以分开提供，并有可能提供一些原本没有重视的功能增强。

动态代码执行

要执行表达式，最简单的方法是使用内置的 eval()函数，最早在第 6 章中进行了展示，比如：

```
x = eval("(2 ** 31) - 1") # x == 2147483647
```

对用户输入的表达式而言，这种做法是可以的，但是如果我们需要动态创建一个函数时会怎样呢？对这种情况，我们可以使用内置的 exec()函数。比如，用户可以给出一个公式 $4\pi r^2$，以及名称"area of sphere"，并要求将其转换为一个函数，假定我们可以用 math.pi 替代 π，则需要创建的函数类似于如下格式：

```
import math
code = '''
def area_of_sphere(r):
    return 4 * math.pi * r ** 2
'''
context = {}
context["math"] = math
exec(code, context)
```

我们必须使用正确的缩排——毕竟引用的代码是标准的 Python 代码。（尽管在这种情况下，我们可以将其写在一行内，因为 suite 本身就只有一行。）

如果调用 exec()时仅以某些代码作为其唯一的参数，那么没有途径可以存取该代码执行后创建的任何函数或变量，而且，exec()不能存取任意导入的模块，也不能存取调用时在范围内的任何变量、函数或其他对象。这两个问题都可以通过传递一个字典作为第 2 个参数来解决，字典提供了存放对象引用的场所，使得其在 exec()调用结束后仍然可以存取。比如，使用 context 字典意味着，在 exec()调用后，该字典中存放一个对 area_of_sphere()函数（由 exec()函数创建）的对象引用。在这一实例中，我们需要 exec()可以存取 math 模块，因此，我们向 context 字典中插入一个项，其键为模块名，其值则为到相应模块对象的对象引用，通过这种做法，可以确保在 exec()调用内部，math.pi 是可存取的。

有些情况下，将整个的全局上下文提供给 exec()会带来很多方便，这可以通过将 globals()函数返回的字典作为参数传递来实现。这种方法的一个不足是，exec()调用中创建的任何对象将被添加到全局字典中。为此，一种解决方案是将全局上下文复制到一个字典中，比如 context = globals().copy()，这种做法可以使得 exec()仍然具备对范围内导入的模块、变量以及其他对象的存取权限，并且由于已经先行复制，因此，exec()调用内部对上下文的所有改变将被保存到 context 字典中，而不会传播到全局环境。（使用 copy.deepcopy()会更安全，但是如果安全性是重要衡量因素，最好完全不要使用 exec()。）我们也可以传递本地上下文，比如，将 locals()作为第三个参数——这使得由 exec()执行的代码也可以访问本地范围内的对象。

执行 exec()调用后，context 字典中将包含一个名为"area_of_ sphere"的键，其值为 area_of_sphere()函数，下面展示了如何访问与调用该函数：

```
area_of_sphere = context["area_of_sphere"]
area = area_of_sphere(5)          # area == 314.15926535897933
```

area_of_sphere 对象是对我们动态创建的函数的对象引用，可以像任何其他函数一样使用。并且，我们只在 exec()调用中创建了一个函数，但是与 eval()只能操作单一表达式不同，exec()可以处理我们需要处理的那么多 Python 语句，包括整个模块。

动态导入模块

Python 提供了 3 种可用于创建插件的直接机制，这 3 种机制都涉及在运行时根据名称导入模块。动态导入了附加的模块之后，可以使用 Python 的内省函数来检测我们所需要的函数是否存在，并在需要的时候对其进行访问。

在这里，我们将查看 magic-numbers.py 程序。该程序读入命令行中每个给定文件的头 1000 个字节，并对每个文件输出其文件类型（或文本"Unknown"）与文件名。下面给出该程序在命令行中运行的实例及其部分输出信息：

```
C:\Python30\python.exe magic-numbers.py c:\windows\*.*
...
XML.........................c:\windows\WindowsShell.Manifest
Unknown..................c:\windows\WindowsUpdate.log
Windows Executable..c:\windows\winhelp.exe
Windows Executable..c:\windows\winhlp32.exe
Windows BMP Image...c:\windows\winnt.bmp
...
```

该程序尝试载入程序所在目录中那些名称中包含文本"magic"的模块，这些模块被期待提供一个单一的公共函数，即 get_file_type()。本书的实例中，提供了两个非常简单的实例模块，StandardMagicNumbers.py 与 WindowsMagicNumbers.py，每个模块都有一个 get_file_type()函数。

我们将分两部分来查看该程序的 main()函数。

```
def main():
    modules = load_modules()
    get_file_type_functions = []
    for module in modules:
        get_file_type = get_function(module, "get_file_type")
        if get_file_type is not None:
            get_file_type_functions.append(get_file_type)
```

很快，我们将看到 load_modules()函数的 3 种不同实现，该函数将返回一个（可能为空）模块对象列表，我们还将进一步查看 get_function()函数。对发现的每个模块，我们尝试取回一个 get_file_type()函数，并将取回的内容添加到类似函数组成的列表中。

```
for file in get_files(sys.argv[1:]):
    fh = None
    try:
        fh = open(file, "rb")
        magic = fh.read(1000)
        for get_file_type in get_file_type_functions:
            filetype = get_file_type(magic,
                                     os.path.splitext(file)[1])
            if filetype is not None:
                print("{0:.<20}{1}".format(filetype, file))
                break
            else:
                print("{0:.<20}{1}".format("Unknown", file))
    except EnvironmentError as err:
        print(err)
    finally:
        if fh is not None:
            fh.close()
```

这一循环对命令行中列出的每个文件进行迭代，对每个文件，读入其前 1000 个字节，之后，依次尝试每个 get_file_type()函数，试探其是否可以确定当前文件的类型。如果可以确定，就打印其详细资料，并跳出内部循环，继续处理下一个文件。如果没有哪个函数可以确定文件的类型，或者没有发现 get_file_type()函数，就打印一个 "Unknown" 行。

我们将查看 3 种（等价的）动态导入模块的方法，从最长的也是最难的方法开始，因为该方法显式地展示了每一个步骤：

```
def load_modules():
    modules = []
```

```
for name in os.listdir(os.path.dirname(__file__) or "."):
    if name.endswith(".py") and "magic" in name.lower():
        filename = name
        name = os.path.splitext(name)[0]
        if name.isidentifier() and name not in sys.modules:
            fh = None
            try:
                fh = open(filename, "r", encoding="utf8")
                code = fh.read()
                module = type(sys)(name)
                sys.modules[name] = module
                exec(code, module.__dict__)
                modules.append(module)
            except (EnvironmentError, SyntaxError) as err:
                sys.modules.pop(name, None)
                print(err)
            finally:
                if fh is not None:
                    fh.close()
return modules
```

我们首先对程序目录内所有文件进行迭代，如果是当前目录，那么 os.path.dirname(__file__)将返回一个空字符串，并可能导致 os.listdir()产生异常，因此，必要的时候我们传递一个 "."。对每个备选文件（以.py 为扩展名，并且名称中包含文本 "magic"），我们剥离扩展名并获取模块名。如果模块名是一个有效的标识符，那么说明是一个可用的模块名；如果该名称尚未存在于 sys.modules 字典维护的全局模块列表中，那么可以尝试对其进行导入。

我们将文件的文本内容读入到 code 字符串中。接下来的一行（module = type(sys)(name)）是非常微妙的。调用 type()时，将返回作为参数给定的对象的类型对象，因此，如果调用 type(1)，就返回整数。如果打印类型对象，那么只是获取可读的内容，比如 "int"，但如果将类型对象作为函数进行调用，就返回一个该类型的对象。比如，要获取存储于变量 x 中的整数 5，可以使用如下语句：x = 5，或 x = int(5)，或 x = type(0)(5)，或 int_type = type(0); x = int_type(5)。在本程序中，我们使用的是 type(sys)，这里 sys 是一个模块，因此可以获取模块类型对象（实质上与类对象一样），并可以用其创建一个新模块（使用给定名称）。就像在 int 实例中获取 int 类型对象时不需要关心使用的具体整数一样，这里使用哪个模块（只要是一个已经导入的模块）对获取模块类型对象也无关紧要。

在具备了一个新（空）模块之后，我们将其添加到模块的全局列表中，以便防止模块无意间被再次导入。这是在 exec()调用之前完成的，以便更紧密地模拟 import 语句。之后调用 exec()来执行已经读取的代码——我们使用模块的字典作为代码的上下

文。最后，我们将模块添加到将要传回的模块列表中。如果中间有问题产生，我们将
从全局模块字典中删除相应模块（如果该模块已添加到其中）——在有错误发生时，
模块将不会添加到模块列表中。注意，exec()可以处理任意数量的代码（eval()只能对
单一的表达式进行评估——参见表 8-1），如果有语法错误，那么该函数会产生 Syntax
Error 异常。

表 8-1   动态程序设计与内省函数

语法	描述
__import__(...)	根据模块名导入模块，参见正文
compile(source, file, mode)	返回编译 source 文本生成的代码对象，这里，file 应该是文件名，或 "<string>"，mode 必须为 "single"、"eval" 或 "exec"
delattr(obj, name)	从对象 obj 中删除名为 name 的属性
dir(*obj*)	返回本地范围内的名称列表，或者，如果已给定 obj，就返回 obj 的名称（比如，其属性与方法）
eval(*source, globals, locals*)	返回对 source 中单一表达式进行评估的结果，如果提供，那么 globals 表示的是全局上下文，locals 表示的是本地上下文（作为字典）
exec(obj, *globals, locals*)	对对象 obj 进行评估，该对象可以是一个字符串，也可以是来自 compile()的代码对象，返回则为 None；如果提供，那么 globals 表示的是全局上下文，locals 表示的是本地上下文
getattr(obj, name, *val*)	返回对象 obj 中名为 name 的属性值，如果没有这一属性，并且给定了 val 参数，就返回 val
globals()	返回当前全局上下文的字典
hasattr(obj, name)	如果对象 obj 中有名为 name 的属性，就返回 True
locals()	返回当前本地上下文的字典
setattr(obj, name, val)	将对象 obj 中名为 name 的属性值设置为 val，必要的时候创建该属性
type(obj)	返回对象 obj 的类型对象
vars(*obj*)	以字典形式返回对象 obj 的上下文，如果没有给定 obj，就返回本地上下文

下面给出运行时动态加载模块的第二种方法——这里展示的代码替换了第一种方
法中的 try ... except 语句块：

```
try:
    exec("import " + name)
    modules.append(sys.modules[name])
except SyntaxError as err:
    print(err)
```

这种方法存在的一个理论上的问题是具有潜在的不安全性，name 变量可以以 sys
开始，并跟随一些破坏性的代码。

下面给出的是第三种方法，展示的也只是用于替换第一种方法中的 try ... except 语句块的那部分代码：

```
try:
    module = __import__(name)
    modules.append(module)
except (ImportError, SyntaxError) as err:
    print(err)
```

这是动态导入模块的最简单方法，也比使用 exec() 要安全一些——尽管从本质上说，与任何其他动态导入方法一样，这种方法也绝对算不上安全，因为我们并不知道导入模块时到底执行什么。

这里展示的几种技术都不能对不同路径中的包与模块进行处理，但对上面相应代码进行扩展使其具备这一功能并不难——如果需要更复杂的功能，阅读在线文档会有帮助，尤其是 __import__() 相关的部分。

导入模块后，我们需要访问其中提供的功能，这可以使用 Python 内置的自省函数 getattr() 与 hasattr() 来完成。下面展示了如何使用这两个内省函数来实现 get_function() 函数：

```
def get_function(module, function_name):
    function = get_function.cache.get((module, function_name), None)
    if function is None:
        try:
            function = getattr(module, function_name)
            if not hasattr(function, "__call__"):
                raise AttributeError()
            get_function.cache[module, function_name] = function
        except AttributeError:
            function = None
    return function
get_function.cache = {}
```

暂时先不管 cache 相关的代码，我们可以看到，该函数所做的就是对模块对象调用 getattr()，并使用我们所需要的函数的名称作为参数之一。如果不存在某一属性，就产生 AttributeError 异常；如果存在某一属性，就使用 hasattr() 检查该属性本身是否具有 __call__ 属性——这是所有可调用对象（函数与方法）都具备的。（后面我们将看到一种用于检测某个属性是否可调用的更好方法。）如果某属性存在并且是可调用的，那么可以将其返回给调用者，如果某个函数不可用，则返回 None。

如果需要处理的文件有数百个（比如，在 C:\windows 目录中使用了 *.* 进行匹配），我们不希望每个模块对每个文件都进行全面的仔细检查，因此，在定义了 get_function() 函数之后，我们将一个属性添加到该函数中，这里添加的是一个名为 cache 的字典（一般来说，Python 允许我们向任意对象中添加任意属性）。第一次调用 get_function()时，cache 字典为空，因此 dict.get()调用将返回 None，但是每次在发现了适当的函数后，都将会以二元组的形式将该函数放置在字典中，元组的一项是模块与函数名（作为字典的键），另一项是函数本身（作为字典的值）。因此，在第二次（以及所有后续的时候）请求某个函数时，该函数会立即从 cache 字典中返回，而不需要进行任何属性查询操作。[*]

　　用于缓存 get_function()的返回值（针对一组给定的参数）的技术称为内存化。这一技术可用于任何没有副作用（不改变任何全局变量）的函数，并要求这些函数对同样的（固定的）参数返回同样的结果。对每个内存化的函数，用于创建与管理其缓存的代码是相同的，因此，函数修饰器是一个理想的候选，实际上在 Python Cookbook 的 code.activestate.com/recipes/langs/python/中已给出了几个@memoize 修饰器方案。然而，模块对象是可变的，因此，有些现成的内存化修饰器不能像其宣称的那样用于我们的 get_function()函数。为此，一个简单的解决方法是使用每个模块的__name__字符串（而非模块本身）作为元组中键的第一部分。

　　动态导入模块是简单的，使用 exec()函数执行任意 Python 代码也是简单的。这种机制非常便利，比如，允许我们将代码存储于数据库中。然而，我们无法控制导入模块的行为，也无法控制 exec()执行的代码的具体目的。回想一下，除变量、函数与类之外，模块本身也可能包含在导入时执行的代码——如果代码来自不可信源，就可能会进行一些危险的操作。如何解决这一问题依赖于具体环境，当然，在某些环境下或用于个人用途时，这一问题可能根本就不算问题。

8.1.4　局部函数与递归函数

　　通常，将一个或多个帮助者函数放置在另一个函数内部是有用的。Python 允许这样做，而不拘形式——我们只是简单地将我们需要的函数定义在现存某个函数的定义中即可。这样的函数通常称为嵌套函数，第 7 章中我们已经看到了几个实例。

　　本地函数的一个通常使用场景是进行递归，在这种情况下，闭合函数被调用，适当设置后，对本地递归函数进行第一次调用。递归函数（或方法）是指可以对自身进行调用的函数（或方法）。结构上，所有直接递归的函数有两种情况：基本情况与递归情况，基本情况用于终止递归。

　　递归函数可能需要消耗大量的计算资源，因为对每次递归调用，都会使用另一个栈帧。然而，有些算法使用递归进行描述是最自然的。大多数 Python 实现都对可以进行多少次递归调用有一个固定的限制值，这一数值可由 sys.getrecursionlimit()函数返回，也可由 sys.setrecursionlimit()函数进行设置，但要求增加这一数值通常都表明使用

---

[*]　一个稍复杂一些的get_function()（该函数对不包含必要功能的模块进行了更好的处理）在magic-numbers.py 程序（伴随这里给定的版本）中提供。

的算法不适当，或实现中有 bug。

　　阶乘计算是递归函数的一个经典应用实例。[*]比如，factorial(5)用于计算 5!，并返回结果值 120，也即 1×2×3×4×5：

```
def factorial(x):
    if x <= 1:
        return 1
    return x * factorial(x - 1)
```

　　这不是一种高效的解决方案，但确实展示了递归函数的两个基本特征。如果给定的数值 x 小于或等于 1，就返回 1，不进行任何递归。如果 x 大于 1，就返回 x * factorial(x - 1)，这是其递归情况，因为这里 factorial 函数调用了自身。该函数可以确保能正常终止，因为如果 x 小于或等于 1，就使用其基本情况并立即终止；如果 x 大于 1，每次递归时的参数总比前一个小 1，因此最终总会递减为 1。

　　为在有意义的上下文中查看本地函数与递归函数，我们对模块文件 IndentedList.py 中的 indented_list_sort() 函数进行研究。这一函数以字符串列表（其中使用缩排来创建一种体系，每个字符串存放一个层次的缩排），返回的也是包含同样字符串的一个列表，但其中的字符串以大小写不敏感的字母顺序进行了排序，缩排项在其父项下进行排序。图 8-1 展示了字符串列表 before 与 after。

```
before = ["Nonmetals",                      after = ["Alkali Metals",
          "    Hydrogen",                             "    Lithium",
          "    Carbon",                               "    Potassium",
          "    Nitrogen",                             "    Sodium",
          "    Oxygen",                              "Inner Transitionals",
          "Inner Transitionals",                      "    Actinides",
          "    Lanthanides",                          "        Curium",
          "        Cerium",                           "        Plutonium",
          "        Europium",                         "        Uranium",
          "    Actinides",                            "    Lanthanides",
          "        Uranium",                          "        Cerium",
          "        Curium",                           "        Europium",
          "        Plutonium",                      "Nonmetals",
          "Alkali Metals",                            "    Carbon",
          "    Lithium",                              "    Hydrogen",
          "    Sodium",                               "    Nitrogen",
          "    Potassium"]                            "    Oxygen"]
```

图 8-1　某缩排列表排序前后

　　给定 before 列表，after 是通过如下调用生成的：after = Indent-edList.indented_list_

---

[*] Python 的 math 模块提供了一个更高效的 math.factorial() 函数。

sort(before)。默认的缩进值是 4 个空格，与 before 列表中使用的缩进值相同，因此不
需要显式地对其进行设置。

我们首先将 indented_list_sort()函数作为一个整体查看，之后将查看其中的两个本
地函数。

```
def indented_list_sort(indented_list, indent="    "):
    KEY, ITEM, CHILDREN = range(3)

    def add_entry(level, key, item, children):
        ...
    def update_indented_list(entry):
        ...
    entries = []
    for item in indented_list:
        level = 0
        i = 0
        while item.startswith(indent, i):
            i += len(indent)
            level += 1
        key = item.strip().lower()
        add_entry(level, key, item, entries)

    indented_list = []
    for entry in sorted(entries):
        update_indented_list(entry)
    return indented_list
```

函数代码首先从创建 3 个常量开始，这几个常量用于为本地函数使用的索引位置
提供名称。之后，我们定义了两个本地函数，很快将对其进行讲解。排序算法分为两
个阶段，第一阶段中，创建了一个条目列表，每个条目是一个三元组，每个元组中包
含一个用于排序的 "key"、原始字符串、字符串的子条目列表。这里，key 实际上就
是字符串的一个副本，但将所有字母都变为小写，并且剥离了首尾两端的空白。Level
指的是缩排层次，0 代表顶级项，1 代表顶级项的直接子项，依此类推。第二阶段中，
我们将创建一个新的缩排列表，并添加已排序条目列表中的每个字符串，以及每个字
符串的子字符串，依此类推，最终生成一个排序的缩排列表。

```
def add_entry(level, key, item, children):
    if level == 0:
        children.append((key, item, []))
    else:
        add_entry(level - 1, key, item, children[-1][CHILDREN])
```

对列表中的每个字符串，都将调用这一函数。children 参数表示一个列表，新条目必须添加到其中，从外部函数（indented_list_sort()）调用时，代表的就是 entries 列表。该函数的作用是将一个字符串列表转换为一个条目列表，每一条目都包含一个顶级（未缩排）字符串以及（可能为空的）子条目列表。

如果层数为 0（顶层），我们就向 entries 列表中添加一个新的三元组，其中存放了 key（用于排序）、原始项（将存放到排序后生成的列表中）以及一个为空的孩子列表。这是递归函数中的基本情况，因为实际上没有进行递归。如果层数大于 0，那么项本身就是孩子列表中最后一项的直接子项（或后代子项）。这种情况下，我们递归调用 add_entry()，每次将层数递减 1，并将孩子列表的最后一项的孩子列表作为要添加的列表。如果层数为 2 或更多，就需要进行更多的递归调用，直至最终层数为 0，并且孩子列表也是条目应该添加到的列表为止。

比如，在处理到字符串"Inner Transitionals"时，外部函数将调用 add_entry()，此时层数为 0，键为"inner transitionals"，项为"Inner Transitionals"，孩子列表为 entries 列表。由于层数为 0，因此会向孩子列表（entries）中添加新项，其中包含键、项与为空的孩子列表。下一个字符串为"Lanthanides"——该字符串是缩排的，因此是字符串"Inner Transitionals"的一个孩子。此时 add_entry()调用的层数为 1，键为"lanthanides"，项为"Lanthanides"，孩子列表为 entries。由于层数为 1，add_entry()函数将对自身进行递归调用，此次递归时层数为 0（1−1），键与项相同，但孩子列表变为上一项的孩子列表，即"Inner Transitionals"项的孩子列表。

下面给出的是在所有字符串都已经添加后，但排序尚未进行时 entries 列表的大概形式：

```
[('nonmetals',
  'Nonmetals',
  [('hydrogen', '      Hydrogen', []),
   ('carbon', '      Carbon', []),
   ('nitrogen', '      Nitrogen', []),
   ('oxygen', '      Oxygen', [])]),
 ('inner transitionals',
  'Inner Transitionals',
  [('lanthanides',
    '      Lanthanides',
    [('cerium', '        Cerium', []),
     ('europium', '        Europium', [])]),
   ('actinides',
    '      Actinides',
    [('uranium', '        Uranium', []),
     ('curium', '        Curium', []),
     ('plutonium', '        Plutonium', [])])])]),
```

```
('alkali metals',
 'Alkali Metals',
 [('lithium', '        Lithium', []),
  ('sodium', '        Sodium', []),
  ('potassium', '        Potassium', [])])]]
```

上面的输出信息是使用 pprint（"良好打印"）模块的 pprint.pprint()函数打印出来的。可以看到，entries 列表只有 3 项（每一项都是三元组），每个三元组的最后一个元素都是一个子三元组列表（或者是一个空列表）。

add_entry()函数既是一个本地函数，也是一个递归函数。像所有递归函数一样，这一函数也有一个终止递归的基本情况（本函数中层数为 0 时），也有一个相应的递归情况。

该函数也可以以不同的方式进行实现：

```
def add_entry(key, item, children):
    nonlocal level
    if level == 0:
        children.append((key, item, []))
    else:
        level -= 1
        add_entry(key, item, children[-1][CHILDREN])
```

这里不再将 level 作为参数进行传递，而是使用一条 nonlocal 语句来存取外部闭合范围中的变量。如果我们不需要在本函数内部改变 level，就不需要使用 nonlocal 语句——这种情况下，Python 将不会在本地（内部函数）范围内寻找该变量，而是在闭合范围找到该变量。但在 add_entry()函数的这一实现版本中，我们需要改变 level 的值，并且，正如我们需要告知 Python 我们需要使用 global 语句改变全局变量一样（以便防止创建一个新的本地变量，而不对全局变量进行更新），在变量属于外部范围时也是同样的情况。同样，通常最好避免使用 global 语句，使用 nonlocal 语句时也需多加注意。

```
def update_indented_list(entry):
    indented_list.append(entry[ITEM])
    for subentry in sorted(entry[CHILDREN]):
        update_indented_list(subentry)
```

在算法的第一阶段，我们构建一个条目列表，每个条目都是一个三元组(key, item, children)，顺序与在原始列表中的顺序相同。在算法的第二阶段，我们从一个新的为空的缩排列表开始，并对排序后的条目进行迭代，对每一条目，调用 update_indented_list()来构建新的缩排列表。update_indented_list()函数是一个递归函数，对每一顶级条目，该函数向 indented_list 中添加一项，之后对每一项的孩子条目调用自身。每个孩子都被添加到 indented_list，之后该函数对每个孩子的孩子（依此类推）调用自身。该函数的基本情况

（递归终止）是某个项、某个孩子或某个孩子的孩子（依此类推）已经不再具备自己的孩子，此时递归终止。

Python 首先在本地（内部函数）范围内寻找 indented_list，但没有找到，因此在闭合范围中寻找并找到该对象。需要注意的是，即使没有使用 nonlocal 语句，在函数内部，仍然将项添加到 indented_list 中。之所以会这样，是因为 nonlocal（以及 global）实际处理的是对象引用，而非引用的对象本身。在第二个版本的 add_entry()函数中，对 level 变量，我们必须使用 local 语句，因为应用于一个数值的+=操作符会将对象引用重新绑定到一个新的对象——实际的处理过程是 level = level + 1，因此，level 被设置为引用一个新的整数对象。但在对 indented_list 调用 list.append()函数时，将修改列表本身，而不会进行重新绑定，因此 nonlocal 不是必需的。（出于同样的原因，如果有一个字典、列表或其他全局组合类型变量，我们也可以对其添加、移除项目，而不需要使用 global 语句。）

8.1.5 函数与方法修饰器

修饰器是一个函数，接受一个函数或方法作为其唯一的参数，并返回一个新函数或方法，其中整合了修饰后的函数或方法，并附带了一些额外添加的功能。我们已经使用过一些预定义的修饰器，比如@property 与@classmethod。在这一小节中，我们将学习如何创建自己的函数修饰器，本章的后面还将学习如何创建类修饰器。

下面看我们的第一个修饰器实例，假定有很多函数用于计算，其中的某些函数必须总是产生正数结果。我们可以为每个函数添加一条断言，但使用修饰器更简单也更清晰。下面给出的是一个使用@positive_result 修饰器处理过的函数，后面将展示该修饰器：

```
@positive_result
def discriminant(a, b, c):
    return (b ** 2) - (4 * a * c)
```

借助于该修饰器，如果计算结果小于 0，就产生一个 AssertionError 异常，程序也将终止。当然，我们可以将该修饰器用在我们所需要使用的所有函数上。下面给出该修饰器的实现：

```
def positive_result(function):
    def wrapper(*args, **kwargs):
        result = function(*args, **kwargs)
        assert result >= 0, function.__name__ + "() result isn't >= 0"
        return result
    wrapper.__name__ = function.__name__
    wrapper.__doc__ = function.__doc__
    return wrapper
```

　　修饰器定义了新的本地函数，该函数将调用原始函数，这里，本地函数为 wrapper()，此函数将调用原始函数并存储结果，并使用断言来保证结果为正数（否则程序终止）。在返回 wrapper 函数计算所得结果后，wrapper 将终止。创建 wrapper 后，我们将其名称与 docstring 设置为原始函数的相应名称与 docstring，这种做法有助于内省，因为我们希望错误信息中引用原始函数的名称，而非 wrapper。最后，我们返回 wrapper 函数——将用这个函数替代原始函数完成相应功能。

```
def positive_result(function):
    @functools.wraps(function)
    def wrapper(*args, **kwargs):
        result = function(*args, **kwargs)
        assert result >= 0, function.__name__ + "() result isn't >= 0"
        return result
    return wrapper
```

　　上面给出的是@positive_result 修饰器的一个稍干净一些的版本。Wrapper 本身使用 functools 模块的@functools.wraps 修饰器进行了包裹，这可以确保 wrapper()函数的名称以及 docstring 与原始函数的相同。

　　有些情况下，将修饰器参数化是有用的，但乍一看似乎不可能，因为修饰器只接受一个参数，也即一个函数或方法。但实际上存在一种灵活的解决方案，我们可以在调用某函数时使用我们需要的参数，之后返回一个修饰器，并用其 decorate 跟随其后的函数。比如：

```
@bounded(0, 100)
def percent(amount, total):
    return (amount / total) * 100
```

　　这里，bounded()函数调用时使用两个参数，并返回一个修饰器，并用于修饰 percent()函数。在这里，修饰器的用途是保证返回的数值总是在 0 到 100 之间（包含边界值）。下面给出 bounded()函数的实现：

```
def bounded(minimum, maximum):
    def decorator(function):
        @functools.wraps(function)
        def wrapper(*args, **kwargs):
            result = function(*args, **kwargs)
            if result < minimum:
                return minimum
            elif result > maximum:
                return maximum
            return result
        return wrapper
    return decorator
```

该函数创建了一个修饰器函数,修饰器函数本身创建了一个 wrapper 函数,wrapper 负责进行运算,并返回一个在指定区间范围内的结果。decorator()函数返回 wrapper() 函数,bounded()函数返回修饰器。

需要进一步注意的一点是,每次在 bounded()函数内部创建 wrapper 时,特定的 wrapper 使用的都是传递给 bounded()的最小值与最大值。

本小节中,我们将创建的最后一个修饰器稍复杂一些,是一个记录函数,记录其修饰的任何函数的名称、参数与结果,比如:

```
@logged
def discounted_price(price, percentage, make_integer=False):
    result = price * ((100 - percentage) / 100)
    if not (0 < result <= price):
        raise ValueError("invalid price")
    return result if not make_integer else int(round(result))
```

如果 Python 以调试模式运行(通常模式),那么每次调用 discounted_price()函数时,都会有一条日志消息被添加到机器本地临时目录的 logged.log 文件中,下面给出的是从该日志文件中提取来的某些条目:

```
called: discounted_price(100, 10) -> 90.0
called: discounted_price(210, 5) -> 199.5
called: discounted_price(210, 5, make_integer=True) -> 200
called: discounted_price(210, 14, True) -> 181
called: discounted_price(210, -8) <type 'ValueError'>: invalid price
```

如果Python运行在最优化模式(使用命令行选项-O,或将环境变量PYTHONOPTIMIZE 设置为-O),就不会有日志记录。下面给出的是设置日志与修饰器的代码:

```
if __debug__:
    logger = logging.getLogger("Logger")
    logger.setLevel(logging.DEBUG)
    handler = logging.FileHandler(os.path.join(
                        tempfile.gettempdir(), "logged.log"))
    logger.addHandler(handler)


    def logged(function):
        @functools.wraps(function)
        def wrapper(*args, **kwargs):
            log = "called: " + function.__name__ + "("
            log += ", ".join(["{0!r}".format(a) for a in args] +
                        ["{0!s}={1!r}".format(k, v)
                            for k, v in kwargs.items()])
            result = exception = None
```

```
            try:
                result = function(*args, **kwargs)
                return result
            except Exception as err:
                exception = err
            finally:
                log += (("") -> " + str(result)) if exception is None
                        else ") {0}: {1}".format(type(exception),
                                                exception))
                logger.debug(log)
                if exception is not None:
                    raise exception
        return wrapper
    else:
        def logged(function):
            return function
```

　　在调试模式下，全局变量__debug__为 True。如果是这种情况，我们使用 logging 模块建立日志记录，之后创建@logged 修饰器。logging 模块功能非常强大而又灵活——可以记录到文件、回卷文件、电子邮件、网络连接、HTTP 服务器以及更多形式。这里我们只是使用最基本的功能，创建了一个记录对象，设置其记录级别（支持几种记录级别），并选择使用文件作为输出目的。

　　wrapper 的代码首先将 log 字符串设置为函数的名称与参数，之后调用该函数并存储其结果。如果有任何异常产生，也对其进行存储。在所有情况下，finally 语句块都将执行，在该语句块中，我们将返回值（或异常）添加到 log 字符串，并写入日志中。如果没有产生异常，就返回结果，否则，我们再产生一个异常，以便正确模拟原始函数的行为。

　　如果 Python 运行在优化模式下，那么__debug__为 False。这种情况下，我们将logged()函数定义为简单地返回给定的函数，因此，与函数首次创建时的载荷不同，这一次没有任何运行时载荷。

　　注意，标准库的 trace 与 profile 模块可以对程序与模块进行运行与分析，并生成各种追踪与轮廓报告。两者都使用了内省技术，因此，与这里使用的@logged 修饰器不同，trace 与 profile 都不需要改变任何源代码。

8.1.6　函数注释

　　函数与方法在定义时都可以带有注释——可用在函数签名中的表达式，下面给出其通常语法：

```
def functionName(par1 : exp1, par2 : exp2, ..., parN : expN) -> rexp:
```

    suite

    每个冒号表达式部分（: expX）是一个可选的注释，箭头返回表达式部分（-> rexp）也是，最后（或仅有）的位置参数（如果存在）可以是*args 的形式，可以带注释也可以不带注释，类似的，最后（或仅有）的关键字参数（如果存在）可以是**kwargs 的形式，也是带或不带注释均可。

    如果存在注释，就会被添加到函数的__annotations__字典中；如果不存在，那么此字典为空。该字典的键为参数名，值则为相应的表达式。这种语法格式允许我们对所有、部分或不对任何参数进行注释，对返回值也是如此。注释对 Python 没有特别的意义，对注释，Python 唯一需要做的就是将其放置到__annotations__字典中，其他操作则取决于我们自己。下面给出的是 Util 模块中一个注释后的函数实例：

```
def is_unicode_punctuation(s : str) -> bool:
    for c in s:
        if unicodedata.category(c)[0] != "P":
            return False
    return True
```

    每个 Unicode 字符都属于某个特定的类别，每个类别都使用一个 2 字符的标识符进行标记，所有以字母 P 开始的类别都表示标点符号字符。

    这里，我们使用了 Python 数据类型作为注释表达式，但这对于 Python 没有特别的意义，下面这些调用有助于清晰理解：

```
Util.is_unicode_punctuation("zebr\a")       # returns: False
Util.is_unicode_punctuation(s="!@#?")        # returns: True
Util.is_unicode_punctuation(("!", "@"))      # returns: True
```

    第一个调用使用了位置参数，第二个调用使用了关键字参数，就是为了展示这两种方式都可以正常工作。最后一个调用传递的是一个元组，而非字符串，这也是可以接受的，因为 Python 并不做更多的处理，而只是将注释记录到__annotations__字典中。

    如果需要给注释赋予一些含义，比如，提供类型检测功能，一种方法是使用适当的修饰器对我们需要应用该含义的函数进行修饰，下面给出一个非常基本的类型检测修饰器：

```
def strictly_typed(function):
    annotations = function.__annotations__
    arg_spec = inspect.getfullargspec(function)

    assert "return" in annotations, "missing type for return value"
    for arg in arg_spec.args + arg_spec.kwonlyargs:
        assert arg in annotations, ("missing type for parameter '" +
                                    arg + "'")
```

```
    @functools.wraps(function)
    def wrapper(*args, **kwargs):
        for name, arg in (list(zip(arg_spec.args, args)) +
                          list(kwargs.items())):
            assert isinstance(arg, annotations[name]), (
                "expected argument '{0}' of {1} got {2}".format(
                name, annotations[name], type(arg)))
        result = function(*args, **kwargs)
        assert isinstance(result, annotations["return"]), (
            "expected return of {0} got {1}".format(
            annotations["return"], type(result)))
        return result
    return wrapper
```

该修饰器要求每个参数与返回值都必须使用期待的类型进行注释。可以检测函数的参数与返回值是否使用该函数创建时传递的类型进行注释，在运行时，可以检测实参的类型是否匹配。

Inspect 模块为对象提供了功能强大的内省服务，这里，我们只是使用了其返回的参数规范对象的一小部分功能，获取每个位置参数与关键字参数的名称——如果是位置参数，还要保证正确的顺序。之后，这些名称与注释字典联合使用，以便保证每个参数与返回值都进行了注释。

在修饰器内部创建的 wrapper 函数首先对给定的位置参数与关键字参数的每个名-参数对进行迭代，由于 zip()函数返回的迭代子与 dictionary.items()返回的字典视图都不能直接连接，因此我们首先将两者都转换为列表。如果有任何实参与其对应的注释有不同的类型，断言就将失败；否则，就调用实际的函数，并对返回值的类型进行检查，类型正确则返回该值。在 strictly_typed()函数的最后，我们像通常一样返回包裹后的函数。要注意的是，这种检测只在调试模式下进行（调试模式是 Python 默认模式，可由命令行选项-O 与环境变量 PYTHONOPTIMIZE 进行控制）。

如果使用@strictly_typed 修饰器来修饰 is_unicode_punctuation()函数，并使用该函数的修饰版来尝试与以前相同的实例，则注释形式如下：

```
is_unicode_punctuation("zebr\a")            # returns: False
is_unicode_punctuation(s="!@#?")            # returns: True
is_unicode_punctuation(("!", "@"))          # raises AssertionError
```

这里对参数类型进行了检查，因此，最后一个实例中，产生了一个 AssertionError 异常，因为元组不是字符串，也不是 str 的子类。

现在我们来看注释另一种完全不同的用法。下面给出的是一个小函数，该函数与内置的 range()函数具有相同的功能，区别在于本函数总是返回 floats：

```
def range_of_floats(*args) -> "author=Reginald Perrin":
```

```
return (float(x) for x in range(*args))
```

函数本身没有使用任何注释，但是可以看到，有工具导入了项目的所有模块，生成一个函数名与作者名列表，并从其__name__属性中提取每个函数名，从__annotations__字典的"return"项的值中提取作者名。

对 Python 而言，注释是一项非常新的功能，并且，由于 Python 没有对注释施加任何预定义的内涵，因此，其用途只由用户来想像和决定。关于其可能用途的更多观点，以及一些有用的链接，可以从 PEP 3107 "Function Annotations"，www.python.org/dev/peps/pep-3107 处获取。

8.2 面向对象程序设计进阶

本节中，我们将更深入地学习 Python 对面向对象的支持，学习很多可以减少必须编写的代码总量、扩展程序的威力与功能的技术，我们首先从一个非常小也非常简单的新功能开始。下面是 Point 类定义的开始，该类的行为与第 6 章中创建的版本的行为是完全一样的。

```
class Point:
    __slots__ = ("x", "y")
    def __init__(self, x=0, y=0):
        self.x = x
        self.y = y
```

在创建一个类而没有使用__slots__时，Python 会在幕后为每个实例创建一个名为__dict__的私有字典，该字典存放每个实例的数据属性，这也是为什么我们可以从对象中移除属性或向其中添加属性。（比如，本章前面部分中，我们曾向 get_function()函数中添加一个 cache 属性。）

如果对于某个对象，我们只需要访问其原始属性，而不需要添加或移除属性，那么可以创建不包含__dict__的类。这可以通过定义一个名为__slots__的类属性实现，其值是一个属性名元组。这样的类的每个对象都包含指定名称的属性，而没有__dict__，也不能向其中添加或移除属性。这种对象比常规对象消耗更少的内存，当然，除非创建了大量的这种对象，否则不会有很大影响。

8.2.1 控制属性存取

有时候，类的属性值通过运行中计算得到而非预先存储会更加方便，下面给出这样一个类的完整实现：

```
class Ord:
```

```
def __getattr__(self, char):
    return ord(char)
```

定义 Ord 类之后,我们可以创建一个实例: ord = Ord(),之后就具备了内置的 ord()函数(对是有效标识符的任意字符都可以工作)的一个替代,比如 ord.a 返回 97, ord.Z 返回 90, ord.å 返回 229。(但 ord.!以及类似的则是语法错误。)

注意,在 IDLE 中输入 Ord 类的定义,之后试图执行 ord = Ord()则不能正确工作。这是因为实例与 Ord 类使用的内置的 ord()函数重名,因此,ord()调用实际上将变成对 ord 实例的调用,并导致 TypeError 异常。导入一个包含 Ord 类的模块,就不会出现这一问题了,因为交互式创建的 ord 对象与 Ord 类使用的内置的 ord()函数分别存在于两个模块中,彼此不能互相替代。如果我们确实需要交互式地创建一个类并需要重用某个内置对象的名称,就必须确保该类调用的是内置对象——这里,可以通过导入 builtins 模块实现,该模块提供了对所有内置函数的无歧义的存取,比如这里调用的是 builtins.ord(),而非普通的 ord()。下面给出另一个虽然小但完整的类,该类允许我们创建"常数"。改变值并不困难,但至少可以防止简单的错误。

```
class Const:

    def __setattr__(self, name, value):
        if name in self.__dict__:
            raise ValueError("cannot change a const attribute")
        self.__dict__[name] = value

    def __delattr__(self, name):
        if name in self.__dict__:
            raise ValueError("cannot delete a const attribute")
        raise AttributeError("'{0}' object has no attribute '{1}'"
                             .format(self.__class__.__name__, name))
```

使用该类,可以创建常数对象,比如,const = Const(),并可以在其上设置任意属性,比如 const.limit = 591。设置了某个属性的值后,虽然可以像通常一样读取,但是如果尝试改变或删除该值,就会导致 ValueError 异常。我们没有重新实现__getattr__(),因为基类的 object.__getattr__()方法可以完成这一任务——返回给定属性的值,如果没有指定的属性,就产生 AttributeError 异常。在__delattr__()方法中,对不存在的属性,我们模仿__getattr__()方法的错误消息,为此,我们必须获取类名以及不存在的属性的名称。该类可以工作,是因为我们正在使用对象的__dict__——而这也是基类的__getattr__()、__setattr__()与__delattr__()等方法所使用的。表 8-2 中列出了用于属性存取的所有特殊方法。

表 8-2　　　　　　　　　　　用于属性存取的特殊方法

特殊方法	使用	描述
__delattr__(self, name)	del x.n	删除对象 x 的属性
__dir__(self)	dir(x)	返回 x 的属性名列表
__getattr__(self, name)	v = x.n	返回对象 x 的 n 属性值（如果没有直接找到）
__getattribute__(self, name)	v = x.n	返回对象 x 的 n 属性，参见正文
__setattr__(self, name, value)	x.n = v	将对象 x 的 n 属性值设置为 v

还有另一种获取常数的方法：使用命名的元组。下面给出几个实例：

```
Const = collections.namedtuple("_", "min max")(191, 591)
Const.min, Const.max                    # returns: (191, 591)
Offset = collections.namedtuple("_", "id name description")(*range(3))
Offset.id, Offset.name, Offset.description   # returns: (0, 1, 2)
```

两种情况下，我们都为命名的元组使用了用完就丢弃的名称，因为我们每次只需要一个命名的元组实例，而不需要用于创建命名元组实例的元组子类。尽管 Python 不支持枚举数据类型，我们仍然可以像这里这样使用命名的元组来达到类似的效果。

最后，关于属性存取的特殊方法，我们回到第 6 章中展示的一个实例。在第 6 章中，我们创建了一个 Image 类，其宽度、高度与背景色在创建某个 Image 时是固定的（尽管在加载某个图像时可以改变）。我们使用只读特性对其进行存取，比如：

```
@property
def width(self):
    return self.__width
```

这种方式易于编码，但如果有大量的只读特性，就会变得非常乏味。下面给出一种不同的解决方案，在一个单独的方法中处理 Image 类的所有只读特性：

```
def __getattr__(self, name):
    if name == "colors":
        return set(self.__colors)
    classname = self.__class__.__name__
    if name in frozenset({"background", "width", "height"}):
        return self.__dict__["_{classname}__{name}".format(
                **locals())]
    raise AttributeError("'{classname}' object has no "
            "attribute '{name}'".format(**locals()))
```

如果我们尝试存取某个对象的属性，但没有发现该属性，Python 就将调用__getattr__()方法（假定实现了该方法，并且没有重新实现__getattribute__()），并以该属性名作为一个参数。如果没有对给定的属性进行处理，__getattr__()必须产生 AttributeError 异常。

比如，对语句 image.colors，Python 将寻找 colors 属性，失败后将调用 Image.__getattr__(image, "colors")，这里，__getattr__()方法处理"colors"属性名，并返回图像当前使用的颜色集的副本。

其他属性是固定的，因此可以安全地返回给调用者。对每个这种属性，我们可以使用一个单独的 elif 语句，类似于如下的形式：

```
elif name == "background":
    return self.__background
```

我们没有使用这种方法，而是使用了一种更紧凑的方法。我们知道，某对象的所有非特殊属性都存放在 self.__dict__ 中，因此我们直接存取这些属性。注意，对私有属性（属性名以两个下划线开始），其名称在其中的存储形式为_className__attributeName，因此，在从对象的私有字典中取回属性的值时，必须考虑这一点。

对查询私有属性时以及提供标准的 AttributeError 错误文本时所需要进行的名称操纵，我们需要知道我们所在类的名称。（也可以不是 Image，因为该对象也可能是 Image 子类的一个实例。）每个对象都有一个__class__特殊属性，因此，在方法内部，self.__class__总是可用的，并可以通过__getattr__()安全地存取，而不需要冒着不必要的递归调用的风险。

注意有一个微妙的差别，使用__getattr__()与 self.__class__会对实例的类（可以是一个子类）的属性进行存取，而直接存取属性时使用的类就是属性定义所在的类。

这里没有讲述的一个特殊方法是__getattribute__()。在寻找属性（非特殊）时，__getattr__()方法是最后调用的，__getattribute__()方法则是首先调用的（对每个属性存取）。在某些情况下，调用__getattribute__()是必要的，甚至是必需的，但是重新实现__getattribute__()方法可能是非常棘手的，重新实现时必须非常小心，以防止对自身进行递归调用——使用 super().__getattribute__()或 object.__getattribute__()通常会导致这种情况。此外，由于__getattribute__()调用需要对每个属性存取都进行，因此，与直接属性存取或使用特性相比，重新实现该方法将降低性能。本书中展示的所有类都没有重新实现__getattribute__()。

8.2.2　函子

在 Python 中，函数对象就是到任何可调用对象（比如函数、lambda 函数或方法）的对象引用。这一定义其实也包含了类，因为到某个类的对象引用也是一个可调用对象，在调用时，会返回给定类的一个对象——比如，x = int(5)。在计算机科学中，函子是指一个对象，该对象可以像函数一样进行调用，因此，在 Python 术语中，函子就是另一种类型的函数对象。任何包含了特殊方法__call__()的类都是一个函子。函子可以提供的关键好处是可以维护一些状态信息，比如，我们可以创建一个函子，使其总是可以剥离字符串尾部的基本的标点符号。下面给出这样一个实例：

```
strip_punctuation = Strip(",;:.!?")
strip_punctuation("Land ahoy!")        # returns: 'Land ahoy'
```

这里，我们创建了 Strip 函子的一个实例，并使用值 ",;:.!?" 对其进行初始化。任何时候调用该实例时，都会返回作为参数的字符串，并剥离其中任意的标点符号。下面给出 Strip 类的完整实现：

```
class Strip:

    def __init__(self, characters):
        self.characters = characters

    def __call__(self, string):
        return string.strip(self.characters)
```

我们也可以使用普通的函数或 lambda 函数完成同样的任务，但是如果我们需要存储一些状态信息，或进行更复杂的处理，函子通常是正确的选择。

函子捕获状态信息（通过使用类）的能力是非常丰富也是非常强大的，但有时超过了我们的实际需求。另一种用于捕获状态信息的方法是使用闭包，闭包实际上是一个函数或方法，可以捕获一些外部状态信息，比如：

```
def make_strip_function(characters):
    def strip_function(string):
        return string.strip(characters)
    return strip_function

strip_punctuation = make_strip_function(",;:.!?")
strip_punctuation("Land ahoy!")        # returns: 'Land ahoy'
```

make_strip_function() 函数接受待剥离字符作为其唯一参数，并返回一个函数 strip_function()，此函数接受一个字符串参数，并剥离创建闭包时给定的字符，因此，就像我们可以创建我们需要数量的 Strip 类实例（每个都带有其要剥离的唯一字符），我们也可以创建所需要数量的 strip 函数（带有其需要处理的唯一字符）。

函子的经典用例是为排序程序提供 key 函数，下面给出的是一个一般性的 SortKey 函子类（取自 SortKey.py 文件）：

```
class SortKey:

    def __init__(self, *attribute_names):
        self.attribute_names = attribute_names

    def __call__(self, instance):
```

```
        values = []
        for attribute_name in self.attribute_names:
            values.append(getattr(instance, attribute_name))
        return values
```

　　创建 SortKey 对象时，该对象将保存对其初始化时使用的属性名构成的元组。调用该对象时，其将创建一个属性值（用于该对象将被传递到的实例）列表——其顺序与 SortKey 初始化时指定的顺序相同。比如，假定我们有一个 Person 类：

```
class Person:

    def __init__(self, forename, surname, email):
        self.forename = forename
        self.surname = surname
        self.email = email
```

　　假定在 people 列表中有一个 Person 对象列表，我们可以根据姓氏对该列表进行排序，使用类似于如下的语句：people.sort(key=SortKey("surname"))。如果列表中包含大量的人，就可能会存在姓氏冲突，因此我们可以先根据姓氏排序，之后再根据姓氏中的名进行排序，使用类似于如下的语句：people.sort(key=SortKey("surname", "forename"))。如果存在姓氏与名都一样的情况，还可以添加电子邮件属性。当然，我们也可以先根据名再根据姓氏进行排序，这可以通过改变赋予 SortKey 函子的属性名顺序实现。

　　还有一种方法可以完成同样的任务，而又不需要创建函子，即使用 operator 模块的 operator.attrgetter()函数。比如，要根据姓氏进行排序，可以使用语句 people.sort(key=operator.attrgetter("surname"))，类似的，要根据姓氏与名进行排序，可以使用语句 people.sort(key=operator.attrgetter("surname", "forename"))。operator.attrgetter()函数可以返回一个函数（闭包），对某对象调用此函数时，将返回该对象的那些在创建闭包时指定的属性。

　　与其他支持函子的语言相比，函子在 Python 中的使用并没有那么频繁，因为 Python 中有其他方法可以完成同样的任务——比如，使用闭包或项与属性获取者等机制。

8.2.3　上下文管理器

　　使用上下文管理器可以简化代码，这是通过确保某些操作在特定代码块执行前与执行后再进行来实现的。之所以可以做到，是因为上下文管理器提供了两个特殊方法，__enter__()与__exit__()，在 with 语句范围内，Python 会对其进行特别处理。在 with 语句内创建上下文管理器时，其__enter__()方法会自动被调用，在 with 语句后、上下文管理器作用范围之外时，其__exit__()方法会自动被调用。

　　我们可以创建自定义的上下文管理器，或使用预定义的上下文管理器——本小节后面将看到，内置的 open()函数返回的文件对象就是上下文管理器。使用上下文管理器的语法如下：

```
with expression as variable:
    suite
```

expression 部分必须是或者必须可以生成一个上下文管理器，如果指定了可选的 as variable 部分，那么该变量被设置为对上下文管理器的__enter__()方法返回的对象进行引用（通常也是上下文管理器本身）。由于上下文管理器保证可以执行其"exit"代码（即使在产生异常的情况下），因此，在很多情况下，使用上下文管理器，就不再需要 finally 语句块。

有些 Python 类型本身就是上下文管理器——比如，open()可以返回的所有文件对象——因此，在进行文件处理时，我们不需要使用 finally 语句块，如下面两个等价的代码段所示（假定 process()是在其他位置定义的函数）：

```
fh = None
try:
    fh = open(filename)
    for line in fh:
        process(line)
except EnvironmentError as err:
    print(err)
finally:
    if fh is not None:
        fh.close()
```

```
try:
    with open(filename) as fh:
        for line in fh:
            process(line)
except EnvironmentError as err:
    print(err)
```

文件对象是一个上下文管理器，其退出代码总是可以关闭文件（如果已打开）。不管是否发生异常，退出代码总是会得以执行，但在产生异常的情况下，异常会被传播，这可以确保在文件得以关闭的同时仍然可以对任何错误进行处理，这里就是为用户打印一条消息。

实际上，上下文管理器并不是必须要传播异常，但不这样做会掩盖任何异常，这几乎必然是一种编码错误。所有内置的以及标准库中的上下文管理器都可以传播异常。

有时候，我们需要同时使用不止一个上下文管理器，比如：

```
try:
    with open(source) as fin:
        with open(target, "w") as fout:
            for line in fin:
                fout.write(process(line))
except EnvironmentError as err:
    print(err)
```

这里我们从源文件中读入一些行，并将其处理后的版本写入到目标文件中。

使用嵌套的 with 语句很快就会导致大量的缩排，幸运的是，标准库的 contextlib 模块提供了一些对上下文管理器的附加支持，包括 contextlib.nested()函数，该函数允许在同一个 with 语句内处理两个或更多的上下文管理器，而不需要使用嵌套的 with 语句。下面给出的是上面代码的一种替代代码，但忽略了大部分与前面相同的行：

```
try:
    with contextlib.nested(open(source), open(target, "w")) as (
            fin, fout):
        for line in fin:
```

只有在 Python 3.0 中，使用 contextlib.nested()才是必要的；从 Python 3.1 开始，这一函数被废弃了，因为 Python 3.1 可以在一个单独的 with 语句中处理多个上下文管理器。下面给出的是同一个实例——再一次忽略了无关行——但这次是在 Python 3.1 环境下：

```
try:
    with open(source) as fin, open(target, "w") as fout:
        for line in fin:
```

使用这一语法，可以保持上下文管理器及其关联的变量在一起，与试图将多个 with 语句嵌套在一起或使用 contextlib.nested()相比，这种做法显然使得 with 语句更具可读性。

不仅仅只有文件对象是上下文管理器，比如，有几个线程相关的类（用于锁机制）也是上下文管理器。上下文管理器也可以用于 decimal.Decimal 数字，如果需要在某些设置（比如特定的精度）生效的情况下执行运算，那么使用上下文管理器是有用的。

如果需要创建自定义的上下文管理器，就必须创建一个类，该类必须提供两个方法：__enter__()与__exit__()。任何时候，将 with 语句用于该类的实例时，都会调用__enter__()方法，并将其返回值用于 as variable（如果没有，就丢掉返回值）。在控制权离开 with 语句的作用范围时，会调用__exit__()方法（如果有异常发生，就将异常的详细资料作为参数）。

假定需要以原子操作的方式在列表上进行某些操作——也就是说，或者执行所有操作，或者一个也不执行，以保证结果列表总是处于已知的状态。比如，有一个整数列表，并需要添加一个整数、删除一个整数、改变两个整数，所有这些操作在一个原子操作内完成，就可以使用类似于下面的代码：

```
try:
    with AtomicList(items) as atomic:
        atomic.append(58289)
        del atomic[3]
        atomic[8] = 81738
        atomic[index] = 38172
except (AttributeError, IndexError, ValueError) as err:
    print("no changes applied:", err)
```

如果没有异常产生，那么所有操作都应用于原始列表（项）；如果有异常产生，那么没有任何操作会进行。下面给出上下文管理器 AtomicList 的代码：

```
class AtomicList:

    def __init__(self, alist, shallow_copy=True):
        self.original = alist
        self.shallow_copy = shallow_copy

    def __enter__(self):
        self.modified = (self.original[:] if self.shallow_copy
                         else copy.deepcopy(self.original))
        return self.modified

    def __exit__(self, exc_type, exc_val, exc_tb):
        if exc_type is None:
            self.original[:] = self.modified
```

创建 AtomicList 对象时，我们保存了对原始列表的引用，并注意是否使用了浅拷贝（对数字列表或字符串列表，使用浅拷贝是可以的，但对于列表中包含列表或其他组合类型的情况，使用浅拷贝是不够的）。

之后，在 with 语句中使用上下文管理器 AtomicList 对象时，其__enter__()方法会被调用。这里，我们复制了原始列表，并返回其副本，以便所有改变都在副本上进行。

在到达 with 语句的作用范围末尾时，__exit__()方法将会被调用。如果没有异常产生，那么 exc_type（"异常类型"）将为 None，此时可以安全地使用修改后列表中的项对原始列表中的项进行替代（注意不能使用 self.original = self.modified，因为这将只是对对象引用进行替换，而并不会真正影响原始列表）；如果有异常产生，就不对原始列表进行任何操作，并将修改后列表丢弃。

__exit__()的返回值用于表明是否对产生的任何异常进行传播，该值为 True 意味着已经处理了任何异常，因此不应该再进行传播。通常，我们总是返回 False（或布尔上下文中可以评估为 False 的对象），以便任何异常都可以传播。通过不给定显式的返回值，我们的__exit__()将返回 None——并评估为 False，从而正确地对所有异常尽心传播。

第 11 章中使用了自定义的上下文管理器，以保证 socket 连接与 gzipped 文件被关闭，第 10 章中使用了一些 threading 模块的上下文管理器，以确保共有的互斥锁不会被阻塞。在本章的练习中，会要求创建一个更具一般性的原子上下文管理器。

8.2.4 描述符

描述符也是类，用于为其他类的属性提供访问控制。实现了一个或多个描述符特殊方法（__get__()、__set__()与__delete__()）的任何类都可以称为（也可以用作）描述符。

　　内置的 property()与 classmethod()函数都是使用描述符实现的。理解描述符的关键是，尽管在类中创建描述符的实例时将其作为一个类属性，但是 Python 在访问描述符时是通过类的实例进行的。

　　为叙述清晰，假定有一个类，其实例存放一些字符串。我们需要使用通常的方式存取这些字符串，比如，作为一种特性，但我们也希望在需要的时候可以获取字符串的 XML 转义处理后的版本。为此，一种简单的方法是在创建字符串的同时立即创建该字符串的一个 XML 转义处理后的副本。如果有数千个这样的字符串，而实际上只需要其中少数字符串的 XML 转义处理后的版本，则会没有任何意义地浪费大量的处理器与内存资源，因此，我们创建一个描述符，以便根据需要提供 XML 转义处理后的字符串，而又不需要对其进行存储。我们首先来看客户端（所有者）类，即使用描述符的类：

```
class Product:

    __slots__ = ("__name", "__description", "__price")

    name_as_xml = XmlShadow("name")
    description_as_xml = XmlShadow("description")

    def __init__(self, name, description, price):
        self.__name = name
        self.description = description
        self.price = price
```

　　这里唯一没有展示的代码是特性，name 是只读的特性，description 与 price 则是可读/可写的特性，所有这些都使用通常的方式创建。（所有代码都在 XmlShadow.py 文件中。）我们使用了__slots__变量，以便该类不使用__dict__，并只可以存储 3 种指定的私有属性，当然，这些与描述符的使用并不相关，也并非必要。类属性 name_as_xml 与 description_as_xml 设置为描述符 XmlShadow 的实例，尽管没有 Product 对象包括 name_as_xml 属性或 description_as_xml 属性。借助于描述符，我们可以编写类似于下面的代码（取自模块的 doctests）：

```
>>> product = Product("Chisel <3cm>", "Chisel & cap", 45.25)
>>> product.name, product.name_as_xml, product.description_as_xml
('Chisel <3cm>', 'Chisel &lt;3cm&gt;', 'Chisel &amp;cap')
```

　　这种方式可以工作，因为，比如说尝试访问 name_as_xml 属性时，Python 发现 Product 类有一个使用该名称的描述符，因此可以使用该描述符获取属性的值。下面给出的是 XmlShadow 描述符类的完整代码：

```
class XmlShadow:

    def __init__(self, attribute_name):
        self.attribute_name = attribute_name

    def __get__(self, instance, owner=None):
        return xml.sax.saxutils.escape(
                    getattr(instance, self.attribute_name))
```

创建 name_as_xml 对象与 description_as_xml 对象时，我们将 Product 类中的相应属性传递给 XmlShadow 初始化程序，以便描述符知道应该对哪些属性进行操作。之后，在查询 name_as_xml 或 description_as_xml 属性时，Python 调用描述符的 __get__()方法。Self 参数是描述符的实例，instance 参数是 Product 实例（即 product 的 self），owner 参数是所有者类（这里是 Product）。我们使用 getattr()函数来从 product 取回相关的属性（这里是相关的特性），并返回其 XML 转义版本。

如果只需要访问一小部分产品的 XML 字符串，但是这些字符串通常很长，并且同样的字符串会被频繁访问，那么可以使用缓存，比如：

```
class CachedXmlShadow:

    def __init__(self, attribute_name):
        self.attribute_name = attribute_name
        self.cache = {}

    def __get__(self, instance, owner=None):
        xml_text = self.cache.get(id(instance))
        if xml_text is not None:
            return xml_text
        return self.cache.setdefault(id(instance),
                xml.sax.saxutils.escape(
                    getattr(instance, self.attribute_name)))
```

我们将实例的唯一性的身份标识（而不是实例本身）作为键进行存储，因为字典键必须是可哈希运算的（标识就是），但是我们并不把这种约束施加于使用 CachedXmlShadow 描述符的类。键是必要的，因为描述符是针对每个类创建的，而不是针对每个实例创建的。（dict.setdefault()方法可以方便地返回给定键的值，如果没有给定键对应的项，就使用该键与相应值创建新项，并返回该值。）

查看了用于生成数据（而不必存储）的描述符后，现在查看另外一个描述符，该描述符可用于存储某个对象的所有属性数据，对象本身则不再需要存储任何内容。在该实例中，我们仅使用一个字典，不过是在一个更真实的上下文中，数据必须存储在文件或数据库中。下面给出的是 Point 类修改后的版本的起始处，其中使用了描述符

（取自 ExternalStorage.py 文件）：

```
class Point:

    __slots__ = ()
    x = ExternalStorage("x")
    y = ExternalStorage("y")
    def __init__(self, x=0, y=0):
        self.x = x
        self.y = y
```

通过将 __slots__ 设置为一个空元组，可以保证类不会存储任何数据属性。在对 self.x 进行赋值时，Python 会发现有一个名为"x"的描述符，因此使用描述符的__set__() 方法。类的其余部分没有展示，不过与第 6 章中展示的 Point 类的其余部分相同。下面给出的是完整的 ExternalStorage 描述符类：

```
class ExternalStorage:

    __slots__ = ("attribute_name",)
    __storage = {}

    def __init__(self, attribute_name):
        self.attribute_name = attribute_name

    def __set__(self, instance, value):
        self.__storage[id(instance), self.attribute_name] = value

    def __get__(self, instance, owner=None):
        if instance is None:
            return self
        return self.__storage[id(instance), self.attribute_name]
```

每个 ExternalStorage 对象都有一个单一的数据属性 attribute_name，其中存放所有者类的数据属性的名称。任何时候，设置一个属性时，我们将其值存储在私有的类字典__storage 中。类似地，任何时候，取回一个属性时，也是从字典__storage 中取回的。

像所有描述符方法一样，self 是描述符对象的实例，instance 是包含描述符的对象的 self，因此，这里 self 是一个 ExternalStorage 对象，instance 是一个 Point 对象。

尽管__storage 是一个类属性，我们仍然可以使用 self.__storage 对其进行访问（就像我们可以使用 self.method()调用方法），因为 Python 首先将其作为实例属性进行查找，未找到再将其当作类属性进行查找。这种方法的一个不足（理论上的）是，如果某个类属性与实例属性重名，那么两者将互相掩盖。（如果这确实会成为一个问题，那么我们可以总是使用类来引用类属性，即 ExternalStorage.__storage。尽管对类进行硬编码对子类化通常会带来不便，但对于私有属性而言实际上并不会产生真正的影响，因为 Python 总是会将类名称通过名称操纵使其可以被私有属性存取。）

特殊方法__get__()的实现比以前要稍复杂一些，因为我们提供了一种方法，使得 ExternalStorage 实例自身可以被访问。比如，如果有 p = Point(3, 4)，就可以使用 p.x 访问 x 坐标，并可以使用 Point.x 访问存放所有 x 坐标的 ExternalStorage 对象。

为完整地讲述描述符，我们将创建 Property 描述符，该描述符模拟内置的 property() 函数的行为，至少是设置者与获取者。代码在 Property.py 文件中。下面是使用该描述符的 NameAndExtension 类的完整实现：

```
class NameAndExtension:

    def __init__(self, name, extension):
        self.__name = name
        self.extension = extension


    @Property                 # Uses the custom Property descriptor
    def name(self):
        return self.__name


    @Property                 # Uses the custom Property descriptor
    def extension(self):
        return self.__extension


    @extension.setter         # Uses the custom Property descriptor
    def extension(self, extension):
        self.__extension = extension
```

用法与内置的@property 修饰器以及@propertyName.setter 修饰器相同，下面给出 Property 描述符实现的起始处：

```
class Property:

    def __init__(self, getter, setter=None):
        self.__getter = getter
        self.__setter = setter
        self.__name__ = getter.__name__
```

该类的初始化程序接受一个或两个函数作为参数，如果将该类用作修饰器，就将只获取修饰的函数并变为 getter，setter 则被设置为 None。我们将 getter 的名称用作特性的名称，因此，对每个特性，都有一个 getter，可能还有一个 setter 以及一个 name。

```
    def __get__(self, instance, owner=None):
        if instance is None:
```

```
        return self
    return self.__getter(instance)
```

在存取某个特性时，我们返回调用 getter 函数（将实例作为其第一个参数）的结果。初看之下，self.__getter()像一个方法调用，但并不是这样的，实际上，self.__getter 是一个属性，其中存放的是对传入的方法的对象引用。因此，实际上进行的处理是，首先，我们取回属性（self.__getter），之后将其作为一个函数进行调用，由于其是作为函数而非方法进行调用的，因此我们必须自己显式地传入相关的 self 对象，在使用描述符的情况下，self 对象（来自使用描述符的类）称为 instance（由于 self 是描述符对象）。同样的处理适用于__set__()方法。

```
def __set__(self, instance, value):
    if self.__setter is None:
        raise AttributeError("'{0}' is read-only".format(
                        self.__name__))
    return self.__setter(instance, value)
```

如果没有指定 setter，就产生 AttributeError 异常，否则就使用实例与新值调用 setter。

```
def setter(self, setter):
    self.__setter = setter
    return self.__setter
```

在解释器到达此处时，将调用此方法，比如@extension.setter，并以其修饰的函数作为 setter 的参数。修饰器存放给定其 setter 方法（现在可用在__set__() 方法中），并返回 setter 方法，因为修饰器应该返回其修饰的函数或方法。

上面我们了解了 3 种差别很大的描述符使用场景。描述符是一种非常强大而又灵活的功能，可用于完成大量底层工作，看起来则只是其客户端（所有者）类的简单属性。

8.2.5 类修饰器

就像可以为函数与方法创建修饰器一样，我们也可以为整个类创建修饰器。类修饰器以类对象（class 语句的结果）作为参数，并应该返回一个类——通常是其修饰的类的修订版。这一小节中，我们将研究两个类修饰器，以便了解其实现机制。

在第 6 章中，我们创建了自定义组合类 SortedList，该类聚集了一个普通列表，并将其作为私有属性 self.__list。8 种 SortedList 方法简单地将其工作传递给该私有属性。比如，下面展示了 SortedList.clear()方法与 SortedList.pop()方法是如何实现的：

```
def clear(self):
    self.__list = []

def pop(self, index=-1):
```

```
        return self.__list.pop(index)
```

对于 clear()方法，我们没有什么可做的，因为 list 类型不存在相应的方法，但对于 pop()方法以及 SortedList 授权的其他 6 种方法，我们可以简单地调用 list 类的相应方法。这可以使用@delegate 类修饰器（取自书中的 util 模块）实现。下面是新版 SortedList 类的起始处：

```
@Util.delegate("__list", ("pop", "__delitem__", "__getitem__",
                "__iter__", "__reversed__", "__len__", "__str__"))
class SortedList:
```

第一个参数是待授权的属性名，第二个参数是我们需要 delegate()修饰器进行处理的方法或方法序列，以便我们自己不再做这个工作。SortedListDelegate.py 文件中的 SortedList 类使用了这种方法，因此不包含列出的方法的任何代码，即便该类完全支持这些方法。下面给出的是替我们实现这些方法的类修饰器：

```
def delegate(attribute_name, method_names):
    def decorator(cls):
        nonlocal attribute_name
        if attribute_name.startswith("__"):
            attribute_name = "_" + cls.__name__ + attribute_name
        for name in method_names:
            setattr(cls, name, eval("lambda self, *a, **kw: "
                                    "self.{0}.{1}(*a, **kw)".format(
                                    attribute_name, name)))
        return cls
    return decorator
```

我们不能使用普通的修饰器，因为我们需要向其传递参数，因此，我们创建了一个函数，该函数接受我们的参数，并返回一个类修饰器，修饰器本身只接受一个参数，该参数是一个类（就像函数修饰器接受单一的函数或方法作为其参数一样）。

我们必须使用 nonlocal，以便嵌套的函数使用的是来自外部范围（而不会尝试使用来自自身范围）的 attribute_name。若有必要，我们必须可以纠正属性名，以便考虑对私有属性进行名称操纵的情况。修饰器的行为非常简单：对赋予 delegate()函数的所有方法名进行迭代，对每一个方法名都创建一个新方法，并将其设置为给定方法名所在类的属性。

我们使用 eval()来创建每个被授权的方法，因为 eval()可用于执行单一的语句，并且，lambda 语句可以生成一个方法或函数，比如，用于生成 pop()方法的代码如下：

```
lambda self, *a, **kw: self._SortedList__list.pop(*a, **kw)
```

我们使用了*与**这种参数形式，以便可以接受任何参数，即便被授权的方法可能有特定的参数列表形式。比如，list.pop()方法接受一个单一的索引位置参数（或无参

数，此时默认处理最后一项），这种参数是可以的，因为如果传递的是错误的参数个数
或参数类型，那么被调用完成该项工作的 list 方法将产生适当的异常。

我们将查看的第 2 个类修饰器在第 6 章也已经展示过，在实现 FuzzyBool 类时曾
提到，我们只需要提供 __lt__()与 __eq__()这两个特殊方法（用于<与==），并自动生成
所有其他用于比较操作的方法。在该章没有展示的是类定义的完整起点：

```
@Util.complete_comparisons
class FuzzyBool:
```

其他 4 个比较操作符是由 complete_comparisons()类修饰器提供的，给定一个只定
义了<（或<与==）的类，则修饰器将生成未给出的其他比较操作符，这是通过如下的
一些逻辑等价关系实现的：

$$x = y \quad \Leftrightarrow \quad \neg(x < y \vee y < x)$$
$$x \neq y \quad \Leftrightarrow \quad \neg(x = y)$$
$$x > y \quad \Leftrightarrow \quad y < x$$
$$x \leqslant y \quad \Leftrightarrow \quad \neg(y < x)$$
$$x \geqslant y \quad \Leftrightarrow \quad \neg(x < y)$$

如果待修饰的类有<与==操作符，那么修饰器将使用这两个操作符；如果只提供了<
操作符，就回退到使用<完成所有任务的情况。（实际上，提供了<，则 Python 会自动地生
成>；提供了==，则 Python 会自动生成!= ，因此只要实现 3 个操作符<、<=与==，Python
就完全可以推断出其他操作符。然而，通过使用类修饰器，可以将实现操作符的工作量最
小化到只有<，这是方便的，并可以确保所有比较操作符使用相容的逻辑。）

```
def complete_comparisons(cls):
    assert cls.__lt__ is not object.__lt__, (
            "{0} must define < and ideally ==".format(cls.__name__))
    if cls.__eq__ is object.__eq__:
        cls.__eq__ = lambda self, other: (not
                (cls.__lt__(self, other) or cls.__lt__(other, self)))
    cls.__ne__ = lambda self, other: not cls.__eq__(self, other)
    cls.__gt__ = lambda self, other: cls.__lt__(other, self)
    cls.__le__ = lambda self, other: not cls.__lt__(other, self)
    cls.__ge__ = lambda self, other: not cls.__lt__(self, other)
    return cls
```

修饰器面临的一个问题是，object 类（每个对象类最终继承的都是该类）定义了
所有这 6 个比较操作符，如果使用都会产生 TypeError 异常。因此，我们需要知道< 与
==是否已被重新实现（因此是可用的），通过将类中相关的正在进行修饰的特殊方法
对象中的方法进行比较，就可以很容易地做到。

如果修饰的类不包含自定义的<，那么断言将失败，因为这是修饰器的最小需求。
如果有一个自定义的==，我们就使用，否则，就创建一个。之后，所有其他方法都被

创建，而修饰的类（现在包含所有 6 个比较方法）将被返回。

使用类修饰器可能是最简单的也是最直接的改变类的方式，另一种方法是使用元类，本章后面部分将关注这一主题。

8.2.6 抽象基类

抽象基类（ABC）也是一个类，但不是用于创建对象，而是用于定义接口，也就是说，列出一些方法与特性——继承自 ABC 的类必须对其进行实现。这种机制是有用的，因为我们可以将抽象基类用作一种允诺——任何自 ABC 衍生而来的类必须实现抽象基类指定的方法与特性。[*]

抽象基类包含至少一种抽象方法与特性，抽象方法在定义时可以没有实现（其 suite 为 pass，或者，在子类中强制对其重新实现则产生 NotImplementedError()），也可以包含实际的（具体的）实现，并可以从子类中调用，比如，存在某个通常情况。抽象基类也可以包含其他具体（非抽象）方法与特性。

只有在实现了继承而来的所有抽象方法与抽象特性之后，自 ABC 衍生而来的类才可以创建实例。对那些包含具体实现的抽象方法（即便只是 pass），衍生类可以简单地使用 super() 来调用 ABC 的实现版本。任何具体方法与特性都可以通过继承获取，与通常一样。所有 ABC 必须包含元类 abc.ABCMeta（来自 abc 模块），或来自其某个子类。后面我们会讲解元类相关的一些内容。

Python 提供了两组抽象基类，一组在 collections 模块中，另一组在 numbers 模块中。这两个模块可用于对对象的相关属性进行查询，比如，给定变量 x，使用 isinstance(x, collections.MutableSequence)，可以判断其是否是一个序列，也可以使用 isinstance(x, numbers.Integral) 来判断其是否是一个整数。由于 Python 支持动态类型机制（我们不必要知道或关心某个对象的类型，而只需要知道其是否支持将要对其施加的操作），因此，这种查询功能是特别有用的。数值型与组合型 ABC 分别在表 8-3 与表 8-4 中列出，其他的主要 ABC 是 io.IOBase，该抽象基类是所有文件与流处理相关类的父类。

表 8-3　　　　　　　　　　数值模块的抽象基类

ABC	继承自	API	实例
Number	object		complex、decimal.Decimal、float、fractions.Fraction、int
Complex	Number	==、!=、+、-、*、/、abs()、bool()、complex()、conjugate()，以及 real 与 imag 特性	complex、decimal.Decimal、float、fractions.Fraction、int

[*] Python 的抽象基类在 PEP 3119（www.python.org/dev/peps/pep-3119）中进行了描述，其中还包含了非常有用的基本原理，值得阅读。

续表

ABC	继承自	API	实例
Real	Complex	<、<=、==、!=、>=、>、+、-、*、/、//、%、abs()、bool()、complex()、conjugate()、divmod()、float()、math.ceil()、math.floor()、round()、trunc();以及 real 与 imag 特性	decimal.Decimal、float、fractions.Fraction、int
Rational	Real	<、<=、==、!=、>=、>、+、-、*、/、//、%、abs()、bool()、complex()、conjugate()、divmod()、float()、math.ceil()、math.floor()、round()、trunc(); 以及 real、imag、numerator 与 denominator 特性	fractions.Fraction、int
Integral	Rational	<、<=、==、!=、>=、>、+、-、*、/、//、%、<<、>>、~、&、^、|、abs()、bool()、complex()、conjugate()、divmod()、float()、math.ceil()、math.floor()、pow()、round()、TRunc();以及 real、imag、numerator 与 denominator 特性	int

表 8-4　　　　　　　　　　　　组合模块的主抽象基类

ABC	继承自	API	实例
Callable	object	()	所有函数、方法以及 lambdas
Container	object	in	bytearray、bytes、dict、frozenset、list、set、str、tuple
Hashable	object	hash()	bytes、frozenset、str、tuple
Iterable	object	iter()	bytearray、bytes、collections.deque、dict、frozenset、list、set、str、tuple
Iterator	Iterable	iter()、next()	
Sized	object	len()	bytearray、bytes、collections.deque、dict、frozenset、list、set、str、tuple
Mapping	Container、Iterable、Sized	==、!=、[]、len()、iter()、in、get()、items()、keys()、values()	dict
Mutable-Mapping	Mapping	==、!=、[]、del、len()、iter()、in、clear()、get()、items()、keys()、pop()、popitem()、setdefault()、update()、values()	dict
Sequence	Container、Iterable、Sized	[]、len()、iter()、reversed()、in、count()、index()	bytearray、bytes、list、str、tuple

续表

ABC	继承自	API	实例
Mutable-Sequence	Container、Iterable、Sized	[]、+=、del、len()、iter()、reversed()、in、append()、count()、extend()、index()、insert()、pop()、remove()、reverse()	bytearray、list
Set	Container、Iterable、Sized	<、<=、==、!=、=>、>、&、|、^、len()、iter()、in、isdisjoint()	frozenset、set
MutableSet	Set	<、<=、==、!=、=>、>、&、|、^、&=、|=、^=、-=、len()、iter()、in、add()、clear()、discard()、isdisjoint()、pop()、remove()	set

为完全整合自己的自定义数值型类与组合类，应该使其与标准的 ABC 匹配。比如，SortedList 类是一个序列。事实是，如果 L 是一个 SortedList，那么 isinstance(L, collections.Sequence)将返回 False。为解决这一问题，一种简单的方式将该类继承自相关的 ABC：

```
class SortedList(collections.Sequence):
```

通过将 collections.Sequence 作为基类，isinstance()此时将返回 True。并且，我们需要实现__init__() （或__new__()）、__getitem__()以及__len__()等方法（我们进行了实现）。collections.Sequence ABC 还为__contains__()、__iter__()、__reversed__()、count()以及 index()等方法提供了具体（非抽象）的实现。在 SortedList 类中，我们重新实现了所有这些方法，如果需要，我们也可以使用方法的 ABC 版——只要不对其进行重新实现即可。我们不能将 SortedList 作为 collections.MutableSequence 的一个子类（即使列表是可变的），这是因为 SortedList 不包括 collections.MutableSequence 必须提供的所有方法，比如__setitem__()与 append()。（这里的 SortedList 的代码在 SortedListAbc.py 文件中，在元类的介绍中，我们将看到使 SortedList 成为 collections.Sequence 的另一种替代方案。）

在了解了如何使得自定义类完全整合于标准的 ABC 之后，我们开始了解 ABC 的另一种用途：为自己的自定义类提供接口允诺。我们将查看 3 个相当不同的实例，以便了解创建与使用 ABC 的不同方面。

我们首先从一个非常简单的实例开始，该实例展示了如何处理可读/可写的特性。该类用于表示国产的应用设备，创建的每台应用设备必须包含一个只读的型号字符串以及可读/可写的价格，还要求必须对 ABC 的__init__()方法进行重新实现。下面给出该 ABC（取自 Appliance.py 文件），我们没有展示 import abc 语句，对 abstractmethod()

与 abstractproperty()函数而言，必须先执行该导入语句，这两个函数都可以用作修饰器：

```
class Appliance(metaclass=abc.ABCMeta):

    @abc.abstractmethod
    def __init__(self, model, price):
        self.__model = model
        self.price = price

    def get_price(self):
        return self.__price
    def set_price(self, price):
        self.__price = price

    price = abc.abstractproperty(get_price, set_price)

    @property
    def model(self):
        return self.__model
```

我们将该类的元类设置为 abc.ABCMeta，因为对 ABC 而言，这是必需的。当然，也可以将其设置为任意的 abc.ABCMeta 子类。我们将__init__()作为一个抽象方法，以确保必须对其进行重新实现，我们也提供了一个实现，并希望（但不强制）继承者调用该实现。为实现一个抽象的可读/可写特性，我们不能使用修饰器语法，并且，我们没有为获取者与设置者使用私有名称，因为这样做对子类化是不方便的。

price 特性是抽象的（因此我们不能使用@property 修饰器），并且是可读/写的。这里，我们遵循一种通常的模式，用于将私有可读/写数据（比如__price）作为特性的情况:我们在__init__()方法中初始化 property，而不是直接设置私有数据——这可以确保设置者被调用（也可以潜在地进行验证或其他工作，尽管在本实例中没有）

model 特性是非抽象的，因此子类不必对其进行重新实现，我们可以使用@property 修饰器使其成为一个特性。这里，我们遵循一种通常的模式，用于将私有只读数据（比如__model）作为特性的情况:我们在__init__()方法中对私有__model 数据进行一次设置，并通过只读的 model 特性提供读访问。

要注意的是，不能创建 Appliance 对象，因为该类包含了抽象属性。下面给出一个子类实例：

```
class Cooker(Appliance):

    def __init__(self, model, price, fuel):
        super().__init__(model, price)
        self.fuel = fuel
```

```
price = property(lambda self: super().price,
                 lambda self, price: super().set_price(price))
```

Cooker 类必须重新实现__init__()方法与 price 特性，对特性，我们只是将所有工作传递给基类。model 这一只读特性是继承而来的。我们可以以 Appliance 为基础创建更多的类，比如 Fridge、Toaster 等。

下面将要查看的 ABC 更短小，是一个用于文本过滤函子（在文件 TextFilter.py 中）的 ABC：

```
class TextFilter(metaclass=abc.ABCMeta):

    @abc.abstractproperty
    def is_transformer(self):
        raise NotImplementedError()

    @abc.abstractmethod
    def __call__(self):
        raise NotImplementedError()
```

TextFilter ABC 没有提供任何功能，其存在纯粹是为了定义一个接口，这里就是一个只读特性，is_transformer 以及一个__call__()方法，所有子类必须提供。由于抽象特性与方法没有实现，我们不希望子类对其进行调用，因此，这里不再使用无用的 pass 语句，而是在尝试对其调用（比如通过 super()调用）时产生异常。

下面是一个简单的子类：

```
class CharCounter(TextFilter):

    @property
    def is_transformer(self):
        return False

    def __call__(self, text, chars):
        count = 0
        for c in text:
            if c in chars:
                count += 1
        return count
```

这一文本过滤器并不是一个转换器，因为其功能并不是对给定的文本进行转换，而是简单地返回指定字符在文本中出现的计数值，下面是一个使用实例：

```
vowel_counter = CharCounter()
vowel_counter("dog fish and cat fish", "aeiou")     # returns: 5
```

还提供了两个文本过滤器，RunLengthEncode 与 RunLengthDecode，两者都是转换器，下面展示了如何对其进行使用：

```
rle_encoder = RunLengthEncode()
rle_text = rle_encoder(text)
...
rle_decoder = RunLengthDecode()
original_text = rle_decoder(rle_text)
```

运行长度编码器将字符串转换为 UTF-8 编码的字节，并使用序列 0x00, 0x01, 0x00 替换 0x00，使用序列 0x00, count, byte 替换包含 3 到 255 个重复字节的任意序列。如果该字符串包含大量 4 个或多个相同的连续字符，则这种编码会产生比原始的 UTF-8 编码更短的字节字符串。运行长度解码器接受运行长度编码器编码所得的字节字符串，并返回原始的字符串。下面给出的是 RunLengthDecode 类的起点：

```
class RunLengthDecode(TextFilter):

    @property
    def is_transformer(self):
        return True

    def __call__(self, rle_bytes):
        ...
```

我们忽略了 __call__()方法的主体，在本书的源代码中可以找到。RunLengthEncode 类的结构是完全一样的。

我们将查看的最后一个 ABC 提供了应用程序设计接口（API）以及撤销机制的默认实现，下面给出的是完整的 ABC（取自 Abstract.py 文件）：

```
class Undo(metaclass=abc.ABCMeta):

    @abc.abstractmethod
    def __init__(self):
        self.__undos = []
    @abc.abstractproperty
    def can_undo(self):
        return bool(self.__undos)

    @abc.abstractmethod
    def undo(self):
        assert self.__undos, "nothing left to undo"
        self.__undos.pop()(self)

    def add_undo(self, undo):
```

```
        self.__undos.append(undo)
```

　　__init__()方法与undo()方法必须重新实现,因为两者都是抽象的,只读的can_undo特性也是如此。子类不必重新实现add_undo()方法,尽管允许这样做。undo()方法稍有些微妙。self.__undos列表应该存放对方法的对象引用,每个方法被调用后都必须使相应操作被撤销——稍后我们看一个 Undo 子类时会更清晰地理解。因此,为执行撤销操作,我们从 self.__undos 列表中弹出最后一个撤销方法,之后将该方法作为函数进行调用,并以 self 作为一个参数(我们必须传递 self,因为该方法是作为函数被调用的,而非作为方法被调用)。

　　下面给出 Stack 类的起始处,该类继承自 Undo,因此,很多施加于其上的操作可以通过调用 Stack.undo()(没有参数)来撤销。

```
    class Stack(Undo):

        def __init__(self):
            super().__init__()
            self.__stack = []


        @property
        def can_undo(self):
            return super().can_undo

        def undo(self):
            super().undo()


        def push(self, item):
            self.__stack.append(item)
            self.add_undo(lambda self: self.__stack.pop())


        def pop(self):
            item = self.__stack.pop()
            self.add_undo(lambda self: self.__stack.append(item))
            return item
```

　　我们忽略了 Stack.top()方法与 Stack.__str__()方法,因为两者都没有什么新内容,也都不与 Undo 基类进行交互。对 can_undo 特性与 undo()方法,我们简单地将相关工作传递给基类。如果这两者不是抽象的,我们就不需要对其进行重新实现,并可以达到同样的效果,但在这里,我们强制子类对其进行重新实现,以使撤销操作在子类内进行。对 push()方法与 pop()方法,我们执行相应的操作,并向撤销列表中添加相应函数,函数的功能就是撤销刚执行的操作。

　　在大规模程序、库以及应用程序框架中,抽象基类的作用最明显,有助于确保不

管实现细节或作者有哪些差别，类都可以协同工作，因为其提供的 API 都是由其 ABC
指定的。

8.2.7   多继承

多继承是指某个类继承自两个或多个类。Python（以及 C++等语言）完全支持多
继承，有些语言（比如 Java）则不支持这种机制。多继承存在的问题是，可能导致同
一个类被继承多次（比如，基类中的某两个继承自同一个类）。这意味着，某个被调用
的方法如果不在子类中，而是在两个或多个基类中（或基类的基类中），那么被调用方
法的具体版本取决于方法的解析顺序，从而使得使用多继承得到的类存在模糊的可能。

通过使用单继承（一个基类），并设置一个元类（如果需要支持附加的 API），可
以避免使用多继承，在下一小节中我们将会看到，元类可用于提供关于要提供的 API
的许诺，但实际上没有真正继承任何方法与数据属性。还有一种替代方案是使用多继
承与一个具体的类，以及一个或多个抽象基类（用于提供附加的 API）。另一种替代方
案是使用单继承并对其他类的实例进行聚集。

尽管如此，有些情况下，使用多继承仍然可以提供非常方便的解决方案。比如，
假定需要创建新版本的 Stack 类（上一小节中定义），但希望该类可以支持使用 pickle
的加载与保存操作。我们可能需要向几个类中添加加载与保存功能，因此，我们将在
自己的类中实现：

```python
class LoadSave:

    def __init__(self, filename, *attribute_names):
        self.filename = filename
        self.__attribute_names = []
        for name in attribute_names:
            if name.startswith("__"):
                name = "_" + self.__class__.__name__ + name
            self.__attribute_names.append(name)

    def save(self):
        with open(self.filename, "wb") as fh:
            data = []
            for name in self.__attribute_names:
                data.append(getattr(self, name))
            pickle.dump(data, fh, pickle.HIGHEST_PROTOCOL)

    def load(self):
        with open(self.filename, "rb") as fh:
            data = pickle.load(fh)
```

```
        for name, value in zip(self.__attribute_names, data):
            setattr(self, name, value)
```

该类有两个属性：filename，是一个公开属性，可以在任何时候进行修改；__attribute_names，固定的，只能在实例创建时进行设置。save()方法首先对所有属性名进行迭代，并创建一个名为 data 的列表，其中存放每个待保存的属性的值，之后将数据保存到 pickle 中。with 语句可以保证正确打开的文件得以关闭，并将任何文件或pickle 异常传递给调用者。load()方法对所有属性名以及被加载的相应数据项进行迭代，并将每个属性值设置为加载的值。

下面给出 FileStack 类的起点，该类继承了上一小节的 Undo 类以及本小节的LoadSave 类：

```
class FileStack(Undo, LoadSave):


    def __init__(self, filename):
        Undo.__init__(self)
        LoadSave.__init__(self, filename, "__stack")
        self.__stack = []


    def load(self):
        super().load()
        self.clear()
```

该类的其余部分与 Stack 类一样，因此这里不再赘述。此外，这里没有在__init__()方法使用 super()，而是必须指定我们要进行初始化的基类，因为 super()并不能推断我们的意图。为对 LoadSave 进行初始化，我们将要使用的文件名以及需要保存的属性名作为参数，这里仅有一个，即私有的__stack（我们不需要保存__undos，这里也无法保存，因为__undos 是一个方法列表，因此是 unpicklable）。

FileStack 类包含所有撤销方法，也包含 LoadSave 类的 save()与 load()方法。我们没有对 save()进行重新实现，因为该方法可以正常工作，但对于 load()方法，我们必须在载入后清空撤销栈，这样做是必要的，因为我们可以先进行保存，之后进行多种改变，再之后进行载入。载入操作会擦除以前所做的操作，因此任何撤销操作都不再有意义。原始的 Undo 类不包含 clear()方法，因此我们必须添加一个：

```
def clear(self):            # In class Undo
    self.__undos = []
```

在 Stack.load()方法中，我们使用 super()来调用 LoadSave.load()，因为没有Undo.load()方法会导致二义性。如果两个基类都有 load()方法，那么具体被调用的方法依赖于 Python 的方法解析顺序。在不至于导致二义性的情况下，我们只使用 super()，否则就使用适当的基类名，因此我们一直不会依赖方法解析顺序。对 self.clear()调用，也不存在二义性，因为只有 Undo 类有一个 clear()方法，我们也不需要使用 super()，因为（与 load()不同）FileStack 不包括 clear()方法。

如果后来向 FileStack 中添加 clear()方法会有哪些影响？影响就是将破坏 load()方法，一种解决方案是在 load()内部调用 super().clear()，而非 self.clear()，这将使第一个 super 类的 clear()方法被使用。为避免出现这一问题，我们可以制定一种策略，要求在多继承时使用硬编码的基类（在这一实例中，调用 Undo.clear(self)）。或者，我们可以避免使用多继承，并使用聚集，比如，继承 Undo 类，并创建一个用于聚集的 LoadSave 类。

这里，多继承给予我们的是两个相当不同的类的混合，而不需要自己实现撤销、载入与保存等方法，因为基类提供了这些功能。这是非常便利的，在继承得来的类没有交叠的 API 时尤其有效。

8.2.8 元类

元类之于类，就像类之于实例。也就是说，元类用于创建类，正如类用于创建实例一样。并且，正如我们可以使用 isinstance()来判断某个实例是否属于某个类。我们也可以使用 issubclass()来判断某个类对象（比如 dict、int 或 SortedList）是否继承了其他类。

元类最简单的用途是使自定义类适合 Python 标准的 ABC 体系，比如，为使得 SortedList 是一个 collections.Sequence，可以不继承 ABC（如前面所展示的），而只是简单地将 SortedList 注册为一个 collections.Sequence：

```
class SortedList:
    ...
collections.Sequence.register(SortedList)
```

在像通常一样对类进行定义后，我们将其注册到 collections.Sequence ABC。以这种方式对类进行注册会使其成为一个虚拟子类。[*]注册之后，虚拟子类会报告其自身为注册类（或多个注册类）的子类（比如，使用 isinstance()或 issubclass()），但并不会从其注册到的任何类中继承数据或方法。

以这种方式注册一个类会提供一个许诺，即该类会提供其注册类的 API，但并不能保证一定遵守这个许诺。元类的用途之一就是同时提供这种许诺与保证，另一个用途是以某种方式修改一个类（就像类修饰器所做的），当然，元类也可同时用于这两个目的。

假定我们需要创建一组类，都提供 load()方法与 save()方法。为此，我们可以创建一个类，该类用作元类时，可检测这些方法是否存在：

```
class LoadableSaveable(type):

    def __init__(cls, classname, bases, dictionary):
```

----
[*] 在 Python 术语学中，虚拟与 C++中并不是一个含义。

```
            super().__init__(classname, bases, dictionary)
            assert hasattr(cls, "load") and \
                    isinstance(getattr(cls, "load"),
                                collections.Callable), ("class '" +
            classname + "' must provide a load() method")
            assert hasattr(cls, "save") and \
                    isinstance(getattr(cls, "save"),
                                collections.Callable), ("class '" +
            classname + "' must provide a save() method")
```

如果某个类需要充当元类，就必须继承自根本的元类基类 type——或其某个子类。

注意，只有在使用该类的类被初始化时，才会调用该类，很可能这并不常见，因此运行时开销极低。还要注意，在类被创建后（使用 super()调用），我们必须对其进行检测，因为只有在这之后，类的属性在类自身中才是可用的（属性在字典中，但在进行检测时，我们更愿意对实际的初始化之后的类进行操作。）

我们可以通过使用 hasattr()检测出其具有__call__属性，并据此判断 load 属性与 save 属性是可调用的，但我们更愿意通过检测其是否是 collections.Callable 的实例来进行判断，抽象基类 collections.Callable 提供了许诺（但并不保证）——其子类（或虚拟子类）的实例是可调用的。

在类被创建后（使用 type.__new__()，或重新实现的__new__()），元类的初始化是通过调用其__init__()方法实现的。赋予__init__()方法的参数包括 cls，刚刚创建的类；classname，类的名称（也可以从 cls.__name__ 获取）；bases，该类的基类列表（object 除外，并可以为空）；dictionary，存放属性，在 cls 被创建时成为类属性——除非我们在重新实现元类的__new__()方法时进行干预）。

这里有两个交互式实例，展示了在使用元类 LoadableSaveable 创建类时的情况：

```
>>> class Bad(metaclass=Meta.LoadableSaveable):
...     def some_method(self): pass
Traceback (most recent call last):
...
AssertionError: class 'Bad' must provide a load() method
```

元类规定，使用该元类的类必须提供某些方法，如果不能提供，比如这里，就会产生 AssertionError 异常：

```
>>> class Good(metaclass=Meta.LoadableSaveable):
...     def load(self): pass
...     def save(self): pass
>>> g = Good()
```

Good 类遵守元类的 API 需求（即使不满足我们对该类行为的一些非正式的期待）。我们也可以使用元类来改变使用该元类的类，如果改变涉及被创建的类的名称、基类或字典（比如，其 slots），我们就需要重新实现元类的__new__()方法，但对于其他改变，比如添加方法或数据属性，重新实现__init__()就已足够，尽管这也可以在__new__()中实现。我们将查看一个元类修改使用它的类的实例，纯粹通过__new__()方法实现。

作为对使用@property 与@name.setter 修饰器的一种替代，我们将创建相应类，并使用简单的命名约定来标识特性。比如，某个类有形如 get_name()与 set_name()的方法，我们就可以期待该类有一个私有的__name 特性，可以使用 instance.name 进行存取，以便获取并进行设置，这些都可以使用元类实现。下面给出一个使用这种约定的实例类：

```
class Product(metaclass=AutoSlotProperties):

    def __init__(self, barcode, description):
        self.__barcode = barcode
        self.description = description

    def get_barcode(self):
        return self.__barcode

    def get_description(self):
        return self.__description

    def set_description(self, description):
        if description is None or len(description) < 3:
            self.__description = "<Invalid Description>"
        else:
            self.__description = description
```

我们必须在初始化程序中对私有的__barcode 特性赋值，因为没有用于它的 setter，这种做法的另一个后果是使 barcode 为一个只读特性，description 则为可读/可写的特性。下面给出几个交互式使用的实例：

```
>>> product = Product("101110110", "8mm Stapler")
>>> product.barcode, product.description
('101110110', '8mm Stapler')
>>> product.description = "8mm Stapler (long)"
>>> product.barcode, product.description
('101110110', '8mm Stapler (long)')
```

如果我们尝试对条形码进行赋值，就会产生 AttributeError 异常，并展示错误文本"can't set attribute"。

如果我们查看 Product 类的属性（比如使用 dir()），就会发现公开属性只有 barcode 与 description，get_name()方法与 set_name()方法不复存在——已经被 name 特性替代。

存放条形码与描述信息的变量也变为私有（__barcode 与__description），并被添加为 slots，以便最小化类的内存使用。所有这些操作都是使用元类 AutoSlotProperties 实现的，该元类只包含一个单独的方法：

```
class AutoSlotProperties(type):

    def __new__(mcl, classname, bases, dictionary):
        slots = list(dictionary.get("__slots__", []))
        for getter_name in [key for key in dictionary
                            if key.startswith("get_")]:
            if isinstance(dictionary[getter_name],
                        collections.Callable):
                name = getter_name[4:]
                slots.append("__" + name)
                getter = dictionary.pop(getter_name)
                setter_name = "set_" + name
                setter = dictionary.get(setter_name, None)
                if (setter is not None and
                    isinstance(setter, collections.Callable)):
                    del dictionary[setter_name]
                dictionary[name] = property(getter, setter)
        dictionary["__slots__"] = tuple(slots)
        return super().__new__(mcl, classname, bases, dictionary)
```

调用元类的__new__()方法时，要使用元类以及待创建类的类名、基类、字典作为参数。我们必须使用重新实现后的__new__()，而非__init__()，因为我们需要在类创建前改变字典。

我们从复制组合类型__slots__开始，如果不存在就创建一个，并确保是一个列表而非元组，以便可以对其进行修改。对字典中的每个属性，我们挑选出那些名称以"get_"开始并且是可调用的，也就是说那些 getter 方法。对每个 getter，我们向 slots 中添加一个私有名称以便存储相应的数据，比如，给定 getter get_name()，我们就向 slots 中添加__name。之后，设置对 getter 的引用，并在字典中其原始名下将其删除（这可以使用 dict.pop()一次完成）。对 setter（如果存在）进行同样的处理，之后创建一个新字典项，并以需要的特性名作为其键。比如，getter 是 get_name()，则特性名为 name。我们将项的值设置为特性，并将 getter 与 setter（可以是 None）从字典中删除。

最后，我们使用修改后的 slots 列表（对每个添加的特性，有一个私有的 slot）来替换原始的 slots，并调用基类实际完成创建类的工作（但使用的是我们修改后的字典）。注意，这里我们必须显式地在 super()调用中传递基类，对__new__()的调用总是这种格式，因为这是一个类方法而非一个实例方法。

对这一实例，我们不需要编写一个__init__()方法，因为所有工作都已在__new__()

中完成，但同时重新实现__new__()与__init__()方法并分别完成不同的工作则是完全可能的。

8.3 函数型程序设计

    函数型程序设计是一种方法。该方法中，计算过程是通过将函数结合在一起实现的，这些函数或者不修改自己的参数，或者不引用或改变程序的状态，或者将结果作为返回值。这种程序设计方法的强烈吸引力在于（理论上），孤立地开发函数与调试函数型程序都更简单，这是因为，函数型程序设计不涉及状态改变，因此从数学角度推理并实现相关函数是可能的。

    与函数型程序设计有很强关联的有 3 个概念：映射、过滤与降低。映射处理中，以一个函数与一个 iterable 为参数，产生一个新的 iterable（或一个列表），其中每一项都是对原始 iterable 中相应项调用该函数所产生的结果。这可以使用内置的 map()函数实现，比如：

```
list(map(lambda x: x ** 2, [1, 2, 3, 4]))        # returns: [1, 4, 9, 16]
```

    map()函数以一个函数与一个 iterable 作为参数，出于效率的考虑，返回一个迭代子而非列表。这里，我们是强制创建一个列表，以便使结果更清晰：

```
[x ** 2 for x in [1, 2, 3, 4]]                   # returns: [1, 4, 9, 16]
```

    生成器表达式通常可用于替代 map()，这里，我们使用了列表内涵，从而不再需要使用 list()，为使其成为一个生成器，我们只需要将外部的方括号改为圆括号。

    过滤处理以一个函数与一个 iterable 为参数，并生成一个新的 iterable，其中每一项都来自原始的 iterable——假定在相应项上调用函数时返回 True，内置的 filter()函数支持这种做法：

```
list(filter(lambda x: x > 0, [1, -2, 3, -4]))  # returns: [1, 3]
```

    filter()函数以一个函数与一个 iterable 为参数，并返回一个迭代子。

```
[x for x in [1, -2, 3, -4] if x > 0]            # returns: [1, 3]
```

    filter()函数总是可以使用生成器表达式或列表内涵替代。

    降低处理以一个函数与一个 iterable 为参数，并产生单一的结果值，其具体工作过程是：对 iterable 的头两个值调用函数，之后对计算所得结果与第三个值调用函数，之后对计算所得结果与第四个值调用函数，依此类推，直至所有的值都进行了处理。Functools 模块的 functools.reduce()函数支持这种做法，下面给出的是完成相同计算的两行代码：

```
functools.reduce(lambda x, y: x * y, [1, 2, 3, 4])       # returns: 24
functools.reduce(operator.mul, [1, 2, 3, 4])             # returns: 24
```

operator 模块实现了所有专用于使得函数型程序设计更容易的 Python 操作符的对应函数，这里，在第 2 行，我们使用的是 operator.mul()函数，而不再像第 1 行中使用 lambda 来创建一个乘法函数。

Python 还提供了一些内置的降低处理函数，包括：all()函数，该函数接收一个 iterable，如果该 iterable 中每个数据项在使用 bool()进行处理时结果都为 True，则该函数将返回 True；any()函数，如果该 iterable 中任意数据项为 True，则该函数将返回 True；max()函数，该函数返回 iterable 中最大的数据项；min()函数，该函数返回 iterable 中最小的数据项；sum()函数，该函数返回 iterable 中所有数据项的和。

前面讲解了一些关键概念，下面看几个实例。我们首先看一些采用两种方法来获取 files 列表中所有文件的大小：

```
functools.reduce(operator.add, (os.path.getsize(x) for x in files))
functools.reduce(operator.add, map(os.path.getsize, files))
```

使用 map()所需的代码通常会比等价的列表内涵或生成器表达式所需的代码更短（除了存在条件的情况）。我们使用 operator.add()作为加函数，而没有使用 lambda x, y: x + y。

如果只需要统计.py 文件大小，那么可以过滤非 Python 文件，下面给出其 3 种实现方式：

```
functools.reduce(operator.add, map(os.path.getsize,
                    filter(lambda x: x.endswith(".py"), files)))
functools.reduce(operator.add, map(os.path.getsize,
                    (x for x in files if x.endswith(".py"))))
functools.reduce(operator.add, (os.path.getsize(x)
                    for x in files if x.endswith(".py")))
```

可以论证的是，第二种方法与第三种方法更好一些，因为这两种方法都不需要我们创建 lambda 函数，但在使用生成器表达式（或列表内涵）以及 map()与 filter()之间进行选择时，则纯粹取决于个人的程序设计风格偏好。

使用 map()、filter()与 functools.reduce()通常可以消除循环，如前面的实例所展示的。在对使用函数型语言编写的代码进行转换时，这些函数是有用的，但在 Python 中，我们通常可以使用列表内涵替代 map()，使用带条件的列表内涵替代 filter()，很多对 functools.reduce()的使用也可以使用某种 Python 内置的功能函数来替代，如 all()、any()、max()、min()以及 sum()。例如：

```
sum(os.path.getsize(x) for x in files if x.endswith(".py"))
```

上面的语句与前面 3 个实例完成同样的功能，但是显然更加紧凑。

除了为 Python 的操作符提供函数外，operator 模块还提供了 operator.attrgetter()函数与 operator.itemgetter()函数，前一个函数在本章前面部分已有涉及，这两个函数都返回函数，之后调用返回的函数来提取指定的属性或项。

尽管分片可用于提取列表中的某部分序列，带跳步的分片可以提取多部分序列（比如，使用 L[::3]每隔一项取一项），而 operator.itemgetter()可用于提取任意部分组成的序列，比如 operator.itemgetter(4, 5, 6, 11, 18)(L)。operator.itemgetter()返回的函数不一定马上调用之后就丢弃（就像这里所做的），而是可以保存并作为参数传递给 map()、filter()或 functools.reduce()，也可以用于字典、列表或集合内涵中。

在需要排序时，可以指定一个 key 函数，该函数可以是任意函数，比如 lambda 函数、内置的函数或方法（比如 str.lower()），或由 operator.attrgetter()返回的函数，比如，假定列表 L 中存放带 priority 属性的对象，则可以以优先级顺序对列表进行排序：L.sort(key=operator.attrgetter("priority"))。

除了已经提及的 functools 模块与 operator 模块之外，itertools 模块对函数型程序设计也是有用的，比如，尽管通过连接列表在两个或多个列表上进行迭代是可能的，但以如下方式使用 itertools.chain()也是一种替代的方案：

```
for value in itertools.chain(data_list1, data_list2, data_list3):
    total += value
```

itertools.chain()函数返回一个迭代子，其中包含给定的第一个序列中的相继值，之后是第二个序列中的相继值，直至用完所有序列中的值。itertools 模块还包含很多其他函数，其文档中给出了很多虽小但很有用的实例，值得阅读。

8.3.1 偏函数

偏函数是指使用现存函数以及某些参数来创建函数，新建函数与原函数执行的功能相同，但是某些参数是固定的，因此调用者不需要传递这些参数。下面给出一个非常简单的实例：

```
enumerate1 = functools.partial(enumerate, start=1)
for lino, line in enumerate1(lines):
    process_line(i, line)
```

第一行代码创建了新函数 enumerate1()，该函数包装了给定的函数（enumerate()）以及一个关键字参数（start=1），以便在调用 enumerate1()时，实际上是使用固定的参数以及调用时给定的任何其他参数（这里是 lines）来调用原始函数。这里，enumerate1()函数用于提供常规的行计数，从 1 开始。

使用偏函数可以简化代码，尤其是在需要多次使用同样的参数调用同样函数的时候，比如，在每次调用 open()来处理 UTF-8 编码的文本文件时，不需要指定模式参数与编码参数，而是可以创建两个函数带有的参数，如下所示：

```
reader = functools.partial(open, mode="rt", encoding="utf8")
writer = functools.partial(open, mode="wt", encoding="utf8")
```

现在，我们可以调用 reader(filename)来打开文本文件进行读操作，调用 writer (filename)进行写操作。

偏函数的一个非常常见的应用是在 GUI（图形用户界面）程序设计中（第 15 章讲解），在 GUI 程序中，在某组按钮中的任何一个被按下时，调用某个特定函数对其进行处理是非常方便的，比如：

```
loadButton = tkinter.Button(frame, text="Load",
                    command=functools.partial(doAction, "load"))
saveButton = tkinter.Button(frame, text="Save",
                    command=functools.partial(doAction, "save"))
```

这一实例使用了作为 Python 标准附带的 GUI 库 tkinter，tkinter.Button 类用于按钮——这里创建了两个，都包含在相同的框架中，每个都带有文本指明其用途。每个按钮的命令参数被设置为一个函数，在该按钮被按下时，tkinter 必须调用该函数，这里是 doAction()函数，我们使用了偏函数来确保赋予 doAction()函数的第一个参数是一个字符串，该字符串用于指明是哪个按钮调用了本函数，以便确定应该执行的操作。

8.3.2 协程

协程也是一种函数，特点是其处理过程可以在特定点挂起与恢复。因此，典型情况下，协程将执行到某个特定语句，之后执行过程被挂起等待某些数据。在这个挂起点上，程序的其他部分可以继续执行（通常是没有被挂起的其他协程）。一旦数据到来，协程就从挂起点恢复执行，执行一些处理（很可能是以到来的数据为基础），并可能将其处理结果发送给另一个协程。协程可以有多个入口点与退出点，因为挂起与恢复执行的位置都不止一处。

在需要将多个函数应用于同样的数据时，或需要创建数据处理流水线时，或需要某个主数带有几个从函数时，协程是有用的。协程也可以作为线程的替代，并且更简单，负载也更低。Python Package Index（pypi.python.org/pypi）提供了一些基于协程的包，这些包提供了轻量级的线程功能。

在 Python 中，协程是一个从 yield 表达式中提取输入的函数，也可以将处理结果发送给接收者函数（该函数本身必须是一个协程）。协程在执行到 yield 表达式的任何时候都必然挂起等待数据，而一旦数据到达，协程就从该挂起点恢复执行。协程可以有不止一个 yield 表达式——尽管我们这里给出的协程实例都只有一个。

对数据执行独立操作

如果我们需要对某些数据执行一组独立的操作,常规的方法是依次执行每个操作。这种方法的不足之处是，如果某个操作很慢，则整个程序在继续执行下一个操作之前必须等待这一操作结束。一个更有效的解决方案是使用协程：将所有操作都实现为协程，之后同时执行所有这些协程。这样如果某个协程慢，也不会影响到其他协程——至少也不会耗尽所有待处理数据——因为所有操作都是独立执行的。

图 8-2 所示为在并发处理时使用协程的情况。从该图中可以看出，三个协程（假定每个完成不同工作）处理两个相同的数据项——并用不同的总时间来完成自己的工作。其中，coroutine1()工作相当快，coroutine2()工作较慢，coroutine3()则根据情况呈多样化。在三个协程都接受了初始数据之后，如果某个在等待（因为该协程首先执行完），其他协程继续工作，这可以让处理器空闲时间最小化。使用协程完成工作后，可以对每个协程调用 close()函数，这将阻止协程继续等待数据，这也意味着协程不会再消耗处理器时间。

步骤	行为	coroutine1()	coroutine2()	coroutine3()
1	创建协程	等待	等待	等待
2	coroutine1.send("a")	进程 "a"	等待	等待
3	coroutine2.send("a")	进程 "a"	进程 "a"	等待
4	coroutine3.send("a")	等待	进程 "a"	进程 "a"
5	coroutine1.send("b")	进程 "b"	进程 "a"	进程 "a"
6	coroutine2.send("b")	进程 "b"	进程 "a" ("b" 挂起)	进程 "a"
7	coroutine3.send("b")	等待	进程 "a" ("b" 挂起)	进程 "b"
8		等待	进程 "b"	进程 "b"
9		等待	进程 "b"	等待
10		等待	进程 "b"	等待
11		等待	等待	等待
12	coroutineN.close()	结束	结束	结束

图 8-2　发送两个数据项到三个协程中

在 Python 中，要想创建协程，只需要创建包含至少一个 yield 表达式（通常在一个无限循环中）的函数即可。到达该 yield 表达式后，协程的执行被挂起并等待数据；收到数据后，协程又从该 yield 表达式处恢复处理，处理完毕后又循环回到该 yield 表达式等待更多数据。当某个或多个线程挂起等待数据时，其他协程可以继续执行。与顺序逐个执行函数相比，这种方法可以提供更高的效率。

下面通过将几个正则表达式应用于一组 HTML 文件，来展示在实践中怎样执行独立的操作。操作的目标是输出每个文件的 URL 与一级、二级标题。我们从查看每个正则表达式开始，之后是创建正则表达式的协程"匹配器"，再之后将查看每个线程及其如何使用。

```
URL_RE = re.compile(r"""href=(?P<quote>["'])(?P<url>[^\1]+?)"""
                    r"""(?P=quote)""", re.IGNORECASE)
flags = re.MULTILINE|re.IGNORECASE|re.DOTALL
```

```
H1_RE = re.compile(r"<h1>(?P<h1>.+?)</h1>", flags)
H2_RE = re.compile(r"<h2>(?P<h2>.+?)</h2>", flags)
```

这些正则表达式（后面将直接称之为 regexes）会匹配 HTML href 的 URL，以及包含在标题标签<h1> 与<h2>之间的文本（正则表达式将在第 13 章进行讲解，但这对理解这个实例并没有实际影响）。

```
receiver = reporter()
matchers = (regex_matcher(receiver, URL_RE),
            regex_matcher(receiver, H1_RE),
            regex_matcher(receiver, H2_RE))
```

由于协程总是包含一个 yield 表达式，因此协程也是生成器。所以，这里我们创建匹配器协程，实际上也就创建了生成器。每个 regex_matcher()都是一个协程，以接受者函数（本身也是一个协程）与 regex 为参数并进行匹配。匹配器匹配到适当的对象后，会将匹配发送给接收者。

```
@coroutine
def regex_matcher(receiver, regex):
    while True:
        text = (yield)
        for match in regex.finditer(text):
            receiver.send(match)
```

匹配器首先进入一个无限循环，之后立即挂起，等待 yield 表达式返回一个文本并与正则表达式进行匹配。收到文本后，匹配器对每个匹配进行迭代，并将其发送到接收者。匹配完毕后，协程返回到 yield 表达式，再一次挂起等待更多的文本。

对（未修饰）的匹配器而言，存在一个小问题——初次创建时，应该着手执行，以便推进到 yield 表达式语句等待第一个文本。为此，我们可以调用每个协程内置的 next()函数。但为方便起见，这里已经创建了@coroutine 修饰器来完成这一任务。

```
def coroutine(function):
    @functools.wraps(function)
    def wrapper(*args, **kwargs):
        generator = function(*args, **kwargs)
        next(generator)
        return generator
    return wrapper
```

修饰器@coroutine 为协程函数调用内置的 next()函数——这会导致协程函数执行到第一个 yield 表达式，并做好接收数据的准备。

在了解了匹配器协程之后，我们将讲解匹配器如何使用，之后再讲解用于接收匹配器输出的 reporter()协程。

```
try:
```

```
    for file in sys.argv[1:]:
        print(file)
        html = open(file, encoding="utf8").read()
        for matcher in matchers:
            matcher.send(html)
finally:
    for matcher in matchers:
        matcher.close()
    receiver.close()
```

　　程序读入命令行中列出的文件名，打印出每个文件名，之后将该文件的整个文本读入到 html 变量中（UTF-8 编码）。之后，程序对所有匹配器（本例中是 3 个）进行迭代，并将相应的文本发送给每个匹配器。每个匹配器独立运行，并将每一次匹配的结果发送给报告器协程。最后，对每个匹配器协程和报告器协程都调用 close() 终止这些协程，否则这些协程会继续（挂起）等待文本（报告器协程则是等待匹配），因为其中包含无限循环。

```
@coroutine
def reporter():
    ignore = frozenset({"style.css", "favicon.png", "index.html"})
    while True:
        match = (yield)
        if match is not None:
            groups = match.groupdict()
            if "url" in groups and groups["url"] not in ignore:
                print(" URL:", groups["url"])
            elif "h1" in groups:
                print(" H1: ", groups["h1"])
            elif "h2" in groups:
                print(" H2: ", groups["h2"])
```

　　reporter() 协程用于输出结果。这是通过前面我们看到的语句 receiver = reporter() 实现的，并以 receiver 参数的形式传递给每个匹配器。reporter() 协程等待（并挂起）有匹配发送过来，之后打印出每个匹配的详细信息，之后再进入无限循环中的等待——只有在调用了 close() 之后才会终止。

　　像前面这种方式使用协程会有性能上的优势，但我们也需要考虑一些不同的方法来完成处理任务。

构成流水线

　　有时候，创建数据处理流水线是有用的。简单地说，流水线就是一个或多个函数的组合，数据项被发送给第一个函数，该函数或者丢弃该数据项（过滤掉），或者将其传送给下一个函数（以某种方式）。第二个函数从第一个函数接收数据项，重复处理过程，丢弃或将数据项（可能转换为不同的形式）传递给下一个函数，以此类推。最后，数据项在经过多次处理之后以某种形式输出。

典型情况下，流水线包含几个组件，一个获取数据，一个或多个过滤或转换数据，一个用于输出结果。确切地说，这实际上是前面某节中我们讲过的函数型程序设计方法，那里我们还讲述了 Python 的一些内置函数，比如 filter() 与 map()。

使用流水线的一个好处是，可以递增式地读入数据项，通常是每次一个，这也需要给流水线提供正好足够的数据项来使其充满（通常是每个组件一个或几个数据项）。与一次性地将整个数据集读入内存相比，这种方法可以极大地节省内存开销。

图 8-3 所示为一个简单的三步骤流水线。流水线的第一个组件（get_data()）依次获取每个待处理的数据项；第二个组件（process()）对数据进行处理——可以丢弃不需要的数据项——当然，可以存在任意数量的其他处理/过滤组件；最后一个组件（reporter()）用于输出结果。在该图中，可以看到，数据项"a"、"b"、"c"、"e"与"f"进行了处理并产生输出信息，而数据项"d"则被丢弃。

步骤	行为	get_data()	process()	reporter()
1	pipeline = get_data(　　process(reporter()))	等待	等待	等待
2	pipeline.send("a")	读 "a"	等待	等待
3	pipeline.send("b")	读 "b"	进程"a"	等待
4	pipeline.send("c")	读 "c"	进程"b"	输出"a"
5	pipeline.send("d")	读 "d"	进程"c"	输出"b"
6	pipeline.send("e")	读 "e"	丢弃"d"	输出"c"
7	pipeline.send("f")	读 "f"	进程"e"	等待
8		等待	进程 "f"	输出"e"
9		等待	等待	输出"f"
10		等待	等待	等待
11	关闭协程	结束	结束	结束

图 8-3　用来处理 6 个数据项的一个三步骤的协程流水线

图 8-3 中展示的流水线是一个过滤器，因为每个数据项在传递之后并没有改变，而只是或者丢弃，或者以原始形式输出。流水线端点也扮演同样的角色：获取数据，之后输出结果。但在二者之间，可以根据需要有任意多的组件，每个组件执行过滤或（与）转换功能。有些情况下，以不同顺序对组件进行组合可以产生完成不同任务的流水线。

我们首先查看一个理论上的实例，以便更好地理解基于协程的流水线的工作方式，之后讲解一个实际的实例。

假定有一个浮点数序列，我们需要在一个多组件流水线中对其进行处理，以便将每个浮点数转换成为一个整数（四舍五入），但丢弃那些超出范围的数（大于 10，或者小于 0）。如果有 4 个协程组件，acquire()（用于获取一个数）、to_int()（通过四舍五入将一个浮点数转换为整数）、check()（对在范围内的数向下传递，超出范围的数则直接丢弃）、output()（输出一个数），我们可以按如下的方式创建流水线。

pipe = acquire(to_int(check(output())))

之后，通过调用 pipe.send()将数据发送到流水线，这里我们看一下流水线对浮点数 4.3 和 9.6 的处理过程，使用了与前面步骤图中不同的表达形式：

pipe.send(4.3) → acquire(4.3) → to_int(4.3) → check(4) → output(4)
pipe.send(9.6) → acquire(9.6) → to_int(9.6) → check(10)

注意的是，浮点数 9.6 处理后没有输出信息，这是因为 check()协程接收到的是 10，这超出了允许的数据范围，因此被过滤掉了。

接下来我们创建一个不同的流水线，但使用同样的组件，再看会有哪些处理上的变化。

pipe = acquire(check(to_int(output())))

该流水线在转换(to_int())之前进行过滤(check())，下面展示的是该流水线对 4.3 与 9.6 的处理过程。

pipe.send(4.3) → acquire(4.3) → check(4.3) → to_int(4.3) → output(4)
pipe.send(9.6) → acquire(9.6) → check(9.6) → to_int(9.6) → output(10)

这里，虽然已经超出了范围，但错误地输出了 10。这是因为，check()组件先运行，而此时接收到的是范围内的值 9.6，因此简单地向前传递，但是 to_int()组件对其接收到的数据进行四舍五入。

下面，我们将查看一个具体的实例——一个文件匹配器，该匹配器读入命令行中给定的所有文件名（也包括命令行中给定目录中递归的文件名），并输出符合特定标准的文件名的绝对路径。

我们首先看一下流水线的构成方式，之后再看构成流水线组件的协程，下面给出的是最简单的流水线。

pipeline = get_files(receiver)

该流水线打印每个给定的文件名（或递归打印给定目录中的每个文件名）。get_files()函数是一个协程，提供文件名；接受者是一个 reporter()协程——使用语句 receiver =reporter()创建——功能是简单地打印出收到的每个文件名。该流水线机会没有比 os.walk()函数多做什么（实际上使用了这个函数），但通过对该流水线的一些组件进行重新组合，可以产生更高级的流水线。

pipeline = get_files(suffix_matcher(receiver, (".htm", ".html")))

该流水线是通过组合 get_files()与 suffix_matcher()这两个协程实现的，其功能只是打印 HTML 文件。

类似于这种形式的协程组合可能很快就会变得难以读懂，但这并不能阻止我们采用这种方式构造多阶段的流水线——尽管这种方法中，我们必须使用从最后到最先的方式创建组件。

```
pipeline = size_matcher(receiver, minimum=1024 ** 2)
pipeline = suffix_matcher(pipeline, (".png", ".jpg", ".jpeg"))
pipeline = get_files(pipeline)
```

该流水线匹配那些至少 1MB 大小并且后缀名表明是图像的文件。

这些流水线怎样使用？我们只需要简单地向其提供文件名或路径，其他工作流水线会自己完成。

```
for arg in sys.argv[1:]:
    pipeline.send(arg)
```

值得注意的是，使用的是哪个流水线并不重要——可以是打印所有文件的那个，也可以是打印 HTML 文件的那个，也可以是只关注图像文件的那个——这几个流水线的工作方式都是一致的。在本例中，三个流水线都是过滤器——收到文件之后，或者向前传递给下一个组件（本例中是 reporter()，处理方法是打印出来），或者因为不符合特定标准而被丢弃。

在查看 get_files() 与匹配器协程之前，我们先看一下简单的 reporter() 协程（作为接受者传递），该协程用于输出结果。

```
@coroutine
def reporter():
    while True:
        filename = (yield)
        print(filename)
```

这里，我们使用前面创建的同样的 @coroutine 修饰器。

get_files() 协程实质上是 os.walk() 函数的一个包裹器，其预期输入是路径或文件名。

```
@coroutine
def get_files(receiver):
    while True:
        path = (yield)
        if os.path.isfile(path):
            receiver.send(os.path.abspath(path))
        else:
            for root, dirs, files in os.walk(path):
                for filename in files:
                    receiver.send(os.path.abspath(
                        os.path.join(root, filename)))
```

这一协程的结构现在我们已经很熟悉了：一个无限循环，在其中等待 yield 表达式返回一个可以处理的值，之后将结果发送给接收者。

```
@coroutine
def suffix_matcher(receiver, suffixes):
    while True:
        filename = (yield)
        if filename.endswith(suffixes):
            receiver.send(filename)
```

这一协程看起来很简单——实际上也简单——但要注意的是，该协程只发送那些与后缀匹配的文件名，而对那些不匹配的则过滤出流水线。

```
@coroutine
def size_matcher(receiver, minimum=None, maximum=None):
    while True:
        filename = (yield)
        size = os.path.getsize(filename)
        if ((minimum is None or size >= minimum) and
            (maximum is None or size <= maximum)):
            receiver.send(filename)
```

这一协程几乎与 suffix_matcher()一样，区别在于本协程过滤的是那些大小不在范围之内的文件，而不是后缀名不匹配的文件。

我们创建的流水线存在两个问题。一个问题是没有对协程进行关闭，在本例中这没有影响，因为一旦处理结束程序就会终止，但协程执行完毕后就将其关闭是一个好习惯。另一个问题是，在流水线的不同阶段，可能会向操作系统（底层的）查询同一个文件的不同信息段——这可能会比较慢。一个解决方案是修改 get_files()协程，使其对每个文件返回一个二元组（filename，os.stat()），而不仅仅是文件名，之后将该二元组在流水线中传递*。这意味着，我们将得到每个文件的所有相关信息。在本章后面的练习中，可以尝试解决这两个问题，并添加一些额外的功能。

创建在流水线中使用的协程需要一些新的思维方式。然而，对灵活性而言，使用协程是非常有利的，并且，对大数据集而言，可以降低内存中存储的数据量，并有更快的吞吐率。

8.4 实例：Valid.py

在这一节中，我们将描述符与类修饰器结合起来创建一种强有力的机制，并用于

---

* os.stat()函数接受文件名作为参数，并返回一个命名的元组，其中包含该文件的多种信息，包括大小、最后修改时间日期等。

对属性进行验证。

迄今为止，如果我们需要保证某个属性被设置为有效值，那么我们依赖的机制是特性（或使用 gette 方法与 setter 方法），这些方法的不足之处是，对每个类中每个需要验证的属性都必须添加验证代码。更方便也更易于维护的方法是，在向类中添加某些需要验证的属性时，带有内置的验证机制，下面给出的就是实现这一目标的类似语法格式：

```python
@valid_string("name", empty_allowed=False)
@valid_string("productid", empty_allowed=False,
                regex=re.compile(r"[A-Z]{3}\d{4}"))
@valid_string("category", empty_allowed=False, acceptable=
            frozenset(["Consumables", "Hardware", "Software", "Media"]))
@valid_number("price", minimum=0, maximum=1e6)
@valid_number("quantity", minimum=1, maximum=1000)
class StockItem:

    def __init__(self, name, productid, category, price, quantity):
        self.name = name
        self.productid = productid
        self.category = category
        self.price = price
        self.quantity = quantity
```

StockItem 类的属性都是经过验证的，比如，productid 属性只能被设置为非空的字符串，该字符串必须以 3 个大写字母开始，以 4 个数字结束；category 属性只能设置为非空字符串，并只能是某个指定的值；quantity 属性只能被设置为 1 到 1000 之间的数字（包括 1 与 1000）。对这些属性，如果尝试设置无效值，就会有异常产生。

这种验证是通过结合类修饰器与描述符实现的，前面我们注意到，类修饰器只能接受一个单一的参数——将要修饰的类，因此，这里我们使用了前面讨论类修饰器时展示的技术，并让 valid_string()与 valid_number()函数接受需要使用的任何参数，之后返回一个修饰器，修饰器反过来又以类为参数，并返回该类的修订版。

下面来看一下 valid_string()函数：

```python
def valid_string(attr_name, empty_allowed=True, regex=None,
                acceptable=None):
    def decorator(cls):
        name = "__" + attr_name
        def getter(self):
            return getattr(self, name)
        def setter(self, value):
            assert isinstance(value, str), (attr_name +
```

```
                                                       " must be a string")
                        if not empty_allowed and not value:
                            raise ValueError("{0} may not be empty".format(
                                                        attr_name))
                        if ((acceptable is not None and value not in acceptable) or
                                (regex is not None and not regex.match(value))):
                            raise ValueError("{attr_name } cannot be set to"
                                            "{value}".format(**locals()))
                    setattr(self, name, value)
                setattr(cls, attr_name, GenericDescriptor(getter, setter))
                return cls
            return decorator
```

　　该函数首先创建了一个类修饰器函数,修饰器函数接受一个类作为其唯一的参数,
并向待修饰的类中添加两个属性:一个私有的数据属性,一个描述符。比如,在使用
名称"productid"调用 valid_string()函数时,StockItem 类获取了属性__productid,其
中存放产品 ID 的值,以及描述符 productid 属性(用于存取该值)。比如,使用 item =
StockItem("TV", "TVA4312", "Electrical", 500, 1)创建一个项,我们就可以使用
item.productid 获取产品 ID,并使用 item.productid = "TVB2100"(举例)对其进行设置。

　　修饰器创建的 getter 函数简单地使用全局的 getattr()函数来返回私有的数据属性的
值,setter 函数整合了验证过程,最后,使用 setattr()将私有数据属性设置为新的有效
值。实际上,只有在首次进行设置时,才会创建私有的数据属性。

　　创建了 getter 与 setter 函数后,我们再一次使用 setattr(),这次是使用给定的名称
(比如 productid)创建一个新的类属性,并将其值设置为 GenericDescriptor 类型的描述
符。最后,修饰器函数返回修订后的类,valid_string()函数返回修饰器函数。

　　valid_number()函数在结构上等同于 valid_string()函数,唯一区别在于其接受的参
数以及 setter 中的验证代码,因此这里没有进行展示(完整源代码在 Valid.py 模块中)。

　　最后给出 GenericDescriptor,这也是最简单的一部分:

```
class GenericDescriptor:

    def __init__(self, getter, setter):
        self.getter = getter
        self.setter = setter

    def __get__(self, instance, owner=None):
        if instance is None:
            return self
        return self.getter(instance)
```

```
        def __set__(self, instance, value):
            return self.setter(instance, value)
```

　　描述符用于为每个属性存放 getter 函数与 setter 函数，并简单地将获取与设置的工作传递给这些函数。

8.5　总结

　　在本章中，我们学习了关于 Python 对过程型程序设计与面向对象程序设计所提供支持的大量知识与技术，初步了解了 Python 对函数型程序设计的支持。

　　在第 1 节中，我们学习了如何创建生成器表达式，并更深入地讲解了生成器函数。我们还学习了如何动态导入模块并使用其中提供的功能，以及如何动态执行代码。在这一节中，我们看到了如何创建并使用递归函数与非本地变量的实例，我们也学习了如何创建自定义函数与方法修饰器，以及如何编写并使用函数注释。

　　本章第 2 节中，我们学习了大量关于面向对象的不同的、更高级的技术。首先，我们学习了关于属性访问的大量知识，比如使用特殊方法 __getattr__()，之后学习了函子，并了解了如何用其提供带状态的函数——也可以通过向函数添加特性或使用闭包实现，两者都在本章进行了讲解。我们学习了如何将 with 语句与上下文管理器一起使用，以及如何创建自定义的上下文管理器。由于 Python 的文件对象也是上下文管理器，因此，从现在开始，我们将使用 try with ... except 这种语句结构来进行文件处理，这种语句结构可以保证打开的文件被正确关闭，而不需要使用 finally 语句块。

　　接下来，第 2 节从描述符开始继续讲解了一些更高级的面向对象特性。这些特性可以以非常广泛的方式使用，也是很多 Python 标准修饰器（比如@property 与@classmethod）的底层技术。我们学习了如何创建自定义描述符并给出了其用法的 3 个非常不同的实例。接下来，我们学习了类修饰器，并了解了如何修改一个类（与使用函数修饰器修改函数的方式非常类似。）

　　在第 2 节的最后 3 个小节中，我们学习了 Python 对 ABC（抽象基类）、多继承、元类的支持，包括如何使得我们的自定义类符合 Python 的标准 ABC，以及如何创建自己的 ABC；如何使用多继承将不同类的特性整合到一个单一的类中。在对元类的讲解中，我们学习了如何在创建并初始化类（而不是类的一个实例）时进行干预。

　　第 3 节介绍了 Python 用于支持函数型程序设计的一些函数与模块，我们学习了如何使用常见的函数型程序设计术语，包括映射、过滤与降低，我们还学习了如何创建偏函数。

　　最后一节展示了如何将类修饰器与描述符结合使用，并提供一种用于创建验证后属性的强大而灵活的机制。

　　到本章为止，对 Python 语言本身的讲解全部结束，要说明的是，本章与前面的章节并不能涵盖 Python 语言的所有特性，但没有涵盖的都是比较隐晦并且极少使用的。接下来的章节不会再介绍 Python 语言的新特性，尽管其中都使用了来自标准库的模块，而这些模块前面并未讲述，并且某些技术的使用要比前面章节中展示的更加深入。并且，后面章节中的程序不会再有前面使用的约束（也就是说，只能使用在展示该程序时已经介绍过的技术），因此，这些程序是本书中最符合 Python 习惯的程序。

8.6　练习

这里给出的 3 个练习都不需要编写大量的代码——但没有哪个非常容易完成！

1．复制 magic-numbers.py 程序，删除其 get_function()函数以及其他函数，只留下一个 load_modules()函数。添加一个 GetFunction 函子类，该类有两个 cache，一个用于存放已找到的函数，一个用于存放无法找到的函数（以避免在不包含该函数的模块中重复查找该函数）。对 main()函数的唯一修改是在其循环前添加 get_function = GetFunction()，并使用 with 语句来避免使用 finally 语句块的需求。并且，使用 collections. Callable 来检测可调用的模块函数，而非使用 hasattr()。该类可用大概 20 行代码完成，magic-numbers_ans.py 提供了一个解决方案。

2．创建一个新的模块文件，并在其中定义 3 个函数：is_ascii()，如果给定字符串中所有字符的字元都小于 127，就返回 True；is_ascii_punctuation()，如果所有字符都存在于字符串 string.punctuation 中，就返回 True；is_ascii_printable()，如果所有字符都存在于字符串 string.printable 中，就返回 True，后两个函数在结构上是相同的。每个函数都应该使用 lambda 创建，使用函数型代码，在 1～2 行内即可完成。对每个函数，必须添加一个 docstring，其中包含 doctests 并使模块能运行 doctests。这 3 个函数都只需要使用 3～5 行代码，整个模块少于 25 行代码（包括 doctests），相应解决方案在 Ascii.py 中提供。

3．创建一个新的模块文件，并在其中定义上下文管理器类 Atomic，该类的工作方式应该与本章中展示过的 AtomicList 类相似，区别在于前者不仅仅可以操纵列表，而且可以操纵任何可变的组合类型。__init__()方法应该检查容器的适当性。不再存储浅拷贝/深拷贝标记，而是应该为 self.copy 属性指派一个适当的函数（依赖于标记），并在__enter__()方法中调用适当的拷贝函数。__exit__()方法要稍微更棘手一些，因为替换列表的内容与集合或字典是不同的——我们不能使用赋值操作，因为那样并不会影响原始的容器。该类本身可以用大概 30 行代码实现，当然，你还应该包含 doctests。

Atomic.py 给出了本练习的解决方案，大概有 150 行代码，包括 doctests。

第 **9** 章

调试、测试与 Profiling

编写程序是艺术、手艺和科学的混合体，由于程序是由人编写的，因此其中难免存在错误。幸运的是，首先就有一些技术可用于避免问题，而在问题出现时还有一些技术可用于识别和修复程序中的错误。

程序中的错误可以划分到几个类别中。最容易被发现和修复的是语法错误，因为这些错误通常都是由于输入错误造成的。更具挑战性的是逻辑错误——存在这些错误不影响程序的运行，但是程序的某些行为和我们需要的或期待的不同。通过使用 TDD（由开发驱动的测试），可以防止很多这种错误的发生，在 TDD 中，需要添加一项新功能时，我们从为该功能编写一个测试开始——由于此时尚未添加这一功能，因此该测试会失败——之后再实现该功能。另一种错误是创建的程序具有本不该有的低劣性能，这几乎都是由于错误地选择了算法或数据结构（或同时错误选择了这两者）造成的。然而，在尝试对程序进行优化之前，我们首先应该准确地确定性能瓶颈到底在哪里——因为这有可能并不在我们认为的地方——之后我们应该细致地确定采用什么优化措施，而不是随便去改动。

本章的第一节将讲述 Python 的回溯功能，了解怎样定位和修复语法错误，以及怎样处理未处理的异常；之后，我们将讨论如何采用科学的方法来进行调试，以便尽可能快、尽可能"无痛"地发现错误；第一节还将讲述 Python 对调试的支持。本章的第二节中，我们将了解 Python 对编写单元测试的支持，特别是此前（第 5 章和第 6 章）已经介绍过的 doctest 模块，以及 unittest 模块，我们将学习怎样使用这些模块来支持 TDD。本章的第三节简要地讲述了 profiling，该技术用于识别性能热点，以便准确定位应该在哪里进行优化。

9.1 调试

在本节中，我们首先讲述 Python 在发现语法错误时会怎样处理，之后了解 Python 在发现未处理异常时生成的回溯信息，之后讲解怎样将科学的方法用于调试。在讲述这些内容之前，我们先简要讨论一下备份与版本控制。

在对程序中的 bug 进行修复时，总会存在的风险是修改后的程序不仅没有去掉原有的 bug，反而引入了新的 bug，也就是说，修改后的程序比修改前还要差！并且，如果没有任何备份（或者虽然有但已经过期），并且没有使用版本控制，那么试图回退到修改之前存在 bug 的程序也是非常困难的。

定期地进行备份是程序设计中的一个关键环节——不管我们的机器、操作系统多么可靠以及发生失败的概率多么微乎其微——因为失败仍然是可能发生的。备份一般都是粗粒度的——备份文件是几个小时之前的，甚至是几天之前的。

版本控制系统允许我们在任何粒度层次上递增地保存所做的修改——每个单独的修改，或每组相关的改动，或每隔多少分钟保存一次此期间内的改动。版本控制系统允许我们对改动进行应用（比如试用 bug 修复），如果不能有效进行，还可以回退到应用改动之前的上一次"好的"代码版本。因此，在开始进行调试之前，最好的做法是用版本控制系统对我们的代码进行检查，以便在出问题的时候可以回退到已知的位置。

有很多可用的跨平台开源版本控制系统—本书使用 Bazaar（bazaar-vcs.org），其他流行的还包括 Mercurial（mercurial.selenic.com）、Git（git-scm.com）与 Subversion（subversion. tigris.org）。巧合的是，Bazaar 与 Mercurial 大都是用 Python 编写的。这些系统都不难使用（至少对基本的使用而言），并且无论使用哪一个都有助于避免那些不必要的麻烦。

9.1.1 处理语法错误

如果我们试图运行一个包含语法错误的程序，Python 就会终止执行，并打印出文件名、行号、出错行，并使用^标记在该行程序中检测出错的位置，下面是一个实例：

```
File "blocks.py", line 383
    if BlockOutput.save_blocks_as_svg(blocks, svg)
                                                   ^
SyntaxError: invalid syntax
```

看到错误在哪里了么？我们忘记在 if 语句条件结尾处放置一个括号。

下面给出另一个相当常见的错误实例，但是从中看不出明显的错误：

```
File "blocks.py", line 385
    except ValueError as err:
          ^
SyntaxError: invalid syntax
```

在上面指示的行中并没有语法错误，因此行号与^标记的位置都是错误的。通常，当面对这种我们不相信是指定行中出现的错误时，错误几乎总是出在该行的前一行。下面给出的是 Python 报告出错的那一段从 try 到 except 的代码——在阅读代码后面给出的解释之前，试一下自己能否定位到其中的错误：

```
try:
    blocks = parse(blocks)
    svg = file.replace(".blk", ".svg")
    if not BlockOutput.save_blocks_as_svg(blocks, svg):
        print("Error: failed to save {0}".format(svg)
except ValueError as err:
```

发现问题出在哪里了吗？当然，这个错误不太容易发现，出在 Python 报错的那一行的上一行。对 str.format()方法，使用了闭括号，但是 print()函数缺少闭括号，也就是说，该行最后缺少一个闭括号，但 Python 没有意识到这一错误，直到运行到下一行的 except 关键字时才发现。在一行代码中忘记最后的闭括号是相当常见的，尤其是在同时使用 print()和 str.format()的时候，但是错误经常在下一行才会报告出来。类似地，如果某个列表的闭括号或某组字典的闭括号缺失，Python 也会在下一个非空行报告这一错误。从好的方面看，类似于这样的语法错误是易于修复的。

9.1.2　处理运行时错误

如果运行时发生了未处理的异常，Python 就将终止执行程序，并打印出回溯信息。下面给出一个未处理异常发生时打印出的回溯信息：

```
Traceback (most recent call last):
  File "blocks.py", line 392, in <module>
    main()
  File "blocks.py", line 381, in main
    blocks = parse(blocks)
  File "blocks.py", line 174, in recursive_descent_parse
    return data.stack[1]
IndexError: list index out of range
```

像这种类型的回溯（也称为向后追踪）应该从最后一行向最前一行进行。最后一行指定了未处理异常发生在哪里，在这一行之上显示的是文件名、行号、函数名，之后跟随的是导致该异常的代码行（跨越了两行）。如果导致异常的函数被另一个函数调用，那么该调用函数的文件名、行号、函数名以及调用代码行会在上面显示出来。如果调用函数被另外一个函数调用，那么这一过程将重复一遍，依此类推，直到调用栈的头部为止。（注意，回溯中的文件名是带路径的，但是大多数情况下，出于简洁的需要，给出的实例中都忽略了路径。）

因此，这一实例中，发生了 IndexError 错误意味着 data.stack 是某种类型的序列，但在位置 1 处没有数据项。该错误发生在 blocks.py 程序 174 行的 recursive_descent_parse()函数，该函数在 381 行被 main()函数调用。（381 行函数名不同（是 parse() 而非 recursive_descent_parse()）的原因在于 parse 变量被设置为几个不同函数名中的某一个，这依赖于赋予程序的命令行参数；在通常的情况下，名称总是匹配的。）对 main()函数的调用是在 392 行进行的，程序的执行也是从该语句开始的。

尽管回溯信息初看之下让人困惑不解，但在理解了其结构之后我们会发现它是非常有用的。在上面的实例中，回溯信息告诉了我们应该去哪里寻找问题的根源，当然我们必须自己想办法去解决问题。

下面给出另一个回溯实例：

```
Traceback (most recent call last):
  File "blocks.py", line 392, in <module>
    main()
  File "blocks.py", line 383, in main
    if BlockOutput.save_blocks_as_svg(blocks, svg):
  File "BlockOutput.py", line 141, in save_blocks_as_svg
    widths, rows = compute_widths_and_rows(cells, SCALE_BY)
  File "BlockOutput.py", line 95, in compute_widths_and_rows
    width = len(cell.text) // cell.columns
ZeroDivisionError: integer division or modulo by zero
```

这里，问题出在 blocks.py 程序调用的 BlockOutput.py 模块中，这一回溯信息让我们知道问题在哪里变得明显，但并没有说明在哪里发生。95 行 BlockOutput.py 模块的compute_widths_and_rows()函数中，cell.columns 的值明显是 0——不管怎么说，这是导致 ZeroDivisionError 异常的问题所在——但我们必须看前面的行来了解为什么cell.columns 会被赋予错误的值。

在某些情况下，回溯信息会显示异常发生在 Python 的标准库或第三方库中，尽管这可能意味着标准库中有 bug，实际上几乎都是我们代码中的 bug。下面给出的是Python 3.0 给出的一个这种回溯信息实例：

```
Traceback (most recent call last):
  File "blocks.py", line 392, in <module>
    main()
  File "blocks.py", line 379, in main
    blocks = open(file, encoding="utf8").read()
  File "/usr/lib/python3.0/lib/python3.0/io.py", line 278, in __new__
    return open(*args, **kwargs)
  File "/usr/lib/python3.0/lib/python3.0/io.py", line 222, in open
    closefd)
  File "/usr/lib/python3.0/lib/python3.0/io.py", line 619, in __init__
    _fileio._FileIO.__init__(self, name, mode, closefd)
IOError: [Errno 2] No such file or directory: 'hierarchy.blk'
```

结尾处的 IOError 错误明确地告诉了我们问题是什么，但是报告异常出现在标准库的 io 模块中。对这样的情况，最好的方法是向上查看回溯信息，直到初次发现其中列出的某个文件是我们自己的文件（或者是我们创建的某个模块）。因此，在这一实例中，可以发现对自己编写的程序的第一次引用是在文件 blocks.py 的 379 行的 main() 函数。看起来是我们有一个对 open()的调用，但是没有将该调用放置在 try …except 块中，也没有使用 with 语句。

Python 3.1 比 Python 3.0 要聪明一些，知道我们要寻找的是自己代码中的错误，而非标准库中的，因此生成的回溯信息更紧凑，更有用，比如：

```
Traceback (most recent call last):
  File "blocks.py", line 392, in <module>
    main()
  File "blocks.py", line 379, in main
    blocks = open(file, encoding="utf8").read()
IOError: [Errno 2] No such file or directory: 'hierarchy.blk'
```

这种回溯信息删除了所有不相关的详细信息，使得从中发现是什么问题（在底部行）以及问题出在哪里（在顶部行）变得更容易。

因此，不管回溯信息多么复杂，最后一行总是指定了未处理异常，我们必须沿着最后一行向上看，直到发现其中列出的是我们自己程序的文件或我们的某个模块。问题当然几乎总是出现在 Python 指定的行或前面一行。

这一特定实例表明，我们应该修改 blocks.py 程序，以便在给定了不存在的文件名时采取更好的处理方式。这是一个可用性错误，该错误也应该归类到逻辑错误中，因为终止并打印回溯信息不能被视作可接受的程序行为。

实际上，作为一种好的策略，也是出于对用户的负责，我们应该总是尽量捕获所有相关的异常，标记出我们认为可能归属的特定异常，比如 EnvironmentError。通常，我们不应该使用 catchalls 语句，比如 except:或 except Exception:，尽管在程序顶层使用后者来避免崩溃可能是适当的——但只有在我们总是报告捕获的任何异常（以便异常不会不被注意地错过）时才如此。

我们捕获的并且无法从中恢复的异常应该以错误消息的形式进行报告，而不是向用户呈现回溯信息——对于外行来讲，这种信息是可怕的。对 GUI 程序，这一原则同样适用，不同之处在于我们通常会使用消息对话框来向用户通告问题所在。对通常无人值守运行的服务器程序，我们应该将错误消息写入服务器日志中。

Python 的异常体系在设计上无法捕获所有异常，尤其是无法捕获 KeyboardInterrupt 异常。因此，对于控制台程序，如果用户按下 Ctrl+C 组合键，那么程序将会终止。如果我们选择捕获这一异常，存在的风险就是可能将用户锁定到他们无法终止的程序中，这是因为异常处理代码中的 bug 可能防止程序终止或异常传播。（当然，即使"无法中断"的程序也可以将其进程杀掉，但不是所有用户都知道方法。）因此，如果一定要捕获 KeyboardInterrupt 异常，就必须极度谨慎，以尽可能少地进行保存与清理所必需的工作——之后终止程序。对不需要保存和清理的程序，最好不要捕获 KeyboardInterrupt 异常，而只是让程序终止。

Python 3 的优点之一就是在原始字节和字符串之间进行了明显的区分，然而，当需要 str 对象却传递了 bytes 对象（或者相反）时，这种区分就会导致预期外的异常，比如：

```
Traceback (most recent call last):
  File "program.py", line 918, in <module>
    print(datetime.datetime.strptime(date, format))
TypeError: strptime() argument 1 must be str, not bytes
```

遇到类似的问题时，我们或者可以进行转换（在这里是传递 date.decode ("utf8")），或者认真分析了解为什么变量是一个 bytes 对象，而不是 str 对象，并在源头上修复问题。

在需要字节但传递了字符串时，错误消息不那么明显，并且 Python 3.0 和 Python 3.1 不同，比如，在 Python 3.0 中显示的是：

```
Traceback (most recent call last):
  File "program.py", line 2139, in <module>
    data.write(info)
TypeError: expected an object with a buffer interface
```

在 Python 3.1 中，错误消息文本则有稍许改进：

```
Traceback (most recent call last):
  File "program.py", line 2139, in <module>
    data.write(info)
TypeError: 'str' does not have the buffer interface
```

在这两种情况中，问题都在于我们传递的是字符串，而需要的是 bytes、bytearray 或类似对象。我们或者进行转换（这里是传递 info.encode("utf8")），或者找到问题所在并修复。

Python 3.0 引入了对异常链的支持——这意味着，作为对某个异常的响应而产生的另一个异常中可以包含原始异常的详细信息。当某个结链的异常未被捕获时，相应的回溯信息中不仅包含该未捕获异常的信息，还包含了导致该异常的原始异常的信息（前提是该异常进行了结链处理）。对结链异常的调试方法几乎与前面是相同的：从结尾处向前回溯，直至发现自己的代码中存在的问题。然而，这一处理过程不能只是针对最后一个异常进行，而是异常链上的每个异常都重复这一过程，直至找到问题真正的源头。

我们可以在自己的代码中利用异常链——比如，想使用一个自定义异常类，但仍然希望底层的问题是可见的：

```
class InvalidDataError(Exception): pass

def process(data):
    try:
        i = int(data)
        ...
```

```
    except ValueError as err:
        raise InvalidDataError("Invalid data received") from err
```

这里，如果 int() 转换失败，就会产生一个 ValueError 并被捕获。之后，我们产生自己的自定义异常，但通过使用 from err，会创建一个结链的异常，其中包含我们自己的异常和 err 中的异常。如果 InvalidDataError 异常产生并且未被捕获，那么回溯信息类似于：

```
Traceback (most recent call last):
  File "application.py", line 249, in process
    i = int(data)
ValueError: invalid literal for int() with base 10: '17.5 '

The above exception was the direct cause of the following exception:

Traceback (most recent call last):
  File "application.py", line 288, in <module>
    print(process(line))
  File "application.py", line 283, in process
    raise InvalidDataError("Invalid data received") from err
__main__.InvalidDataError: Invalid data received
```

在底部，我们的自定义异常与文本解释了问题是什么，其上的相应行展示了异常产生的位置（283 行），以及该异常在哪里被捕获（288 行）。但我们也可以进一步地回溯到异常链中，其中给出了关于特定异常的详细信息，表明了是哪一行导致了该异常（249 行）。关于异常链的详细原理和更多信息，可以参考 PEP 3134。

9.1.3 科学的调试

如果程序可以运行，但程序行为和期待的或需要的不一致，就说明程序中存在一个 bug——必须清除的逻辑错误。清除这类错误的最好方法是首先使用 TDD（测试驱动的开发）来防止发生这一类错误，然而，总会有些 bug 没有避免，因此，即便使用 TDD，调试也仍然是必须学习和掌握的技能。

在这一小节中，我们将简要介绍一种调试方法，该方法基于科学的方法。这里对该方法进行了足够详细的解释，以至于看起来对“简单的”bug 来说，这种方法未免过于繁琐。然而，通过有意识地遵循这一过程，我们可以避免“随机”调试浪费的时间，并且，过一段时间之后，我们会将该过程内置于思维和开发过程中，并可以下意识地遵循该流程，从而非常快*。

为清除一个 bug，我们必须采取如下一些步骤。

（1）再现 bug。

---

* 本小节中使用的思想借鉴了《Code Complete》（Steve McConnell，ISBN 0735619670）一书的调试章节。

（2）定位 bug。

（3）修复 bug。

（4）对修复进行测试。

有时候，重现 bug 是容易的——每次运行时 bug 总是会出现；有时候则是困难的——bug 间歇性地发作。不管哪种情况，我们都应该尽量减少该 bug 的依赖性，也就是说，找到最少的输入与最小的处理量，并使其仍能产生该 bug。

一旦可以重现 bug，我们就拥有了数据（输入数据与选项）和错误结果（这是必要的，借助于这些信息，我们才能应用科学方法来发现并修复 bug）。该方法有以下 3 个步骤。

（1）设想一个解释（某种假设）可以合乎情理地导致该 bug。

（2）创建实验过程来测试该假设。

（3）运行实验。

运行实验应该有助于定位 bug，也应该有助于找到解决方案。（稍后将介绍如何创建并运行实验。）一旦确定了怎样清除 bug——并且通过版本控制系统对代码进行了检查，以便在必要的时候进行修复——就可以编写修复代码了。

修复代码准备好后必须对其进行测试。自然，测试的目的是看其试图修复的 bug 是否可以有效清除。仅有这个是不够的，虽然修复可能解决我们所关注的 bug，但是修复代码本身也可能引入其他 bug，并影响程序的其他方面。因此，除了对 bug 修复本身进行测试外，还必须运行程序的小测试用例，以便确信 bug 修复并没有引入其他任何副作用。

有些 bug 有特定的结构，因此，修复了某个 bug 的同时，总是应该再想一下，是否程序或其模块中的其他位置处也存在类似的 bug。如果有，就检查一下，看看自己是否已经有了可以揭示该 bug 的测试用例。如果没有这样的测试用例，就添加；如果已经揭示了某些 bug，就应该像前面描述的那样对其进行修复。

在对调试过程有了较好的整体了解之后，下面将集中讲述如何创建并运行实验，以便对假设进行测试。我们首先从试图隔离 bug 开始。依赖于程序和 bug 本身的特性，我们可以编写测试用例对程序进行实验。比如，先提供可以被程序正确处理的数据，之后逐渐地对提供的数据进行改变，以便准确地发现在哪个位置处理失败。在知道了问题所在之后（不管是通过测试还是推理）。我们就可以对假设进行测试了。

应该进行怎样的假设呢？当然，最初的假设可以很简单。比如，怀疑在使用特定的输入数据或选项时，某个特定的函数或方法会返回错误数据。之后，如果这一假设是正确的，就可以对其进行细化，使其更加具体——比如，识别出函数（我们认为该函数在特定的情况下会进行错误运算）中某个特定的语句或套件。

要对假设进行测试，需要检查函数接受的参数及其本地变量的值，还有函数的返回值（就在其返回之前）。之后，可以使用已知会导致错误的数据运行程序，并检查可疑函数。如果进入函数的参数不是我们所期待的，那么问题可能出现在调用栈中更远的位置，因此应该再一次开始这一过程，不过这一次针对的函数是调用前面可疑函数的函数。但是，如果所有的输入参数总是有效的，就必须查看局部变量和返回值。如果这些也总是对的，就需要提出新的假设，因为可疑函数的行为是正确的。如果返回值是错的，就必须对该函数进行进一步的研究。

在实践中，怎样进行实验，也就是说，怎样对假设（假定某个特定函数有错误行为）进行测试？有一种方法是在思维中"执行"一下函数——对很多小函数和实践中的大函数，这是可能的，并且有一个额外的好处是有助于熟悉函数的行为。充其量，这可以导向一个改进的或更特定的假设——比如，某个特定的语句或套件是问题所在。为了正确进行实验，我们必须对程序进行监测，以便了解函数被调用时会发生什么。

有两种方法可以对程序进行监控：一种是侵入性的方法，即插入 print()语句；另一种（通常的）是非侵入性的方法，即使用调试器。这两种方法的目的一致，也同样有效，不过有些程序员有很强的使用偏好。我们将简要地描述这两种方法，从 print()语句的使用开始。

使用 print()语句时，可以在函数的开始部分放置一条 print()语句，并打印出函数的参数。之后，就在每条 return 语句之前（如果没有 return 语句，就在函数的末尾）添加一条 print(locals(), "\n")语句，其中，内置的 locals()函数会返回一个字典，该字典的键是本地变量的名称，值则是本地变量的值。当然，我们也可以只是简单地打印出我们特殊关注的变量。注意到上面的语句中我们添加了额外的一个换行——在第一个 print()语句中我们应该也这样做，这样的好处是在每组变量之间有一个空白行，有助于清晰描述（直接插入 print()语句的一种替代方法是使用某种类型的 logging decorator，比如我们在第 8 章中所创建的。）

如果在运行程序时发现参数是对的，但返回值是错的，就可以确定已经定位了 bug 的源头，并可以对该函数进行进一步的研究。如果仔细查看该函数仍然无法发现问题所在，我们可以简单地在函数中间插入一条新的 print(locals(), "\n")语句。再次运行程序之后，就应该知道问题是出在函数的前一半还是后一半，并在出问题的那一半的中间再次插入一条 print(locals(), "\n")语句，重复这一过程，直到发现导致错误的具体语句。这可以非常快捷地让我们找到问题所在——大多数情况下，定位问题就已经解决了问题的一半。

添加 print()语句的一种替代方法是使用调试器。Python 有两个标准的调试器。一个是作为模块（pdb）提供的，该模块可以在控制台中交互式地使用——比如 python3 -m pdb my_program.py。（当然，在 Windows 平台上，python3 也可能是类似于 C:\Python31\python.exe。）然而，使用该模块最容易的方法是在程序本身添加 import pdb 语句，并将 pdb.set_trace()语句作为第一条语句添加到我们要检查的函数中。程序运行时，pdb 会在 pdb.set_trace()调用后立即终止，并允许我们逐步调试该程序、设置断点、检查变量等。

下面给出一个程序运行实例，该程序中使用了 import pdb 语句进行监控，并将 pdb.set_trace()添加为 calculate_median()函数的第一条语句。（黑体部分是我们输入的，当然 Enter 键并未显示出来。）

python3 statistics.py sum.dat

```
> statistics.py(73)calculate_median()
-> numbers = sorted(numbers)
(Pdb) s
> statistics.py(74)calculate_median()
-> middle = len(numbers) // 2
(Pdb)
> statistics.py(75)calculate_median()
-> median = numbers[middle]
(Pdb)
> statistics.py(76)calculate_median()
-> if len(numbers) % 2 == 0:
(Pdb)
> statistics.py(78)calculate_median()
-> return median
(Pdb) p middle, median, numbers
(8, 5.0, [-17.0, -9.5, 0.0, 1.0, 3.0, 4.0, 4.0, 5.0, 5.0, 5.0, 5.5,
6.0, 7.0, 7.0, 8.0, 9.0, 17.0])
(Pdb) c
```

要将命令提交给 pdb,需要在(Pdb)提示符下输入命令名,并按 Enter 键。如果我们只是按 Enter 键,就重复执行前面执行的最后一条命令。因此,这里我们输入 s(这意味着 step,也就是执行展示的语句),之后重复执行该命令(只是简单地按 Enter键),以便逐步执行 calculate_median()函数的语句。一旦到达返回语句,就使用 p(print)命令打印出我们感兴趣的值。最后,使用 c(continue)命令执行到最后。这个小实例展示了 pdb 的一些特点,当然,该模块具有的功能要比这里展示的多得多。

在被监控的程序上使用 pdb(比如这里所做的)要比在未被监控的程序上使用容易一些。由于这需要添加一条 import 语句,并需要调用 pdb.set_trace(),因此看起来使用 pdb 与使用 print()语句一样具有一定的侵入性(尽管该模块确实也提供了有用的功能,比如断点)。

另一个标准的调试器是 IDLE,像 pdb 一样,也支持单步调试、断点以及对变量的检查等。图 9-1 展示了 IDLE 的调试器窗口及其代码编辑窗口,断点与当前行则在图 9-2 中高亮显示。

与 pdb 相比,IDLE 的一个很大优势是不需要对我们的代码进行监控——IDLE 具有足够的智能来调试我们的代码,因此不是侵入性的。

遗憾的是,本书写作时,IDLE 在处理需要命令行参数的程序时还相当弱。要处理这种情况,看起来唯一的途径是使用必需的参数从控制台中运行 IDLE,比如 idle3 -d -r statistics.py sum.dat,其中,-d 参数使 IDLE 立即开始调试,-r 参数使 IDLE 运行跟随在其后的程序。然而,对不需要命令行参数的程序(或我们愿意自己编辑代码,手动将其放置在其中,以便使调试更容易),IDLE 功能强大,并且易于使用。(很偶然地,

图 9-2 展示的代码确实有一个 bug——middle+1 应该是 middle-1。）

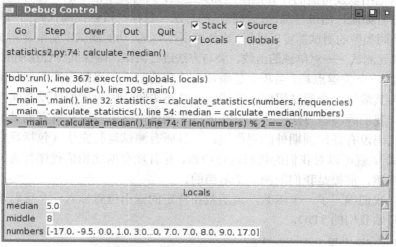

图 9-1　IDLE 的调试器窗口

```
def calculate_median(numbers):
    numbers = sorted(numbers)
    middle = len(numbers) // 2
    median = numbers[middle]
    if len(numbers) % 2 == 0:
        median = (median + numbers[middle + 1]) / 2
    return median
```

图 9-2　调试中的代码编辑窗口

　　调试 Python 程序并不比调试任何其他程序难——并且要比调试编译型程序简单，因为 Python 程序在修改后不需要进行编译。并且，如果我们能细心地使用科学方法，通常可以相当直接地定位 bug（尽管对其进行修复是另一件事）。当然，理想情况下，我们在最初就应该尽可能多地避免出现 bug。除了我们自己对程序设计深入思考并仔细编写代码之外，防止出现 bug 的途径是使用 TDD，这一主题将在下一节进行介绍。

9.2　单元测试

　　为程序编写测试——如果做的到位——有助于减少 bug 的出现，并可以提高我们对程序按预期目标运行的信心。通常，测试并不能保证正确性，因为对大多数程序而言，可能的输入范围以及可能的计算范围是如此之大，只有其中最小的一部分能被实际地进行测试。尽管如此，通过仔细地选择测试的方法和目标，可以提高代码的质量。

　　大量不同类型的测试都可以进行，比如可用性测试、功能测试以及整合测试等。这里，我们只讲单元测试——对单独的函数、类与方法进行测试，确保其符合预期的行为。

　　TDD 的一个关键点是，当我们想添加一个功能时——比如为类添加一个方法——我们首次为其编写一个测试用例。当然，测试将失败，因为我们还没有实际编写该方法。现在，我们编写该方法，一旦方法通过了测试，就可以返回所有测试，确保我们新添加的代码没有任何预期外的副作用。一旦所有测试运行完毕（包括我们为新功能编写的测试），就可以对我们的代码进行检查，并有理有据地相信程序行为符合我们的期望——当然，前提是我们的测试是适当的。

　　比如，我们编写了一个函数，该函数在特定的索引位置插入一个字符串，可以像下面这样开始我们的 TDD：

```
def insert_at(string, position, insert):
    " " "Returns a copy of string with insert inserted at the position

    >>> string = "ABCDE"
    >>> result = []
    >>> for i in range(-2, len(string) + 2):
    ...         result.append(insert_at(string, i, "-"))
    >>> result[:5]
     ['ABC-DE', 'ABCD-E', '-ABCDE', 'A-BCDE', 'AB-CDE']
    >>> result[5:]
    ['ABC-DE', 'ABCD-E', 'ABCDE-', 'ABCDE-']
    " " "

    return string
```

　　对不返回任何参数的函数或方法（通常返回 None），我们通常赋予其由 pass 构成的一个 suite，对那些返回值被试用的，我们或者返回一个常数（比如 0），或者某个不变的参数——这也是我们这里所做的。（在更复杂的情况下，返回 fake 对象可能更有用——对这样的类，提供 mock 对象的第三方模块是可用的。）

　　运行 doctest 时会失败，并列出每个预期内的字符串（'ABCD-EF'、'ABCDE-F'等），及其实际获取的字符串（所有的都是 'ABCD-EF'）。一旦确定 doctest 是充分的和正确的，就可以编写该函数的主体部分，在本例中只是简单的 return string[:position] + insert+string[position:]。（如果我们编写的是 return string[:position] + insert，之后复制 string[:position]并将其粘贴在末尾以便减少一些输入操作，那么 doctest 会立即提示错误。）

　　Python 的标准库提供了两个单元测试模块，一个是 doctest，这里和前面都简单地提到过（第 5 章和第 6 章），另一个是 unittest。此外，还有一些可用于 Python 的第三方测试工具。其中最著名的两个是 nose（code.google.com/p/python-nose）与 py.test（codespeak.net/py/dist/test/test.html），nose 致力于提供比标准的 unittest 模块更广泛的功能，同时保持与该模块的兼容性，py.test 则采用了与 unittest 有些不同的方法，试图尽可能消除样板测试代码。这两个第三方模块都支持测试发现，因此没必要写一个总体的测试程序——因为模块将自己搜索测试程序。这使得测试整个代码树或某一部分（比如那些已经起作用的模块）变得很容易。那些对测试严重关切的人，在决定使用哪个测试工具之前，对这两个（以及任何其他有吸引力的）第三方模块进行研究都是值得的。

创建 doctest 是直截了当的：我们在模块中编写测试、函数、类与方法的 docstrings。对于模块，我们简单地在末尾添加了 3 行：

```
if __name__ == "__main__":
    import doctest
    doctest.testmod()
```

在程序内部使用 doctest 也是可能的。比如，blocks.py 程序（其模块在后面的第 14 章讲述）有自己函数的 doctest，但以如下代码结尾：

```
if __name__ == "__main__":
    main()
```

这里简单地调用了程序的 main()函数，并且没有执行程序的 doctest。要实验程序的 doctest，有两种方法。一种是导入 doctest 模块，之后运行程序——比如，在控制台中输入 python3 -m doctest blocks.py（在 Windows 平台上，使用类似于 C:\Python31\python.exe 这样的形式替代 python3）。如果所有测试运行良好，就没有输出，因此，我们可能宁愿执行 python3 –m doctest blocks.py –v，因为这会列出每个执行的 doctest，并在最后给出结果摘要。

另一种执行 doctest 的方法是使用 unittest 模块创建单独的测试程序。在概念上，unittest 模块是根据 Java 的 JUnit 单元测试库进行建模的，并用于创建包含测试用例的测试套件。unittest 模块可以基于 doctests 创建测试用例，而不需要知道程序或模块包含的任何事物——只要知道其包含 doctest 即可。因此，为给 blocks.py 程序制作一个测试套件，我们可以创建如下的简单程序（将其称为 test_blocks.py）：

```
import doctest
import unittest
import blocks
suite = unittest.TestSuite()
suite.addTest(doctest.DocTestSuite(blocks))
runner = unittest.TextTestRunner()
print(runner.run(suite))
```

注意，如果采用这种方法，程序的名称上会有一个隐含的约束：程序名必须是有效的模块名。因此，名为 convert-incidents.py 的程序的测试不能写成这样。因为 import convert-incidents 不是有效的，在 Python 标识符中，连接符是无效的（避开这一约束是可能的，但最简单的解决方案是使用总是有效模块名的程序文件名，比如，使用下划线替换连接符）。

这里展示的结构（创建一个测试套件，添加一个或多个测试用例或测试套件，运行总体的测试套件，输出结果）是典型的机遇 unittest 的测试。运行时，这一特定实例产生如下结果：

```
...
-----------------------------------------------------------------------
Ran 3 tests in 0.244s
OK
<unittest._TextTestResult run=3 errors=0 failures=0>
```

每次执行一个测试用例时，都会输出一个句点（因此上面的输出最前面有 3 个句点），之后是一行连接符，再之后是测试摘要（如果有任何一个测试失败，就会有更多的输出信息）。

如果我们尝试将测试分离开（典型情况下是要测试的每个程序和模块都有一个测试用例），就不要再使用 doctests，而是直接使用 unittest 模块的功能——尤其是我们习惯于使用 JUnit 方法进行测试时。unittest 模块会将测试分离于代码——对大型项目（测试编写人员与开发人员可能不一致）而言，这种方法特别有用。此外，unittest 单元测试编写为独立的 Python 模块，因此，不会像在 docstring 内部编写测试用例时受到兼容性和明智性的限制。

unittest 模块定义了 4 个关键概念。测试夹具是一个用于描述创建测试（以及用完之后将其清理）所必需的代码的术语，典型实例是创建测试所用的一个输入文件，最后删除输入文件与结果输出文件。测试套件是一组测试用例的组合。测试用例是测试的基本单元——我们很快就会看到实例。测试运行者是执行一个或多个测试套件的对象。

典型情况下，测试套件是通过创建 unittest.TestCase 的子类实现的，其中每个名称以 "test" 开头的方法都是一个测试用例。如果我们需要完成任何创建操作，就可以在一个名为 setUp() 的方法中实现；类似地，对任何清理操作，也可以实现一个名为 tearDown() 的方法。在测试内部，有大量可供我们使用的 unittest.TestCase 方法，包括 assertTrue()、assertEqual()、assertAlmostEqual()（对于测试浮点数很有用）、assertRaises() 以及更多，还包括很多对应的逆方法，比如 assertFalse()、assertNotEqual()、failIfEqual()、failUnlessEqual() 等。

unittest 模块进行了很好的归档，并且提供了大量功能，但在这里我们只是通过一个非常简单的测试套件来感受一下该模块的使用。这里将要使用的实例是对第 8 章末尾给出的一个练习的解决方案，该练习要求创建一个 Atomic 模块，该模块可以用作一个上下文管理器，以确保或者所有改变都应用于某个列表、集合或字典，或者所有改变都不应用。作为解决方案提供的 Atomic.py 模块使用 30 行代码来实现 Atomic 类，并提供了 100 行左右的模块 doctest。这里，我们将创建 test_Atomic.py 模块，并使用 unittest 测试替换 doctest，以便可以删除 doctest。

在编写测试模块之前，我们需要思考都需要哪些测试。我们需要测试 3 种不同的数据类型：列表、集合与字典。对于列表，需要测试的是插入项、删除项或修改项的值。对于集合，我们必须测试向其中添加或删除一个项。对于字典，我们必须测试的是插入一个项、修改一个项的值、删除一个项。此外，还必须要测试的是在失败的情况下，不会有任何改变实际生效。

结构上看，测试不同数据类型实质上是一样的，因此，我们将只为测试列表编写测试用例，而将其他的留作练习。test_Atomic.py 模块必须导入 unittest 模块与要进行测试的 Atomic 模块。

创建 unittest 文件时，我们通常创建的是模块而非程序。在每个模块内部，我们定义一个或多个 unittest.TestCase 子类。比如，test_Atomic.py 模块中仅一个单独的 unittest.TestCase 子类，也就是 TestAtomic（稍后将对其进行讲解），并以如下两行结束：

```
if __name__ == "__main__":
    unittest.main()
```

这两行使得该模块可以单独运行。当然，该模块也可以被导入并从其他测试程序中运行——如果这只是多个测试套件中的一个，这一点是有意义的。

如果想要从其他测试程序中运行 test_Atomic.py 模块，那么可以编写一个与此类似的程序。我们习惯于使用 unittest 模块执行 doctests，比如：

```
import unittest
import test_Atomic

suite = unittest.TestLoader().loadTestsFromTestCase(
        test_Atomic.TestAtomic)
runner = unittest.TextTestRunner()
print(runner.run(suite))
```

这里，我们已经创建了一个单独的套件，这是通过让 unittest 模块读取 test_Atomic 模块实现的，并且使用其每一个 test*()方法（本实例中是 test_list_success()、test_list_fail()，稍后很快就会看到）作为测试用例。

我们现在将查看 TestAtomic 类的实现。对通常的子类（不包括 unittest.TestCase 子类），不怎么常见的是，没有必要实现初始化程序。在这一案例中，我们将需要建立一个方法，但不需要清理方法，并且我们将实现两个测试用例。

```
def setUp(self):
    self.original_list = list(range(10))
```

我们已经使用了 unittest.TestCase.setUp()方法来创建单独的测试数据片段。

```
def test_list_succeed(self):
    items = self.original_list[:]
    with Atomic.Atomic(items) as atomic:
        atomic.append(1999)
        atomic.insert(2, -915)
        del atomic[5]
        atomic[4] = -782
        atomic.insert(0, -9)
    self.assertEqual(items,
        [-9, 0, 1, -915, 2, -782, 5, 6, 7, 8, 9, 1999])
```

　　这一测试用例用于测试对于某个列表的一组变化是否正确地应用。该测试执行添加值、在中间插入值、在开始处插入值、删除值、改变值等操作。尽管不能算完全，但该测试至少覆盖了一些基本内容。

　　该测试不应该产生异常，如果产生异常，那么 unittest.TestCase 基类将对其进行处理，即将其转换为适当的错误消息。最后，我们期望 items 列表等于包含在测试中的字面意义列表，而不是原始列表。unittest.TestCase.assertEqual()方法可以对任意的两个 Python 对象进行比较，但其泛化性意味着不能给出特定的有意义的错误消息。

　　从 Python 3.1 开始，unittest.TestCase 类提供了更多的方法，包括很多数据类型特定的断言方法，下面给出的是怎样使用 Python 3.1 编写断言：

```
self.assertListEqual(items,
    [-9, 0, 1, -915, 2, -782, 5, 6, 7, 8, 9, 1999])
```

　　如果列表不相等，那么由于数据类型是已知的，因此 unittest 模块有能力给出更精确的错误信息，包括列表在哪个位置不相同：

```
def test_list_fail(self):
    def process():
        nonlocal items
        with Atomic.Atomic(items) as atomic:
            atomic.append(1999)
            atomic.insert(2, -915)
            del atomic[5]
            atomic[4] = -782
            atomic.poop() # Typo
    items = self.original_list[:]
    self.assertRaises(AttributeError, process)
    self.assertEqual(items, self.original_list)
```

　　要测试失败用例（也就是说，在进行原子处理时出现异常），我们必须测试列表没有被改变，并且产生了适当的异常。要检测异常，我们可以使用 unittest.TestCase.assert

Raises()方法，在 Python 3.0 中，我们可以将我们期待获取的异常以及一个应该生成该异常的可调用对象传递给该方法。这会强制我们封装要测试的代码，这也是为什么我们必须创建这里展示的内部函数 process()。

在 Python 3.1 中，unittest.TestCase.assertRaises()方法可以用作一个上下文管理器，因此我们可以以更自然的方式编写我们的测试：

```
def test_list_fail(self):
    items = self.original_list[:]
    with self.assertRaises(AttributeError):
        with Atomic.Atomic(items) as atomic:
            atomic.append(1999)
            atomic.insert(2, -915)
            del atomic[5]
            atomic[4] = -782
            atomic.poop() # Typo
    self.assertListEqual(items, self.original_list)
```

这里，我们直接在测试方法中编写了测试代码，而不需要一个内部函数，也不再使用 unittest.TestCase.assertRaised()作为上下文管理器（期望代码产生 AttributeError）。最后我们也使用了 Python 3.1 的 unittest.TestCase.assertListEqual()方法。

正如我们已经看到的，Python 的测试模块易于使用，并且极为有用，在我们使用 TDD 的情况下更是如此。它们还有比这里展示的要多得多的大量功能与特征——比如，跳过测试的能力，这有助于理解平台差别——并且这些都有很好的文档支持。缺失的一个功能——但 nose 与 py.test 提供了——是测试发现，尽管这一特征被期望在后续的 Python 版本（或许与 Python 3.2 一起）中出现。

9.3 Profiling

如果程序运行很慢，或者消耗了比预期内要多得多的内存，那么问题通常是选择的算法或数据结构不合适，或者是以低效的方式进行实现。不管问题的原因是什么，最好的方法都是准确地找到问题发生的地方，而不只是检查代码并试图对其进行优化。随机优化会导致引入 bug，或者对程序中本来对程序整体性能并没有实际影响的部分进行提速，而这并非解释器耗费大部分时间的地方。

在深入讨论 profiling 之前，注意一些易于学习和使用的 Python 程序设计习惯是有意义的，并且对提高程序性能不无裨益。这些技术都不是特定于某个 Python 版本的，而是合理的 Python 程序设计风格。第一，在需要只读序列时，最好使用元组而非列表；第二，使用生成器，而不是创建大的元组和列表并在其上进行迭代处理；第三，尽量使用 Python 内置的数据结构——dicts、lists、tuples——而不实现自己的自定义结构，因为内置的数据结构都是经过了高度优化的；第四，从小字符串中产生大字符串时，不要对小字符串进行连接，而是在列表中累积，最后将字符串列表结合成为一个单独的字符串；第五，也是最后一点，如果某个对象（包括函数或方法）需要多次使用属性进行访问（比如访问模块中的某个函数），或从某个数据结构中进行访问，那么较好的做法是创建并使用一个局部变量来访问该对象，以便提供更快的访问速度。

　　Python 标准库提供了两个特别有用的模块，可以辅助调查代码的性能问题。一个是 timeit 模块——该模块可用于对一小段 Python 代码进行计时，并可用于诸如对两个或多个特定函数或方法的性能进行比较等场合。另一个是 cProfile 模块，可用于 profile 程序的性能——该模块对调用计数与次数进行了详细分解，以便发现性能瓶颈所在★。

　　为了解 timeit 模块，我们将查看一些小实例。假定有 3 个函数 function_a()、function_b()、function_c()，3 个函数执行同样的计算，但分别使用不同的算法。如果将这些函数放于同一个模块中（或分别导入），就可以使用 timeit 模块对其进行运行和比较。下面给出的是模块最后使用的代码：

```
if __name__ == "__main__":
    repeats = 1000
    for function in ("function_a", "function_b", "function_c"):
        t = timeit.Timer("{0}(X, Y)".format(function),
                "from __main__ import {0}, X, Y".format(function))
        sec = t.timeit(repeats) / repeats
        print("{function}() {sec:.6f} sec".format(**locals()))
```

　　赋予 timeit.Timer() 构造子的第一个参数是我们想要执行并计时的代码，其形式是字符串。这里，该字符串是"function_a(X, Y)"；第二个参数是可选的，还是一个待执行的字符串，这一次是在待计时的代码之前，以便提供一些建立工作。这里，我们从 __main__（即 this）模块导入了待测试的函数，还有两个作为输入数据传入的变量（X 与 Y），这两个变量在该模块中是作为全局变量提供的。我们也可以很轻易地像从其他模块中导入数据一样来进行导入操作。

　　调用 timeit.Timer 对象的 timeit() 方法时，首先将执行构造子的第二个参数（如果有），之后执行构造子的第一个参数并对其执行时间进行计时。timeit.Timer.timeit() 方法的返回值是以秒计数的时间，类型是 float。默认情况下，timeit() 方法重复 100 万次，并返回所有这些执行的总秒数，但在这一特定案例中，只需要 1000 次反复就可以给出有用的结果，因此对重复计数次数进行了显式指定。在对每个函数进行计时后，使用重复次数对总数进行除法操作，就得到了平均执行时间，并在控制台中打印出函数名与执行时间。

```
function_a() 0.001618 sec
```

★ cProfile 模块通常对 CPython 解释器是可用的，但对其他解释器并不总是可用的。所有 Python 库应该有纯粹的 Python profile 模块，并提供与 cProfile 模块相同的 API，完成同样的任务，只是速度更慢一些。

function_b() 0.012786 sec
function_c() 0.003248 sec

在这一实例中，function_a()显然是最快的——至少对于这里使用的输入数据而言。在有些情况下——比如输入数据不同会对性能产生巨大影响——可能需要使用多组输入数据对每个函数进行测试，以便覆盖有代表性的测试用例，并对总执行时间或平均执行时间进行比较。

有时监控自己的代码进行计时并不是很方便，因此 timeit 模块提供了一种在命令行中对代码执行时间进行计时的途径。比如，要对 MyModule.py 模块中的函数 function_a()进行计时，可以在控制台中输入如下命令：python3 -m timeit -n 1000 -s "from MyModule import function_a, X, Y" "function_a(X, Y)"（与通常所做的一样，对 Windows 环境，我们必须使用类似于 C:\Python31\python.exe 这样的内容来替换 python3）。-m 选项用于 Python 解释器，使其可以加载指定的模块（这里是 timeit），其他选项则由 timeit 模块进行处理。-n 选项指定了循环计数次数，-s 选项指定了要建立，最后一个参数是要执行和计时的代码。命令完成后，会向控制台中打印运行结果，比如：

1000 loops, best of 3: 1.41 msec per loop

之后我们可以轻易地对其他两个函数进行计时，以便对其进行整体的比较。

cProfile 模块（或者 profile 模块，这里统称为 cProfile 模块）也可以用于比较函数与方法的性能。与只是提供原始计时的 timeit 模块不同的是，cProfile 模块精确地展示了有什么被调用以及每个调用耗费了多少时间。下面是用于比较与前面一样的 3 个函数的代码：

```
if __name__ == "__main__":
    for function in ("function_a", "function_b", "function_c"):
        cProfile.run("for i in range(1000): {0}(X, Y)"
                     .format(function))
```

我们必须将重复的次数放置在要传递给 cProfile.run()函数的代码内部，但不需要做任何创建，因为模块函数会使用内省来寻找需要使用的函数与变量。这里没有使用显式的 print()语句，因为默认情况下，cProfile.run()函数会在控制台中打印其输出。下面给出的是所有函数的相关结果（有些无关行被省略，格式也进行了稍许调整，以便与页面适应）：

```
1003 function calls in 1.661 CPU seconds
ncalls tottime percall cumtime percall filename:lineno(function)
     1   0.003   0.003   1.661   1.661 <string>:1(<module>)
  1000   1.658   0.002   1.658   0.002 MyModule.py:21(function_a)
     1   0.000   0.000   1.661   1.661 {built-in method exec}

5132003 function calls in 22.700 CPU seconds
ncalls tottime percall cumtime percall filename:lineno(function)
```

1	0.487	0.487	22.700	22.700	<string>:1(<module>)
1000	0.011	0.000	22.213	0.022	MyModule.py:28(function_b)
5128000	7.048	0.000	7.048	0.000	MyModule.py:29(<genexpr>)
1000	0.005	0.000	0.005	0.000	{built-in method bisect_left}
1	0.000	0.000	22.700	22.700	{built-in method exec}
1000	0.001	0.000	0.001	0.000	{built-in method len}
1000	15.149	0.015	22.196	0.022	{built-in method sorted}

```
5129003 function calls in 12.987 CPU seconds
ncalls tottime percall cumtime percall filename:lineno(function)
```

1	0.205	0.205	12.987	12.987	<string>:1(<module>)
1000	6.472	0.006	12.782	0.013	MyModule.py:36(function_c)
5128000	6.311	0.000	6.311	0.000	MyModule.py:37(<genexpr>)
1	0.000	0.000	12.987	12.987	{built-in method exec}

ncalls("调用的次数")列列出了对指定函数(在 filename:lineno(function)中列出)的调用次数。回想一下我们重复了 1000 次调用,因此必须将这个次数记住。tottime("总的时间")列列出了某个函数中耗费的总时间,但是排除了函数调用的其他函数内部花费的时间。第一个 percall 列列出了对函数的每次调用的平均时间(tottime // ncalls)。cumtime("累积时间")列列出了在函数中耗费的时间,并且包含了函数调用的其他函数内部花费的时间。第二个 percall 列列出了对函数的每次调用的平均时间,包括其调用的函数耗费的时间。

这种输出信息要比 timeit 模块的原始计时信息富有启发意义的多。我们立即可以发现,function_b()与 function_c()使用了被调用 5000 次以上的生成器,使得它们的速度至少要比 function_a()慢 10 倍以上。并且,function_b()调用了更多通常意义上的函数,包括调用内置的 sorted()函数,这使得其几乎比 function_c()还要慢两倍。当然,timeit()模块提供了足够的信息来查看计时上存在的这些差别,但 cProfile 模块允许我们了解为什么会存在这些差别。

正如 timeit 模块允许对代码进行计时而又不需要对其监控一样,cProfile 模块也可以做到这一点。然而,从命令行使用 cProfile 模块时,我们不能精确地指定要执行的是什么——而只是执行给定的程序或模块,并报告所有这些的计时结果。需要使用的命令行是 python3 -m cProfile programOrModule.py,产生的输出信息与前面看到的一样,下面给出的是输出信息样例,格式上进行了一些调整,并忽略了大多数行:

```
10272458 function calls (10272457 primitive calls) in 37.718 CPU secs
ncalls       tottime    percall   cumtime    percall   filename:lineno(function)
```

1	0.000	0.000	37.718	37.718	<string>:1(<module>)
1	0.719	0.719	37.717	37.717	<string>:12(<module>)
1000	1.569	0.002	1.569	0.002	<string>:20(function_a)
1000	0.011	0.000	22.560	0.023	<string>:27(function_b)

5128000	7.078	0.000	7.078	0.000 \<string>:28(\<genexpr>)
1000	6.510	0.007	12.825	0.013 \<string>:35(function_c)
5128000	6.316	0.000	6.316	0.000 \<string>:36(\<genexpr>)

在 cProfile 术语学中，原始调用指的就是非递归的函数调用。

以这种方式使用 cProfile 模块对于识别值得进一步研究的区域是有用的。比如，这里我们可以清晰地看到 function_b()需要耗费更长的时间，但是我们怎样获取进一步的详细资料？我们可以使用 cProfile.run("function_b()")来替换对 function_b()的调用。或者可以保存完全的 profile 数据并使用 pstats 模块对其进行分析。要保存 profile，就必须对命令行进行稍许修改：python3 -m cProfile -o profileDataFile programOrModule.py。之后可以对 profile数据进行分析，比如启动 IDLE，导入 pstats 模块，赋予其已保存的 profileDataFile，或者也可以在控制台中交互式地使用 pstats。下面给出的是一个非常短的控制台会话实例，为使其适合页面展示，进行了适当调整，我们自己的输入则以粗体展示：

```
$ python3 -m cProfile -o profile.dat MyModule.py
$ python3 -m pstats
Welcome to the profile statistics browser.
% read profile.dat
profile.dat% callers function_b
    Random listing order was used
    List reduced from 44 to 1 due to restriction <'function_b'>
Function was called by...
                      ncalls tottime cumtime
<string>:27(function_b) <- 1000 0.011 22.251 <string>:12(<module>)

profile.dat% callees function_b
    Random listing order was used
    List reduced from 44 to 1 due to restriction <'function_b'>
Function called...
                      ncalls tottime cumtime
<string>:27(function_b) ->
                      1000    0.005    0.005 built-in method bisect_left
                      1000    0.001    0.001 built-in method len
                      1000   15.297   22.234 built-in method sorted
profile.dat% quit
```

输入 help 可以获取命令列表，help 后面跟随命令名可以获取该命令的更多信息。比如，help stats 将列出可以赋予 stats 命令的参数。还有其他一些可用的工具，可以提供 profile 数据的图形化展示形式，比如 RunSnakeRun（www.vrplumber.com/programming/runsnakerun），该工具需要依赖于 wxPython GUI 库。

使用 timeit 与 cProfile 模块，我们可以识别出我们自己代码中哪些区域会耗费超过预期的时间；使用 cProfile 模块，还可以准确算出时间消耗在哪里。

9.4　小结

通常，Python 报告的语法错误是非常精确的，错误行以及位置都被准确地标识出来。这种方式不能有效工作的唯一一场景是，忘记使用闭括号、方括号或大括号，这些情况下，错误通常会报告出现在下一个非空白行。幸运的是，语法错误通常总是易于发现和修复的。

如果产生未处理的异常，那么 Python 将终止执行并输出一些回溯信息。这些回溯信息对终端用户而言可能有些恐怖，对程序员而言却提供了有用的信息。理想情况下，我们总是应该对程序可能产生的每种类型的异常进行处理，并在必要的时候以合适的形式向用户呈现，比如错误消息、错误对话框或日志消息等——但不以原始回溯信息的形式。然而，我们应该避免使用 catchall except:这一异常处理程序——如果我们想处理所有异常（比如在顶层），那么我们可以使用 except Exception as err，并总是报告 err，因为静默地处理异常会导致程序以微妙而未被注意的方式（比如损坏数据）失败。在开发阶段，最好不使用顶层的异常处理程序，而是简单地在出现异常时让程序崩溃并给出回溯信息。

调试不必要——也不应该——是一个命中或错失的问题。通过缩小可能重现 bug 的必要输入信息，通过仔细地假设问题可能出在哪里，之后通过实验对假设进行测试——使用 print()语句或调试器——通常可以相当快地定位到产生 bug 的源头。如果我们的假设已经成功导致了 bug 的出现，那么该假设在设计解决方案时可能也是有用的。

对测试而言，doctest 与 unittest 模块各有其独特的价值。对小型库与模块而言，doctests 可能更便利、更有用，因为良好选择的测试可以轻易地勾勒与实践边界条件和常见情况，当然，编写 doctests 也是便利的、容易的。另一方面，由于单元测试并没有被约束到编写在 docstrings 内部，并可以编写为单独的独立模块，在需要编写更复杂、更高级的测试时，尤其在编写那些需要建立与清理的测试时，通常是更好的选择。对更大型的项目，使用 unittest 模块（或第三方的单元测试模块）保持测试、被测试程序以及模块之间的独立性，通常要比使用 doctest 更灵活、更强大。

如果遇到性能问题，原因通常是自己编写的代码有问题，特别是算法与数据结构的选择，或实现时采用了某些低效的方式。面对这样的问题，准确地确定问题出在哪里总是明智的做法，而不要费心猜测或对某些对性能提高没有实际影响的部分进行优化。Python 的 timeit 模块可以用于对函数或任意代码段进行计时，因此对于比较可替代的函数实现时特别有用。对深度分析，cProfile 模块同时提供了计时与调用次数信息，不仅可以识别哪些函数耗费了最多的时间，还可以识别这些函数所调用的函数。

总体而言，Python 提供了对调试、测试与 profiling 的优秀支持。然而，尤其对大型项目而言，考虑使用某些第三方测试工具也是值得考虑的，因为它们会提供比标准库测试模块更多的功能与便利。

第 10 章

进程与线程

随着多核处理器逐渐成为主流而非特例，与以前相比，将处理载荷分布到多台处理器上（以便充分利用所有可用的处理器资源）变得更吸引人，也更具有可行性。有两种方法可以对工作载荷进行分布，一种是使用多进程，另一种是使用多线程，本章将同时讲述这两种方法。

使用多个进程，也就是说，运行多个单独的程序，其优势在于，每个进程都是独立运行的，这使得对并发性进行处理的所有任务都由底层的操作系统完成；不足之处则在于，程序与各单独进程之间的通信与数据共享可能不是很方便。在 UNIX 系统上，这可以使用 exec 与 fork 来完成，但对于跨平台程序，就必须使用其他解决方案。最简单的，也是在这里进行展示的，就是由调用程序为其运行的进程提供数据，并由进程来分别对数据进行处理。一种更灵活的方法是使用网络，并可以极大地简化这种双向通信。当然，很多情况下，这种通信并不是必要的——我们只需要从一个负责协调的程序来运行一个或多个其他程序。

一种将工作载荷分布到独立进程上的替代方法是创建线程化程序，并将工作载荷分布到独立的线程上进行处理。这种方法的优势在于，通信可以简单地通过共享数据（前提是要确保共享数据一次只能由一个线程进行存取）完成，但同时也将并发性管理等任务留给了程序员。Python 提供了对创建线程化程序的良好支持，最小化了需要我们完成的工作。尽管如此，多线程程序从本质上就比单线程程序更加复杂，因此其创建与维护都需要更多注意。

在本章的第 1 节中，我们将创建两个小程序，第一个程序由用户进行调用，第二个程序则由第一个程序进行调用——对需要的每个进程，都对其进行一次调用。在第 2 节中，我们将首先对线程化程序设计给出一个梗概性的介绍，之后创建一个多线程程序，其功能与第 1 节中两个程序结合在一起的功能是相同的，以便对多线程方法进行比较；之后给出另外一个线程化程序，该程序更加复杂，既需要处理工作载荷的分布，又需要将所有结果收集在一起。

10.1   使用多进程模块

有些情况下，我们已经具备了实现相应功能的程序，所需要的仅仅是加大其使用的自动化程度。我们可以使用 Python 的 subprocess 模块来实现这一需求，该模块提供了运行其他程序的功能，可以传递我们需要的任意命令行参数，并且，如果需要，还可以使用管道在其中进行通信。在第 5 章中，我们曾给出一个非常简单的实例，其中，我们使用 subprocess.call() 函数以平台特定的方式来清空控制台。但我们也可以使用这些功能来创建"父-子"程序对，其中父程序由用户运行，而父程序又可以根据实际需要运行适当数量的子程序实例，每个实例完成不同的工作，本节将展示的就是这种做法。

在第 3 章中，我们展示了一个非常简单的程序 grepword.py，首先在命令行中指定一个单词，其后跟随一些文件名，该程序负责在这些文件中搜索该单词。在本节中，我们将实现一个更复杂的程序版本，新程序可以在子目录中进行递归搜索文件，并将这些工作分布给我们需要数量的子进程完成。对那些包含指定的搜索单词的文件，该程序仅输出文件名列表（包含路径）。

父程序为 grepword-p.py，子程序为 grepword-p-child.py。这两个程序运行时的关系在图 10-1 中进行了纲要性的展示。

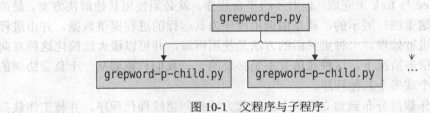

图 10-1   父程序与子程序

grepword-p.py 程序的核心部分封装在其 main() 函数中，我们将分 3 个部分来查看该函数：

```python
def main():
    child = os.path.join(os.path.dirname(__file__),
                         "grepword-p-child.py")
    opts, word, args = parse_options()
    filelist = get_files(args, opts.recurse)
    files_per_process = len(filelist) // opts.count
    start, end = 0, files_per_process + (len(filelist) % opts.count)
    number = 1
```

我们首先获取子程序的名称，之后获取用户指定的命令行选项。parse_options() 函数使用了 optparse 模块，该函数返回命名的元组 opts，用于指明程序是否应该对子目录进行递归，以及使用了多少个进程——默认为 7 个，该程序允许选择使用的进程数，但最大值为 20。该程序也返回要搜索的单词以及命令行中指定的名称列表（文件名与目录名）。get_files()函数返回待读取的函数列表。

具备了执行任务所必需的信息后，我们就计算对每个进程应该为其分配多少个文件。变量 start 与 end 用于指定将 filelist 的哪部分分片指派给下一个子进程。通常，文件数并不会恰好是进程数的整数倍，因此，我们会将剩余的文件分配给第一个进程。number 变量纯粹用于调试目的，以便我们可以查看输出信息中哪一行是由哪个进程产生的。

```
pipes = []
while start < len(filelist):
    command = [sys.executable, child]
    if opts.debug:
        command.append(str(number))
    pipe = subprocess.Popen(command, stdin=subprocess.PIPE)
    pipes.append(pipe)
    pipe.stdin.write(word.encode("utf8") + b"\n")
    for filename in filelist[start:end]:
        pipe.stdin.write(filename.encode("utf8") + b"\n")
    pipe.stdin.close()
    number += 1
    start, end = end, end + files_per_process
```

对 filelist 的每个 start:end 分片，我们创建一个命令列表，其中包含 Python 解释器（在 sys.executable 中可以便利地访问）、需要 Python 执行的子程序与命令行选项——这里，在调试时就是子程序编号。如果子程序有适当的 shebang 行或文件关联，我们就首先列出该子程序，而不需要包含 Python 解释器，但我们更愿意都使用 Python 解释器，因为这可以确保子程序与父程序使用相同的 Python 解释器。

在准备好命令后，我们创建一个 subprocess.Popen 对象，指定要执行的命令（以字符串列表的形式）——这里是要求写入到进程的标准输入。（通过设置类似的关键字参数，也可以读取进程的标准输出。）之后给出要搜索的单词，其后跟随一个换行以及文件列表中相关分片中的每个文件。subprocess 模块读、写的是字节，而不是字符串，因此，我们必须使用适当的编码方式对要写的字符串进行编码（相应地也需要对要读的字节进行解码），这里使用的是 UTF-8。将文件列表写入到子进程后，关闭其标准输入并进行下一步。

严格地说，保持对每个进程的引用并不是完全必要的（pipe 变量在每次循环时会重新绑定到一个新的 subprocess.Popen 对象），因为每个进程都是独立运行的，但我们还是将每个进程都添加到一个列表中，以便可以打断进程的运行。我们没有将结果收集在一起，而是使得每个进程在其处理器时间内将结果写入到控制台。这意味着，来自不同进程的输出可能会交叠。（在练习中，将练习如何避免这种交叠。）

```
while pipes:
    pipe = pipes.pop()
    pipe.wait()
```

在所有进程启动后，我们将等待每个子进程结束。这并不是必需的，但在 UNIX 类系统上，这种做法可以确保在所有进程完成工作后返回到控制台提示符（否则，在所有进程结束后必须按 Enter 键）。这种等待的另一个好处是，如果我们中断了程序（比如，通过按 Ctrl+C 组合键），那么所有正在运行的进程也将被中断进而终止，并产生一个未捕获的 KeyboardInterrupt 异常——如果我们不等待，那么主程序将结束（因而不是可打断的），而子进程将继续运行（除非由 kill 程序或任务管理器终止）。

下面给出 grepword-pchild.py 程序的完整实现（注释与导入除外）。我们将分两个部分来查看该程序——第一部分有两个实现版本，第一个版本适用于任意的 Python 3.x 环境，第二个版本适用于 Python 3.1 或后续环境：

```
BLOCK_SIZE = 8000
number = "{0}: ".format(sys.argv[1]) if len(sys.argv) == 2 else ""
stdin = sys.stdin.buffer.read()
lines = stdin.decode("utf8", "ignore").splitlines()
word = lines[0].rstrip()
```

该程序首先将字符串 number 设置为给定的数字，或设置为空字符串（如果不是正在调试），由于该程序是作为一个子进程运行的，并且 subprocess 模块只能读写二进制数据，同时总是使用本地编码，我们必须读取 sys.stdin 的底层二进制数据缓冲区，并自己执行解码操作*。读入二进制数据之后，我们将其解码为 Unicode 字符串，并分割为一些行。之后，子进程读入首行，因为其中包含了搜索的关键字。

下面给出是一些不同的代码，用于 Python 3.1：

```
sys.stdin = sys.stdin.detach()
stdin = sys.stdin.read()
lines = stdin.decode("utf8", "ignore").splitlines()
```

Python 3.1 提供了 sys.stdin.detach()方法，该方法返回一个二进制文件对象。之后，我们读入所有数据，使用我们自己选择的编码方式将其解码为 Unicode，之后将该 Unicode 字符串分割为多行。

```
for filename in lines[1:];
    filename = filename.rstrip()
    previous = ""
```

---

*可能的情况是，将来的某个 Python 版本包含新版的 subprocess 模块，并允许使用 encoding 与 errors 参数，以便我们可以使用自己首选的编码方式，而不再需要以二进制模式访问 sys.stdin，也不需要自己再进行解码，更多信息参见 bugs.python.org/issue6135。

```
    try:
        with open(filename, "rb") as fh:
            while True:
                current = fh.read(BLOCK_SIZE)
                if not current:
                    break
                current = current.decode("utf8", "ignore")
                if (word in current or
                    word in previous[-len(word):] +
                            current[:len(word)]):
                    print("{0}{1}".format(number, filename))
                    break
                if len(current) != BLOCK_SIZE:
                    break
                previous = current
    except EnvironmentError as err:
        print("{0}{1}".format(number, err))
```

首行之后的所有行都是文件名（带路径），对每个文件名，我们打开其对应的文件，读入文件，如果其中包含要搜索的单词，就打印文件名。但是，有些文件可能非常大，这会导致出现问题，在有 20 个子进程同时并发运行并且都读入大文件时更是如此。为解决这一问题，我们以块的形式读入每个文件，保持对前面文件块的读取，确保不会因为待搜索单词落在两个文件块之间而失去匹配的机会。这种方式的另一个好处是，如果要搜索的单词出现在文件中较靠前的位置，那么我们可以在找到该单词后就停止，而不必读入整个文件，因为我们关心的只是文件中是否包含该单词，而不是该单词在文件中出现的具体位置。

文件是以二进制模式进行读操作的，因此，在对其进行搜索之前，我们必须先将每个块转换为一个字符串，因为要搜索的单词本身就是一个字符串。我们假定所有文件都使用 UTF-8 编码，但在有些情况下这种假设很可能并不成立。更复杂一些的程序会尝试确定实际的编码格式，如果格式错误，就关闭文件，再使用正确的编码格式重新打开文件。如第 2 章中所讲述的，在 Python Package Index，pypi.python.org/pypi 中，至少有两个 Python 包可用于自动检测文件的编码格式（将待搜索的单词解码为一个bytes 对象，之后在 bytes 对象之间进行比较，这也是一种吸引人的做法，但这种方法并不可靠，因为有些字符有不止一种有效的 UTF-8 表示形式）。

subprocess 模块提供了比我们这里需要的多得多的功能，包括提供如下一些等价对象的能力：shell 反引号、shell 管道、os.system()以及 spawn 函数等。

下一节中，我们将展示 grepword-p.py 程序的线程化版本，以便与这里展示的父进程-子进程版本进行比较。我们还将给出一个更复杂的线程化程序，该程序将工作载荷进行分布，之后将各线程处理结果收集在一起，以便对输出方式进行更多控制。

10.2　将工作分布到多个线程

　　在 Python 中，建立两个或更多个线程并执行是非常直截了当的，复杂性出现在需要多个线程共享数据的时候。假定有两个线程共享一个列表，其中一个线程使用 for x in L 对列表进行迭代，之后，在中间的某个位置，另一个线程可能删除列表中的某些项。最好的情况也会导致奇怪的崩溃，最差的情况则产生错误的结果。

　　常见的解决方案是使用某种锁机制。比如，某个线程可能先请求一个锁，之后再开始对列表进行迭代，此时任何其他线程都会被该锁阻止。当然，实际上并不会像这里叙述的这么直接和简单，锁及其锁定数据之间的关系只是存在于我们的想象中。如果某个线程请求一个锁，第二个线程也尝试请求同样的锁，那么第二个线程将被阻塞，直至第一个线程释放该锁。通过将共享数据的存取权限限定在锁的作用范围之内，可以保证共享数据在同一时刻只能由一个线程进行存取，即便这种保护不是直接的。

　　锁机制存在的一个问题就是存在死锁的风险。假定 thread #1 请求锁 A，以便可以存取共享数据 a，之后在锁 A 的作用范围之内尝试请求锁 B，以便存取共享数据 b——但 thread #1 不能请求锁 B，因为此时 thread #2 已经请求了锁 B 以便存取共享数据 b，并且此时 thread #2 也在请求锁 A，以便可以存取共享数据 a。因此就出现这样的情况：thread #1 占据了锁 A，并尝试请求锁 B，而 thread #2 占据了锁 B，并尝试请求锁 A。 导致的结果是，两个线程都被阻塞，因此程序死锁了。图 10-2 展示了这种情况。

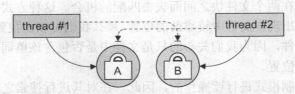

图 10-2　死锁：两个或更多阻塞的线程尝试请求彼此的锁

　　尽管图形化展示死锁的情况很容易，但实践中检测死锁是困难的，因为死锁并不总是那么明显。有些线程库可以提供关于潜在死锁的帮助信息，但是仍然需要程序员小心注意，防止出现死锁的情况。

　　一种简单但可以有效防止死锁的方法是制定一种策略，其中规定锁被请求的顺序，比如，如果我们在策略中规定，锁 A 必须总是先于锁 B 被请求，这样，在请求锁 B 时，策略就会要求先请求锁 A。这可以保证上面描述的死锁情况不会发生——因为两个线程都会尝试请求锁 A，首先请求到锁 A 的线程才有资格去请求锁 B——除非违背了这种策略。

　　使用锁机制的另一个问题是，如果多个线程等待请求锁，那么都会被阻塞并无法做任何有用的工作。为将这种风险规避到较小的程度，我们可以对编码风格进行适当的改变，将在某个锁上下文内要完成的工作最小化。

　　每个 Python 程序至少都有一个线程，即主线程。要创建多线程，我们必须导入 threading 模块，并用其创建我们所需要数量的额外线程。要创建线程，有两种方法：一种是调用 threading.Thread()，并向其传递一个可调用的对象，另一种方法是创建 threading.Thread 类的子类——两种方法都将在本章进行展示。子类化是最灵活的方法，并且也是很直接的。子类可以重新实现 __init__() 方法（在这种情况下，必须调用基类的实现），并且必须重新实现 run() 方法——进程的工作就是在这个方法中完成的。要注意的是，我们的代码绝不要调用 run() 方法——线程是通过调用 start() 方法启动的，该方法内部会在适当的时候调用 run() 方法。没有其他的 threading.Thread 方法可以被重新实现，尽管添加额外的方法是允许的。

10.2.1 实例：线程化的单词寻找程序

　　在这一小节中，我们将查看 grepword-t.py 程序的代码，该程序所做的工作与 grepword-p.py 相同，区别在于 grepword-t.py 是将工作载荷分布在多个线程，而不是多个进程。图 10-3 纲要性地展示了该程序。

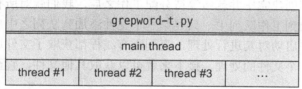

图 10-3　一个多线程化的程序

　　这个程序特别有趣的特征是根本不使用任何锁。这是可能的，因为唯一共享的数据是文件列表，对此我们使用 queue.Queue 类，queue.Queue 类比较特殊的地方在于，锁机制是在其内部进行实现和处理的。因此，无论何时访问该类以便添加或移除数据项时，都可以依赖队列本身来对存取操作进行序列化。在线程上下文中，对数据进行序列化存取意味着在同一时刻只有一个线程对数据进行存取。使用 queue.Queue 的另一个好处是，我们不需要自己将任务进行共享，只需要简单地将工作的项目添加到队列中，线程会在其自身就绪后从队列中提取任务进行处理。

　　queue.Queue 类以先进先出（FIFO）的机制进行工作。queue 模块提供了 queue.LifoQueue，其中实现的是后进先出（LIFO）顺序；以及 queue.PriorityQueue，其中可以接受比如二元组（优先级，数据项）等内容，优先级最低的项目最先得以处理。所有队列创建时都可以指定最大容量，如果队列中项目个数达到最大值，那么队列将阻塞添加数据项的尝试，直至其中有数据项被移除。

　　我们将分 3 个部分来查看 grepword-t.py 程序，首先来看完整的 main() 函数：

```
def main():
```

```
opts, word, args = parse_options()
filelist = get_files(args, opts.recurse)
work_queue = queue.Queue()
for i in range(opts.count):
    number = "{0}: ".format(i + 1) if opts.debug else ""
    worker = Worker(work_queue, word, number)
    worker.daemon = True
    worker.start()
for filename in filelist:
    work_queue.put(filename)
work_queue.join()
```

　　这一函数中，获取用户的命令行选项及文件列表与以前的是相同的。在具备了必要的信息后，我们创建一个 queue.Queue，之后进行循环，循环的次数与要创建的线程数相同，默认为 7。对每个线程，我们准备一个 number 字符串用于调试（如果不需要调试，就为空字符串），之后创建一个 Worker（threading.Thread 子类）实例——我们将很快回来设置 daemon 特性。接下来，我们启动线程，尽管此时没有什么工作需要做（因为工作队列现在还是空的）因此，线程将立即被阻塞，并尝试获取相关工作。

　　在所有线程都创建完毕并就绪等待分配工作之后，我们就对所有文件进行迭代，将每个文件都添加到工作队列中。只要第一个文件添加到队列之中后，就会有某个线程获取该文件，并启动对其进行处理，直到所有线程都获取了文件进行处理。只要某个线程结束了对一个文件的处理，接下来就可以获取其他文件，直至所有文件被处理完毕。

　　注意，这不同于 grepword-p.py 程序，其中我们必须为每个子进程分配文件列表的分片，子进程的启动与列表分配是按序进行的。对这种类似的情况，使用线程具有更加高效的潜力。比如，前 5 个文件非常大，而余下的文件非常小，由于每个线程一次接受一份任务，因此每个大文件都将由不同的线程单独处理，从而很好地对工作载荷进行了分配。但使用多进程方法，如 grepword-p.py 程序中所看到的，所有大文件都将赋予第一个进程，而将其他小文件赋予其他进程，因此，第一个进程只有在完成大部分工作后才能停止，其他进程则可能很快地完成处理任务，并不再做任何工作。

　　在尚有任何线程处于运行状态时，该程序将不会终止。这是一个问题，因为 worker 线程完成工作后，从技术上讲仍处于运行状态。解决方法是将线程转换为守护进程，这样做的效果在于，只要没有非守护进程的线程处于运行状态，程序就可以终止。主线程不是守护进程，因此，主线程结束后，程序将干净地终止每个守护进程线程，之后终止自身。当然，这会导致相反的问题——线程被唤醒并处于运行状态时，我们必须保证主线程不终止，直至所有工作完成，这可以通过调用 queue.Queue.join()方法来实现——该方法将阻塞，直至队列为空。

　　下面给出 Worker 类的起始处：

```
class Worker(threading.Thread):

    def __init__(self, work_queue, word, number):
        super().__init__()
        self.work_queue = work_queue
        self.word = word
        self.number = number


    def run(self):
        while True:
            try:
                filename = self.work_queue.get()
                self.process(filename)
            finally:
                self.work_queue.task_done()
```

__init__()方法必须调用基类的__init__()方法，工作队列与所有线程共享的 queue.Queue 相同。

我们将 run()方法设置为一个无限循环。对守护进程线程而言，这是一种常见的做法，在这里之所以有用，是因为我们并不知道线程必须处理多少个文件。每次迭代时，我们都调用 queue.Queue.get()获取下一个要处理的文件，如果队列为空，那么调用将被阻塞，并不需要由锁进行保护，因为 queue.Queue 会自动处理锁机制。获取了某个文件后，就对其进行处理，之后需要告知队列已经处理完毕特定任务——为保证 queue.Queue.join()正确工作，调用 queue.Queue.task_done()是必要的。

我们没有展示 process()函数，因为除了 def 行之外，其余代码（从= "" 行到末尾）与 grepword-p-child.py 是相同的。

最后需要注意的一点包含在本书实例的 grepwordm.py 中，一个与这里展示的 grepword-t.py 几乎相同的程序，但其中使用的是 multiprocessing 模块而非 threading 模块。代码只有 3 处差别：首先，我们导入的是 multiprocessing 而不是 queue 与 threading；第二，Worker 类继承自 multiprocessing.Process，而非 threading.Thread；第三，工作队列是一个 multiprocessing.JoinableQueue，而非 queue.Queue。

通过使用 forking（在支持该机制的系统上，比如 UNIX）或子进程（在那些不支持 forking 的系统上，比如 Windows），multiprocessing 模块可以提供线程类似的功能，因此，锁机制并不总是必需的，并且进程可以运行在操作系统支持的任何处理器核上。该包提供了几种在进程之间传递数据的方式，包括使用队列——可用于为进程提供工作载荷，就像 queue.Queue 可用于为线程提供工作载荷一样。

multiprocessing 版本的主要好处是，在多核机器上，具有比线程化版本运行更快的潜力，因为这一版本可以在任何可用的处理器核上运行其进程。与标准的 Python 解释器（使用 C 编写，有时候称为 CPython）相比，解释器有一个 GIL（全局解释器锁），这意味着，在任意时刻，只有一个线程可以执行 Python 代码。这一约束是一种实现上的细节，并不必然应用于其他 Python 解释器，比如 Jython[*]。

10.2.2　实例：一个线程化的重复文件发现程序

第二个线程化程序实例与第一个程序有类似的结构，但在几个方面比第一个更复杂。本程序使用两个队列，一个用于工作载荷，一个用于结果处理，并且有一个单独的结果处理线程，以便在结果生成后就将其输出。该程序还展示了 threading.Thread 子类，展示了在函数中调用 threading.Thread()，以及使用锁机制来序列化对共享数据的（dict）的存取。

findduplicates-t.py 程序是第 5 章展示的 finddup.py 程序的高级版本，本程序对当前目录（或指定路径）中所有文件进行迭代，并对子目录进行递归处理。程序将所有同名文件的长度（就像 finddup.py）进行比较，对那些名称与大小都相同的文件，使用 MD5（消息摘要）算法来检测文件是否相同，如果相同就返回。

我们首先查看该程序的 main()函数，分为 4 个部分：

```
def main():
    opts, path = parse_options()
    data = collections.defaultdict(list)
    for root, dirs, files in os.walk(path):
        for filename in files:
            fullname = os.path.join(root, filename)
            try:
                key = (os.path.getsize(fullname), filename)
            except EnvironmentError:
                continue
            if key[0] == 0:
                continue
            data[key].append(fullname)
```

默认字典 data 的每个键都是一个二元组（size, filename），其中文件名不包含路径，每个值则是一个文件名（可以包含路径）列表。对那些值列表中包含不止一个文件名的字典项，都可能存在重复。字典是通过对给定路径中的所有文件进行迭代生成的，但是跳过无法获取大小（可能是由于许可权限问题，也可能因为不是通常的文件）的任意文件，以及大小为 0 的文件（因为长度为 0 的文件都是相同的）。

```
    work_queue = queue.PriorityQueue()
```

[*] CPython 之所以使用 GIL，可以参考 www.python.org/doc/faq/library/#can-t-we-get-rid-of-the-global-interpreter-lock 与 docs.python.org/api/threads.html 处给出的简短解释。

```
results_queue = queue.Queue()
md5_from_filename = {}
for i in range(opts.count):
    number = "{0}: ".format(i + 1) if opts.debug else ""
    worker = Worker(work_queue, md5_from_filename, results_queue,
                    number)
    worker.daemon = True
    worker.start()
```

在所有数据就位后，我们准备创建 worker 线程。我们首先创建一个工作队列与一个结果队列，工作队列是一个优先级队列，因此总是首先返回优先级最低的项（在这里就是最小的文件）。我们还创建了一个字典，其中每个键是文件名（包含路径），每个值都是该文件的 MD5 摘要值。该字典的用途是保证不会重复计算相同文件的 MD5 值（因为这种计算很消耗资源）。

在共享数据集就绪后，我们进行循环，循环次数与要创建的线程数相同（默认为 7 次）。Worker 子类与前面创建的类似，不过这里我们向其传递的同时包括队列与 MD5 字典。与以前类似的是，我们即刻启动每个 worker，每个 worker 都将阻塞，直至有可用的工作载荷。

```
results_thread = threading.Thread(
                    target=lambda: print_results(results_queue))
results_thread.daemon = True
results_thread.start()
```

这里没有创建一个 threading.Thread 子类来对结果进行处理，而是创建了一个函数，并将其传递给 threading.Thread()。返回值是一个自定义的线程，线程启动后就调用给定的函数，这里我们传递的是结果队列（当然，为空），因此，该线程将立即阻塞。

这里，我们已经创建了所有的 worker 线程与结果线程，这些线程都将阻塞，并等待工作载荷即刻进行处理。

```
for size, filename in sorted(data):
    names = data[size, filename]
    if len(names) > 1:
        work_queue.put((size, names))
work_queue.join()
results_queue.join()
```

现在我们对数据进行迭代，对每个在文件列表中包含两个或更多潜在重复文件的二元组(size, filename)，我们将 size 与带路径的 filename 作为工作队列的一个数据项添加到工作队列。由于队列是来自 queue 模块的一个类，因此我们不必关心锁机制。

最后，我们连接工作队列与结果队列，使其阻塞直至为空。这可以保证程序一直运行，直至所有工作都已完成并且所有结果都已输出，之后干净地终止。

```
def print_results(results_queue):
    while True:
        try:
            results = results_queue.get()
            if results:
                print(results)
        finally:
            results_queue.task_done()
```

该函数作为参数传递给 threading.Thread()，并在其赋予的进程启动时调用此函数。该函数包含一个无限循环，因为该函数用作一个守护进程线程。该函数的功能就是获取结果（一个多行的字符串），如果结果字符串非空，就打印出来。

Worker 类的起始处与前面我们看到的类似：

```
class Worker(threading.Thread):

    Md5_lock = threading.Lock()

    def __init__(self, work_queue, md5_from_filename, results_queue,
                 number):
        super().__init__()
        self.work_queue = work_queue
        self.md5_from_filename = md5_from_filename
        self.results_queue = results_queue
        self.number = number

    def run(self):
        while True:
            try:
                size, names = self.work_queue.get()
                self.process(size, names)
            finally:
                self.work_queue.task_done()
```

差别在于，这里我们有更多的共享数据需要追踪，并且我们使用不同的参数来调用自定义的 process() 函数。我们不必担心队列，因为队列本身可以保证数据的存取是序列化的，但对于其他数据项，这里是 md5_from_filename 字典，我们必须自己处理序列化问题，这是通过使用锁机制实现的。我们将锁以类属性的形式提供，因为我们希望每个 Worker 实例使用同样的锁，以便某个实例占据了锁，其他所有实例在尝试请求锁时都会阻塞。

我们分两个部分查看 process() 函数。

```
def process(self, size, filenames):
```

```
md5s = collections.defaultdict(set)
for filename in filenames:
    with self.Md5_lock:
        md5 = self.md5_from_filename.get(filename, None)
    if md5 is not None:
        md5s[md5].add(filename)
    else:
        try:
            md5 = hashlib.md5()
            with open(filename, "rb") as fh:
                md5.update(fh.read())
            md5 = md5.digest()
            md5s[md5].add(filename)
            with self.Md5_lock:
                self.md5_from_filename[filename] = md5
        except EnvironmentError:
            continue
```

　　我们从一个空默认字典开始，其中每个键都是一个 MD5 摘要值，每个值都是相应 MD5 值对应的一组文件名。之后，我们对所有文件进行迭代，对每个文件，我们取回其 MD5 值（如果已计算出），否则就对其进行计算。

　　在访问 md5_from_filename 字典时，不管是读操作还是写操作，我们都将这种访问放在锁的上下文内进行。在入口处，threading.Lock()类的实例作为上下文管理器请求锁，在退出时则释放锁。如果其他线程已占据 Md5_lock，那么 with 语句将阻塞，直至锁被释放。对第一条 with 语句，在请求锁时，我们从字典中获取 MD5（如果不存在，就返回 None）。如果 MD5 为 None，就必须对其进行计算，这种情况下，我们将其存储在 md5_from_filename 字典中，以便避免对每个文件不止一次进行计算。

　　注意，在任意情况下，我们都努力将在某个锁范围内的工作最小化，以便将阻塞的范围限定到最小——这里，在锁范围内，每次访问的只是一个字典。

　　严格地说，如果我们使用的是 CPython，并不需要使用锁，因为 GIL 已经有效地为我们对字典访问进行了同步。然而，这里我们不依赖于 GIL 的实现细节来编写程序，因此，我们使用了一个显式的锁。

```
for filenames in md5s.values():
    if len(filenames) == 1:
        continue
    self.results_queue.put("{0}Duplicate files ({1:n} bytes):"
                            "\n\t{2}".format(self.number, size,
                            "\n\t".join(sorted(filenames))))
```

　　最后，我们对本地的默认字典 md5s 进行迭代，对每个包含不止一个名称的名称集合，我们向结果队列中添加一个占据多行的字符串。该字符串包含 worker 线程编号（默认情况下是一个空字符串）、文件大小（以字节计数）以及所有重复的文件名。我们不需要使用锁机制访问结果队列，因为该队列是一个 queue.Queue，该对象在幕后自动处理锁机制。

queue 模块中的类简化了线程化应用顺序，在需要使用显式的锁机制时，threading 模块提供了很多选项。这里我们使用最简单的 threading.Lock，但其他的也是可用的，包括 threading.RLock（该锁可以被已经占据本锁的线程再次请求）、threading.Semaphore（该锁可用于保护特定数量的资源）以及 threading.Condition（该锁提供了一个等待条件）。

与使用 subprocess 模块相比，使用多个线程的解决方案通常更简洁明了。遗憾的是，线程化的 Python 程序并不是一定能达到使用多进程所能得到的最佳性能，如前面所讲述的，问题在于这与标准的 Python 实现不匹配，因为 CPython 解释器只能在一个处理器上执行 Python 代码，即便在使用多线程时也是如此。

multiprocessing 模块尝试解决这一问题，如前面所说的，grepword-m.py 程序是 grepword-t.py 程序的多进程版本，只有 3 行代码是不同的。类似的变化也可以用于这里展示的 findduplicates-t.py 程序，但在实践中并不推荐这样做。尽管 multiprocessing 模块提供的 API（应用程序接口）与 threading 模块的 API 可以紧密匹配，以便易于转换，但两个 API 并不是完全一样的，各自具有不同的衡量。如果机械地进行 threading 到 multiprocessing 的转换，可能只有在小的、简单的程序上才会成功，比如 grepword-t.py。对 findduplicates-t.py 程序而言，这种转换的方法太原始了。通常，最好在最初设计程序时就将使用 multiprocessing 的理念记在心中（findduplicates-m.py 在本书的实例中提供，该程序与 findduplicatest.py 完成同样的任务，但其工作方式非常不同，使用的是 multiprocessing 模块）。

另一个正在开发的解决方案是 CPython 解释器的面向多线程的版本，参见 www.code.google.com/p/python-threadsafe 了解该项目的最新状态。

10.3 总结

本章展示了如何创建可以执行其他程序的程序，这是使用标准库中的 subprocess 模块实现的。使用 subprocess 运行的程序可以指定命令行选项，可以接收到其标准输入的外部数据，并可以读取其标准输出（以及标准错误输出）。通过使用子进程，可以最大程度地利用多核处理器，并将并发性处理等问题留给操作系统处理。不足之处在于，如果需要共享数据或对进程进行同步，就必须设计某种通信机制，比如，共享内存（比如，使用 mmap 模块）、共享文件或网络，这些机制在实现时都需要多加注意。

本章还展示了如何创建多线程程序。遗憾的是，这样的程序不能充分利用多处理器核（如果使用标准的 CPython 解释器运行），因此，对 Python，在需要衡量性能因素时，使用多进程通常是一种更加实际的选择。尽管如此，我们也看到了，queue 模块以及 Python 的锁机制（比如 thread-ing.Lock）使得线程化程序设计尽可能直截了当

——并且，对于只需要使用 queue 对象（比如 queue.Queue 与 queue.PriorityQueue）的简单程序，我们可以完全避免使用显式的锁机制。

尽管多线程程序设计毫无疑问是时尚的，但与单线程程序相比，多线程程序的编写、维护与调试都对程序员提出了更高的要求。然而，多线程程序允许直接通信，比如，使用共享数据（假定我们使用 queue 类或使用锁机制），这比使用子进程时更容易进行同步（比如，为了收集结果）。在 GUI（图形用户界面）程序中，线程化也是非常有用的，这类程序必须实现可以长时间运行的任务，同时又要保证响应能力，包括取消当前正在运行任务的能力。如果进程之间使用了较好的通信机制，比如共享内存或 multiprocessing 包提供的进程透明的队列机制，那使用多进程通常是比多线程更可行的替代方案。

下一章将展示另一个线程化程序实例，包括一个服务器，用于处理来自每个单独线程的每个客户端请求，其中使用锁机制来保护共享数据。

10.4　练习

1. 复制并修改 grepword-p.py 程序，以便不再使用子进程来打印其输出，而是由主程序统一收集结果，在所有子进程完成工作后，对其结果进行排序并打印。这只需要编辑 main()函数，并修改其中 3 行代码，添加 3 行代码。要完成该练习，需要一些思考，实现时也需要多加注意，或许还需要阅读 subprocess 模块的文档。grepword-p_ans.py 中给出了这一练习的解决方案。

2. 编写一个多线程的程序，该程序读入在命令行中（递归地读入命令行中列出的任意目录中的文件）给定的文件列表中的文件。对任意的 XML 文件（该文件以字符"<?xml"开始），使用 XML 分析器分析该文件，并生成一个由该文件使用的各种不同标签组成的列表，如果分析过程中发生错误，就输出一条错误消息。下面给出的是该程序某次特定运行时的样例输出：

```
./data/dvds.xml is an XML file that uses the following tags:
    dvd
    dvds
./data/bad.aix is an XML file that has the following error:
    mismatched tag: line 7889, column 2
./data/incidents.aix is an XML file that uses the following tags:
    airport
    incident
    incidents
    narrative
```

要实现这一程序，最简单的方法是对 findduplicates-t.py 程序进行修改，当然你也可以完全从头开始编写该程序。Worker 类的__init__()方法与 run()方法需要进行少量修

改，process()方法则需要完全进行重写（但只需要大概 20 行代码）。该程序的 main()
函数需要进行一些简化，print_results()函数中的某行代码也是如此。使用帮助信息也
需要适当修改，以便产生类似于如下信息：

Usage: xmlsummary.py [options] [path]

outputs a summary of the XML files in path; path defaults to .

Options:
  -h, --help   show this help message and exit
  -t COUNT, --threads=COUNT
                          the number of threads to use (1..20) [default 7]
  -v, --verbose
  -d, --debug

　　要注意使用调试标记来运行该程序，以便检测线程的启动以及对分配给其的工作
载荷的完成情况。xmlsummary.py 中提供了一个解决方案，大概包含略超过 100 行代
码，并且没有使用显式的锁机制。

第**11**章
网络

‖‖‖‖

借助于网络化，计算机程序可以彼此通信——即便运行在不同的机器上。对诸如 Web 浏览器等程序，实际上这就是其功能实质所在；对其他程序，网络化则扩展了其功能，比如，远程操作或登录，或从其他机器取回数据（或为其提供数据）。大多数网络化程序的工作模式或者是点对点（相同程序运行在不同机器上）的，或者是更常见的客户端/服务器（客户端程序向服务器提交请求）模式。

在本章中，我们将创建一个基本的客户端/服务器模式的应用程序。这样的应用程序通常实现为两个分离的程序：服务器，等待来自客户端的请求并对其进行响应；一个或多个客户端，向服务器提交请求并处理服务器的响应信息。为保证这一模式顺利运作，客户端必须知道要连接的服务器在哪里，也就是服务器的 IP（Internet 协议）地址与端口号*。此外，客户端与服务器在发送与接收数据时，都必须使用议定的协议，协议中要使用双方都可以正确理解与处理的数据格式。

Python 的底层 socket 模块（Python 的所有高层网络功能模块都以此模块为基础）同时支持 IPv4 地址与 IPv6 地址，也支持大多数通常使用的网络协议，包括 UDP（用户数据报协议）与 TCP（传输控制协议）。UDP 是一个轻量级（但不是很可靠）的无连接协议，在这一协议中，数据是以离散的数据包（数据报）形式发送的，但并不能保证一定可以发送到目的地；TCP 是一个可靠的、有连接的、面向流的协议，借助于 TCP，任意数量的数据都可以发送或接收——在发送端，socket 负责将数据分解为合适大小的数据块，以便可以正确发送；在接收端，socket 负责将数据进行重组。

UDP 通常用于对提供连续读数的仪器进行监控，这种情境下偶尔的数据丢失不会有很大的影响，比如，在音频流或视频流的传送中可以使用 UDP——偶尔的帧丢失是可以接受的。FTP 与 HTTP 都建立在 TCP 之上，客户端/服务器模式的应用程序通常也使用 TCP，这是因为都需要面向连接的通信以及 TCP 提供的可靠性。在本章中，我

---

* 机器也可以使用服务发现技术进行连接，比如，使用 bonjour API；相应模块为 Python Package Index 中的 pypi.python.org/pypi。

们将开发一个客户端/服务器应用程序，因此也需要使用 TCP。

　　另一个需要确定的问题是如何发送与接收数据，是以文本行的形式还是以二进制数据块的形式发送。如果是后者，具体采用的又是哪种数据格式？在本章中，我们使用的数据格式为二进制数据块，其中，最前面的 4 个字节用于表示后面数据的长度（编码为无符号整数，使用 struct 模块）其后跟随的数据为一个二进制 pickle。这种方法的好处在于，pickle 中几乎可以存储任意数据，因此，对任意应用程序，都可以使用相同的数据发送、接收代码；不足之处在于，客户端与服务器必须都能正确理解 pickle，因此，都必须采用 Python 进行编写或必须可以访问 Python，比如，在 Java 中使用 Jython，在 C++中使用 Boost.Python。当然，通常的安全性衡量也适用于 pickle 的使用。

　　我们将使用的实例是一个汽车注册程序。在该程序中，服务器存放汽车注册的详细资料（汽车牌照、座位、里程、所有人），客户端可以取回汽车详细资料、改变汽车的里程数或所有人，或进行新的汽车注册。任意数量的客户端都可以使用，并且彼此不会发生阻塞——即便两个客户端同时访问服务器，这是因为服务器将每一个客户端请求分别分配给不同的线程进行处理。（我们将看到，使用不同的进程进行分别处理也一样方便。）

　　对本实例，为方便起见，我们将服务器与客户端在同一台机器上运行，这意味着我们使用"本地主机"作为 IP 地址（如果服务器运行在其他主机上，那么可以在命令行中将其地址传送给客户端；如果没有防火墙机制，那么也可以正常工作），端口号的选择也是任意的，这里选取的是 9653。端口号应该大于 1023，通常在 5001 与 32767 之间——尽管数值上在 65535 之下的端口号数值都是有效的。

　　服务器可以接受 5 种类型的请求：GET_CAR_DETAILS、CHANGE_MILEAGE、CHANGE_OWNER、NEW_REGISTRATION 与 SHUTDOWN，并对每种请求给出对应的响应信息，响应信息可以是被请求的数据、对请求操作的确认，或指明出现某种错误。

11.1　创建 TCP 客户端

客户端程序名为 car_registration.py，下面给出该程序的一个交互实例（与已运行的服务器的交互，对菜单进行适当编辑使其与页面相适应）：

(C)ar (M)ileage (O)wner (N)ew car (S)top server (Q)uit [c]:
License: 024 hyr
License: 024 HYR
Seats: 2
Mileage: 97543

Owner: Jack Lemon
(C)ar (M)ileage (O)wner (N)ew car (S)top server (Q)uit [c]: **m**
License [024 HYR]:
Mileage [97543]: **103491**
Mileage successfully changed

上面的实例中，用户输入数据部分是以**粗体**显示的，在没有显式地要求用户输入的地方，则需要用户按 Enter 键接受默认信息。在上面的实例中，用户要求查看某特定汽车的详细资料，并更新自身的里程数。

同时运行的客户端可以有任意多个，在某用户退出其客户端程序时，服务器并不会受影响。如果服务器被终止运行，那么终止服务器的客户端将退出，所有其他客户端将收到"连接拒绝"错误消息，并在下次尝试访问服务器时结束。在更复杂的应用程序中，只有某些特定用户才可以终止服务器的运行（或许还需要在特定的机器上），这里为了展示这种机制是如何实现的，我们在客户端程序中包含了这一功能。

下面看一下实现代码，代码以 main()函数开始，其后是对用户界面的处理，最后是网络代码本身。

```
def main():
    if len(sys.argv) > 1:
        Address[0] = sys.argv[1]
    call = dict(c=get_car_details, m=change_mileage, o=change_owner,
            n=new_registration, s=stop_server, q=quit)
    menu = ("(C)ar Edit (M)ileage Edit (O)wner (N)ew car "
            "(S)top server (Q)uit")
    valid = frozenset("cmonsq")
    previous_license = None
    while True:
        action = Console.get_menu_choice(menu, valid, "c", True)
        previous_license = call[action](previous_license)
```

Address 列表是一个全局变量，用于存储 IP 地址与端口号，形式为["localhost ", 9653]，如果在命令行中指定，那么 IP 地址可以被重写；字典 call 用于实现菜单选项到功能的映射。

模块 Console 是本书提供的一个模块，其中包含了一些有用的函数，用于从控制台上用户处获取相关值，比如 Console.get_string()与 Console.get_integer()，这与本书前面章节中开发的函数是类似的，将其部署在一个模块中是为了便于在不同的程序中重用。

由于大多数命令都以询问相关汽车的汽车牌照开始，因此为方便用户，程序将记录用户最近一次输入的汽车牌照，并将其作为默认值。用户做出选择之后，我们将调用相关函数传递汽车牌照，并期望每个函数返回其使用的汽车牌照。另外，由于循环是无限的，因此，程序必须由某个函数进行终止。下面我们进一步查看相关函数与代码。

```
def get_car_details(previous_license):
    license, car = retrieve_car_details(previous_license)
    if car is not None:
        print("License: {0}\nSeats: {seats}\nMileage: {mileage}\n"
            "Owner: {owner}".format(license, **car._asdict()))
    return license
```

上面给出的这一函数用于获取某特定汽车的信息。由于大多数函数都需要从用户处请求汽车牌照，通常还需要一些汽车相关的其他数据以便于正常工作，因此我们提炼出这一功能，将其实现在 retrieve_car_details() 函数中——该函数返回一个二元组，其中包含用户输入的汽车牌照与一个指定的元组 CarTuple，CarTuple 用于存储汽车的座位、里程数与所有人（或者前一个汽车牌照，若输入的是无法识别的汽车牌照，则为 None）。这里，我们只打印取回的信息，并返回汽车牌照作为默认值，以便下一个需要汽车牌照的函数使用。

```
def retrieve_car_details(previous_license):
    license = Console.get_string("License", "license",
                                        previous_license)
    if not license:
        return previous_license, None
    license = license.upper()
    ok, *data = handle_request("GET_CAR_DETAILS", license)
    if not ok:
        print(data[0])
        return previous_license, None
    return license, CarTuple(*data)
```

这是第一个使用网络功能的函数，具体实现在其调用的 handle_request() 函数中，handle_request() 函数把外界提供的任意数据作为参数，并将其发送到服务器，之后返回服务器的任意应答信息。handle_request() 函数不知道、不关心其发送、接收的具体数据，只是纯粹地实现发送、接收数据的功能。

考虑这样一种情况，在汽车注册时，协议要求将需要服务器执行的操作名称作为第一个参数来发送，其后跟随的是任意相关的参数——这里只包括汽车牌照。服务器进行应答时，总是返回一个元组，其中第一个项目是一个布尔型标识 success/failure。如果该标志为 False，那么返回的是一个二元组，其中第二个项目为一条错误消息；如果该标志为 True，那么返回的可以是二元组（其中第二个项目为一条确认消息），也可以是 n 元组，其中第二个以及后续的项目为被请求的数据。

这里，如果汽车牌照无法识别，ok 取值为 False，就在 data[0] 中打印错误消息，并返回前一个未改变的汽车牌照；否则，就返回该汽车牌照（该汽车牌照现在将变为"前一个"汽车牌照）与来自列表 data 的 CarTuple（包括座位、里程数、所有人等信息）。

```
def change_mileage(previous_license):
    license, car = retrieve_car_details(previous_license)
    if car is None:
        return previous_license
    mileage = Console.get_integer("Mileage", "mileage",
                                    car.mileage, 0)
    if mileage == 0:
        return license
    ok, *data = handle_request("CHANGE_MILEAGE", license, mileage)
    if not ok:
        print(data[0])
    else:
        print("Mileage successfully changed")
    return license
```

该函数与 get_car_details()的模式类似，不同之处在于，这里在获取详细资料之后会对其进行适当的更新操作。实际上，该函数包含了两个网络调用，因为 retrieve_car_details()需要调用 handle_request()来获取汽车的详细资料。这样做一方面是为了确认汽车牌照的有效与否，另一方面是为了获取当前的里程数并将其作为默认值。这里，返回的应答消息总是一个二元组，其中第二个项目或者是一条错误消息，或者为 None。

这里没有给出函数 change_owner()的代码，因为该函数在结构上与 change_mileage()是相同的；也不给出函数 new_registration()的代码，因为该函数的不同之处仅在于开始处不取回汽车的详细资料（该函数处理的是一个新输入的汽车），另外不同的是要求用户输入汽车的所有详细资料而不是仅仅改变某一项——所有这些都已有展示，并且与网络程序设计都没有关系。

```
def quit(*ignore):
    sys.exit()
def stop_server(*ignore):
    handle_request("SHUTDOWN", wait_for_reply=False)
    sys.exit()
```

如果用户选择退出程序，就调用 sys.exit()以便"干净地"终止程序。每一个菜单功能都将被前一个驾照调用，但这里我们不关心具体参数。我们不能编写一个 def quit()——这种做法将创建一个函数，该函数不需要参数，以前一个驾照对其进行调用时，就会产生一个 TypeError 异常，并声称遇到了本不需要提供的参数。从上面的代码中可以看到，我们指定了一个*ignore 参数，该参数可以接受任意数量的位置参数。ignore 这个名称对 Python 没有影响，只是用来通知 maintainers 参数被忽略。

如果用户选择终止服务器，那么可以使用 handle_request()来通知服务器，并规定不需要应答信息。数据发送之后，handle_request()会自动返回，而不会等待应答信息，使用 sys.exit()则保证"干净地"终止程序。

```
def handle_request(*items, wait_for_reply=True):
    SizeStruct = struct.Struct("!I")
    data = pickle.dumps(items, 3)

    try:
        with SocketManager(tuple(Address)) as sock:
            sock.sendall(SizeStruct.pack(len(data)))
            sock.sendall(data)
            if not wait_for_reply:
                return

            size_data = sock.recv(SizeStruct.size)
            size = SizeStruct.unpack(size_data)[0]
            result = bytearray()
            while True:
                data = sock.recv(4000)
                if not data:
                    break
                result.extend(data)
                if len(result) >= size:
                    break
            return pickle.loads(result)
    except socket.error as err:
        print("{0}: is the server running?".format(err))
        sys.exit(1)
```

这一函数实现了客户端程序的所有网络处理功能。从上面的代码可以看到，首先创建了 struct.Struct，该变量的作用是以网络字节顺序存放一个无符号整数，之后创建了一个 pickle，用于存放要通过网络传送的任意数据，函数本身不知道也不关心其中存放的是什么数据。要注意的是，上面代码中将 pickle 协议版本设置为 3，这是为了确保客户端与服务器使用的是相同的 pickle 版本——即便客户端或服务器已经升级为运行不同的 Python 版本。

如果需要协议不会过时，就可以为其指定版本（就像处理二进制磁盘格式一样），这可以在网络层或数据层实现。在网络层，可以传送两个无符号整数而不是一个，也就是长度与协议版本号。在数据层，可以遵循这样一个约定：pickle 总是一个列表（或总是一个字典），首项目（或"版本"项目）包含版本号（在本章的练习部分，可以练习如何对协议进行版本编码）。

SocketManager 是一个自定义的上下文管理器，作用是提供一个 socket——稍后将对其进行描述。socket.socket.sendall()方法的作用是发送所有收到的数据——如果必要，可以在幕后进行多个 socket.socket.send()调用。程序中发送的数据总是包含两个项目，即 pickle 的长度以及 pickle 本身。如果 wait_for_reply 参数取值为 False，就不需要等待应答消息并直接返回——上下文管理器可以确保 socket 在函数真正返回之前关闭。

　　发送数据（并且需要应答信息）之后，调用 socket.socket.recv()方法来获取应答信息。该方法一直阻塞，直至获取应答。在第一次调用的时候，请求的应答信息为 4 个字节，这 4 个字节代表的整数用来存储其后的应答 pickle 的大小。我们使用 struct.Struct 将这些字节拆分为 size 整数，之后创建一个空的 bytearray，并取回最多 4000 字节到来的 pickle。读入 size 字节后（或数据用完），我们跳出循环，并使用 pickle.loads()函数（该函数接受一个 bytes 或 bytearray 对象）对数据进行 unpickle，并返回处理后的数据。这种情况下，我们知道数据总是一个元组，因为这是与汽车注册服务器之间建立的协议，但 handle_request()函数不知道也不关心数据是什么。

　　如果网络连接出错，比如，服务器没有运行或者连接由于某种原因失败，就会产生一个 socket.error 意外，客户端程序捕捉此意外后，将发布一条错误消息并终止。

```
class SocketManager:

    def _init_(self, address):
        self.address = address

    def _enter_(self):
        self.sock = socket.socket(socket.AF_INET, socket.SOCK_STREAM)
        self.sock.connect(self.address)
        return self.sock

    def _exit_ (self, *ignore):
        self.sock.close()
```

　　上面的代码中，address 对象是一个二元组（IP 地址，端口号），该对象在创建上下文管理器时进行设置。上下文管理器在 with 语句中使用后，会创建一个 socket，产生一个连接——一直阻塞，直至连接被建立或直至产生一个 socket 异常。socket.socket()初始化程序的第一个参数是地址簇，这里我们使用的是 socket.AF_INET（IPv4），但其他的也是可用的，比如 socket.AF_INET6（IPv6）、socket.AF_UNIX 或 socket.AF_NETLINK，第二个参数通常是 socket.SOCK_STREAM（TCP）（如这里使用的）或 socket.SOCK_DGRAM（UDP）。

　　控制流转到 with 语句的作用范围之外以后，将调用上下文对象的 __exit()__ 方法。我们不必关心是否有意外产生（所以我们忽略意外参数），而只是关闭该 socket。由于该方法返回 None（在 Boolean 上下文中为 False），因此任何异常将被传播（我们在 handle_request()中设计了适当的 except 块，因此，这种机制将正常工作）。

11.2   创建 TCP 服务器

创建服务器的代码通常遵循同样的设计模式，因而，我们不必使用低层的 socket 模块，可以使用高层的 socket-server 模块，该模块可以完成创建服务器所需要的对象。我们所需要做的就是提供一个请求句柄类以及一个 handle()方法，以便读取请求并进行应答。socket-server 模块负责处理网络连接的相关操作，对来自客户端的每个请求进行响应，或者是串行处理，或者是将不同的请求分配给单独的线程或进程（这一切操作都是透明的，用户不需要为低层的细节而困扰）。

对于本应用程序而言，要创建的服务器为 car_registration_server.py[*]。该程序包含一个非常简单的 **Car** 类，其中包括座位、里程数、所有人信息等属性（座位属性是只读的），但不包括汽车牌照，这是因为汽车存储在字典中，汽车牌照则用作字典的键。

我们首先给出 main()函数，之后简要解释服务器数据是如何加载的，再之后是自定义服务器类的创建，最后给出的是请求句柄类的实现（用于处理客户端请求）。

```
def main():
    filename = os.path.join(os.path.dirname(__file__),
                            "car_registrations.dat")
    cars = load(filename)
    print("Loaded {0} car registrations".format(len(cars)))
    RequestHandler.Cars = cars
    server = None
    try:
        server = CarRegistrationServer(("", 9653), RequestHandler)
        server.serve_forever()
    except Exception as err:
        print("ERROR", err)
    finally:
        if server is not None:
            server.shutdown()
            save(filename, cars)
            print("Saved {0} car registrations".format(len(cars)))
```

我们已经将汽车注册相关数据存储在程序所在目录。cars 对象被设置在字典中，字典的键为汽车牌照字符串，取值为 **Car** 对象。通常，服务器不会打印数据，这是因为，典型情况下，服务器是自动启动与终止的，并在后台运行，所以，服务器通常只是将其状态写入日志（使用 logging 模块）。这里，为了使实验测试更加清晰简单，我

---

[*] 服务器第一次在 Windows 上运行时，防火墙会弹出提示信息声称 Python 被阻止，此时选择允许，以便服务器可以正常运行。

们在服务器启动与终止时打印了一条消息。

请求句柄类需要具备访问 cars 字典的能力，但我们不能将字典传递给某个实例，这是因为服务器会为我们创建实例——以便处理每个请求，因此，我们将字典设置为 RequestHandler.Cars 类变量，以便所有实例都可以对其进行存取。

我们创建了一个服务器实例，并向其传递了需要使用的 IP 地址与端口号，还创建了 RequestHandler 类对象（而不是实例）。使用空字符串作为地址可以代表任意可存取的 IPv4 地址（包括当前机器地址，localhost）。完成创建之后，又通过相应代码使服务器一直对客户端请求进行响应。服务器关机时（后面我们会看到这是怎样进行的），数据可能已经被客户端修改，因此我们将保存 cars 字典。

```
def load(filename):
    try:
        with contextlib.closing(gzip.open(filename, "rb")) as fh:
            return pickle.load(fh)
    except (EnvironmentError, pickle.UnpicklingError) as err:
        print("server cannot load data: {0}".format(err))
        sys.exit(1)
```

实现加载的代码比较简单，这是因为我们使用了标准库中 contextlib 模块的上下文管理器，以确保文件能被关闭（不管是否有意外发生）。使用自定义的上下文管理器也可以实现这一效果，比如：

```
class GzipManager:

    def __init__(self, filename, mode):
        self.filename = filename
        self.mode = mode

    def __enter__(self):
        self.fh = gzip.open(self.filename, self.mode)
        return self.fh

    def __exit__(self, *ignore):
        self.fh.close()
```

使用自定义的 GzipManager，with 语句变为如下格式：

```
with GzipManager(filename, "rb") as fh:
```

该上下文管理器可以在任意 Python 3.x 环境下使用。但如果我们只是关心 Python 3.1 或后续版本，也可以简单地写为 with gzip.open(…)as fh，因为从 Python 3.1 开始，gzip.open()函数支持上下文管理协议。

save()函数（这里没有展示）在结构上与 load()函数相同，不同之处在于此函数以二进制写模式打开文件，使用 pickle.dump()保存数据，并且不返回任何对象。

```
class CarRegistrationServer(socketserver.ThreadingMixIn,
                            socketserver.TCPServer): pass
```

上面给出的是完整的自定义服务器类。如果我们需要创建一个使用进程而不是线程的服务器，那么唯一需要做的改变是继承 socketserver.ForkingMixIn 类，而非 socketserver.ThreadingMixIn 类。术语 mixin 通常用于描述那些专门设计为多继承的类。socketserver 模块的类可用于创建各种类型的自定义服务器，包括 UDP 服务器以及 UNIX TCP、UDP 服务器，这是通过继承适当的基类对实现的。

要注意的是，我们使用的 socketserver mixin 类必须总是首先被继承，这是为了保证 mixin 类的方法比第二个类的方法优先使用（对两个类都可以提供同一方法的情况），因为 Python 在基类中搜索方法时，其顺序是基类被指定的顺序，并使用首先找到的适当方法。

socket 服务器创建一个请求处理程序（使用其被给定的类）来处理每一个请求。我们自定义的 RequestHandler 类为每种可以处理的请求提供了一个方法，另外还必须有一个 handle()方法，因为这是 socket 服务器使用的唯一方法。在查看这一方法之前，我们先查看类声明以及类变量。

```
class RequestHandler(socketserver.StreamRequestHandler):

    CarsLock = threading.Lock()
    CallLock = threading.Lock()
    Call = dict(
        GET_CAR_DETAILS=(
                lambda self, *args: self.get_car_details(*args)),
        CHANGE_MILEAGE=(
                lambda self, *args: self.change_mileage(*args)),
        CHANGE_OWNER=(
                lambda self, *args: self.change_owner(*args)),
        NEW_REGISTRATION=(
                lambda self, *args: self.new_registration(*args)),
        SHUTDOWN=lambda self, *args: self.shutdown(*args))
```

我们创建了一个 socketserver.StreamRequestHandler 子类，因为我们正在使用流（TCP）服务器。对 UDP 服务器，有相应的 socketserver.DatagramRequestHandler，或者，我们也可以继承 socketserver.BaseRequestHandler 类，以便进行底层的存取。

RequestHandler.Cars 字典是一个在 main()函数中添加的类变量，其中存放所有注册数据。向对象（比如类与实例）中添加额外的属性可以在类外（这里是 main()函数）完成，而不拘形式（只要该对象有一个__dict__），并且可以非常便利地完成。因为我们知道，类依赖于这个变量，有些程序员可能会添加 Cars ＝ None 作为一个类变量，以便记录该变量的存在。

几乎每个处理请求的方法都需要存取 Cars 数据，但我们必须保证该数据不会同时被两个方法（来自两个不同的线程）存取，如果发生这种情况，那么字典将被损坏或者程序崩溃。为避免这种情况，我们使用一个锁类变量，以便确保在同一时刻只有一个线程存取 Cars 字典[*]（线程化，包括锁的使用，都在第 10 章中进行了讲述）。

Call 字典是另一个类变量，该字典的每个键是服务器可以执行的操作名，值则为执行该操作的函数。我们不能直接使用方法，就像对客户端的菜单字典中的函数一样，因为类这一层没有可用的 self。我们使用的解决方案是，提供 wrapper 函数，在 self 被调用时对其进行包裹，并依次调用适当的方法（带有给定的 self 与任何其他参数）。一种替代的解决方案是在所有方法之后创建 Call 字典，这使得我们可以创建类似于 GET_CAR_DETAILS=get_car_details 这样的条目，并且 Python 有能力找到 get_car_details()方法，因为 Call 字典是在所有方法定义之后创建的。我们使用了第一种方法，因为这种方法更加显式，也不会对方法与字典创建的顺序进行约束。

Call 字典只有在类创建后才会被读取，由于该字典是可变的，因此我们采用双保险机制，并为其创建一个锁，以保证不会有两个线程同时对其进行存取。（同样地，由于 GIL 的作用，对 CPython 而言，这里的锁机制也并不是必需的。）

```
def handle(self):
    SizeStruct = struct.Struct("!I")
    size_data = self.rfile.read(SizeStruct.size)
    size = SizeStruct.unpack(size_data)[0]
    data = pickle.loads(self.rfile.read(size))

    try:
        with self.CallLock:
            function = self.Call[data[0]]
            reply = function(self, *data[1:])
    except Finish:
        return
    data = pickle.dumps(reply, 3)
    self.wfile.write(SizeStruct.pack(len(data)))
    self.wfile.write(data)
```

在客户端提交请求的任意时刻都会创建一个线程与 RequestHandler 类的一个新实例，之后调用该实例的 handle()方法。在该方法内部，来自于客户端的数据将从文件对象 self.rfile 读取，向客户端返回数据则可以通过写 self.wfile 对象实现——这两个对象都是由 socketserver 提供的，并打开以备使用。

struct.Struct 用于整数字节计数，整数字节计数用于“length plus pickle”格式，我们使用这种格式在客户端与服务器之间交换数据。

---

[*] GIL（全局解释器锁）用于确保对 Cars 字典的存取是同步的，但如前面所述，我们没有使用，因为这是 CPython 的实现细节。

我们首先读入 4 个字节，并将其拆分为 size 整数，以便获知发送给我们的 pickle 大小。之后读入 size 字节，并将其 unpickle 为 data 变量。读操作将一直阻塞，直至数据被读入。这里，我们知道 data 总是一个元组，其中第一项是被请求的操作，其他项则为参数，因为这是与汽车注册客户端之间建立的协议。

在 try 代码块内部，我们获取适合于执行请求操作的 lambda 函数。我们使用锁机制来保护对 Call 字典的存取，尽管这种做法可能过于谨慎。与以往一样，我们始终坚持在锁的作用范围之内做尽可能少的工作——这里仅做一个字典查询，以便获取对函数的引用。获取该函数后，就对其进行调用，将 self 作为第一个参数，data 元组的余下部分作为其他参数。这里我们在进行函数调用，因此 Python 没有传递 self。这并不会导致问题，因为我们会自己传递 self。在 lambda 函数内部，传入的 self 用于以通常方式调用方法。也就是说，执行调用 self.method(*data[1:])。这里，method 是与 data[0] 中给定的操作相对应的方法。

如果该操作是关机，那么 shutdown() 方法内将产生一个自定义的 Finish 异常。如果出现这种情况，我们就可以知道客户端无法获取应答信息，因此只是简单地返回。但对于任何其他操作，我们对调用操作相应的方法（使用 pickle 协议 3）产生的结果进行 pickle，并写入 pickle 大小以 pickle 数据本身。

```
def get_car_details(self, license):
    with self.CarsLock:
        car = copy.copy(self.Cars.get(license, None))
    if car is not None:
        return (True, car.seats, car.mileage, car.owner)
    return (False, "This license is not registered")
```

这一方法从请求汽车数据锁开始——并阻塞直至获取了该锁。之后使用 dict.get() 方法（第二个参数为 None）来获取给定驾照的汽车——或获取 None。该汽车对象将被复制，with 语句也将结束，这将保证锁的作用时间尽可能短。尽管读操作并不会改变读取的数据，但我们正在处理的是可变的组合型数据，其他线程中的其他方法可能在我们读数据的同时尝试改变字典——使用锁可以避免出现这种情况。在锁的作用范围之外，我们现在具备了汽车对象的副本（或 None），我们可以在适当的时间对其进行处理，而不会阻塞任何其他线程。

像所有汽车注册操作处理方法一样，这里也返回一个元组，其第一项是一个布尔型的成功/失败标记，其他项则是可变的。除"第一项是布尔型数据的元组"外，这些方法都不需要担心（甚至不需要知道）其数据是如何返回给客户端的，因为所有网络交互都封装在 handle() 方法中。

```
def change_mileage(self, license, mileage):
    if mileage < 0:
        return (False, "Cannot set a negative mileage")
    with self.CarsLock:
        car = self.Cars.get(license, None)
```

```
        if car is not None:
            if car.mileage < mileage:
                car.mileage = mileage
                return (True, None)
            return (False, "Cannot wind the odometer back")
        return (False, "This license is not registered")
```

在这一方法中，我们可以进行检测，而不需要请求锁。如果 mileage 是一个非负值，我们就必须请求锁，并获取相关的汽车对象，如果获取了汽车对象（也就是说，驾照是有效的），我们就必须在锁的作用范围内按照要求改变 mileage——或返回一个错误元组。如果没有哪个汽车对象使用给定的驾照（car 为 None），我们就退出 with 语句，并返回一个错误元组。

好像在客户端进行了验证，就可以避免一些网络流量开销，比如，对里程数为负数的情况，客户端可以给出一条错误消息（或简单地阻止）。即使客户端应该进行验证，我们仍然必须在服务器端进行检测，因为我们不能假定客户端肯定没有错误。并且，尽管客户端获取汽车的 mileage 并将其用作默认的里程数，我们也不能假定用户输入的里程数（即使大于当前里程数）是有效的，因为某些其他客户端可能同时提高了里程数。因此，我们只能在服务器端进行权威性的验证，并只在锁的作用范围内进行。

change_owner()方法非常类似，因此这里不再给出。

```
def new_registration(self, license, seats, mileage, owner):
    if not license:
        return (False, "Cannot set an empty license")
    if seats not in {2, 4, 5, 6, 7, 8, 9}:
        return (False, "Cannot register car with invalid seats")
    if mileage < 0:
        return (False, "Cannot set a negative mileage")
    if not owner:
        return (False, "Cannot set an empty owner")
    with self.CarsLock:
        if license not in self.Cars:
            self.Cars[license] = Car(seats, mileage, owner)
            return (True, None)
        return (False, "Cannot register duplicate license")
```

同样，我们可以在存取注册数据之前进行大量的错误检测工作，如果所有数据有效，我们就请求一个锁。如果驾照不在 RequestHandler.Cars 字典中（应该是这样的，因为新注册的汽车对象应该有一个尚未存在于字典中的驾照），我们就创建一个新的 Car 对象，并将其存放于该字典中。这些操作必须都在同一个锁的作用范围内完成，因为在检测 RequestHandler.Cars 字典中是否存在某个驾照与向字典中添加新的 Car 对象之间，我们不能允许有任何其他客户端添加新的汽车对象。

```
def shutdown(self, *ignore):
    self.server.shutdown()
    raise Finish()
```

如果操作是关机，我们就调用服务器的 shutdown()方法——这将阻止服务器接受任何进一步的请求（如果服务器还在为现有的请求服务，则仍然可以运行）。之后，产生一个自定义异常，以便告知 handler()已经结束——这将使 handler()返回，而不向客户端发送任何应答。

11.3 总结

在本章中，我们展示了一个创建网络客户端与服务器的实例。借助于标准库中提供的相应网络模块，以及 struct 模块与 pickle 模块，在 Python 中完成上述任务是非常直接的。

在第一节中，我们实现了一个客户端程序，并赋予其一个单独的 handle_request() 函数，该函数用于向服务器发送任意 picklable 数据（或从服务器接收），使用的是通用数据格式"长度加 pickle"。第二节中，我们了解了如何使用 socketserver 模块中的类创建一个服务器子类，以及如何实现一个请求处理程序类来处理客户端的请求。这里，网络交互的核心部分由一个单独的方法 handle()来实现，该方法可以从客户端接收（也可以向客户端发送）任意 picklable 数据。

socket 模块、socketserver 模块以及标准库中很多其他模块（比如 asyncore、asynchat 与 ssl）都提供了比这里更多的功能。如果感觉标准库提供的网络功能不够充分或不是很高层，那么可以查看第三方的 Twisted 网络框架（www.twistedmatrix.com），并将其作为一种可能的替代。

11.4 练习

练习主要是对本章中讲述的客户端程序与服务器程序进行修改，这些修改的工作量并不大，但需要仔细斟酌，以保证所做的修改是正确的。

1. 复制 car_registration_server.py 程序与 car_registration.py 程序，对其进行修改，使其在网络层协议上交互数据，比如，这可以通过在结构（长度，协议版本）中传递两个参数（而非一个）来实现。

为完成上述工作，需要在客户端程序的 handle_request()函数中添加或修改大概 10 行代码，在服务器程序的 handle()方法中添加或修改大概 16 行代码——包括用于处理读取的协议版本与期待值不匹配这种情况的代码。

用于本练习与下一个练习的解决方案在程序 car_registration_ans.py 与 car_registration_server_ans.py 中提供。

2. 复制 car_registration_server.py 程序（或使用练习 1 中实现的版本），并对其进行修改，使其可以提供一个新操作 GET_LICENSES_STARTING_WITH。该操作应该可以接收一个单独的字符串参数，实现该操作的方法则应该总是返回一个二元组（True，驾照列表），注意没有错误（False）的情况，因为没有匹配并不是一个错误，而只是简单地生成一个二元组，第一项仍为 True，第二项则为一个空的列表。

在锁的作用范围内取回驾照（RequestHandler.Cars 字典的键），但所有其他工作都在锁的作用范围外完成，以便最小化阻塞的功能。为发现匹配的驾照，一种高效的方法是对键进行排序，之后使用 bisect 模块发现第一个匹配的驾照，之后从该处开始迭代。另一种可能的方法是对驾照进行迭代，选取出那些以给定字符串开始的驾照，或许这需要使用列表内涵。

除额外的 import 语句之外，Call 字典需要两行额外的代码用于相应操作。用于实现相应操作的方法可以在不到 10 行代码内实现。这并不难做到，尽管需要注意。car_registration_server_ans.py 程序提供了使用 bisect 模块的一个解决方案。

3. 复制 car_registration.py 程序（或使用练习 1 中实现的版本），并对其进行修改，使其可以使用新的服务器（car_registration_server_ans.py）。这意味着修改 retrieve_car_details()函数，在用户输入一个无效的驾照后就弹出一个提示符，并要求输入驾照的起始字符，之后在一个驾照列表中进行选择。下面给出使用新函数的一个交互实例（服务器已运行起来，需要对菜单进行适当修改以便适应页面，并将用户的输入以粗体表示）：

```
(C)ar  (M)ileage  (O)wner  (N)ew car  (S)top server  (Q)uit [c]:
License: da 4020
License: DA 4020
Seats:    2
Mileage: 97181
Owner:    Jonathan Lynn
(C)ar  (M)ileage  (O)wner  (N)ew car  (S)top server  (Q)uit [c]:
License [DA 4020]: z
This license is not registered
Start of license: z
No licence starts with Z
Start of license: a
(1) A04 4HE
(2) A37 4791
(3) ABK3035
Enter choice (0 to cancel): 3
License: ABK3035
Seats:    5
Mileage: 17719
Owner:    Anthony Jay
```

这种改变包括删除一行代码，并添加大概 20 多行代码。稍有些棘手的地方在于，必须允许用户在每个阶段退出或继续。确保对所有情况都测试了新功能（没有哪个驾照以给定字符串开始，有一个驾照以给定字符串开始，两个或多个驾照以给定字符串开始）。car_registration_ans.py 程序提供了针对本练习的解决方案。

第 **12** 章
数据库程序设计

对大多数软件开发者而言，术语数据库通常是指 RDBMS（关系数据库管理系统），这些系统使用表格（类似于电子表格的网格），其中行表示记录，列表示记录的字段。表格及其中存放的数据是使用 SQL（结构化查询语言）编写的语句来创建并操纵的。Python 提供了用于操纵 SQL 数据库的 API（应用程序接口），通常与作为标准的 SQLite 3 数据库一起发布。

另一种数据库是 DBM（数据库管理器），其中存放任意数量的键-值项。Python 的标准库提供了几种 DBM 的接口，包括某些特定于 UNIX 平台的。DBM 的工作方式与 Python 中的字典类似，区别在于 DBM 通常存放于磁盘上而不是内存中，并且其键与值总是 bytes 对象，并可能受到长度限制。本章第一节中讲解的 shelve 模块提供了方便的 DBM 接口，允许我们使用字符串作为键，使用任意（picklable）对象作为值。

如果可用的 DBM 与 SQLite 数据库不够充分，Python Package Index, pypi.python.org/pypi 中提供了大量数据库相关的包，包括 bsddb DBM（"Berkeley DB"），对象-关系映射器，比如 SQLAlchemy（www.sqlalchemy.org），以及流行的客户端/服务器数据的接口，比如 DB2、Informix、Ingres、MySQL、ODBC 以及 PostgreSQL。

本章中，我们将实现某程序的两个版本，该程序用于维护一个 DVD 列表，并追踪每个 DVD 的标题、发行年份、时间长度以及发行者。该程序的第一版使用 DBM（通过 shelve 模块）存放其数据，第二版则使用 SQLite 数据库。两个程序都可以加载与保存简单的 XML 格式，这使得从某个程序导出 DVD 数据并将其导入到其他程序成为可能。与 DBM 版相比，基于 SQL 的程序提供了更多一些的功能，并且其数据设计也稍干净一些。

12.1 DBM 数据库

shelve 模块为 DBM 提供了一个 wrapper，借助于此，我们在与 DBM 交互时，可以将其看做一个字典，这里是假定我们只使用字符串键与 picklable 值，实际处理时，shelve 模块会将键与值转换为 bytes 对象（或者反过来）。

由于 shelve 模块使用的是底层的 DBM，因此，如果其他计算机上没有同样的 DBM，那么在某台计算机上保存的 DBM 文件在其他机器上无法读取是可能的。为解决这一问题，常见的解决方案是对那些必须在机器之间可传输的文件提供 XML 导入与导出功能，这也是我们在本节的 DVD 程序 dvds-dbm.py 中所做的。

对键，我们使用 DVD 的标题；对值，则使用元组，其中存放发行者、发行年份以及时间。借助于 shelve 模块，我们不需要进行任何数据转换，并可以把 DBM 对象当做一个字典进行处理。

程序在结构上类似于我们前面看到的那种菜单驱动型的程序，因此，这里主要展示的是与 DBM 程序设计相关的那部分。下面给出的是程序 main() 函数中的一部分，忽略了其中菜单处理的部分代码。

```
db = None
try:
    db = shelve.open(filename, protocol=pickle.HIGHEST_PROTOCOL)
    ...
finally:
    if db is not None:
        db.close()
```

这里我们已打开（如果不存在就创建）指定的 DBM 文件，以便于对其进行读写操作。每一项的值使用指定的 pickle 协议保存为一个 pickle，现有的项可以被读取，即便是使用更底层的协议保存的，因为 Python 可以计算出用于读取 pickle 的正确协议。最后，DBM 被关闭——其作用是清除 DBM 的内部缓存，并确保磁盘文件可以反映出已作的任何改变，此外，文件也需要关闭。

该程序提供了用于添加、编辑、列出、移除、导入、导出 DVD 数据的相应选项。我们将跳过 XML 格式的数据导入与导出部分，因为与第 7 章中展示的非常类似。除添加外，我们将忽略大部分用户接口代码，同样是因为已经在其他上下文中进行了展示。

```
def add_dvd(db):
    title = Console.get_string("Title", "title")
    if not title:
        return
    director = Console.get_string("Director", "director")
    if not director:
        return
    year = Console.get_integer("Year", "year", minimum=1896,
                               maximum=datetime.date.today().year)
    duration = Console.get_integer("Duration (minutes)", "minutes",
                                   minimum=0, maximum=60*48)
```

```
      db[title] = (director, year, duration)
      db.sync()
```

　　像程序菜单调用的所有函数一样，这一函数也以 DBM 对象（db）作为其唯一参数。该函数的大部分工作都是获取 DVD 的详细资料，在倒数第二行，我们将键-值项存储在 DBM 文件中，DVD 的标题作为键，发行者、年份以及时间（由 shelve 模块 pickled 在一起）作为值。

　　为与 Python 通常的一致性同步，DBM 提供了与字典一样的 API，因此，除了 shelve.open()函数（前面已展示）与 shelve.Shelf.sync()方法（该方法用于清除 shelve 的内部缓存，并对磁盘上文件的数据与所做的改变进行同步——这里就是添加一个新项），我们不需要学习任何新语法。

```
      def edit_dvd(db):
          old_title = find_dvd(db, "edit")
          if old_title is None:
              return
          title = Console.get_string("Title", "title", old_title)
          if not title:
              return
          director, year, duration = db[old_title]
          ...
          db[title] = (director, year, duration)
          if title != old_title:
              del db[old_title]
      db.sync()
```

　　为对某个 DVD 进行编辑，用户必须首先选择要操作的 DVD，也就是获取 DVD 的标题，因为标题用作键，值则用于存放其他相关数据。由于必要的功能在其他场合（比如移除 DVD）也需要使用，因此我们将其实现在一个单独的 find_dvd()函数中，稍后将查看该函数。如果找到了该 DVD，我们就获取用户所做的改变，并使用现有值作为默认值，以便提高交互的速度。（对于这一函数，我们忽略了大部分用户接口代码，因为其与添加 DVD 时几乎是相同的。）最后，我们保存数据，就像添加时所做的一样。如果标题未作改变，就重写相关联的值；如果标题已改变，就创建一个新的键-值对，并且需要删除原始项。

```
      def find_dvd(db, message):
          message = "(Start of) title to " + message
          while True:
              matches = []
              start = Console.get_string(message, "title")
              if not start:
                  return None
```

```
            for title in db:
                if title.lower().startswith(start.lower()):
                    matches.append(title)
            if len(matches) == 0:
                print("There are no dvds starting with", start)
                continue
            elif len(matches) == 1:
                return matches[0]
            elif len(matches) > DISPLAY_LIMIT:
                print("Too many dvds start with {0}; try entering "
                    "more of the title".format(start))
                continue
            else:
                matches = sorted(matches, key=str.lower)
                for i, match in enumerate(matches):
                    print("{0}: {1}".format(i + 1, match))
                which = Console.get_integer("Number (or 0 to cancel)",
                                "number", minimum=1, maximum=len(matches))
                return matches[which - 1] if which != 0 else None
```

为尽可能快而容易地发现某个 DVD，我们需要用户只输入其标题的一个或头几个字符。在具备了标题的起始字符后，我们在 DBM 中迭代并创建一个匹配列表。如果只有一个匹配项，就返回该项；如果有几个匹配项（但少于 DISPLAY_LIMIT，一个在程序中其他地方设置的整数），就以大小写不敏感的顺序展示所有这些匹配项，并为每一项设置一个编号，以便用户可以只输入编号就可以选择某个标题。（Console.get_integer() 函数可以接受 0，即便最小值大于 0，以便 0 可以用作一个删除值。通过使用参数 allow_zero=False，可以禁止这种行为。我们不能使用 Enter 键，也就是说，没有什么意味着取消，因为什么也不输入意味着接受默认值。）

```
    def list_dvds(db):
        start = ""
        if len(db) > DISPLAY_LIMIT:
            start = Console.get_string("List those starting with "
                                    "[Enter=all]", "start")
        print()
        for title in sorted(db, key=str.lower):
            if not start or title.lower().startswith(start.lower()):
                director, year, duration = db[title]
                print("{title} ({year}) {duration} minute{0}, by "
                    "{director}".format(Util.s(duration), **locals()))
```

列出所有 DVD（或者那些标题以某个子字符串引导）就是对 DBM 的所有项进行

迭代。

Util.s()函数就是简单的 s = lambda x: "" if x == 1 else "s"，因此，如果时间长度不是 1 分钟，就返回"s"。

```
def remove_dvd(db):
    title = find_dvd(db, "remove")
    if title is None:
        return
    ans = Console.get_bool("Remove {0}?".format(title), "no")
    if ans:
        del db[title]
        db.sync()
```

要移除一个 DVD，首先需要找到用户要移除的 DVD，并请求确认，获取后从 DBM 中删除该项即可。

到这里，我们展示了如何使用 shelve 模块打开（或创建）一个 DBM 文件，以及如何向其中添加项、编辑项、对其项进行迭代以及移除某个项。

遗憾的是，在我们的数据设计中存在一个瑕疵。发行者名称是重复的，这很容易导致不一致性，比如，发行者 Danny DeVito 可能被输入为"Danny De Vito"，用于一个电影；也可以输入为"Danny deVito"，用于另一个。为解决这一问题，可以使用两个 DBM 文件，主 DVD 文件使用标题键与（年份，时间长度，发行者 ID）值；发行者文件使用发行者 ID （整数）键与发行者名称值。下一节展示的 SQL 数据库版程序将避免这一瑕疵，这是通过使用两个表格实现的，一个用于 DVD，另一个用于发行者。

12.2　SQL 数据库

大多数流行的 SQL 数据库的接口在第三方模块中是可用的，Python 带有 sqlite3 模块（以及 SQLite 3 数据库），因此，在 Python 中，可以直接开始数据库程序设计。SQLite 是一个轻量级的 SQL 数据库，缺少很多诸如 PostgreSQL 这种数据库的功能，但非常便于构造原型系统，并且在很多情况下也是够用的。

为使后台数据库之间的切换尽可能容易，PEP 249（Python Database API Specification v2.0）提供了称为 DB-API 2.0 的 API 规范。数据库接口应该遵循这一规范，比如 sqlite3 模块就遵循这一规范，但不是所有第三方模块都遵循。API 规范中指定了两种主要的对象，即连接对象与游标对象。表 12-1 与表 12-2 中分别列出了这两种对象必须支持的 API。在 sqlite3 模块中，除 DB-API 2.0 规范必需的之外，其连接对象与游标对象都提供了很多附加的属性与方法。

表 12-1   DB-API 2.0 连接对象方法

语法	描述
db.close()	关闭到数据库（由 db 对象表示，通过调用 connect()函数获取）的连接
db.commit()	向数据库中提交任何未解决的事务，对不支持事务的数据库则不进行任何操作
db.cursor()	返回一个数据库游标对象，可用于执行数据库查询
db.rollback()	将任何尚未完成的事务回滚到事务开始前的状态，对不支持事务的数据库则不进行任何操作

表 12-2   DB-API 2.0 游标对象属性与方法

语法	描述
c.arraysize	fetchmany()将返回的（可读的/可写的）行数（如果没有指定大小）
c.close()	关闭游标 c，在游标超出范围之外时会自动执行这一操作
c.description	一个只读的 7 元组(name, type_code, display_size, internal_size, precision, scale, null_ok)序列，描述了每个相继的游标 c 组成的列
c.execute(sql, params)	执行字符串 sql 表示的 SQL 查询，使用相应的参数（如果给定就来自 params 序列或映射）替代每个占位符
c.executemany(sql, seq_of_params)	对序列或映射中的 seq_of_params 序列中的每一项执行一次 SQL 查询，该方法不应该用于创建结果集的操作（比如 SELECT 语句）
c.fetchall()	返回一个序列，其中包含所有尚未取回的行
c.fetchmany(size)	返回一个行序列（每个行本身也是一个序列），size 默认值为 c.arraysize
c.fetchone()	以序列的形式返回查询结果集的下一行，结果用尽后则返回 None，如果没有结果集就产生一个异常
c.rowcount	最后一个操作（比如 SELECT、INSERT、UPDATE 或 DELETE）的只读的行计数，如果不可用或不能应用，就返回-1

    DVD 程序的 SQL 版本为 dvds-sql.py，该程序将发行者与 DVD 数据分开存储，以避免重复，并提供一个新菜单，以供用户列出发行者。该程序使用的两个表格在图 12-1中展示。该程序略少于 300 行代码，前面一节中的 dvds-dbm.py 程序不到 200 行代码，主要区别在于这里我们必须使用 SQL 查询，而不是简单的类似于字典的操作，并且在程序初次运行时必须创建数据库的表格。

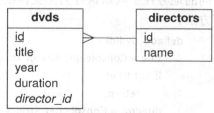

图 12-1   DVD 程序的数据库设计

    main()函数与前面的类似，区别仅在于这里使用自定义的 connect()函数进行连接。

```
def connect(filename):
    create = not os.path.exists(filename)
    db = sqlite3.connect(filename)
    if create:
```

```
cursor = db.cursor()
cursor.execute("CREATE TABLE directors ("
    "id INTEGER PRIMARY KEY AUTOINCREMENT UNIQUE NOT NULL, "
    "name TEXT UNIQUE NOT NULL)")
cursor.execute("CREATE TABLE dvds ("
    "id INTEGER PRIMARY KEY AUTOINCREMENT UNIQUE NOT NULL, "
    "title TEXT NOT NULL, "
    "year INTEGER NOT NULL, "
    "duration INTEGER NOT NULL, "
    "director_id INTEGER NOT NULL, "
    "FOREIGN KEY (director_id) REFERENCES directors)")
db.commit()
return db
```

　　sqlite3.connect()函数会返回一个数据库对象，并打开其指定的数据库文件。如果该文件不存在，就创建一个空的数据库文件。鉴于此，在调用 sqlite3.connect()之前，我们要注意数据库是否准备从头开始创建，如果是，就必须创建该程序要使用的表格。所有查询都是通过一个数据库游标完成的，可以从数据库对象的 cursor()方法获取。

　　注意，两个表格都是使用一个 ID 字段创建的，ID 字段有一个 AUTOINCREMENT 约束——这意味着 SQLite 会自动为 ID 字段赋予唯一性的数值，因此，在插入新记录时，我们可以将这些字段留给 SQLite 处理。

　　SQLite 支持有限的数据类型——实际上就是布尔型、数值型与字符串——但使用数据"适配器"可以对其进行扩展，或者是扩展到预定义的数据类型（比如那些用于日期与 datetimes 的类型），或者是用于表示任意数据类型的自定义类型。DVD 程序并不需要这一功能，如果需要，sqlite3 模块的文档提供了很多详细解释。我们使用的外部键语法可能与用于其他数据库的语法不同，并且在任何情况下，只是记录我们的意图，因为 SQLite 不像很多其他数据库那样需要强制关系完整性，sqlite3 另一点与众不同的地方在于其默认行为是支持隐式的事务处理，因此，没有提供显式的"开始事务"方法。

```
def add_dvd(db):
    title = Console.get_string("Title", "title")
    if not title:
        return
    director = Console.get_string("Director", "director")
    if not director:
        return
    year = Console.get_integer("Year", "year", minimum=1896,
                               maximum=datetime.date.today().year)
    duration = Console.get_integer("Duration (minutes)", "minutes",
```

```
                                    minimum=0, maximum=60*48)
    director_id = get_and_set_director(db, director)
    cursor = db.cursor()
    cursor.execute("INSERT INTO dvds "
                   "(title, year, duration, director_id) "
                   "VALUES (?, ?, ?, ?)",
                   (title, year, duration, director_id))
    db.commit()
```

这一函数的开始代码与 dvds-dbm.py 程序中的对应函数一样,但在完成数据的收集后,与原来的函数有很大的差别。用户输入的发行者可能在也可能不在 directors 表格中,因此,我们有一个 get_and_set_director()函数,在数据库中尚无某个发行者时,该函数就将其插入到其中,无论哪种情况都返回就绪的发行者 ID,以便在需要的时候插入到 dvds 表。在所有数据都可用后,我们执行一条 SQL INSERT 语句。我们不需要指定记录 ID,因为 SQLite 会自动为我们提供。

在查询中,我们使用问号(?)作为占位符,每个?都由包含 SQL 语句的字符串后面的序列中的值替代。命名的占位符也可以使用,后面在编辑记录时我们将看到。尽管避免使用占位符(而只是简单地使用嵌入到其中的数据来格式化 SQL 字符串)也是可能的,我们建议总是使用占位符,并将数据项正确编码与转义的工作留给数据库模块来完成。使用占位符的另一个好处是可以提高安全性,因为这可以防止任意的 SQL 被恶意地插入到一个查询中。

```
    def get_and_set_director(db, director):
        director_id = get_director_id(db, director)
        if director_id is not None:
            return director_id
        cursor = db.cursor()
        cursor.execute("INSERT INTO directors (name) VALUES (?)",
                       (director,))
        db.commit()
        return get_director_id(db, director)
```

这一函数返回给定发行者的 ID,并在必要的时候插入新的发行者记录。如果某个记录被插入,我们首先尝试使用 get_director_id()函数取回其 ID。

```
    def get_director_id(db, director):
        cursor = db.cursor()
        cursor.execute("SELECT id FROM directors WHERE name=?",
                       (director,))
    fields = cursor.fetchone()
    return fields[0] if fields is not None else None
```

get_director_id()函数返回给定发行者的 ID,如果数据库中没有指定的发行者,就返回 None。我们使用 fetchone()方法，因为或者有一个匹配的记录，或者没有。（我们知道，不会有重复的发行者，因为 directors 表格的名称字段有一个 UNIQUE 约束，在任何情况下，在添加一个新的发行者之前，我们总是先检查其是否存在。）这种取回方法总是返回一个字段序列（如果没有更多的记录，就返回 None）。即便如此，这里我们只是请求返回一个单独的字段。

```python
def edit_dvd(db):
    title, identity = find_dvd(db, "edit")
    if title is None:
        return
    title = Console.get_string("Title", "title", title)
    if not title:
        return
    cursor = db.cursor()
    cursor.execute("SELECT dvds.year, dvds.duration, directors.name "
                   "FROM dvds, directors "
                   "WHERE dvds.director_id = directors.id AND "
                   "dvds.id=:id", dict(id=identity))
    year, duration, director = cursor.fetchone()
    director = Console.get_string("Director", "director", director)
    if not director:
        return
    year = Console.get_integer("Year", "year", year, 1896,
                               datetime.date.today().year)
    duration = Console.get_integer("Duration (minutes)", "minutes",
                                   duration, minimum=0, maximum=60*48)
    director_id = get_and_set_director(db, director)
    cursor.execute("UPDATE dvds SET title=:title, year=:year, "
                   "duration=:duration, director_id=:director_id "
                   "WHERE id=:identity", locals())
    db.commit()
```

要编辑 DVD 记录，我们必须首先找到用户需要操纵的记录。如果找到了某个记录，我们就给用户修改其标题的机会，之后取回该记录的其他字段，以便将现有值作为默认值，将用户的输入工作最小化，用户只需要按 Enter 键就可以接受默认值。这里，我们使用了命名的占位符（形式为:name），并且必须使用映射来提供相应的值。对 SELECT 语句，我们使用一个新创建的字典；对 UPDATE 语句，我们使用的是由 locals()返回的字典。

我们可以同时为这两个语句都使用新字典，这种情况下，对 UPDATE 语句，我们可以传递 dict(title=title, year=year, duration=duration, director_id=director_id, id=identity))，而非 locals()。

在具备所有字段并且用户已经输入了需要做的改变之后，我们取回相应的发行者

ID（如果必要就插入新的发行者记录），之后使用新数据对数据库进行更新。我们采用了一种简化的方法，对记录的所有字段进行更新，而不仅仅是那些做了修改的字段。

在使用 DBM 文件时，DVD 标题被用作键，因此，如果标题进行了修改，我们就需要创建一个新的键-值项，并删除原始项。不过，这里每个 DVD 记录都有一个唯一性的 ID，该 ID 是记录初次插入时创建的，因此，我们只需要改变任何其他字段的值，而不需要其他操作。

```python
def find_dvd(db, message):
    message = "(Start of) title to " + message
    cursor = db.cursor()
    while True:
        start = Console.get_string(message, "title")
        if not start:
            return (None, None)
        cursor.execute("SELECT title, id FROM dvds "
                       "WHERE title LIKE ? ORDER BY title",
                       (start + "%",))
        records = cursor.fetchall()
        if len(records) == 0:
            print("There are no dvds starting with", start)
            continue
        elif len(records) == 1:
            return records[0]
        elif len(records) > DISPLAY_LIMIT:
            print("Too many dvds ({0}) start with {1}; try entering "
                  "more of the title".format(len(records), start))
            continue
        else:
            for i, record in enumerate(records):
                print("{0}: {1}".format(i + 1, record[0]))
            which = Console.get_integer("Number (or 0 to cancel)",
                                        "number", minimum=1, maximum=len(records))
            return records[which - 1] if which != 0 else (None, None)
```

这一函数的功能与 dvdsdbm.py 程序中的 find_dvd() 函数相同，并返回一个二元组（DVD 标题，DVD ID）或（None，None），具体依赖于是否找到了某个记录。这里并不需要在所有数据上进行迭代，而是使用 SQL 通配符（%），因此只取回相关的记录。

由于我们希望匹配的记录数较小，因此我们一次性将其都取回到序列的序列中。如果有不止一个匹配的记录，但数量上又少到可以显示，我们就打印记录，并将每条记录附带一个数字编号，以便用户可以选择需要的记录，其方式与在 dvds-dbm.py 程序中所做的类似：

```
def list_dvds(db):
    cursor = db.cursor()
    sql = ("SELECT dvds.title, dvds.year, dvds.duration, "
           "directors.name FROM dvds, directors "
           "WHERE dvds.director_id = directors.id")
    start = None
    if dvd_count(db) > DISPLAY_LIMIT:
        start = Console.get_string("List those starting with "
                                   "[Enter=all]", "start")
        sql += " AND dvds.title LIKE ?"
    sql += " ORDER BY dvds.title"
    print()
    if start is None:
        cursor.execute(sql)
    else:
        cursor.execute(sql, (start + "%",))
    for record in cursor:
        print("{0[0]} ({0[1]}) {0[2]} minutes, by {0[3]}".format(
            record))
```

要列出每个 DVD 的详细资料，我们执行一个 SELECT 查询。该查询连接两个表，如果记录（由 dvd_count()函数返回）数量超过了显示限制值，就将第 2 个元素添加到 WHERE 分支，之后执行该查询，并在结果上进行迭代。每个记录都是一个序列，其字段是与 SELECT 查询相匹配的。

```
def dvd_count(db):
    cursor = db.cursor()
    cursor.execute("SELECT COUNT(*) FROM dvds")
    return cursor.fetchone()[0]
```

我们将这几行代码放置在一个单独的函数中，因为我们在几个不同的函数中都需要使用这几行代码。

我们忽略了 list_directors()函数的代码，因为该函数在结构上与 list_dvds()函数非常类似，只不过更简单一些，因为本函数只列出一个字段（name）。

```
def remove_dvd(db):
    title, identity = find_dvd(db, "remove")
    if title is None:
        return
    ans = Console.get_bool("Remove {0}?".format(title), "no")
    if ans:
        cursor = db.cursor()
        cursor.execute("DELETE FROM dvds WHERE id=?", (identity,))
```

db.commit()

在用户需要删除一个记录时，将调用本函数，并且本函数与 dvds-dbm.py 程序中相应的函数是非常类似的。

到此，我们完全查阅了 dvds-sql.py 程序，并且了解了如何创建数据库表格、选取记录、在选定的记录上进行迭代以及插入、更新与删除记录。使用 execute() 方法，我们可以执行底层数据库所支持的任意 SQL 语句。

SQLite 提供了比我们这里使用的多得多的功能，包括自动提交模式（以及任意其他类型的事务控制），以及创建可以在 SQL 查询内执行的函数的能力。提供一个工厂函数并用于控制对每个取回的记录返回什么（比如，一个字典或自定义类型，而不是字段序列）也是可能的。此外，通过传递":memory:"作为文件名，创建内存中的 SQLite 数据库也是可能的。

12.3 总结

在第 7 章中，我们学习了从磁盘加载数据以及将数据保存到磁盘的几种不同的方式，这一章中，我们学习了如何与那些将数据存储在磁盘（而非内存）中的数据类型进行交互。

对 DBM 文件，使用 shelve 模块是非常便利的，因为存储的是字符串-对象项。如果我们需要完全的控制，我们当然也可以直接使用底层的 DBM。shelve 模块与 DBM 文件通常具备的一个良好特征是使用字典 API，这使得取回、添加、编辑与移除相应项都非常容易，将使用字典的程序转换为使用 DBM 也非常容易。DBM 一个微小的不便是，对关系型数据，我们必须为每个键-值表格使用单独的 DBM 文件，SQLite 则将所有数据存储到一个单独的文件中。

对 SQL 数据库，SQLite 在构造原型时是有用的，很多情况下凭其自身的实力就可以做到，其优势在于作为标准的一部分由 Python 提供。我们了解了如何使用 connect() 函数获取数据库对象，以及如何使用数据库游标的 execute() 方法执行 SQL 查询（比如 CREATE TABLE、SELECT、INSERT、UPDATE 以及 DELETE）。

对基于磁盘的或内存中的数据存储，Python 提供了全面的选择机会，从二进制文件、文本文件、XML 文件、pickles 到 DBM 文件与 SQL 数据库，这使得对任何给定的情况，都可能选择最合适的方法。

12.4 练习

编写一个交互式的控制台程序，其中维护一个书签列表，对每个书签，保存两个信息：URL 与名称。下面给出的是该程序的一个操作实例：

Bookmarks (bookmarks.dbm)

(1) Programming in Python 3..... http://www.qtrac.eu/py3book.html

(2) PyQt................................... http://www.riverbankcomputing.com

(3) Python............................... http://www.python.org

(4) Qtrac Ltd........................... http://www.qtrac.eu

(5) Scientific Tools for Python.... http://www.scipy.org

(A)dd   (E)dit   (L)ist   (R)emove   (Q)uit [l]: e

Number of bookmark to edit: 2

URL [http://www.riverbankcomputing.com]:

Name [PyQt]: PyQt (Python bindings for GUI library)

该程序应该允许用户对书签进行添加、编辑、列出与移除。为使得识别书签（以便编辑或移除）尽可能容易，在列出书签时顺便列出其编号，以便用户通过编号就可以选择需要编辑或移除的书签。使用 shelve 模块将数据存储在 DBM 文件中，并以名称作为键，以 URL 作为值。结构上，该程序与 dvds-dbm.py 程序非常类似，其 find_bookmark()函数比 find_dvd()更简单，因为该函数只需要从用户获取一个整数，并用其来发现相应的书签名。

如果没有指定协议，就预先在用户添加或编辑的 URL 前使用 http://。

整个程序可以用不到 100 行代码实现（假定使用 Console 模块提供 Console.get_string()函数以及类似的函数），bookmarks.py 程序中提供了针对本练习的解决方案。

第13章

正则表达式

正则表达式提供了一种紧凑的表示法，可用于表示字符串的组合。正则表达式之所以功能如此强大，是因为一个单独的正则表达式可以表示无限数量的字符串——只要字符串满足正则表达式的需求即可。正则表达式（从现在开始我们大多数情况下称其为"regexes"）是使用 mini-language 定义的，mini-language 完全不同于 Python——但 Python 包括的 re 模块可以无缝地创建并使用 regexes。[*]

Regexes 主要有 5 种用途：

● 分析：识别并提取符合特定标准的文本——正则表达式用于创建各种情况的分析器，也包括传统的分析工具。

● 搜索：定位可以有不止一种形式的子字符串，比如，搜索"pet.png"、"pet.jpg"、"pet.jpeg"或"pet.svg"中的任意一种，但避免"carpet.png"及其类似的形式。

● 搜索与替代：使用一个字符串对与 regex 匹配的对象进行替代，比如，搜索到"bicycle"或"human powered vehicle"，之后使用"bike"对其进行替代。

● 字符串分割：在与 regex 匹配的地方对字符串进行分割，比如，在匹配到":"或"="的位置对字符串进行分割。

● 验证：检测某段文本是否符合某些标准，比如。是否包含一个货币符号，其后跟随数字。

用于搜索、分割与验证的正则表达式通常都相当短小，并且易于理解，是用于这些目的的理想选择。然而，尽管正则表达式在创建分析器方面取得了广泛的成功，但仍然存在一个限制：只能处理递归结构的文本（如果递归的最大层级已知）。并且，大型的、复杂的正则表达式也难于读取和维护。因此，除简单的情况之外，对于分析而言，最好的方法是使用专门为此目的设计的工具——比如，使用专门的 XML 分析器对 XML 进行分析。如果不存在这样的分析器，另一种可替代正则表达式的方法是

---

[*] 关于正则表达式，一本很好的书籍是《Mastering Regular Expressions》（作者是 Jeffrey E. F. Friedl，ISBN 为 0596528124）。该书没有显式地使用 Python 作为实例，但 Python 的 re 模块提供的功能与该书中深度阐述的 Perl 正则表达式引擎非常类似。

使用通常的分析工具，第 14 章将讲述这一方法。

在最简单的层面上，正则表达式就是一个表达式（比如，一个字面意义上的字符），后面跟随可选的限定符。更复杂的正则表达式则可以包含任意数量的量词表达式，也可以包含断言或是使用某些标记。

本章第 1 节介绍并解释了所有关键的正则表达式概念，并展示了纯粹的正则表达式语法——其中对 Python 本身的引用是最小化的。之后，第 2 节展示了如何在 Python 程序设计的上下文中使用正则表达式，这是建立在第 1 节讲述的所有基础之上的。如果读者熟悉正则表达式，而只是希望学习如何在 Python 中使用，那么可以直接跳到第 2 节。本章在内容上涵盖了 re 模块提供的完整的 regex 语言，包括断言与标记等。在文本中，我们使用粗体来表示正则表达式，使用下划线表示匹配的部分，并使用阴影展示捕获。

13.1   Python 的正则表达式语言

本节中，我们将分为 4 个小节来介绍正则表达式语言。第 1 小节展示了如何匹配单个字符或某组字符，比如，匹配 a，匹配 b，或匹配 a 与 b 中的任何一个；第 2 小节用于展示定量的匹配，比如，匹配一次、匹配至少一次、或按可能的次数进行匹配；第 3 小节展示了如何对子表达式进行组合以及如何捕获匹配文本；第 4 小节展示了如何使用该语言的断言与标记，以便影响正则表达式的工作方式。

13.1.1   字符与字符类

最简单的表达式就是字面意义上的字符，比如 a 或 5，如果没有显式地指定量词，就默认为"匹配一次"。比如，tune 这一 regex 包含了 4 个表达式，每个都隐式地定量为匹配一次，因此，tune 可以匹配的是 t 后跟随 u，再之后是 n，然后是 e，因此，可以匹配的是 <u>tune</u> 与 <u>attuned</u>。

尽管大多数字符可以以字面意义使用，但也有些"特殊字符"——regex 语言中的符号就是这种字符，因此必须对其进行转义处理，即在其前面加上一个反斜线（\），以便使得该字符体现的是其字面意义。特殊字符包括\.^$?+*{}[]|。Python 大多数标准的字符串转义也可以应用于 regexes 中，比如，\n 表示换行，\t 表示制表符，使用\xHH、\uHHHH 以及\UHHHHHHHH 等语法格式对字符进行十六进制转义也是可以的。

很多情况下，我们需要的不是匹配某个特定的字符，而是匹配某个字符集中的任意一个。这可以使用字符类来实现——包含在方括号中的一个或多个字符。（这与 Python 类没有任何关系，只是一个用于表示"字符集"的 regex 术语。）字符类是一个表达式，像任何其他表达式一样，如果没有显示地指定量词，就只匹配一个字符（可以是字符类中的任意一个字符）。比如，regex r[ea]d 可以匹配 red 与 radar，但不能匹配 read。类似地，如果需要匹配某个单独的数字，就可以使用 regex [0123456789]。为方便起见，我们可以使用连字符来指定某个范围的字符，因此，regex [0-9] 也可以匹配一个数字。在左方括号后跟随一个^符号可以否定一个字符类的意义，因此，[^0-9] 可以匹配任意非数字的字符。

注意，在一个字符类内部，除\之外，特殊字符不再具备其特殊意义，不过^符号有所不同，如果这个符号是字符类中第一个字符，就使用其特殊含义（否定），但在其他情况下，仍然只是一个字面意义的^符号。此外，-表示一个字符范围，如果作为字符类中的第一个字符，就表示一个字面意义上的连字符。

由于某些字符集的使用需求非常频繁，因此有一些具有速记形式——表 13-1 中进行了展示。一个例外是可以在字符集内部使用速记法，因此，比如，regex [\dA-Fa-f] 可以匹配任意的十六进制数字。字符 . 是一个例外，该符号是字符类之外的一个速记形式，但在字符类中可以匹配字面意义的字符。

表 13-1   **字符类速记**

符号	含义
.	可以匹配除换行符之外的任意字符，或带 re.DOTALL 标记的任意字符，或匹配字符类内部的字面意义的字符.
\d	匹配一个 Unicode 数字，或带 re.ASCII 标记的[0-9]
\D	匹配一个 Unicode 非数字，或带 re.ASCII 标记的[^0-9]
\s	匹配 Unicode 空白，或带 re.ASCII 标记的[\t\n\r\f\v]
\S	匹配 Unicode 非空白，或带 re.ASCII 标记的[^ \t\n\r\f\v]
\w	匹配一个 Unicode 单词字符，或带 re.ASCII 标记的[a-zA-Z0-9_]
\W	匹配一个 Unicode 非单词字符，或带 re.ASCII 标记的[^a-zA-Z0-9_]

13.1.2 量词

量词的形式为{m, n}，其中 m 与 n 分别表示使用该量词的表达式必须匹配的最少次数与最多次数，比如，e{1,1}e{1,1} 与 e{2,2} 都可以匹配 feel，但都不能匹配 felt。

在每个表达式后面都写上一个量词显然是很乏味的，并且也难于阅读。幸运的是，regex 语言支持几种方便的速记方式。如果量词中只给定一个数字，那么该数字同时作为最小值和最大值，因此，e{2} 与 e{2,2} 是等价的。前面也说过，如果没有显式地给定量词，就假定其为 1（也即{1,1}或{1}），因此，ee 与 e{1,1}e{1,1} 以及 e{1}e{1} 都是相同的，因此，e{2} 与 ee 都可以匹配 feel，但都不能匹配 felt。

使用不同的最小值与最大值通常会带来更多方便，比如，要匹配 travelled 与 traveled（二者都是有效的拼写方式），我们可以使用 TRavel{1,2}ed，也可以使用

travell{0,1}ed，量词{0,1}的使用非常常见，并具有一个速记形式?，因此，上面的 regex
的另一种形式（实践中最可能使用的）为 travell?ed。

　　还有两种其他的量词速记形式：+表示{1, n}（至少一次），*表示{0, n}（任意次），两
种形式中，n 都是量词可能的最大值，通常最少是 32 767。所有量词都在表 13-2 中展示。

表 13-2   正则表达式量词

语法	含义
e? or e{0,1}	贪婪地匹配表达式 e 的 0 次或 1 次出现
e?? or e{0,1}?	非贪婪地匹配表达式 e e+或 e{1,}的 0 次或 1 次出现，贪婪地匹配表达式 e 的 1 次或多次出现
e+? or e{1,}?	非贪婪地匹配表达式 e 的 1 次或多次出现
e* or e{0,}	贪婪地匹配表达式 e 的 0 次或 1 次出现
e*? or e{0,}?	非贪婪地匹配表达式 e 的 0 次或多次出现
e{m}	准确匹配表达式 e 的 m 次出现
e{m,}	贪婪地匹配表达式 e 的至少 m 次出现
e{m,}?	非贪婪地匹配表达式 e 的至少 m 次出现
e{,n}	贪婪地匹配表达式 e 的至多 n 次出现
e{,n}?	非贪婪地匹配表达式 e 的至多 n 次出现
e{m, n}	贪婪地匹配表达式 e 的至少 m 次、至多 n 次出现
e{m, n}?	非贪婪地匹配表达式 e 的至少 m 次、至多 n 次出现

　　量词+是非常有用的，比如，要匹配整数，可以使用\d+，因为这可以匹配一个
或多个数字。这一正则表达式可以匹配字符串 4588.91 中的两处，比如 4588.91 与
4588.91。有时候，小的打印错误是按键时间太长的结果。我们可以使用正则表达
式 bevel+ed 来匹配有效的 beveled 与 bevelled，也可以匹配不正确的 bevellled。如
果我们需要标准化一个 l 的拼写形式，并只匹配两个或多个 l 的出现，就可以使用
bevell+ed 对其进行寻找。

　　量词*不像+那样有用，因为使用该量词通常会导致意外的结果。比如，假定我们
需要发现 Python 文件中包含 s 注释的行，我们可以尝试搜索#*，但这一正则表达式将
匹配任意行，包括空白行，因为该正则表达式的含义是"匹配任意数量的#"——这
也包括了没有一个#的情况。作为一种经验，新接触正则表达式的用户最好不要使用*，
如果确实需要使用（或者使用了?），就要确保正则表达式中至少包含一个其他表达
式，并使用一个非 0 量词——因此至少一个*或?之外的量词，因为这两个量词都可以
对表达式进行 0 次匹配。

　　通常，将*的使用与+的使用互相转换是可能的，比如，我们可以使用至少一个 l
（tassell*ed 或 tassel+ed）来匹配"tasselld"，使用 tasselll*ed 或 tassell+ed 来匹配那些包

含两个或更多个1的字符串。

如果使用正则表达式\d+，就可以匹配136。为什么这里会匹配所有的数字，而不仅仅是第一个数字呢？默认情况下，所有量词都是贪婪的——总是会匹配尽可能多的字符。我们可以将任意量词转换为非贪婪的（也称为最小化），这是通过在量词后跟随一个符号?来实现的。（问号有两个不同的含义——作为其自身表示的是对量词{0,1}的速记，跟随在量词后面时，则表示该量词为非贪婪的。）比如，\d+?可以匹配字符串136中的3处位置，1<u>3</u>6、<u>13</u>6与<u>136</u>。另一个实例，\d??可以匹配0个或1个数字，但更倾向于匹配0个，因为这里表示的是非贪婪的——作为其自身而言，会存在与*同样的问题，因为根本不会匹配任何对象，也就是说，任意文本。

对快速的以及有修改标记的 XML 与 HTML 分析，非贪婪量词是有用的。比如，为匹配所有图像标签，使用<img.*>（匹配一个"<"，之后一个"i"，接着一个"m"，之后一个"g"，再是0个或多个换行符之外的任意字符，最后一个">"）并不能有效工作，因为*是贪婪的，可以匹配包括标签结束符>在内的任意字符，并将一直向后匹配，直至整个文本的最后一个>。

有3个解决方案（除使用正确的分析器之外）：一个是<img[^>]*>（匹配<img，之后是任意数量的非>字符，最后是标签的闭符号>）；另一个是<img.*?>（匹配<img，之后是任意数量的字符，但这里是非贪婪的，因此，在遇到标签的闭符号>后就终止匹配，但匹配内容包含>）；第三个是对两者的结合，即<img[^>]*?>。但是，这3种写法都是错误的，因为都可以匹配<img>，而这是不对的。我们知道，图像标签必须包含一个 src 属性。更准确的正则表达式是<img\s+[^>]*?src=\w+[^>]*?>，该 regex 匹配字面意义的字符<img，之后是一个或多个空白字符，然后是非贪婪的0个或多个除>外的任意字符（以便跳过任何其他属性，比如 alt），接着是 src 属性（字面意义的 src=，之后至少一个单词字符），之后是任意其他的非>字符（也可以什么都没有）来表示任意其他属性，最后是闭字符>。

13.1.3　组与捕获

在实际的应用程序中，我们通常需要可以匹配两个或更多方案中任意一种的正则表达式，通常还需要捕获匹配的内容（或其中一部分）以备进一步处理。此外，我们需要某个量词可以应用于几个表达式。所有这些目的都可以使用()进行组合完成，在多种方案中选取一个的情况下则使用交替字符|。

在需要匹配几个不同的替代方案中的任何一个时，交替是特别有用的。比如，正则表达式 aircraft|airplane|jet 可以匹配包含"aircraft"或"airplane"或"jet"的任意文本，同样的任务也可以使用正则表达式 air(craft|plane)|jet 来完成。这里，圆括号用于对表达式进行分组，因此，我们有两个外部表达式，air(craft|plane)与 jet，其中第一个外部表达式中还包含一个内部表达式 craft|plane，由于内部表达式是以 air 引导的，因

此，外部表达式将只能匹配"aircraft"或"airplane"。

圆括号可以实现两种不同的目标——对表达式进行组合，捕获匹配某个表达式的文本。我们使用术语组来表示成组的表达式，不管其是否进行捕获，捕获与捕获组则表示捕获的组。使用正则表达式(aircraft|airplane|jet)，不仅可以匹配 3 个表达式中的任意一个，还可以捕获匹配的任何内容，以备后面使用。将其与正则表达式(air(craft|plane)|jet)进行比较，你会发现，如果第一个表达式匹配，那么后者有两次捕获（"aircraft"或"airplane"作为第一次捕获，"craft"或"plane"作为第二次捕获）；如果是第二个表达式匹配（"jet"），就有一次捕获。通过在左括号后面跟随一个?:，可以关闭捕获的效果，因此，(air(?:craft|plane)|jet)在匹配时（"aircraft"或"airplane"或"jet"）只有一次捕获。

组合的表达式也是表达式，因此也可以使用量词对其进行约束。与任何其他表达式类似，除非显式地给定，否则其量词也假定为 1。比如，我们读入一个文本文件，每行的形式为 key=value，其中，key 为字母数字，则正则表达式(\w+)=(.+)将匹配每个具有非空键与非空值的行。（回想一下，字符 . 可以匹配除换行符外的任何内容。）对每个匹配的行，都有两次捕获，第一次是捕获键，第二次是捕获值。

比如，正则表达式 key=value 可以匹配整行文本 topic=physical geography，阴影部分表示的是两次捕获。注意，第二次捕获包括一些空白字符，但=之前的空白字符没有被接受，我们可以对该正则表达式进行提炼，使其更加灵活，可以接受空白字符，并可以使用稍长一点的版本来剥离不需要的空白字符：

[\t]*(\w+)[\t]*=[\t]*(.+)

这一表达式可以匹配与前面一样的文本行，也可以匹配=符号两边有空白的行，但第一次捕获不包括开始与结尾的空白，第二次捕获不包括开始的空白。比如，topic = physical geography。

我们很小心地使得空白匹配部分落在捕获圆括号之外，并考虑了不包括空白字符的行。我们没有使用\s 来匹配空白，因为这也会匹配换行符（\n），并导致跨行的错误匹配（如果使用了 re.MULTILINE 标记）。对于值，我们没有使用\S 来匹配非空白字符，因为我们需要允许值中包含空白（比如，英文句子）。为避免第二次捕获中包含结尾的空白，我们需要使用更复杂的正则表达式，下一小节中将展示。

对前面的捕获，可以通过反向引用对其进行引用，也就是说，对前面的捕获组进行引用。[*]反向引用的一种语法格式是在正则表达式本身内部使用\ i，这里，i 是前面的捕获组号。每次捕获都进行编号，从 1 开始，以 1 为单位递增，方向从左至右，每次新捕获到一个左圆括号时进行一次新的捕获编号。比如，为简化对重复 word 的匹配，我们可以使用正则表达式(\w+)\s+\1，该表达式可以匹配一个单词，之后至少一个空白字符，再之后是与捕获的单词相同的单词（捕获编号 0 是自动创建的，不需要圆

---

[*] 注意，反向引用不能用在字符类内部，即不能用在[]中。

括号，其中存放的是整体匹配的内容，也就是我们使用下划线标记出来的内容）。后面，我们将看到一种更加复杂的用于匹配重复单词的方法。

在较长的或复杂的正则表达式中，对捕获进行命名而不是使用编号通常会更加方便，并且也使得维护更加简单，因为添加或移除捕获时使用的圆括号可以改变捕获的编号，但不能改变捕获的名称。为对捕获进行命名，可以在左圆括号后面跟随?P<name>，比如，(?P<key>\w+)=(?P<value>.+)包含两次捕获，一次名为"key"，一次名为"value"。在正则表达式中，用于对命名的捕获进行反向引用的语法是(?P=name)，比如，(?P<word>\w+)\s+(?P=word)可以使用名为"word"的捕获来匹配重复的单词。

13.1.4 断言与标记

对前面给出的很多正则表达式，一个普遍存在的问题是都可以匹配很多不同的文本，有些并不是我们所需要的。比如，正则表达式 aircraft|airplane|jet 可以匹配"waterjet"、"jetski"以及"jet"。通过使用断言，可以解决这种问题。断言不会匹配任何文本，而是对断言所在的文本施加某些规定或约束。

\b（word 边界）是一种断言，其含义在于要求在其之前的字符必须是一个单词(\w)，而跟随其后的字符则必须是一个非单词（\W），或者反过来。比如，对文本"the jet and jetski are noisy"，正则表达式 jet 可以匹配两次，即 the <u>jet</u> and <u>jet</u>ski are noisy，但是，正则表达式\bjet\b 将只匹配一次，即 the <u>jet</u> and jetski are noisy。在原始正则表达式的上下文中，我们可以将其写成 \baircraft\b|\bairplane\b|\bjet\b，或者更清晰的 \b(?:aircraft|airplane|jet)\b，也就是说，word 边界，非捕获的表达式，word 边界。

正则表达式还支持很多其他断言，如表 13-3 中所示。我们可以使用断言来提高 key=value 正则表达式的清晰度，比如，通过将其改变为^(\w+)=([^\n]+)并设置 re.MULTILINE 标记，可以确保每个 key=value 都取自单独的一行，而不会跨行匹配。（标记在表 13-5 中展示，标记的使用语法将在这一小节的最后描述，并在下一节展示。）如果我们还需要剥离开始处与结尾处的空白字符，并使用命名的捕获，那么整个正则表达式变为：

^[\t]*(?P<key>\w+)[\t]*=[\t]*(?P<value>[^\n]+)(?<![\t])

表 13-3   正则表达式断言

符号	含义
^	在起始处匹配，也可以在带 MULTILINE 标记的每个换行符后匹配
$	在结尾处匹配，也可以在带 MULTILINE 标记的每个换行符前匹配
\A	在起始处匹配
\b	在单词边界匹配，受 re.ASCII 标记影响——在字符类内部，则是 backspace 字符的转义字符

符号	含义
\B	在非单词边界匹配，受 re.ASCII 标记影响
\Z	在结尾处匹配
(?=e)	如果表达式 e 在此断言处匹配，但没有超越此处——称为前瞻或正前瞻，则匹配
(?!e)	如果表达式 e 在此断言处不匹配，也没有超越此处——称为负前瞻，则匹配
(?<= e)	如果表达式 e 恰在本断言之前匹配——称为正回顾，则匹配
(?<! e)	如果表达式 e 恰在本断言之前不匹配——称为负回顾，则匹配

即便这一正则表达式只完成相当简单的任务，但看起来也已相当复杂。为使其更便于理解与维护，一种方法是在其中包含注释信息。这可以通过使用语法(?#the comment)添加内联注释实现，但在实践中，类似于这样的注释信息会使正则表达式变得更难于阅读。一种更好的解决方案是使用 re.VERBOSE 标记——该标记允许我们在正则表达式中自由地使用空白与通常的 Python 注释，但存在一个约束，即如果我们需要匹配空白字符，就必须使用\s 或字符类，比如[ ]。下面是一些带注释的 key=value 正则表达式：

```
^[ \t]*                     # start of line and optional leading whitespace
(?P<key>\w+)                # the key text
[ \t]*=[ \t]*               # the equals with optional surrounding whitespace
(?P<value>[^\n]+)           # the value text
(?<![ \t])                  # negative lookbehind to avoid trailing whitespace
```

在 Python 程序的上下文中，我们通常将类似于这样的正则表达式写在原始的三引号字符串中——原始，所以不需要双写反斜线；三引号，所以可以跨越多行。

除前面讨论的断言外，还有一些附加的断言——这些断言可以查看断言前（后）的文本，以便确定其是否与我们指定的表达式匹配（或不匹配）。可以用于后顾断言的表达式必须是固定长度的（因此，量词?、+与*不能使用，数值型量词也必须是固定大小的，比如{3}）。

对 key=value 正则表达式，负回顾断言意味着，在其作用点处之前的字符不能是空格或制表符，这样做的影响在于，可以确保捕获到"value"这一捕获组中的最后一个字符不是空格或制表符（尽管这不能阻止空格或制表符出现在捕获的文本中）。

考虑另一个实例，假定我们正在读取多行文本，其中包含名称"Helen Patricia Sharman"、"Jim Sharman"、"Sharman Joshi"、"Helen Kelly"等，我们需要匹配"Helen Patricia"——但只有在引用"Helen Patricia Sharman"时才应该匹配。最简单的方法是使用正则表达式\b(Helen\s+Patricia)\s+Sharman\b，但通过使用前瞻断言也可以达到同样的目标。比如，\b(Helen\s+Patricia)(?=\s+Sharman\b)，这一正则表达式将匹配"Helen

Patricia"——并且只有在此字符串前面是单词边界、后面是空白字符与"Sharman"并终止在单词边界时才进行匹配。

为捕获使用中的 forename 的特定变形（"Helen"、"Helen P." 或"Helen Patricia"），我们可以将上面的正则表达式变得稍复杂一些，比如\b(Helen(?:\s+(?:P\.|Patricia))?)\s+(?=Sharman\b)。这将匹配一个单词边界——其后跟随的是某个 forename——但必须在此 forename 后面跟随某些空白、之后是"Sharman"、再之后是单词边界。

注意，这里只有两种语法执行捕获，即(e)与(?P< name> e)，其他包含在圆括号中的语法形式都不进行捕获，这使得前瞻与后顾断言更加精确，因为他们只进行一个声明（关于其前面或后面应该是什么）——这并不是匹配内容的一部分，但可以影响匹配的过程。此外，对我们没有考虑的后两种圆括号包含的形式也是有意义的。

前面我们学习了如何使用反向引用正则表达式中的捕获，或者通过编号（比如\1），或者通过名称（比如(?P= name)）。依赖于前面的匹配是否发生来条件性地进行后面的匹配也是可能的，其语法格式为(?(id) yes_exp) and (?(id) yes_exp| no_exp)，其中，id 是我们正在引用的前面某次捕获的编号或名称，如果该次捕获成功，那么这里将匹配 yes_exp；如果该次捕获失败，那么这里将匹配 no_exp（如果给定）。

考虑一个实例，假定我们需要提取 HTML img 标签的 src 属性引用的文件名。我们从尝试只匹配 src 属性开始，与前面给出的不同的是，这里考虑 src 值的 3 种可能形式：单引号、双引号、未使用引号。先给出一个初始的尝试：src=(["'])([^"']+)\1，其中，([^"']+)部分将贪婪地捕获至少一个非引号或>的字符。对使用引号的文件名，这一正则表达式可以正常工作，并且由于\1 的存在，使得匹配只有在开引号与闭引号相同时才会进行匹配。但这一正则表达式不能匹配未使用引号的文件名。为此，我们必须使开引号是可选的，并且存在时只对其进行匹配。下面给出的是修订后的正则表达式：src=(["'])?([^"']+)(?(1)\1)。我们没有提供 no_exp，因为这里如果没有给定引号，就没有什么需要进行匹配了。现在，我们可以将该正则表达式用于具体的上下文中——下面给出的是完整的 img 标签正则表达式（使用命名的分组与注释）：

```
<img\s+                       # start of the tag
[^>]*?                        # any attributes that precede the src
src=                         # start of the src attribute
(?:
    (?P<quote>["'])           # opening quote
    (?P<qimage>[^\1]+?)       # image filename
    (?P=quote)                # closing quote matching the opening quote
|                            # ---or alternatively---
    (?P<uimage>[^" >]+)       # unquoted image filename
)
[^>]*?                        # any attributes that follow the src
>                            # end of the tag
```

文件名捕获称为"image"（恰好是捕获编号2）。

当然，还有一种更简单但也更微妙的正则表达式：src=(["''']?)([^'''>]+)\1。这里，如果有一个起始的引号，就被捕获到捕获组1中，并在非引号字符后进行匹配。如果没有起始的引号，那么组1仍然可以匹配———一个空字符串，因为完全是可选的（其量词为0或1），这种情况下，反向引用将匹配空字符串。

Python 正则表达式引擎提供的最后一种正则表达式语法是如何设置标记。通常，标记是在调用 re.compile()函数时作为附加的参数传递的，但有时将其设置为正则表达式自身的一部分会更加方便。其语法格式就是简单的(? flags)，其中 flags 是 a（与传递 re.ASCII 相同）、i（re.IGNORECASE）、m（re.MULTILINE）、s（re.DOTALL）与 x（re.VERBOSE）[*]中的一个或多个。如果标记是以这种方式设置的，那么应该放置在正则表达式的起始处，这些标记不会与任何内容进行匹配，因此，将其放置在正则表达式中的作用就是设置标记。

13.2 正则表达式模块

re 模块提供了两种操纵正则表达式的方式，一种是使用表 13-4 中列出的函数，其中每个函数都以给定的正则表达式作为其第一个参数，每个函数都将正则表达式转换为一种内部格式——这种转换过程称为编译——之后再进行进一步的处理。对仅供使用一次的正则表达式而言，这种处理是非常便利的，但是如果我们需要重复使用同样的正则表达式，就使用 re.compile()函数对其进行编译，以避免每次使用该正则表达式时都编译一次的开销，并可以使用编译后的正则表达式对象调用任意次数的方法。表 13-6 中列出了编译后的正则表达式方法。

match = re.search(r"#[\dA-Fa-f]{6}\b", text)

表 13-4   正则表达式模块的函数

语法	描述
re.compile(r, f)	返回编译后的正则表达式 r，如果指定，就将其标记设置为 f
re.escape(s)	返回字符串 s，其中所有非字母数字的字符都使用反斜线进行了转义处理，因此，返回的字符串中没有特殊的正则表达式字符
re.findall(r, s, f)	返回正则表达式 r 在字符串 s 中所有非交叠的匹配（如果给定 f，就受其制约）。如果正则表达式中有捕获，那么每次匹配都作为一个捕获元组返回
re.finditer(r, s, f)	对正则表达式 r 在字符串 s 中每个非交叠的匹配（如果给定 f，就受其制约），都返回一个匹配对象
re.match(r, s, f)	如果正则表达式 r 在字符串 s 的起始处匹配（如果给定 f，就受其制约），就返回一个匹配对象，否则返回 None

[*] 这里用于设置标记的字母与 Perl 的正则表达式引擎中使用的是相同的，这也是 s 用作 re.DOTALL、x 用作 re.VERBOSE 的原因。

续表

语法	描述
re.search(r, s, f)	如果正则表达式 r 在字符串 s 的任意位置处匹配（如果给定 f，就受其制约），就返回一个匹配对象，否则返回 None
re.split(r, s, m)	返回分割字符串 s（在正则表达式 r 每次出现处进行分割）所产生的字符串的列表，至多分割 m 次（如果没有给定 m，就分割尽可能多的次数），如果正则表达式中包含捕获，就被包含在分割的部分之间
re.sub(r, x, s, m)	对正则表达式 r 的每次匹配（如果给定 m，那么至多 m 次），返回字符串 s 的一个副本，并将其替换为 x——这可以是一个字符串，也可以是一个函数，参见正文部分
re.subn(r, x, s m)	与 re.sub()函数相同，区别在于此函数返回一个二元组，其中一项为生成的字符串，一项为代入的次数

表 13-5　　　　　　　　　　正则表达式模块的标记

标记	含义
re.A 或 re.ASCII	使\b、\B、\s、\S、\w 与\W 都假定字符串为 ASCII，默认为这些字符类的速记法，依赖于 Unicode 规范
re.I 或 re.IGNORECASE	使正则表达式以大小写不敏感的方式进行匹配
re.M 或 re.MULTILINE	使^在起始处并在每个换行符后匹配，使$在结尾处但在每个换行符之前匹配
re.S 或 re.DOTALL	使.匹配每个字符，包括换行符
re.X 或 re.VERBOSE	使空白与注释包含在匹配中

表 13-6　　　　　　　　　　正则表达式对象方法

语法	描述
rx.findall(sstart, end)	返回字符串 s 中（或 s 的 start:end 分片中）正则表达式的所有非交叠的匹配，如果正则表达式有捕获，那么每次匹配时返回一个捕获元组
rx.finditer(sstart, end)	对字符串 s 中（或 s 的 start:end 分片中）的每个非交叠匹配，返回一个匹配对象
rx.flags	正则表达式编译时设置的标记
rx.groupindex	一个字典，其键位捕获组名，值为捕获组编号，如果没有使用名称，就为空
rx.match(s,start, end)	如果正则表达式在字符串 s 的起始处（或 s 的 start:end 分片起始处）匹配，就返回一个匹配对象，否则返回 None
rx.pattern	正则表达式被编译时使用的字符串
rx.search(s,start, end)	如果正则表达式在字符串 s 的任意位置（或 s 的 start:end 分片中的任意位置）匹配，就返回一个匹配对象，否则返回 None
rx.split(s, m)	返回字符串列表，其中每个字符串都源自对字符串 s 的分割（在正则表达式的每次匹配处），但至多有 m 个分割（如果没有给定 m，则可以有尽可能多的分割）；如果正则表达式有捕获，就包含在列表中每两个分割之间

语法	描述
rx.sub(x, s, m)	返回字符串 s 的副本，其中每个（或至多 m 个，如果给定）匹配处使用 x（可以是字符串或函数，参见正文）进行替换
rx.subn(x, s m)	与 re.sub() 相同，区别在于返回的是二元组，其中一项是结果字符串，一项是所做替换的个数

　　这一代码段展示了一个 re 模块函数的使用。该正则表达式匹配 HTML 风格的颜色（比如#C0C0AB），如果存在匹配，那么 re.search() 函数返回一个匹配对象，否则返回 None。匹配对象提供的方法在表 13-7 中展示。

表 13-7　　　　　　　　　　　匹配对象属性与方法

语法	描述
m.end(g)	返回组 g（如果给定）在文本中匹配的终点索引位置，对组 0，则表示整体匹配；如果匹配中不包含该组，就返回-1
m.endpos	搜索的终点索引位置（文本的终点，或赋予 match() 或 search() 的 end）
m.expand(s)	返回字符串 s，并将其中的捕获标识（\1、\2、\g<name>等类似的标识）用相应的捕获替代
m.group(g, ...)	返回编号的或命名的组 g，如果给定的不止一个，就返回相应的捕获组成的元组（组 0 表示整体匹配）
m.groupdict(default)	返回一个字典，其中存放所有命名的捕获组，组名作为键，捕获作为值；如果给定了 default 参数，就将其用作那些不参与匹配的捕获组的值
m.groups(default)	返回包含所有捕获组的元组，从 1 开始；如果给定 default，就将其用作那些不参与匹配的捕获组的值
m.lastgroup	匹配的、编号最高的捕获组的名称，如果不存在或没使用名称，就返回 None
m.lastindex	匹配的、编号最高的捕获组的编号，如果没有就返回 None
m.pos	搜索的起始索引位置（文本的起始处，或赋予 match() 或 search() 的 start）
m.re	产生这一匹配对象的正则表达式对象
m.span(g)	如果给定 g，就返回组 g 在文本中匹配的起始索引位置与结尾索引位置（对组 0，则是整体匹配）；如果该组不参加匹配，就返回(-1, -1)
m.start(g)	如果给定 g，就返回组 g 在文本中匹配的起始索引位置（对组 0，则是整体匹配）；如果该组不参加匹配，就返回-1
m.string	传递给 match() 或 search() 的字符串

　　如果我们需要重复使用这一正则表达式，就可以将其进行编译，之后在任意需要的时候使用编译后的正则表达式：

```
color_re = re.compile(r"#[\dA-Fa-f]{6}\b")
match = color_re.search(text)
```

　　如前面所讲过的，我们使用原始的字符串，以避免对反斜线进行转义。该正则表达式的另一种写法是使用字符类[\dA-F]，并将 re.IGNORECASE 标记作为后一个参数传递给 re.compile()调用；或者也可以将 regex 写成(?i)#[\dA-F]{6}\b，这种写法中以忽略大小写标记开始。

如果需要不止一个标记，就可以使用 OR 操作符（|）对其进行组合，比如，re.MULTILINE|re.DOTALL，或者(?ms)——如果嵌入到正则表达式自身中。

我们将通过一些实例来圆满结束这一节，从前面一节中展示的一些正则表达式开始，并勾勒出 re 模块所提供的最常见的功能。首先来看一个检测重复单词的正则表达式：

```
double_word_re = re.compile(r"\b(?P<word>\w+)\s+(?P=word)(?!\w)",
                            re.IGNORECASE)
for match in double_word_re.finditer(text):
    print("{0} is duplicated".format(match.group("word")))
```

这一正则表达式比以前曾经给出的版本要稍复杂一些，从一个单词边界开始（以确保每次匹配都是从某个单词的边界开始），之后贪婪地匹配一个或多个单词字符，之后是一个一个或多个空白字符，之后是同样的单词——但只有在该单词的第二次出现后面没有跟随单词字符时才匹配。

假定输入文本为"win in vain"，如果没有第一个断言，那么该正则表达式将有一次匹配、两次捕获：<u>win in vain</u>。单词边界断言的使用可以确保第一个匹配的单词是整个单词，因此，由于没有重复的单词，该正则表达式将不会匹配或捕获。类似地，假定输入文本为"one and and two let's say"，如果没有后面的断言，那么将有两个匹配与两个捕获：one and <u>and two let's s</u>May。前瞻断言的使用意味着，第二个匹配的单词是一个整个的单词，因此，这里只有一次匹配与一次捕获：one and<u> and</u> two let's say。

for 循环对 finditer()方法返回的每个匹配对象进行迭代，我们使用匹配对象的 group()方法来取回捕获组的文本。我们只是简单地（但同时也不易维护地）使用了 group(1)——这种情况下，我们不需要对捕获组进行命名，而只是使用正则表达式 (\w+)\s+\1(?!\w)，但我们也可以在结尾处使用一个单词边界\，而不是(?!\w)。

前面我们曾给出的另一个实例是在 HTML 图像标签中寻找文件名的正则表达式。下面给出的是怎样对该正则表达式进行编译，并添加标记，使其对大小写不敏感，并可以添加注释：

```
image_re = re.compile(r"""
    <img\s+                          # start of tag
    [^>]*?                           # non-src attributes
    src=                             # start of src attribute
    (?:
        (?P<quote>["'])              # opening quote
        (?P<qimage>[^\1>]+?)         # image filename
        (?P=quote)                   # closing quote
        |                            # ---or alternatively---
```

```
                    (?P<uimage>[^'" >]+)          # unquoted image filename
                )
                [^>]*?                             # non-src attributes
                >                                  # end of the tag
            """, re.IGNORECASE|re.VERBOSE)
    image_files = []
    for match in image_re.finditer(text):
        image_files.append(match.group("qimage") or
                            match.group("uimage"))
```

这里，我们再一次使用了 finditer()方法来取回捕获的文本。由于大小写不敏感只应用于 img 与 src，因此我们也可以不使用 re.IGNORECASE 标记，而是使用[Ii][Mm][Gg]与[Ss][Rr][Cc]替代。尽管这会使正则表达式不那么清晰，但会使其运行速度更快，因为不再需要将匹配的文本设置为大写（或小写）——但可能只有在将正则表达式应用于非常大的文本时，才会有实际的影响。

实际工作中，一个常见的任务是提取出 HTML 文本，并只输出其中包含的普通文本。自然地，我们可以使用某种 Python 的分析器来完成这一任务，但使用正则表达式也可以创建简单的工具来完成这一任务。这里有 3 项具体任务：删除任何标签；将实体用其表示的字符替换；插入空白行以便分隔段落。下面给出一个函数（取自html2text.py 程序）来完成这些工作：

```
def html2text(html_text):
    def char_from_entity(match):
        code = html.entities.name2codepoint.get(match.group(1), 0xFFFD)
        return chr(code)

    text = re.sub(r"<!--(?:.|\n)*?-->", "", html_text)                      #1
    text = re.sub(r"<[Pp][^>]*? >", "\n\n", text)                           #2
    text = re.sub(r"<[^>]*?>", "", text)                                    #3
    text = re.sub(r"&#(\d+);", lambda m: chr(int(m.group(1))), text)
    text = re.sub(r"&([A-Za-z]+);", char_from_entity, text)                 #5
    text = re.sub(r"\n(?:[ \xA0\t]+\n)+", "\n", text)                       #6
    return re.sub(r"\n\n+", "\n\n", text.strip())                           #7
```

第一个正则表达式<!--(?:.|\n)*?-->用于匹配 HTML 注释，包括那些内部嵌套了其他 HTML 标签的。re.sub()函数的作用是使用替代物来替代其发现的所有匹配——如果替代物为空，那么实际效果是删除匹配，这里就是这种情况（通过在结尾处给定一个附加的整数参数，我们还可以指定匹配数的最大值）。

我们谨慎地使用了非贪婪（最小化）匹配，以保证对每次匹配只删除一个注释，如果不使用非贪婪匹配，就会删除从第一条注释起始处到最后一条注释结尾处的所有内容。

re.sub()函数没有接受任何标记作为参数，因此，.意味着"除换行符之外的任意字符"，因此，我们必须搜索.或\n。我们还必须搜索那些使用替代而不使用字符类的，因为在字符类内部，.使用的是其字面意义，也就是句点。一种替代的方案是使用嵌入的标记，比如，(?s)<!--.*?-->，或者使用 re.DOTALL 标记对正则表达式对象进行编辑，此时正则表达式就是简单的<!--.*?-->。

第二个正则表达式<[Pp][^>]*?(?!</)>匹配开的段落标签（比如 <P> 或 <p align=center>）。该正则表达式匹配开的<p（或<P），之后是任意属性（使用非贪婪匹配），最后是闭合的>——假定该符号之前不是/符号（使用负回顾断言），因为如果是/符号就表明这是一个闭的段落标签。第二个 re.sub() 函数调用使用这一正则表达式，以便用两个换行符（普通文本文件中对段落进行限定的标准方式）来替代开的段落标签。

第三个正则表达式<[^>]*?>可以匹配任何标签，用在第三个 re.sub() 调用中，以便对所有余下的标签进行限定。

HTML 实体是使用 ASCII 字符指定非 ASCII 字符的一种方法，有两种形式：&name;，其中 name 为字符名称——比如&copy（表示©）；&#digits;，其中 digits 是十进制数字，用于标识 Unicode 字元——比如，&#165（表示¥）。第四个 re.sub() 调用使用了正则表达式&#(\d+);，该正则表达式匹配数字，并将数字捕获到捕获组 1 中，这里没有使用字面意义的替换文本，而是传递了一个 lambda 函数。函数被传递给 re.sub() 时，re.sub() 会在每次匹配时调用一次该函数，并将匹配对象作为唯一的参数传递给该函数。在 lambda 函数内部，我们取回数字（作为一个字符串），并使用内置的 int() 函数将其转换为整数，之后使用内置的 chr() 函数获取给定字元的 Unicode 字符。函数的返回值（如果是 lambda 表达式，就是表达式的结果）用作替代文本。

第五个 re.sub() 调用使用了正则表达式&([A-Za-z]+);以便捕获命名的实体。标准库的 html.entities 模块包含了实体字典，包括 name2codepoint，其键为实体名，其值为整数的字元。每次匹配时，re.sub() 函数都调用本地的 char_from_entity() 函数，该函数以默认参数使用 dict.get()，默认参数为 0xFFFD（标准 Unicode 替代字符的字元，该字符通常被描绘为�）。这可以确保字元总是被取回，并与 chr() 函数一起使用以便返回一个适当的字符来替代命名的实体——如果实体名无效，就使用 Unicode 替代字符。

第六个 re.sub() 调用的正则表达式\n(?:[\xA0\t]+\n)+用于删除那些只包含空白字符的行。这里使用的字符类包含一个空格、一个非换行空格（ 被引导的正则表达式替代）与一个制表符。正则表达式匹配一个换行符（在某行尾部，用于引导一个或多个只包含空白的行），之后是至少一个（尽可能多）只包含空白字符的行。由于匹配中包含了换行符，因此，从那些引导只包含空白字符的行开始，我们必须使用一个换行符来替代匹配的内容，否则，我们不仅要删除只包含空白字符的行，也要删除引导这些行的行的换行符。

第七个（最后一个）re.sub() 调用的结果返回给调用者。这一正则表达式\n\n+用于替换两个或多个换行符序列（其中恰包含两个换行符），也就是说，确保每个段落都仅由一个空白行替换。

在 HTML 实例中，没有哪个替代物直接取自匹配文本（尽管使用了 HTML 实体名与编号），但有些情况下，替代物可能需要包含所有或部分匹配文本，比如，有一个名称列表，每个名称的形式为 Forename Middlename1... MiddlenameN Surname，中间名可能有任意多个（也可能没有），现在我们需要新的版本，每个名称的形式为 Surname, ForenameMiddlename1...MiddlenameN，使用下面的正则表达式，可以很容易地做到这一点：

```
new_names = []
for name in names:
    name = re.sub(r"(\w+(?:\s+\w+)*)\s+(\w+)", r"\2, \1", name)
    new_names.append(name)
```

该正则表达式的第一部分(\w+(?:\s+\w+)*)使用第一个\w+表达式匹配 forename，使用(?:\s+\w+)*表达式匹配 0 个或多个中间名。中间名表达式匹配 0 个或多个空白字符（其后跟随一个单词）的出现。第二部分\s+(\w+)匹配的是 forename（以及中间名）与 surname，其后跟随空白字符。

如果感觉该正则表达式看起来不容易理解，我们就可以使用命名的捕获组来提高其易读性，并使其更富于可维护性：

```
name = re.sub(r"(?P<forenames>\w+(?:\s+\w+)*)"
              r"\s+(?P<surname>\w+)",
              r"\g<surname>, \g<forenames>", name)
```

使用语法格式\i 或\g< id>可以在 sub()或 subn()函数或方法中对捕获的文本进行引用，这里 i 代表捕获组的编号，id 是捕获组的名称或编号——因此，\1 与\g<1>是相同的，在这一实例中，与\g<forenames>也是相同的。这一语法也可用于传递给匹配对象的 expand()方法的字符串中。

为什么正则表达式的第一部分没有抓取整个名称？毕竟采用的是贪婪匹配。实际上会这样做，但之后匹配将失败，因为虽然中间名部分可以匹配 0 次或多次，但 surname 部分必须只匹配一次，采用贪婪匹配的中间名部分已经抓取了所有内容。失败后，正则表达式引擎将按原匹配路径返回，放弃最后的“中间名”，并对 surname 进行匹配。虽然贪婪匹配会尽可能多地匹配，但是如果继续匹配下去会导致失败时，也会终止匹配。

比如，名称是“James W. Loewen”，正则表达式首先会匹配整个名称，也就是说 James W. Loewen，这种匹配满足正则表达式的第一部分，但使 surname 部分没有任何内容可以匹配，由于 surname 部分是强制存在的（有一个隐式的量词1），因而正则表达式会失败。由于中间名部分使用*作为量词，因此可以匹配 0 次或多次（当前是匹配两次，“W.”与“Loewen”），因此，正则表达式引擎可以使其放弃某些匹配，但又不会导致其失败。因此，正则表达式会沿匹配的路径返回，并放弃最后的\s+\w+（也就是“Loewen”），所以匹配会变为 James W. Loewen，这种匹配满足整个正则表达式，两个匹配组也都包含正确的文本。

使用交替（|）操作符在两个或多个可替代的捕获中选择时，我们并不知道匹配的具体是哪一个方案，因此也就不知道从哪个匹配组中取回匹配文本。我们当然可以在所有组上进行迭代，以发现非空的那一个，但是对这种情况，更常见的是匹配对象的 lastindex 属性可以将我们需要的组号返回给我们。我们稍后将查看最后一个实例来勾勒这种情况，并进行稍复杂一些的正则表达式使用实践。

假定我们需要获知 HTML、XML 或 Python 文件当前使用的是哪种编码。我们可以以二进制模式打开文件，之后将（比如）头 1000 个字节读入到一个 bytes 对象中。之后可以关闭该文件，并在 bytes 对象中寻找编码方式，之后以文本模式重新打开文件（使用已找到的编码方式或使用某种通配型的编码，比如 UTF-8）。正则表达式引擎期待正则表达式以字符串形式提供，但正则表达式应用到的文本可以是 str、bytes 或 bytearray 对象，如果使用的是 bytes 或 bytearray 对象，那么所有函数与方法返回的是 bytes 而非字符串，re.ASCII 标记也隐式地打开。

对 HTML 文件，使用的编码格式通常是在<meta>标签中指定的（如果指定），比如，<meta http-equiv='Content-Type' content='text/html; charset=ISO-8859-1'/>；XML 文件默认使用的是 UTF-8 编码，但这种默认情况可能被重写，比如，<?xml version="1.0" encoding="Shift_JIS"?>；Python 3 文件默认使用的也是 UTF-8 编码，但通过在 shebang 行后包含一个类似于# encoding: latin1 或# -*- coding: latin1 -*- 这样的行，也可以重写这种默认编码。

下面展示了如何寻找编码格式，假定变量 binary 是一个 bytes 对象，其中包含 HTML、XML 或 Python 文件的头 1000 个字节：

```
match = re.search(r"""(?<![-\w])                    #1
                    (?:(?:en)?coding|charset)        #2
                    (?:=(["'])?([-\w]+)(?(1)\1)      #3
                    |:\s*([-\w]+))""".encode("utf8"),
                    binary, re.IGNORECASE|re.VERBOSE)
encoding = match.group(match.lastindex) if match else b"utf8"
```

为对一个 bytes 对象进行搜索，我们必须指定也是 bytes 对象的一个模式。这种情况下，出于方便，我们使用的是原始字符串，并将其转换为一个 bytes 对象，将其作为 re.search()函数的第一个参数。

正则表达式本身的第一部分是一个回顾断言，该断言要求匹配不能由连字符或单词字符引导。第二部分用于匹配"encoding"、"coding"或"charset"，可以写为 (?:encoding|coding|charset)。我们将第三部分写成跨两行的形式，用于强调表明该部分包含两个可替代的部分，=(["'])?([-\w]+)(?(1)\1)与:\s*([-\w]+)，每次只有其中的一个可以匹配，第一个匹配一个=符号，之后跟随一个或多个单词字符或连字符（可选的闭合在匹配的引号中，使用的是条件匹配），第二个匹配一个冒号。之后跟随可选的空白，再之后跟随一个或多个单词字符或连字符。（回想一下，如果其为第一个字符，那么字符类中的连字符

被当作一个字面意义的连字符；否则，就意味着某区域内的字符，比如[0-9]。）

　　我们使用了 re.IGNORECASE 标记，因此不必写成(?:(?:[Ee][Nn])? [Cc][Oo][Dd][Ii][Nn][Gg]|[Cc][Hh][Aa][Rr][Ss][Ee][Tt])，使用了 re.VERBOSE 标记，因此可以对正则表达式进行更好的布局，并可以包含注释（这里就是数字编号，以便于在正文中引用）。

　　存在 3 个捕获匹配组，并都存在于第三部分中：([""])?负责捕获可选的左引号，([-\w]+)负责捕获编码格式，其后跟随等号，第二个([-\w]+)（在下一行中）负责捕获编码格式，其后跟随冒号。我们只对编码格式感兴趣，因此我们只需要取回第二个或第三个捕获组，但每次只有一个匹配，因为两者是可替代的，lastindex 属性存放最后一个匹配捕获组（这里或者是组 2，或者是组 3）的索引位置，因此我们取回任一个匹配的，如果没有匹配，就使用默认的编码格式。

　　到这里为止，我们已经介绍了 re 模块中所有使用最频繁的功能，下面介绍最后一个函数来完成本节。re.split()函数（或正则表达式对象的 split()方法）可以根据正则表达式对字符串进行分割。一种常见的需求是，在空白处对文本进行分割，以便获取单词列表。这可以使用 re.split(r"\s+", text)实现，并返回一个单词列表（或更精确地说是一个字符串列表，其中每个字符串都匹配\S+）。正则表达式功能非常强大，也非常有用，学会正则表达式之后，对所有需要正则表达式解决的文本类问题，都变得非常容易。但有时候，使用字符串方法更加高效，也更加合适，比如，使用 text.split()可以很容易地实现在空白处进行分割，因为 str.split()方法的默认行为（或将第一个参数指定为 None）就是在\s+处分割。

13.3　总结

　　正则表达式提供了一种强大的方式，可用于在文本中搜索匹配某个特定模式的字符串，也可以使用其他字符串（其本身也依赖于匹配的是什么）来替代这些字符串。

　　在本章中，我们看到，大多数字符是以其字面意义进行匹配的，并隐式地使用量词{1}。我们也学习了如何指定字符类——一组用于匹配的字符——以及如何来取消选中这组字符、如何在其中包含某个范围内的字符（而不需要单独地写出每一个字符）。

　　我们学习了如何对表达式指定量词，以便其匹配特定的次数，或指定最小匹配次数与最大匹配次数，以及如何使用贪婪匹配与非贪婪匹配。我们也学习了如何对一个或多个表达式进行分组，以便将其作为一个单元指定量词（以及可选的捕获）。

　　本章也展示了如何使用断言来影响匹配的内容，比如正前瞻与负前瞻、正回顾与负回顾等，还包括很多标记的使用，比如，控制句点的解释，以及是否进行大小写不敏感的匹配等。

　　最后一节展示了如何在 Python 程序的上下文中使用正则表达式。这一节中，我们学习了如何使用 re 模块提供的函数，以及编译后的正则表达式与匹配对象中提供的方法。我们也学习了如何使用字面意义的字符串来替换匹配的内容（或使用包含反向引用的字面意义的字符串，或使用函数调用或 lambda 表达式的结果），以及如何通过使用命名的捕获与注释使正则表达式更富于可维护性。

13.4 练习

1. 在很多上下文中（比如 Web 表单），用户必须输入电话号码，而有些只接受特定的格式，从而使得用户不耐烦。编写一个程序，读入 U.S 电话号码，其中包括 3 位的区号与 7 位的本地号码，共计是 10 个数字组成，在格式上可以使用空格或连字符间隔，并可以将区号包含在圆括号中（可选的）。比如，下面这些格式都是有效的：555-555-5555、(555) 5555555、(555) 555 5555 以及 5555555555。从 sys.stdin 中读入电话号码，对读入的每个号码，以格式 "(555) 555 5555" 对其进行回显，对无效的号码，则报告一个错误。

用于匹配电话号码的正则表达式大概有 8 行长（详细模式），并且是非常直接的。phone.py 中提供了相应的解决方案，大概有 25 行代码。

2. 编写一个小程序，该程序读入在命令行中指定的 XML 或 HTML 文件，对每个包含属性的标签，输出标签名及其下面展示的属性，比如，下面给出的是在给定一个 Python 文档的 index.html 文件时该程序的部分输出信息：

```
html
    xmlns = http://www.w3.org/1999/xhtml
meta
    http-equiv = Content-Type
    content = text/html; charset=utf-8
li
    class = right
    style = margin-right: 10px
```

一种方法是使用两个正则表达式：一个用于捕获标签及其属性，一个用于提取每个属性的名称与值。属性值可以使用单引号或双引号包含（这种情况下，属性值可以包含空白，也可以包含不用于将其包含起来的引号），也可以不使用引号包含（这种情况下，属性值中不能包含空白或引号）。最简单的方法可能是创建一个正则表达式，并对引号包含的值与非引号包含的值进行分别处理，之后将两个正则表达式整合在一起，使其可以同时处理这两种情况。最好使用命名的元组使正则表达式更具可读性，这并不容易做到，尤其是因为反向引用不能用在字符类内部。

extract_tags.py 中提供了一个解决方案，少于 35 行代码。标签及属性正则表达式只有一行，属性名-值正则表达式大概 6 行，并使用了替代、条件匹配（量词，一个在另一个内部）以及贪婪与非贪婪的量词。

第 14 章

分析简介

很多程序中,分析都是一项基础性的活动,对几乎所有情况,这都是一个具有挑战性的任务。通常,当需要读取自定格式存储的数据(以便对其进行处理或查询)时,或者在被要求对 DSL(域特定的语言,一种微型的任务特定语言,看起来正在流行)进行分析时,就需要进行分析。不管是需要读取自定义格式的数据,还是读取使用 DSL 编写的代码,我们都需要创建适当的分析器,这可以通过自己动手编写实现,也可以使用某个通常的 Python 分析模块。

Python 可以使用任何标准的计算机科学技术来编写分析器:正则表达式、有限状态自动机、递归下降分析器等。所有这些方法都可以很好地工作,但是对于复杂的数据或 DSL——比如,递归结构以及具有不同优先级和结合性的特色操作符——要正确处理是困难的。并且,如果我们需要分析很多不同的数据格式或 DSL,那么为每种都编写单独的分析器是耗时的,也是疲于维护的。

幸运的是,对某些数据格式,我们并不需要编写分析器。比如,分析 XML 时,Python 的标准库提供了 DOM、SAX 以及元素树分析器等,还有很多作为第三方附件提供的其他 XML 分析器。

事实上,Python 对很广范围的一些数据格式提供了内置的读写支持,包括逗号分隔的数据(csv 模块)、Windows 风格的.ini 文件(configparser 模块)、JSON 数据(json 模块),还有其他一些数据格式,在第 5 章已有提及。Python 不提供对分析其他语言的内置支持,尽管其 shlex 模块可用于为 UNIX shell 类微语言(DSL)创建词法分析器、tokenize 模块可用于为 Python 源代码创建词法分析器。当然,Python 可使用内置的 eval()函数与 exec()函数执行 Python 代码。

通常,如果 Python 标准库中已有适当的分析器,或已有第三方附件形式提供的分析器,那么通常最好的做法是直接使用,而不是自己重新编写。

在分析没有可用分析器的数据格式或 DSL 时,我们可以使用 Python 的某个第三方通用分析模块,而不是自己从头编写。本章中,我们将介绍最流行的两个第三方分析器。一个是 Paul McGuire 的 PyParsing 模块，该模块采用的是一种独特的、富有 Python 色彩的方法；另一个是 David Beazley 的 PLY（Python Lex Yacc），这是在经典的 UNIX lex&yacc 工具上进行建模实现的，广泛地使用了正则表达式。还有很多其他可用的分析器，www.dabeaz.com/ply 中列出了很多（在页面底部），当然，Python 包索引（pypi.python.org/pypi）中也列出了很多。

　　本章第一节简要介绍了标准的 BNF（巴科斯-诺尔范式）语法（该语法用于描述数据格式或 DSL 的语法），并对一些基本的术语进行了解释。余下几节讲述的都是分析器本身，其中第二节讲述了使用正则表达式与递归下降来构造分析器，这也是对正则表达式一章的自然延续。第三节介绍了 PyParsing 模块，其中，最初的实例与前两节中是相同的——以便于学习 PyParsing 方法，同时也有助于进行各种方法的比较，最后一个实例则是新给出的，使用了更富于表现力的语法。最后一节介绍了 PLY 模块，并展示了与 PyParsing 一节中相同的实例，其目的也是为了便于学习和比较。

　　注意这里有一个例外。构造分析器一节中描述了每种数据格式与 DSL（及其 BNF 描述），以及数据格式或 DSL 的一个实例，其他几节中则在适当的地方对其进行了向后索引。例外情况是一阶逻辑分析器，其细节在 PyParsing 一节中进行了描述，相应的向后索引则在 PLY 一节。

14.1　BNF 语法与分析的术语

　　分析是对结构化数据——不管是实际数据，还是程序设计语言中的语句，或者两者的某种混合形式——进行转换的一种途径，转换的目的是反映数据的结构并推导数据代表的含义。通常，分析过程分为两个阶段进行：lexing（词法分析、字元化或扫描）与 parsing proper（也叫句法分析）。

　　比如，给定一个英语描述的句子，比如 "the dog barked"，我们可以将其转换为一个二元组序列，((DEFINITE_ARTICLE, "the")、(NOUN, "dog")、(VERB, "barked"))。之后可以对其进行句法分析，以便判断其是否是一个有效的英文句子。这个例子中是正确的，但我们的分析器必须拒绝 "the barked dog"（比如说）这一类的句子。[*]

　　词法分析阶段的作用是将数据转换为一个字元流。典型情况下，每个字元至少包含两种信息：字元类型（也即所代表的数据或语言结构类型）与字元值（如果类型代表的就是自身，比如程序设计语言中的关键字，那么字元值可以为空）。

　　在分析阶段，分析器读取每个字元并执行一些语义操作，分析器是根据一组预定义的语法规则执行的，语法规则定义了数据应该遵循的语法。（如果数据没有遵循语法

---

[*] 在实践中，对英语或其他自然语言进行分析是一个非常困难的问题，要了解更多信息，可以参考 Natural Language Toolkit (www.nltk.org)。

规则，那么分析器将正确地终止。）在多阶段分析器中，语义操作还包括在内存中构造输入的内部表示（称为抽象语法树——AST），并将其作为下一阶段的输入。AST 构造之后，可以用于很多用途，比如，查询数据、以不同格式写出数据，或执行一些与数据编码中含义相符的计算操作。

　　数据格式与 DSL（以及通常意义上的程序设计语言）可以使用语法器进行描述。语法器实际上是一组语法规则，定义了数据或语言的有效语法。当然，某个语句在句法上有效并不表示有实际意义——比如，"the cat ate democracy" 在句法上是有效的英语语句，但是没有意义。尽管如此，定义语法规则还是非常有用的，有一种通常用于描述语法器的语法——BNF，创建 BNF 是创建分析器的第一步，尽管并不是形式上必须的，但对大多数情况而言都是重要的。

　　这里我们将描述 BNF 语法的一个非常简单的子集，但对我们的需要来说已经足够。

　　在 BNF 中，有两种项目：终端与非终端。终端是以其最终形式展示的项目，比如字面意义上的数字或字符串。非终端则是以 0 个或多个其他项目（可以是终端或非终端）形式定义的项目。每个非终端最终必须以 0 个或多个终端形式进行定义。图 14-1 展示了一个 BNF 实例，定义了一个 "attributes" 文件的语法，以便于清晰理解。

```
ATTRIBUTE_FILE ::= (ATTRIBUTE '\n')+
ATTRIBUTE      ::= NAME '=' VALUE
NAME           ::= [a-zA-Z]\w*
VALUE          ::= 'true' | 'false' | \d+ | [a-zA-Z]\w*
```

图 14-1　一个属性文件的 BNF

　　符号::=的含义是定义为；非终端项目是以大写字符表示的（比如 VALUE）；终端项目或者是包含在引号中的字面意义字符串（比如 '=' 与 'true'），或者是正则表达式（比如\d+）。定义（在::=右边）由一个或多个终端或非终端组成——必须是满足定义的序列。然而，这里使用了竖线符号（|）来表示替代物，因此，这里并不需要整个序列的匹配，只要能匹配替代物中的任何一个就足以满足定义的要求。终端与非终端可以使用?（0 个或 1 个，也即可选的）、+（1 个或多个）、*（0 个或多个）进行量化，如果没有给定量化字符，就代表 1 个。括号可用于将两个或多个终端或非终端包含在一组中，使其作为一个单元处理，比如，将可替代的项目分组或量化等。

　　BNF 总有一个 "引导字符" ——必须由整个输入进行匹配的非终端，我们遵循的约定是，第一个非终端总是引导字符。

　　在本实例中，有 4 个非终端，分别是 ATTRIBUTE_FILE（引导字符）、ATTRIBUTE、NAME 和 VALUE。ATTRIBUTE_FILE 被定义为一个或多个 ATTRIBUTE 后面跟随一个换行符，ATTRIBUTE 定义为 NAME 后面跟随一个字面意义的=（也即一个终端），后面再跟随一个 VALUE。由于 NAME 与 VALUE 部分都是非终端，因此他们本身也必须被定义：NAME 定义为一个正则表达式（也即一个终端），VALUE 被定义为 4 个可选项目中的任何一个,其中两个是字面意义的,两个是正则表达式(这 4 个都是终端)。由于所有非终端都使用终端进行了定义(或使用非终端定义,但这些非终端本身最终使用终端定义),因此,BNF 是完整的。

通常,BNF 的写法不止一种,图 14-2 展示了 ATTRIBUTE_FILE BNF 的一种替代写法。

```
ATTRIBUTE_FILE ::= ATTRIBUTE+
ATTRIBUTE      ::= NAME '=' VALUE '\n'
NAME           ::= [a-zA-Z]\w*
VALUE          ::= 'true' | 'false' | \d+ | NAME
```

图 14-2 属性文件的另一种 BNF

这里,我们将换行符移到了非终端项目 ATTRIBUTE 的结尾处,从而简化了 ATTRIBUTE_FILE 的定义。我们还在 VALUE 中重用了非终端项目 NAME——尽管这是一个可疑的变化,因为巧合的是两者可以与同一个正则表达式匹配。这一个 BNF 与前一个应该可以匹配完全相同的文本。

编写完成 BNF 之后,我们可以通过心算或在纸上演算的方式来对其进行测试。比如,给定文本 "depth = 37\n",我们可以针对该 BNF 进行比对,判断该文本是否匹配。从第一个非终端 ATTRIBUTE_FILE 开始,该项目从匹配另一个非终端 ATTRIBUTE 开始,而 ATTRIBUTE 还要从匹配另一个非终端 NAME 开始——NAME 必须匹配终端正则表达式 [a-zA-Z]\w*,这一正则表达式确实与该文本的起始部分("depth")匹配。ATTRIBUTE 接下来必须匹配的是一个终端,字面意义的=。这里,匹配失败了,因为 "depth" 后面跟随的是一个空格。到这里,分析器应该报告称给定的文本不符合语法。在这一特别的实例中,我们或者消除=前后的空格以便修复数据,或者改变语法规则,比如将第一个 ATTRIBUTE 的定义改变为 NAME \s* = \s* VALUE。在经过几次纸上测试与语法的提纯后,我们应该对自己的 BNF 可以匹配与不能匹配的情况有更清晰的认识。

为保证有效,BNF 必须是完整的,但有效的 BNF 并不一定是正确的。存在的一个问题就是二义性——这里展示的实例中,字面意义的值 True 既可以匹配非终端 VALUE 的第一候选('true'),也可以匹配其最后候选([a-zA-Z]\w*)。这并不妨碍该 BNF 的有效性,但在实现该 BNF 时,分析器必须考虑这种情况。在本章后面的实例中我们将看到,有时我们使用事物本身对自己进行定义,BNF 会变得非常棘手——这可能是二义性的另一种源头,并导致无法分析的语法器。

优先级与结合性用于决定操作符在不含括号的表达式中的应用顺序,优先权用于存在不同操作符的场合,结合性用于操作符相同的场合。

这里给出一个优先权的实例,Python 表达式 3 + 4 * 5 被评估为 23,这意味着在 Python 中,* 比+有更高的优先权,因为该表达式是作为 3 + (4 * 5)进行处理的,换一种表述方式是 "在 Python 中",* 比+具有更强的约束性。

再看结合性的实例，表达式 12/3/2 评估为 2，这意味着/是左结合的，也就是说，表达式中包含两个或多个/时，将从左到右进行评估。这里，12/3 先被评估为 4，之后 4/2 评估为 2。相比之下，=操作符则是右结合的，这也是为什么可以写出 x = y = 5 这样的表达式，包含两个或多个=符号时，是从右到左进行评估的，因此首先评估的是 y=5，并为 y 赋值，之后是 x=y 对 x 进行赋值。如果=不是右结合，那么该表达式将失败（假定之前 y 并不存在），因为该表达式试图将不存在的变量 y 的值赋值给 x。

有时候，优先权与结合性可以协同工作。比如，如果两个不同的操作符有相同的优先权（比如对+与−，这是常见的情况），但没有使用括号，此时就只有借助结合性来确定评估的顺序。

在 BNF 中，要表述优先级与结合性，可以通过将因素组合成术语、术语组合成表达式来实现。比如，图 14-3 中的 BNF 定义了作用于整数之上的 4 个基本的算术操作符，以及括号包含的子表达式，所有的都具有正确的优先权与从左至右的结合性。

```
INTEGER         ::= \d+
ADD_OPERATOR    ::= '+' | '-'
SCALE_OPERATOR  ::= '*' | '/'
EXPRESSION      ::= TERM (ADD_OPERATOR TERM)*
TERM            ::= FACTOR (SCALE_OPERATOR FACTOR)*
FACTOR          ::= '-'? (INTEGER | '(' EXPRESSION ')')
```

图 14-3 用于算术操作符的 BNF

优先级关系是通过表达式、术语、因素的结合方式建立的，结合性则是通过每个表达式、术语、因素的非终端的结构建立的。

如果需要从右至左的结合性，那么可以使用如下的结构：

POWER_EXPRESSION ::= FACTOR ('**' POWER_EXPRESSION)* ||BNF

POWER_EXPRESSION 的递归使用迫使分析器从右至左工作。

对优先权与结合性的处理也可以完全避免：我们可以简单地坚持在数据或 DSL 中使用括号，以便使所有关系都是显式的。尽管这种做法容易实现，但是对我们的数据格式或 DSL 的用户而言没有任何好处，因此，我们宁愿在适当的地方使用优先权与结合性[*]。

关于分析，有比我们这里所提及的多得多的内容——比如参考书目中列出的书籍《Parsing Techniques:A Practical Guide》。尽管如此，本章所讲述的内容对入门应该已经足够，当然，对试图创建复杂的、高级的分析器的人而言，建议阅读更多的参考资料。

既然对 BNF 语法与分析中使用的术语已经比较熟悉，下面就开始编写分析器，首

_____

[*] 另一种可以避免使用优先权与结合性（同时又不需要括号）的方法是使用波兰表达式或逆波兰表达式，参见 wikipedia.org/wiki/Polish_notation。

先从手动编写开始。

14.2 手动编写分析器

本节中，我们将手动编写 3 个分析器。第一个更像是对前面章节中提及的键-值型正则表达式的简单扩展，但展示了使用这样的正则表达式所需的基础结构。第二个也是基于正则表达式的，但实际上是一个有穷状态机，因为其中包含两个状态。第一个与第二个都是数据分析器的实例。第三个实例用于分析 DSL，并使用了递归下降，因为 DSL 允许表达式进行嵌套。在后面的几节中，我们将使用 PyParsing 与 PLY 重新开发这些分析器的新版本，特别地，对于 DSL，我们会看到，使用通常的分析器生成器要比手动编写分析器容易得多。

14.2.1 简单的键-值数据分析

本书的实例中包含了一个名为 playlists.py 的程序，该程序可以阅读.m3u 格式（extended Moving Picture Experts Group Audio Layer 3 Uniform Resource Locator）的播放列表，并输出.pls 格式（Play List 2）的等价播放列表，或者反过来。在这一小节中，我们将编写一个用于.pls 格式的分析器，下一小节中将编写用于.m3u 格式的分析器。这两个分析器都是手动编写的，都使用了正则表达式。

.pls 格式实质上与 Windows .ini 格式是相同的，因此我们应该使用标准库中的 configparser 模块对其进行分析。然而，对于创建第一个数据分析器而言，.pls 格式是理想的选择，这是因为其简单性可以使我们将精力集中于分析方面，因此，本实例中将手动打造一个分析器，而不使用 configparser 模块。

我们首先来看从.pls 文件中摘录的一小部分内容，以便对这种数据有个直观的感觉，之后将创建一个 BNF，再之后创建一个分析器对其进行分析。摘录内容如图 14-4 所示。

```
[playlist]
File1=Blondie\Atomic\01-Atomic.ogg
Title1=Blondie - Atomic
Length1=230
...
File18=Blondie\Atomic\18-I'm Gonna Love You Too.ogg
Title18=Blondie - I'm Gonna Love You Too
Length18=-1
NumberOfEntries=18
Version=2
```

图 14-4 .pls 文件摘录

省略号（...）表示我们忽略了大部分数据。这段数据中，只有一个.ini 风格的头部行[playlist]，所有余下的其他条目都是简单的 key=value 格式。不太寻常的一个方面是，键名是重复的——但使用数字附加，以保证其唯一性。对每首歌曲，有 3 种数据：文件名（本实例中使用 Windows 路径分隔符）、标题以及持续时间（称为"长度"，以秒计数）。在这一特定实例中，第一首歌曲的持续时间已知，最后一个条目的持续时间是未知的（使用负数值作为标记）。

我们为此创建的 BNF 可以处理.pls 文件，实际上也足以处理类似的键-值格式。该BNF 如图 14-5 所示。

```
PLS         ::= (LINE '\n')+
LINE        ::= INI_HEADER | KEY_VALUE | COMMENT | BLANK
INI_HEADER  ::= '[' [^]]+ ']'
KEY_VALUE   ::= KEY \s* '=' \s* VALUE?
KEY         ::= \w+
VALUE       ::= .+
COMMENT     ::= #.*
BLANK       ::= ^$
```

图 14-5   用于.pls 文件格式的 BNF

该 BNF 将 PLS 定义为一个或多个 LINE，其后跟随换行符。每个 LINE 可以是 INI_HEADER、KEY_VALUE、COMMENT 或 BLANK。INI_HEADER 定义为一个左方括号，其后跟随一个或多个字符（右方括号除外），之后再跟随一个闭方括号。KEY_VALUE 与上一节 ATTRIBUTE_FILE 实例展示的 ATTRIBUTE 略有不同，因为VALUE 是可选的，并且这里允许=符号前后有空白。这意味着，类似于"title5=\n"这样的一行在 BNF 中是有效的，"length=126\n"等类似的模式也是有效的。KEY 是一个或多个数字字母字符组成的序列。注释是 Python 风格的，我们也将跳过，类似地，空行（BLANK）是允许的，但这里也跳过。

我们的分析器的目的是生成一个字典，其键-值项与文件中的那些相匹配，但键是小写的。playlists.py 程序使用分析器获取播放列表数据字典，之后以需要的格式对其进行输出。这里我们不讲述 playlists.py 程序本身，因为这与分析无关，如果需要，可以从本书的 Web 站点下载该程序。

分析过程是在一个函数内完成的，该函数接受一个打开的文件对象（file）与一个默认值为 False 的 Boolean（owercase_keys）作为参数，使用两个正则表达式，并返回其生成的一个字典（key_values）。我们首先看一下正则表达式，之后看一下对文件行进行分析的代码与生成字典的代码。

```
INI_HEADER = re.compile(r"^\[[^]]+\]$")
```

尽管我们想忽略.ini 头，但仍然需要对其进行识别。正则表达式不允许开头或结尾处存在空白——这是因为我们将剥离读入的每一行中的空白，以便不存在任何空白。

正则表达式本身匹配行的起始，之后是一个左方括号，再之后是一个或多个字符（但不能是右方括号），再之后是右方括号，最后是行结尾。

```
KEY_VALUE_RE = re.compile(r"^(?P<key>\w+)\s*=\s*(?P<value>.*)$")
```

正则表达式 KEY_VALUE_RE 允许=符号周围有空白 sign，但我们只捕获真正的键与值。值用*进行量化，因此可以为空。并且，我们使用命名的捕获，因为这更易于阅读和维护，其不会受到新添加或移除的捕获组（某些在我们使用数字识别捕获组情况下会有影响的事物）影响。

```
key_values = {}
for lino, line in enumerate(file, start=1):
    line = line.strip()
    if not line or line.startswith("#"):
        continue
    key_value = KEY_VALUE_RE.match(line)
    if key_value:
        key = key_value.group("key")
        if lowercase_keys:
            key = key.lower()
        key_values[key] = key_value.group("value")
    else:
        ini_header = INI_HEADER.match(line)
        if not ini_header:
            print("Failed to parse line {0}: {1}".format(lino,
                                                          line))
```

我们逐行处理该文件的内容，使用内置的 enumerate()函数返回二元组，二元组由行号（从 1 开始，文本文件传统上就这样处理）以及行内容本身组成。我们剥离了空白，以便可以跳过空行（并使用更简单些的正则表达式），我们还跳过了注释行。

由于我们希望大多数行都是 key=value 形式的，因此我们总是试图首先匹配正则表达式 KEY_VALUE_RE。如果匹配成功，我们就提取键，如果有必要还要将其改为小写，之后将键与值添加到字典中。

如果行不是 key=value 形式，我们就尝试匹配.ini 头——如果匹配，就简单地对其进行忽略，并进入下一行，否则就报告一个错误。（创建一个字典，使其键为.ini 头，值为头的键-值对组成的字典，这都是很直截了当的——如果确实需要做这件事，我们应该使用 configparser 模块。

正则表达式与代码都是很直截了当的——两者彼此存在依赖关系。比如，如果我们没有从每一行中剥离空白，就必须改变正则表达式，使其允许开头和结尾的空白。这里我们发现剥离空白更便利，而在其他场合可能其他方式更合适——没有单独的永远正确的方法。

在结尾处（没有显示），我们简单地返回 key_values 字典。在这一特定实例中，使用字典的一个不足之处是每个键-值对是独特的，事实上，键以同样数字结尾的项在逻辑上是相关的（比如"title12"、"file12"与"length12"）。playlists.py 程序中有一个函数（songs_from_dictionary()，这里没有展示，但在书籍的源代码中有）用于读入这里展示的代码返回的键–值字典，并返回歌曲元组列表——下一小节中我们将直接实现。

14.2.2 播放列表数据分析

上一小节中提及的 playlists.py 程序可以读、写.pls 格式文件，在本小节中，我们将编写一个可以读取.m3u 格式文件的分析器，该分析器返回结果的形式是 collections.namedtuple()对象列表，每个对象包含标题、持续时间、文件名等。

与通常一样，我们首先看一段待分析数据，之后创建适当的 BNF，最后创建一个分析器对数据进行分析。数据如图 14-6 所示。

```
#EXTM3U
#EXTINF:230,Blondie - Atomic
Blondie\Atomic\01-Atomic.ogg
...
#EXTINF:-1,Blondie - I'm Gonna Love You Too
Blondie\Atomic\18-I'm Gonna Love You Too.ogg
```

图 14-6 .m3u 文件摘要

我们忽略了大部分数据（用省略号表示）。文件必须以#EXTM3U 行开始，每个条目占据两行，第一行以#EXTINF 开始，提供了以秒计数的持续时间和标题。第二行则是文件名。与.pls 格式类似，持续时间为负值表示持续时间未知。

对应的 BNF 如图 14-7 所示，该 BNF 将 M3U 定义为字面意义的文本#EXTM3U，其后跟随一个换行符，再之后是一个或多个，每个 ENTRY 包含一个 INFO，其后跟随一个换行符，再之后是 FILENAME 后跟随一个换行符。INFO 以字面意义的文本 #EXTINF 开始，其后跟随由 SECONDS 指定的持续时间，之后是一个逗号，再之后是 TITLE。SECONDS 定义为可选的-符号，其后跟随一个或多个数字。TITLE 与 FILENAME 松散地定义为任意字符（换行符除外）组成的序列。

```
M3U      ::= '#EXTM3U\n' ENTRY+
ENTRY    ::= INFO '\n' FILENAME '\n'
INFO     ::= '#EXTINF:' SECONDS ',' TITLE
SECONDS  ::= '-'? \d+
TITLE    ::= [^\n]+
FILENAME ::= [^\n]+
```

图 14-7 用于.m3u 格式的 BNF

在查阅分析器之前，我们将首先看一下命名的元组（用于存储每一个结果）：

```
Song = collections.namedtuple("Song", "title seconds filename")
```

与使用键为"file5"、"title17"等形式的字典（并且我们必须编写代码来对所有以相同数字结尾的键进行匹配）相比，这种方式要更加便利。

我们将分为 4 个非常短的部分来查看分析器的代码，以便于进行解释说明。

```
if fh.readline() != "#EXTM3U\n":
    print("This is not a .m3u file")
    return []
songs = []
INFO_RE = re.compile(r"#EXTINF:(?P<seconds>-?\d+),(?P<title>.+)")
WANT_INFO, WANT_FILENAME = range(2)
state = WANT_INFO
```

打开的文件对象存放在变量 fh 中。如果文件不是以.m3u 文件的正确文本开始，就输出错误消息并返回空列表。

命名的元组 Song 存放在列表 songs 中。正则表达式用于匹配 BNF 的非终端 INFO。分析器本身总是处于两个状态之一，或者是 WANT_INFO（起始状态），或者是 WANT_FILENAME。在 WANT_INFO 状态时，分析器试图获取标题与秒数，在 WANT_FILENAME 状态时，分析器创建新的 Song，并将其添加到 songs 列表。

```
for lino, line in enumerate(fh, start=2):
    line = line.strip()
    if not line:
        continue
```

对给定的打开文件对象中的每一行，我们以与前面小节中.pls 分析器类似的方式进行迭代，只不过这里行号从 2 开始，因为在进入循环之前就已经处理了第一行。我们剥离了空白，跳过了空行，并依赖于所处的状态进行下一步的处理。

```
if state == WANT_INFO:
    info = INFO_RE.match(line)
    if info:
        title = info.group("title")
        seconds = int(info.group("seconds"))
        state = WANT_FILENAME
    else:
        print("Failed to parse line {0}: {1}".format(lino, line))
```

如果期待的是一个 INFO 行，我们尝试匹配正则表达式 INFO_RE，以便提取出标题与秒数。之后改变分析器的状态，以便期待下一行是相应的文件名。我们不必检查 int()转换是否工作（比如，使用 try ⋯except），因为转换中使用的文本总是匹配有效的整数（源于正则表达式(-?\d+)）。

```
elif state == WANT_FILENAME:
    songs.append(Song(title, seconds, line))
    title = seconds = None
    state = WANT_INFO
```

如果期待的是 FILENAME 行，就可以简单地添加一个 Song（使用前面设置的标题与秒数），并以当前行作为文件名。

之后，将分析器状态还原为开始状态，以便准备分析其他歌曲的详细资料。

最后（没有展示），向调用者返回 songs 列表。由于使用了命名的元组，因此每首歌曲的属性可以很便利地使用名称进行访问，比如 songs[12].title。

在很多简单的情况下，使用变量来保持对状态的追踪（像这里所做的）可以有效工作。但是，通常情况下，对于处理包含了嵌套表达式的数据或 DSL 而言，这种方法是不够的。下一小节中，我们将了解怎样在包含嵌套的情况下对状态进行维护。

14.2.3   Blocks 域特定语言的分析

blocks.py 程序是本书中的一个实例，该程序读取一个或多个.blk 文件（这种文件使用了自定义的文本格式，即块格式），一种虚构的语言——在命令行中指定，并且，为每一个这种文件创建一个 SVG（可扩展的向量图形）文件，名称相同，但后缀变更为.svg。尽管这种 SVG 文件不可能很完善，但提供了很好的可视化展示方式，易于看出.blk 文件中的错误，并且对于简单的 DSL 也有可以处理的潜力。

图 14-8 展示了完全的 hierarchy.blk 文件，图 14-9 展示了 blocks.py 程序生成的 hierarchy.svg 文件。

```
[] [lightblue: Director]
//
[] [lightgreen: Secretary]
//
[Minion #1] [] [Minion #2]
```

图 14-8   hierarchy.blk 文件

块格式实质上包含两个元素：块与新的行标记。块包含在方括号中。块可以是空的，在这种情况下，块用作间隔，并占据概念网格的一个单元。块中也可以包含文本域可选的颜色。新的行标记是正斜杠，用于指示新的一行从哪里开始。在图 14-8 中，每次使用了两个行标记，这也是为什么图 14-9 中会有两个空白行。

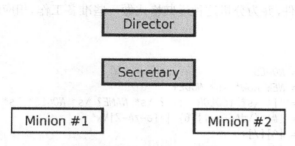

图 14-9 hierarchy.svg 文件

块格式还允许块彼此之间的嵌套，这可以简单地在一个块的方括号中包含其他块与新的行标记来实现（在块的文本之后）。

图 14-10 展示了完全的 messagebox.blk 文件，其中块是嵌套的，图 14-11 则展示了相应的 messagebox.svg 文件。

```
[#00CCDE: MessageBox Window
  [lightgray: Frame
    [] [white: Message text]
    //
    [goldenrod: OK Button] [] [#ff0505: Cancel Button]
    /
    []
  ]
]
```

图 14-10 messagebox.blk 文件

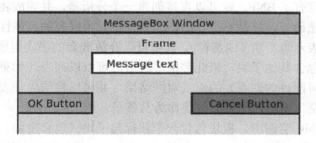

图 14-11 messagebox.svg 文件

颜色可以使用 SVG 格式支持的名称指定，或使用十六进制值（由引导的#指示）。图 14-10 中展示的块文件包含一个外部块（"MessageBox Window"）、一个内部块（"Frame"），在内部块中还包含几个块与新的行标记。空白纯粹用于使结构看起来更清晰，块格式本身会忽略空白。

在查看了两个块文件之后，我们将了解块 BNF，以便更形式化地理解哪些要素用于构成有效的块文件，并为分析这种递归格式做一些准备工作。相应的 BNF 如图 14-12 所示。

```
BLOCKS   ::= NODES+
NODES    ::= NEW_ROW* \s* NODE+
NODE     ::= '[' \s* (COLOR ':')? \s* NAME? \s* NODES* \s* ']'
COLOR    ::= '#' [\dA-Fa-f]{6} | [a-zA-Z]\w*
NAME     ::= [^][/]+
NEW_ROW  ::= '/'
```

图 14-12　用于.blk 格式的 BNF

该 BNF 将 BLOCKS 文件定义为有一个或多个 NODES，NODES 由 0 个或多个 NEW_ROW（其后跟随一个或多个 NODE）组成。NODE 从一个左方括号开始，其后跟随一个可选的 COLOR，再跟随一个可选的 NAME，再之后跟随 0 个或多个 NODES，最后以一个右方括号结束。COLOR 由一个哈希（pound）符号开始，其后跟随 6 个十六进制数字和一个冒号，或者是以一个字母字符开始，跟随一个冒号，再之后跟随一个或多个字母数字字符组成的序列。NAME 是任意字符组成的序列，但不能包括方括号或正斜杠。NEW_ROW 是一个字面意义的正斜杠。多个\s*则表明空白允许在终端和非终端之间的任意地方出现，但没有实际意义。

非终端 NODE 的定义是递归的，因为其中包含了非终端 NODES，而 NODES 本身又是由非终端 NODE 进行定义的。这种递归定义容易出错，并可能导致分析器无限循环，因此，应该进行一些书面测试推演，以便确保该语法可以终止，也就是说，给定有效的输入，语法可以到达所有终端，而不是在非终端之间无限循环。

在前面，一旦有了 BNF，就可以直接创建一个分析器，并完成我们所需的分析工作。对递归语法而言，这是不可行的，因为存在元素嵌套的可能性。我们需要做的是创建一个类来表示每个块（或新行），其中可以存放嵌套的子块组成的列表，而这些子块本身又可能包含其他子块，依此类推。之后，可以以列表（如果需要表示嵌套的块，那么列表中可能包含列表）的形式取回结果，并可以将结果列表转换为一个树，该树包含一个"空"根块，所有其他块作为其孩子。

在 hierarchy.blk 实例中，根块包含一个新行与子块（包含空块）的列表，每个都不包含任何孩子。块结构在图 14-13 中勾勒——hierarchy.blk 文件在前面已经进行展示。messagebox.blk 实例有一个根块，该根块拥有一个子块（"MessageBox Window"），该子块本身还有一个子块（"Frame"），Frame 又包含一个新行与子块（包括空块）列表，这一结构在图 14-14 中进行了展示——messagebox.blk 文件在前面已经进行了展示。

本章中展示的所有块分析器都返回图 14-13 与表 14-14 中勾勒的根块与子块——如果分析成功。blocks.py 程序使用的 BlockOutput.py 模块提供了一个名为 save_blocks_as_svg()的函数，此函数接受根块作为输入，并对其孩子进行递归遍历，最终创建一个 SVG 文件来可视化地呈现该块。

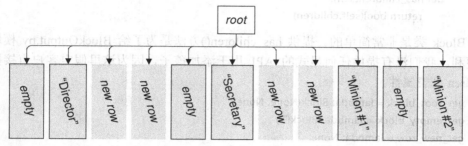

图 14-13　分析后 hierarchy.blk 文件的块

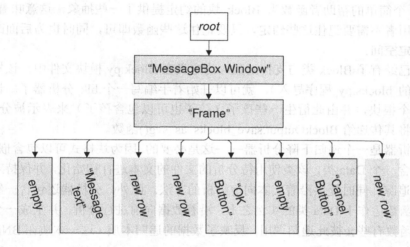

图 14-14　分析后 messagebox.blk 文件的块及其孩子

在创建分析器之前，我们首先定义一个 Block 类来表示块及其包含的任意子块。之后，我们将查看该分析器，了解其怎样产生一个单独的根 Block——其子块用于表示该分析器分析的.blk 文件的内容。

Block 类的实例包含 3 个属性，分别是 name、color 与 children（可能为空的孩子列表），根块没有名称或颜色，空块没有名称并且颜色为白色。children 列表包含 Blocks 与 Nones——后者表示新的行标记符。这里不指望依靠 Block 类的使用者记住所有这些约定，而是提供了一些模块方法对其进行了抽象。

```
class Block:

    def __init__(self, name, color="white"):
        self.name = name
        self.color = color
        self.children = []
```

```
def has_children(self):
    return bool(self.children)
```

Block 类是非常简单的。提供 has_children()方法是为了给 BlockOutput.py 模块提供便利。我们没有提供任何显式的 API 用于添加孩子，因为这里假定客户直接操纵 children 列表属性。

```
get_root_block = lambda: Block(None, None)
get_empty_block = lambda: Block("")
get_new_row = lambda: None
is_new_row = lambda x: x is None
```

这 4 个简单的帮助者函数为 Block 块的约定提供了一些抽象，这意味着，Block 模块的使用者不需要记住这些约定，只要记住这些函数即可，同时也为后面改变约定提供了一定空间。

既然已经有了 Block 类与支持函数（均定义在 Block.py 模块文件中，该模块由包含分析器的 blocks.py 程序导入），就可以开始着手编写一个.blk 分析器了。该分析器将创建一个根块，并由此衍生一些孩子（孩子也可以包含孩子）来表示被分析的.blk 文件，并将其传递给 BlockOutput.save_blocks_as_svg()函数。

该分析器是一个递归下降分析器——这是必要的，因为块格式可以包含嵌套的块。分析器包含一个 Data 类，该类使用待分析的文件的文本进行初始化，并保持对当前分析位置的追踪，同时提供沿着文本向前分析的方法。此外，分析器还包含一组分析函数，这些函数运作于 Data 类的实例之上，沿着数据向前进行分析，并生成一个 Blocks 栈，这些函数有些会彼此递归调用，反映了数据的递归本质（这一本质在 BNF 中也有反映）。

我们首先从 Data 类开始，之后查看该类怎样使用以及分析怎样启动，之后将讲述遇到的每一个分析函数。

```
class Data:

    def __init__(self, text):
        self.text = text
        self.pos = 0
        self.line = 1
        self.column = 1
        self.brackets = 0
        self.stack = [Block.get_root_block()]
```

Data 类存放了我们正在分析的文件包含的文本、当前到达的位置（self.pos）以及该位置标示的行号与列号（从 1 开始），该类还保持对方括号的追踪（对每个左方括号加 1，每个右方括号减 1）。栈是一个 Blocks 列表，使用空的根块进行初始化。最后，我们将返回根块——如果分析成功，那么根块中将包含子块（子块也可以包含自己的子块），根块用于标示块数据。

```
def location(self):
    return "line {0}, column {1}".format(self.line,
                                         self.column)
```

这是一个简单的便利方法，用于以字符串形式返回当前位置，字符串中包含行号与列号。

```
def advance_by(self, amount):
    for x in range(amount):
        self._advance_by_one()
```

分析器需要沿着分析的文本向前推进，为便利起见，这里提供了几个前进的方法，下面这个方法就是根据给定的字符数向前推进。

```
def _advance_by_one(self):
    self.pos += 1
    if (self.pos < len(self.text) and
        self.text[self.pos] == "\n"):
        self.line += 1
        self.column = 1
    else:
        self.column += 1
```

所有前进方法使用这一私有方法来实际推进分析器的分析位置，这意味着保持行号与列号最新的代码保存在一个地方。

```
def advance_to_position(self, position):
    while self.pos < position:
        self._advance_by_one()
```

下面这一方法向前推进到文本中一个给定的索引位置，再一次使用了私有的_advance_by_one()方法。

```
def advance_up_to(self, characters):
    while (self.pos < len(self.text) and
           self.text[self.pos] not in characters and
           self.text[self.pos].isspace()):
        self._advance_by_one()
    if not self.pos < len(self.text):
        return False
    if self.text[self.pos] in characters:
        return True
    raise LexError("expected '{0}' but got '{1}'"
                   .format(characters, self.text[self.pos]))
```

这一方法跳过空白，直至当前位置代表的是给定字符串中的某个字符，本方法不同于其他前进方法，因为本方法可能失败（可能会到达一个非空白字符，并且该字符不是所期待的字符中的某个）。本方法会返回一个 Boolean 来表示方法是否成功。

```
class LexError(Exception): pass
```

这一异常类由分析器在内部使用。我们更愿意使用自定义异常，而不愿意使用诸如 ValueError 等异常，因为这有助于调试时从 Python 异常中区分出我们的自定义异常。

```
data = Data(text)
try:
    parse(data)
except LexError as err:
    raise ValueError("Error {{0}}:{0}: {1}".format(
                        data.location(), err))
return data.stack[0]
```

顶层分析是相当简单的。基于待分析的文本，我们创建了 Data 类的一个实例，之后调用 parse()函数（稍后将介绍该函数）进行分析。如果发生错误，就产生一个自定义的 LexError，我们简单地将其转换为 ValueError，以便将调用者隔离于内部异常。通常，错误消息包含一个转义的 str.format()字段名——并期待调用者用其插入文件名，这是这里不能做到的，因为我们只是被赋予了文件的文本，而不是文件名或文件对象。

最后，我们返回根块，根块应该有孩子（孩子也可能有孩子）来表示分析过的块。

```
def parse(data):
    while data.pos < len(data.text):
        if not data.advance_up_to("[]/"):
            break
        if data.text[data.pos] == "[":
            data.brackets += 1
            parse_block(data)
        elif data.text[data.pos] == "/":
            parse_new_row(data)
        elif data.text[data.pos] == "]":
            data.brackets -= 1
            data.advance_by(1)
        else:
            raise LexError("expecting '[', ']', or '/'; "
                    "but got '{0}'".format(data.text[data.pos]))
    if data.brackets:
        raise LexError("ran out of text when expecting '{0}'"
                .format(')' if data.brackets > 0 else '['))
```

这一函数是递归下降分析器的核心。该函数在待分析的文本上进行迭代，寻找块的起点或终点或新的行标记符。如果到达块的起点，就对方括号的计数值进行递增操作，并调用 parse_block()；如果到达新的行标记符，就调用 parse_new_row()；如果到达块的终点，就对方括号计数值进行递减操作，并向前推进到下一个字符。如果遇到任何其他字符，就判定发生错误并进行相应的报告。类似地，所有数据分析完毕后，如果方括号计数值非 0，函数也会报告发生错误。

```python
def parse_block(data):
    data.advance_by(1)
    nextBlock = data.text.find("[", data.pos)
    endOfBlock = data.text.find("]", data.pos)
    if nextBlock == -1 or endOfBlock < nextBlock:
        parse_block_data(data, endOfBlock)
    else:
        block = parse_block_data(data, nextBlock)
        data.stack.append(block)
        parse(data)
        data.stack.pop()
```

这一函数首先向前推进一个字符（以便跳过开方括号的块起点），之后寻找下一块的起点与终点。如果没有后续跟随的块，或下一块的终点在其他块的起点之前，那么本块不包含任何嵌套的块，因此我们可以简单地调用 parse_block_data() 并将本块的终点赋予其终点位置。

如果本块内部还有一个或多个嵌套的块，我们就需要对本块的数据进行分析，直至到达第一个嵌套块的起点。之后，将本块推到栈顶，并递归调用 parse() 函数来对嵌套的块（或者嵌套块的嵌套块）进行分析，最后，将该块弹出栈，因为所有嵌套块都已经通过递归调用处理完毕。

```python
def parse_block_data(data, end):
    color = None
    colon = data.text.find(":", data.pos)
    if -1 < colon < end:
        color = data.text[data.pos:colon]
        data.advance_to_position(colon + 1)
    name = data.text[data.pos:end].strip()
    data.advance_to_position(end)
    if not name and color is None:
        block = Block.get_empty_block()
    else:
        block = Block.Block(name, color)
    data.stack[-1].children.append(block)
    return block
```

这一函数用于分析一个块的数据——直至到达文本中给定的终点——并向块栈中

添加一个相应的 Block 对象。

我们从寻找一个颜色开始，如果找到，就继续推进。接下来试图找到块的文本（名称），尽管这可以是空的。如果某个块没有名称或颜色，就创建一个空 Block，否则就创建一个带有给定名称与颜色的 Block。

一旦 Block 创建后，我们就将其作为栈顶块的最后一个孩子添加上去。（最初，栈顶块是根块，但如果有嵌套的块，则栈顶块可以是其他被推到栈顶的块），最后，我们返回该块，以便其可以被推到块栈上——只有在该块内部包含了嵌套块的时候才这样做。

```
def parse_new_row(data):
    data.stack[-1].children.append(Block.get_new_row())
    data.advance_by(1)
```

这是分析函数中最容易的一个，只是简单地添加一个新行，作为栈顶块的最后一个孩子，并向新的行字符推进。

到这里就完成了对块递归下降分析器的讲解。分析器不需要大量的代码，实际上要少于 100 行，但与 PyParsing 版分析器相比仍然要多 50%的代码量，与 PLY 版相比也要多 33%的代码量。后面我们会看到，使用 PyParsing 或 PLY 要比手动创建一个递归下降分析器容易——并且所创建的分析器也易于维护。

使用 BlockOutput.save_blocks_as_svg()函数转换 SVG 文件对所有块分析器都是一样的，因为这些分析器都生成同样的根块与孩子结构。我们没有查阅函数的代码，因为这与分析的关系没有这么大——可以在本书附带的实例中的 BlockOutput.py 模块文件中查看。

到这里，我们完成了对手动创建的分析器的讲解。接下来的两节中，我们将展示如何使用 PyParsing 与 PLY 来创建同样的分析器。此外，我们将展示一个用于 DSL 的分析器——如果手动创建，就将是一个相当复杂的递归下降分析器，这个实例也将表明，使用通用的分析器要比手动创建具有更好的可扩展性。

14.3 使用 PyParsing 进行更 Python 化的分析

手动编写递归下降的分析器是非常棘手的，并且很难保证正确性，如果我们需要创建很多分析器，这种方法很快就让分析器的编写与维护变得非常乏味。一种显然的解决方案是使用通用的分析模块，那些应用于 BNF 或 UNIX lex 与 yacc 工具的很自然地可以转换为类似的工具。在接下来的一节中，我们将讲解 PLY（Python Lex Yacc），这是一个可以将这种方法实例化的工具。但在这一节中，我们将首先了解一个非常不同的分析工具：PyParsing。

PyParsing 的作者将这一工具描述为"一种用于创建并执行简单语法的替代方法，可以替代传统的 lex/yacc 方法或正则表达式"。（当然，事实上正则表达式也可以用于

PyParsing。）对那些习惯于传统方法的人而言，PyParsing 需要在思考问题的方式上有所变换。这种替代方法的好处是开发分析器时不再需要编写大量代码——这是由于 PyParsing 提供了大量高层要素，可以匹配常见的结构——并且易于理解和维护。

PyParsing 遵循开源标准，可用于商业或非商业用途。然而，Python 的标准库中没有包含 PyParsing，因此必须单独下载和安装——尽管对于 Linux 用户而言，几乎必然通过包管理系统获取该工具。可以从 pyparsing.wikispaces.com 站点下载该工具——单击该页面的 Download 链接。对 Windows 用户而言，该工具以可执行安装程序的形式提供，对类 UNIX 系统（比如 Linux 与 Mac OS X）而言，该工具则以源代码形式提供。下载页面还对其如何安装进行了解释。PyParsing 包含在一个单独的模块文件 pyparsing_py3.py 中，因此可以很容易地在任何使用它的程序中呈现。

14.3.1　PyParsing 快速介绍

PyParsing 不对 lexing 与分析进行实际的区分，而是提供函数与类来创建分析器要素——一个要素对应一个要匹配的事物。有些分析器要素是由 PyParsing 预定义提供的，其他一些要素可以通过调用 PyParsing 函数或实例化 PyParsing 类来创建。分析器要素还可以通过结合其他分析器要素来实现——比如，使用+连接并形成分析器要素序列，或使用|来对一组备选的分析器要素进行或操作。最终，简单地看，PyParsing 分析器是一组分析器要素（这些要素本身也可以由其他要素构成，以此类推）的集合。如果我们需要对所分析的内容进行一些处理，就可以对 PyParsing 返回的结果进行处理，或者向特定的分析器要素中添加分析动作（代码段），或者同时使用这两种做法。

PyParsing 提供范围很广的一些分析器要素，我们将对其中最常用的进行简略描述。分析器要素 Literal()可以匹配给定的字面意义的文本，CaselessLiteral()完成同样的任务，但忽略大小写。如果我们对语法中的某些部分不感兴趣，就可以使用 Suppress()，这可以匹配给定的字面意义的文本（或分析器要素），但不会将其添加到结果中。

Keyword()要素与 Literal()机会相同，不同之处在于其后必须跟随的是非关键字字符——这可以防止在关键字是某事物前缀的情况下错误匹配。比如，给定数据文本"filename"，则 Literal("file")会匹配 <u>file</u>name，name 则由下一个分析器进行匹配，Keyword("file")则根本不与其进行匹配。

另一个重要的分析器要素是 Word()，该要素将给定的字符串作为一组字符进行处理，并可以对给定字符组成的任意序列进行匹配。比如，给定数据文本"abacus"，Word("abc")将匹配 abacus。典型情况下，这可以用于匹配标识符——比如，Word(alphas, alphanums)可以匹配那些以字母字符引导、其后跟随 0 个或多个字母数字字符的文本。（alphas 与 alphanums 都是预定义的字符串，由 PyParsing 提供。）

Word()的一个使用不是很频繁的替代物是 CharsNotIn()。这一要素可以接受字符串，并将其作为一组字符进行处理，可以从分析器当前位置开始匹配，直至到达给定字符集中的某个字符。该要素不能跳过空白，并且如果当前分析器字符出现在给定字符集中（也就是说当前没有字符进行累积），就会导致失败。Word()还有两个其他的替代物，一个是 SkipTo()，与 CharsNotIn()类似，区别在于可以跳过空白并且总是会成功——即便没有累积任何事物（空字符串）；另一个是 Regex()，用于指定要匹配的正则表达式。

PyParsing 还有多种预定义的分析器要素，包括 restOfLine——用于匹配从分析器当前已到达的点开始的任意字符，直至行的结束；Python-stylecomment——用于匹配 Python 风格的注释，quotedString——用于匹配包含在单引号或双引号中的字符串（开始引号与结束引号也在匹配范围之内），此外还有很多预定义的分析器要素。

还有很多帮助者函数，用于满足常见情况的需要。比如，delimitedList() 函数会返回一个分析器要素，该要素可以匹配使用分隔符分隔的项目列表；makeHTMLTags() 返回一对分析器要素，可以匹配给定的 HTML 标签的起始与结束字符，对起始字符，还可以匹配标签具备的任意属性。

分析器要素可以使用类似于正则表达式的方法进行量化，包括 Optional()、ZeroOrMore()、OneOrMore()以及其他一些方法。如果没有指定量化符，就默认为 1。要素还可以使用 Group()进行分组，或使用 Combine()进行结合——后面将讲到这些内容。

在指定了所有分析器要素及其量化符之后，我们就可以开始将其组合成为分析器。我们可以指定分析器要素必须前后跟随的顺序，这是通过创建一个新的分析器要素实现的，该要素用于连接两个或多个分析器要素——比如，如果我们已有分析器要素 key 与 value，就可以创建分析器要素 key_value，创建方法是 key_value=key+Suppress("=")+value。我们也可以指定分析器要素来匹配给定的两个或多个替代物中的任意一个，这是通过创建一个新的分析器要素来对两个或多个现存的分析器要素进行 ORS 实现的——比如，如果已有分析器要素 true 与 false，就可以创建一个分析器要素 boolean，创建方法是 boolean=true|false。

我们注意到，对分析器要素 key_value，没有任何关于=符号周围空白的声明。默认情况下，PyParsing 可以接受在分析器要素之间存在任意数量的空白（包括没有空白），因此，比如，PyParsing 将 BNF 定义 KEY '=' VALUE 看做\s* KEY\s*'='=\s* VALUE \s*。（当然，这种默认行为也可以关闭。）

还要注意到，这里与之后的小节中，我们会导入每个所需的 PyParsing 名称，比如：

```
from pyparsing_py3 import (alphanums, alphas, CharsNotIn, Forward,
        Group, hexnums, OneOrMore, Optional, ParseException,
        ParseSyntaxException, Suppress, Word, ZeroOrMore)
```

这里避免使用 import * 这种语法形式，以免其使用不需要的名称来污染我们的名称空间。这种语法的好处是可以提供一些便利，比如我们可以直接写成 alphanums 与 Word()，而不需要写成 pyparsing_py3.alphanums 与 pyparsing_py3.Word()，等等。

在结束对 PyParsing 的快速介绍并开始讲解实例之前，了解一下将 BNF 转换为

PyParsing 分析器的两个重要思想是有价值的。

　　PyParsing 有很多预定义的要素，可以匹配常见的结构。在可能的情况下，我们应该总是使用这些要素，以便确保可能的最好性能。另外，直接将 BNF 转换为 PyParsing 语法并不总是正确的方法。PyParsing 有处理特定 BNF 结构的惯用方法，我们应该总是遵循这些方法，以确保分析器高效运行。这里，我们将非常简略地了解一些预定义的要素与惯用做法。

　　常见的一种 BNF 定义是有可选的项目，比如：

OPTIONAL_ITEM ::= ITEM | EMPTY　　　　　　　　　　　　　　　　　　　　　　　||BNF

如果直接将其转换为 PyParsing，我们就会写成：

optional_item = item | Empty() # WRONG!

　　这里是假定 item 是早前定义的某种分析器要素。Empty()类提供了一个可以与 nothing 匹配的分析器要素。尽管在语法上是正确的，但这违背了 PyParsing 的工作机理。正确的 PyParsing 惯用方法更简单，并需要使用一个预定义的要素：

optional_item = Optional(item)

　　有些 BNF 语句涉及以项目自身来定义项目。比如，为表示一个变量列表（或许是某个函数的参数列表），可以使用如下的 BNF：

VAR_LIST ::= VARIABLE | VARIABLE ',' VAR_LIST　　　　　　　　　　　　　　|| BNF
VARIABLE ::= [a-zA-Z]\w*

　　初看之下，我们可能试图将其直接转换为 PyParsing 语法：

variable = Word(alphas, alphanums)
var_list = variable | variable + Suppress(",") + var_list # WRONG!

　　问题看起来似乎是简单的 Python 语法问题——我们不能在定义 var_list 之前对其进行引用。PyParsing 提供了一种对应的解决方案：我们可以使用 Forward()创建"空的"分析器要素，之后在其上附加分析器要素——包括其本身。因此，可以采用下面这种做法：

var_list = Forward()
var_list << (variable | variable + Suppress(",") + var_list) # WRONG!

　　这一版本在语法上有效，但再一次违背了 PyParsing 的工作机理——并且，如果将其作为更大的分析器的一部分，就会变得非常慢，甚至无法有效工作。（注意必须使用括号，确保右边整个表达式被附加上去，而不仅仅是第一部分，这是因为<<的优先级要高于|，也就是说，其绑定能力要强于和优于|。）虽然在这里使用并不恰当，但在其他环境中，Forward()类是非常有用的，下一小节中，我们将在两个实例中使用。

　　对于类似的情况，我们不使用 Forward()，而是使用替代的编码模式，更符合 PyParsing 的惯常做法。下面给出一个最简单的最字面意义的版本：

var_list = variable + ZeroOrMore(Suppress(",") + variable)

这一模式对于处理二进制操作符是理想的，比如：

```
plus_expression = operand + ZeroOrMore(Suppress("+") + operand)
```

这两种使用方法都非常常见，因此 PyParsing 提供了有用的函数实现，以便提供适当的分析器要素。在下一小节的最后部分，我们将查看 operator-Precedence()函数，该函数用于为一元、二元、三元操作符创建分析器要素。对于分隔的列表，可以使用的函数是 delimitedList()，这里先对其进行讲解，并将在下一小节的一个实例中使用：

```
var_list = delimitedList(variable)
```

delimitedList()函数接受一个分析器要素与一个可选的分隔符——本例中不需要指定分隔符，因为默认的是逗号，而这里要使用的恰好也是逗号。

到这里，所进行的讨论是抽象的。在接下来的 4 个小节中，我们将创建 4 个分析器，其复杂性不断增长，以便展示如何充分利用 PyParsing 模块的功能。前 3 个实例是前一节中手动创建的分析器的 PyParsing 版；第四个实例是新的，也更加复杂，在本节首次展示，并将在下一节中以 lex/yacc 的形式展示。

14.3.2　简单的键-值数据分析

在 14.2.1 小节中，我们手动创建了一个基于正则表达式的键-值分析器，并被 playlists.py 程序用来读取.pls 文件。在这一小节中，我们将创建一个完成同样任务的分析器，但使用的是 PyParsing 模块。

与以前一样，分析器的任务是生成一个字典，字典的键-值项用于与文件中的项进行匹配，但要求键是小写的。图 14-4 中已经展示了.pls 文件的样例，其对应的 BNF 也已在图 14-5 中展示。由于默认情况下 PyParsing 会跳过空白，因此我们可以忽略 BNF 的非终端 BLANK 与可选的空白（\s*）。

我们将分 3 部分来查看其代码：首先是创建分析器自身；其次是分析器使用的一个帮助者函数；再次是调用分析器来分析.pls 文件。所有代码都引自 ReadKeyValue.py 模块文件，该文件由 playlists.py 程序导入。

```
key_values = {}
left_bracket, right_bracket, equals = map(Suppress, "[]=")
ini_header = left_bracket + CharsNotIn("]") + right_bracket
key_value = Word(alphanums) + equals + restOfLine
key_value.setParseAction(accumulate)
comment = "#" + restOfLine
parser = OneOrMore(ini_header | key_value)
parser.ignore(comment)
```

对于这一特定分析器，不再是在最后读取结果，而是不断累积结果，并使用遇到的每个 key=value 来生成字典。

最左边的括号、最右边的括号以及等号都是重要的语法要素，但本身没有意义。因此，对每一个这样的符号，都创建了一个分析器要素 Suppress()——这将会匹配适当的字符，但不会在结果中包含该字符。（我们可以单独写出其中的每一个，比如 left_bracket = Suppress（"["]等，但使用内置的 map()函数会更加便利。）

分析器要素 ini_header 的定义非常自然地源于 BNF：一个左括号，之后是除右括号之外的任意字符，再之后是一个右括号。我们没有为该分析器要素定义一个分析操作，因此，尽管该分析器可以匹配其遇到的任何适当模式，但不会进行任何处理，这也是我们想要的。

分析器要素 key_value 是我们真正关心的，该要素可以匹配一个"词汇"——数字字母字符组成的序列，其后跟随一个等号，再之后跟随行的余下部分（也可以为空）。restOfLine 是由 PyParsing 提供的预定义的分析器要素。由于我们需要不断累积结果，因此我们为分析器要素 key_value 添加了一个分析动作（函数索引）——每次匹配到 key_value 时都会调用该函数。

尽管 PyParsing 提供了预定义的分析器要素 pythonStyleComment，但这里我们更愿意使用更简单的 Literal("#")，其后跟随行的余下部分。（由于 PyParsing 提供了智能的操作符重载功能，因此我们可以将字面意义的#作为字符串。我们将其与其他分析器要素连接来生成分析器要素 comment 时，PyParsing 会将#提升为 Literal()。）

Parser 自身也是一个分析器要素，用于匹配一个或多个分析器要素 ini_header（或 key_value），并忽略分析器要素 comment。

```
def accumulate(tokens):
    key, value = tokens
    key = key.lower() if lowercase_keys else key
    key_values[key] = value
```

每次匹配了 key=value 时，都会调用这一函数。参数 tokens 是已匹配的分析器要素元组，这里，我们期望该元组中包含键、等号、值，但由于我们对等号使用了 Suppress()，因此我们只能得到键与值，这也正好是我们所需要的。变量 lowercase_keys 是一个 Boolean，在函数之外的范围创建的，在.pls 文件中其值设置为 True。（要注意的是，为了易于解释，我们在创建分析器之后展示了这一函数，而实际上函数必须在创建分析器之前定义，因为分析器需要引用该函数。）

```
try:
    parser.parseFile(file)
except ParseException as err:
    print("parse error: {0}".format(err))
    return {}
return key_values
```

分析器创建之后，我们就可以调用 parseFile()方法了，在本实例中，该方法接受.pls

文件名，并试图对其进行分析。如果分析失败，我们就会基于 PyParsing 的报告来输出一条简单的错误消息。最后，我们返回 key_values 字典——或者在分析失败时返回空字典——我们忽略 parseFile()方法的返回值，因为我们在分析操作本身进行了所有处理。

14.3.3　播放列表数据分析

在 14.2.2 小节中，我们手动创建了一个基于正则表达式的分析器，用于分析.m3u文件。在这一小节中，我们将创建一个分析器来完成同样的任务，但这次使用 PyParsing模块完成。图 14-6 中展示了.m3u 文件样例，图 14-7 展示了对应的 BNF。

正如回顾前一小节的.pls 分析器时所做的，我们也将分 3 部分来讲解.m3u 分析器：首先是分析器的创建，其次是帮助者函数，最后是对分析器的调用。同样地，就像.pls分析器中所做的，我们这里也在分析过程中忽略分析器的返回值，而是生成自己的数据结构。（在接下来的两个小节中，我们将创建分析器，并使用其返回值。）

```
songs = []
title = restOfLine("title")
filename = restOfLine("filename")
seconds = Combine(Optional("-") + Word(nums)).setParseAction(
        lambda tokens: int(tokens[0]))("seconds")
info = Suppress("#EXTINF:") + seconds + Suppress(",") + title
entry = info + LineEnd() + filename + LineEnd()
entry.setParseAction(add_song)
parser = Suppress("#EXTM3U") + OneOrMore(entry)
```

我们从创建一个空列表开始，该列表用于存放命名的元组 Song。

尽管 BNF 是相当简单的，但某些分析器要素要比我们之前看到的复杂得多。还要注意的是，我们创建分析器要素的顺序与 BNF 中使用的顺序相反。这是因为，在 Python中，我们只能引用已经存在事物。比如，在为 INFO 创建分析器要素之前，我们不能为 ENTRY 创建分析器要素，因为后者会引用前者。

分析器要素 title 与 filename 从分析器当前位置开始匹配每个字符，直至行结束。这意味着可以匹配任何字符，包括空白——但不能包括换行符，因为遇到换行符就会停止。我们也为这些分析器要素命名，比如“title”——这可以让我们方便地使用名称对其进行访问，并将名称作为 tokens 对象（该对象被赋予分析操作函数）的一个属性。

分析器要素 seconds 用于匹配一个可选的减号，其后跟随数字（nums 是一个预定义的 PyParsing 字符串，其中包含数字）。我们使用 Combine()来确保减号（如果存在）与数字作为一个单独的字符串返回。（为 Combine()指定一个分离子是可能的，但这里没有必要，因为默认情况下的空字符串恰好是我们所需要的。）分析操作非常简单，我们使用了一个 lambda。Combine()确保在 tokens 元组中总是精确地存在一个 token，并且我们使用 int()将其转换为整数。如果分析器操作返回一个值，那么该值变为与该 token 相关联的值，而不是匹配的文本。为后面访问方便，我们给该 token 也进行了命名。

分析操作 info 由字面意义的字符串组成，用于指示一个条目，其后跟随秒数、逗号、标题——所有这些都是以与 BNF 匹配的非常简单自然的方式进行定义的。同时，对字面意义的字符串与逗号都使用了 Suppress()，因为尽管两者对语法而言是必需的，但对这里的数据分析本身而言没有意义。

分析器要素 entry 的定义也是非常简单的：info 后面跟随一个换行符，之后是 filename 后面再跟随一个换行符——LineEnd() 是一个预定义的 PyParsing 分析器要素，用于匹配一个换行符。由于我们是在分析过程中就生成歌曲列表，而不是最后才生成，因此我们赋予分析器要素 entry 一个分析操作，每次匹配 ENTRY 时都会调用该操作。

分析器自身也是一个分析器要素，用于匹配指示了 .m3u 文件的一个字面意义的字符串（其后跟随一个或多个 ENTRY）。

```
def add_song(tokens):
    songs.append(Song(tokens.title, tokens.seconds,
                      tokens.filename))
```

add_song() 函数是简单的，尤其是由于我们对感兴趣的分析器要素进行了命名，并由此可以将其作为 tokens 对象的属性进行访问。当然，我们也可以将该函数编写的更紧凑，这可以通过使用映射拆分来实现——比如 songs.append(Song(**tokens.asDict()))。

```
try:
    parser.parseFile(fh)
except ParseException as err:
    print("parse error: {0}".format(err))
    return []
return songs
```

调用 ParserElement.parseFile() 的代码几乎与 .pls 分析器中使用的代码相同，尽管这里不再是传递一个文件名，而是以文本模式打开一个文件，并将其作为变量 fh（文件句柄）传递给内置的 open() 函数返回的 io.TextIOWrapper。

到这里，我们已经完成了对两个简单的 PyParsing 分析器的讲解，并看到了很多常用的 PyParsing API。接下来的两个小节中，我们将讲解更复杂的分析器，两者都是递归的，也就是说，包含非终端（其定义包含自身），并且，在最后一个实例中，我们将看到如何处理操作符及其优先级与结合性。

14.3.4 分析块域特定语言

在 14.2.3 小节中，我们创建了一个递归下降的分析器，用于分析 .blk 文件。在这一小节中，我们将创建一个 PyParsing 版的块分析器，并相信其更易于理解和维护。

两个 .blk 文件实例已经在图 14-8、图 14-10 中展示，块格式对应的 BNF 也已在图

14-12 中展示。

　　我们将分两部分来讲解分析器要素的创建，之后将给出帮助者函数，再之后将了解该分析器如何调用，最后将看到分析器的结果怎样被转换为一个带有子块（这些子块本身也可以包含子块，以此类推）的根块，这也是我们所需要的输出。

```
left_bracket, right_bracket = map(Suppress, "[]")
new_rows = Word("/")("new_rows").setParseAction(
        lambda tokens: len(tokens.new_rows))
name = CharsNotIn("[]/\n")("name").setParseAction(
        lambda tokens: tokens.name.strip())
color = (Word("#", hexnums, exact=7) |
        Word(alphas, alphanums))("color")
empty_node = (left_bracket + right_bracket).setParseAction(
        lambda: EmptyBlock)
```

　　与前面讲到的 PyParsing 分析器一样，在创建与 BNF 相匹配的分析器要素时，我们总是从后向前进行，确保要创建的分析器要素依赖于一个或多个其他分析器要素时，这些需要依赖的要素已经存在。

　　方括号是 BNF 的一个重要部分，但对这里的结果没有意义，因此我们为其创建了适当的分析要素 Suppress()。

　　对分析器要素 new_rows，可能很容易想到使用 Literal("/")——但这种用法必须精确地匹配给定的文本，而我们所需要的是匹配尽可能多的/s。创建了分析器要素 new_rows 之后，我们对其结果进行命名，并添加一个分析操作，该操作将一个或多个/s 字符串替换为/s 数量的整数计数值。还要注意，我们对结果进行命名，所以可以使用该名称（作为 lambda 中的 tokens 对象的一个属性）来访问结果（也就是已匹配的文本）。

　　分析器要素 name 与 BNF 中指定的稍有不同，因为我们已经选择不仅不允许方括号与正斜杠，也不允许换行符。再一次地，我们对结果进行了命名。我们也设置了一个分析器操作，这次的操作是剥离空白，因为空白（换行符除外）允许作为名称的一部分，然而我们不希望名称的开始与结束位置存在空白。

　　对分析器要素 color，我们规定第一个字符必须是一个#，其后精确地跟随 6 个十六进制数字（总计 7 个字符），或者跟随一个字母数字序列（第一个必须是字母）。

　　对于空节点，我们进行特殊处理。我们将空节点定义为一个左方括号，其后跟随一个右方括号，并将括号替换为值 EmptyBlock（此前，在文件中该值定义为 EmptyBlock = 0）。这意味着，在分析器的结果列表中，我们用 0 表示空块，此外，与前面一样，我们使用整数的行计数（总是大于 0）来表示新行。

```
nodes = Forward()
node_data = Optional(color + Suppress(":")) + Optional(name)
node_data.setParseAction(add_block)
```

```
node = left_bracket - node_data + nodes + right_bracket
nodes << Group(ZeroOrMore(Optional(new_rows) +
                          OneOrMore(node | empty_node)))
```

我们将 nodes 定义为分析器要素 Forward()，因为我们需要在规定其与什么匹配之前就使用。我们还引入了没有包含在 BNF 中的一个分析器要素 node_data，该要素用于匹配可选的颜色与名称。我们为这一要素指定了一个分析操作，该操作将创建一个新的 Block，因此，每次遇到 node_data 时，都会在分析器的结果列表中添加一个 Block。

分析器要素 node 非常自然地定义为 BNF 的直接转换。注意到分析器要素 node_data 与 nodes 都是可选的（前者包含两个可选的要素，后者由 0 个或多个来量化），因此，空节点正确地被允许。

最后，我们来定义分析器要素 nodes，由于最初该要素创建为 Forward()，因此我们必须使用<<向其上添加分析器要素。这里，我们将 nodes 设置为 0 个或多个可选的新行与 0 个或多个节点。将 node 放置于 empty_node 之前——因为 PyParsing 从左到右进行匹配，我们通常从最长前缀到最短前缀的分析器要素进行匹配。

我们使用 Group()对分析器要素 nodes 的结果进行了组合——这可以确保每个 nodes 创建为其自身的一个列表。这意味着，包含 nodes 的 node 将使用该 node 对应的 Block 以及包含的 nodes 的列表表示——而后者又可以包含 Blocks，或表示空节点或新行的整数值表示。正是由于这种递归结构，我们才必须将 nodes 创建为 Forward()，这也是为什么我们必须使用操作符<<（在 PyParsing 中，该操作符的用途是附加）来将分析器要素 Group()及其包含的要素添加到 nodes 要素。

还要注意的重要而微妙的一点是，在分析器要素 node 的定义中，我们使用的是操作符-，而非+。实际上也可以使用+，因为+（ParserElement.__add__()）与-（ParserElement.__sub__()）完成的是同样的任务——都返回一个分析器要素，表示的是两个分析器要素（操作符的两个操作数）的连接。

选择使用-而非+是由于两者之间存在一个微妙而重要的差别：在遇到错误时，操作符-会终止分析，并生成一个 ParseSyntaxException，而操作符+不会这样做。如果使用+，那么所有错误行号、列号都将为 1。通过使用-，任何错误的行号与列号都将是正确的。通常，使用+是正确的方法，但如果测试表明我们得到的是不正确的错误位置，就应该将那些+改为-，就像我们这里所做的——这里，只有单独的一个改变是必要的。

```
def add_block(tokens):
    return Block.Block(tokens.name, tokens.color if tokens.color
                                    else "white")
```

任何时候对 node_data 进行分析后，并不是返回文本并将分析结果添加到分析器的结果列表，而是返回一个 Block。我们总是将颜色设置为白色，除非显式地指定了颜色。

前一个实例中，我们分析了一个文件与一个打开的文件句柄（一个打开的 io.TextIOWrapper），这里我们将分析一个字符串。只要我们适当地使用 ParserElement. parseFile()或 ParserElement.parseString()，那么将字符串或文件提交给 PyParsing 是没有区别的。实际上，PyParsing 提供了其他一些分析方法，包括 ParserElement.scan String()——其作用是寻找一个匹配的字符串；ParserElement.transformString()——其作用是返回给定字符串的一个副本，但匹配的文本转换为新文本（通过从分析操作中返回新文本）。

```
stack = [Block.get_root_block()]
try:
    results = nodes.parseString(text, parseAll=True)
    assert len(results) == 1
    items = results.asList()[0]
    populate_children(items, stack)
except (ParseException, ParseSyntaxException) as err:
    raise ValueError("Error {{0}}: syntax error, line "
                     "{0}".format(err.lineno))
return stack[0]
```

在这个 PyParsing 分析器中，我们第一次使用了分析器的结果，而不是在分析过程中自己创建数据结构。我们期望结果作为包含单独的 ParseResults 对象的结果返回。我们将这一对象转换为标准的 Python 列表，因此，我们现在有一个包含单独项目的列表——列表中包含的是我们的结果——并将其赋给 items 变量，之后再通过 populate_children()调用对其进行进一步处理。

在讨论对结果的处理之前，我们将简要地提一下错误处理问题。如果分析器失败，就会生成一个异常。我们不希望 PyParsing 的异常泄露给客户，因为我们可以选择后面修改分析器生成器。因此，如果发生异常，我们就捕获该异常，并生成自己的带有相关详细信息的异常（ValueError）。

在对 hierarchy.blk 实例的成功分析后，items 列表看起来如下所示（为清晰起见，在出现<Block.Block object at 0x8f52acd>类似内容时，使用 Block 进行替代）。

```
[0, Block, [], 2, 0, Block, [], 2, Block, [], 0, Block, []]
```

任何时候，在分析到空块时，都想分析器的结果列表返回 0；分析到新行时，返回行的总数；遇到 node_data 时，创建一个 Block 来表示。在 Blocks 案例中，总是有一个空的孩子列表（children 属性设置为[]），因为到这里，我们并不知道块是否有孩子。

因此，这里，外边的列表表示的是根块，0 表示的是空块，其他整数（这里是所有的 2）表示新行，[]则表示为空的孩子列表，因为 hierarchy.blk 文件中的块都不包含其他块。

messagebox.blk 实例的 items 列表如下（这里以良好的形式打印出来，以便揭示其自身的结构，并且再一次使用了 Block 以便清晰表示）：

```
[Block,
    [Block,
        [0, Block, [], 2, Block, [], 0, Block, [], 1, 0]
    ]
]
```

这里，我们可以看到，外部的列表（代表根块）包含一个块，而该块有一个孩子列表，列表中是一个块，该块又包含孩子列表，这些孩子则是块（带有自己为空的孩子列表）、新行（2 与 1）、空块（0）。

列表结果的这种展示形式存在的一个问题是，每个块的children列表是空的——每个块的孩子存放在一个列表中，该列表跟随分析器结果列表中的块。我们需要将这一结构转换为一个单独的根块（带有一些子块），为此，我们创建了一个栈——一个包含了单独的根块的列表，之后调用 populate_children()函数，该函数接受分析器返回的项目列表与带根块的列表，并生成根块的孩子（需要的时候还包括孩子的孩子，以此类推）与项。

populate_children()函数非常短，但也很微妙。

```python
def populate_children(items, stack):
    for item in items:
        if isinstance(item, Block.Block):
            stack[-1].children.append(item)
        elif isinstance(item, list) and item:
            stack.append(stack[-1].children[-1])
            populate_children(item, stack)
            stack.pop()
        elif isinstance(item, int):
            if item == EmptyBlock:
                stack[-1].children.append(Block.get_empty_block())
            else:
                for x in range(item):
                    stack[-1].children.append(Block.get_new_row())
```

我们对结果列表中的每一项进行迭代。如果某项是一个 Block，我们就将其添加到栈的最后（栈顶）块的孩子列表中。（回想一下，栈使用单独的根块项目进行了初始化。）如果某项是一个非空列表，那么该项就是属于前一块的一个孩子列表。因此，我们将前一块（也即 Block 的最后一个孩子）添加到栈中，使其成为新的栈顶，之后对列表项与栈递归调用 populate_children()，这可以确保列表项（也即其孩子项）被添加到正确的项的孩子列表中。一旦递归调用完成，就弹出栈顶，准备处理下一项。

如果某项是一个整数，那么该项或者是一个空块（0，也即 EmptyBlock），或者是一个行计数值。如果是一个空块，就将一个空块添加到栈顶块的孩子列表中；如果是一个新的行计数值，就将新行的数量添加到栈顶块的孩子列表中。

如果某项是一个空列表，就表示是一个空的孩子列表，并且也不需要进行处理，因为默认情况下，所有 Blocks 都初始化为拥有一个空的孩子列表。

最后，栈顶项仍然是一个根块，但现在有孩子（孩子也可以有自己的孩子，以此类推）。对 hierarchy.blk 实例，populate_children()函数会产生图 14-13 中勾勒的结构；对 messagebox.blk 实例，该函数会产生图 14-14 勾勒的结构。

使用 BlockOutput.save_blocks_as_svg()函数转换为 SVG 文件对所有块分析器都是一样的，因为都会产生同样的块结构与孩子结构。

14.3.5　分析一阶逻辑

在关于 PyParsing 的最后一个小节中，我们将为以一阶逻辑表述公式的 DSL 创建一个分析器。该分析器的 BNF 是本章中最为复杂的，其实现也需要我们处理操作符，包括其优先级与结合性，而前面这些实例中都不需要处理这些。本分析器在前面也没有手动创建的对应版本——复杂性到了这一层次之后，使用分析器生成器是更好的做法。除了这里展示的 PyParsing 实现版本之外，下一节的最后一小节中还介绍了一个等价的 PLY 分析器，以便于比较。

下面给出了这种一阶逻辑公式实例，我们希望有能力对其进行分析。

```
a = b
forall x: a = b
exists y: a -> b
~ true | true & true -> forall x: exists y: true
(forall x: exists y: true) -> true & ~ true -> true
true & forall x: x = x
true & (forall x: x = x)
forall x: x = x & true
(forall x: x = x) & true
```

我们选择使用 ASCII 字符，而没有使用正确的逻辑操作符，这是为了避免从关注分析器本身分心。因此，我们使用 forall 表示∀，exists 表示∃，->表示⇒（蕴含），|表示∨（逻辑或），&表示∧（逻辑与），～表示¬（逻辑非）。由于 Python 字符串是 Unicode，因此使用真实符号是容易的——或者我们也可以使分析器可以同时接受这里的 ASCII 表示和真实符号表示。

在上面展示的公式中，括号是起作用的，因此，这些公式是不同的——但最上面的两个（以 true 开头的）除外，其中尽管有括号，但仍然是相同的。自然地，分析器必须准确地获取这些详细信息。

　　一阶逻辑令人惊异的一个方面是，操作符～的优先级要低于操作符=，因此，～ a = b 实际上就是～ (a = b)，这也是为什么在逻辑上通常会在～后面放置一个空格。

　　图 14-15 给出了对应于这个一阶逻辑 DSL 的 BNF，为清晰起见，该 BNF 中不包含任何显式的空白（没有\n 或\s*等要素），但我们假定在所有终端与非终端之间都允许存在空白。

```
FORMULA    ::= ('forall' | 'exists') SYMBOL ':' FORMULA
           | FORMULA '->' FORMULA       # right associative
           | FORMULA '|' FORMULA        # left associative
           | FORMULA '&' FORMULA        # left associative
           | '~' FORMULA
           | '(' FORMULA ')'
           | TERM '=' TERM
           | 'true'
           | 'false'
TERM       ::= SYMBOL | SYMBOL '(' TERM_LIST ')'
TERM_LIST  ::= TERM | TERM ',' TERM_LIST
SYMBOL     ::= [a-zA-Z]\w*
```

图 14-15　用于一阶逻辑的 BNF

　　虽然这里给出的 BNF 子集没有表述优先级或结合性，但是对二进制操作符，我们在注释中阐述了结合性。就优先级而言，对于 BNF 中展示的头几个替代物，优先级顺序按照 BNF 中展示的顺序从最低到最高，也就是说，forall 与 exists 的优先级最低，之后是->，之后是|，再之后是&，其他所有替代物的优先级都比这里提及的要高一些。

　　在查看分析器本身之前，我们首先看一些导入语句以及后面跟随的代码行，因为这些内容与前面讲述的有所不同。

```
from pyparsing_py3 import (alphanums, alphas, delimitedList, Forward,
        Group, Keyword, Literal, opAssoc, operatorPrecedence,
        ParserElement, ParseException, ParseSyntaxException, Suppress,
        Word)
ParserElement.enablePackrat()
```

　　导入语句中涉及一些以前没有看到的内容，在分析器中具体涉及到该内容时会对其进行讲解。enablePackrat()调用用于启动优化（基于前面的记忆），这可以在分析深度的操作符体系时提供可观的速度提升[*]。如果我们需要这样做，最好紧跟在导入 pyparsing_py3 module 模块之后——并且在创建任何分析器要素之前。

　　虽然分析器很短，但是为了便于解释，我们仍然分 3 部分对其进行讨论，之后我们将看到如何对其进行调用。我们没有指定任何分析操作，因为我们所需要做的就是获取一个 AST（抽象语法树）——一个用于表示我们所分析内容的列表——后面还可

---

[*] 要了解关于 packrat 分析的更多信息，参考 Bryan Ford 的硕士论文，其链接为 pdos.csail.mit.edu/~baford/packrat/。

以根据需要进行处理。

```
left_parenthesis, right_parenthesis, colon = map(Suppress, "():")
forall = Keyword("forall")
exists = Keyword("exists")
implies = Literal("->")
or_ = Literal("|")
and_ = Literal("&")
not_ = Literal("~")
equals = Literal("=")
boolean = Keyword("false") | Keyword("true")
symbol = Word(alphas, alphanums)
```

这里所创建的所有分析器要素都是直截了当的，尽管我们必须给某些名称最后添加下划线，以避免与 Python 关键字发生冲突。如果我们希望赋予用户选择使用 ASCII 或适当的 Unicode 符号的权利，就可以修改某些定义，比如：

```
forall = Keyword("forall") | Literal("∀")
```

如果我们使用的是非 Unicode 编辑器，就可以使用适当的 Unicode 代码点转义，比如 Literal("\u2200")，而不是符号。

```
term = Forward()
term << (Group(symbol + Group(left_parenthesis +
            delimitedList(term) + right_parenthesis)) | symbol)
```

term 是根据自身进行定义的，这也是为什么我们从将其创建为一个 Forward()开始。这里没有直接对 BNF 进行转换，而是使用了某种 PyParsing 编码模式。回想一下，delimitedList()函数返回的是一个分析器要素，并且该要素可以匹配一个列表（列表中包含的是给定的分析器要素的一个或多个出现），列表中使用逗号（如果显式地指定分隔符，那么也可以是其他的）进行分隔。因此，这里我们将分析器要素 term 定义为或者是一个 symbol（其后跟随逗号分隔的 terms 列表），或者是一个 symbol。（由于两者都是以相同的分析器要素开始，因此我们必须首先使用具有最常匹配潜力的那个）。

```
formula = Forward()
forall_expression = Group(forall + symbol + colon + formula)
exists_expression = Group(exists + symbol + colon + formula)
operand = forall_expression | exists_expression | boolean | term
formula << operatorPrecedence(operand, [
                (equals, 2, opAssoc.LEFT),
                (not_, 1, opAssoc.RIGHT),
                (and_, 2, opAssoc.LEFT),
                (or_, 2, opAssoc.LEFT),
                (implies, 2, opAssoc.RIGHT)])
```

尽管在 BNF 中公式看起来相当复杂，但在 PyParsing 语法中没有这么糟糕。我们首先将 formula 定义为 Forward()，因为它是以自身进行定义的。分析器要素 forall_expression 与 exists_expression 是直接定义的，我们只是使用 Group() 使其成为结果列表中的子列表，以便使其组建在一起，同时作为一个单元区分开来。

operatorPrecedence() 函数（该函数实际上应该叫做类似于 createOperators() 这样的名称）的作用是创建一个分析器要素，该要素可以匹配一个或多个一元、二元、三元操作符。在调用该函数之前，我们首先指定操作数是哪些——在这里是 forall_expression、exists_expression、boolean 或 term。operatorPrecedence() 函数接受一个可以匹配有效操作符的分析器要素，之后是一个分析器要素（这些要素必须当做操作符对待）列表及其操作数元数和结合性。最终生成的分析器要素（这里是 formula）将匹配指定的操作符及其操作数。

每个操作符被指定为一个包含 3 个项或 4 个项的元组，第一项是操作符的分析器要素，第二项是整数形式的操作符操作数个数（一元操作符是 1，二元操作符是 2，三元操作符是 3），第三项是结合性，第四项是一个可选的分析操作。

PyParsing 可以从提交给 operatorPrecedence() 函数的列表中操作符所在的相对位置来推导其优先级，第一个操作符具有最高优先级，最后一个操作符的优先级最低，因此，列表中项的位置是重要的。在这一实例中，=具有最高优先级（并且没有结合性，因此我们将其设定为左结合），->优先级最低，是右结合的。

到这里就已经完成了整个分析器，下面看一下该分析器如何被调用。

```
try:
    result = formula.parseString(text, parseAll=True)
    assert len(result) == 1
    return result[0].asList()
except (ParseException, ParseSyntaxException) as err:
    print("Syntax error:\n{0.line}\n{1}^".format(err,
        " " * (err.column - 1)))
```

这段代码与前一小节中块实例使用的代码类似，不同之处在于这里给出了更复杂的错误处理机制。特别地，如果发生错误，我们就打印出错行，并且在该行下面打印出空格后面跟随插入符号（^），以便指明错误出在哪里。比如，在分析无效公式 forall x: = x & true 时，会得到如下结果：

```
Syntax error:
forall x: = x & true
    ^
```

在这一案例中，报告的错误位置稍有些偏离——实际上错误是= x 的形式应该是 y = x，但这种错误处理机制也已经不错了。

在成功的分析器中，我们会得到 ParseResults（其中包含单独的结果）列表——与前面一样，我们将其转换为 Python 列表。

前面我们看到了一些公式实例，现在我们再来看一些，并且带有分析器生成的结果列表，同时以更可读的形式打印出来，以便准确理解其结构。

前面我们已经提及，操作符～的优先级要低于=——这里我们来看一下分析器是否对其进行了正确处理：

```
# ~true -> ~b = c
[
    ['~', 'true'],
    '->',
    ['~',
            ['b', '=', 'c']
    ]
]
```

```
# ~true -> ~(b = c)
[
    ['~', 'true'],
    '->',
    ['~',
            ['b', '=', 'c']
    ]
]
```

这里我们准确地为两个公式获取了同样的结果，并表明了=确实具有比～更高的优先级。当然，我们还需要编写更多的几个测试公式来检验，但至少看起来是令人鼓舞的。

前面我们还看到了两个公式，分别是 forall x: x = x & true 与(forall x: x = x) & true，并且我们也已指出，尽管两者的唯一差别是括号，但也足以对其进行区分。下面给出的是分析器对其进行分析后给出的结果列表：

```
# forall x: x = x & true
[
    'forall', 'x',
            [
                    ['x', '=', 'x'],
                    '&',
                    'true'
            ]
]
```

```
# (forall x: x = x) & true
[
    [
            'forall', 'x',
                    ['x', '=', 'x']
    ],
    '&',
    'true'
]
```

分析器可以很清晰地在这两个公式之间进行区分，并创建了相当不同的分析树（嵌套的列表）。可以看出，没有括号时，forall 的 formula 是冒号右边的一切事物；有括号时，forall 的作用范围则限制在括号之内。

如果两个公式的唯一差别在于一个有括号，但这个括号无关紧要，那么公式实际上是相同的，此时分析结果会怎样？比如这两个公式分别是 true & forall x: x = x 与 true &(forall x: x = x)。幸运的是，分析时，两者产生了完全相同的结果列表：

```
[
    'true',
    '&',
    [
```

```
              'forall', 'x',
                    ['x', '=', 'x']
            ]
      ]
```

括号在这里不起作用，因为只有一个有效的分析是可能的。

现在，我们已经完成了 PyParsing 版的一阶逻辑分析器，实际上也完成了本书所有的 PyParsing 实例。如果对 PyParsing 感兴趣，还可以参考 PyParsing 站点（pyparsing.wikispaces.com）上很多其他实例和广泛的文档，此外还有活跃的 Wiki 与邮件列表。

下一节中，我们将查看与本节展示一样的相同实例，只是在实现时使用了 PLY 分析器，其处理方式与 PyParsing 存在很大的差别。

14.4　使用 PLY 进行 Lex/Yacc 风格的分析

PLY（Python Lex Yacc）是经典的 UNIX 工具 lex&yacc 的纯 Python 实现。Lex 是一个创建词法器的工具，yacc 是一个创建分析器的工具——通常需要用到 lex 创建的词法器。PLY 作者 David Beazley 将其描述为"具有合理的效率，很好地适用于大型的文法结构，提供了大多数标准的 lex/yacc 功能，包括对空生成、优先级规则、错误恢复的支持，同时还支持不明确的文法。PLY 的使用是直截了当的，并且提供了非常丰富的错误检查功能"。

PLY 在 LGPL 开源协议下可用，因此可以用于很多上下文中。与 PyParsing 类似，PLY 没有包含在 Python 标准库中，因此必须独立下载并安装——尽管对 Linux 用户而言，几乎必然可以通过包管理系统获取并使用。从 PLY 3.0 起，同样的 PLY 模块可同时用于 Python 2 与 Python 3。

如果有必要人工获取并安装 PLY，可以从 www.dabeaz.com/ply 以 tarball 的形式获取。在类 UNIX 系统中，比如 Linux 与 Mac OS X 中，可以在控制台中执行命令 tar xvfz ply-3.2.tar.gz（当然，不一定是这一版本）对该 tarball 进行拆分。Windows 用户可以使用本书提供的 untar.py 程序实例。比如，假定本书实例存放于 C:\py3eg，则控制台中执行的命令应该类似于 C:\Python31\python.exe C:\py3eg\untar.py ply-3.2.tar.gz.

对 tarball 进行拆分后，将目录切换到 PLY 所在目录——该目录中应该包含一个名为 setup.py 的文件和一个名为 ply 的子目录。PLY 可以自动安装，也可以人工安装。要自动安装，可以在控制台中执行命令 python setup.py install，或者在 Windows 中执行 C:\Python31\python.exe setup.py install。还有可替代的一种方案是将 ply 目录及其内容复制或移动到 Python 的 site-packages 目录（或本地的 site-packages 目录）。安装之后，PLY 的模块以 ply.lex 与 ply.yacc 的形式提供。

　　PLY 对 lexing（令牌化）与分析进行了明显的区分。实际上，PLY 的词法器非常强大，其自身就足以处理本章展示的所有实例——一阶逻辑分析器除外，该分析器需要同时使用 ply.lex 模块与 ply.yacc 模块。

　　讨论 PyParsing 模块时，我们首先讲解了一些 PyParsing 特定的概念，特别是如何将特定的 BNF 结构转换为 PyParsing 语法。对 PLY 则不需要这些，因为 PLY 在设计上就可以直接工作于正则表达式和 BNF 之上，因此，这里不需要给出概念概览，而是总结一些关键的 PLY 约定，之后直接进入实例，并在这一过程中逐渐解释一些详细信息。

　　PLY 广泛地使用了命名约定和内省机制，因此，在使用 PLY 创建词法器与分析器时，意识到这一点是重要的。

　　每个 PLY 词法器与分析器都依赖于一个称为 tokens 的变量，该变量中必须存放一个元组或令牌名（通常是与 BNF 的非终端对应的大写字符串）列表。每个令牌必须有一个对应的变量或函数，其名称的形式是 t_TOKEN_NAME。如果定义了一个变量，就必须将其设置为一个包含正则表达式的字符串——因此，通常，出于便利使用原始的字符串；如果定义了一个函数，那么该函数必须有一个包含了正则表达式的 docstring，通常也使用原始的字符串。无论哪种情况，正则表达式规定的都是与对应令牌相匹配的模式。

　　PLY 比较特殊的一个名称是 t_error();，如果发生词法错误或定义了一个名为此名称的函数，就会对其进行调用。

　　如果希望词法器匹配一个令牌，但结果中将其拆弃（比如该令牌是程序语言中的一个注释），那么可以通过两种方式做到这一点。如果使用的是变量，那么可以将其命名为 t_ignore_TOKEN_NAME；如果使用的是函数，那么可以使用通常名称 t_TOKEN_NAME，但要确保其返回的是 None。

　　PLY 分析器遵循与词法器类似的约定，因为对每个 BNF 规则，都创建一个前缀为 p_ 的函数，并且函数的 docstring 中包含当前正在匹配的规则（只是将::=替换为:)。一旦规则匹配，其对应的函数就会使用一个参数（称为 p，遵循 PLY 文档中的实例）进行调用。这一参数可以使用 p[0]（对应于规则中定义的非终端）进行索引，之后是 p[1]，以此类推，对应于 BNF 右边相应部分。

　　至于优先级与结合性，可以创建一个名为 precedence 的变量，并赋予其一个由元组构成的元组——以优先级顺序——这表明了令牌的结合性。

　　与词法器类似，如果发生了分析错误并且已经创建了一个名为 p_error() 的函数，就会调用该函数进行处理。

　　我们将使用这里描述的所有约定，并且讲解一些实例。

　　为避免重复展示前面章节中已经展示的信息，这里给出的实例和解释纯粹地集中于使用 PLY 进行分析本身，并假定读者已经熟悉待分析的格式和使用的上下文。这意味着，你或者已经阅读过本章的第二节以及第三节的最后一小节中的一阶逻辑分析器，或者在必要的时候使用向后索引跳回去查阅相关内容。

14.4.1　简单的键–值数据分析

　　PLY 的词法器足以处理存储在.pls 文件中的键-值数据。每个 PLY 词法器（以及分析器）都有一个令牌列表，令牌则必须存储在 tokens 变量中。PLY 广泛地使用了内省机制，因此，变量名、函数名以及 docstring 的内容都必须遵循 PLY 的约定。下面给出的是 PLY .pls 分析器的令牌、正则表达式以及函数：

```
tokens = ("INI_HEADER", "COMMENT", "KEY", "VALUE")

t_ignore_INI_HEADER = r"\[[^\]]+\]"
t_ignore_COMMENT = r"\#.*"

def t_KEY(t):
    r"\w+"
    if lowercase_keys:
        t.value = t.value.lower()
    return t

def t_VALUE(t):
    r"=.*"
    t.value = t.value[1:].strip()
    return t
```

　　INI_HEADER 与 COMMENT 令牌的匹配都是简单的正则表达式，并且由于两者都使用了前缀 t_ignore_，因此都会被正确地匹配——之后被摒弃。另一种忽略匹配的替代方法是定义一个函数，该函数使用了 t_ 前缀（比如 t_COMMENT()），并且有一个 pass 套件（或者有一个 return None 语句），因为如果返回值是 None，那么令牌会被摒弃。

　　对于 KEY 令牌与 VALUE 令牌，我们使用的是函数，而不是正则表达式。在这样的案例中，要匹配的正则表达式必须在函数的 docstring 中指定——这里 docstrings 是原始字符串，因为那是我们对正则表达式的实践，这也意味着必须要使用反斜杠进行转义处理。使用某个函数时，令牌被当做令牌对象（对象类型为 ply.lex.LexToken）t（要遵循 PLY 实例的命名约定）进行传递。匹配的文本存储在 ply.lex.LexToken.value 属性中，并允许根据需要对其进行修改。如果希望令牌包含在列表中，就必须总是从函数中返回 t。

　　在 t_KEY()函数中，如果 lowercase_keys 变量（来自更靠外的范围）设置为 True，就将匹配的键变为小写形式。对于 t_VALUE()函数，则剥离=以及开头或结尾处的任意空白。

除了自定义的令牌外，定义一组 PLY 特定的函数来提供错误报告也是一种常规的做法。

```
def t_newline(t):
    r"\n+"
    t.lexer.lineno += len(t.value)


def t_error(t):
    line = t.value.lstrip()
    i = line.find("\n")
    line = line if i == -1 else line[:i]
    print("Failed to parse line {0}: {1}".format(t.lineno + 1,
                                                 line))
```

令牌的 lexer 属性（类型为 ply.lex.Lexer）提供了对词法器自身的访问。这里我们使用已经匹配的换行数更新了词法器的 lineno 属性。

注意，我们并不需要专门统计空白行，因为 t_newline()匹配函数有效地为我们做到了这一点。

如果发生错误，就会调用 t_error()函数，该函数中打印一条错误消息以及至多一条输入信息，并将行号加 1，因为 PLY 的 lexer.lineno 属性是从 0 开始计数的。

在所有令牌都已定义之后，我们就做好了对一些数据进行词法分析并创建相应的键-值字典的准备。

```
key_values = {}
lexer = ply.lex.lex()
lexer.input(file.read())
key = None
for token in lexer:
    if token.type == "KEY":
        key = token.value
    elif token.type == "VALUE":
        if key is None:
            print("Failed to parse: value '{0}' without key"
                  .format(token.value))
        else:
            key_values[key] = token.value
            key = None
```

该词法器读入整个输入文本，并可以当做迭代子使用，在每次迭代时产生一个令牌。token.type 属性存放的是当前令牌的名称（这是 tokens 列表中的某个名称）token.value 中存放的是匹配的文本或者对其替代后的内容。

对于每个令牌，如果令牌是一个 KEY，就存放下来并等待其值；如果令牌是一个

VALUE，就使用当前键将其添加到 key_values 字典。最后（这里没有展示），向调用者返回该字典，就像 playlists.py .pls 正则表达式与 PyParsing 分析器中所做的那样。

14.4.2　播放列表数据分析

这一小节中，我们将为.m3u 格式开发一个 PLY 分析器。正如在前面的实现中所做的，分析器将以 Song（collections.namedtuple()）对象列表的形式返回其结果，每个对象都存放了标题、持续秒数以及文件名等信息。

这一格式非常简单，PLY 的词法器足以完成所有这些分析任务。与前面一样，这里将创建一个令牌列表，每个令牌对应 BNF 中的一个非终端：

```
tokens = ("M3U", "INFO", "SECONDS", "TITLE", "FILENAME")
```

我们没有给出 ENTRY 令牌——这一非终端是由 SECONDS 与 TITLE 一起构成的。我们定义了两个状态，分别是 entry 与 filename。词法器处在 entry 状态时，就尝试读入 SECONDS 与 TITLE（也即 ENTRY）；词法器处在 filename 状态时，就尝试读入 FILENAME。为使得 PLY 理解状态，必须创建一个 states 变量，该变量被设置为一个或多个二元组构成的列表。每个元组的第一项是状态名；第二项是状态类型，或者是包含的（此状态是除了当前状态之外的），或者是独占的（此状态是唯一的活跃状态）。PLY 预定义了 INITIAL 状态，所有词法器都从此状态开始。下面给出了 PLY .m3u 分析器中 states 变量的定义：

```
states = (("entry", "exclusive"), ("filename", "exclusive"))
```

既然我们已经定义了自己的令牌与状态，接下来就可以定义用于匹配 BNF 的正则表达式与函数：

```
t_M3U = r"\#EXTM3U"

def t_INFO(t):
    r"\#EXTINF:"
    t.lexer.begin("entry")
    return None

def t_entry_SECONDS(t):
    r"-?\d+,"
    t.value = int(t.value[:-1])
    return t

def t_entry_TITLE(t):
    r"[^\n]+"
    t.lexer.begin("filename")
```

```
def t_filename_FILENAME(t):
    r"[^\n]+"
    t.lexer.begin("INITIAL")
    return t
```

默认情况下，令牌、正则表达式与函数都在 INITIAL 状态下运作。然而，通过在 t_前缀后嵌入状态的名称，也可以规定其只有在某个特定状态下才是活跃的。因此，在这一案例中，正则表达式 t_M3U 与函数 t_INFO()只有在 INITIAL 状态下才进行匹配，函数 t_entry_SECONDS()与 t_entry_TITLE()只有在 entry 状态下才进行匹配，函数 t_filename_FILENAME()则只有在 filename 状态下才进行匹配。

要改变词法器的状态，需要调用词法器对象的 begin()方法（并以新的状态名作为其参数），因此，这一实例中，匹配 INFO 令牌时，我们切换到 entry 状态；现在就只有 SECONDS 与 TITLE 令牌才可以进行匹配。一旦已经匹配了 TITLE，就切换到 filename 状态；一旦匹配了 FILENAME，就切换回 INITIAL 状态，以便做好匹配下一个 INFO 令牌的准备。

在 t_INFO()函数中，返回的是 None，这意味着，该令牌将会被摒弃，这样做是正确的，因为我们必须匹配#EXTINF:。对每个条目，我们并不需要其文本。对 t_entry_SECONDS()函数，我们剥离了结尾的逗号，并使用秒数的整数计数值替换了令牌的值。

在这一分析器中，我们想忽略令牌之间可能出现的假的空白，并且不管词法器处在什么状态都这样做。这可以通过创建一个 t_ignore 变量实现，并且要为其赋予一个 ANY 状态（表示该变量在任何状态下都是活跃的）：

```
t_ANY_ignore = " \t\n"
```

这可以确保令牌之间的任意空白可以被安全方便地忽略。

我们还定义了两个函数：t_ANY_newline()与 t_ANY_error()。这两个函数分别与前一小节中定义的 t_newline()函数、t_error()函数有完全一致的函数体，因此也都不在这里进行展示。但这两个函数名中都包含了 ANY 状态，因此，不管词法器处于什么状态，这两个函数都是活跃的。

```
songs = []
title = seconds = None
lexer = ply.lex.lex()
lexer.input(fh.read())
for token in lexer:
    if token.type == "SECONDS":
        seconds = token.value
    elif token.type == "TITLE":
```

```
            title = token.value
        elif token.type == "FILENAME":
            if title is not None and seconds is not None:
                songs.append(Song(title, seconds, token.value))
                title = seconds = None
            else:
                print("Failed, filename '{0}' without title/duration"
                    .format(token.value))
```

　　我们以与.pls 词法器同样的方式使用这一词法器，在每个令牌上进行迭代，累积值（对于秒数与标题），并且在获取了对应秒数与标题的文件名之后，就向歌曲列表中添加一个新歌曲。与前面一样，最后（没有展示）向调用者返回了 key_values 字典。

14.4.3　分析块域特定语言

　　与基于键-值的.pls 格式或.m3u 格式相比，块格式要复杂得多，因为块格式允许彼此内部嵌套。对 PLY 而言，这不成问题，实际上，令牌的定义可以完全使用正则表达式实现，根本就不需要任何函数或状态。

```
tokens = ("NODE_START", "NODE_END", "COLOR", "NAME", "NEW_ROWS",
          "EMPTY_NODE")
t_NODE_START = r"\["
t_NODE_END = r"\]"
t_COLOR = r"(?:\#[\dA-Fa-f]{6}|[a-zA-Z]\w*):"
t_NAME = r"[^\[/\n]+"
t_NEW_ROWS = r"/+"
t_EMPTY_NODE = r"\[\]"
```

　　这些正则表达式直接取自于 BNF，不同之处在于我们选择在名称中不允许换行。此外，我们还定义了正则表达式 t_ignore 来跳过空格与制表符，t_newline()、t_error() 函数与前面相同，不同之处是 t_error()会产生一个自定义的 LexError（其中包含其错误消息），而不是打印出其错误消息。

　　令牌建立之后，我们就做好了进行词法分析的准备，之后就可以进行词法分析了。

```
stack = [Block.get_root_block()]
block = None
brackets = 0
lexer = ply.lex.lex()
try:
    lexer.input(text)
    for token in lexer:
```

　　与前面的块分析器类似，我们也是从创建带有一个空根块的栈（一个列表）开始，根块可以包含子块（子块还可以包含子块，以此类推），以便准确反映被分析的块的结构；最后，我们将返回根块及其所有孩子。变量 block 用于存放对当前正被分析的块的索引，以便可以在分析过程中更新。我们也会保持方括号的计量值，这纯粹是为了提高错误报告的质量。

与前面相比，一个差别是这里是在一个 try …except 套件内对令牌进行 lexing 与分析——以便可以捕获任何 LexError 异常并将其转换为 ValueErrors。

```
if token.type == "NODE_START":
    brackets += 1
    block = Block.get_empty_block()
    stack[-1].children.append(block)
    stack.append(block)
elif token.type == "NODE_END":
    brackets -= 1
    if brackets < 0:
        raise LexError("too many ']'s")
    block = None
    stack.pop()
```

每次启动一个新节点时，都递增方括号计数值，并创建一个新的空块，之后将其作为栈顶块孩子列表的最后一个孩子添加进去，并将其自身推到栈顶。如果该块有名称或颜色，也可以对其进行设置，因为我们在 block 变量中保持了对该块的索引。

这里使用的逻辑与递归下降分析器中使用的逻辑稍有些不同——那里我们只有在新块包含了嵌套块的时候才将其推向栈中。这里，我们总是将新块推到栈中，而这种做法可取的理由是如果这些块不包含嵌套块，就会被弹出。这样使得代码更简单，更规则。

到达块的结尾时，我们递减方括号计数值——如果是负数，我们就知道是闭方括号多了，并立即报告错误；否则，我们就将 block 设置为 None，因为我们现在没有当前块，并且弹出了栈（应该永远不为空）顶。

```
elif token.type == "COLOR":
    if block is None or Block.is_new_row(block):
        raise LexError("syntax error")
    block.color = token.value[:-1]
elif token.type == "NAME":
    if block is None or Block.is_new_row(block):
        raise LexError("syntax error")
    block.name = token.value
```

如果获取了颜色或名称，我们就将对当前 block（它应该引用一个 Block，而不是为 None 或表示一个新行）的属性进行相应设置。

```
elif token.type == "EMPTY_NODE":
```

```
        stack[-1].children.append(Block.get_empty_block())
    elif token.type == "NEW_ROWS":
        for x in range(len(token.value)):
            stack[-1].children.append(Block.get_new_row())
```

如果我们获取一个空节点，或者一个（或多个）新行，就将其作为栈顶块孩子列表的最后一个孩子进行添加。

```
        if brackets:
            raise LexError("unbalanced brackets []")
    except LexError as err:
        raise ValueError("Error {{0}}:line {0}: {1}".format(
                        token.lineno + 1, err))
```

lexing 结束之后，我们检查方括号是否平衡。如果不平衡，就产生一个 LexError。如果在 lexing、分析或检查方括号平衡性时产生 LexError，我们就生成一个 ValueError，其中包含一个转义的 str.format()字段名，并期望调用者用其插入文件名。这是这里没有做到的，因为我们接收到的只有文件的文本，而不是文件名或文件对象。

最后（这里没有展示），我们返回 stack[0]，这是一个根块，现在应该有孩子（孩子本身也可以有孩子），根块表示的是我们已经分析了的.blk 文件。根块适合于传递给 BlockOutput.save_blocks_as_svg()函数进行分析，正如我们在递归下降与 PyParsing 块分析器中所做的那样。

14.4.4 分析一阶逻辑

在 PyParsing 部分最后一个小节中，我们创建了一个一阶逻辑分析器。在本小节中，我们将创建一个 PLY 版的分析器，并期待其与 PyParsing 版分析器得到同样的结果。

创建词法器与前面所做的非常类似，唯一新颖的方面是这里维持一个"关键字"字典，并在每次匹配了一个 SYMBOL（与程序设计语言中的标识符等价）时对其进行检查。下面给出的是词法器代码，其中只缺少了正则表达式 t_ignore、函数 t_newline()与 t_error()，这些内容之所以不在这里进行展示，是因为它们和前面的一样。

```
keywords = {"exists": "EXISTS", "forall": "FORALL",
            "true": "TRUE", "false": "FALSE"}
tokens = (["SYMBOL", "COLON", "COMMA", "LPAREN", "RPAREN",
          "EQUALS", "NOT", "AND", "OR", "IMPLIES"] +
          list(keywords.values()))

def t_SYMBOL(t):
    r"[a-zA-Z]\w*"
    t.type = keywords.get(t.value, "SYMBOL")
```

```
    return t

    t_EQUALS = r"="
    t_NOT = r"~"
    t_AND = r"&"
    t_OR = r"\|"
    t_IMPLIES = r"->"
    t_COLON = r":"
    t_COMMA = r","
    t_LPAREN = r"\("
    t_RPAREN = r"\)"
```

t_SYMBOL()函数用于匹配符号（标识符）与关键字。如果赋予 dict.get() 的键在字典中不存在，就返回默认值（这里是"SYMBOL"），否则返回键对应的令牌名。还需要注意的是，与前面的词法器不同，这里不再改变 ply.lex.LexToken 的 value 属性，但修改了其 type 属性，使其或者是"SYMBOL"，或者是适当的关键字令牌名。所有其他令牌都是根据简单的正则表达式进行匹配的——并且都恰好匹配一个或两个字面意义的字符。

在前面的 PLY 实例中，词法器本身足以满足我们的分析需求。但对于一阶逻辑 BNF，我们需要同时使用 PLY 的分析器及其词法器来完成分析任务。建立一个 PLY 分析器是直截了当的——与 PyParsing 不同的是，我们不必对 BNF 进行变形以便匹配特定的模式，而是可以直接使用 BNF。

对每个 BNF 定义，我们创建了一个函数，其名称以 p_ 作为前缀，其 docstring 则包含该函数要处理的 BNF 语句。分析器进行分析时，会使用匹配的 BNF 语句调用该函数，并向其传递一个 ply.yacc.YaccProduction 类型的参数，参数被赋予的名称是 p（遵循 PLY 实例中的命名约定）。在 BNF 语句中包含替代物时，创建一个函数对其全部进行处理是可能的，尽管在大多数情况下，为每一个替代物或每一组结构上类似的替代物创建一个函数会更清晰一些。我们将讲解每一个分析器函数，首先从处理量化符的函数开始。

```
def p_formula_quantifier(p):
    """FORMULA : FORALL SYMBOL COLON FORMULA
              | EXISTS SYMBOL COLON FORMULA"""
    p[0] = [p[1], p[2], p[4]]
```

docstring 中包含了函数对应的 BNF 语句，但使用:（而非::=）来表示由…进行定义。注意，BNF 中的词汇或者是词法器要匹配的令牌，或者是 BNF 要匹配的非终端（比如 FORMULA）。需要了解的一个 PLY 特点是，如果有替代物（就像这里这样），那么每个替代物必须放置在 docstring 中的单独一行。

BNF 中对非终端 FORMULA 的定义涉及很多替代物，但这里我们只是使用了其中与量化符相关的部分——其他替代物将在其他相应函数中进行处理。类型为 ply.yacc.YaccProduction 的参数 p 支持 Python 的序列 API，每一项对应 BNF 中的一项。因此，在所有案例中，p[0] 对应的是正被定义的非终端（这里是 FORMULA），而其他项则匹配右边的部分。这里，p[1]匹配的是符号"exists"或"forall"，p[2]匹配的是量化的标识符（典型情况下是 x 或 y），p[3]匹配的是 COLON 令牌（一个字面意义的:，忽略），p[4]匹配的是被量化的公式。这是一个递归定义，因此 p[4]项本身是一个可能包含公式的公式。我们不需要关心令牌之间的空白，因为我们创建了正则表达式 t_ignore，该正则表达式会通知词法器忽略（跳过）空白。

在这一实例中，我们轻易地创建了两个单独的函数，也就是 p_formula_forall()与 p_formula_exists()，并赋予其 BNF 替代物的一个以及同样的套件。我们选择将它们（以及其他一些）结合在一起，这是因为它们的套件相同。

BNF 中的公式有 3 个涉及公式的二元操作符。由于这些可以被同样的套件进行处理，因此，我们使用同一个函数以及带替代物的 BNF 对其进行处理。

```
def p_formula_binary(p):
    """FORMULA : FORMULA IMPLIES FORMULA
               | FORMULA OR FORMULA
               | FORMULA AND FORMULA"""
    p[0] = [p[1], p[2], p[3]]
```

结果（存储在 p[0]中的 FORMULA）就是简单的一个列表，其中包含了左操作数、操作符以及右操作数。对于优先级与结合性，这段代码没有涉及——不过我们知道 IMPLIES 是右结合的，其他两个是左结合的，并且 IMPLIES 的优先级低于其他的。在讲解完分析器的函数之后，我们将了解怎样处理这些方面。

```
def p_formula_not(p):
    "FORMULA : NOT FORMULA"
    p[0] = [p[1], p[2]]

def p_formula_boolean(p):
    """FORMULA : FALSE
               | TRUE"""
    p[0] = p[1]

def p_formula_group(p):
    "FORMULA : LPAREN FORMULA RPAREN"
    p[0] = p[2]

def p_formula_symbol(p):
    "FORMULA : SYMBOL"
    p[0] = p[1]
```

    所有这些 FORMULA 替代物都是一元的,但即便 p_formula_boolean()与 p_form-ula_symbol()的套件是相同的,我们仍然为每一个实现了自己的函数,因为在逻辑上它们是不同的。p_formula_group()函数稍让人惊讶的一点是,我们将其值设置为 p[1]而非[p[1]]。之所以可以这样,是因为我们已经使用列表包含了所有操作符。因此,尽管这里使用列表是无害的(并且对于其他分析器而言可能是必要的),但在这一实例中是没有必要的。

```
def p_formula_equals(p):
    "FORMULA : TERM EQUALS TERM"
    p[0] = [p[1], p[2], p[3]]
```

    这是 BNF 中与公式和术语相关的部分。其实现是直截了当的。我们可能在其他二元操作符中包含了这些,因为函数套件是一样的。这里选择单独对其进行处理,纯粹是因为其在逻辑上不同于其他二元操作符。

```
def p_term(p):
    """TERM : SYMBOL LPAREN TERMLIST RPAREN
            | SYMBOL"""
    p[0] = p[1] if len(p) == 2 else [p[1], p[3]]


def p_termlist(p):
    """TERMLIST : TERM COMMA TERMLIST
                | TERM"""
    p[0] = p[1] if len(p) == 2 else [p[1], p[3]]
```

    术语或者是一个单独的符号,或者是一个符号后面跟随包含在括号中的术语列表(逗号分隔的术语列表),它们之间的这两个函数可以处理这两种情况。

```
def p_error(p):
    if p is None:
        raise ValueError("Unknown error")
    raise ValueError("Syntax error, line {0}: {1}".format(
                    p.lineno + 1, p.type))
```

    如果发生分析器错误,就会调用 p_error()函数。尽管到这里我们一直将 ply.yacc.YaccProduction 参数看做一个序列,但该参数也有属性,这里我们使用其 lineno 属性来指示问题出在哪里。

```
precedence = (("nonassoc", "FORALL", "EXISTS"),
              ("right", "IMPLIES"),
              ("left", "OR"),
              ("left", "AND"),
              ("right", "NOT"),
              ("nonassoc", "EQUALS"))
```

要为 PLY 分析器中的操作符设置优先级与结合性，我们必须创建一个 precedence 变量，并赋予其一个元组列表，其中每个元组的第一项是必需的结合性，第二项与后续项则是涉及到的令牌。PLY 将接受规定的优先级，并从最低（列表中的第一个元组）到最高（列表中最后一个元组）来设置优先级[*]。对一元操作符，结合性实际上不算 PLY 中的问题（尽管对 PyParsing 而言可能算），因此，对操作符 NOT，我们使用"nonassoc"，分析结果也不会受到影响。

到这里，我们建立了令牌、词法器的函数、分析器的函数以及优先级变量。现在就可以创建 PLY 词法器与分析器，并对某些文本进行分析了。

```
lexer = ply.lex.lex()
parser = ply.yacc.yacc()
try:
    return parser.parse(text, lexer=lexer)
except ValueError as err:
    print(err)
    return []
```

这段代码对其接收到的公式进行分析，并返回一个列表，该列表与 PyParsing 版分析器返回的列表具有完全一致的格式。（参考 PyParsing 版一阶逻辑分析器的最后一个小节，以便了解该分析器返回的列表实例。）

PLY 尽力给出有用的与综合的错误消息，尽管在有些情况下会显得多余——比如，PLY 第一次创建一阶逻辑分析器时，会警告说有"6 个移位/归约冲突"。在实践中，默认情况下 PLY 会对这种情况进行变化，因为这通常是正确的，而对于一阶逻辑分析器而言肯定是正确的。PLY 文档对这一点以及其他可能产生的问题进行了解释，分析器的 parser.out 文件（该文件在分析器创建时创建）包含了用于分析当前在做什么的所有必要信息。凭经验估计，移位/归约警告可能是良性的，但对于其他任何类型的告警，都应该通过纠正分析器来消除。

到这里，我们完成了对 PLY 实例的讲解。PLY 文档（www.dabeaz.com/ply）提供了比这里所能容纳的多得多的信息，完全覆盖了所有的 PLY 功能，包括很多在本章实例中不需要的功能。

14.5　小结

对最简单的情况与非递归语法，使用正则表达式是一个好的选择——至少对那些与正则表达式语法兼容的情况而言。另一种方法是创建一个有穷状态自动机（比如，逐个字符读取文本，并维护一个或多个状态变量），尽管这会导致难于维护的 if 语句

---

[*] 在 PyParsing 中，优先级是从最高到最低进行设置的。

带有大量 elifs 语句以及嵌套 if...elifs 语句的情况。对更复杂的语法，以及那些递归的语法，PyParsing、PLY 以及其他通用的分析器生成器都是比使用正则表达式或有穷自动机更好的选择，或者自己手动创建一个递归下降的分析器。

在所有方法中，PyParsing 看起来需要最少的代码量，尽管让递归语法保持正确是棘手的（至少最初是）。在充分利用其功能（比本章展示的要多得多）并使用适当的程序设计模式时，PyParsing 会发挥最大的作用。这意味着，在更复杂的案例中，我们不能简单地直接将 BNF 转换为 PyParsing 语法，而是必须让 BNF 的实现与 PyParsing 哲学相匹配。PyParsing 是一个优秀的模块，在很多工程项目中得到广泛应用。

PLY 不仅支持 BNF 的直接转换，还要求我们这样做，至少 ply.yacc 模块是这样。PLY 提供了强大而灵活的词法器，其本身足以处理很多简单的语法。PLY 提供了优秀的错误报告功能。PLY 使用表格驱动的算法，这使得其速度独立于语法的大小与复杂性，因此运行速度要快于使用递归下降的分析器，比如 PyParsing。注意，PLY 严重依赖于内省机制，docstring 与函数名都有直接影响。尽管如此，PLY 仍是一个优秀的模块，并用于创建了一些复杂的分析器，包括 C 语言与 ZXBasic 语言的分析器。

通常，创建一个可以接受有效输入的分析器是直截了当的，但要创建一个分析器，使其既可以接受所有有效输入，同时又要拒绝所有无效输入，这又是一个相当棘手的任务。本章最后一节中的一阶逻辑分析器可以做到接受所有有效输入并拒绝所有无效输入吗？即便可以做到拒绝无效输入，又能提供准确地识别问题是什么以及出在哪里的错误消息吗？分析是一个很大的也很吸引人的主题，本章只是介绍了一些非常基本的内容，因此，如果想走得更远，就必须阅读更多内容并进行大量的实践。

通过本章我们还可以知道，正如 Python 标准库的巨大与广泛一样，还有很多可用的高质量的第三方包，其中提供了非常有用的附加功能。大多数可以通过 Python Package Index（pypi.python.org/pypi）获取，但也有一些只能通过搜索引擎找到。通常，如果有某些专门需求，而 Python 标准库无法满足，那么在自己编写之前搜索一些第三方解决方案总是有价值的做法。

14.6 练习

创建一个适当的 BNF，之后编写一个简单程序，用于分析基本的 BIBTEX 书籍索引，输出形式是由字典构成的字典，比如，给定类似于下面的输入：

```
@Book{blanchette+summerfield08,
    author      = "Jasmin Blanchette and Mark Summerfield",
    title       = "C++ GUI Programming with Qt 4,
                  Second Edition",
    year        = 2008,
```

```
        publisher    = "Prentice Hall"
}
```

期望的输出是类似于下面这样的字典（这里为了清晰起见，打印时进行了适当处理）：

```
{'blanchette+summerfield08': {
        'author': 'Jasmin Blanchette and Mark Summerfield',
        'publisher': 'Prentice Hall',
        'title': 'C++ GUI Programming with Qt 4, Second Edition',
        'year': 2008
    }
}
```

每本书籍有一个标识符，该标识符应该用作外部字典的键，值本身应该是一个包含键-值项的字典。

每本书籍的标识符应该包含除空白以外的任意字符，每个 key=value 字段中的值部分或者是一个整数，或者是双引号包含的字符串。字符串值可以包含任意的空白，包括换行，因此要使用单独的空格对内部的空白（包括换行）序列进行替换，同时从结尾处剥离空白。注意，对给定的书籍，最后的 key=value 后面没有逗号跟随。

使用 PyParsing 或 PLY 来创建该分析器。如果使用 PyParsing，那么 Regex()类对标识符是有用的，QuotedString()类对定义值是有用的，delimitedList()函数则可以用于处理 key=values 组成的列表。如果使用 PLY，并且使用单独的令牌来表示整数与字符串值，那么词法器是足够的。

使用 PyParsing 完成大概需要 30 行代码，使用 PLY 可能需要 60 行代码。解决方案 BibTeX.py 中同时提供了 PyParsing 与 PLY 函数。

第 **15** 章
GUI 程序设计介绍 ▮▮▮▮

　　Python 本身并不支持 GUI（图形用户界面）编程，但实际上这并不是问题，因为很多使用其他语言编写的 GUI 库都可以供 Python 程序员使用。这是可能的，因为很多 GUI 库都包含 Python 包裹器或绑定机制——那些可以像任何其他 Python 包与模块一样导入并使用的包与模块，但访问的功能并不是 Python 库提供的。

　　Python 的标注库包含 Tcl/Tk——Tcl 是一种几乎没有严格语法的脚本语言，Tk 是一个使用 Tcl 与 C 语言编写的 GUI 库。Python 的 tkinter 模块提供了 Tk GUI 库的 Python 绑定版本。与 Python 其他可用的 GUI 库相比，Tk 有 3 个优势，第一，Tk 是作为标准语 Python 一起安装的，因此总是可用的；第二，Tk 非常小（即便包括 Tcl）；第三，Tk 是伴随 IDLE 而来的，这对体验 Python 以及编辑并调试 Python 程序是很有用的。

　　遗憾的是，在 Tk 8.5 之前，Tk 的外观非常陈旧，并只具备非常有限的 widgets（Windows 用语中的"控制"或"容器"）集。尽管在 Tk 中，通过组合其他 widgets 来在某个布局中创建自定义 widgets 相当容易，但 Tk 没有提供任何从头开始创建自定义的直接方式（以便程序员可以按自己的需要进行绘制）。使用 Tix 库，可以获取附加的 Tk 兼容的 widgets——Tix 库也是 Python 标准库的一部分，但在非 Windows 平台上并非总是提供，大多数著名的 Ubuntu，在本书写作时只将其作为不支持的附件提供。Tk 与 Tix 都缺少面向 Python 的文档——大多数文档都是面向 Tcl/Tk 程序员编写的，对非 Tcl 程序员而言难于完全理解。[*]

　　如果需要开发在所有 Python 桌面平台（比如，Windows、Mac OS X 与 Linux）都可以运行的 GUI 程序，就需要使用标准的 Python 安装，而不使用额外的库，此时只有一种选择，即 Tk。

　　如果可以使用第三方库，会有大量的资源可供选择。比如 WCK（Widget

---

[*] 作者所知道的唯一一本 Python/Tk 书籍是《Python and Tkinter Programming by John Grayson》，ISBN 是 1884777813，2000 年出版，在某些领域已经过时。一本很好的 Tcl/Tk 书籍是《Practical Programming in Tcl and Tk by Brent Welch and Ken Jones》，ISBN 是 0130385603。所有 Tcl/Tk 文档可以在 www.tcl.tk 处在线阅读。

Construction Kit, www.effbot.org/zone/wck.htm），与 Tk 兼容，提供了很多附加的兼容 Tk 的功能，包括创建自定义 widget 的能力（其内容可以在代码中绘出）。

其他一些可选方案没有使用 Tk，并可以分为两个类别，特定于某个平台的与跨平台的。特定于某种平台的 GUI 库允许我们访问平台特定的特性，但也将我们限制在该平台之内。3 种建构良好的并与 Python 绑定的跨平台 GUI 库是 PyGtk（www.pygtk.org）、PyQt（www.riverbankcomputing.com/software/pyqt）与 wxPython（www.wxpython.org），这 3 个 GUI 库都提供了比 Tk 多得多的 widgets，并提供外观更好的 GUI（尽管在 Tk 8.5 中这个差距缩小了很多），并且使得创建在代码中绘出的自定义 widget 变为可能。这些 GUI 库都比 Tk 易于学习和使用，并都比 Tk 具备更多的也更面向 Python 的文档。通常，与使用 Tk 编写的程序相比，使用 PyGtk、PyQ 或 wxPython 编写的程序需要更少的代码，并可以生成更好的结果。

然而，尽管存在不少限制和不足，Tk 仍然可以用于构建有用的 GUI 程序——在 Python 中，IDLE 是最广为人知的。并且，本书写作时，Tk 开发看起来重新开始起步了，比如 Tk 8.5 中提供了主题，使 Tk 程序看起来更加自然，此外还添加了很多有益的新 widgets。

本章的目的仅仅是让读者对 Tk 程序设计有一个初步的了解——对重要的 GUI 程序开发，最好跳过本章（因为本章展示的是相对比较陈旧的用于 GUI 程序设计的方法），而是用替代的其他 GUI 库。如果 Tk 是你的唯一选择，就应该务实地学好足够的 Tcl 语言，以便可以阅读 Tk 的文档。

接下来的几节中，我们将使用 Tk 创建两个 GUI 程序，第一个是非常小的对话框风格的程序，该程序执行一些混合的收益计算；第二个程序是一个更精巧的主窗口风格程序，该程序对一个书签（名称与 URL）列表进行管理。通过使用这些简单的数据，我们可以将注意力集中于 GUI 程序设计的方面，而不会分心于其他方面。在书签管理程序中，我们将学习如何创建自定义对话框，以及如何创建一个带菜单与工具条的主窗口，以及如何将这些要素结合起来创建一个完整的可工作的程序。首先我们必须了解 GUI 程序设计的一些基础知识，因为这与编写控制台程序还是有一些不同的。

这两个程序都使用纯 Tk，而没有使用 Ttk 与 Tix 库，以便确保与 Python 3.0 的兼容性。使用 Ttk 实现也并不困难，但在本书写作时，与使用 Tk 相比，有些 Ttk widgets 对键盘用户提供的支持要少一些，因此，尽管 Ttk 程序可能看起来好一些，但使用起来可能不那么方便。

在深入分析代码之前，我们必须首先了解 GUI 程序设计的一些基础知识，因为这与编写控制台程序还是有一些不同。

Python 控制台程序与模块文件总是有一个扩展名.py，但 Python GUI 程序的扩展名为.pyw（尽管模块文件依然使用.py 作为扩展名）。.py 与.pyw 在 Linux 平台都可以正常工作，但在 Windows 平台上，.pyw 这一扩展名使 Windows 使用 pythonw.exe 这一解释器，而非使用 python.exe，这又反过来保证在执行 Python GUI 程序时，不会有不必要的控制台窗口出现。Mac OS X 与 Windows 的工作方式类似，对 GUI 程序也使用.pyw 作为扩展名。

GUI 程序在运行时，通常从创建其主窗口以及主窗口的 widget 开始，比如菜单栏、工具栏、中央区域以及状态条。在创建了窗口后，与服务器程序类似，GUI 程序也只是等待；不同的是，服务器程序等待的是客户端程序的连接，GUI 程序等待的则是用户交互，比如鼠标单击操作与按键操作等，图 15-1 中将其余控制台程序进行了比较。GUI 程序并非消极地等待，而是运行一个事件循环，循环过程的伪代码如下：

```
while True:
    event = getNextEvent()
    if event:
        if event == Terminate:
        break
    processEvent(event)
```

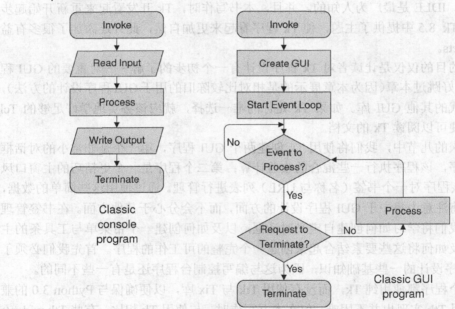

图 15-1 控制台程序对比 GUI 程序

在用户与程序进行交互时，或者在某些其他事情发生时，比如某个定时器达到了某个时间点，或者程序的窗口被激活（可能由于其他程序被关闭），则此时在 GUI 库中将生成一个事件，并被添加到事件队列中。程序的事件循环不断地进行检测，以便发现是否有某个事件在等待处理，如果有，就对其进行处理（或将其传递给事件的相关函数与方法进行处理）。

作为 GUI 程序员，我们可以依赖 GUI 库提供事件循环，而我们自己的责任就是创建类来表示程序所需要的窗口与 widget，并为其提供适当的方法，以便对用户的交互行为作出正确的响应与处理。

15.1 对话框风格的程序

我们将查看的第一个程序是一个收益计算程序，该程序
是一个对话框风格的程序（也就是说没有菜单），用户可以使
用该程序进行混合的收益计算。图 15-2 展示了该程序。

图 15-2 Interest 程序

大多数面向对象的 GUI 程序中都使用自定义类来表示
单一的主窗口或对话框，其包含的大多数 widget 则是标准
widget 的实例，比如按钮或复选框，都是由库提供的。与
大多数跨平台 GUI 库类似，Tk 也没有真正对窗口与 widget
进行区分——窗口简单地说就是一个 widget，但没有
widget 父亲（也就是说没有包含在其他 widget 中）。没有
widget 父亲的 widget（窗口）会由程序自动为其提供一个
框架与窗口修饰（比如标题栏与关闭按钮），通常还包含其他 widget。

大多数 widget 都是作为另一个 widget 的孩子进行创建的（并包含在其父亲 widget
内部），窗口则是作为 tkinter.Tk 对象的孩子创建的——该对象在概念上表示应用程序，
后面还对其进行相应讲解。除了可以在 widget 与窗口（也称之为顶级 widget）之间进
行区分外，这种父-子关系还有助于确保 widget 以正确的顺序删除，并确保在删除父
亲 widget 的同时删除其子 widget。

初始化程序处创建了用户接口（添加了 widget 并对其进行布局，鼠标与键盘操作
也进行了设置），并创建了其他对用户交互进行响应的方法。Tk 允许我们通过子类化
一个预定义的 widget（比如 tkinter.Frame）来创建自定义的 widget，也可以通过普通
类并向其添加 widget 作为属性来实现。这里，我们使用的是子类化——下一实例将同
时展示这两种方法。

由于收益计算程序只有一个主窗口，因此可以在一个单一的类中实现。我们首先
给出该类的初始化程序，由于包含代码较多，因此将其分为 5 个部分介绍。

```
class MainWindow(tkinter.Frame):

    def __init__(self, parent):
        super().__init__(parent)
        self.parent = parent
        self.grid(row=0, column=0)
```

我们首先初始化基类（理想情况下，我们可以写成 super().__init__(parent)，但本
书写作时，这种方式不能正常工作，因此，我们将父类以及 self 对象显式地传递给 super()

作为参数并对其进行调用），之后保存父类的一个副本以备后面使用。widget 没有使用绝对位置与大小，而是使用布局管理器在其他 widget 内部进行布局。如果调用 grid()，就会使用网格布局管理器对框架进行布局。每个需要展示的 widget 都必须进行布局，即便是顶级的 widget。Tk 有几个布局管理器，但网格布局管理器是最容易理解和使用的，对顶层布局，只有一个 widget，我们可以通过调用 pack()（而非 grid(row=0, column=0)）来达到同样的效果，也即使用包装者布局管理器。

```
self.principal = tkinter.DoubleVar()
self.principal.set(1000.0)
self.rate = tkinter.DoubleVar()
self.rate.set(5.0)
self.years = tkinter.IntVar()
self.amount = tkinter.StringVar()
```

Tk 允许我们创建与 widget 相关联的变量，如果变量的值在程序中改变，那么这种改变会反映在其关联的 widget 上。类似地，如果用户在 widget 中改变值，那么相关变量的值也会被改变。这里，我们创建了两个“double”变量（用于存放 float 值）、一个整数变量与一个字符串变量，并为其中的两个赋予了初始值。

```
principalLabel = tkinter.Label(self, text="Principal $:",
                               anchor=tkinter.W, underline=0)
principalScale = tkinter.Scale(self, variable=self.principal,
        command=self.updateUi, from_=100, to=10000000,
        resolution=100, orient=tkinter.HORIZONTAL)
rateLabel = tkinter.Label(self, text="Rate %:", underline=0,
                          anchor=tkinter.W)
rateScale = tkinter.Scale(self, variable=self.rate,
        command=self.updateUi, from_=1, to=100,
        resolution=0.25, digits=5, orient=tkinter.HORIZONTAL)
yearsLabel = tkinter.Label(self, text="Years:", underline=0,
                           anchor=tkinter.W)
yearsScale = tkinter.Scale(self, variable=self.years,
        command=self.updateUi, from_=1, to=50,
        orient=tkinter.HORIZONTAL)
amountLabel = tkinter.Label(self, text="Amount $",
                            anchor=tkinter.W)
actualAmountLabel = tkinter.Label(self,
        textvariable=self.amount, relief=tkinter.SUNKEN,
        anchor=tkinter.E)
```

初始化程序的这一部分用于创建 widget。tkinter.Label widget 用于向用户显示只读的文本，像所有 widget 一样，tkinter.Label 创建需要有一个父亲（这里，与通常一样，就是包含该 widget 的 widget），之后使用关键字参数对 widget 行为与外观的不同方面分别进行设置，这里，我们适当地设置了 principalLabel 的文本，并将 anchor 设置为 tkinter.W，这意味着标签的文本是西对齐（左对齐）的，underline 参数用于规定标签中哪个字符应该加下划线以便表明其为键盘加速器（比如 Alt+P），后面我们将了解如何使加速器工作（键盘加速器是一个键序列，形如 Alt+letter，这里字母加了下划线，使键盘焦点会被切换到与加速器相关联的 widget，最常见的情况下，右边的 widget 或标签下的 widget 会有加速器。）

对 tkinter.Scale widget，我们向通常一样将 self 作为其父 widget，并为每个关联一个变量。此外，我们给定一个函数（或本例中的方法）对象引用作为其命令——在 scale 的值被改变的任意时候，都会自动调用这一方法，并设置其最小值（from_，形式上带一个结尾的下划线，因为普通的 from 是一个关键字）与最大值（to），以及水平方向。对某些 scales，我们设置分辨率（步骤大小）；对 rateScale，要设置其可以显示的数字个数。

actualAmountLabel 也与一个变量相关联，以便我们可以轻易地改变标签显示的文本，我们还给这个标签赋予了一个 sunken relief，以便其可以可视化地与 scales 相适应。

```
principalLabel.grid(row=0, column=0, padx=2, pady=2,
                    sticky=tkinter.W)
principalScale.grid(row=0, column=1, padx=2, pady=2,
                    sticky=tkinter.EW)
rateLabel.grid(row=1, column=0, padx=2, pady=2,
                    sticky=tkinter.W)
rateScale.grid(row=1, column=1, padx=2, pady=2,
                    sticky=tkinter.EW)
yearsLabel.grid(row=2, column=0, padx=2, pady=2,
                    sticky=tkinter.W)
yearsScale.grid(row=2, column=1, padx=2, pady=2,
                    sticky=tkinter.EW)
amountLabel.grid(row=3, column=0, padx=2, pady=2,
                    sticky=tkinter.W)
actualAmountLabel.grid(row=3, column=1, padx=2, pady=2,
                    sticky=tkinter.EW)
```

在创建了 widget 之后，我们必须对其进行布局，图 15-3 给出了我们使用的网格布局。

每个 widget 都支持 grid()方法（以及其他一些布局方法，比如 pack()）。调用 grid()会将该 widget 在其父 widget 内部进行布局，使其占据指定的行与列。使用附加的关键字参数

principalLabel	principalScale
rateLabel	rateScale
yearsLabel	yearsScale
amountLabel	actualAmountLabel

图 15-3 Interest 程序的布局

（rowspan 与 columnspan），可以使 widget 跨越多个行与列；给定整数的像素总数作为参数，还可以使用 padx（左边际与右边际）与 pady（顶边际与底边际）为其添加一些边际。如果为某个 widget 分配的空间大于其实际需要，则可以使用 sticky 选项来确定如何处理分配的空间；如果没有指定该选项，widget 将占据已分配空间的中间位置。我们将所有第一列的标签都设置为 sticky tkinter.W（西边），所有第二列的 widget 设置为 sticky tkinter.EW（东边与西边），这使得可以将其拓展以便填充整个可用的宽度。

所有 widget 都存放在本地变量中，但不会被调度进入垃圾收集过程，因为 widget 之间的父-子关系将保证在初始化程序最后、widget 到了范围之外时并不会被删除，所有 widget 都将主窗口作为其父亲。有时候，widget 是作为实例变量创建的，比如，我们需要在初始化程序之外对其进行引用，但在这里，我们为与 widget 相关联的变量使用实例变量（self.principal、self.rate、self.years），因此，我们在初始化程序之外使用的就是这些。

```
principalScale.focus_set()
self.updateUi()
parent.bind("<Alt-p>", lambda *ignore: principalScale.focus_set())
parent.bind("<Alt-r>", lambda *ignore: rateScale.focus_set())
parent.bind("<Alt-y>", lambda *ignore: yearsScale.focus_set())
parent.bind("<Control-q>", self.quit)
parent.bind("<Escape>", self.quit)
```

在初始化程序最后，我们将键盘焦点赋予 principalScale widget，以便只要程序启动，用户就可以设置初始的金钱总量，之后调用 self.updateUi() 方法来计算初始的金钱总量。

接下来，我们设置一些键绑定（绑定有 3 种不同的含义与用途——变量绑定是指某个名称，也即某个对象引用被绑定到某个对象；键绑定是指某个键盘操作，如按键或释放键与某个函数或方法关联，并在该操作发生时对其进行调用；库绑定则是一种"胶水"代码，使得以 Python 外的其他语言编写的库可以通过 Python 模块提供给 Python 程序员使用）。对某些使用鼠标有困难或无法使用的残障用户，键绑定是有用的；对那些因为鼠标会降低速度而不愿使用的快速打字员，键绑定也会带来很大的方便。

头 3 个键绑定用于将键盘焦点切换到 scale widget，比如，principalLabel 的文本设置为 Principal $:，其 underline 设置为 0，因此，该标签外观表现为 Principal $:，在设置了第一个键绑定后，如果用户按 Alt+P 组合键，键盘焦点就会切换到 principleScale widget。同样的原理也适用于另外两个键绑定。注意，我们没有直接绑定 focus_set() 方法，这是因为，在将函数或方法作为事件绑定的结果进行调用时，会将对其进行调用的事件作为第一个参数，但我们不需要这一参数，因此，我们使用 lambda 函数，lambda 函数接受并忽略事件，并不带不需要的参数来调用函数或方法。

我们还创建了两个键盘快捷方式——也即用于调用某个特定操作的键组合。这里，我们设置了 Ctrl+Q 与 Esc 并都将其绑定到 self.quit()方法，该方法可以干净地终止程序。

为单独的 widget 创建键绑定也是可能的，不过，这里我们将其都设置在父亲 widget（应用程序）上，因此，不管键盘焦点在哪里都可以工作。

Tk 的 bind()方法既可以对鼠标单击操作进行绑定，也可以对按键操作进行绑定，还可以对程序员定义的其他事件进行绑定。特殊键（比如 Ctrl 与 Esc）都有 Tk 特定的名称（比如 Control 与 Escape），普通字母则代表其自身。键序列的创建是将其放在尖括号中，并使用连字符对其进行分隔实现的。

在创建了 widget 并对其进行布局，建立了键绑定之后，程序的外观与基本行为已经就位。现在，我们将查看对用户操作进行响应的方法，以便完成对程序的实现。

```
def updateUi(self, *ignore):
    amount = self.principal.get() * (
            (1 + (self.rate.get() / 100.0)) ** self.years.get())
    self.amount.set("{0:.2f}".format(amount))
```

在用户对 principal、rate 或 years 进行改变的任意时刻，都会调用这一方法，因为该方法是与每个 scale 相关联的命令。该方法所做的就是从每个 scale 相关联的变量中取回值，执行混合收益计算，并将结果（字符串形式）存放到与实际的总量标签相关联的变量中，因此，实际的总量标签总是展示最新的总量。

```
def quit(self, event=None):
    self.parent.destroy()
```

如果用户选择退出（按 Ctrl+Q 组合键或 Esc 键，或单击窗口的关闭按钮），就调用这一方法。由于没有需要保存的数据，我们只需要告诉父亲 widget（也即应用程序对象）销毁自身，之后父亲 widget 会销毁其所有孩子——所有窗口——每个窗口又将依次销毁其所有 widget——因此程序将干净地终止。

```
application = tkinter.Tk()
path = os.path.join(os.path.dirname(__file__), "images/")
if sys.platform.startswith("win"):
    icon = path + "interest.ico"
else:
    icon = "@" + path + "interest.xbm"
application.iconbitmap(icon)
application.title("Interest")
window = MainWindow(application)
application.protocol("WM_DELETE_WINDOW", window.quit)
application.mainloop()
```

在为主窗口（这里也是唯一的窗口）定义了类之后，我们就具备了启动程序并运行的代码。我们首先创建一个对象来整体表示应用程序，在 Windows 下，为给该程序一个图标，我们使用一个.ico 文件，并将文件名（带有其全路径）传递给 iconbitmap()

方法。对 UNIX 平台，我们必须提供一个位图（黑白图像）。Tk 有几种内置的位图。为区分来自文件系统的位图，我们必须在名字前使用@符号引导。接下来，我们给应用程序起一个标题（将显示在标题栏），之后创建 MainWindow 类（赋予应用程序对象并作为其父亲）的一个实例。在结尾处，我们调用 protocol()方法并规定如果用户单击了关闭按钮就应该如何处理——MainWindow.quit()方法应该被调用，最后，我们启动事件循环——只有到这里，窗口才会显示出来，并可以对用户交互进行响应。

15.2　主窗口风格的程序

对简单的任务来说，对话框风格程序通常已足够。随着程序功能的扩展，创建带菜单与工具栏的主窗口应用程序更有意义，这种程序通常比对话框风格程序更易于扩展，因为我们可以根据需要添加额外的菜单或菜单选项以及工具栏按钮，同时又不会影响主窗口的布局。

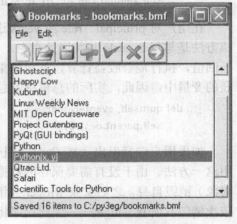

在这一节中，我们将查看图 15-4 中展示的 bookmarks-tk.pyw 程序，该程序维护一组书签，每个书签以（name，URL）字符串对的形式存在，并允许用户添加、编辑与移除书签，也可以在浏览器中打开某个特定书签指向的 Web 页面。

图 15-4　Bookmarks 程序

该程序有两个窗口：主窗口，带菜单栏、工具栏、书签列表以及状态栏；对话框窗口，可以添加或编辑书签。

15.2.1　创建一个主窗口

主窗口与对话框类似，其中也必须创建 widget 并对其进行布局。此外，我们还必须添加菜单栏、菜单、工具栏与状态栏，以及用于执行用户请求的操作的方法。用户接口都是在主窗口的初始化程序中建立的。由于包含的代码相当长，因此我们将分 5 个部分查看。

```
class MainWindow:

    def __init__(self, parent):
        self.parent = parent

        self.filename = None
```

```
self.dirty = False
self.data = {}

menubar = tkinter.Menu(self.parent)
self.parent["menu"] = menubar
```

对这一窗口，不再像前面实例中所做的那样从 widget 继承，而只是创建一个通常的 Python 类。如果继承，我们就可以重新实现所继承类的方法；如果不需要，我们就可以简单地使用合成，就像这里所做的那样。程序外观是通过创建 widget 实例变量实现的，都包含在 tkinter.Frame 中，大家很快就会看到。

我们需要清楚 4 种信息：父亲对象（应用程序）；当前书签文件名称；dirty 标记（如果为 True，就意味着数据有改变，并且尚未存盘）以及数据本身；一个字典，其键为书签名，值为 URL。

为创建一个菜单栏，我们必须创建一个 tkinter.Menu 对象，其父亲为窗口的父亲，并必须告知其有一个菜单。（菜单栏也是一个菜单，这看起来有些奇怪，但 Tk 有很长时间的进化历程，因此难免遗留一些怪异。）以这种方式创建的菜单栏不需要进行布局，Tk 会替我们完成这一工作。

```
fileMenu = tkinter.Menu(menubar)
for label, command, shortcut_text, shortcut in (
        ("New...", self.fileNew, "Ctrl+N", "<Control-n>"),
        ("Open...", self.fileOpen, "Ctrl+O", "<Control-o>"),
        ("Save", self.fileSave, "Ctrl+S", "<Control-s>"),
        (None, None, None, None),
        ("Quit", self.fileQuit, "Ctrl+Q", "<Control-q>")):
    if label is None:
        fileMenu.add_separator()
    else:
        fileMenu.add_command(label=label, underline=0,
                command=command, accelerator=shortcut_text)
        self.parent.bind(shortcut, command)
menubar.add_cascade(label="File", menu=fileMenu, underline=0)
```

每个菜单栏中的菜单也是以同样的方式创建的。我们首先创建一个 tkinter.Menu 对象，该对象是菜单栏的一个孩子，之后向该菜单添加分隔符或命令。（注意，Tk 术语中的加速器实际上就是键盘快捷方式，所有 accelerator 选项集就是快捷方式的文本，并不会实际建立键绑定）。下划线指明哪个字符添加了下划线，这里是每个菜单选项的第一个字符，该字符作为菜单选项的键盘加速器。

除添加菜单选项（称为命令）外，我们还提供了键盘快捷方式，这是通过将键序列绑定到相应菜单选项被选中时调用同样的命令实现的。最后，使用 add_cascade() 方法将菜单添加到菜单栏。

我们忽略了编辑菜单，因为在结构上与文件菜单的代码是等同的。

```
frame = tkinter.Frame(self.parent)
self.toolbar_images = []
toolbar = tkinter.Frame(frame)
for image, command in (
        ("images/filenew.gif", self.fileNew),
        ("images/fileopen.gif", self.fileOpen),
        ("images/filesave.gif", self.fileSave),
        ("images/editadd.gif", self.editAdd),
        ("images/editedit.gif", self.editEdit),
        ("images/editdelete.gif", self.editDelete),
        ("images/editshowwebpage.gif", self.editShowWebPage)):
    image = os.path.join(os.path.dirname(__file__), image)
    try:
        image = tkinter.PhotoImage(file=image)
        self.toolbar_images.append(image)
        button = tkinter.Button(toolbar, image=image,
                                command=command)
        button.grid(row=0, column=len(self.toolbar_images) -1)
    except tkinter.TclError as err:
        print(err)
toolbar.grid(row=0, column=0, columnspan=2, sticky=tkinter.NW)
```

我们从创建一个框架开始，所有窗口的 widget 都将包含在其中，之后，我们创建另一个框架 toolbar，其中包含一个水平方向的按钮行（其中包含的是图像，而非文本，并用作工具条按钮）。我们将每个工具条按钮相继布局在一个网格中，该网格包含一行，列数则为需要包含的按钮数。最后，我们将 toolbar 框架本身布局为主窗口框架的第一行，使其西北朝向，以便其总是可以绑定窗口的左顶部。（Tk 自动将菜单栏放置在窗口中布局的所有 widget 之上。）

整个布局在图 15-5 中勾勒，菜单栏由 Tk 自动进行布局，并在白色背景下展示，我们自己进行的布局设计则在灰色背景下展示。

向按钮中添加图像时，是以弱引用的形式添加的，因此，一旦图像变量超出了定义范围，就会进入垃圾收集调度。我们必须防止这一点，因

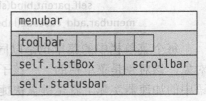

图 15-5 Bookmarks 程序的主窗口布局

为在初始化程序结束后，需要按钮仍然可以展示其图像。因此，我们创建一个实例变量 self.toolbar_images，该变量简单地存放到图像变量的引用，以便使其在程序生命期内都是可用的。

　　Tk 只能读取少数几种图像文件格式，因此我们这里使用了 .gif 图像。[*]如果没有找到任何图像，就会产生 tkinter.TclError 异常，因此我们必须对其进行捕获，以防止程序仅仅因为找不到图像而终止。

　　注意，我们没有使得菜单中的所有操作可用（就像工具栏按钮一样）——这是通常的做法。

```
scrollbar = tkinter.Scrollbar(frame, orient=tkinter.VERTICAL)
self.listBox = tkinter.Listbox(frame,
                              yscrollcommand=scrollbar.set)
self.listBox.grid(row=1, column=0, sticky=tkinter.NSEW)
self.listBox.focus_set()
scrollbar["command"] = self.listBox.yview
scrollbar.grid(row=1, column=1, sticky=tkinter.NS)

self.statusbar = tkinter.Label(frame, text="Ready...",
                              anchor=tkinter.W)
self.statusbar.after(5000, self.clearStatusBar)
self.statusbar.grid(row=2, column=0, columnspan=2,
                    sticky=tkinter.EW)

frame.grid(row=0, column=0, sticky=tkinter.NSEW)
```

　　主窗口的中央区域（工具栏与状态栏之间）由一个列表框和一个相关联的滚动条占据，列表框可以向水平和垂直两个方向拉动，滚动条则只能南北方向（垂直）拉动，这两个 widget 都被添加到窗口框架的网格中，并排放置。

　　我们必须保证的是，如果用户选中列表框并使用向上、向下箭头来滚动列表框，或者滚动滚动条，那么两个 widget 必须保持同步，这可以通过将列表框的 yscrollcommand 设置为滚动条的 set() 方法（用户在列表框中浏览时，必要的时候滚动条会被移动）并将滚动条的 command 设置为列表框的 yview() 方法（滚动条的移动会导致列表框相应移动）来实现。

　　状态栏就是一个标签。after() 方法是一个单一的击发型计时器（在给定的时间间隔到达后，计时器会引发相应操作），其第一个参数是超时值（以毫秒计数），第二个参数是超时值到达时应该调用的函数或方法，这意味着，程序启动时，状态栏将显示文本"Ready…"五秒钟，之后被清空。状态栏被布局为最后一行，并设置为东西朝向（水平）。

　　最后，我们对窗口的框架本身进行布局。此前，我们已经完成了主窗口的 widget 的创建与布局，但在目前的情况下，widget 会使用一个固定的默认大小，如果窗口大

----

[*] 如果 Python Imaging Library 的 Tk 扩展已经安装，则可以支持所有现代的图像格式，参考 www.pythonware.com/products/pil/ 获取详细资料。

小改变，那么 widget 并不会相应地扩大或缩小来适应这种变化，下面这段代码解决了这一问题，并完成了初始化程序。

```
frame.columnconfigure(0, weight=999)
frame.columnconfigure(1, weight=1)
frame.rowconfigure(0, weight=1)
frame.rowconfigure(1, weight=999)
frame.rowconfigure(2, weight=1)

window = self.parent.winfo_toplevel()
window.columnconfigure(0, weight=1)
window.rowconfigure(0, weight=1)

self.parent.geometry("{0}x{1}+{2}+{3}".format(400, 500,
                                              0, 50))
self.parent.title("Bookmarks - Unnamed")
```

columnconfigure()方法与 rowconfigure()方法允许我们给网格赋予重量，我们从窗口框架开始，将所有重量值赋予第一列与第二行（被列表框占据）。因此，如果框架大小改变，那么任何超出的空间将赋予列表框。这一机制本身并不够，我们还必须使包含框架的顶级窗口的大小是可调整的，这是通过使用 wininfo_toplevel()方法获取对窗口的引用实现的，并需要将窗口的行重量与列重量都设置为 1，使窗口的大小是可调整的。

在初始化程序的末尾，我们使用形如 widthx height+ x+ y 的字符串设置初始的窗口大小与位置（如果只需要设置大小，那么可以使用 widthx height 的形式）。最后，我们设置窗口的标题，完成窗口用户接口的设置。

如果用户单击了某个工具栏按钮或选择了某个菜单选项，则会调用相应的方法来执行用户请求的操作。这些方法中的某些依赖于 helper 方法，接下来我们依次讲解所有这些方法，从程序启动 5 秒后调用的方法开始。

```
def clearStatusBar(self):
    self.statusbar["text"] = ""
```

状态栏就是一个简单的 tkinter.Label，我们可以在 after()方法调用后使用一个 lambda 表达式对其进行清除，但由于不止一个地方需要清空状态栏，因此，我们创建了一个方法来完成这一工作。

```
def fileNew(self, *ignore):
    if not self.okayToContinue():
        return
    self.listBox.delete(0, tkinter.END)
    self.dirty = False
    self.filename = None
```

```
self.data = {}
self.parent.title("Bookmarks - Unnamed")
```

如果用户需要创建一个新的书签文件，就必须首先允许其将任何尚未保存的改变（如果有）保存到现有文件中。这一功能实现在 MainWindow.okayToContinue()方法中，因为有几个不同的地方都需要这一功能，所以如果可以继续，该方法就会返回 True，否则返回 False 。如果继续，我们就清空列表框——这是通过删除其所有条目实现的，从第一个到最后一个——tkinter.END 是一个常量，在 widget 可以包含多个项目的地方，用于指代最后一项。之后我们还需要清除 dirty 标记、文件名与数据，因为文件是新的、未改变的，我们还需要设置窗口标题，以便反映出我们有一个新的、未保存的文件。

Ignore 变量存放的是一个序列，其中包含我们所不关心的 0 个或多个位置参数。在方法是被作为菜单选项选定或工具栏按钮被按下导致的结果被引用的情况下，没有可以忽略的参数，但如果使用的是键盘快捷方式（比如，Ctrl+N），就可以传递调用的事件。由于我们并不关心用户如何调用某个操作，因此可以忽略请求该操作的事件。

```
def okayToContinue(self):
    if not self.dirty:
        return True
    reply = tkinter.messagebox.askyesnocancel(
                    "Bookmarks - Unsaved Changes",
                    "Save unsaved changes?", parent=self.parent)
    if reply is None:
        return False
    if reply:
        return self.fileSave()
    return True
```

如果用户需要执行一个将会清空列表框的操作（比如，创建或打开一个新文件），就必须允许其先保存任何尚未保存的更改。如果文件的 dirty 标记尚未设置，就是没有需要保存的，因此立即返回 True；否则，弹出一个标准的消息框，并带有 Yes、No 以及 Cancel 等按钮。如果用户选择取消，那么 reply 为 None，这意味着用户不希望继续曾启动的操作，也不希望保存，因此返回 False。如果用户选择是，则 reply 为 True，因此需要允许其保存。如果确实进行了保存，则返回 True，否则返回 False。如果用户选择否，那么 reply 为 False，意味着不需要保存，但我们仍然返回 True，因为这说明用户仍然需要继续其启动的操作，但摒弃所做的改变。

Tk 的标准对话框不是通过 import tkinter 导入的，因此除了该导入语句外，我们还必须执行语句 import tkinter.messagebox，对下面的方法，还需要执行语句 import tkinter.filedialog。在 Windows 与 Mac OS X 平台上，使用的是标准的本原对话框，其他平台上则使用 Tk 特定的对话框。我们总是对父 widget 赋予标准对话框，因为这可以保证弹出时自动聚集在父亲窗口的中间。

　　所有标准对话框都是模式，这意味着一旦弹出后，就是程序中唯一可以与用户交互的窗口，因此，在与程序其他部分交互之前，必须对其进行关闭（通过单击 OK、Open、Cancel 或类似的按钮）。对程序员而言，模式对话框是最容易操纵的，因为用户无法改变对话框后面的程序状态，并且在被关闭之前一直阻塞，这里，阻塞意味着创建或调用一个模式对话框时，跟随其后的语句只有在对话框关闭后才可以执行。

```
        def fileSave(self, *ignore):
            if self.filename is None:
                filename = tkinter.filedialog.asksaveasfilename(
                        title="Bookmarks - Save File",
                        initialdir=".",
                        filetypes=[("Bookmarks files", "*.bmf")],
                        defaultextension=".bmf",
                        parent=self.parent)
                if not filename:
                    return False
                self.filename = filename
                if not self.filename.endswith(".bmf"):
                    self.filename += ".bmf"
            try:
                with open(self.filename, "wb") as fh:
                    pickle.dump(self.data, fh, pickle.HIGHEST_PROTOCOL)
                self.dirty = False
                self.setStatusBar("Saved {0} items to {1}".format(
                                len(self.data), self.filename))
                self.parent.title("Bookmarks - {0}".format(
                                os.path.basename(self.filename)))
            except (EnvironmentError, pickle.PickleError) as err:
                tkinter.messagebox.showwarning("Bookmarks - Error",
                        "Failed to save {0}:\n{1}".format(
                        self.filename, err), parent=self.parent)
            return True
```

　　如果当前没有文件，那么我们必须请求用户选择一个文件名。如果用户选择取消，就返回 False，表明整个操作被取消；否则，必须保证给定的文件名有正确的扩展名。使用现存的或新的文件名，我们将 pickled self.data 字典保存到文件中。保存了书签之后，我们清空 dirty 标记，因为当前没有未保存的改变，并将一条消息放置在状态栏（稍后会看到，状态栏上的内容会超时），更新窗口的标题栏使其包含该文件名（不带路径）。如果不能保存文件，就弹出一个告警消息框（自动带一个 OK 按钮）来通知用户。

```
        def setStatusBar(self, text, timeout=5000):
```

```
            self.statusbar["text"] = text
            if timeout:
                self.statusbar.after(timeout, self.clearStatusBar)
```

该方法用于设置状态栏标签的文本，如果有超时机制（默认情况下是秒），该方法就建立一个击发式计时器来清除状态栏（在超时值到达后）。

```
    def fileOpen(self, *ignore):
        if not self.okayToContinue():
            return
        dir = (os.path.dirname(self.filename)
                if self.filename is not None else ".")
        filename = tkinter.filedialog.askopenfilename(
                title="Bookmarks - Open File",
                initialdir=dir,
                filetypes=[("Bookmarks files", "*.bmf")],
                defaultextension=".bmf", parent=self.parent)
        if filename:
            self.loadFile(filename)
```

这一方法起始处与 MainWindow.fileNew()一样，都是允许用户选择任何未保存的修改，或取消文件打开操作。如果用户选择继续，那么我们希望赋予其一个可感知的开始目录，因此我们使用的是当前文件（如果有）所在目录或者当前工作目录。Filetypes 参数是文件对话框应该展示的一个列表，其中每一项都是一个二元组（description，wildcard）。如果用户选择一个文件名，就将当前文件名作为其选择，并调用 loadFile()方法完成实际的文件读取。

分离出 loadFile()方法是一种常见的做法，可以更容易实现加载文件而不弹出对用户的提示。比如，有些程序在启动时会加载最后使用的文件，有些程序会在菜单中列出近期使用的文件，以便在用户选择某个时会直接调用 loadFile()方法（以菜单选项相关联的文件名为参数）。

```
    def loadFile(self, filename):
        self.filename = filename
        self.listBox.delete(0, tkinter.END)
        self.dirty = False
        try:
            with open(self.filename, "rb") as fh:
                self.data = pickle.load(fh)
            for name in sorted(self.data, key=str.lower):
                self.listBox.insert(tkinter.END, name)
            self.setStatusBar("Loaded {0} bookmarks from {1}".format(
                    self.listBox.size(), self.filename))
```

```
            self.parent.title("Bookmarks - {0}".format(
                        os.path.basename(self.filename)))
        except (EnvironmentError, pickle.PickleError) as err:
            tkinter.messagebox.showwarning("Bookmarks - Error",
                "Failed to load {0}:\n{1}".format(
                self.filename, err), parent=self.parent)
```

调用这一方法后，任何未保存的改变都已经被保存或摒弃，因此可以开始清除列表框。我们将当前文件名设置为传入的文件名，清除列表框与 dirty 标记，之后尝试打开文件并将其 unpickle 到 self.data 字典，之后对所有书签名进行迭代并将每个附加到列表框中。最后，我们在状态栏中给出一条消息，并更新窗口的标题栏。如果我们不能读取文件或者不能对其 unpickle，就弹出一个告警消息框来通知用户。

```
        def fileQuit(self, event=None):
            if self.okayToContinue():
                self.parent.destroy()
```

这是最后一个文件菜单选项方法，同样地，我们赋予用户对任何尚未保存的更改进行保存的机会，如果用户选择取消，就不进行任何处理，程序继续运行；否则就通知父对象销毁自身，从而实现干净的程序终止。如果需要保存用户的参数选择，那么可以在 destroy()调用之前实现。

```
        def editAdd(self, *ignore):
            form = AddEditForm(self.parent)
            if form.accepted and form.name:
                self.data[form.name] = form.url
                self.listBox.delete(0, tkinter.END)
                for name in sorted(self.data, key=str.lower):
                    self.listBox.insert(tkinter.END, name)
                self.dirty = True
```

如果用户请求添加一个新书签（通过依次单击 Edit、Add，或单击工具栏按钮，或者按 Ctrl+A 组合键这一键盘快捷方式），就调用上面这一方法。AddEditForm 是一个自定义的对话框，下一小节中将进行介绍。我们现在需要知道的就是该对话框有一个可接受的标记，如果用户单击 OK，就将其设置为 True；如果点击 Cancel，就设置为 False。还有两个数据属性，即 name 与 url，用于存放用户已添加或编辑的书签的名称与 URL。

我们创建一个新的 AddEditForm，该对话框立即以模式对话框的形式弹出——并因此阻塞，因此，直到对话框关闭后，if form.accepted ...语句才得以执行。

如果用户单击 AddEditForm 对话框中的 OK，并给书签赋予一个名称，我们就将新书签的名称与 URL 添加到 self.data 字典。之后清空列表框，并以排序后的顺序重新插入所有数据。如果只是简单地将新书签插入到正确的位置，就可能更加高效，但对现代的机器配置而言，即便有数百个书签，效率上的差别也很难注意到。最后对 dirty 标记进行设置，因为有改动尚未保存。

```
def editEdit(self, *ignore):
    indexes = self.listBox.curselection()
    if not indexes or len(indexes) > 1:
        return
    index = indexes[0]
        name = self.listBox.get(index)
        form = AddEditForm(self.parent, name, self.data[name])
        if form.accepted and form.name:
            self.data[form.name] = form.url
            if form.name != name:
                del self.data[name]
                self.listBox.delete(0, tkinter.END)
                for name in sorted(self.data, key=str.lower):
                    self.listBox.insert(tkinter.END, name)
            self.dirty = True
```

编辑比添加要更复杂一些，因为首先必须找到要进行编辑的书签。curselection() 方法会返回一个列表（可能为空），其中包含所有选定项的索引位置。如果仅有一个项被选定，我们就取回其文本，因为那就是用户要编辑的书签名（也是 self.data 字典的键）。之后，我们创建一个 AddEditForm，并将用户待编辑的书签名称与 URL 作为参数传递。

表单关闭后，如果用户单击 OK，并设置非空的书签名，我们就更新 self.data 字典。如果新名称与老名称相同，我们就只是设置 dirty 标记（这种情况下，用户可能编辑了 URL）。如果书签名改变，我们就删除字典中键为老名称的项，清空列表框，并使用书签重新生成列表框，就像添加一个新书签后所做的那样。

```
def editDelete(self, *ignore):
    indexes = self.listBox.curselection()
    if not indexes or len(indexes) > 1:
        return
    index = indexes[0]
    name = self.listBox.get(index)
    if tkinter.messagebox.askyesno("Bookmarks - Delete",
                    "Delete '{0}'?".format(name)):
        self.listBox.delete(index)
        self.listBox.focus_set()
        del self.data[name]
        self.dirty = True
```

要删除一个标签，我们必须首先找到用户选择删除的书签，因此，该方法的起始代码与 MainWindow.editEdit() 方法类似。如果只有一个书签被选定，就弹出一个消息框，询问用户是否确认要删除。如果用户确认，消息框函数就返回 True，从列表框与 self.data 字典中删除该书签，并设置 dirty 标记，还需要将键盘焦点重置到列表框。

```
def editShowWebPage(self, *ignore):
    indexes = self.listBox.curselection()
    if not indexes or len(indexes) > 1:
        return
    index = indexes[0]
    url = self.data[self.listBox.get(index)]
    webbrowser.open_new_tab(url)
```

如果用户调用了这一方法，就可以发现已选定的书签，并从 self.data 字典中取回相应的 URL，之后使用 webbrowser 模块的 webbrowser.open_new_tab() 函数并使用给定的 URL 打开用户的 Web 浏览器。如果浏览器尚未运行，就启动浏览器。

```
application = tkinter.Tk()
path = os.path.join(os.path.dirname(__file__), "images/")
if sys.platform.startswith("win"):
    icon = path + "bookmark.ico"
    application.iconbitmap(icon, default=icon)
else:
    application.iconbitmap("@" + path + "bookmark.xbm")
window = MainWindow(application)
application.protocol("WM_DELETE_WINDOW", window.fileQuit)
application.mainloop()
```

程序的最后几行代码与前面展示的 interest-tk.pyw 程序类似，但有 3 个区别：第一，如果用户单击程序窗口的关闭对话框，就会调用一个与 Interest 程序中所调用的不同的方法；第二，在 Windows 上，iconbitmap() 方法有一个附加的参数，该参数允许我们为程序的所有窗口指定一个默认的图标——但在 UNIX 平台上并不需要，因为这会自动实现；第三，我们在 MainWindow 类的方法中设置应用程序的标题（在标题栏中），而不是在这里设置。Interest 程序的标题从不改变，因此只需要设置一次，但对于 Bookmarks 程序，我们需要更改标题文本，使其包含当前操纵的书签文件的名称。

至此，我们已经看到了主窗口类的实现以及用于初始化程序并开始事件循环的代码，接下来我们将注意力转移到 AddEditForm 对话框。

15.2.2　创建自定义对话框

AddEditForm 对话框提供了一种用户可以添加并编辑书签名与 URL 的途径，

图 15-6 展示了该对话框用于编辑现有书签的情况（标题栏显示"Edit"），同样的对话框也可用于添加书签。我们首先查看对话框的初始化程序，分为 4 个部分。

图 15-6 Bookmarks 程序的
Add/Edit 对话框

```python
class AddEditForm(tkinter.Toplevel):

    def __init__(self, parent, name=None, url=None):
        super().__init__(parent)
        self.parent = parent
        self.accepted = False
        self.transient(self.parent)
        self.title("Bookmarks - " + (
                "Edit" if name is not None else "Add"))

        self.nameVar = tkinter.StringVar()
        if name is not None:
            self.nameVar.set(name)
        self.urlVar = tkinter.StringVar()
        self.urlVar.set(url if url is not None else "http://")
```

我们选择从 tkinter.TopLevel 继承，这是一个空 widget，其设计目标在于为那些用作顶级窗口的 widget 提供一个基类。（如前面所展示的，我们可能会写成 super().__init__(parent)的形式，但这种形式不能正确工作，因此，我们使用父类与 self 对象作为显式的参数来调用 super()。）我们保持对父类的引用，创建一个 self.accepted 属性并将其设置为 False。对 TRansient()方法的调用是为了通知父窗口，并要求该窗口必须始终出现在父对象的顶部。设置标题是为了指明添加或编辑依赖于是否传入了名称与 URL。创建的两个 tkinter.StringVars 用于说明书签的名称与 URL，两者都使用传入的值进行初始化（如果对话框正用于编辑）。

```python
        frame = tkinter.Frame(self)
        nameLabel = tkinter.Label(frame, text="Name:", underline=0)
        nameEntry = tkinter.Entry(frame, textvariable=self.nameVar)
        nameEntry.focus_set()
        urlLabel = tkinter.Label(frame, text="URL:", underline=0)
        urlEntry = tkinter.Entry(frame, textvariable=self.urlVar)
        okButton = tkinter.Button(frame, text="OK", command=self.ok)
        cancelButton = tkinter.Button(frame, text="Cancel",
                command=self.close)
        nameLabel.grid(row=0, column=0, sticky=tkinter.W, pady=3,
                padx=3)
        nameEntry.grid(row=0, column=1, columnspan=3,
                sticky=tkinter.EW, pady=3, padx=3)
```

```
urlLabel.grid(row=1, column=0, sticky=tkinter.W, pady=3,
              padx=3)
urlEntry.grid(row=1, column=1, columnspan=3,
              sticky=tkinter.EW, pady=3, padx=3)
okButton.grid(row=2, column=2, sticky=tkinter.EW, pady=3,
              padx=3)
cancelButton.grid(row=2, column=3, sticky=tkinter.EW, pady=3,
              padx=3)
```

widget 是在网格中进行创建与布局的，如图 15-7 所示。名称与 URL 文本条目 widget 与相应的 tkinter.StringVars 关联，两个按钮分别用于调用 self.ok() 与 self.close()方法，后面会进行展示。

nameLabel	nameEntry		
urlLabel	urlEntry		
		okButton	cancelButton

图 15-7 Bookmarks 程序的 Add/Edit 对话框布局

```
frame.grid(row=0, column=0, sticky=tkinter.NSEW)
frame.columnconfigure(1, weight=1)
window = self.winfo_toplevel()
window.columnconfigure(0, weight=1)
```

对对话框而言，只有水平调整大小才有意义，因此，我们使窗口框架的第二列是可水平调整大小的，这是通过将该列的重量设置为 1 实现的—这意味着，如果框架被水平延伸，那么第一列中的 widget（名称与 URL 文本条目 widgets）将相应增长，以便利用额外的空间。类似地，我们使窗口的列是可水平调整大小的，这是通过将其重量设置为 1 实现的。如果用户改变对话框的高度，那么 widget 将保持其相对位置，并且所有 widget 都将在窗口的中央位置，但是如果用户改变对话框的宽度，那么名称与 URL 文本条目 widget 将相应地扩大或缩小，以便适应可用的水平空间。

```
self.bind("<Alt-n>", lambda *ignore: nameEntry.focus_set())
self.bind("<Alt-u>", lambda *ignore: urlEntry.focus_set())
self.bind("<Return>", self.ok)
self.bind("<Escape>", self.close)

self.protocol("WM_DELETE_WINDOW", self.close)
self.grab_set()
self.wait_window(self)
```

我们创建了两个标签 Name:与 URL:，表明其具备键盘加速器 Alt+N 与 Alt+U，在单击时将使键盘聚焦在其相应的文本条目 widget。为使这种机制能运作，我们提供了必要的键盘绑定。我们使用 lambda 函数，而非直接传递 focus_set()方法，以便可以忽略事件参数。我们还为 OK 按钮与 Cancel 按钮提供了标准的键盘绑定（Enter

与 Esc）。

我们使用 protocol()方法来指定在用户关闭对话框（通过单击关闭按钮）时应该调用的方法。为将窗口转换为模式对话框，对 grab_set()与 wait_window()都进行调用是必要的。

```
def ok(self, event=None):
    self.name = self.nameVar.get()
    self.url = self.urlVar.get()
    self.accepted = True
    self.close()
```

如果用户单击 OK（或按 Enter 键），就会调用上面这一方法。来自 tkinter.StringVars 的文本被复制到相应的实例变量（只有此时才创建），self.accepted 变量被设置为 True，并调用 self.close()关闭对话框。

```
def close(self, event=None):
    self.parent.focus_set()
    self.destroy()
```

这一方法在 self.ok()中进行了调用。用户单击窗口的关闭对话框，或单击 Cancel（或按 Esc 键），也会调用。该方法使键盘焦点回退到父对象，并使对话框销毁其自身。这里，销毁只是意味着窗口及其 widget 被销毁，而 AddEditForm 实例将继续存在，因为存在调用者对其的引用。

对话框被关闭后，调用者将检查 accepted 变量，如果为 True，就取回被添加或编辑的名称与 URL，之后，在 MainWindow.editAdd()或 MainWindow.editEdit()方法结束后，AddEditForm 对象超出了范围，将被调度进入垃圾收集环节。

15.3 总结

本章介绍了使用 Tk GUI 库进行 GUI 程序设计的一些基础知识。Tk 的一大优势是作为标准附带在 Python 中，但也有很多不足，其中重要的一点是，Tk 是一个工作方式与大多数现代的可替代方案有一些差别的 GUI 库。

如果你刚接触 GUI 程序设计，就应该知道有哪些主流的跨平台的 GUI 库是 Tk 的竞争对手（包括 PyGtk、PyQt 与 wxPython）。这些 GUI 库都比 Tk 易于学习和使用，并且都可以使用更少的代码达到更好的效果。并且，Tk 的这些竞争者都有更多的、更好的 Python 特定的文档、多得多的 widget、更好的观感，并允许我们从头开始创建 widget，以便对其外观与行为进行完全的控制。

虽然 Tk 对创建非常小的程序是有用的，或者在只有 Python 的标准库可用时是有用的，但是在所有其他情况下，任意一种跨平台的 GUI 库都是更好的选择。

15.4　练习

第一个练习需要复制本章中展示的书签程序，并对其进行修改，第二个练习则是从头开始创建一个 GUI 程序。

1. 复制 bookmarks-tk.pyw 程序，并对其进行修改，以便其可以导入与导出控制台程序 bookmarks.py（第 12 章中作为练习创建的程序）使用的 DBM 文件。在 File 菜单中提供两个新选项，Import 与 Export，并确信为两者都提供了键盘快捷方式（要记住 Ctrl+E 已经被 Edit→Edit 使用）。类似地，创建两个相应的工具栏按钮。这些工作需要向主窗口的初始化程序添加大概 5 行代码。

需要有两个提供相应功能的方法，即 fileImport() 与 fileExport()，两者之间少于 60 行代码，包括错误处理。对导入操作，你可以决定是否整合已导入的书签，或者使用新导入的替换已导入的书签。这两个函数的代码并不难，但确实需要谨慎。bookmarks-tk_ans.py 提供了一个解决方案（整合已导入的书签）。

2. 在第 13 章中，我们学习了如何创建并使用正则表达式来匹配文本。创建一个对话框风格的程序，并可用于输入与测试 regex，如图 15-8 所示。

你将需要阅读 re 模块的文档，因为这一程序必须能正确处理无效的 regex，或正确应对在多个匹配组上进行迭代的情况。大多数情况下，regex 的匹配组的数目与可以对其进行展示的标签数目并不会相等。确保程序提供对键盘用户的完整支持——包括使用 Alt+R 组合键与 Alt+T 组合键浏览到文本条目 widget，使用 Alt+I 组合键与 Alt+D 组合键控制复选框，使用 Ctrl+Q 组

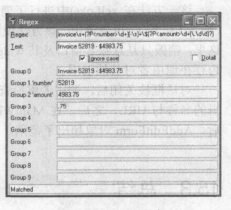

图 15-8　regex 程序

合键与 Esc 键终止程序。如果用户在某一个文本条目 widget 中按下一个键或释放一个键，或复选框被选取或放弃选取的任意时候，都应该进行重新计算。

这个程序编写并不太难，尽管用于显示匹配与组号（以及名称，如果指定）的代码需要一些巧妙的实现——regex-tk.pyw 中提供了相应的解决方案，大概有 140 行代码。